"十四五"时期国家重点出版物出版专项规划项目

极化成像与识别技术丛书

瞬态极化雷达理论、技术及应用

Theory, Technology and Application of Instantaneous Polarization Radar

王雪松 著

国防工业出版社

·北京·

内容简介

本书系统阐述了瞬态极化雷达基础理论、关键技术及典型应用的最新研究成果，提出了电磁波的瞬态极化表征方法，分析了雷达目标的瞬态极化特性，讨论了瞬态极化雷达波形设计与瞬时测量、极化气象雷达中的杂波抑制、瞬态极化扩维滤波、极化域变焦超分辨处理、极化特征提取与识别等关键问题。

本书总结了作者多年在雷达极化理论与技术方面的创新研究成果，对从事雷达研究的广大科技工作者和工程技术人员具有较高的参考价值，也可作为高等院校相关专业高年级本科生和研究生的参考书。

图书在版编目(CIP)数据

瞬态极化雷达理论、技术及应用/王雪松著．—北京：国防工业出版社，2023.2

ISBN 978-7-118-12842-0

Ⅰ.①瞬… Ⅱ.①王… Ⅲ.①雷达-极化(电子学)-研究 Ⅳ.①TN95

中国国家版本馆 CIP 数据核字(2023)第 030277 号

※

国防工業出版社出版发行

(北京市海淀区紫竹院南路 23 号　邮政编码 100048)

天津嘉恒印务有限公司印刷

新华书店经售

*

开本 710×1000　1/16　**插页** 10　**印张** 22¼　**字数** 380 千字

2023 年 2 月第 1 版第 1 次印刷　**印数** 1—2000 册　**定价** 98.00 元

国防书店：(010)88540777　书店传真：(010)88540776

发行业务：(010)88540717　发行传真：(010)88540762

《极化成像与识别技术》丛书

编审委员会

《极化成像与识别技术》丛书

编写委员会

丛书序

极化一词源自英文 Polarization，在光学领域称为偏振，在雷达领域则称为极化。光学偏振现象的发现可以追溯到 1669 年丹麦科学家巴托林通过方解石晶体产生的双折射现象。偏振之父马吕斯于 1808 年利用波动光学理论完美解释了双折射现象，并证明了极化是光的固有属性，而非来自晶体的影响。19 世纪 50 年代至 20 世纪初，学者们陆续提出 Stokes 矢量、Poincaré 球、Jones 矢量和 Mueller 矩阵等数学描述来刻画光的极化现象和特性。

相对于光学，雷达领域对极化的研究则较晚。20 世纪 40 年代，研究者发现：目标受到电磁波照射时会出现变极化效应，即散射波的极化状态相对于入射波会发生改变，二者存在着特定的映射变换关系，其与目标的姿态、尺寸、结构、材料等物理属性密切相关，因此目标可以视为一个极化变换器。人们发现，目标变极化效应所蕴含的丰富物理属性对提升雷达的目标检测、抗干扰、分类和识别等各方面的能力都具有很大潜力。经过半个多世纪的发展，雷达极化学已经成为雷达科学与技术领域的一个专门学科专业，发展方兴未艾，世界各国雷达科学家和工程师们对雷达极化信息的开发利用已经深入到电磁波辐射、传播、散射、接收与处理等雷达探测全过程，极化对电磁正演/反演、微波成像、目标检测与识别等领域的理论发展和技术进步都产生了深刻影响。

总的来看，在 80 余年的发展历程中，雷达极化学主要围绕雷达极化信息获取、目标与环境极化散射机理认知以及雷达极化信息处理与应用这三个方面交融发展、螺旋上升。20 世纪四五十年代，人们发展了雷达目标极化特性测量与表征、天线极化特性分析、目标最优极化等基础理论和方法，兴起了雷达极化研究的第一次高潮。六七十年代，在当时技术条件下，雷达极化测量的实现技术难度大且代价昂贵，目标极化散射机理难以被深刻揭示，相关理论研究成果难以得到有效验证，雷达极化研究经历了一个短暂的低潮期。进入 80 年代，随着微波器件与工艺水平、数字信号处理技术的进步，雷达极化测量技术和系统接连不断获得重大突破，例如，在气象探测方面，1978 年英国的 S 波段雷达和 1983 年美国的 NCAR/CP - 2 雷达先后完成极化捷变改造；在目标特性测量方面，1980 年美国研制成功极化捷变雷达，并于 1984 年又研制成功脉内极化捷变雷达;在对地观测方面,1985 年美国研制出世界上第一部机载极化合成孔径雷达(SAR),等等。这一时期,雷达极化学理论与雷达系统充分结合、相互促进、共同进步,丰富和发展了雷达目标唯象学、极化滤波、极化目标分解等一大批经典的雷达极化信息处理理论,催生了雷达极化在气象探测、抗杂波和电磁干扰、目标分类识别及对地遥感等领域一批早期的技术验证与应用实践,让人们再次开始重视雷达极化信息的重要性和不可替代性,雷达极化学迎来了第二次发展高潮。90 年代以来,雷达极化学受到世界各发达国家的普遍重视和持续投入,雷达极化理论进一步深化,极化测量数据更加丰富多样,极化应用愈加广泛深入。进入 21 世纪后,雷达极化学呈现出加速发展态势,不断在对地观测、空间监视、气象探测等众多的民用和军用领域取得令人振奋的应用成果,呈现出新的蓬勃发展的热烈局面。

在极化雷达发展历程中,极化合成孔径雷达由于兼具极化解析与空间多维分辨能力,受到了各国政府与科技界的高度重视,几十年来机载/星载极化 SAR 系统如雨后春笋般不断涌现。国际上最早成功研制的实用化的极化 SAR 系统是 1985 年美国的 L 波段机载 AIRSAR 系统。之后典型的机载全极化 SAR 系统有美国的 UAVSAR、加拿大的 CONVAIR、德国的 ESAR 和 FSAR、法国的 RAMSES、丹麦的 EMISAR、日本的 PISAR 等。星载系统方面,美国于 1994 年搭载航天飞机运行的 C 波段 SIR－C 系统是世界上第一部星载全极化 SAR。2006 年和 2007 年,日本的 ALOS/PALSAR 卫星和加拿大的 RADARSAT－2 卫星相继发射成功。近些年来,多部星载多/全极化 SAR 系统已在轨运行,包括日本的 ALOS－2/PALSAR－2、阿根廷的 SAOCOM－1A、加拿大的 RCM、意大利的 CSG－2 等。

1987 年,中科院电子所研制了我国第一部多极化机载 SAR 系统。近年来,在国家相关部门重大科研计划的支持下,中科院电子所、中国电子科技集团、中国航天科技集团、中国航天科工集团等单位研制的机载极化 SAR 系统覆盖了 P 波段到毫米波段。2016 年 8 月,我国首颗全极化 C 波段 SAR 卫星高分三号成功发射运行,之后分别于 2021 年 11 月和 2022 年 4 月成功发射高分三号 02 星和 03 星,实现多星协同观测。2022 年 1 月和 2 月,我国成功发射了两颗 L 波段 SAR 卫星——陆地探测一号 01 组 A 星和 B 星,二者均具备全极化模式,将组成双星编队服务于地质灾害、土地调查、地震评估、防灾减灾、基础测绘、林业调查等领域。这些系统的成功运行标志着我国在极化 SAR 系统研制方面达到了国际先进水平。总体上,我国在成像雷达极化与应用方面的研究工作虽然起步较晚,但在国家相关部门的大力支持下,在雷达极化测量的基础理论、测量体制、信号与数据处理等方面取得了不少的创新性成果,研究水平取得了长足进步。

目前，极化成像雷达在地物分类、森林生物量估计、地表高程测量、城区信息提取、海洋参数反演以及防空反导、精确打击等诸多领域中已得到广泛应用，而目标识别是其中最受关注的核心关键技术。在深刻理解雷达目标极化散射机理的基础上，将极化技术与宽带/超宽带、多维阵列、多发多收等技术相结合，通过极化信息与空、时、频等维度信息的充分融合，能够为提升成像雷达的探测识别与抗干扰能力提供崭新的技术途径，有望从根本上解决复杂电磁环境下雷达目标识别问题。一直以来，由于目标、自然环境及电磁环境的持续加速深刻演变，高价值目标识别始终被认为是雷达探测领域“永不过时”的前沿技术难题。因此，出版一套完善严谨的极化、成像与识别的学术著作对于开拓国内学术视野、推动前沿技术发展、指导相关实践工作具有重要意义。

为及时总结我国在该领域科研人员的创新成果，同时为未来发展指明方向，我们结合长期的极化成像与识别基础理论、关键技术以及创新应用的研究实践，以近年国家“863”“973”、国家自然科学基金、国家科技支撑计划等项目成果为基础，组织全国雷达极化领域的同行专家一起编写了这套“极化成像与识别技术”丛书，以期进一步推动我国雷达技术的快速发展。本丛书共 24 分册，分为 3 个专题。

（一）极化专题。着重介绍雷达极化的数学表征、极化特性分析、极化精密测量、极化检测与极化抗干扰等方面的基础理论和关键技术，共包括 10 个分册。

（1）《瞬态极化雷达理论、技术及应用》瞄准极化雷达技术发展前沿，系统介绍了我国首创的瞬态极化雷达理论与技术，主要内容包括瞬态极化概念及其表征体系、人造目标瞬态极化特性、多极化雷达波形设计、极化域变焦超分辨、极化滤波、特征提取与识别等一大批自主创新研究成果，揭示了电磁波与雷达目标的瞬态极化响应特性，阐述了瞬态极化响应的测量技术，并结合典型场景给出了瞬态极化理论在超分辨、抗干扰、目标精细特征提取与识别等方面的创新应用案例，可为极化雷达在微波遥感、气象探测、防空反导、精确制导等诸多领域中的应用提供理论指导和技术支撑。

（2）《雷达极化信号处理技术》系统地介绍了极化雷达信号处理的基础理论、关键技术与典型应用，涵盖电磁波极化及其数学表征、动态目标宽/窄带极化特性、典型极化雷达测量与处理、目标信号极化检测、极化雷达抗噪声压制干扰、转发式假目标极化识别以及极化雷达单脉冲测角与干扰抑制等内容，可为极化雷达系统的设计、研制和极化信息的处理与利用提供有益参考。

（3）《多极化矢量天线阵列》深入讨论了多极化天线波束方向图优化与自适应干扰抑制，基于方向图分集的波形方向图综合、单通道及相干信号处理，多极化主动感知，稀疏阵型设计及宽带测角等问题，是一本理论性较强的专著，对于阵列雷达的设计和信号处理具有很好的参考价值。

(4)《目标极化散射特性表征、建模与测量》介绍了雷达目标极化散射的电磁理论基础、典型结构和材料的极化散射表征方式、目标极化散射特性数值建模方法和测量技术，给出了多种典型目标的极化特性曲线、图表和数据，对于极化特征提取和目标识别系统的设计与研制具有基础支撑作用。

(5)《飞机尾流雷达探测与特征反演》介绍了飞机尾流这类特殊的分布式软目标的电磁散射特性与雷达探测技术，系统揭示了飞机尾流的动力学特征与雷达散射机理之间的内在联系，深入分析了飞机尾流的雷达可探测性，提出了一些典型气象条件下的飞机尾流特征参数反演方法，对推进我国军民航空管制以及舰载机安全起降等应用领域的技术进步具有较大的参考价值。

(6)《雷达极化精密测量》系统阐述了极化雷达测量这一基础性关键技术，分析了极化雷达系统误差机理，提出了误差模型与补偿算法，重点讨论了极化雷达波形设计、无人机协飞的雷达极化校准技术、动态有源雷达极化校准等精密测量技术，为极化雷达在空间监视、防空反导、气象探测等领域的应用提供理论指导和关键技术支撑。

(7)《极化单脉冲导引头多点源干扰对抗技术》面向复杂多点源干扰条件下的雷达导引头抗干扰需求，基于极化单脉冲雷达体制，围绕极化导引头系统构架设计、多点源干扰多域特性分析、多点源干扰多域抑制与抗干扰后精确测角算法等方面进行系统阐述。

(8)《相控阵雷达极化与波束联合控制技术》面向相控阵雷达的极化信息精确获取需求，深入阐述了相控阵雷达所特有的极化测量误差形成机理、极化校准方法以及极化波束形成技术，旨在实现极化信息获取与相控阵体制的有效兼容，为相关领域的技术创新与扩展应用提供指导。

(9)《极化雷达低空目标检测理论与应用》介绍了极化雷达低空目标检测面临的杂波与多径散射特性及其建模方法、目标回波特性及其建模方法、极化雷达抗杂波和抗多径散射检测方法及这些方法在实际工程中的应用效果。

(10)《偏振探测基础与目标偏振特性》是一本光学偏振方面理论技术和应用兼顾的专著。首先介绍了光的偏振现象及基本概念，其次在目标偏振反射/辐射理论的基础上，较为系统地介绍了目标偏振特性建模方法及经典模型、偏振特性测量方法与技术手段、典型目标的偏振特性数据及分析处理，最后介绍了一些基于偏振特性的目标检测、识别、导航定位方面的应用实例。

(二) 成像专题。着重介绍雷达成像及其与目标极化特性的结合，探讨雷达在探地、地表穿透、海洋监测等领域的成像理论技术与应用，共包括7个分册。

（1）《高分辨率穿透成像雷达技术》面向穿透表层的高分辨率雷达成像技术，系统讲述了表层穿透成像雷达的成像原理与信号处理方法。既涵盖了穿透成像的电磁原理、信号模型、聚焦成像等基本问题，又探讨了阵列设计、融合穿透成像等前沿问题，并辅以大量实测数据和处理实例。

（2）《极化 SAR 海洋应用的理论与方法》从极化 SAR 海洋成像机制出发，重点阐述了极化 SAR 的海浪、海洋内波、海冰、船只目标等海洋现象和海上目标的图像解译分析与信息提取方法，针对海洋动力过程和海上目标的极化 SAR 探测给出了较为系统和全面的论述。

（3）《超宽带雷达地表穿透成像探测》介绍利用超宽带雷达获取浅地表雷达图像实现埋设地雷和雷场的探测。重点论述了超宽带穿透成像、地雷目标检测与鉴别、雷场提取与标定等技术，并通过大量实测数据处理结果展现了超宽带地表穿透成像雷达重要的应用价值。

（4）《合成孔径雷达定位处理技术》在介绍 SAR 基本原理和定位模型基础上，按照 SAR 单图像定位、立体定位、干涉定位三种定位应用方向，系统论述了定位解算、误差分析、精化处理、性能评估等关键技术，并辅以大量实测数据处理实例。

（5）《极化合成孔径雷达多维度成像》介绍了利用极化雷达对人造目标进行三维成像的理论和方法，重点讨论了极化干涉成像、极化层析成像、复杂轨迹稀疏成像、大转角观测数据的子孔径划分、多子孔径多极化联合成像等新技术，对从事微波成像研究的学者和工程师有重要参考价值。

（6）《机载圆周合成孔径雷达成像处理》介绍的是基于机载平台的合成孔径雷达以圆周轨迹环绕目标进行探测成像的技术。介绍了圆周合成孔径雷达的目标特性与成像机理，提出了机载非理想环境下的自聚焦成像方法，探究了其在目标检测与三维重构方面的应用，并结合团队开展的多次飞行试验，介绍了技术实现和试验验证的研究成果，对推动机载圆周合成孔径雷达系统的实用化有重要参考价值。

（7）《红外偏振成像探测信息处理及其应用》系统介绍了红外偏振成像探测的基本原理，以及红外偏振成像探测信息处理技术，包括基于红外偏振信息的图像增强、基于红外偏振信息的目标检测与识别等，对从事红外成像探测及目标识别技术研究的学者和工程师有重要参考价值。

（三）识别专题。着重介绍基于极化特性、高分辨距离像以及合成孔径雷达图像的雷达目标识别技术，主要包括雷达目标极化识别、雷达高分辨距离像识别、合成孔径雷达目标识别、目标识别评估理论与方法等，共包括 7 个分册。

(1)《雷达高分辨距离像目标识别》详细介绍了雷达高分辨距离像极化特征提取与识别和极化多维匹配识别方法,以及基于支持向量数据描述算法的高分辨距离像目标识别的理论和方法。

(2)《合成孔径雷达目标检测》主要介绍了 SAR 图像目标检测的理论、算法及具体应用,对比了经典的恒虚警率检测器及当前备受关注的深度神经网络目标检测框架在 SAR 图像目标检测领域的基础理论、实现方法和典型应用,对其中涉及的杂波统计建模、斑点噪声抑制、目标检测与鉴别、少样本条件下目标检测等技术进行了深入的研究和系统的阐述。

(3)《极化合成孔径雷达信息处理》介绍了极化合成孔径雷达基本概念以及信息处理的数学原则与方法,重点对雷达目标极化散射特性和极化散射表征及其在目标检测分类中的应用进行了深入研究,并以对地观测为背景选择典型实例进行了具体分析。

(4)《高分辨率 SAR 图像海洋目标识别》以海洋目标检测与识别为主线,深入研究了高分辨率 SAR 图像相干斑抑制和图像分割等预处理技术,以及港口目标检测、船舶目标检测、分类与识别方法,并利用实测数据开展了翔实的实验验证。

(5)《极化 SAR 图像目标检测与分类》对极化 SAR 图像分类、目标检测与识别进行了全面深入的总结,包括极化 SAR 图像处理的基本知识以及作者近年来在该领域的研究成果,主要有目标分解、恒虚警检测、混合统计建模、超像素分割、卷积神经网络检测识别等。

(6)《极化雷达成像处理与目标特征提取》深入讨论了极化雷达成像体制、极化 SAR 目标检测、目标极化散射机理分析、目标分解与地物分类、全极化散射中心特征提取、参数估计及其性能分析等一系列关键技术问题。

(7)《雷达图像相干斑滤波》系统介绍了雷达图像相干斑滤波的理论和方法,重点讨论了单极化 SAR、极化 SAR、极化干涉 SAR、视频 SAR 等多种体制下的雷达图像相干斑滤波研究进展和最新方法,并利用多种机载和星载 SAR 系统的实测数据开展了翔实的对比实验验证。最后,对该领域研究趋势进行了总结和展望。

本套丛书是国内在该领域首次按照雷达极化、成像与识别知识体系组织的高水平学术专著丛书,是众多高等院校、科研院所专家团队集体智慧的结晶,其中的很多成果已在我国空间目标监视、防空反导、精确制导、航天侦察与测绘等国家重大任务中获得了成功应用。因此,丛书内容具有很强的代表性、先进性和实用性,对本领域研究人员具有很高的参考价值。本套丛书的出版即是对以往研究成果的提炼与总结,我们更希望以此为新起点,与广大的同行们一道开启雷达极化技术与应用研究的新征程。

在丛书的撰写与出版过程中，我们得到了郭桂蓉、何友、吕跃广、吴一戎等二十多位业界权威专家以及国防工业出版社的精心指导、热情鼓励和大力支持，在此向他们一并表示衷心的感谢！

王雪松

2022 年 7 月

序 1

极化作为电磁波的本质属性，是幅度、频率、相位以外的重要基本参量，有学者称其为电磁波的“第四维度”，它描述了电磁波的矢量特征。早在20世纪40年代，人们就已发现：目标受到入射电磁波照射时会呈现“变极化效应”，即目标的散射回波之极化状态相对于入射波会发生改变，二者存在着特定的映射变换关系，与目标的尺寸、结构、材料等物理属性及其运动特性，例如姿态等密切相关，因此目标可以视作一种“极化变换器”。如果将目标的电磁散射回波的极化状态在极化域上展开，则会得到一类“极化谱分布”，因此也可称目标为一种“极化调制器”。无疑目标变极化的外溢效应可以极大地丰富我们所能获取到的目标特征信息，这对于提升雷达的目标探测、抗干扰和识别等能力必将具有重要作用。经过半个多世纪的发展，雷达极化学已经成为雷达科学与技术的一个专门学科领域，对雷达极化信息的开发和利用已经涉及电磁波辐射、传播、散射、接收与处理等雷达探测相关的全过程。

据我所知，王雪松教授早在20世纪90年代攻读博士期间，就以宽带极化雷达体制为背景，率先提出了瞬态极化雷达的新概念，并在理论方法以及极化雷达信息处理架构上，开展了卓有成效的新探索，从那时至今，他一直坚持在瞬态极化雷达领域深耕数十年。本书的面世集中呈现了王雪松教授带领其团队所取得的一系列重要研究成果。

全书共七章，内容涵盖电磁波的瞬态极化表征方法、雷达目标的瞬态极化特性、瞬态极化雷达的波形设计与瞬时测量、极化雷达中的杂波抑制、瞬态极化扩维滤波、极化域变焦超分辨处理、极化特征提取与识别等关键问题。

值得特别强调，本书作者所建立的新的瞬态极化雷达理论体系，不仅可以包容传统的雷达极化理论体系，更能精细地刻画雷达目标电磁散射过程中的极化变换特性，从而为极化信息全面应用于雷达检测、跟踪、成像、识别及抗干扰提供了新途径，为雷达系统功能的提升带来新跨越。

本书系统性、理论性、严谨性、创新性强，其内容深刻丰富、契合实际紧密。

相信本书的出版将对进一步推动我国雷达极化基础理论与关键技术的创新发展,为更多的雷达设备“上极化、用极化”提供不竭的创新支持。

郭桂蓉院士

国防科技大学自动目标识别(ATR)国防科技重点实验室

2022 年 8 月

序 2

雪松是我的老朋友了，我们相识很多年，很荣幸一路见证他的成长进步，为他开心，为他高兴！雪松最近要出一本新的著作邀请我给他写一个序，我感觉有点越俎代庖了，因为他本人才是雷达技术的大专家，带领的团队研究雷达极化问题近三十年了，是国内最早研究雷达极化的团队，也是国内最大最强的雷达极化研究团队。

雪松是全国百篇博士学位论文获得者，他在其博士论文中非常创新性地提出了“瞬态极化”的概念，不仅完全兼容了传统经典窄带单频极化的概念，而且解决了宽带、非时谐以及同时极化精确测量等一系列难题，大大拓展了雷达极化的适用范围和处理能力。

极化是雷达电磁波的基本属性之一，在光学处理中通常称为偏振。雷达从单极化到多极化，可以类比理解为电视机从黑白到彩色的过程。雪松提出的瞬态极化雷达体制则比常规的多极化分时测量雷达体制更为先进，他提出同时正交极化编码同时收发，可实现高动态和强干扰环境下的目标瞬态极化散射信息精确测量，支持电磁环境认知和目标自动识别。

我国极化雷达技术没有现成经验可供借鉴，必须走自主创新的道路。王雪松领衔的雷达极化团队/极化成像识别创新群体致力于先进极化雷达技术研究，从 20 世纪 90 年代起，聚焦防空反导、精确打击等领域极化雷达技术自主创新发展，在基础理论方面提出了瞬态极化概念和雷达测量体制架构；在关键技术方面突破了全极化精密测量、瞬态极化滤波与识别等关键技术，研制成功我国首部瞬态极化精密测量雷达、首部瞬态极化单脉冲跟踪雷达，极化测量性能与美、法、荷等国际先进极化雷达相当；推动了我军多型空间监视雷达、远程警戒雷达、目标指示雷达和导弹雷达导引头完成极化升级改造，抗干扰和目标识别能力明显提升，获得了国家科技进步二等奖，取得了显著军事效益。

欲览春色绿几处，须上青山更高峰。我衷心祝愿雪松同志带领团队取得更大进步！

吴曼青院士

前言

众所周知,极化是电磁波除幅度、频率、相位外的又一基本物理量。极化雷达是用于获取目标反射电磁波极化信息的先进体制雷达,利用极化高度敏感于目标形状、材质等物理属性的特点与规律,可有效提升目标识别与抗干扰能力,广泛用于防空反导、空间监视、精确打击等尖端领域,是世界军用雷达技术竞争的战略制高点。极化雷达自 1956 年诞生于美国林肯实验室以来,始终是世界强国用于导弹防御、空间监视等战略领域的尖端精密雷达,是国际学术界公认的雷达目标识别和抗强干扰的最有效技术途径之一。

本书以复杂环境下目标检测识别为背景,首次提出了电磁波瞬态极化的概念,从根本上突破了经典极化概念的“时谐性”或“窄带性”等定常性约束,并以瞬态极化概念为核心,建立了全新的极化电磁信息处理的理论框架。瞬态极化理论体系不但完全包容了经典极化学理论,而且更为重要的是,它为非定常电磁波极化表征以及雷达目标宽带极化散射特性刻画提供了有力的理论工具,为解决诸如弹道导弹等高速运动目标和雨滴、箔条云等分布式目标极化特性的准确测量、目标精细识别、抗干扰等问题提供重要支撑。

当前,瞬态极化体制雷达已成为世界极化雷达的重要发展方向之一。近年来,美国持续投入巨资建造了多部著名的反导目标识别极化雷达,至 21 世纪初已迈入“瞬态/同时全极化测量”阶段,全球领先,可实现高动态和强干扰环境下的目标瞬态极化散射信息精确测量,支持电磁环境认知和目标自动识别。国防科技大学雷达极化团队/极化成像识别创新群体致力于先进极化雷达技术研究,经过 30 多年的发展,围绕防空反导、精确打击等领域极化雷达能力提升,创新开展了全极化精密测量、瞬态极化滤波与识别等研究,取得显著的军事效益。

全书汇集了瞬态极化雷达的理论、技术及应用方面的最新研究进展。具体安排如下:第 1 章统一了电磁波的瞬态极化理论表征体系、公式体系,通过考察典型电磁波的瞬态极化,如几大类波形的瞬态极化,为瞬态极化技术实用化打下良好基础;第 2 章从雷达目标出发,描述了雷达目标瞬态极化表征,包括电磁波与雷达目标的瞬态极化作用,典型雷达目标的瞬态极化特性;第 3 章研究了瞬态极化波形的设计思路和方法,通过波形处理及波形性能评估,考察瞬态极化波形在极化测量中的应用;第 4 章根据常规杂波抑制处理算法,分析了雷达杂波特征,以及对多普勒分辨率的影响,通过强风暴和强杂波数据验证了算法性能;第 5 章在干扰抑制极化滤波器(ISPF)、信号匹配极化滤波器(SMPF)、最大 SINR 极化滤波器、最优极化滤波器准则、多凹口极化滤波器、铁氧体极化滤波器等非瞬态极化滤波方法的基础上,提出了瞬态极化滤波方法,描述了瞬态极化滤波的内涵;第 6 章针对目标分辨难题,提出了瞬态极化超分辨与变焦处理技术,揭示了极化域调控超分辨原理,通过基于极化域变焦的时/空域超分辨方法,展望极化域变焦超分辨在全极化导引头前视成像、无源角反阵列与舰船目标辨识、高海情下舰船目标检测等领域的潜在应用;第 7 章构造并提取多层次、多维度的目标极化特征,从散射精细刻画层面凸显目标与干扰间的细微差异,实现目标与干扰的准确检测与识别。

本书的写作得到了郭桂蓉院士等专家的大力支持。本书由王雪松教授负责全书的统稿撰写,由李永祯、施龙飞协助指导庞晨、王占领、马佳智、殷加鹏、全斯农、王罗胜斌、王福来、徐志明、祝迪等参与撰写,王奕清、李楠君、吴国庆等研究生提供了校稿、排版等帮助。国防工业出版社编辑对全书进行了审阅和校稿,在此一并表示感谢。

我们同时要感谢读者的热情支持,敬请各位业界人士斧正!

作者

2022 年 8 月于长沙

目录

第1章

电磁波的瞬态极化表征

1.1 引　　言

在经典极化学中,电磁波的极化概念是基于单色平面电磁波电场矢量端点空间运动轨迹的椭圆几何特性而定义的,因此它实际上隐含了对所研究的电磁波对象的“窄带性”或者“时谐性”假设,也就是说,要求其所研究的电磁波电场矢端空间运动轨迹必须具有良好的几何规则性(即椭圆性)和长程重复性(即周期性),这样即可利用一系列的静态定常参数,如椭圆几何描述子、相位描述子、极化比以及 Stokes 矢量等,来描述此类“时谐性”电磁波的极化现象[1]。在这个意义上,我们称这类“时谐性”或“窄带性”电磁波为“定常电磁波”,它们的极化描述子都是静态定常参数。

对那些不满足“时谐性”或者“窄带性”条件的电磁波,则称之为“非定常电磁波”,譬如复杂调制宽带电磁波、瞬变电磁波等均属于“非定常电磁波”的范畴。对非定常电磁波而言,其电场矢端的空间运动轨迹通常并不具有良好的几何规则性和长程重复性,因此经典的电磁波极化概念不再适用,也就无法有效地描述它的极化现象。事实上,在经典极化学中,非定常电磁波因其“离经叛道”的空间轨迹特性,而很少得到人们的重视和研究,对于绝大多数非定常电磁波而言,它们特殊的极化现象和特性迄今为止仍未得到系统深入的研究和描述,当然更谈不上合理有效的利用了。

对于“时谐性”或“窄带性”较好的非定常电磁波(如准单色波),经典极化学提出了“部分极化”的概念来描述其极化特性。究其本质,部分极化的概念实质上是把准单色波视为一个具有各态历经性的平稳随机过程,通过对其进行时间平均以代替集合平均,由此得到一组统计意义上的部分极化描述子。显然,这些部分极化参数是对此类非定常电磁波空间运动轨迹特性的一种宏观描述,同时,也是一种静态定常描述。因此,“部分极化”的概念仅仅是对传统电磁波极化概念外延的一个简单拓展,而其内涵,即关于电磁波的“时谐性”或者“窄带性”的基本假设则是丝毫未变的。事实上,对随机平稳非定常电磁波而言,部分极化参数可以看作它的一阶统计量,它们反映了电磁波空间轨迹的整体平均特性;但是对于非平稳电磁波或者确定性非定常电磁波而言,这种宏观、静态定常的描述方法无疑将丢失大量的有关电磁波空间轨迹动态变化特性的细节信息;此外,对于确定性电磁波而言,“部分极化”的随机性假设将不再成立,因而利用“部分极化”的概念必然无法深刻揭示出非定常电磁波极化现象的物理本质,从而也就无法给出非定常电磁波极化特性的有效描述。

近年来,随着宽带电磁理论以及极化测量技术的发展,非定常电磁波极化现象必将成为现代电磁学的重要研究对象,而传统的电磁波极化的“时谐性”或者“窄带性”假设对这些研究对象通常不再适用,非定常电磁波电场矢端的复杂的、动态变化的空间轨迹已远非简单的静态椭圆曲线所能描述,经典极化学正日益暴露出由其基本假设的局限性所带来的种种弊端和不足。从矛盾论的观点来看,经典极化学适用范围的局限性与研究对象的无限丰富性之间已经形成了一对矛盾,这一矛盾的相互作用,将促使我们对电磁波极化现象进行更加深刻的思索和研究。一方面,我们需要探究和揭示它的物理本质;另一方面还需要深入地研究它的外在表象,即研究一个电磁波的各电磁矢量在其传播空间中的运动演变规律,以期找到深刻而有效的描述方法。本章的工作正是以上述的一对矛盾作为背景,着重研究非定常电磁波极化现象的表征问题,力图初步拓建非定常电磁波——特别是宽带电磁波——极化描述的理论框架[2],从而为本书的后续工作乃至更加广泛的实际应用问题奠定初步的理论基础。

1.2 电磁波瞬态极化的定义与表征

在本节中将就一般的平面电磁波,研究其极化现象及表征问题。具体而言,本节的研究对象不但包括定常电磁波,而且也包括各种非定常电磁波。

1.2.1 电磁波的解析表征

设一个真实的平面电磁波在传播空间某点处场强为 $\boldsymbol{x}(t)$,$t \in \boldsymbol{T}$,这里 $\boldsymbol{T}$ 为电磁波经过该点的时域支撑集,即时间区间。对于严格意义上的时谐单色波,$\boldsymbol{T} = (-\infty, +\infty)$;对于实际的电磁信号,$\boldsymbol{T}$ 通常为一个有界闭集;进一步地,如果 $\boldsymbol{x}(t)$ 是一个因果信号,那么就有 $\boldsymbol{T} \in \bar{R}^+$,这里 R^+ 为正实数域,其上加一横代表闭包算子[3-4],即有 $\bar{R}^+ = \{0\} \cup R^+$。严格而言,$\boldsymbol{x}(t)$ 应为一个三维实矢量,但若将其第三维空间坐标选为电磁波的传播方向,那么 $\boldsymbol{x}(t)$ 可以退变为一个二维矢量。为方便起见,以下讨论中,如无特殊声明,都将采用上述的简化约定。

对 $\boldsymbol{x}(t)$ 做 Hilbert 变换得到 $\hat{\boldsymbol{x}}(t)$,由此即得电磁波场强的复解析表示,记为

$$\boldsymbol{e}(t)=\boldsymbol{x}(t)+\mathrm{j}\hat{\boldsymbol{x}}(t) \tag{1-1}$$

正如我们所熟知的,解析信号 $\boldsymbol{e}(t)$ 只具有单边频谱,并且其频谱形状与 $\boldsymbol{x}(t)$ 正频谱完全一致,二者仅仅在幅度上相差了一倍;如果 $\boldsymbol{x}(t)$ 是一个高频窄带信号,那么其复解析信号 $\boldsymbol{e}(t)$ 可以表示为只具有低频频谱的复包络与复载波的乘积,该复包络的频谱可以通过把复信号的频谱左移一个载频得到,由此就可将高频信号的运算转化为低频信号的运算,使分析得以简化;对于宽带信号情形,虽然仍可对复解析信号做复指数表示,但此时的幅度项和相位项将不再能够解释为复包络和复载波。

1.2.2 电磁波的时域瞬态极化表征

1. 时域瞬态 Stokes 极化矢量

设一个空间传播平面电磁波为 $\boldsymbol{e}(t),t\in\boldsymbol{T}$,定义其时域互相干矢量为

$$\boldsymbol{c}(t_1,t_2)=\boldsymbol{e}(t_1)\otimes\boldsymbol{e}^*(t_2),\quad t_1,t_2\in\boldsymbol{T} \tag{1-2}$$

由定义可知,电磁波时域互相干矢量是由两个不同时刻的场矢量做 Kronecker 积得到的(其中还包含了一个共轭运算),它是一个四维复矢量,且满足如下交换性质:

$$\boldsymbol{c}(t_1,t_2)=\boldsymbol{P}_4\boldsymbol{c}^*(t_2,t_1) \tag{1-3}$$

$\boldsymbol{P}_4$ 即为定义的4阶置换矩阵。

在此基础上,定义电磁波的时域互 Stokes 矢量为

$$\boldsymbol{j}(t_1,t_2)=\boldsymbol{R}\boldsymbol{c}(t_1,t_2) \tag{1-4}$$

特别地,当 $t_1=t_2=t$ 时,称 $\boldsymbol{j}(t,t)$ 为电磁波的时域瞬态 Stokes 矢量,并在不致引起混淆的情况下,将其简记为 $\boldsymbol{j}(t)$,即有

$$\boldsymbol{j}(t)=\boldsymbol{R}\boldsymbol{c}(t,t)=\boldsymbol{R}\boldsymbol{e}(t)\otimes\boldsymbol{e}^*(t) \tag{1-5}$$

根据上述定义可知,电磁波的时域互 Stokes 矢量以及瞬态 Stokes 矢量满足如下一些性质:

(1) 对任意的 α、$\beta\in\boldsymbol{T}$,有

$$\boldsymbol{j}(\alpha)\in S_{P0} \tag{1-6}$$

成立;若 $\alpha\neq\beta$,则未必有 $\boldsymbol{j}(\alpha,\beta)\in S_P$ 成立。

(2) 互 Stokes 矢量具有如下对称性质:

$$\boldsymbol{j}(\alpha,\beta)=\boldsymbol{j}^*(\beta,\alpha) \tag{1-7}$$

由此可进一步得到

$$\boldsymbol{j}(\alpha)=\boldsymbol{j}^*(\alpha) \tag{1-8}$$

即电磁波的时域瞬态 Stokes 矢量 $\boldsymbol{j}(\alpha)$ 必为一个实矢量，事实上，这一点亦可由上一条性质得到反映。

互 Stokes 矢量的对称性质可由互相干矢量的对称特性直接导出

$$\begin{aligned}\boldsymbol{j}(\alpha)(\beta,\alpha)&=R\boldsymbol{c}(\beta,\alpha)=R\boldsymbol{P}_4\boldsymbol{c}^*(\alpha,\beta)=R\boldsymbol{P}_4\left[R^{-1}\boldsymbol{j}(\alpha,\beta)\right]^*\\&=R\boldsymbol{P}_4R^{-*}\boldsymbol{j}^*(\alpha,\beta)=\boldsymbol{j}^*(\alpha,\beta)\end{aligned} \tag{1-9}$$

(3) 互 Stokes 矢量的乘积性质：

$$\boldsymbol{j}^{\mathrm{T}}(\alpha)\boldsymbol{j}(\beta)\leqslant\boldsymbol{j}^{\mathrm{T}}(\alpha,\beta)\boldsymbol{j}(\beta,\alpha) \tag{1-10}$$

当且仅当 $\boldsymbol{e}(\alpha)=k\boldsymbol{e}(\beta)$ 时，上式中等号成立；或者说，当且仅当 $\boldsymbol{j}(\alpha,\beta)=\boldsymbol{j}(\beta)$ 时，上式中等号成立。这里 k 为任意复数。证明如下：

$$\begin{aligned}\boldsymbol{j}^{\mathrm{T}}(\alpha)\boldsymbol{j}(\beta)&=\boldsymbol{j}^{\mathrm{H}}(\alpha)\boldsymbol{j}(\beta)=\left[\boldsymbol{e}(\alpha)\otimes\boldsymbol{e}^*(\alpha)\right]^{\mathrm{H}}R^{\mathrm{H}}R\left[\boldsymbol{e}(\beta)\otimes\boldsymbol{e}^*(\beta)\right]\\&=2\left|\boldsymbol{e}^{\mathrm{H}}(\alpha)\boldsymbol{e}(\beta)\right|^2\end{aligned} \tag{1-11}$$

另外，

$$\begin{aligned}\boldsymbol{j}^{\mathrm{T}}(\alpha,\beta)\boldsymbol{j}(\beta,\alpha)&=\boldsymbol{j}^{\mathrm{H}}(\beta,\alpha)\boldsymbol{j}(\beta,\alpha)=\left[\boldsymbol{e}(\beta)\otimes\boldsymbol{e}^*(\alpha)\right]^{\mathrm{H}}R^{\mathrm{H}}R\left[\boldsymbol{e}(\beta)\otimes\boldsymbol{e}^*(\alpha)\right]\\&=2\left\|\boldsymbol{e}(\beta)\right\|^2\left\|\boldsymbol{e}(\alpha)\right\|^2\end{aligned} \tag{1-12}$$

根据 Schwartz 不等式，即证得式(1-10)。

2. 电磁波的时域瞬态极化投影集

对一个时变电磁信号 $\boldsymbol{e}(t)$，其时域瞬态 Stokes 矢量可以记为

$$\boldsymbol{j}(t)=\left[g_0(t),\boldsymbol{g}^{\mathrm{T}}(t)\right]^{\mathrm{T}} \tag{1-13}$$

由于 $\boldsymbol{j}(t)\in S_{P0}$，故知必有

$$g_0(t)=\left\|\boldsymbol{g}(t)\right\| \tag{1-14}$$

因此，$\boldsymbol{g}(t)/g_0(t)$ 必然位于单位 Poincare 球面上，即有 $\boldsymbol{g}(t)/g_0(t)\in\tilde{P}$。

对一般的时变信号而言，其不同时刻的瞬态极化状态通常也是不同的，其在 Poincare 球面上的投影构成了一个三维单位矢量的有序集，称为时域瞬态极化投影集，通常情况下，可以简称为极化投影集，记为 Π_{T}，即有

$$\Pi_{\mathrm{T}}=\left\{\boldsymbol{g}_{\mathrm{norm}}(t)=\boldsymbol{g}(t)/g_0(t),\quad t\in\boldsymbol{T}\right\} \tag{1-15}$$

显然，一个电磁信号的时域瞬态极化投影集 Π_{T} 完整地描述了它的时域极化特性，它不但给出了该电磁信号各个时刻的瞬态极化状态，而且能够描述其瞬态极化的时域变化趋势。此外，由 Π_{T} 的定义可以看出，Π_{T} 的元素为瞬态 Stokes 矢量的归一化子矢量，因而 Π_{T} 与电磁波的能量特性和相位特性无关。

若定义电磁波的时域瞬态能量谱和瞬态相位谱分别为

$$E_{\mathrm{T}} = \{g_0(t),\quad t \in \boldsymbol{T}\} \tag{1-16}$$

$$\boldsymbol{\Phi}_{\mathrm{T}} = \{\arg(\boldsymbol{e}(t)),\quad t \in \boldsymbol{T}\} \tag{1-17}$$

从信息论的角度来看，$\boldsymbol{\Pi}_{\mathrm{T}}$、$E_{\mathrm{T}}$ 和 $\boldsymbol{\Phi}_{\mathrm{T}}$ 这三者是相互无关的，它们共同构成了一个电磁信号的基本信息要素集；换言之，若想在时域完整地表征一个电磁信号，可以将它分解为三个基本的、并且彼此无关的信息要素集（或者说基本特性），即时域瞬态能量谱、时域瞬态相位谱，以及时域瞬态极化投影集。

下面我们将着重讨论极化投影集的特性及其表征问题。

1）时域极化聚类中心与极化散度

由电磁波时域瞬态极化投影集的定义可知，极化投影集是一个分布于单位球面上的空间点集，这个点集中的每一点都代表了电磁波在某一个时刻的瞬态极化，它的分布态势反映了电磁波的整体极化特性。譬如，对于单色波而言，它在整个时间域上的瞬态极化都是固定的，因此它的极化投影就是一个单点集；而对一个非定常的瞬态电磁波而言，有可能它在各个时刻的瞬态极化各不相同，因而它的极化投影就呈现出一定的散布态势，通过描述电磁波极化投影集的这种散布态势，就可以定量地刻画一般电磁波的整体极化特性。

（1）时域极化聚类中心。

设 $A = \{a(t), t \in \boldsymbol{T}\}$ 为 $\boldsymbol{T}$ 支撑上的一个权因子集，它满足

$$a(t) \geqslant 0, \forall t \in \boldsymbol{T} \tag{1-18}$$

$$\int_{\boldsymbol{T}} a(t)\,\mathrm{d}t = 1 \tag{1-19}$$

若

$$\boldsymbol{G}_{\mathrm{T}}[A] = A^{\circ}\boldsymbol{\Pi}_{\mathrm{T}} = \int_{\boldsymbol{T}} a(t)\boldsymbol{g}_{\mathrm{norm}}(t)\,\mathrm{d}t \tag{1-20}$$

存在，则称 $\boldsymbol{G}_{\mathrm{T}}[A]$ 为电磁波的时域加权极化聚类中心。上式中“°”代表集合的内积运算。特别地，若 $\boldsymbol{T}$ 为一个 Lebesgue 可测集，其测度为有限值，且非零测集，即有

$$0 < m(\boldsymbol{T}) < +\infty \tag{1-21}$$

这里 $m(\cdot)$ 代表 Lebesgue 测度，令

$$a(t) = \frac{1}{m(\boldsymbol{T})} \tag{1-22}$$

则有

$$\boldsymbol{G}_{\mathrm{T1}} \equiv \boldsymbol{G}_{\mathrm{T}}[A] = \int_{\boldsymbol{T}} \boldsymbol{g}_{\mathrm{norm}}(t)\,\mathrm{d}t / m(\boldsymbol{T}) \tag{1-23}$$

显然,$\boldsymbol{G}_{\mathrm{T1}}$实质上是对一个电磁信号极化投影集的均匀加权平均,故称为该电磁信号的均匀加权极化聚类中心,通常情况下可以简称为均匀极化中心,或称为第一类时域极化中心。若令

$$a(t) = g_0(t)\Big/\int_{\boldsymbol{T}} g_0(t)\,\mathrm{d}t \tag{1-24}$$

则有

$$\boldsymbol{G}_{\mathrm{T2}} \equiv \boldsymbol{G}_{\mathrm{T}}[A] = \int_{\boldsymbol{T}} \boldsymbol{g}(t)\,\mathrm{d}t\Big/\int_{\boldsymbol{T}} g_0(t)\,\mathrm{d}t \tag{1-25}$$

由此式可见,$\boldsymbol{G}_{\mathrm{T2}}$实质上是对电磁波时域瞬态 Stokes 矢量的完全极化子矢量积分后,再对电磁波时域总能量进行归一化后得到的,它也可以看作对其极化投影集的能量加权平均,因此,称为能量加权极化聚类中心,或称为第二类时域极化聚类中心。

由加权极化聚类中心的定义式可以看出,$\boldsymbol{G}_{\mathrm{T}}[A]$是通过函数积分得到的,因此必满足如下不等式关系:

$$\|\boldsymbol{G}_{\mathrm{T}}[A]\| \leqslant 1 \tag{1-26}$$

当且仅当$\boldsymbol{g}_{\mathrm{norm}}(t)$在$\boldsymbol{T}$中所有非零测集上保持一致时,上式中等号才能成立。

(2) 时域极化散度。

对一般的瞬变电磁波或复杂调制宽带电磁波而言,其时域极化投影集通常是一个具有一定空间分布的点集,这个点集所处的空间位置可由极化聚类中心大致给出,而其空间疏密特性则可以用极化散度的概念来描述。

给定加权因子集 A,那么一个极化投影集的极化散度定义为

$$\mathrm{Div}_{(T)}^{(k)}[A] = \int_{\boldsymbol{T}} a(t)\,\|\boldsymbol{g}_{\mathrm{norm}}(t) - \boldsymbol{G}_{\mathrm{T}}[A]\|^{k}\mathrm{d}t \tag{1-27}$$

式中:k 为正整数,称为极化散度的阶数,实际中最为常用的是 $k=1$ 和 $k=2$ 这两种情形。由定义可见,极化散度可以解释为极化投影集相对于其极化聚类中心之空间距离的加权平均。给定权因子集,若一个电磁波的极化投影集的极化散度越大,则表明该极化投影集的空间分布越疏散;反之,则表明极化投影集的空间分布越集中。

特别地,当对极化投影集进行平均加权时,可得相应的极化散度为

$$\mathrm{Div}_{(T1)}^{(k)}[A] = \int_{\boldsymbol{T}} \|\boldsymbol{g}_{\mathrm{norm}}(t) - \boldsymbol{G}_{\mathrm{T1}}[A]\|^{k}\mathrm{d}t/m(\boldsymbol{T}) \tag{1-28}$$

称为第一类极化散度;类似地,当对极化投影集进行能量加权时,可得相应的极化散度为

$$\mathrm{Div}_{(T2)}^{(k)} = \int_{\boldsymbol{T}} g_0(t) \| \boldsymbol{g}_{\mathrm{norm}}(t) - \boldsymbol{G}_{\mathrm{T2}} \|^k \mathrm{d}t \Big/ \int_{\boldsymbol{T}} g_0(t)\,\mathrm{d}t \tag{1-29}$$

称为第二类极化散度。

不难看出,以上极化散度的概念是基于一般集合给出的,因而它适用于任意一个空间点集分布特性的描述。考虑到电磁波的时域极化投影集空间分布的特殊性,即极化投影集 $\boldsymbol{\Pi}_{\mathrm{T}}$ 中任一元素都位于单位球面 $\tilde{P}$ 上,即有

$$\boldsymbol{\Pi}_{\mathrm{T}} \subset \tilde{P} \tag{1-30}$$

而同时,由式(1-26)可知,其极化聚类中心通常位于单位球内,即

$$\| \boldsymbol{G}_{\mathrm{T}}[A] \| \leqslant 1 \tag{1-31}$$

式中的等号当且仅当 $\boldsymbol{g}_{\mathrm{norm}}(t)$ 在 $\boldsymbol{T}$ 中所有非零测集上保持一致时才能成立。这意味着,当且仅当一个电磁波几乎在每个时刻的瞬态极化状态都相同时,其极化聚类中心才会位于单位球面上;否则,其极化聚类中心的长度必定小于1。另外,如果极化投影集的空间分布越疏散,那么由矢量合成原理可知,其极化聚类中心越接近于原点;反之,若极化投影集的空间分布越趋集中,那么其极化聚类中心就会越接近于单位球面。基于极化投影集空间分布的特殊性,我们可以直接利用极化聚类中心的长度来定义极化投影集的空间散布程度。

定义极化投影集的狭义极化散度为

$$N\mathrm{Div}_{(T)}^{(k)}[A] = 1 - \| \boldsymbol{G}_{\mathrm{T}}[A] \|^k \tag{1-32}$$

式中:k 为正整数,称为狭义极化散度的阶数。由定义式可见有

$$0 \leqslant N\mathrm{Div}_{(T)}^{(k)}[A] \leqslant 1 \tag{1-33}$$

如果 $N\mathrm{Div}_{(T)}^{(k)}[A]$ 越接近于1,则表明极化投影集的聚类中心越接近于原点,即极化投影集的空间分布越疏散;反之,若 $N\mathrm{Div}_{(T)}^{(k)}[A]$ 越接近于0,则说明极化聚类中心越接近于单位球面,也即极化投影集的空间分布越趋集中。

通过仔细观察以上两种极化散度的定义,可以看出,这两种极化散度的概念是相容的,特别地,当 $k=2$ 时,两者是完全等价的。事实上,当 $k=2$ 时,有

$$\begin{aligned}
\mathrm{Div}_{(T)}^{(2)}[A] &= \int_{\boldsymbol{T}} a(t) \| \boldsymbol{g}_{\mathrm{norm}}(t) - \boldsymbol{G}[A] \|^2 \mathrm{d}t \\
&= \int_{\boldsymbol{T}} a(t)(1 + \| \boldsymbol{G}[A] \|^2 - 2\boldsymbol{G}[A]^{\mathrm{T}} \boldsymbol{g}_{\mathrm{norm}}(t))\,\mathrm{d}t \\
&= 1 + \| \boldsymbol{G}[A] \|^2 - 2\boldsymbol{G}[A]^{\mathrm{T}} \int_{\boldsymbol{T}} a(t) \boldsymbol{g}_{\mathrm{norm}}(t)\,\mathrm{d}t \\
&= 1 - \| \boldsymbol{G}[A] \|^2 \\
&= N\mathrm{Div}_{(\mathrm{T})}^{(2)}[A]
\end{aligned} \tag{1-34}$$

此式表明,2 阶极化散度与 2 阶狭义极化散度是完全等同的概念。当 $k \neq 2$ 时,这种等价性则通常不再成立。

2）时域瞬态极化状态变化率

在实际的电磁工程中,无论是复杂调制宽带电磁波、瞬变电磁波,还是未经调制的单色波(窄带波),其时域支撑通常都是连续的有界闭区间(用数学语言描述就是,时间支撑集具有紧性),并且其电场也是一个连续函数,这就意味着时域瞬态 Stokes 矢量也具有连续性,相应地可以推知,时域瞬态 Stokes 矢量的子矢量也是连续的。对这一结论的严格的表述为,如果电磁波的时域能量谱为一致连续的,并且其极化投影集为相对于时间变量连续的,那么 Stokes 子矢量必然是连续的。鉴于上述结论可以在一般的实分析教材中找到,故不予证明。再由电磁波时域瞬态极化投影集的定义,立即可知,该电磁波的极化投影集必然是一条连续的空间曲线。

由极化投影集的定义可知,极化投影集是一个有序集合,即以时间作为序参量的空间点集,它描述了电磁波瞬态极化随时间的演化特性。显然,这种时域变化特性是电磁波极化投影集的一个固有属性。如果说极化聚类中心和极化散度描述了一个极化投影集的“静态”空间分布特性,那么在这一小节中,我们将着重讨论极化投影集的“动态”演化特性的表征问题。

为讨论方便起见,需要进一步假设极化投影集是一条几乎处处可微的空间曲线,也就是说,除了一些离散点以外,整条曲线都可以认为是光滑的,这样我们就可以在每一个光滑的区段上利用矢函数微分的概念来定量、细致地描述极化投影集的时间演化特性。

在实际情况中,要验证一个电磁波的时域极化投影是否具有“几乎处处可微性”,有时是比较困难的。但是注意到实际的工程处理中,通常都要对电磁信号进行离散化采样,这意味着要以差分格式代替严格的微分运算,因此,对电磁波时域极化投影集的“几乎处处可微性”要求就可以降低为“处处连续”,而连续性则是极易满足的。

设一个电磁波的时域瞬态极化投影集为 $\boldsymbol{\Pi}_{\mathrm{T}}=\{\boldsymbol{g}_{\mathrm{norm}}(t),t\in\boldsymbol{T}\}$,定义其瞬态极化状态变化率矢量为

$$\boldsymbol{V}_{\mathrm{T}}^{(n)}(t)=\frac{\mathrm{d}^n}{\mathrm{d}t^n}\boldsymbol{g}_{\mathrm{norm}}(t) \tag{1-35}$$

这里 n 为正整数,称为变化率的阶数,实际应用中最常用的是 $n=1$ 的情况,故下面我们将着重讨论一阶瞬态极化状态变化率矢量的性质。

由极化投影集的定义可知,$\boldsymbol{g}_{\mathrm{norm}}(t)$为单位长度矢量,那么可知,其随时间的变化率矢量必然与之正交,换言之,即一个电磁波的瞬态极化状态变化率矢量

必然与 Poincare 球面相切。这一结论可以简要地证明如下:利用 Stokes 矢量的极化相位描述子表征,$\boldsymbol{g}_{\text{norm}}(t)$可写为如下形式:

$$\boldsymbol{g}_{\text{norm}}(t)=[\cos\alpha(t),\sin\alpha(t)\cos\varphi(t),\sin\alpha(t)\sin\varphi(t)]^{\mathrm{T}} \tag{1-36}$$

由 $\boldsymbol{g}_{\text{norm}}(t)$的可微性可以推知,$\alpha(t)$和 $\varphi(t)$皆为可微函数(注意,此时无须规定(α,φ)的不模糊取值区间),其一阶导数分别简记为 α'和β',于是可得瞬态极化状态变化率矢量为

$$\boldsymbol{V}_{\mathrm{T}}^{(1)}(t)=\begin{bmatrix}-\alpha'\sin\alpha\\ \alpha'\cos\alpha\cos\varphi-\varphi'\sin\alpha\sin\varphi\\ \alpha'\cos\alpha\sin\varphi+\varphi'\sin\alpha\cos\varphi\end{bmatrix} \tag{1-37}$$

与 $\boldsymbol{g}_{\text{norm}}(t)$作乘积,稍加整理即得

$$[\boldsymbol{V}_{\mathrm{T}}^{(1)}(t)]^{\mathrm{T}}\boldsymbol{g}_{\text{norm}}(t)=0 \tag{1-38}$$

由此便证明了 $\boldsymbol{V}_{\mathrm{T}}^{(1)}(t)$与 $\boldsymbol{g}_{\text{norm}}(t)$的正交性。

由 $\boldsymbol{V}_{\mathrm{T}}^{(1)}(t)$的定义可知,它的矢量性实际上给出了电磁波瞬态极化在该时刻的变化方向,而其模值(即范数)大小则描述了电磁波瞬态极化在该时刻的变化快慢程度,称 $\|\boldsymbol{V}_{\mathrm{T}}^{(1)}(t)\|$ 为电磁波的一阶瞬态极化状态变化率,将其写为极限形式则有

$$\|\boldsymbol{V}_{\mathrm{T}}^{(1)}(t)\|=\lim_{\Delta t\to 0}\frac{\|\boldsymbol{g}_{\text{norm}}(t+\Delta t)-\boldsymbol{g}_{\text{norm}}(t)\|}{\Delta t} \tag{1-39}$$

由此式可见,$\|\boldsymbol{V}_{\mathrm{T}}^{(1)}(t)\|$是以两个单位矢量空间距离的极限定义的。注意到如下事实,即

$$\|\Delta\boldsymbol{g}_{\text{norm}}(t)\|\sim\arccos\left\{1-\frac{1}{2}\|\Delta\boldsymbol{g}_{\text{norm}}(t)\|^{2}\right\},\quad \|\Delta\boldsymbol{g}_{\text{norm}}(t)\|\to 0 \tag{1-40}$$

式中:$\Delta\boldsymbol{g}_{\text{norm}}(t)\hat{=}\boldsymbol{g}_{\text{norm}}(t+\Delta t)-\boldsymbol{g}_{\text{norm}}(t)$;“~”代表“等价无穷小”,此式的几何含义是,当单位球面上两点无限接近时,那么这两点间的空间直线距离与它们之间的球面距离是一对等价无穷小量,如图 1-1 所示。

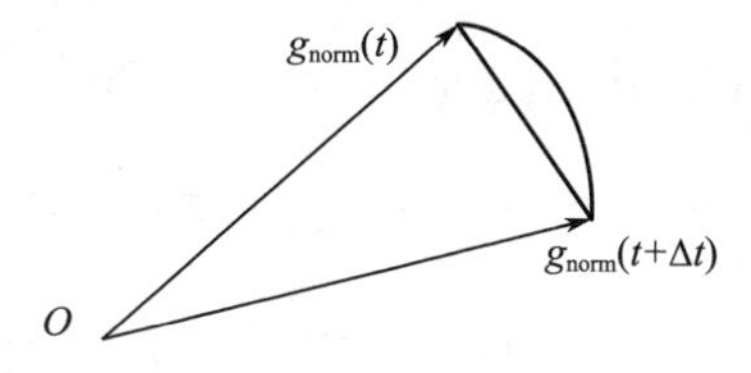

图 1-1　球面上两点间的空间直线距离与球面距离示意图

利用上述等价关系，$\| \boldsymbol{V}_{\mathrm{T}}^{(1)}(t) \|$ 可改写为如下形式：

$$\| \boldsymbol{V}_{\mathrm{T}}^{(1)}(t) \| = \lim_{\Delta t \to 0} \frac{1}{\Delta t} \arccos\left\{1 - \frac{1}{2} \| \boldsymbol{g}_{\mathrm{norm}}(t + \Delta t) - g_{\mathrm{norm}}(t) \|^2 \right\} \tag{1-41}$$

如果将此式写为差分格式，不难看出，它与文献[5]中的 PSD 概念是极为类似的，其区别仅仅在于 PSD 概念是针对频域离散极化序列定义的，而此处的瞬态极化变化率的概念是在时域以极限形式定义的。事实上，正如下面要讨论的，瞬态极化变化率的概念也可以推广到频域中去，因而可以说 PSD 概念仅仅是瞬态极化变化率在频域及离散化处理条件下的一个特例，瞬态极化变化率比 PSD 更为深刻、全面地反映了电磁波极化的动态演化特性。

3）时域极化测度

设一个电磁波的时域瞬态极化投影集为 Π_{T}，若其时域支撑 $\boldsymbol{T}$ 为 Lebesgue 可测集，则定义该电磁波的时域极化测度为

$$B_{\mathrm{PT}} = \mu(\Pi_{\mathrm{T}}) \tag{1-42}$$

式中：$\mu(\cdot)$ 为单位球面上点集的测度。

根据泛函分析理论可知，给定了单位球面 $\tilde{P}$，其幂集 $\boldsymbol{T}(\tilde{P})$ 是一个 σ - 代数，式(1-42)中所用到的测度就是针对 $\boldsymbol{T}(\tilde{P})$ 这个集类定义的，显然，这样的测度可有各种不同的定义方式。注意到实际电磁工程领域中，一个电磁波的时域支撑通常都是实数轴上的 Lebesgue 可测集（事实上，时域支撑通常都是一个闭区间或者由有限个闭区间相并构成的闭集），并且绝大多数电磁信号是连续或者分段连续的，所以相应的时域极化投影集在几何上表现为分布于单位球面上一条或数条连续的空间曲线。基于该考虑，可以把单位球面上连续曲线所构成的点集的测度直观地定义为空间曲线长度。其严格叙述为：设 Σ 是由集 $\tilde{P}$ 上所有连续、或者分段连续曲线及其补集所构成的一个集类，显然 $\Sigma \subset \boldsymbol{T}(\tilde{P})$ 非空，这里 $\boldsymbol{T}(\tilde{P})$ 为 $\tilde{P}$ 的幂集，并且 Σ 满足：

(1) 若 $A_i \in \Sigma, i = 1, 2, \cdots, \infty$，则有 $\bigcup_{i=1}^{\infty} A_i \in \Sigma$；

(2) 若 $A \in \Sigma$，则有 $A^c = \tilde{P} - A \in \Sigma$。

因此 Σ 是 $\tilde{P}$ 上的一个 σ - 代数。在 Σ 上定义一个非负集函数 μ：

$$\mu(A) = \begin{cases} l(A), & A \text{ 为 } \tilde{P} \text{ 上连续或分段连续曲线} \\ +\infty, & \text{其他} \end{cases} \tag{1-43}$$

式中:l 为空间连续或分段连续曲线的长度算子。不难验证,μ 满足如下性质:

(3) $\mu(\varphi)=0$,这里 φ 为空集;

(4) 对任何 $A_i \in \Sigma, i=1,2,\cdots,\infty$,只要 $A_i \cap A_j = \phi(i \neq j)$,就有 $\mu\left(\bigcup\limits_{i=1}^{\infty} A_i\right) = \sum\limits_{i=1}^{\infty}\mu(A_i)$,即 μ 满足可列可加性。

因此,μ 是 Σ 上的一个测度,$(\tilde{P},\Sigma,\mu)$ 构成了一个测度空间[4]。

上面论述中,为了叙述严密,引入了测度等于无穷大这一情况。在实际情况中,电磁波的时域支撑通常都是有界集,其电场矢量为连续或者分段连续的,因此其时域瞬态极化投影集通常都是良态的空间曲线,它们的长度都是有限的,也就是说,实际电磁信号的时域极化测度必定是有限值,而不会出现无穷大这样的奇异情况。因此,在以下的讨论中不再过多关心数学讨论中的奇异性问题,而是把注意力集中在电磁信号极化测度的具体计算上。

设 $\boldsymbol{\Pi}_{\mathrm{T}}$ 为单位球面上的连续或分段连续曲线,那么其极化测度可写为

$$B_{\mathrm{PT}} = \int_{\boldsymbol{\Pi}_{\mathrm{T}}} \mathrm{d}s \tag{1-44}$$

如果进一步假设极化投影集 $\boldsymbol{\Pi}_{\mathrm{T}}$ 是光滑的或者分段光滑的空间曲线,那么式(1-44)可以具体写为如下形式:

$$B_{\mathrm{PT}} = \int_{T} \left\| \frac{d}{\mathrm{d}t}\boldsymbol{g}_{\mathrm{norm}}(t) \right\| \mathrm{d}t = \int_{T} \left\| \boldsymbol{V}_{\mathrm{T}}^{(1)}(t) \right\| \mathrm{d}t \tag{1-45}$$

式中:积分为曲线弧长关于参数 t 的积分。

由瞬态 Stokes 矢量的性质可知:

$$\boldsymbol{g}_{\mathrm{norm}}(t) = \boldsymbol{g}(t)/g_0(t) \tag{1-46}$$

$$\| \boldsymbol{g}(t) \| = g_0(t) \tag{1-47}$$

将这两条性质代入式(1-45)中可以解得

$$B_{\mathrm{PT}} = \int_{T} \frac{\sqrt{\| \boldsymbol{g}'(t) \|^2 - [g_0'(t)]^2}}{g_0(t)} \mathrm{d}t \tag{1-48}$$

式中:“ ' ”号表示一阶导数。

利用时域极化测度可以对一般的电磁波从极化域的角度作一个粗略的分类,即分为极化域简单电磁波和极化域复杂电磁波两大类。具体而言,对任意一个电磁波 $\boldsymbol{e}(t)$,若其时域极化测度为0,则称其为极化域简单电磁波;反之,若其时域极化测度大于0,则称其为极化域复杂电磁波。由此定义可知,如果一个电磁波的时域极化投影集是有限集或者可列集,那么它的时域极化测度为0,

因此它必定是一个极化域简单信号，譬如单色波、固定极化的射频脉冲或脉冲串，都是极化域典型的简单信号；另外，如果一个电磁波的时域极化投影集是一条连续曲线或者分段连续曲线，那么它的时域极化测度必定大于0，因此它就是一个极化域复杂信号，在实际中经常遇到的极化域复杂信号有双频脉冲电磁波、瞬变电磁波、复杂目标的高分辨雷达回波、地物杂波、海杂波等。

1.2.3 电磁波的频域瞬态极化表征

设一个复解析电磁波为 $\boldsymbol{e}(t)$，其时域支撑为 $\boldsymbol{T}$。若该电磁波为因果性的，则有 $\boldsymbol{T}\subset\overline{R^+}$，这里$\overline{R^+}$代表实数轴的正半轴及零点。若记该电磁信号的频谱为 $\boldsymbol{E}(\omega)$，即

$$\boldsymbol{E}(\omega) = \int_{\boldsymbol{T}} \boldsymbol{e}(t)\mathrm{e}^{-\mathrm{j}\omega t}\mathrm{d}t \tag{1-49}$$

其频域支撑集记为 Ω，由解析信号的变换性质可知，$\boldsymbol{E}(\omega)$必定为一个因果信号，即有 $\Omega\subset\overline{R^+}$。通常情况下，$\boldsymbol{E}(\omega)$不再是解析信号，但它在形式上仍可写为复指数形式，因此我们可以利用 $\boldsymbol{E}(\omega)$来定义电磁波的频域瞬态极化描述子。

从信号表征角度来看，时域电磁信号 $\boldsymbol{e}(t)$ 与其频谱 $\boldsymbol{E}(\omega)$ 在形式上是完全等价的，因而电磁波的频域瞬态极化描述子与其时域描述子之间应当是一一对应的，二者的差别仅在于所属论域的不同，也即表现为各个瞬态极化描述子下标有所不同。

当然，从物理意义上讲，频域瞬态极化描述子与时域瞬态极化描述子并不是等同的，因为二者所属论域不同，时域瞬态极化描述子侧重于反映电磁波极化状态随时间的演化、分布特性，而频域瞬态极化描述子则侧重于描述电磁波极化随频率的演化、分布特性，它是对电磁波各个频率分量所对应的极化状态的一种宏观描述；另外，由傅里叶变换的可逆性可知，$\boldsymbol{e}(t)$ 与其频谱 $\boldsymbol{E}(\omega)$ 是信息等价的，因而由它们所分别导出的时、频域瞬态极化描述子之间必然存在着本质的联系，它们是从两个不同的角度来刻画同一个电磁波的固有极化属性，两者在信息含量上虽不等价，但也并非彼此无关的。

由于在形式上电磁波的频域瞬态极化描述子与其时域瞬态极化描述子是几乎完全平行的，因此下面将进行简要阐述。

1. 频域瞬态 Stokes 矢量

设一个复解析电磁信号的频谱为 $\boldsymbol{E}(\omega)$，$\omega\in\Omega$，定义其频域互相干矢量为

$$\boldsymbol{C}(\omega_1,\omega_2) = \boldsymbol{E}(\omega_1)\otimes\boldsymbol{E}^*(\omega_2) \tag{1-50}$$

它是由电磁波的两个不同频率分量做 Kronecher 积得到的（包括一个共轭运算），它满足如下交换性质：

$$\boldsymbol{C}(\omega_1,\omega_2)=\boldsymbol{P}_4\boldsymbol{C}^*(\omega_2,\omega_1) \tag{1-51}$$

这里 $\boldsymbol{P}_4$ 定义仍如前述。

在此基础上,定义电磁波的频域互 Stokes 矢量为

$$\boldsymbol{J}(\omega_1,\omega_2)=\boldsymbol{R}\boldsymbol{C}(\omega_1,\omega_2) \tag{1-52}$$

特别地,当 $\omega_1=\omega_2=\omega$ 时,则称 $\boldsymbol{J}(\omega,\omega)$ 为电磁波的频域瞬态 Stokes 矢量,在不致引起混淆的情况下,将其简记为 $\boldsymbol{J}(\omega)$,即有

$$\boldsymbol{J}(\omega)=\boldsymbol{R}\boldsymbol{C}(\omega,\omega)=\boldsymbol{R}\boldsymbol{E}(\omega)\otimes\boldsymbol{E}^*(\omega) \tag{1-53}$$

根据上述定义可知,电磁波的频域互 Stokes 矢量和频域瞬态 Stokes 矢量满足如下一些性质:

(1) $\forall\alpha,\beta\in\Omega$,有

$$\boldsymbol{J}(\alpha)\in S_{P0} \tag{1-54}$$

成立,若 $\alpha\neq\beta$,则未必有

$$\boldsymbol{J}(\alpha,\beta)\in S_P \tag{1-55}$$

成立。

(2) 对称性质:

对任意的 $\alpha,\beta\in\Omega$,有

$$\boldsymbol{J}(\alpha,\beta)=\boldsymbol{J}^*(\beta,\alpha) \tag{1-56}$$

特别地,当 $\alpha=\beta$ 时,则有

$$\boldsymbol{J}(\alpha)=\boldsymbol{J}^*(\alpha) \tag{1-57}$$

这表明电磁波的频域瞬态 Stokes 矢量为实矢量。

(3) 乘积性质:

对任意的 $\alpha,\beta\in\Omega$,有

$$\boldsymbol{J}(\alpha)^{\mathrm{T}}\boldsymbol{J}(\beta)\leqslant\boldsymbol{J}^{\mathrm{T}}(\alpha,\beta)\boldsymbol{J}(\beta,\alpha) \tag{1-58}$$

当且仅当 $\boldsymbol{E}(\alpha)=k\boldsymbol{E}(\beta)$ 时,上式中等号成立;换言之,当且仅当 $\boldsymbol{J}(\alpha,\beta)=k\boldsymbol{J}(\beta)$ 时,上式中等号成立,其中 k 为任意复标量。

2. 电磁波的频域瞬态极化投影集

将电磁波的频域瞬态 Stokes 矢量写为如下分块形式:

$$\boldsymbol{J}(\omega)=[g_0(\omega),\boldsymbol{g}^{\mathrm{T}}(\omega)]^{\mathrm{T}} \tag{1-59}$$

由式(1-54)可知,$\boldsymbol{J}(\omega)$ 满足完全极化约束,即有

$$g_0(\omega)=\|\boldsymbol{g}(\omega)\| \tag{1-60}$$

若定义

$$\boldsymbol{g}_{\text{norm}}(\omega)=\boldsymbol{g}(\omega)/g_0(\omega) \tag{1-61}$$

则有 $\|\boldsymbol{g}_{\text{norm}}(\omega)\|=1$，也就是说，$\boldsymbol{g}_{\text{norm}}(\omega)$ 必然位于单位 Poincare 球面上，即有

$$\boldsymbol{g}_{\text{norm}}(\omega)\in\tilde{P} \tag{1-62}$$

定义电磁波的频域瞬态极化投影集为

$$\boldsymbol{\Pi}_{\text{F}}=\{\boldsymbol{g}_{\text{norm}}(\omega),\omega\in\Omega\} \tag{1-63}$$

显然，$\boldsymbol{\Pi}_{\text{F}}$ 是一个三维单位矢量有序集，通常可简称为频域极化投影集，它完整地描述了电磁波的频域极化特性。

类似地，定义电磁波的频域瞬态能量谱和相位谱为

$$E_{\text{F}}=\{g_0(\omega),\omega\in\Omega\} \tag{1-64}$$

$$\boldsymbol{\Phi}_{\text{F}}=\{\arg(\boldsymbol{E}(\omega)),\omega\in\Omega\} \tag{1-65}$$

从信息论的意义上讲，E_{F}、$\boldsymbol{\Phi}_{\text{F}}$ 和 $\boldsymbol{\Pi}_{\text{F}}$ 是一个电磁波的 3 个基本信息要素，它们分别描述了一个电磁波的频域能量、相位和极化特性，因此它们共同构成了电磁波的一个完备表征。在这个意义上可以推知，一个电磁波的时域信息要素集 $\{E_{\text{T}},\boldsymbol{\Phi}_{\text{T}},\boldsymbol{\Pi}_{\text{T}}\}$ 与其频域信息要素集 $\{E_{\text{F}},\boldsymbol{\Phi}_{\text{F}},\boldsymbol{\Pi}_{\text{F}}\}$ 是完全等价的。同时域信息要素集的 3 个元素具有无关性一样，频域信息要素集的 3 个元素也是相互无关的。

1）频域极化聚类中心与极化散度

电磁波的频域瞬态极化投影集是一个分布在单位 Poincare 球面上的有序空间点集，它具有一定的散布态势，仿照 1.2.2 的做法，通过定义电磁波的频域极化聚类中心及极化散度的概念，即可定量地描述频域极化投影集的这种空间散布特性。

（1）频域极化聚类中心。

电磁波的频域瞬态极化投影集记为 $\boldsymbol{\Pi}_{\text{F}}=\{\boldsymbol{g}_{\text{norm}}(\omega),\omega\in\Omega\}$，设 $A=\{\alpha(\omega),\omega\in\Omega\}$ 为 Ω 支撑上的一个加权因子集，即满足如下两条性质：

$$\alpha(\omega)\geqslant 0,\ \forall\,\omega\in\Omega \tag{1-66}$$

$$\int_{\Omega}\alpha(\omega)\,\mathrm{d}\omega=1 \tag{1-67}$$

若

$$\boldsymbol{G}_{\text{F}}[A]=A\circ\boldsymbol{\Pi}_{\text{F}}=\int_{\Omega}\alpha(\omega)\boldsymbol{g}_{\text{norm}}(\omega)\,\mathrm{d}\omega \tag{1-68}$$

存在，则称 $\boldsymbol{G}_{\text{F}}[A]$ 为电磁波的频域加权极化聚类中心。特别地，若 Ω 为 Lebesgue 可测集，且其测度为有限正数，即有

$$0 < m(\Omega) < +\infty \tag{1-69}$$

则可定义两类典型的频域加权极化聚类中心。

若令

$$a(\omega) = 1/m(\Omega), \quad \omega \in \Omega \tag{1-70}$$

代入式(1-68)中，则得

$$\boldsymbol{G}_{\mathrm{F1}} = \boldsymbol{G}_{\mathrm{F}}[A] = \int_{\Omega} \boldsymbol{g}_{\mathrm{norm}}(\omega)\,\mathrm{d}\omega / m(\Omega) \tag{1-71}$$

由式(1-71)可见，$\boldsymbol{G}_{\mathrm{F1}}$是通过对频域极化投影集做均匀加权得到的，故称之为频域均匀加权极化聚类中心，亦称为第一类频域极化中心。

若令

$$\alpha(\omega) = g_0(\omega) \Big/ \int_{\Omega} g_0(\omega)\,\mathrm{d}\omega, \omega \in \Omega \tag{1-72}$$

代入式(1-68)中，则得

$$\boldsymbol{G}_{\mathrm{F2}} = G_{\mathrm{F}}[A] = \int_{\Omega} \boldsymbol{g}(\omega)\,\mathrm{d}\omega \Big/ \int_{\Omega} \boldsymbol{g}_0(\omega)\,\mathrm{d}\omega \tag{1-73}$$

显然，$\boldsymbol{G}_{\mathrm{F2}}$实质上是对电磁波频域瞬态 Stokes 矢量的子矢量积分后，再对该电磁波总能量做归一化处理而得到的，它也可以看作对该电磁波频域极化投影集的瞬态能量加权平均，故称 $\boldsymbol{G}_{\mathrm{F2}}$为频域能量加权极化聚类中心，亦称为第二类频域极化中心。

同时域加权极化聚类中心一样，电磁波的频域极化聚类中心也满足如下不等式关系：

$$\| \boldsymbol{G}_{\mathrm{F}}[A] \| \leqslant 1 \tag{1-74}$$

当且仅当 $\boldsymbol{g}_{\mathrm{norm}}(\omega)$在 Ω 中所有非零测集上保持一致时，式中等号才能成立。

(2) 频域极化散度。

给定加权因子集 A 后，一个电磁波频域瞬态极化投影集 Π_{F} 的极化散度定义为

$$\mathrm{Div}_{(\mathrm{F})}^{(k)}[A] = \int_{\Omega} a(\omega) \ \| \boldsymbol{g}_{\mathrm{norm}}(\omega) - \boldsymbol{G}_{\mathrm{F}}[A] \|^{k}\mathrm{d}\omega \tag{1-75}$$

式中：k 为正整数，称为极化散度的阶数。特别地，当对 Π_{F} 进行均匀加权时，得相应的频域极化散度为

$$\mathrm{Div}_{(\mathrm{F1})}^{(k)} = \frac{1}{m(\Omega)}\int_{\Omega} \| \boldsymbol{g}_{\mathrm{norm}}(\omega) - \boldsymbol{G}_{\mathrm{F1}} \|^{k} \mathrm{d}\omega \tag{1-76}$$

称之为第一类频域极化散度；当对 Π_{F} 进行能量加权时，得第二类频域极化散度为

$$\mathrm{Div}_{(\mathrm{F2})}^{(k)} = \frac{\int_{\Omega} g_0(\omega) \| \boldsymbol{g}_{\mathrm{norm}}(\omega) - \boldsymbol{G}_{\mathrm{F2}} \|^{k} \mathrm{d}\omega}{\int_{\Omega} g_0(\omega)\mathrm{d}\omega} \tag{1-77}$$

注意到频域极化投影集 Π_{F} 空间分布的特殊性，即有 $\Pi_{\mathrm{F}} \subset \tilde{P}$，同时利用式(1-74)给出的频域极化聚类中心的不等式关系，可以直接利用频域极化聚类中心的长度来定义频域极化投影集的空间散布程度。定义极化投影集 Π_{F} 的频域狭义极化散度为

$$N\mathrm{Div}_{(\mathrm{F})}^{(k)}[A] = 1 - \| \boldsymbol{G}_{\mathrm{F}}[A] \|^{k} \tag{1-78}$$

由式(1-74)可知，必有

$$0 \leqslant N\mathrm{Div}_{(\mathrm{F})}^{(k)}[A] \leqslant 1 \tag{1-79}$$

如果狭义极化散度越接近于1，则表明频域极化投影集的聚类中心越接近于原点，也即频域极化投影集的空间分布越疏散；反之，若狭义极化散度越接近于0，则说明 Π_{F} 的频域极化聚类中心越接近于单位球面，也即 Π_{F} 在 $\tilde{P}$ 上的分布越趋集中。

通常情况下，两种频域极化散度的概念是相容的。特别地，当 $k=2$ 时，两种2阶频域极化散度是完全相同的，即有

$$\mathrm{Div}_{(\mathrm{F})}^{(2)}[A] = N\mathrm{Div}_{(\mathrm{F})}^{(2)}[A] \tag{1-80}$$

成立；但当 $k \neq 2$ 时，两种频域极化散度之间通常不再保持这种等价关系。

2）频域瞬态极化状态变化率

假设一个电磁波的频域瞬态极化投影集 $\Pi_{\mathrm{F}} = \{\boldsymbol{g}_{\mathrm{norm}}(\omega), \omega \in \Omega\}$ 是一条分布于单位球面上的几乎处处可微的空间曲线，那么可以定义它的频域瞬态极化状态变化率矢量为

$$\boldsymbol{V}_{\mathrm{F}}^{(n)}(\omega) = \frac{\mathrm{d}^{n}}{\mathrm{d}\omega^{n}} \boldsymbol{g}_{\mathrm{norm}}(\omega) \tag{1-81}$$

式中：n 为正整数，称为变化率阶数。$\boldsymbol{V}_{\mathrm{F}}^{(n)}(\omega)$ 的范数称为频域瞬态极化状态变化率，它表征了电磁波频域瞬态极化在这一频率点处的变化速度。

不难证明，电磁波的1阶频域瞬态极化状态变化率矢量满足如下两条

性质:

(1) 正交性。

$\boldsymbol{V}_{\mathrm{F}}^{(1)}(\omega)$与$\boldsymbol{g}_{\mathrm{norm}}(\omega)$正交,即有

$$[\boldsymbol{V}_{\mathrm{F}}^{(1)}(\omega)]^{\mathrm{T}}\boldsymbol{g}_{\mathrm{norm}}(\omega)=0 \tag{1-82}$$

此式的几何解释为:电磁波的1阶频域瞬态极化状态变化率矢量总是与其对应的瞬态极化矢量相垂直,因而必与Poincare球面相切。

(2) 等价性。

当球面上两点无限接近时,这两点间的空间直线距离与它们之间的球面距离是一对等价无穷小量,利用这一等价性质,可以将$\boldsymbol{V}_{\mathrm{F}}^{(1)}(\omega)$改写为如下的球面距离形式:

$$\begin{aligned}\|\boldsymbol{V}_{\mathrm{F}}^{(1)}(\omega)\| &= \lim_{\Delta\omega\to 0}\frac{\|\boldsymbol{g}_{\mathrm{norm}}(\omega+\Delta\omega)-\boldsymbol{g}_{\mathrm{norm}}(\omega)\|}{\Delta\omega}\\ &= \lim_{\Delta\omega\to 0}\frac{1}{\Delta\omega}\arccos\left\{1-\frac{1}{2}\|\boldsymbol{g}_{\mathrm{norm}}(\omega+\Delta\omega)-\boldsymbol{g}_{\mathrm{norm}}(\omega)\|^{2}\right\}\end{aligned} \tag{1-83}$$

3) 频域极化测度

定义一个电磁波的频域极化测度为

$$B_{\mathrm{PF}}=\mu(\Pi_{\mathrm{F}}) \tag{1-84}$$

式中:$\mu(\cdot)$为单位球面上点集的测度;Π_{F}为电磁波的频域瞬态极化投影集。当Π_{F}是连续或分段连续曲线时,$\mu(\cdot)$可以具体定义为

$$\mu(\Pi_{\mathrm{F}})=l(\Pi_{\mathrm{F}})=\int_{\Pi_{\mathrm{F}}}\mathrm{d}s \tag{1-85}$$

式中:$l(\cdot)$为空间连续或分段连续曲线的长度算子。此时Π_{F}的测度就定义为它所对应空间曲线的长度。

如果进一步假定Π_{F}是光滑或分段光滑的,那么有

$$B_{\mathrm{PF}}=\int_{\Omega}\|\boldsymbol{g}'_{\mathrm{norm}}(\omega)\|\mathrm{d}\omega=\int_{\Omega}\|\boldsymbol{V}_{\mathrm{F}}^{(1)}(\omega)\|\mathrm{d}\omega \tag{1-86}$$

利用$\boldsymbol{g}_{\mathrm{norm}}(\omega)\in S_{\mathrm{P0}}$这一性质,不难导出

$$B_{\mathrm{PF}}=\int_{\Omega}\frac{\sqrt{\|\boldsymbol{g}'(\omega)\|^{2}-[g'_{0}(\omega)]^{2}}}{g_{0}(\omega)}\mathrm{d}\omega \tag{1-87}$$

利用频域极化测度也可以对一般电磁波进行粗略的分类,即:如果一个电磁波的频域极化测度为0,则称其为频域极化域简单电磁波;反之,若其频域极化测度大于0,则称其为频域极化域复杂电磁波。

1.2.4 电磁波时、频域瞬态极化的信息等价性问题

由前述可知,一个电磁波的时域互 Stokes 矢量$\boldsymbol{j}(t_1,t_2)$实际上是一个二维时间平面上的 4 阶矢量信号,对其作二维傅里叶变换,得其频谱记为$\breve{j}(\omega_1,\omega_2)$,那么容易证明

$$\breve{j}(\omega_1,\omega_2)=\boldsymbol{J}(\omega_1,-\omega_2) \tag{1-88}$$

这里$\boldsymbol{J}(\omega_1,-\omega_2)$为该电磁波的频域互 Stokes 矢量。式(1-88)表明,一个电磁波的时域互 Stokes 矢量的二维傅里叶频谱与其频域互 Stokes 矢量关于ω_1频率轴成偶对称关系。类似地,若记电磁波互 Stokes 矢量$\boldsymbol{J}(\omega_1,\omega_2)$的二维傅里叶逆变换为$\breve{J}(t_1,t_2)$,那么容易证明有

$$\breve{J}(t_1,t_2)=j(t_1,-t_2) \tag{1-89}$$

这说明,$\breve{J}(t_1,t_2)$与该电磁波的时域互 Stokes 矢量关于t_1轴成偶对称关系。从信息含量的角度讲,一个电磁波的时、频域互 Stokes 矢量是信息等价的,即它们可以等价互推。

但是一般而言,电磁波的时、频域瞬态 Stokes 矢量之间并不能构成信息等价关系。若记时域瞬态 Stokes 矢量$j(t)$的(一维)傅里叶变换为$\breve{j}(\omega)$,则可推知

$$\breve{j}(\omega)=\frac{1}{2\pi}\int_{-\infty}^{+\infty}\boldsymbol{J}(\sigma,\sigma-\omega)\mathrm{d}\sigma \tag{1-90}$$

类似地,若记频域瞬态 Stokes 矢量$\boldsymbol{J}(\omega)$的一维傅里叶逆变换为$\breve{J}(t)$,则有

$$\breve{J}(t)=\int_{-\infty}^{+\infty}\boldsymbol{j}(\tau,\tau-t)\mathrm{d}\tau \tag{1-91}$$

由这两个关系式可以看出,$\boldsymbol{j}(t)$与$\boldsymbol{J}(\omega)$之间通常并不构成信息等价关系。

另外,这个结论亦可由$\boldsymbol{j}(t)$或$\boldsymbol{J}(\omega)$的定义式直观地看出:在$\boldsymbol{j}(t)$的表达式中,仅仅包含了在t时刻电磁波的“功率性”信息,而没有包含该时刻电磁波的瞬时相位信息,换言之,$\boldsymbol{j}(t)$只描述了电磁波的时域瞬态极化特性,但没有反映出该电磁波在不同时刻的瞬态极化之间的相对相位关系;同理,$\boldsymbol{J}(\omega)$也仅仅描述了一个电磁波的频域瞬态极化特性,但不能反映出该电磁波在不同频率上瞬态极化之间的相对相位关系。而根据傅里叶变换的性质可知,一般情况下一个信号的时、频域振幅谱是不能互推的,因此两者不能构成信息等价关系。

1.3　典型电磁波的瞬态极化表征

本节针对一些典型电磁波，研究其瞬态极化现象，并给出相应的瞬态极化描述子。

1.3.1　单载频连续波

设单载频连续波复解析电场为

$$\boldsymbol{e}(t)=\boldsymbol{A}\mathrm{e}^{\mathrm{j}(\omega_0 t+\varphi_0)},\quad t\in(-\infty,+\infty) \tag{1-92}$$

式中：$\boldsymbol{A}$ 为其 Jones 矢量；ω_0 为载频；φ_0 为初相，该电磁波的时域支撑集为整个时间域（这当然是一种理想情况，由泛函理论易知，该连续波非二次可积的，也就是说，它是能量无限的）。

易求得该连续波的时域瞬态描述子为

$$\boldsymbol{j}(t)=\boldsymbol{J}_A\hat{=}R(\boldsymbol{A}\otimes\boldsymbol{A}^*),\quad t\in(-\infty,+\infty) \tag{1-93}$$

可见，它是时域定常的，且与载频无关，并且它刚好等于经典极化学中该信号（单色波）的 Stokes 矢量。

该连续波的频谱为

$$\boldsymbol{E}(\omega)=2\pi\boldsymbol{A}\mathrm{e}^{\mathrm{j}\varphi_0}\delta(\omega-\omega_0) \tag{1-94}$$

显然其频域支集为一个单点集$\{\omega_0\}$。由此可求得该连续波的频域 Stokes 矢量为

$$\boldsymbol{J}(\omega)=4\pi^2\delta^2(\omega-\omega_0)\boldsymbol{J}_A \tag{1-95}$$

这是一个频域冲激函数，显然，这种奇异表示的形成归结于该电磁波的能量无限性。

相应地，可以求得单载频连续波的瞬态极化时频分布为

$$\boldsymbol{Y}(t,\omega)=2\pi\boldsymbol{J}_A\mathrm{e}^{\mathrm{j}2(\omega-\omega_0)t}\int_{-\infty}^{+\infty}\delta\left(\omega-\omega_0+\frac{\sigma}{2}\right)\delta\left(\omega-\omega_0-\frac{\sigma}{2}\right)\mathrm{d}\sigma \tag{1-96}$$

由此式可见，当 $\omega=\omega_0$ 时，式(1-96)等于 $2\pi\delta(0)\boldsymbol{J}_A$，而当 $\omega\neq\omega_0$ 时，其值为 0，即有

$$\boldsymbol{Y}(t,\omega)=\begin{cases}2\delta(0)\boldsymbol{J}_A, & \omega=\omega_0, \quad \forall t\\ 0, & \omega\neq\omega_0, \quad \forall t\end{cases} \tag{1-97}$$

此式表明，在整个时频联合域中，单色波瞬态极化的时频分布是“线状”的，即仅在 $\omega=\omega_0$ 这条直线上有值，而在其余点处皆为 0。

1.3.2 双频矢量连续波

双频矢量连续波是指电场的两个正交分量采用不同的载频，这也可以理解为两个互为正交极化的单色波在空间中同向传播而合成的，其电场可以表示为

$$\boldsymbol{e}(t)=\begin{bmatrix} a\mathrm{e}^{\mathrm{j}\omega_1 t} \\ b\mathrm{e}^{\mathrm{j}(\omega_2 t+\varphi_0)} \end{bmatrix}\mathrm{e}^{\mathrm{j}\varphi_0},\quad t\in(-\infty,+\infty) \tag{1-98}$$

式中：a、b 皆为正数，代表两个电场分量的振幅；ω_1 和 ω_2 分别为其载频，并记为 $\Delta\omega=\omega_2-\omega_1$；$\varphi$ 为两个分量之间的相对初相，φ_0 为绝对初相。

该电磁波的时域瞬态 Stokes 矢量可求得为

$$\boldsymbol{j}(t)=\begin{bmatrix} a^2+b^2 \\ a^2-b^2 \\ 2ab\cos(\Delta\omega t+\varphi) \\ 2ab\sin(\Delta\omega t+\varphi) \end{bmatrix},\quad t\in(-\infty,+\infty) \tag{1-99}$$

可见 $\boldsymbol{j}(t)$ 为时域周期函数，其周期为 $2\pi/\Delta\omega$，仅与两个电场分量载频之差有关。由式(1-99)可以写出该电磁波的时域极化投影矢量为

$$\boldsymbol{g}_{\mathrm{norm}}(t)=\frac{1}{a^2+b^2}\begin{bmatrix} a^2-b^2 \\ 2ab\cos(\Delta\omega t+\varphi) \\ 2ab\sin(\Delta\omega t+\varphi) \end{bmatrix} \tag{1-100}$$

不难看出，这个极化投影矢量满足如下平面方程：

$$\boldsymbol{n}^{\mathrm{T}}\boldsymbol{g}_{\mathrm{norm}}(t)=d \tag{1-101}$$

式中：$\boldsymbol{n}=[1,0,0]^{\mathrm{T}}$；$d=(a^2-b^2)/(a^2+b^2)$，由此即知，该电磁波的时域瞬态极化投影集 $\Pi_{\mathrm{T}}=\{\boldsymbol{g}_{\mathrm{norm}}(t),t\in(-\infty,+\infty)\}$ 实质上就是 Poincare 极化球上的一个圆形（更确切地讲，是一个小圆）极化轨道，其法矢量为 $\boldsymbol{n}$，轨道半径为 $r=2ab/(a^2+b^2)$，如图 1-2 所示。

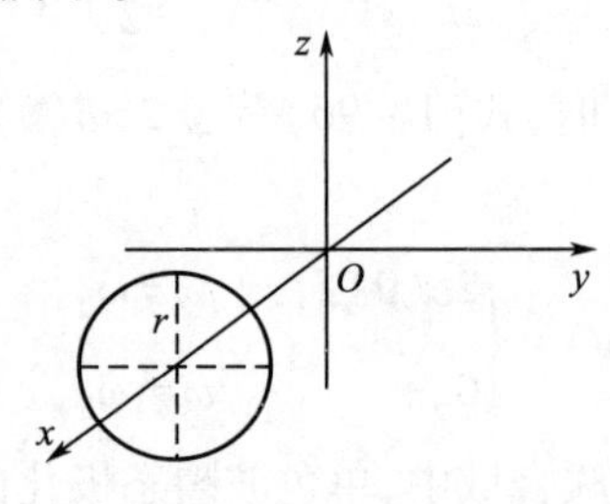

图 1-2 双频矢量连续波时域瞬态极化投影集示意图

双频矢量连续波的频谱为

$$\boldsymbol{E}(\omega)=2\pi\begin{bmatrix}a\delta(\omega-\omega_1)\\ b\mathrm{e}^{\mathrm{j}\varphi}\delta(\omega-\omega_2)\end{bmatrix} \tag{1-102}$$

其频域支集为 $\boldsymbol{\Omega}=\{\omega_1\}\cup\{\omega_2\}$。由式(1-102)即得该电磁波的频域瞬态Stokes矢量为

$$\boldsymbol{J}(\omega)=4\pi^2\begin{bmatrix}a^2\delta^2(\omega-\omega_1)+b^2\delta(\omega-\omega_2)\\ a^2\delta^2(\omega-\omega_1)-b^2\delta(\omega-\omega_2)\\ 0\\ 0\end{bmatrix} \tag{1-103}$$

可见其频域支集仍为 $\boldsymbol{\Omega}$，并且 $\boldsymbol{J}(\omega)$ 的第3、4个元素恒为0。

相应地，可得其瞬态极化时频分布为

$$\boldsymbol{Y}(t,\omega)=\begin{cases}4\pi a^2\delta(0)[1,1,0,0]^{\mathrm{T}}, & \omega=\omega_1,\ \forall t\\ 4\pi b^2\delta(0)[1,-1,0,0]^{\mathrm{T}}, & \omega=\omega_2,\ \forall t\\ 8\pi ab\delta(0)[0,0,\cos(\Delta\omega t+\varphi),\sin(\Delta\omega t+\varphi)]^{\mathrm{T}}, & \omega=\dfrac{\omega_1+\omega_2}{2},\ \forall t\\ 0, & \text{其他}\end{cases} \tag{1-104}$$

由此可见，电磁波的瞬态极化的时频分布是一种非线性变换，它可以由输入电场矢量的不同频率项产生出新的交叉频率项；此外，式(1-104)还验证了有关瞬态极化时频分布的一个结论，即通常情况下，$\boldsymbol{Y}(t,\omega)$ 未必总能解释为一个极化矢量，即未必总有 $\boldsymbol{Y}(t,\omega)\in S_P$ 成立。

1.3.3 单载频脉冲电磁波

设单载频脉冲波的复解析电场矢量为

$$\boldsymbol{e}(t)=\boldsymbol{a}(t)\mathrm{e}^{\mathrm{j}(\omega_0 t+\varphi_0)},\quad t\in\boldsymbol{T} \tag{1-105}$$

式中：$\boldsymbol{a}(t)=[a_x(t)\mathrm{e}^{\mathrm{j}\varphi_x(t)},a_y(t)\mathrm{e}^{\mathrm{j}\varphi_y(t)}]^{\mathrm{T}}$ 为该脉冲波的复包络矢量，其时域支撑集为 $\boldsymbol{T}$，$a_x(t)$、$a_y(t)$ 和 $\varphi_x(t)$、$\varphi_y(t)$ 分别为两个电场分量的时变包络和相位，若 $\boldsymbol{e}(t)$ 为窄带电磁波，那么它们均为慢变化过程；ω_0 为脉冲波的载频，φ_0 为其绝对相位。

由 $\boldsymbol{e}(t)$ 可求得该脉冲电磁波的时域瞬态Stokes矢量为

$$\boldsymbol{j}(t)=R\boldsymbol{a}(t)\otimes\boldsymbol{a}^{*}(t)=\begin{bmatrix}\|\boldsymbol{a}(t)\|^{2}\\ a_{x}^{2}(t)-a_{y}^{2}(t)\\ 2a_{x}(t)a_{y}(t)\cos\Delta\varphi(t)\\ 2a_{x}(t)a_{y}(t)\sin\Delta\varphi(t)\end{bmatrix},\quad t\in\boldsymbol{T} \tag{1-106}$$

式中:$\Delta\varphi(t)=\varphi_{y}(t)-\varphi_{x}(t)$。由此式可见,$\boldsymbol{j}(t)$与脉冲波的载频及初相无关。

设该脉冲波电场频谱为$\boldsymbol{E}(\omega)$,并记$\boldsymbol{a}(t)$的傅里叶变换为$\boldsymbol{A}(\omega)$,则有

$$\boldsymbol{E}(\omega)=\boldsymbol{A}(\omega-\omega_{0})\mathrm{e}^{\mathrm{j}\varphi_{0}},\quad \omega\in\Omega \tag{1-107}$$

由此可求得脉冲波的频域瞬态 Stokes 矢量为

$$\boldsymbol{J}(\omega)=R\boldsymbol{A}(\omega-\omega_{0})\otimes\boldsymbol{A}^{*}(\omega-\omega_{0}) \tag{1-108}$$

可见$\boldsymbol{J}(\omega)$与脉冲波初相无关,并且它刚好是由其包络信号的频域瞬态 Stokes 矢量做ω_{0}频移得到的。

进一步地,可得该脉冲波瞬态极化的时频分布为

$$\boldsymbol{Y}(t,\omega)=\boldsymbol{Y}_{A}(t,\omega-\omega_{0}) \tag{1-109}$$

这里$\boldsymbol{Y}_{A}(t,\omega)$为该脉冲波包络的瞬态极化的自时频分布(形式上的),即

$$\boldsymbol{Y}_{A}(t,\omega)=\boldsymbol{W}_{T}[\boldsymbol{a}(t),\boldsymbol{a}(t)] \tag{1-110}$$

作为一个特例,我们来考虑实际中最为常见的矩形包络脉冲波的情况。此时有

$$\boldsymbol{a}(t)=\boldsymbol{A}\mathrm{rect}\left(\frac{t}{T}\right)=\boldsymbol{A}[u(t)-u(t-T)] \tag{1-111}$$

式中:$\boldsymbol{A}$为一个常矢量。对于经典极化学而言,如果该脉冲波的“时谐性”(或“窄带性”)足够好的话,即当$\omega_{0}T\gg1$时,可以把这个脉冲波近似地作为单色波来处理,这时$\boldsymbol{A}$就是该电磁波的 Jones 矢量,而其 Stokes 矢量即为$\boldsymbol{J}_{A}$。注意到$\boldsymbol{a}(t)$的频谱为

$$\boldsymbol{A}(\omega)=\boldsymbol{A}T\mathrm{sa}\left(\frac{\omega T}{2}\right)\exp\left(-\mathrm{j}\frac{\omega T}{2}\right) \tag{1-112}$$

可以求得该矩形包络脉冲波的时、频域瞬态极化描述子为

$$\boldsymbol{j}(t)=\boldsymbol{J}_{A}\mathrm{rect}\left(\frac{t}{T}\right) \tag{1-113}$$

$$\boldsymbol{J}(\omega)=\boldsymbol{J}_A T^2\left[\mathrm{sa}\left(\frac{(\omega-\omega_0)T}{2}\right)\right]^2 \tag{1-114}$$

$$\boldsymbol{Y}(t,\omega)=\begin{cases}4t\boldsymbol{J}_A\mathrm{sa}[2(\omega-\omega_0)t], & 0\leqslant t\leqslant\dfrac{T}{2},\ \forall\omega\\ 4(T-t)\boldsymbol{J}_A\mathrm{sa}[2(\omega-\omega_0)(T-t)], & \dfrac{T}{2}<t\leqslant T,\ \forall\omega\\ 0, & \text{其他}\end{cases} \tag{1-115}$$

这些时、频域瞬态极化描述子如图1-3所示。

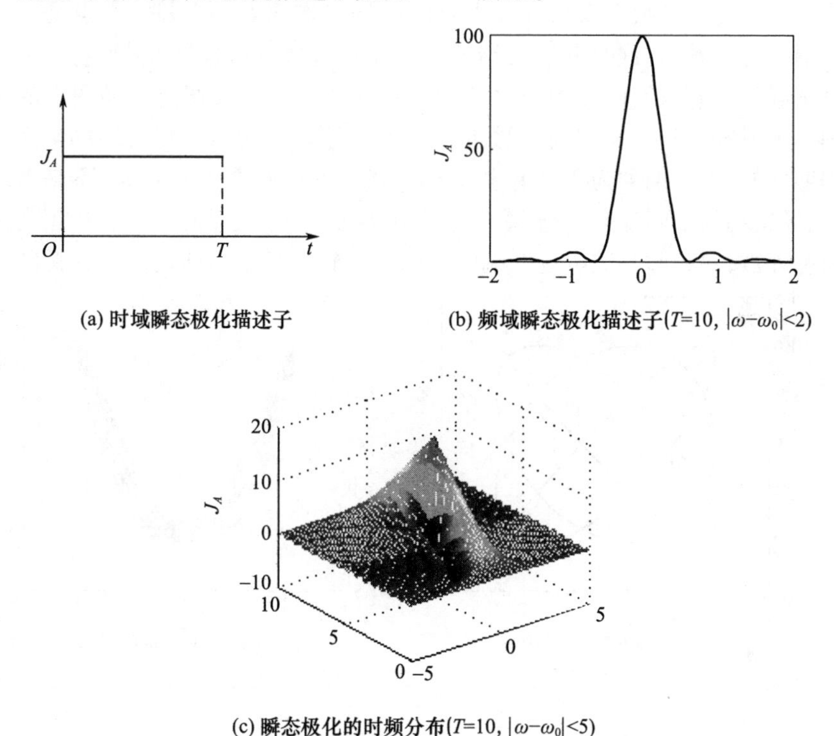

(a) 时域瞬态极化描述子

(b) 频域瞬态极化描述子(T=10, $|\omega-\omega_0|$<2)

(c) 瞬态极化的时频分布(T=10, $|\omega-\omega_0|$<5)

图1-3　矩形包络单载频脉冲波的时、频域瞬态极化描述子示意图

显然,矩形包络脉冲波的时域瞬态极化与经典极化学的结论是完全吻合的,这意味着经典的极化描述方法仅仅是瞬态极化描述方法的一种特殊情况。但值得注意的是,$\boldsymbol{j}(t)$所描述的是该电磁波在每个瞬时的极化状态,它反映了电磁波极化特性的动态信息,而这正是经典极化学所力不能及的;除此之外,$\boldsymbol{J}(\omega)$和$\boldsymbol{Y}(t,\omega)$分别从频域和时频联合域刻画了该电磁波的极化特性,这在经典极化学中也是从未有过的。这一点将在下一个例子中看得十分清楚。

1.3.4 双频脉冲电磁波

为简便起见,我们只讨论矩形包络的双频脉冲电磁波,设其电场为

$$\boldsymbol{e}(t)=\begin{bmatrix} a_x \mathrm{e}^{\mathrm{j}(\omega_1 t+\varphi_x)} \\ a_y \mathrm{e}^{\mathrm{j}(\omega_2 t+\varphi_y)} \end{bmatrix}\mathrm{rect}\left(\frac{t-t_0}{T}\right) \tag{1-116}$$

式中:a_x、a_y 为两个正交电场分量的振幅;ω_1、ω_2 分别为其载频;φ_x、φ_y 为对应的初相;t_0 表示该脉冲波的时域始点,不失一般性,可以认为 $t_0=0$。图1-4中给出了在几组特定参数下双频脉冲电磁波电场矢量端点在空间固定点处的变化轨迹图。可以看出,这时电场矢端的空间轨迹远较椭圆曲线复杂,它与两个电场分量载频之差以及两个相位之差均有密切的关系。根据李萨如图形的基本原理不难得知,当 ω_1/ω_2 为有理数时,并且 T 足够大,那么电场矢端的空间轨迹是周期性的,该周期即为 $2\pi/\omega_1$ 和 $2\pi/\omega_2$ 的最小公倍数;当 ω_1/ω_2 不是有理数时,电场矢端的空间变化轨迹将不是周期性的。事实上,无论两个载频之比是否为有理数,双频脉冲波电场矢端的空间变化轨迹都不再能用简单的椭圆曲线

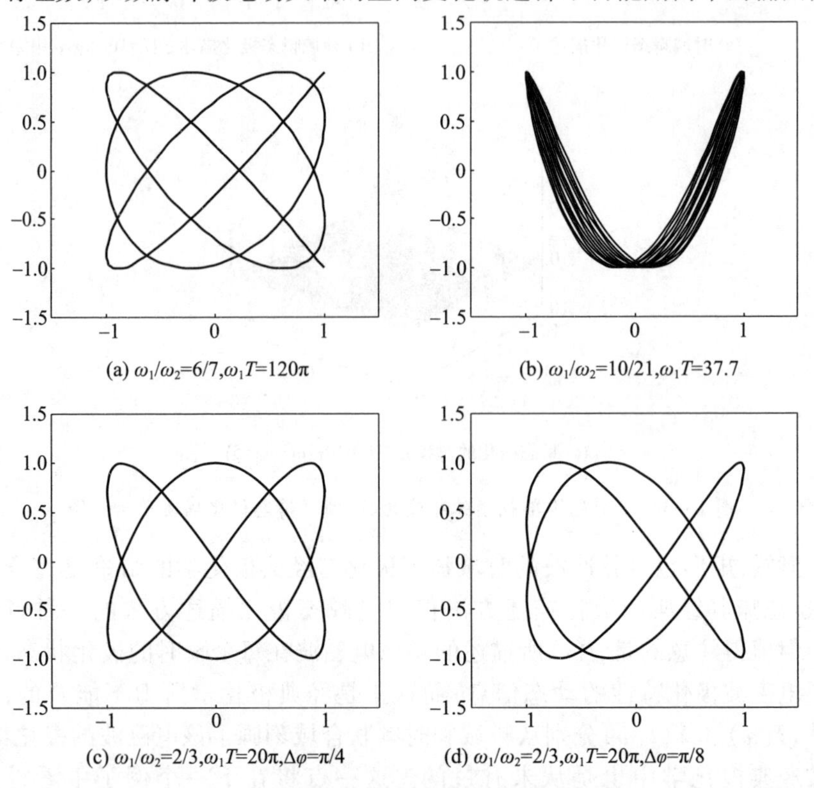

图1-4　双频脉冲电磁波电场矢端空间轨迹图

来描述，特别是当两个载频之差较大时(相对于两者平均值而言)，电磁波的“时谐性”受到了严重破坏，因此其电场矢端空间轨迹将严重偏离于椭圆轮廓，这时，经典极化学遇到了极大的障碍。

容易得到该双频脉冲波的时域瞬态极化描述子为

$$\boldsymbol{j}(t)=\begin{bmatrix} a_x^2+a_y^2 \\ a_x^2-a_y^2 \\ 2a_xa_y\cos(\Delta\omega t+\Delta\varphi) \\ 2a_xa_y\sin(\Delta\omega t+\Delta\varphi) \end{bmatrix}\mathrm{rect}\left(\frac{t}{T}\right) \tag{1-117}$$

式中：$\Delta\omega=\omega_1-\omega_2$；$\Delta\varphi=\varphi_1-\varphi_2$。不难发现，式(1-117)同双频矢量连续波的时域瞬态 Stokes 矢量相比，仅多了一个时限项，即 $\mathrm{rect}\left(\frac{t}{T}\right)$，因此，当 T 足够大时 $\left(\text{即 } T\geqslant\frac{2\pi}{\Delta\omega}\right)$，双频脉冲波的时域瞬态极化投影集就是 Poincare 极化球上一个完整的小圆轨道，其法矢量为 $\boldsymbol{n}=[1,0,0]^{\mathrm{T}}$，小圆半径为 $r=2a_xa_y/(a_x^2+a_y^2)$；当 $T<\frac{2\pi}{\Delta\omega}$ 时，该电磁波的时域瞬态极化投影集是上述小圆极化轨道的一个子集，且其起始点为

$$\frac{1}{a_x^2+a_y^2}[a_x^2-a_y^2,\quad 2a_xa_y\cos\Delta\varphi,\quad 2a_xa_y\sin\Delta\varphi] \tag{1-118}$$

终止点为

$$\frac{1}{a_x^2+a_y^2}[a_x^2-a_y^2,\quad 2a_xa_y\cos(\Delta\omega T+\Delta\varphi),\quad 2a_xa_y\sin(\Delta\omega T+\Delta\varphi)] \tag{1-119}$$

该极化投影集的演化方向为俯视 YOZ 平面的逆时针旋转。

可以看出，时域瞬态极化描述子对电磁波在每个时刻的电场都规定了相应的瞬时极化状态，它完整地描述了电场矢端轨迹的时域演变趋势。

双频脉冲波的频谱可求得为

$$\boldsymbol{E}(\omega)=\begin{bmatrix} Ta_x\mathrm{e}^{\mathrm{j}\varphi_x}\mathrm{sa}\left(\frac{\omega-\omega_1}{2}T\right)\exp\left(-\mathrm{j}\,\frac{\omega-\omega_1}{2}T\right) \\ Ta_y\mathrm{e}^{\mathrm{j}\varphi_y}\mathrm{sa}\left(\frac{\omega-\omega_2}{2}T\right)\exp\left(-\mathrm{j}\,\frac{\omega-\omega_2}{2}T\right) \end{bmatrix} \tag{1-120}$$

那么可得其频域瞬态 Stokes 矢量为

$$\boldsymbol{J}(\omega)=T^2\begin{bmatrix} a_x^2\ \mathrm{sa}^2\left(\dfrac{\omega-\omega_1}{2}T\right)+a_y^2\ \mathrm{sa}^2\left(\dfrac{\omega-\omega_2}{2}T\right) \\ a_x^2\ \mathrm{sa}^2\left(\dfrac{\omega-\omega_1}{2}T\right)-a_y^2\ \mathrm{sa}^2\left(\dfrac{\omega-\omega_2}{2}T\right) \\ 2a_xa_y\mathrm{sa}\left(\dfrac{\omega-\omega_1}{2}T\right)\mathrm{sa}\left(\dfrac{\omega-\omega_2}{2}T\right)\cos\left(\dfrac{\Delta\omega}{2}T+\Delta\varphi\right) \\ 2a_xa_y\mathrm{sa}\left(\dfrac{\omega-\omega_1}{2}T\right)\mathrm{sa}\left(\dfrac{\omega-\omega_2}{2}T\right)\sin\left(\dfrac{\Delta\omega}{2}T+\Delta\varphi\right) \end{bmatrix} \quad (1-121)$$

相应地得到其瞬态极化的时频分布：

(1) 当$0\leqslant t\leqslant\dfrac{T}{2}$时，有

$$\boldsymbol{Y}(t,\omega)=4t\begin{bmatrix} a_x^2\mathrm{sa}[2(\omega-\omega_1)t]+a_y^2\mathrm{sa}[2(\omega-\omega_2)t] \\ a_x^2\mathrm{sa}[2(\omega-\omega_1)t]-a_y^2\mathrm{sa}[2(\omega-\omega_2)t] \\ 2a_xa_y\mathrm{sa}[2(\omega-\omega_{12})t]\cos(\Delta\omega t+\Delta\varphi) \\ 2a_xa_y\mathrm{sa}[2(\omega-\omega_{12})t]\sin(\Delta\omega t+\Delta\varphi) \end{bmatrix} \quad (1-122)$$

(2) 当$\dfrac{T}{2}\leqslant t\leqslant T$时，有

$$\boldsymbol{Y}(t,\omega)=4(T-t)\begin{bmatrix} a_x^2\mathrm{sa}[2(\omega-\omega_1)(T-t)]+a_y^2\mathrm{sa}[2(\omega-\omega_2)(T-t)] \\ a_x^2\mathrm{sa}[2(\omega-\omega_1)(T-t)]-a_y^2\mathrm{sa}[2(\omega-\omega_2)(T-t)] \\ 2a_xa_y\mathrm{sa}[2(\omega-\omega_{12})(T-t)]\cos(\Delta\omega t+\Delta\varphi) \\ 2a_xa_y\mathrm{sa}[2(\omega-\omega_{12})(T-t)]\sin(\Delta\omega t+\Delta\varphi) \end{bmatrix}$$

$$(1-123)$$

式中：$\omega_{12}=\omega_1+\omega_2/2$。

(3) 当$t<0$或$t>T$时，有

$$\boldsymbol{Y}(t,\omega)=0 \quad (1-124)$$

图 1-5 给出了双频脉冲波的瞬态极化描述子的示意图。

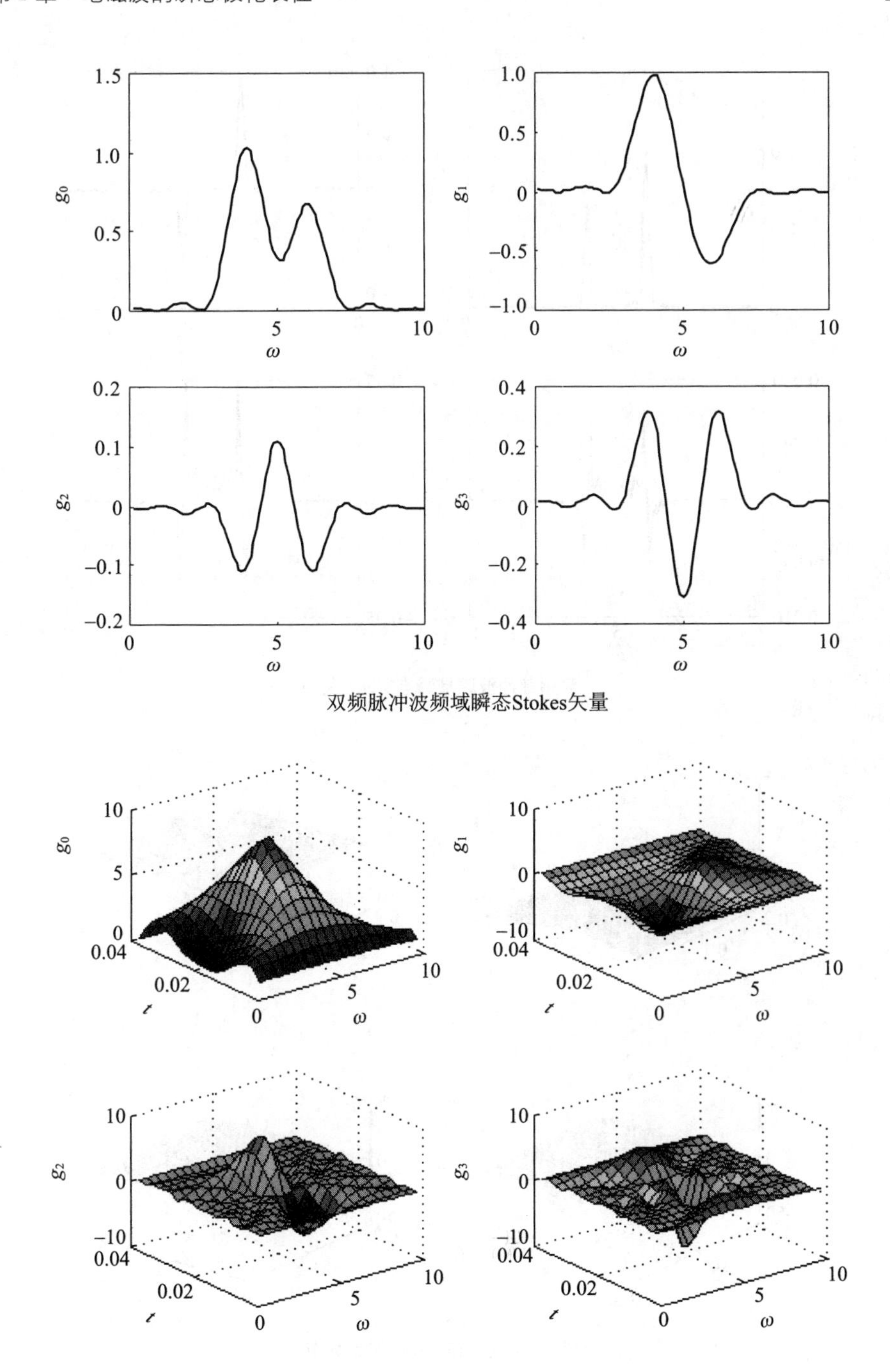

双频脉冲波频域瞬态Stokes矢量

双频脉冲波瞬态极化的时频分布

(a) $a_x=1$，$a_y=0.8$，$\omega_1=400\text{MHz}$，$\omega_2=600\text{MHz}$，$T=0.04\mu\text{s}$，$\Delta\varphi=\pi/3$

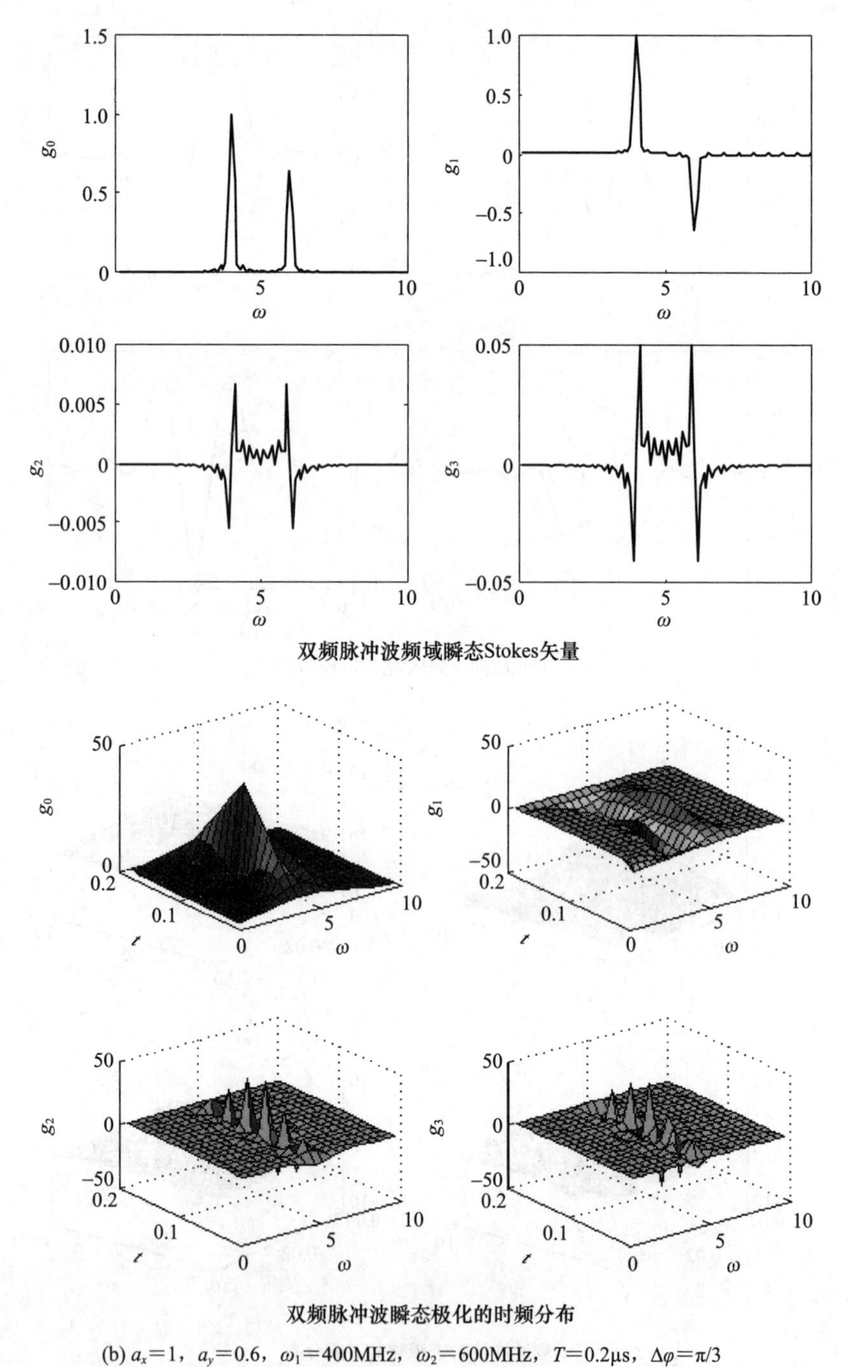

双频脉冲波频域瞬态Stokes矢量

双频脉冲波瞬态极化的时频分布

(b) $a_x=1$，$a_y=0.6$，$\omega_1=400\text{MHz}$，$\omega_2=600\text{MHz}$，$T=0.2\mu\text{s}$，$\Delta\varphi=\pi/3$

图 1-5　双频脉冲波的瞬态极化描述子示意图

1.3.5 线性调频脉冲波

设线性调频脉冲波的电场矢量为

$$\boldsymbol{e}(t)=\boldsymbol{a}(t)\mathrm{e}^{\mathrm{j}\left(\omega_0 t+\frac{k}{2}t^2\right)}\mathrm{rect}\left(\frac{t}{T}\right) \tag{1-125}$$

式中：ω_0 为起始频率；k 为调频频率，$B=kT$ 称为调频带宽，亦称频偏；$\boldsymbol{a}(t)$ 为矢量包络。图1-6给出了双频正弦调幅线性调频脉冲波电场矢端轨迹图。值得指出的是，这些轨迹图同前面讨论过的双频脉冲波的电场矢端轨迹图在几何上是同一类型的，它们都属于李萨如图形，但不同的是，对于传播空间给定点处，在双频脉冲波掠过该点时间内，电场矢量的扫动速率是恒定的（从平均意义上讲），而在线性调频脉冲波在该点的驻留期内，电场矢端的扫动速率是逐渐加快或减慢的（这取决于扫频斜率的正负）。但是从电场极化取向的角度来看，电场矢端扫动速率并不会影响空间轨迹的变化趋势，换言之，线性调频过程并不影响电磁波的时域瞬态极化。

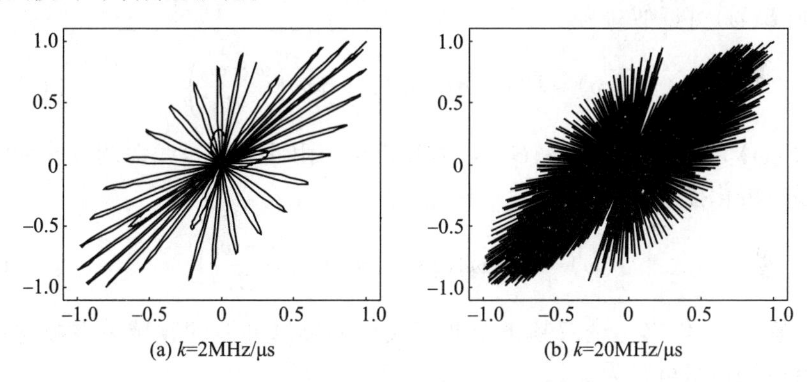

(a) k=2MHz/μs　　(b) k=20MHz/μs

图1-6　双频正弦调幅线性调频脉冲波电场矢端轨迹图
（$T=10\mu s$，$\omega_0=1\text{GHz}$，$\omega_x=0.5\text{MHz}$，$\omega_y=0.6\text{MHz}$，$a_x:a_y=1:1$）

事实上，可以求得线性调频脉冲波的时域瞬态Stokes矢量为

$$\boldsymbol{j}(t)=\boldsymbol{R}\boldsymbol{a}(t)\otimes\boldsymbol{a}^*(t)\mathrm{rect}\left(\frac{t}{T}\right) \tag{1-126}$$

由此可见，$\boldsymbol{j}(t)$ 仅与电磁波包络 $\boldsymbol{a}(t)$ 有关，而与其瞬时频率无关，这就验证了前面的分析结果，即电磁波时域瞬态极化只反映了电场在每个时刻的瞬态变化趋向而与其扫动速率的大小无关。

若记电磁波包络 $\boldsymbol{a}(t)$ 的傅里叶变换为 $\boldsymbol{A}(\omega)$，则可得电场频谱为

$$\boldsymbol{E}(\omega)=\frac{1}{2\pi}\boldsymbol{A}(\omega)*U(\omega) \tag{1-127}$$

式中:“ * ”代表卷积算子;$U(\omega)$为矩形包络线性调频信号的频谱,有

$$U(\omega)=[C(U_1)+C(U_2)+\mathrm{j}S(U_1)+\mathrm{j}S(U_2)]\exp\left(-\mathrm{j}\frac{(\omega-\omega_0)^2}{2k}\right) \tag{1-128}$$

式中:$C(*)$和$S(*)$为菲涅尔积分[6-7],即

$$C(X)=\int_0^X\cos\frac{\pi x^2}{2}\mathrm{d}x,S(X)=\int_0^X\sin\frac{\pi x^2}{2}\mathrm{d}x \tag{1-129}$$

积分限$U_1=\sqrt{\frac{k}{\pi}}T-U_2,U_2=\frac{\omega-\omega_0}{\sqrt{k\pi}}$。当线性调频信号的时宽带宽积非常大时,即$BT\gg 1$时,$U(\omega)$的包络近似为一个矩形,其支集近似为$[\omega_0,\omega_0+B]$。一般情况下,电场矢量包络$\boldsymbol{a}(t)$相对于线性调频载波信号而言是慢变化过程,其频域支集近似为$[-\omega_a,\omega_a]$,这里$\omega_a\ll\omega_0$。根据前面的讨论可知,$\boldsymbol{E}(\omega)$为$\boldsymbol{A}(\omega)$和$U(\omega)$做卷积得到的,因此卷积输出的频谱支集为$[\omega_0-\omega_a,\omega_0+B+\omega_a]$,则$\boldsymbol{E}(\omega)$可近似写为

$$\boldsymbol{E}(\omega)\approx\boldsymbol{F}(\omega)\exp[\mathrm{j}\boldsymbol{\Theta}(\omega)]\mathrm{rect}\left(\frac{\omega-\omega_0}{B}\right) \tag{1-130}$$

式中:$\boldsymbol{F}(\omega)$为电场频谱包络;$\boldsymbol{\Theta}(\omega)$为其相位。由此式即得线性调频脉冲波的频域瞬态极化描述子为

$$\boldsymbol{J}(\omega)=R\boldsymbol{F}(\omega)\otimes\boldsymbol{F}^*(\omega)\mathrm{rect}\left(\frac{\omega-\omega_0}{B}\right) \tag{1-131}$$

特别地,我们来讨论双频正弦调幅线性调频脉冲波的频域瞬态极化描述子。其电场包络可写为

$$\boldsymbol{a}(t)=\begin{bmatrix}a_x\cos\omega_x t\\ a_y\cos\omega_y t\end{bmatrix} \tag{1-132}$$

则易知其频谱为

$$\boldsymbol{A}(\omega)=\frac{1}{2}\begin{bmatrix}a_x(\delta(\omega+\omega_x)+\delta(\omega-\omega_x))\\ a_y(\delta(\omega+\omega_y)+\delta(\omega-\omega_y))\end{bmatrix} \tag{1-133}$$

由此可得$\boldsymbol{E}(\omega)$为

$$\boldsymbol{E}(\omega)=\boldsymbol{A}(\omega)*U(\omega)=\frac{1}{2}\begin{bmatrix}a_x(U(\omega+\omega_x)+U(\omega-\omega_x))\\ a_y(U(\omega+\omega_y)+U(\omega-\omega_y))\end{bmatrix} \tag{1-134}$$

当线性调频信号的时宽带宽积很大时,可以认为[7]

$$U(\omega) \approx \mathrm{rect}\left(\frac{\omega-\omega_0}{B}\right)\exp\left\{-\mathrm{j}\left[\frac{(\omega-\omega_0)^2}{2k}-\frac{\pi}{4}\right]\right\} \tag{1-135}$$

一般情况下,有 $\omega_x \ll \omega_0$,以及 $\omega_x < B$,那么就有

$$U(\omega+\omega_x)+U(\omega-\omega_x)=\begin{cases}\exp\left[-\mathrm{j}\dfrac{(\omega-\omega_0+\omega_x)^2}{2k}+\mathrm{j}\dfrac{\pi}{4}\right], \\ \omega_0-\omega_x \leqslant \omega \leqslant \omega_0+\omega \\ 2\cos\left[\dfrac{\omega_x}{k}(\omega-\omega_0)\right]\exp\left[-\mathrm{j}\dfrac{(\omega-\omega_0)^2+\omega_x^2}{2k}+\mathrm{j}\dfrac{\pi}{4}\right], \\ \omega_0+\omega_x < \omega \leqslant \omega_0+B-\omega_x \\ \exp\left[-\mathrm{j}\dfrac{(\omega-\omega_0-\omega_x)^2}{2k}+\mathrm{j}\dfrac{\pi}{4}\right], \\ \omega_0+B-\omega_x < \omega \leqslant \omega_0+B+\omega_x\end{cases} \tag{1-136}$$

类似地,可得 $U(\omega+\omega_y)+U(\omega-\omega_y)$ 的表达式,只要将式(1-136)中下标"x"换成"y"即可。特别地,当电场调幅频率很小时,即有 $\omega_x \ll B$ 和 $\omega_y \ll B$,即可以近似地认为

$$U(\omega+\omega_i)+U(\omega-\omega_i) \approx 2\cos\left[\frac{\omega_i}{k}(\omega-\omega_0)\right]\exp\left[-\mathrm{j}\frac{(\omega-\omega_0)^2+\omega_x^2}{2k}+\mathrm{j}\frac{\pi}{4}\right]$$
$$\mathrm{rect}\left(\frac{\omega-\omega_0}{B}\right), i=x,y \tag{1-137}$$

由此可得电场频谱的近似表示为

$$\boldsymbol{E}(\omega) \approx \frac{1}{2}\begin{bmatrix} a_x\cos\left[\dfrac{\omega_x}{k}(\omega-\omega_0)\right]\exp\left(-\mathrm{j}\dfrac{\omega_x^2}{2k}\right) \\ a_y\cos\left[\dfrac{\omega_y}{k}(\omega-\omega_0)\right]\exp\left(-\mathrm{j}\dfrac{\omega_y^2}{2k}\right)\end{bmatrix}\exp\left(\mathrm{j}\frac{\pi}{4}-\mathrm{j}\frac{(\omega-\omega_0)^2}{2k}\right)\mathrm{rect}\left(\frac{\omega-\omega_0}{B}\right) \tag{1-138}$$

进而得其瞬态 Stokes 矢量为

$$\boldsymbol{J}(\omega)=\frac{1}{4}\begin{bmatrix} a_x^2\cos^2(\lambda_x\sigma)+a_y^2\cos^2(\lambda_y\sigma) \\ a_x^2\cos^2(\lambda_x\sigma)-a_y^2\cos^2(\lambda_y\sigma) \\ 2a_xa_y\cos(\lambda_x\sigma)\cos(\lambda_y\sigma)\cos(\varphi_{xy}) \\ 2a_xa_y\cos(\lambda_x\sigma)\cos(\lambda_y\sigma)\sin(\varphi_{xy}) \end{bmatrix}\mathrm{rect}\left(\frac{\omega-\omega_0}{B}\right) \quad (1-139)$$

式中：$\lambda_x=\omega_x/k$；$\lambda_y=\omega_y/k$；$\sigma=\omega-\omega_0$；$\varphi_{xy}=(\omega_y^2-\omega_x^2)/2k$。

不难求出线性调频脉冲波的瞬态极化时频分布为

$$\boldsymbol{Y}(t,\omega)=\boldsymbol{Y}_A(t,\omega-\omega_0-kt) \quad (1-140)$$

其中

$$\boldsymbol{Y}_A(t,\omega)=\int_{-\infty}^{+\infty}R\boldsymbol{a}\left(t+\frac{\tau}{2}\right)\otimes\boldsymbol{a}^*\left(t-\frac{\tau}{2}\right)\mathrm{rect}\left(\frac{t+\frac{\tau}{2}}{T}\right)\mathrm{rect}\left(\frac{t-\frac{\tau}{2}}{T}\right)\mathrm{e}^{-\mathrm{j}\omega\tau}\mathrm{d}\tau \quad (1-141)$$

称为复包络 $\boldsymbol{a}(t)$ 瞬态极化的时频分布。由式(1-141)容易看出，$\boldsymbol{Y}(t,\omega)$ 具有时间-频移性质，这正是线性调频信号所固有的性质。特别地，当电场包络为定常矢量 $\boldsymbol{a}$ 时，不难验证：

$$\boldsymbol{Y}(t,\omega)=\boldsymbol{J}_A\boldsymbol{W}_u(t,\omega) \quad (1-142)$$

这里 $\boldsymbol{W}_u(t,\omega)$ 为矩形包络线性调频脉冲波的时频分布。由此可见，$\boldsymbol{Y}(t,\omega)$ 描述了线性调频脉冲波在时频平面每一点处的瞬态极化特性。

1.4 天线空域极化特性的表征

1.4.1 天线空域极化特性的内涵

设天线的辐射场为 $\boldsymbol{E}(\boldsymbol{P},\boldsymbol{P}')$，其中 $\boldsymbol{P}(\theta,\varphi)$ 表示测量点处的空间角坐标，是方位向 φ 和俯仰向 θ 的二维矢量，简记为 $\boldsymbol{P}$，且有 $\boldsymbol{P}\in\boldsymbol{\Omega}$，$\boldsymbol{\Omega}$ 为关心的空域范围；$\boldsymbol{P}'(\theta',\varphi')$ 表示天线在空间扫描时，在方位和俯仰方向上偏离中心指向的程度，且有 $\boldsymbol{P}'\in\boldsymbol{\Omega}'$，$\boldsymbol{\Omega}'$ 为天线的扫描范围。从讨论天线空域极化特性的角度讲，$\boldsymbol{P}$ 和 $\boldsymbol{P}'$ 本质上是一致的。为便于表述，将 $\boldsymbol{E}(\boldsymbol{P},\boldsymbol{P}')$ 简记为 $\boldsymbol{E}(\boldsymbol{P})$，其中 $\boldsymbol{P}$ 为空域参量，表示当天线在空间扫描时，待测空域指向与天线指向间的空间相对角坐标。研究天线的空域极化特性就是讨论天线辐射场的极化方式随角坐标 $\boldsymbol{P}(\theta,\varphi)$ 的变化规律。

设所关心的区域是包括方位和俯仰向的三维空间立体范围，方位上 φ_1 ~

φ_2、俯仰上 $\theta_1 \sim \theta_2$，如图1－7所示，可定义"空域立体角"[8]为

$$V = \frac{S}{R^2} = \frac{1}{R^2}\iint \mathrm{d}s = \frac{1}{R^2}\int_{\varphi_1}^{\varphi_2}\int_{\theta_1}^{\theta_2} R^2 \sin\theta \mathrm{d}\varphi \mathrm{d}\theta$$
$$= (\varphi_2 - \varphi_1)(\cos\theta_1 - \cos\theta_2) \tag{1-143}$$

式中：S 为待测空域所截的以 R 为半径的球面面积；$\mathrm{d}s = R\mathrm{d}\theta \cdot R\sin\theta\mathrm{d}\varphi$。

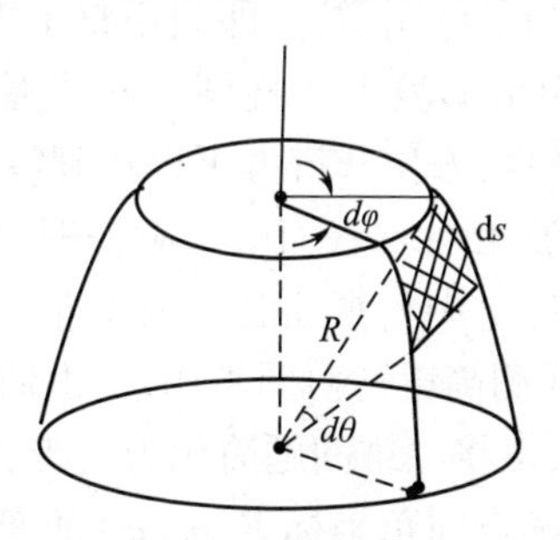

图1－7　空域立体角的定义

若将球面上的某一块面积除以半径的平方定义为这块面积相对球心所张的立体角。假定天线波束在两个平面的宽度相同，记为 δ_α，如图1－8所示，则波束在以距离 R 为半径的球面上切出一个圆，可以把该圆的内接正方形作为天线波束扫描中的一个基本单元，定义为波束立体角，由图可知，正方形的面积为 $(R\delta_\alpha/\sqrt{2})^2$，故波束立体角为

$$\alpha = (R\delta_\alpha/\sqrt{2})^2/R^2 = \frac{\delta_\alpha^2}{2} \tag{1-144}$$

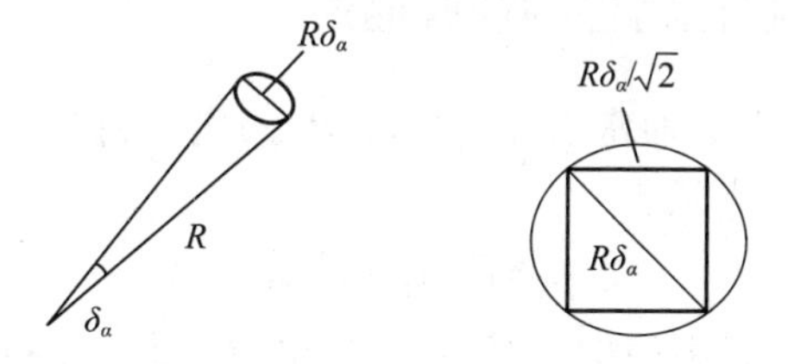

图1－8　波束立体角的定义

式(1－144)所示的是天线在方位和俯仰方向上扫描时波束宽度相等的情况，当其不相等，且分别为 δ_φ 和 δ_θ 时，波束立体角的表达式为

$$\alpha = \frac{\delta_\varphi \delta_\theta}{2} \tag{1-145}$$

此时，空域立体角 V 就可以理解为所关心的空域范围 $\boldsymbol{\Omega}$。讨论天线在三维空域上极化特性变化的实质就是讨论天线波束在方位和俯仰方向上扫描时，天

线极化特性的变化规律。

实际上,并非所有情况下均需要在三维空域上讨论天线的空域极化特性,在很多场合都可以结合实际情况作降维处理,这将大大降低所讨论问题的复杂度。例如,警戒雷达(也称为情报雷达),主要用于地面防空、岸基海防系统,提供对空域、海域远距离目标的情报。由于目标距离远,仰角较低,传统上,警戒雷达大多采用两坐标机械扫描体制雷达,即利用整个天线系统或其中一部分机械运动实现波束扫描,采用扇形波束实现圆周扫描是比较常见的一种扫描方式,天线在水平面上波束很窄,方位分辨力可以达到零点几度,可以比较精确地测量目标的方位角;然而,波束在垂直面上很宽,扫描比较粗略,不能精确测量目标的俯仰角,所以,两坐标空中警戒雷达经常只能测量距离和方位角这两个坐标,通常用一部"点头"式测高雷达协同工作,提供仰角信息。在这种情况下,讨论天线的空域极化特性,可将三维问题简化为二维,即针对不同的俯仰角 θ_0,寻求天线的空域极化特性随空间角坐标 $\boldsymbol{P}(\theta_0,\varphi)$ 的变化规律。图 1-9 为扇形波束扫描示意图。

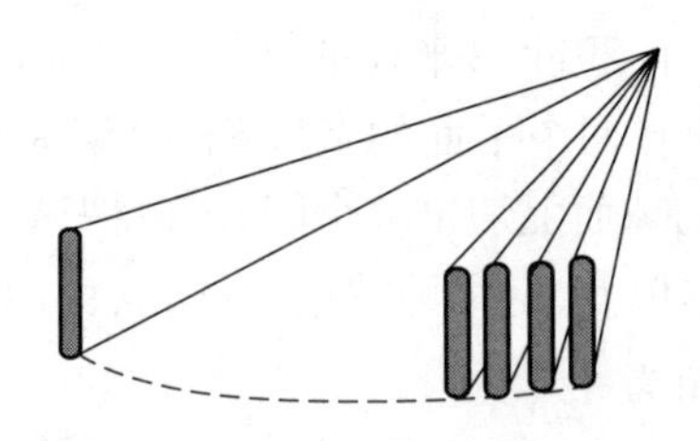

图 1-9 扇形波束扫描示意图

1.4.2 天线空域极化特性的经典描述

一个天线辐射的电场通常由球坐标$(\hat{\boldsymbol{r}},\hat{\boldsymbol{\theta}},\hat{\boldsymbol{\varphi}})$定义,在天线的远场区,辐射场 $\boldsymbol{E}$ 没有径向分量,可以表示为

$$\boldsymbol{E}=E_\theta\hat{\boldsymbol{\mu}}_\theta+E_\varphi\hat{\boldsymbol{\mu}}_\varphi \tag{1-146}$$

式中:$\hat{\boldsymbol{\mu}}_\theta$,$\hat{\boldsymbol{\mu}}_\varphi$ 为球坐标系中俯仰、方位方向的单位矢量;E_θ 和 E_φ 分别为$\hat{\boldsymbol{\mu}}_\theta$ 和$\hat{\boldsymbol{\mu}}_\varphi$ 方向的极化分量。

如果 XOY 平面与地面平行,那么 E_φ 是波的水平分量(它总是与 XOY 面平行,因而与地面平行),$-E_\theta$ 是垂直分量,而且$(\hat{\boldsymbol{\mu}}_\varphi,-\hat{\boldsymbol{\mu}}_\theta,\hat{\boldsymbol{\mu}}_r)$构成右手坐标系,可定义 $\hat{\boldsymbol{\varphi}}$ 和 $-\hat{\boldsymbol{\theta}}$ 分别为水平、垂直极化基 $\hat{\boldsymbol{h}}$ 和 $\hat{\boldsymbol{v}}$,即

$$\begin{cases}\hat{\boldsymbol{h}}=\hat{\boldsymbol{\varphi}}\\ \hat{\boldsymbol{v}}=-\hat{\boldsymbol{\theta}}\end{cases} \tag{1-147}$$

当测量点与天线的相对位置确定以后，就可以用天线在该点的辐射场定义其极化状态。天线的归一化 Jones 矢量表示为

$$\boldsymbol{h}=\begin{bmatrix}E_{\mathrm{H}}\\E_{\mathrm{V}}\end{bmatrix}=\frac{1}{\|\boldsymbol{E}\|}\begin{bmatrix}E_{\varphi}\\-E_{\theta}\end{bmatrix}\tag{1-148}$$

天线辐射电磁波的空域极化比为

$$\rho(\boldsymbol{P})=\frac{E_{\mathrm{V}}}{E_{\mathrm{H}}}=\frac{-E_{\theta}}{E_{\varphi}}\tag{1-149}$$

天线的空域 Jones 矢量与空域极化比存在如下关系：

$$\boldsymbol{h}(\boldsymbol{P})=\frac{1}{\sqrt{1+|\rho(\boldsymbol{P})|^{2}}}\begin{bmatrix}1\\\rho(\boldsymbol{P})\end{bmatrix}\tag{1-150}$$

空域极化比是天线空域极化特性最直观的表征量，同时，还可以定义空域极化相位描述子$(\gamma(\boldsymbol{P}),\varphi(\boldsymbol{P}))$、空域极化椭圆描述子$(\varepsilon(\boldsymbol{P}),\tau(\boldsymbol{P}))$、空域 Stokes 矢量等其他描述方法。

在水平垂直极化基$(\hat{\boldsymbol{h}},\hat{\boldsymbol{v}})$下，天线的归一化 Jones 矢量可表示为

$$\boldsymbol{h}=\begin{bmatrix}E_{\mathrm{H}}\\E_{\mathrm{V}}\end{bmatrix}=\begin{bmatrix}a_{\mathrm{H}}\mathrm{e}^{\mathrm{j}\varphi_{\mathrm{H}}}\\a_{\mathrm{V}}\mathrm{e}^{\mathrm{j}\varphi_{\mathrm{V}}}\end{bmatrix}\tag{1-151}$$

天线的空域极化比可表示为

$$\rho(\boldsymbol{P})=\frac{E_{\mathrm{V}}}{E_{\mathrm{H}}}=\tan\gamma(\boldsymbol{P})\mathrm{e}^{\mathrm{j}\varphi(\boldsymbol{P})},(\gamma,\varphi)\in[0,\pi]\times[0,2\pi]\tag{1-152}$$

式中：$\gamma(\boldsymbol{P})=\arctan\frac{a_{\mathrm{V}}}{a_{\mathrm{H}}}$和$\varphi(\boldsymbol{P})=\varphi_{\mathrm{V}}-\varphi_{\mathrm{H}}$为天线的空域极化相位描述子。

天线的空域极化比和空域极化相位描述子是描述天线空域极化特性最常用的表征量，除此之外，还可以用天线交叉极化鉴别量 XPD$(\boldsymbol{P})$来表征天线的真实极化相对期望极化的偏离程度随空间角位置的变化，天线空域交叉极化鉴别量的定义式为

$$\mathrm{XPD}(\boldsymbol{P})=20\lg(|\rho(\boldsymbol{P})|)\mathrm{dB}\tag{1-153}$$

电场是可以在任意一对正交极化基上分解的，因此，一个天线辐射的远场也可以做如下分解：

$$\boldsymbol{E}_{\mathrm{far}}=E_{1}\hat{\boldsymbol{e}}_{1}+E_{2}\hat{\boldsymbol{e}}_{2}\tag{1-154}$$

理论上讲，正交极化基$(\hat{\boldsymbol{e}}_{1},\hat{\boldsymbol{e}}_{2})$的选择可以是任意的。例如，式(1-149)中极化比的定义就是在极化基$(\hat{\boldsymbol{\varphi}},-\hat{\boldsymbol{\theta}})$下进行的，在球坐标系中，这是最自然也

是应用最为广泛的一种分解方法。但是,根据式(1-149)定义的极化比ρ所求得的交叉极化鉴别量XPD并不能直观地表征在不同空间角位置处天线极化偏离期望极化的程度。因此,可针对具体情况选择不同的极化基,在极化基($\hat{\boldsymbol{e}}_{co}$,$\hat{\boldsymbol{e}}_{cross}$)下,远场$\boldsymbol{E}_{far}$可表示为

$$\boldsymbol{E}_{far}=E_{co}\hat{\boldsymbol{e}}_{co}+E_{cross}\hat{\boldsymbol{e}}_{cross} \tag{1-155}$$

式中:$\hat{\boldsymbol{e}}_{co}$为天线的期望极化方向(或称主极化);$\hat{\boldsymbol{e}}_{cross}$为与其正交的极化(或称交叉极化)。

进而推得天线的空域交叉极化鉴别量为

$$\mathrm{XPD}(\boldsymbol{P})=10\lg\left(\frac{P_{cross}}{P_{co}}\right)=20\lg\left(\left|\frac{E_{cross}}{E_{co}}\right|\right)\mathrm{dB} \tag{1-156}$$

式中:P_{cross}和P_{co}分别表示交叉极化和主极化的功率;E_{cross}和E_{co}分别表示交叉极化和主极化的电压幅度。

由式(1-156)可见,XPD的值越小,说明天线的交叉极化分量越少,极化纯度越高,从这个意义上说,也可以用式(1-156)来定义天线的空域极化纯度Purity($\boldsymbol{P}$),此时,空域极化纯度Purity($\boldsymbol{P}$)与空域极化鉴别量XPD($\boldsymbol{P}$)的表达式一致,可以非常直观地表征天线的交叉极化特性。

当主极化为水平极化$E_H=E_\varphi$,交叉极化为垂直极化$E_V=-E_\theta$时,式(1-156)定义的交叉极化鉴别量与式(1-153)相同。当天线的主极化为不同极化状态时,可以选择相应的极化基来定义天线的空域交叉极化鉴别量XPD($\boldsymbol{P}$)。例如,当天线的主极化为水平/垂直线极化时,可选择极化基($\hat{\boldsymbol{h}}$,$\hat{\boldsymbol{v}}$);当天线的主极化为45°/135°线极化时,可选择极化基($\hat{\boldsymbol{e}}_{45°}$,$\hat{\boldsymbol{e}}_{135°}$);当天线的主极化为左旋/右旋圆极化时,可选择极化基($\hat{\boldsymbol{l}}$,$\hat{\boldsymbol{r}}$)。

1.4.3 天线空域瞬态极化特性的表征

当天线被非时谐信号激励时,天线在给定传播方向上的瞬态极化可以利用以冲激电流馈入天线时,天线辐射波在某个特定传播方向上的电场函数来定义。在不同频点下,天线本身的幅相特性是不一样的,而在不同的空间位置,天线的极化状态也不一致。天线空域瞬态极化特性的本质是描述不同空间点上天线瞬态极化状态的分布情况,包括各极化态的整体分布态势、极化分布的中心位置、各点在空间分布的离散疏密程度以及空间各极化态的变化快慢程度等,因此,天线空域瞬态极化特性的具体定义方式与非时谐电磁波的空域瞬态极化的定义方式完全一致,可以用空域瞬态极化投影集、空域极化聚类中心以及空域极化散度等参量表征。

1. 天线空域瞬态 Stokes 矢量

设天线辐射波电场为 $\boldsymbol{E}(\boldsymbol{P}),\boldsymbol{P}\in\boldsymbol{\Omega}$,定义其空域互相干矢量为

$$c(\boldsymbol{P}_1,\boldsymbol{P}_2)=\boldsymbol{E}(\boldsymbol{P}_1)\otimes\boldsymbol{E}^*(\boldsymbol{P}_2),\boldsymbol{P}_1,\boldsymbol{P}_2\in\boldsymbol{\Omega} \tag{1-157}$$

由定义可知,电磁波的空域互相干矢量是由两个不同空间位置处的场矢量做 Kronecker 积得到的(其中还包含了一个共轭运算),它是一个四维复矢量,且满足如下交换性质:

$$c(\boldsymbol{P}_1,\boldsymbol{P}_2)=\boldsymbol{Q}_4c^*(\boldsymbol{P}_2,\boldsymbol{P}_1) \tag{1-158}$$

式中:$\boldsymbol{Q}_4$ 为一四阶置换矩阵,$\boldsymbol{Q}_4=\begin{bmatrix}1&0&0&0\\0&0&1&0\\0&1&0&0\\0&0&0&1\end{bmatrix}$。

在此基础上,定义电磁波的空域瞬态互 Stokes 矢量为

$$\dot{\boldsymbol{j}}(\boldsymbol{P}_1,\boldsymbol{P}_2)=\boldsymbol{R}c(\boldsymbol{P}_1,\boldsymbol{P}_2) \tag{1-159}$$

特别地,当 $\boldsymbol{P}_1=\boldsymbol{P}_2=\boldsymbol{P}$ 时,称 $\dot{\boldsymbol{j}}(\boldsymbol{P}_1,\boldsymbol{P}_2)$ 为电磁波的空域瞬态 Stokes 矢量,并在不致引起混淆的情况下,将其简记为 $\dot{\boldsymbol{j}}(\boldsymbol{P})$,即有

$$\dot{\boldsymbol{j}}(\boldsymbol{P})=\boldsymbol{R}\boldsymbol{c}(\boldsymbol{P},\boldsymbol{P})=\boldsymbol{R}\boldsymbol{E}(\boldsymbol{P})\otimes\boldsymbol{E}^*(\boldsymbol{P}) \tag{1-160}$$

空间传播的平面电磁波在水平垂直极化基$(\hat{\boldsymbol{h}},\hat{\boldsymbol{v}})$下可表示为

$$\boldsymbol{e}_{\mathrm{HV}}(\boldsymbol{P})=\begin{bmatrix}a_{\mathrm{H}}(\boldsymbol{P})\mathrm{e}^{\mathrm{j}\varphi_{\mathrm{H}}(\boldsymbol{P})}\\a_{\mathrm{V}}(\boldsymbol{P})\mathrm{e}^{\mathrm{j}\varphi_{\mathrm{V}}(\boldsymbol{P})}\end{bmatrix},\boldsymbol{P}\in\boldsymbol{\Omega} \tag{1-161}$$

式中:$a_{\mathrm{H}}(\boldsymbol{P})$和 $a_{\mathrm{V}}(\boldsymbol{P})$为电磁波水平、垂直极化分量随空域变化时的幅度;$\varphi_{\mathrm{H}}(\boldsymbol{P})$和 $\varphi_{\mathrm{V}}(\boldsymbol{P})$为其水平、垂直极化分量的相位,它们都是空间角位置 $\boldsymbol{P}$ 的函数。

记 $\varphi(\boldsymbol{P})=\varphi_{\mathrm{V}}(\boldsymbol{P})-\varphi_{\mathrm{H}}(\boldsymbol{P})$为电磁波垂直极化分量与水平分量的相位差,则空变电磁波在水平垂直极化基下的瞬态 Stokes 矢量可表示为

$$\left.\begin{aligned}g_{\mathrm{HV0}}(\boldsymbol{P})&=|E_{\mathrm{H}}(\boldsymbol{P})|^2+|E_{\mathrm{V}}(\boldsymbol{P})|^2=a_{\mathrm{H}}^2(\boldsymbol{P})+a_{\mathrm{V}}^2(\boldsymbol{P})\\g_{\mathrm{HV1}}(\boldsymbol{P})&=|E_{\mathrm{H}}(\boldsymbol{P})|^2-|E_{\mathrm{V}}(\boldsymbol{P})|^2=a_{\mathrm{H}}^2(\boldsymbol{P})-a_{\mathrm{V}}^2(\boldsymbol{P})\\g_{\mathrm{HV2}}(\boldsymbol{P})&=2\mathrm{Re}(E_{\mathrm{H}}(\boldsymbol{P})E_{\mathrm{V}}^*(\boldsymbol{P}))=2a_{\mathrm{H}}(\boldsymbol{P})a_{\mathrm{V}}(\boldsymbol{P})\cos(\varphi(\boldsymbol{P}))\\g_{\mathrm{HV3}}(\boldsymbol{P})&=-2\mathrm{Im}(E_{\mathrm{H}}(\boldsymbol{P})E_{\mathrm{V}}^*(\boldsymbol{P}))=2a_{\mathrm{H}}(\boldsymbol{P})a_{\mathrm{V}}(\boldsymbol{P})\sin(\varphi(\boldsymbol{P}))\end{aligned}\right\},\quad\boldsymbol{\Psi}\in\boldsymbol{\Omega} \tag{1-162}$$

显然,电磁波的空域瞬态 Stokes 矢量蕴含了在不同空间位置,电磁波的强度

信息和极化信息的变化情况，由式(1－162)可知各分量的物理含义为：$g_{HV0}(\boldsymbol{P})$是电磁波在水平垂直极化基下，两个正交分量的功率之和；$g_{HV1}(\boldsymbol{P})$是在水平垂直极化基下，两个正交分量的功率之差；$g_{HV2}(\boldsymbol{P})$为电磁波在45°和135°正交极化基下，两个正交分量之间的功率差；$g_{HV3}(\boldsymbol{P})$为电磁波在左、右旋圆极化基下，两个正交分量之间的功率差。

2. 天线空域瞬态极化投影集(空域IPPV)

将电磁波$E(\boldsymbol{P})$的空域瞬态Stokes矢量记为

$$\dot{\boldsymbol{j}}(\boldsymbol{P})=[g_0(\boldsymbol{P}),\boldsymbol{g}^{\mathrm{T}}(\boldsymbol{P})]^{\mathrm{T}} \tag{1-163}$$

则有$g_0(\boldsymbol{P})=\|\boldsymbol{g}(\boldsymbol{P})\|$，表示对该矢量求范数。

定义

$$\boldsymbol{g}_{\mathrm{nom}}(\boldsymbol{P})=\boldsymbol{g}(\boldsymbol{P})/g_0(\boldsymbol{P}) \tag{1-164}$$

则有$\|\boldsymbol{g}_{\mathrm{nom}}(\boldsymbol{P})\|=1$，也就是说，$\boldsymbol{g}_{\mathrm{nom}}(\boldsymbol{P})$位于单位Poincare球面上。

在不同空间位置，天线的瞬态极化状态通常是不同的，其在Poincare球面上的投影构成了一个三维单位矢量的有序集，称为空域瞬态极化投影集，简记为空域IPPV，如下所示：

$$\boldsymbol{\Pi}_P=\{\boldsymbol{g}_{\mathrm{norm}}(\boldsymbol{P})\mid \boldsymbol{P}\in\boldsymbol{\Omega}\} \tag{1-165}$$

显然，$\boldsymbol{\Pi}_P$完整地描述了天线辐射电磁波在空间不同位置上极化状态的分布特点和规律，它不仅给出了该电磁波在不同空间位置上的瞬态极化状态，而且能够描述其瞬态极化在空域的变化规律。由式(1－162)和式(1－164)可见，电磁波的空域瞬态Stokes矢量蕴含了其强度信息和极化信息，而其IPPV侧重刻画了电磁波的极化特性。

3. 天线的空域瞬态极化聚类中心和极化散度

对一般的瞬变电磁波或复杂调制宽带电磁波而言，其空域极化投影集通常是一个具有一定空间分布的点集，电磁波的空域极化特性主要反映为各极化状态在极化球上的聚类和散布，相应地可定义电磁波的空域极化聚类中心和极化散度来定量描述空域极化投影集的这种空间散布特性，其中，这个点集所处的空间位置可由极化聚类中心大致给出，而其空间疏密特性则可用极化散度的概念来描述。

1) 空域极化聚类中心

电磁波的IPPV在Poincare单位球面上构成了一个三维单位矢量的有序集，即为空域瞬态极化投影集，描述了电磁波瞬态极化在空间的演化特性。瞬态极化投影集是一个分布于单位球面上的空间点集，其分布态势反映了天线辐射电磁波的整体极化特性。

设 $A=\{a(\boldsymbol{P}),\boldsymbol{P}\in\boldsymbol{\Omega}\}$ 为 $\boldsymbol{\Omega}$ 支撑上的一个加权因子集,即满足如下性质:

$$a(\boldsymbol{P})\geqslant 0(\forall \boldsymbol{P}\in\boldsymbol{\Omega})\quad 且\quad \int_{\Omega}a(\boldsymbol{P})\mathrm{d}\boldsymbol{P}=1 \tag{1-166}$$

给定加权因子集 A 后,定义电磁波空域瞬态极化投影集 $\boldsymbol{\Pi}_P$ 的空域加权极化聚类中心为

$$\boldsymbol{G}_P[A]=A\circ\boldsymbol{\Pi}_P=\int_{\Omega}a(\boldsymbol{P})\boldsymbol{g}_{\text{norm}}(\boldsymbol{P})\mathrm{d}\boldsymbol{P} \tag{1-167}$$

由式(1-167)可见:$\|\boldsymbol{G}_P[A]\|\leqslant 1$,如果极化投影集的空间分布越疏散,其极化聚类中心越接近于原点;反之,极化投影集的空间分布越趋集中,其极化聚类中心就会接近于单位球面。

2)空域极化散度

电磁波的瞬态极化投影集所处的空间位置可由极化聚类中心大致给出,而其空间疏密特性则可用极化散度来描述,定义为

$$\mathrm{Div}_{(P)}^{(k)}[A]=\int_{\Omega}a(\boldsymbol{P})\ \|\boldsymbol{g}_{\text{norm}}(\boldsymbol{P})-\boldsymbol{G}_P[A]\|^k\mathrm{d}\boldsymbol{P} \tag{1-168}$$

由式(1-168)可见,$0\leqslant\mathrm{Div}_{(P)}^{(k)}[A]\leqslant 1$,其中 k 为正整数,称为极化散度的阶数,实际中,最为常用的是 $k=1$ 和 $k=2$ 这两种情形。由定义可见,极化散度可以解释为极化投影集相对于其极化聚类中心之空间距离的加权平均。给定全因子集,若电磁波极化散度的值越大,则表明该极化投影集的空间分布越疏散,也即电磁波极化状态的变化越剧烈;反之,则表明极化投影集的空间分布越集中。特别地,当电磁波的极化状态恒定不变时,$\mathrm{Div}_{(P)}^{(k)}$ 等于零。

若 $\boldsymbol{\Omega}$ 为一个非零可测集,其测度为有限值,即有 $0<m(\boldsymbol{\Omega})<+\infty$,这里 $m(\cdot)$ 代表 Lebesgue 测度。令 $a(\boldsymbol{P})=1/m(\boldsymbol{\Omega})$,则有

$$\boldsymbol{G}_{P1}\equiv\boldsymbol{G}_P[A]=\int_{\Omega}\boldsymbol{g}_{\text{norm}}(\boldsymbol{P})\mathrm{d}\boldsymbol{P}/m(\boldsymbol{\Omega}) \tag{1-169}$$

由式(1-169)可见,$\boldsymbol{G}_{P1}$ 实质上是对一个电磁信号极化投影集的均匀加权平均,故可称为该电磁信号的均匀加权聚类中心。此时,可得相应的极化散度为

$$\mathrm{Div}_{(P1)}^{(k)}[A]=\int_{\Omega}\|\boldsymbol{g}_{\text{norm}}(\boldsymbol{P})-\boldsymbol{G}_{P1}[A]\|^k\mathrm{d}\boldsymbol{P}/m(\boldsymbol{\Omega}) \tag{1-170}$$

若令 $a(\boldsymbol{P})=g_0(\boldsymbol{P})\Big/\int_{\Omega}g_0(\boldsymbol{P})\mathrm{d}\boldsymbol{P}$,则有

$$\boldsymbol{G}_{P2}\equiv\boldsymbol{G}_P[A]=\int_{\Omega}\boldsymbol{g}(\boldsymbol{P})\mathrm{d}\boldsymbol{P}\Big/\int_{\Omega}g_0(\boldsymbol{P})\mathrm{d}\boldsymbol{P} \tag{1-171}$$

由式(1-171)可见,$\boldsymbol{G}_{P2}$ 实质上是对电磁波空域瞬态 Stokes 矢量的完全极

化子矢量积分后,再对电磁波在关心空域内总能量进行归一化后得到的,它也可以看作对其极化投影集的能量加权平均,因此,可称之为能量加权极化聚类中心。此时,可得相应的极化散度为

$$\mathrm{Div}_{(P2)}^{(k)}[A] = \int_{\Omega} g_0(\boldsymbol{P}) \left\| \boldsymbol{g}_{\mathrm{norm}}(\boldsymbol{P}) - \boldsymbol{G}_{P2} \right\|^k \mathrm{d}\boldsymbol{P} \Big/ \int_{\Omega} g_0(\boldsymbol{P}) \mathrm{d}\boldsymbol{P} \quad (1-172)$$

以上极化散度的概念是基于一般集合给出的,因而它适用于任意一个空间点集分布特性的描述。

4. 天线空域瞬态极化夹角

在讨论天线的交叉极化对其极化纯度的影响时,可采用天线真实极化与主极化 Stokes 子矢量之间的夹角来描述,记为天线的空域瞬态极化夹角 $\beta(\boldsymbol{P})$。设天线的主极化为 $J_e(\boldsymbol{P})$,真实极化为 $J(\boldsymbol{P})$,相应的空域极化投影矢量分别为 $\boldsymbol{g}_e(\boldsymbol{P})$ 和 $\boldsymbol{g}(\boldsymbol{P})$,则

$$\cos\beta(\boldsymbol{P}) = \frac{\boldsymbol{g}_e^{\mathrm{T}}(\boldsymbol{P})\boldsymbol{g}(\boldsymbol{P})}{g_{0,e}(\boldsymbol{P})g_0(\boldsymbol{P})} \quad (1-173)$$

可以看出,在给定空域角位置 $\boldsymbol{P}$ 之后,β 的绝对值越小,$\cos\beta$ 的值越大,说明天线真实极化与设计值越接近,即天线极化纯度越高;反之,β 的绝对值越大,$\cos\beta$ 的值越小,表明天线极化偏离设计值越远,极化纯度越差。其实,β 即为主极化 $J_e(\boldsymbol{P})$ 在 Poincare 极化球上对应极化点和真实极化 $J(P)$ 在 Poincare 极化球上对应点所夹球心角。因此,可通过分析 $\beta(\boldsymbol{P})$ 的变化规律来讨论当天线扫描(即 $\boldsymbol{P}(\theta,\varphi)$ 在一定空域范围内变化)时,天线极化特性的变化。例如,当 $\boldsymbol{P}$ 变化时,对 $\beta(\boldsymbol{P})$ 求取均值 $E[\beta(\boldsymbol{P})]$ 和方差 $\mathrm{var}[\beta(\boldsymbol{P})]$,即可求得 $\beta(\boldsymbol{P})$ 的分布中心和散布程度。

5. 天线空域瞬态极化状态变化率

极化投影集是一个有序集合,即以空域坐标作为序参量的空间点集,它描述了电磁波瞬态极化随空间角坐标的演化特性,这种空域变化特性是电磁波极化投影集的一个固有属性。如果电磁波的空域能量谱为一致连续的,并且其极化投影集为相对于空域变量连续的,那么 Stokes 子矢量必然是连续的。再由电磁波空域瞬态极化投影集的定义可知,该电磁波的极化投影集必然是一条连续的空间曲线。如果说极化聚类中心和极化散度描述了一个极化投影集的“静态”空间分布特性,那么,下面将要讨论的天线空域瞬态极化状态变化率则表征了极化投影集的“动态”演化特性。

设天线辐射电磁波的空域瞬态极化投影集为 $\Pi_P = \{\boldsymbol{g}_{\mathrm{norm}}(\boldsymbol{P}), \boldsymbol{P} \in \boldsymbol{\Omega}\}$,定义其瞬态极化状态变化率矢量为

$$\boldsymbol{V}_P^{(n)}(\boldsymbol{P})=\frac{\mathrm{d}^n}{\mathrm{d}\boldsymbol{P}^n}\boldsymbol{g}_{\text{norm}}(\boldsymbol{P}) \tag{1-174}$$

这里 n 为正整数,称为变化率的阶数,实际应用中最常用的是 $n=1$ 的情况。称 $\boldsymbol{V}_P^{(1)}(\boldsymbol{P})$ 为电磁波的一阶瞬态极化状态变化率矢量,由定义可知,它的矢量性实际上给出了电磁波瞬态极化在该空间位置的变化方向,而其模值大小 $\|\boldsymbol{V}_P^{(1)}(\boldsymbol{P})\|$ 则描述了电磁波瞬态极化在该空间位置变化的快慢程度。因此,瞬态极化状态变化率反映了电磁波极化的动态演化特性。

6. 天线空域极化特性的离散表征

在实际应用中,一般需要对电磁信号进行离散采样,以便于后续的计算机/数字处理。因此,定义电磁波空域瞬态极化的离散表征方法非常必要。为了表述方便,将极化采样序列的 IPPV 简称为 IPPS[9]。由于天线空域瞬态极化特性的本质是描述不同空间点上天线瞬态极化状态的分布情况,包括各极化态的整体分布态势、极化分布的中心位置、各点在空间分布的离散疏密程度等,因此,可以用几种典型极化描述子的离散形式加以表征。

在水平垂直极化基下,对于空间传播的平面电磁波 $\boldsymbol{E}(\boldsymbol{P}),\boldsymbol{P}\in\boldsymbol{\Omega}$ 而言,其离散采样序列(简称为极化采样序列)可记为 $\boldsymbol{E}_{\text{HV}}(n),n=1,2,\cdots,M$。

那么,电磁波极化采样序列的瞬态 Stokes 矢量和 IPPV 分别定义为

$$\dot{\boldsymbol{j}}_{\text{HV}}(n)=\begin{bmatrix}g_{\text{HV}0}(n)\\ \boldsymbol{g}_{\text{HV}}(n)\end{bmatrix}=\boldsymbol{R}\boldsymbol{E}_{\text{HV}}(n)\otimes\boldsymbol{E}_{\text{HV}}^{*}(n) \tag{1-175}$$

和

$$\tilde{\boldsymbol{g}}_{\text{HV}}(n)=[\tilde{g}_{\text{HV}1}(n),\tilde{g}_{\text{HV}2}(n),\tilde{g}_{\text{HV}3}(n)]^{\mathrm{T}}=\frac{\boldsymbol{g}_{\text{HV}}(n)}{g_{\text{HV}0}(n)},n=1,2,\cdots,M \tag{1-176}$$

由此给出 IPPS 的空域极化聚类中心和极化散度的离散形式为

$$\tilde{\boldsymbol{G}}_{\text{HV}}=\frac{1}{M}\sum_{n=1}^{M}a(n)\tilde{\boldsymbol{g}}_{\text{HV}}(n) \tag{1-177}$$

和

$$\boldsymbol{D}_{\text{HV}}^{(k)}=\frac{1}{M}\sum_{n=1}^{M}a(n)\ \|\tilde{\boldsymbol{g}}_{\text{HV}}(n)-\tilde{\boldsymbol{G}}_{\text{HV}}\|^{k} \tag{1-178}$$

式中:$k\in N$,称为极化散度的阶数;$a(n)$ 为其权因子序列,满足

$$a(n)\geqslant 0,\forall n\in[1,2,\cdots,M],\sum_{n=1}^{M}a(n)=M \tag{1-179}$$

特别的,若

$$a(n)=1,\forall n\in[1,2,\cdots,M] \tag{1-180}$$

即有

$$\tilde{\boldsymbol{G}}_{\mathrm{HV}}=\frac{1}{M}\sum_{n=1}^{M}\tilde{\boldsymbol{g}}_{\mathrm{HV}}(n) \tag{1-181}$$

称为均匀加权聚类中心。

同时,当极化散度阶数 $k=2$ 时,则有

$$\boldsymbol{D}_{\mathrm{HV}}^{(2)}=\frac{1}{M}\sum_{n=1}^{M}\tilde{\boldsymbol{g}}_{\mathrm{HV}}(n)\tilde{\boldsymbol{g}}_{\mathrm{HV}}^{\mathrm{T}}(n)-\frac{1}{M^2}\sum_{n=1}^{M}\sum_{j=1}^{M}\tilde{\boldsymbol{g}}_{\mathrm{HV}}(n)\tilde{\boldsymbol{g}}_{\mathrm{HV}}^{\mathrm{T}}(j) \tag{1-182}$$

对于天线空域瞬态极化比、天线空域瞬态极化纯度角、天线空域瞬态极化状态变化率等极化描述子亦可采用离散形式表征,这里不再一一详细列出。

当天线被非时谐激励时,其辐射电磁波的极化轨迹不再为椭圆这一几何形状,因此椭圆极化描述子难以拓展表征。但是,可以类似地将空域极化比、空域极化相位描述子等表征方法进行拓展,用来刻画天线辐射电磁波的空间动态变化信息。

1.5 典型天线的瞬态极化特性分析

1.5.1 典型线天线的空域极化特性

线天线是实用天线的最基本形式,也是起源最早、应用最为广泛的形式。线天线的型式很多,本节以短偶极子天线、正交偶极子天线等线天线为例进行探讨。

1. 短偶极子天线的空域极化特性

偶极子天线在长中波、短波和超短波波段都得到广泛应用,在微波波段有时也作为反射面天线的馈源使用。下面首先讨论沿各坐标轴指向的偶极子产生的远场[10],并由此得到任意指向偶极子的空域极化特性。

各沿 X、Y、Z 轴指向的短偶极子在空间球坐标(r,θ,φ)方向上产生的远场分别为

$$E_r=0,E_\theta=-\frac{\mathrm{j}\omega\mu Il}{4\pi r}\cos\theta\cos\varphi \mathrm{e}^{-\mathrm{j}kr},E_\varphi=\frac{\mathrm{j}\omega\mu Il}{4\pi r}\sin\varphi \mathrm{e}^{-\mathrm{j}kr} \tag{1-183}$$

和

$$E_r=0,E_\theta=-\frac{\mathrm{j}\omega\mu Il}{4\pi r}\cos\theta\sin\varphi \mathrm{e}^{-\mathrm{j}kr},E_\varphi=-\frac{\mathrm{j}\omega\mu Il}{4\pi r}\cos\varphi \mathrm{e}^{-\mathrm{j}kr} \tag{1-184}$$

以及

$$E_r = 0, E_\theta = \frac{\mathrm{j}\omega\mu Il}{4\pi r}\sin\theta \mathrm{e}^{-\mathrm{j}kr}, E_\varphi = 0 \tag{1-185}$$

式中:μ 为媒质的磁导率(H/m);I 是长度为 l 的偶极子上所有各点的电流值。

对于任意指向偶极子而言,设初始状态为水平放置在 X 轴上的短偶极子(图 1-10(a));在水平面上逆时针旋转,与 X 轴形成夹角 φ'(图 1-10(b));并在垂直面上进行旋转,与 Z 轴形成夹角 θ'(图 1-10(c))。易知:对于放置在 X 轴上的偶极子,其 $\theta' = \pi/2, \varphi' = 0$;对于放置在 Y 轴上的偶极子,其 $\theta' = \pi/2$,$\varphi' = \pi/2$;对于放置在 Z 轴上的偶极子,$\theta' = 0$(注:图 1-10(a)中的(θ,φ)表示待测点处的空间角坐标)。

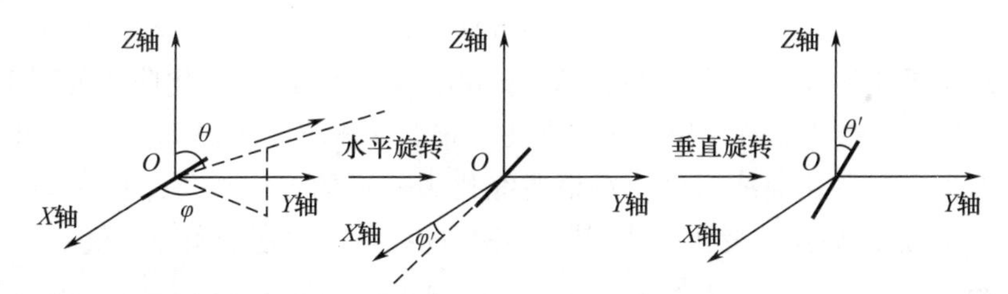

(a) 水平放置在X轴上的短偶极子　(b) 在水平面上旋转后的情况　(c) 在垂直面上旋转后的情况

图 1-10　短偶极子天线的旋转示意图

设初始情况下 X 向偶极子的激励电流为 I,对于图 1-10 所示的经过旋转后得到的任意指向偶极子的辐射场可以等效为放置在 O 点且分别指向 X、Y、Z 三个互相垂直方向的偶极子在空间辐射场的叠加。在 X、Y、Z 三个方向上的等效电流分量分别为

$$I_X = I\sin\theta'\cos\varphi', I_Y = I\sin\theta'\sin\varphi', I_Z = I\cos\theta' \tag{1-186}$$

根据短偶极子的电场方程,在待测空域指向(θ,φ)上,指向为(θ',φ')偶极子的合成电场为

$$E_\theta = -\frac{\mathrm{j}\omega\mu Il}{4\pi r}\mathrm{e}^{-\mathrm{j}kr}\{\cos\theta\sin\theta'\cos(\varphi-\varphi') - \sin\theta\cos\theta'\} \tag{1-187}$$

$$E_\varphi = \frac{\mathrm{j}\omega\mu Il}{4\pi r}\mathrm{e}^{-\mathrm{j}k\sigma}\{\sin\theta'\sin(\varphi-\varphi')\} \tag{1-188}$$

将偶极子的指向(θ',φ')与待测空域指向(θ,φ)在方位和俯仰方向的夹角记为

$$\Delta\theta = \theta - \theta', \Delta\varphi = \varphi - \varphi' \tag{1-189}$$

则式(1-187)可写为

$$E_\theta = -\frac{\mathrm{j}\omega\mu Il}{4\pi r}\mathrm{e}^{-\mathrm{j}kr}\{\cos(\theta'+\Delta\theta)\sin\theta'\cos\Delta\varphi - \sin(\theta'+\Delta\theta)\cos\theta'\} \tag{1-190}$$

$$E_{\varphi} = \frac{\mathrm{j}\omega\mu Il}{4\pi r}\mathrm{e}^{-\mathrm{j}kr}\{\sin\theta'\sin\Delta\varphi\} \tag{1-191}$$

由式(1－183)～式(1－191)可求得不同指向偶极子的空域极化特性如下：

1）X 向偶极子的极化比

$$\rho_x = \frac{-E_{\theta}}{E_{\varphi}} = \cos\theta\cot\varphi \tag{1-192}$$

由式(1－192)可见，X 向偶极子的极化比是天线空域指向的函数。对于 X 向偶极子来说，天线的指向 $\theta' = \pi/2, \varphi' = 0$，有 $\Delta\theta = \theta - \pi/2, \Delta\varphi = \varphi$；式(1－192)可写为

$$\rho_x = -\sin\Delta\theta\cot\Delta\varphi \tag{1-193}$$

绘制极化比 ρ_x 随空间方位夹角 $\Delta\varphi$ 和俯仰夹角 $\Delta\theta$ 的变化曲线如图 1－11 所示；其中图 1－11(a)为极化比在空间分布的立体图形；图 1－11(b)示出了 ρ_x 随俯仰夹角的变化曲线，其中，每根曲线代表一定的方位夹角；图 1－11(c)示出了 ρ_x 随方位夹角的变化曲线，其中，每根曲线代表一定的俯仰夹角。

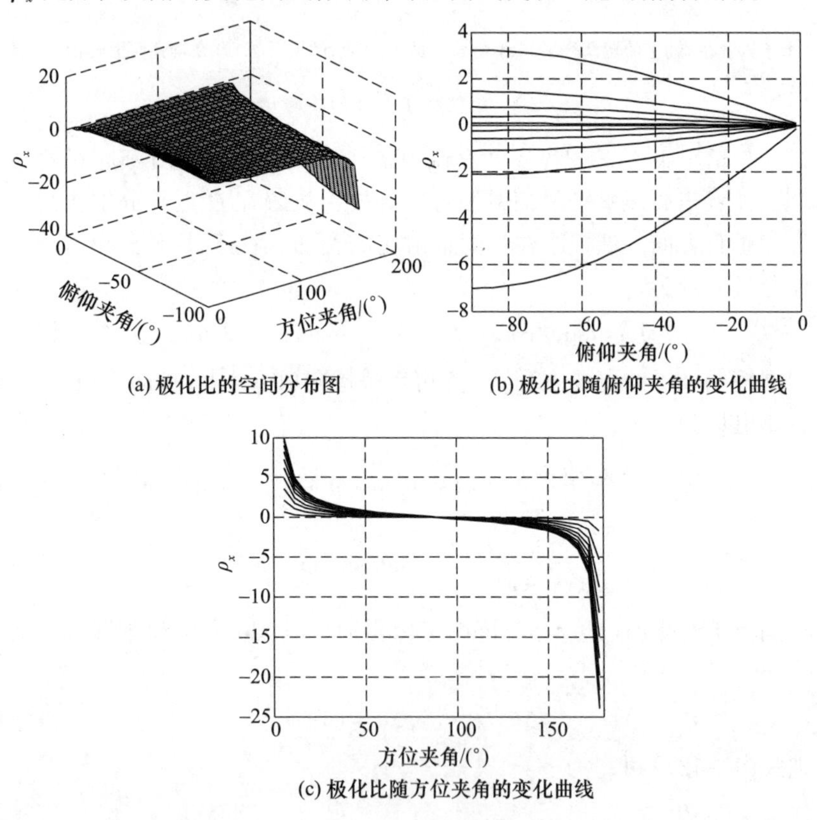

(a) 极化比的空间分布图

(b) 极化比随俯仰夹角的变化曲线

(c) 极化比随方位夹角的变化曲线

图 1－11　X 向偶极子天线的极化比空域分布图

由图1－11可见，当待测空域指向与天线指向间的夹角变化时，X向偶极子天线的极化比逐渐发生变化，会经历水平极化、垂直极化及多种线极化状态。

2）Y向偶极子的极化比

$$\rho_y = -E_\theta/E_\varphi = -\cos\theta\tan\varphi \tag{1-194}$$

此时，天线的指向为$\theta' = \pi/2, \varphi' = \pi/2$，有$\Delta\theta = \theta - \pi/2, \Delta\varphi = \varphi - \pi/2$；式(1－194)可写为

$$\rho_y = -\sin\Delta\theta\cot\Delta\varphi \tag{1-195}$$

对比式(1－193)和式(1－195)可见，X向偶极子的极化比ρ_x与Y向偶极子的极化比ρ_y具有相同的表达式。

3）Z向偶极子的极化比

$$\rho_z = -E_\theta/E_\varphi = \infty \tag{1-196}$$

由式(1－196)可知：Z向偶极子为垂直线极化。

4）任意指向偶极子的极化比

记偶极子天线的指向为$\boldsymbol{P}'(\theta',\varphi')$、待测空域指向为$\boldsymbol{P}(\theta,\varphi)$及其空域夹角为$\Delta\boldsymbol{P}(\Delta\theta,\Delta\varphi)$，则可求得空域极化比为

$$\rho(\boldsymbol{P}',\Delta\boldsymbol{P}) = \frac{-E_\theta}{E_\varphi} = \frac{\cos(\theta'+\Delta\theta)\sin\theta'\cos\Delta\varphi - \sin(\theta'+\Delta\theta)\cos\theta'}{\sin\theta'\sin\Delta\varphi} \tag{1-197}$$

由式(1－197)可见，任意指向偶极子的空域极化比与天线俯仰指向θ'、待测位置与天线波束的俯仰夹角$\Delta\theta$以及方位夹角$\Delta\varphi$有关。为了更直观地表征短偶极子天线的极化比在空间的变化情况，图1－12给出了天线波束指向不同俯仰方向的情况下，极化比随方位夹角$\Delta\varphi$和俯仰夹角$\Delta\theta$的变化关系曲线。其中，图1－12(a)和图1－12(b)分别为$\theta' = 90°$(即为水平面)、$\theta' = 60°$(即与水平面夹角为30°的平面)时的情况。

由以上分析可见，在不同空域指向上，短偶极子天线的空域极化特性并非一成不变，而是按一定规律变化的，其中经历了水平极化、垂直极化以及多种中间极化状态。

2. 正交偶极子天线的空域极化特性

正交偶极子天线可用来产生圆极化波。如果在X向和Y向放置相同的偶极子，并且以幅度相同、相位相差$\pi/2$的电流馈电，那么在Z轴方向辐射的是圆极化波。

若以X向偶极子的馈电电流或电压作参考，而馈给Y向偶极子的电流超前$\pi/2$，且激励电流的幅度均为I，正交偶极子的电场是X和Y向偶极子电场的合

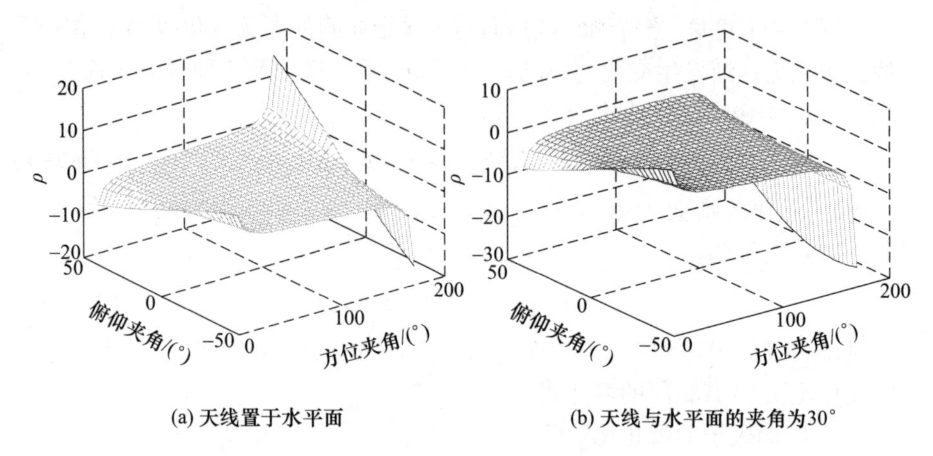

(a) 天线置于水平面　　(b) 天线与水平面的夹角为30°

图 1-12　任意指向偶极子天线极化比的空域分布图

成,即式(1-183)与式(1-184)乘 j 之和,表达式为

$$E_{\theta} = -\frac{\mathrm{j}\omega\mu Il}{4\pi r}\mathrm{e}^{-\mathrm{j}kr}(\cos\theta\cos\varphi + \mathrm{j}\cos\theta\sin\varphi) \tag{1-198}$$

$$E_{\varphi} = \frac{\mathrm{j}\omega\mu Il}{4\pi r}\mathrm{e}^{-\mathrm{j}kr}(\sin\varphi - \mathrm{j}\cos\varphi) \tag{1-199}$$

极化比

$$\rho = \frac{\cos\theta\cos\varphi + \mathrm{j}\cos\theta\sin\varphi}{\sin\varphi - \mathrm{j}\cos\varphi} = \mathrm{j}\cos\theta \tag{1-200}$$

在 Z 轴上,$\theta=0$,$\rho=\mathrm{j}$,对应于沿 Z 向传播的左旋圆极化波;在 XOY 平面上,$\theta=\pi/2$,$\rho=0$,辐射水平线极化波;在其他俯仰方向上辐射不同的椭圆极化波。当 Y 向偶极子馈入相位比 X 向偶极子滞后 $\pi/2$ 时,沿 Z 轴的波将是右旋圆极化。

下面进一步讨论正交偶极子在方位和俯仰方向旋转时,极化特性在空域的变化情况。设初始状态如图 1-13(a)所示,X 向和 Y 向偶极子在球坐标系下的初始指向分别为$(\pi/2,0)$和$(\pi/2,\pi/2)$;在水平方向旋转 φ'后,X 向偶极子的指向变为$(\pi/2,\varphi')$,Y 向偶极子的指向变为$(\pi/2,\varphi'+\pi/2)$,如图 1-13(b)所示;再在俯仰方向上旋转,X 向偶极子的指向变为(θ',φ'),Y 向偶极子的指向变为$(\theta',\varphi'+\pi/2)$,如图 1-13(c)所示。

经过旋转后,单个偶极子的辐射场可以等效为放置在坐标原点且分别指向 X、Y、Z 三个互相垂直方向的偶极子在空间辐射场的叠加。旋转后:X 向和 Y 向偶极子的三个等效电流分量分别为

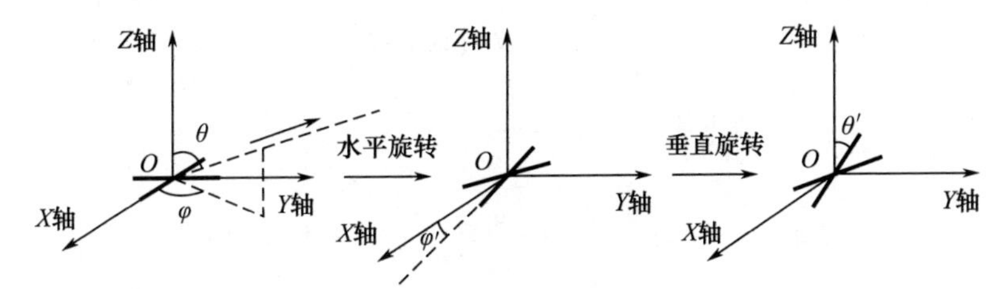

(a) 水平放置的正交偶极子　(b) 在水平面上旋转后的情况　(c) 在垂直面上旋转后的情况

图 1－13　正交偶极子天线的旋转示意图

$$I_{Xx}=I\sin\theta'\cos\varphi',I_{Xy}=I\sin\theta'\sin\varphi',I_{Xz}=I\cos\theta' \tag{1-201}$$

$$I_{Yx}=-I\sin\theta'\sin\varphi',I_{Yy}=I\sin\theta'\cos\varphi',I_{Yz}=I\cos\theta' \tag{1-202}$$

根据短偶极子的电场方程，在待测空域指向(θ,φ)上，正交偶极子的合成场为

$$E_\theta=-\frac{\mathrm{j}\omega\mu Il}{4\pi r}\mathrm{e}^{-\mathrm{j}kr}\left\{\begin{array}{l}[\cos\theta\sin\theta'\cos\Delta\varphi-\sin\theta\cos\theta']\\+\mathrm{j}[\cos\theta\sin\theta'\sin\Delta\varphi-\sin\theta\cos\theta']\end{array}\right\} \tag{1-203}$$

$$E_\varphi=\frac{\mathrm{j}\omega\mu Il}{4\pi r}\mathrm{e}^{-\mathrm{j}kr}\{\sin\theta'\sin\Delta\varphi-\mathrm{j}\sin\theta'\cos\Delta\varphi\} \tag{1-204}$$

式中：$(\Delta\theta,\Delta\varphi)$表示天线波束指向与待测空域指向间的俯仰和方位夹角。

记 X 向偶极子的波束指向为 $\boldsymbol{P}'(\theta',\varphi')$、待测空域指向为 $\boldsymbol{P}(\theta,\varphi)$，其相应夹角为 $\Delta\boldsymbol{P}(\Delta\theta,\Delta\varphi)$，可求得空域极化比为

$$\begin{aligned}\rho(\boldsymbol{P}',\Delta\boldsymbol{P})&=\mathrm{j}\cos\theta+(1-\mathrm{j})\sin\theta\cot\theta'\mathrm{e}^{-\mathrm{j}\Delta\varphi}\\&=\mathrm{j}\cos(\theta'+\Delta\theta)+(1-\mathrm{j})\sin(\theta'+\Delta\theta)\cot\theta'\mathrm{e}^{-\mathrm{j}\Delta\varphi}\end{aligned} \tag{1-205}$$

可见，正交偶极子天线的空域极化比是天线波束指向及其与空间待测方向相对位置的函数。下面针对典型情况，讨论天线的空域极化特性随方位夹角和俯仰夹角的变化。

(1) 当 $\theta'=\pi/2$ 时，式(1－205)可简化为 $\rho=-\mathrm{j}\sin\Delta\theta$，结合 $\Delta\theta=\theta-\theta'$，此时，天线极化比的表达式与式(1－200)相同。由此可见，当正交偶极子天线放置在 XOY 水平面上时，天线在水平方向上的极化状态保持不变；但在不同俯仰方向上，天线极化比随俯仰夹角 $\Delta\theta$ 呈正弦规律变化，历经线极化、椭圆极化和圆极化等多种极化状态，如图 1－14 所示，其中，阴影部分表示天线为不同的椭圆极化状态。

(2) 当 $\theta'=0$ 时，放置在 X 轴和 Y 轴上的偶极子均变为 Z 向偶极子，此时，其合成电场的极化比 $\rho=\infty$，天线呈垂直线极化状态。

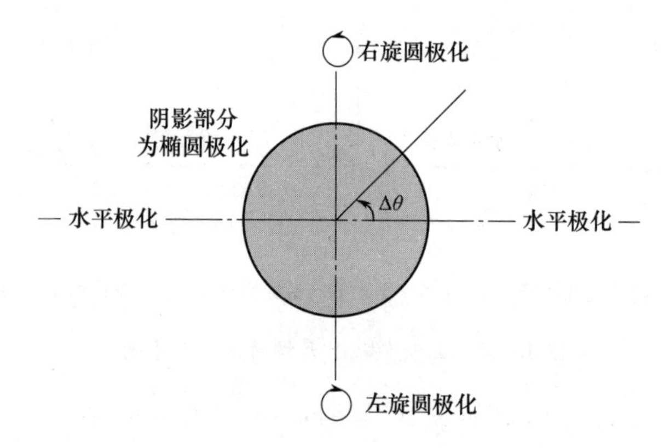

图 1-14　正交偶极子天线极化状态的空域分布图

(3) 为了直观地表征正交偶极子波束指向不同时，天线极化特性在空间的变化规律，取 $\theta'=75°$（天线与水平面的夹角为 15°）和 $\theta'=60°$（天线与水平面的夹角为30°）两种典型情况，绘制天线极化比随俯仰夹角 $\Delta\theta$ 和方位夹角 $\Delta\varphi$ 的变化关系如图 1-15 和图 1-16 所示。记 $\rho=|\rho|\cdot \mathrm{e}^{\mathrm{j}\varphi}$，图 1-15(a) 和图 1-16(a) 为天线极化比幅度 $|\rho|$ 的空域分布图；图 1-15(b) 和图 1-16(b) 为极化相位描述子 φ 的空域分布图。

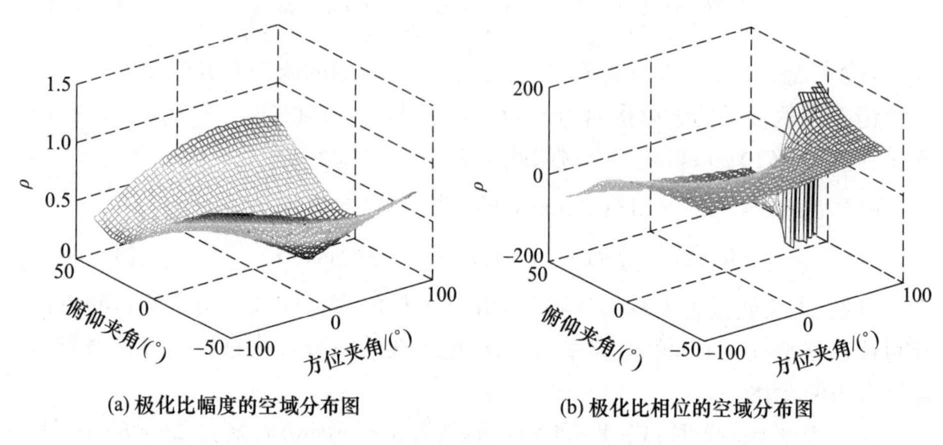

(a) 极化比幅度的空域分布图　　(b) 极化比相位的空域分布图

图 1-15　仰角为 15°时正交偶极子天线极化比的空域分布图

本节针对几种典型线天线，包括短偶极子天线、正交偶极子天线等，对其空域极化特性进行了理论推导及相应仿真。分析结果表明，在不同的空间位置上，绝大部分线天线的极化状态并非一成不变，而是按一定规律变化的，不同类型天线的极化特性在空域的变化规律各异。为方便显示，将各线天线的空域极化特性总结如表 1-1 所列。

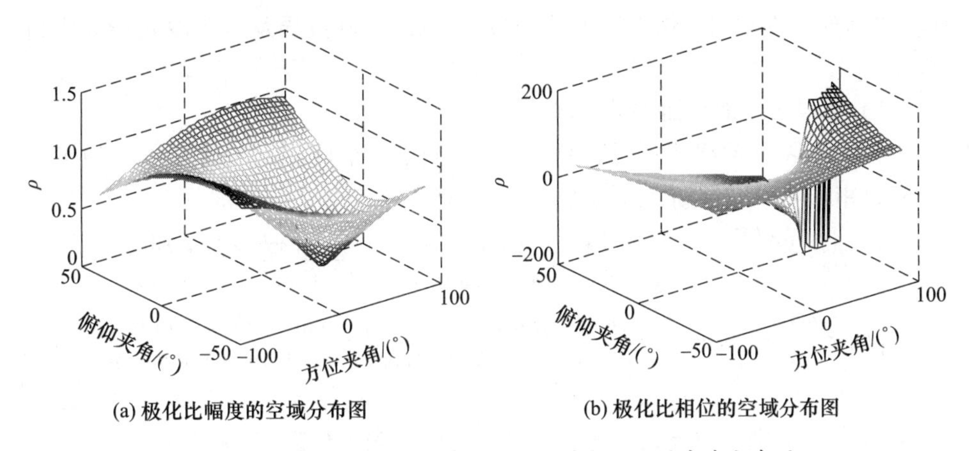

(a) 极化比幅度的空域分布图　　(b) 极化比相位的空域分布图

图 1-16　仰角为 30°时正交偶极子天线极化比的空域分布图

表 1-1　典型线天线的空域极化特性

线天线类型		空域极化比 ρ
短偶极子和正交偶极子天线	X 向偶极子	$\rho_x = -\sin\Delta\theta\cot\Delta\varphi$
	Y 向偶极子	$\rho_y = -\sin\Delta\theta\cot\Delta\varphi$
	Z 向偶极子	$\rho_z = \infty$
	任意指向偶极子	$\rho = \dfrac{\cos(\theta'+\Delta\theta)\sin\theta'\cos\Delta\varphi - \sin(\theta'+\Delta\theta)\cos\theta'}{\sin\theta'\sin\Delta\varphi}$
	正交偶极子天线	$\rho = \mathrm{j}\cos(\theta'+\Delta\theta) + (1-\mathrm{j})\sin(\theta'+\Delta\theta)\cot\theta' \cdot \mathrm{e}^{-\mathrm{j}\Delta\varphi}$
	其中，(θ',φ') 表示偶极子天线在球坐标系中的指向，(θ,φ) 表示待测空域指向，$\Delta\theta=\theta-\theta'$ 和 $\Delta\varphi=\varphi-\varphi'$ 分别为待测指向与天线指向的俯仰夹角和方位夹角	

1.5.2 典型面天线的空域极化特性

常见的面天线有喇叭天线、抛物面天线和透镜天线等。面天线通常又称为口径天线，口径场辐射是口径天线的理论基础，如果已知口径场的分布，口径场的辐射可以利用等效原理计算。波导开口面可以看成最简单的口径天线，但波导开口面的口径场分布复杂且口径较小，因此辐射特性较差，很少直接用作辐射器。为了达到较好的辐射特性，通常把波导的开口面逐渐扩大使波导口变成喇叭。喇叭天线结构简单，波瓣受其他杂散因素影响小，两个主平面的波瓣易于分别控制，常用作抛物面天线的馈源及标准增益天线等，在一些场合还直接作为天线使用。

1. 典型波导口辐射器的空域极化特性

波导开口面可以看成最简单的面天线，微波波段（尤其是 C、X 及以上波段)的阵列天线常用工作于主模的开口矩形波导、圆波导及矩形波导裂缝作为阵元。

1) 无限大接地平面中的开口波导

将地板取为 XOY 平面,波导宽边沿 x 方向传输 TE_{10} 模,在无限大接地平面中开口矩形波导的远场方程为[11]

$$\begin{cases} E_{\theta}=\dfrac{\omega abE_0}{cr}\sin\varphi\,\dfrac{\cos[(\pi a/\lambda)\sin\theta\cos\varphi]}{\pi^2-4[(\pi a/\lambda)\sin\theta\cos\varphi]^2}\,\dfrac{\sin[(\pi b/\lambda)\sin\theta\sin\varphi]}{(\pi b/\lambda)\sin\theta\sin\varphi} \\ E_{\varphi}=\dfrac{\omega abE_0}{cr}\cos\theta\cos\varphi\,\dfrac{\cos[(\pi a/\lambda)\sin\theta\cos\varphi]}{\pi^2-4[(\pi a/\lambda)\sin\theta\cos\varphi]^2}\,\dfrac{\sin[(\pi b/\lambda)\sin\theta\sin\varphi]}{(\pi b/\lambda)\sin\theta\sin\varphi} \end{cases} \tag{1-206}$$

式中:a 和 b 分别为波导在 x 和 y 方向的边长;c 表示光速。

由式(1-206)可见,尽管这种天线的场分量表达式十分复杂,但其极化比的表达式却相当简单,为

$$\rho=-\tan\varphi/\cos\theta \tag{1-207}$$

可以注意到,开口波导辐射波均是线极化。在主 E 平面($\varphi=\pi/2$),开口波导辐射波的极化比 $\rho=\infty$,为垂直极化;在主 H 平面($\varphi=0$),开口波导辐射水平极化波,极化比 $\rho=0$;在 XOY 平面($\theta=\pi/2$),开口波导辐射垂直极化波。

2) 矩形波导口的辐射场

口径尺寸为 $a\times b$ 并计入反射系数 Γ 的矩形波导口(H_{10}模)的辐射场为[10]

$$\begin{cases} E_{\theta}(\theta,\varphi)=\sin\varphi\left(1+\dfrac{1-\Gamma}{1+\Gamma}\dfrac{\lambda}{\lambda_g}\cos\theta\right)\dfrac{\cos\left(\dfrac{1}{2}au\right)}{1-\left(\dfrac{1}{\pi}au\right)^2}\,\dfrac{\sin\left(\dfrac{1}{2}bv\right)}{\dfrac{1}{2}bv} \\ E_{\varphi}(\theta,\varphi)=\cos\varphi\left(\cos\theta+\dfrac{1-\Gamma}{1+\Gamma}\dfrac{\lambda}{\lambda_g}\right)\dfrac{\cos\left(\dfrac{1}{2}au\right)}{1-\left(\dfrac{1}{\pi}au\right)^2}\,\dfrac{\sin\left(\dfrac{1}{2}bv\right)}{\dfrac{1}{2}bv} \end{cases} \tag{1-208}$$

式中:λ_g 为波导波长,$\lambda_g=\lambda/\sqrt{1-(\lambda/2a)^2}$ TE_{10}波的传播常数 $k_{10}=2\pi/\lambda_g$;u 和 v 为广义角坐标,$u=k\sin\theta\cos\varphi$,$v=k\sin\theta\sin\varphi$;由于严格计算波导开口处产生的反射系数 Γ 很困难,通常它可采用实验方法测定,或者近似表示为 $|\Gamma|=(1-\lambda/\lambda_g)/(1+\lambda/\lambda_g)$。

根据式(1-208)可求得矩形波导口辐射场的极化比为

$$\rho=-\frac{E_{\theta}}{E_{\varphi}}=-\tan\varphi\left(1+\frac{1-\Gamma}{1+\Gamma}\frac{\lambda}{\lambda_g}\cos\theta\right)\bigg/\left(\cos\theta+\frac{1-\Gamma}{1+\Gamma}\frac{\lambda}{\lambda_g}\right) \tag{1-209}$$

波导开口面直接作为天线使用时,由于口径尺寸小,波瓣宽度宽,因此方向

性很弱。波导口和自由空间的匹配很差，波导口的反射系数 Γ 通常可达0.25～0.3，在口面反射为零，即 $\Gamma=0$ 的特殊情况下，矩形波导口辐射场的极化比简化为

$$\rho=-\tan\varphi \tag{1-210}$$

3）圆形波导口的辐射场

直径为 $2a$ 的圆波导口（H_{11}）模的辐射场为

$$\begin{cases}E_\theta(\theta,\varphi)=\left(1+\dfrac{1-\Gamma}{1+\Gamma}\dfrac{\lambda}{\lambda_g}\cos\theta\right)\sin\varphi\dfrac{\mathrm{J}_1(ka\sin\theta)}{ka\sin\theta}\\ E_\varphi(\theta,\varphi)=\left(\cos\theta+\dfrac{1-\Gamma}{1+\Gamma}\dfrac{\lambda}{\lambda_g}\right)\cos\varphi\mathrm{J}'_1(ka\sin\theta)\Big/\left(1-\left(\dfrac{ka}{1.841}\sin\theta\right)^2\right)\end{cases} \tag{1-211}$$

根据式（1-211）可求得圆波导口辐射场的极化比为

$$\rho=-\frac{E_\theta}{E_\varphi}=-\tan\varphi\frac{\left(1+\dfrac{1-\Gamma}{1+\Gamma}\dfrac{\lambda}{\lambda_g}\cos\theta\right)}{\left(\cos\theta+\dfrac{1-\Gamma}{1+\Gamma}\dfrac{\lambda}{\lambda_g}\right)}\frac{\left(\dfrac{\mathrm{J}_1(ka\sin\theta)}{ka\sin\theta}\right)}{\left(\mathrm{J}'_1(ka\sin\theta)\Big/\left(1-\left(\dfrac{ka}{1.841}\sin\theta\right)^2\right)\right)} \tag{1-212}$$

虽然各种典型波导口空域极化比的具体表达式不同，但可以看出，无限大接地平面中的开口波导、矩形波导口、圆形波导口这几种典型波导口的空域极化特性之间存在一个共同点，即其极化比 ρ 在方位向上均按方位角的正切函数 $\tan\varphi$ 规律变化。

2. 典型喇叭天线的空域极化特性

喇叭天线广泛地应用于1GHz 以上的微波区域，它具有高增益、低电压驻波比（VSWR）、相对较宽的带宽、低重量，而且比较容易构建的特点，因此常用作抛物面天线的馈源及标准增益天线等，在一些场合还直接作为天线使用。喇叭天线的基本形式是把矩形波导和圆波导开口面逐渐扩展后形成的。矩形波导的壁只在一个平面内扩展形成的喇叭称为扇形喇叭，在 E 平面内扩展称为 E 面扇形喇叭，在 H 平面内扩展称为 H 面扇形喇叭；在两个平面内同时扩展形成的喇叭称为角锥喇叭；圆波导开口面扩展后形成的喇叭称为圆锥喇叭。

虽然喇叭天线辐射场的表达式非常复杂，但其极化比形式却非常简单，不管是 H 面扇形喇叭、E 面扇形喇叭，角锥喇叭还是圆锥喇叭，可推得其空域极化比的表达式均为

$$\rho = -E_\theta / E_\varphi = -\tan\varphi \tag{1-213}$$

本节针对典型面天线的空域极化特性进行了理论推导，为便于对照，将以上各种天线的空域极化特性总结如表1－2所示。

表1－2 典型面天线的空域极化特性

天线类型		空域极化比 ρ
波导口辐射器	无限大接地平面中的开口波导	$\rho = -\dfrac{\tan\varphi}{\cos\theta}$
	矩形波导口	$\rho = -\tan\varphi\left(1+\dfrac{1-\Gamma}{1+\Gamma}\dfrac{\lambda}{\lambda_g}\cos\theta\right)\Big/\left(\cos\theta+\dfrac{1-\Gamma}{1+\Gamma}\dfrac{\lambda}{\lambda_g}\right)$
	圆形波导口	$\rho = -\tan\varphi\dfrac{\left(1+\dfrac{1-\Gamma}{1+\Gamma}\dfrac{\lambda}{\lambda_g}\cos\theta\right)}{\left(\cos\theta+\dfrac{1-\Gamma}{1+\Gamma}\dfrac{\lambda}{\lambda_g}\right)}\dfrac{\left(\dfrac{J_1(ka\sin\theta)}{ka\sin\theta}\right)}{\left(J_1'(ka\sin\theta)/1-\left(\dfrac{ka}{1.841}\sin\theta\right)^2\right)}$
喇叭天线		$\rho = -\tan\varphi$

1.5.3 相控阵天线的空域极化特性

对于极化相控阵雷达而言，具有两个正交极化通道的天线阵元可以构成极化相控阵天线，用于发射与接收空间中两个正交的电磁波，即极化相控阵天线具有两个独立的极化分集波束。为产生具有正交的电场极化，双极化天线阵元的两个极化端口一般采用相同的结构和馈电方式。然而，在偏离天线平面法向时，双极化天线阵元的电场极化通常不再正交[12]。图1－17描述了正交无限小电偶极子天线的辐射场，红色箭头（图中水平箭头）表示沿 X 轴放置的电偶极子的辐射电场，蓝色箭头（图中垂直箭头）表示沿 Y 轴放置的电偶极子的辐射电场。在天线平面的法线上，两个电偶极子的辐射电场幅度相同且方向完全正交；在偏离平面法线后，在水平和垂直两个主平面上，两个辐射电场幅度不同但方向不完全正交；在其他主平面，特别是斜对角平面上，两个辐射电场不仅幅度不同而且方向正交性恶化十分严重。这种非正交性会给接收通道带来交叉极化耦合，从而导致极化测量结果存在严重的系统性误差，这对极化精密测量而言是不可忽视的[13]。测得的目标极化散射矩阵不能客观反映目标的实际散射特性，从而给相控阵雷达极化精密测量带来了新挑战。

1. 相控阵天线空域极化特性的描述

对于相控阵天线而言，当忽略互耦等非理想因素时，其主瓣的扫描方向 α_s，β_s 主要是由阵因子函数所决定，即

$$\mathbf{AF} = F(\alpha,\beta) = \sum_{m=0}^{M}\sum_{n=0}^{N} \mathrm{e}^{\mathrm{j}mk_0 d_x(\cos\alpha-\cos\alpha_s)+\mathrm{j}mk_0 d_y(\cos\beta-\cos\beta_s)} \tag{1-214}$$

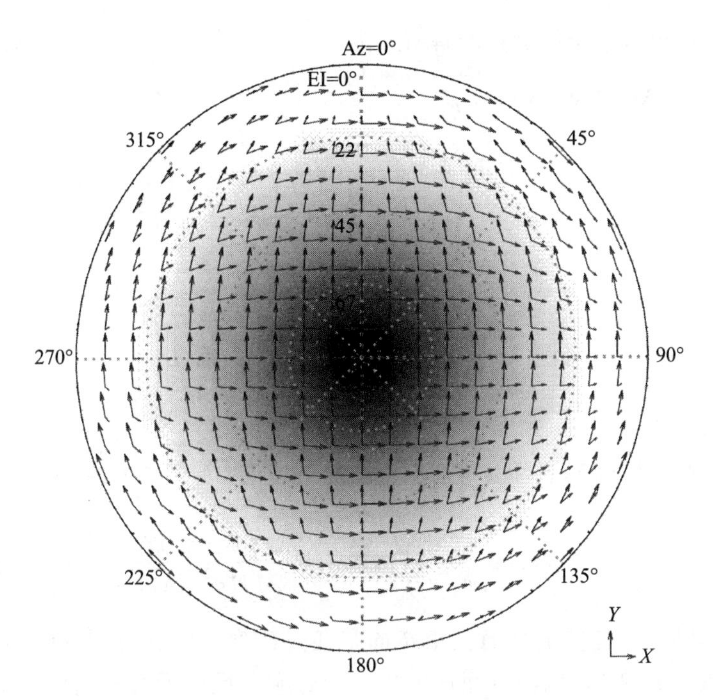

图 1-17　正交无限小电偶极子辐射场（见彩图）

式中：M，N 表示平面阵的阵元个数；d_x 和 d_y 为阵元间距，$\psi_x\psi_y$ 分别为阵元激励电流沿 x 轴和 y 轴之间的相移，$\psi_x = k_0 d_x \cos\alpha_s$，$\psi_y = k_0 d_y \cos\beta_s$。

式(1-214)可进一步写为

$$\mathbf{AF} = F(\alpha,\beta) = \left|\frac{\sin\left[\frac{1}{2}Mk_0 d_x \tau_x\right]}{\sin\left[\frac{1}{2}k_0 d_x \tau_x\right]}\right| \times \left|\frac{\sin\left[\frac{1}{2}Mk_0 d_y \tau_y\right]}{\sin\left[\frac{1}{2}k_0 d_y \tau_y\right]}\right| \qquad (1-215)$$

式中：$\tau_x = \cos\alpha - \cos\alpha_s$；$\tau_y = \cos\beta - \cos\beta_s$，此时波束的扫描方向（$\alpha_s$，$\beta_s$）取决于相邻单元间的相位差 ψ_x，ψ_y，即

$$\cos\alpha_s = \frac{\psi_x}{k_0 d_x}, \cos\beta_s = \frac{\psi_y}{k_0 d_y} \qquad (1-216)$$

由于坐标(α,β)与 z 轴$(\theta=0)$方向阵列法线的球坐标系下的角坐标(θ,φ)中有下列关系：

$$\begin{aligned} &\cos\alpha = \sin\theta\cos\varphi \\ &\cos\beta = \sin\theta\sin\varphi \\ &\sin^2\theta = \cos^2\alpha + \cos^2\beta \\ &\tan\varphi = \cos\beta/\cos\alpha \end{aligned} \qquad (1-217)$$

由此,可得阵因子的标量的解析式为

$$\begin{aligned}\mathbf{AF}(\theta,\varphi) &= F(\alpha,\beta)\\ &= \left|\frac{\sin\left[\frac{1}{2}M(k_0 d_x \sin\theta\cos\varphi - \psi_x)\right]}{\sin\left[\frac{1}{2}(k_0 d_x \sin\theta\cos\varphi - \psi_x)\right]}\right| \times \\ &\quad \left|\frac{\sin\left[\frac{1}{2}M(k_0 d_y \sin\theta\sin\varphi - \psi_y)\right]}{\sin\left[\frac{1}{2}(k_0 d_y \sin\theta\sin\varphi - \psi_y)\right]}\right|\end{aligned} \tag{1-218}$$

因此,在球坐标系下可以得到相位扫描与波束空域指向的关系

$$\varphi = \arctan\left(\frac{\psi_y}{\psi_x}\frac{d_x}{d_y}\right), \theta = \arcsin\sqrt{\frac{\psi_x^2}{k_0^2 d_x^2} + \frac{\psi_y^2}{k_0^2 d_y^2}} \tag{1-219}$$

由此可见,相控阵的任意波束指向是通过改变馈电相位实现的,并且波束的扫描方向(α_s,β_s)可以与空间角坐标一一对应。根据天线阵列理论中的相乘原理,相控阵天线总辐射场是一个极化矢量单元方向图$\boldsymbol{f}(\theta,\varphi)$和标量的阵因子函数 $\mathbf{AF}(\theta,\varphi)$的乘积。因此,由上述阵因子的表达式可知,阵因子决定了波束电扫描的指向角度(α,β),而相控阵天线的扫描极化特性可以由中心辐射单元$\boldsymbol{f}(\theta,\varphi)$的极化特性和观测($\theta,\varphi$)方向共同决定和描述,换言之,其极化特性可以由阵中单元在观测方向(θ,φ)的矢量极化方向图以及波束扫描所确定的波束指向共同决定,因此用于描述机械扫描体制天线的空域极化表征对于相控阵体制仍然适用。

需要注意的是,实际扫描的相控阵天线在扫描过程中,极化方向图的结构会发生变化,不同波束扫描位置下的天线辐射场也会有所不同,因此,不能通过多个离散的观测角下的辐射场的变化规律来近似描述波束扫描情况下的极化特性,应该首先考虑固定扫描角下天线辐射场的分布情况,然后通过综合或拟合多个扫描角度下辐射场主波瓣的极化特性,才能较为准确地描述相控阵天线的空域极化特性。

为了更加形象地描述相控阵天线在空域扫描时天线极化状态变化的分布情况,包括各极化态的整体分布态势、极化分布的中心位置、各点在空间分布的离散疏密程度以及空间各极化态的变化快慢程度等,可参考文献[14]中天线空域瞬态极化特性的具体定义方式与非时谐电磁波的空域瞬态极化的定义,此时不同空间点可转换为相控阵扫描时主波瓣相对阵面法线方向的角函数。实际

上,两者的表述方式完全一致,可以用空域瞬态极化投影集、空域极化聚类中心以及空域极化散度等参量表征。

2. 相控阵天线的空域极化特性建模

考虑一个二维 $M \times N$ 的平面阵,每个阵元具有相同的方向图,θ'_i,φ'_i 为各阵元局部坐标系中的俯仰角和方位角,为了考察该型阵列的交叉极化特性,需计算每个阵元在阵元局部坐标系中给定极化基下的极化分量,然后通过坐标变换,对阵元局部坐标系中的极化分量转换到全局坐标系中进行叠加,在建立阵列的时候,阵元所在的坐标系可在球坐标系下赋予不同的位置,三维的坐标变换可以通过欧拉矩阵变换来实现,因此建模的关键是各单元极化分量的旋转变换,流程如下:

(1) 建立阵元单位矢量在全局坐标系中的坐标;

(2) 根据平面阵列天线的具体几何结构以及各阵元的位置关系,建立各阵元局部坐标系在全局坐标中的坐标;

(3) 建立阵元方向单位矢量在各阵元局部直角坐标系中的坐标;

(4) 在全局坐标系中计算阵元的单位矢量在其局部坐标轴上的投影;

(5) 利用阵元方向单位矢量在各阵元局部直角坐标系中的坐标和阵元的单位矢量在各阵元局部坐标轴上的投影的关系,求解俯仰角和方位角在全局坐标系与各阵元局部坐标系中的转换关系,完成阵元的极化分量在全局坐标系中的转换。

如图 1-18 所示,$\boldsymbol{\varepsilon}_X$,$\boldsymbol{\varepsilon}_Y$,$\boldsymbol{\varepsilon}_Z$ 为三维空间直角坐标变换的三个旋转角。也称欧拉角。对 x 轴进行旋转 ε_X 角时,旋转矩阵定义为$[\boldsymbol{R}_1]$;对 y 轴进行旋转 ε_Y 角时,旋转矩阵定义为$[\boldsymbol{R}_2]$;对 z 轴进行旋转 ε_Z 时,旋转矩阵定义为$[\boldsymbol{R}_3]$。

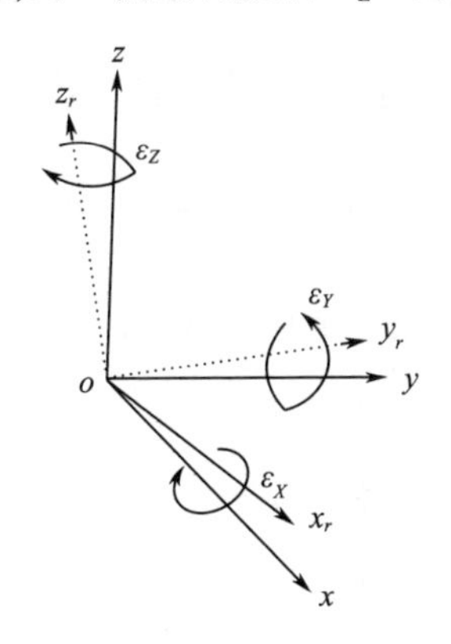

图 1-18　坐标系旋转和旋转矩阵的定义

因此,旋转矩阵可表示为$\boldsymbol{R}_0 = [\boldsymbol{R}_3][\boldsymbol{R}_2][\boldsymbol{R}_1]$,展开

$$\boldsymbol{R}_0=\begin{bmatrix}\cos\varepsilon_Z & \sin\varepsilon_Z & 0\\ -\sin\varepsilon_Z & \cos\varepsilon_Z & 0\\ 0 & 0 & 1\end{bmatrix}\begin{bmatrix}\cos\varepsilon_Y & 0 & -\sin\varepsilon_Y\\ 0 & 1 & 0\\ \sin\varepsilon_Y & 0 & \cos\varepsilon_Y\end{bmatrix}\begin{bmatrix}1 & 0 & 0\\ 0 & \cos\varepsilon_X & \sin\varepsilon_X\\ 0 & -\sin\varepsilon_X & \cos\varepsilon_X\end{bmatrix}=$$

$$\begin{bmatrix}\cos\varepsilon_Y\cos\varepsilon_Z & \cos\varepsilon_Y\sin\varepsilon_Z & -\sin\varepsilon_Y\\ -\cos\varepsilon_X\sin\varepsilon_Z+\sin\varepsilon_X\sin\varepsilon_Y\cos\varepsilon_Z & \cos\varepsilon_X\cos\varepsilon_Z+\sin\varepsilon_X\sin\varepsilon_Y\sin\varepsilon_Z & \sin\varepsilon_X\cos\varepsilon_Y\\ \sin\varepsilon_X\sin\varepsilon_Z+\cos\varepsilon_X\sin\varepsilon_Y\cos\varepsilon_Z & -\sin\varepsilon_X\cos\varepsilon_Z+\cos\varepsilon_X\sin\varepsilon_Y\sin\varepsilon_Z & \cos\varepsilon_X\cos\varepsilon_Y\end{bmatrix}$$

$$(1-220)$$

球坐标系下$[\theta,\varphi]$的单位矢量为$\hat{\boldsymbol{n}}=(\sin\theta\cos\varphi,\sin\theta\sin\varphi,\cos\theta)$,因此由全局坐标系变换到阵元局部坐标系的笛卡儿坐标表示

$$[\tilde{x},\tilde{y},\tilde{z}]^{\mathrm{T}}=\boldsymbol{R}_0(\sin\theta\cos\varphi,\sin\theta\sin\varphi,\cos\theta)^{\mathrm{T}} \tag{1-221}$$

$$\tilde{\theta}=\arccos(\tilde{z}) \tag{1-222}$$

$$\tilde{\varphi}=\arctan\left(\frac{\tilde{y}}{\tilde{x}}\right) \tag{1-223}$$

因此,当阵元的电场在球坐标系下表示为$\bar{E}_i(\theta,\varphi)$,两个正交极化分量分别为$\bar{E}_{i\theta}$和$\bar{E}_{i\varphi}$时,在阵元局部直角坐标系$(\tilde{x},\tilde{y},\tilde{z})$下可表示为

$$\begin{cases}\bar{E}_{i\tilde{x}}=\bar{E}_{i\theta}\cos\tilde{\theta}\cos\tilde{\varphi}-\bar{E}_{i\varphi}\sin\tilde{\varphi}\\ \bar{E}_{i\tilde{y}}=\bar{E}_{i\theta}\cos\tilde{\theta}\sin\tilde{\varphi}-\bar{E}_{i\varphi}\cos\tilde{\varphi}\\ \bar{E}_{i\tilde{z}}=-\bar{E}_{i\theta}\sin\tilde{\theta}\end{cases} \tag{1-224}$$

将各分量在局部直角坐标系下$(\tilde{x},\tilde{y},\tilde{z})$表示转换为全局直角坐标系下表示[15]

$$[E_{ix}\quad E_{iy}\quad E_{iz}]^{\mathrm{T}}=\boldsymbol{R}_0^{-1}(\varepsilon_X,\varepsilon_Y,\varepsilon_Z)[\bar{E}_{i\tilde{x}}\quad \bar{E}_{i\tilde{y}}\quad \bar{E}_{i\tilde{z}}] \tag{1-225}$$

就可以确定各阵元在全局坐标系(θ,φ)极化基下的两个极化分量

$$E_{i\theta}(\theta,\varphi)=\frac{E_{ix}\cos\varphi+E_{iy}\sin\varphi}{\cos\theta},E_{i\varphi}(\theta,\varphi)=-E_{ix}\sin\varphi+E_{iy}\cos\varphi \tag{1-226}$$

因此,平面阵列天线的远区辐射场可以表示为

$$E_{\text{Array}}(\theta,\varphi)=\sum_{i}^{N}G_i(\theta,\varphi)E_i(\theta,\varphi)=\sum A_i e^{jP_i(\theta,\varphi)}E_i(\theta,\varphi)$$
$$=\sum A_i e^{jk_0\bar{r}_i\cdot\hat{n}}E_i(\theta,\varphi) \tag{1-227}$$

式中：$\bar{r}_i$ 表示第 i 个阵元在全局坐标系下的位置。$\bar{r}_i=(x_i,y_i,z_i)$；A_i 表示对第 i 个阵元的激励电流；$E_i(\theta,\varphi)$ 表示第 i 个阵元的方向图。

为简化分析，这里设平面阵在 xoy 面等间距 $M\times N$ 排列，间距分别为 d_x,d_y，并且天线口径电场为均匀分布时，横向和纵向电场的阵因子和在极化基(θ,φ)下的场表示为

$$F_\theta(\theta,\varphi)=\frac{1}{\sqrt{M}}\sum_{i=0}^{M-1}E_{i\theta}(\theta,\varphi)e^{jk_0\left(i-\frac{M-1}{2}\right)d_x\cos\varphi\sin\theta}\frac{1}{\sqrt{N}}\sum_{i=0}^{N-1}E_{i\theta}(\theta,\varphi)e^{jk_0\left(i-\frac{N-1}{2}\right)d_y\cos\varphi\sin\theta}$$
$$=\frac{E_{i\theta}(\theta,\varphi)^2}{\sqrt{MN}}\frac{\sin\left(Mk_0\frac{d_x}{2}\cos\varphi\sin\theta\right)}{\sin\left(k_0\frac{d_x}{2}\cos\varphi\sin\theta\right)}\frac{\sin\left(Nk_0\frac{d_y}{2}\sin\varphi\sin\theta\right)}{\sin\left(k_0\frac{d_y}{2}\sin\varphi\sin\theta\right)} \tag{1-228}$$

$$F_\varphi(\theta,\varphi)=\frac{1}{\sqrt{M}}\sum_{i=0}^{M-1}E_{i\varphi}(\theta,\varphi)e^{jk_0\left(i-\frac{M-1}{2}\right)d_x\cos\varphi\sin\theta}\frac{1}{\sqrt{N}}\sum_{i=0}^{N-1}E_{i\varphi}(\theta,\varphi)e^{jk_0\left(i-\frac{N-1}{2}\right)d_y\cos\varphi\sin\theta}$$
$$=\frac{E_{i\varphi}(\theta,\varphi)^2}{\sqrt{MN}}\frac{\sin\left(Mk_0\frac{d_x}{2}\cos\varphi\sin\theta\right)}{\sin\left(k_0\frac{d_x}{2}\cos\varphi\sin\theta\right)}\frac{\sin\left(Nk_0\frac{d_y}{2}\sin\varphi\sin\theta\right)}{\sin\left(k_0\frac{d_y}{2}\sin\varphi\sin\theta\right)} \tag{1-229}$$

因此，$\boldsymbol{T}(\theta)=\begin{bmatrix}F_\theta(\theta,\varphi)\\F_\varphi(\theta,\varphi)\end{bmatrix}$是阵列单元上的电流分布（幅度和相位）在远区产生的方向图，并能反映辐射场的极化特性，是矢量。当 M,N 足够大时，阵列天线的主瓣宽度、旁瓣电平等辐射特性主要取决于阵列因子。

由式(1-229)可以得出该型平面阵列天线的空域极化比，可以看出，如果用极化比或交叉极化鉴别量来表征一个等幅分布相控阵天线的空域极化特性，其表达式是一个关于阵元辐射场的函数，和阵元数目、排列方式，以及阵元间距关系不大，这些因素（主要是阵因子）只会影响波束宽度、天线方向图的形状，而不会影响在不同扫描空域上的交叉极化分量关于主极化分量的相对变化率，阵列的极化特性主要取决于阵元的极化特性和扫描的极化状态。对于任意一个阵列天线，主极化和交叉极化在任意扫描角下的辐射场都需要乘以阵列因子，因此整个阵列的极化特性的问题可以等效用单个阵元的极化特性来描述。

3. 相控阵天线极化特性的仿真分析

1）均匀分布矩形偶极子阵

以平面偶极子阵列天线为例，进行了大量的仿真计算。其中，阵列布局为

5×5等间距排列，排列方向均平行于 x 轴，如图 1－19 所示，xy 向间距为 0.7λ，谐振频率为 10GHz，偶极子长度为 1.5cm，距离地面高度为 0.75cm，考虑如下四种情况：

（1）相控阵的主波束在法线方向时，不同方位观测角度下的极化特性分析；

（2）相控阵的主波束在法线方向时，不同俯仰观测角度下的极化特性分析；

（3）相控阵的主波束在方位面上扫描时，主瓣附近的极化特性分析；

（4）相控阵的主波束在俯仰面上扫描时，主瓣附近的极化特性分析。

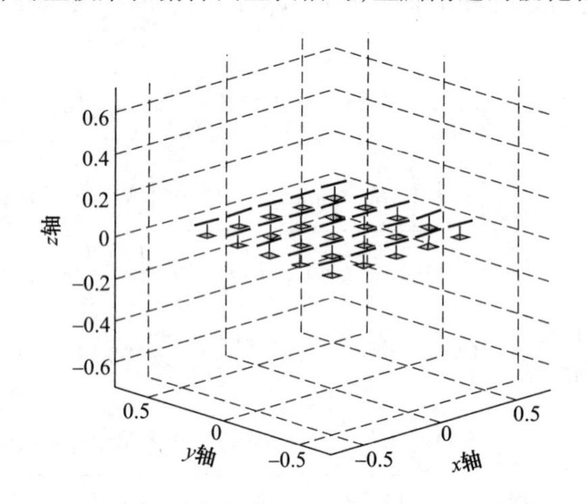

图 1－19 均匀分布矩形偶极子阵的几何布局

通过计算和仿真分析，得到了一些比较有意义的结论，相控阵天线的极化特性和三个量密切相关。

（1）天线机械结构所决定的最大辐射方向，即法线方向；

（2）空域扫描时最大辐射的波束指向，通常认为这就是主波束的指向，也称为电轴方向；

（3）前两者的差值，这里定义为波束控向角度（IEEE 定义为 beam steering），以下简称波控角，指的是波束在空域扫描时偏离法线方向的角度。

表 1－3 列举了天线波束在阵面的法线方向时，观测点在方位、俯仰向进行扫描时极化特性的变化规律，下面给出具体的分析结果。

（1）方位和俯仰方向的极化特性。

当天线波束指向阵面的法线方向时，图 1－20 给出了多个俯仰切面上天线的方位向极化方向图，可以看出，在波束的方位中心指向上，交叉极化辐射最小，主极化辐射最大，而待测目标的方向偏离天线电轴方向，所接收到的电波极化状态将随着偏离电轴的方向而改变，此时在天线的主瓣区域内有明显上升的交叉极化分量，多个俯仰角切面下的天线方位极化特性均具有这个特性。随着观测点的俯仰角度(Ez)增大,波束宽度变窄,天线增益降低;图1-21给出了多个方位切面下的天线俯仰向极化方向图,可以看出:俯仰向的主极化方向图和交叉极化方向图形状是相似的,在俯仰中心指向上,主极化辐射最大,交叉极化也最强,但是当观测方位偏离中心角度增大时,方向图的形状波束宽度、辐射增益均没有较大变化,此时交叉极化分量显著增大,极化纯度降低。

表1-3 法线方向观测点扫描时的极化特性定量描述

波束在法线方向观测点偏离仰角一定角度	方位向极化纯度/dB	备注
观测点偏离电轴仰角10°	-18	Co-pol=15dB,Cx-pol=-3dB
观测点偏离电轴仰角20°	-18	Co-pol=5.5dB,Cx-pol=-14dB
观测点偏离电轴仰角30°	-16	Co-pol=3.7dB,Cx-pol=-13dB
观测点偏离电轴仰角45°	-20	Co-pol=2.6dB,Cx-pol=-19dB
波束在法线方向观测点偏离方位一定角度	俯仰向极化纯度/dB	备注
观测点偏离电轴方位0°	-∞	主极化V极化,交叉极化H极化
观测点偏离电轴方位2°	-44	Co-pol=21dB,Cx-pol=-23dB
观测点偏离电轴方位20°	-24	Co-pol=21dB,Cx-pol=-3dB
观测点偏离电轴方位45°	-16	Co-pol=19dB,Cx-pol=3dB
观测点偏离电轴方位90°	有交叉极化	

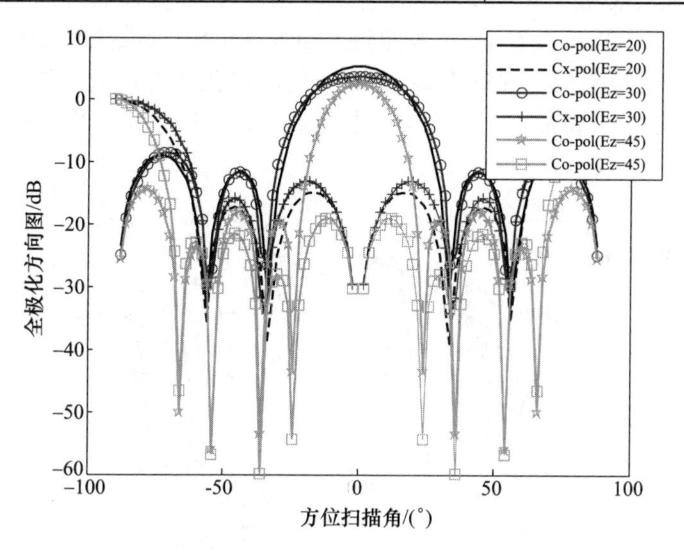

图1-20 法线方向方位方向图

(2)主波束在空域方位面和俯仰面上扫描时,方位向的极化特性和俯仰向的极化特性。

当天线波束在空域扫描时,电轴的指向会偏离阵面的法线方向,使得两者

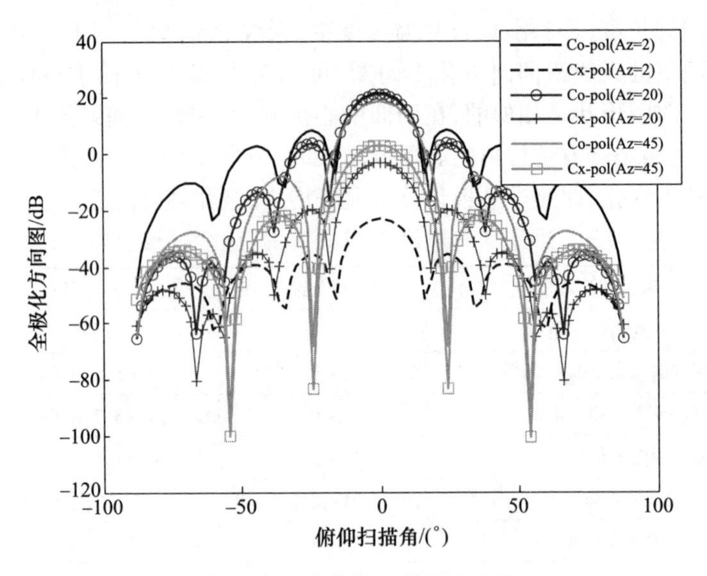

图 1-21 法线方向俯仰方向图

存在一定的波控角，此时相控阵天线辐射方向图结构将发生改变。在不同的方位波控角和俯仰波控角下，天线主瓣方向辐射或接收到的电磁波的极化纯度将降低，此时在天线的主瓣区域内不仅有主极化分量，而且还有升高的交叉极化分量。由图 1-22 可以看出，当俯仰角度和观测角度固定，方位扫描的波控角度增大时，交叉极化电平显著升高，方位扫描的极化纯度降低。特别是当俯仰波控角度为 30°、方位波控角度为 45°时，天线的正交极化分量接近相等。

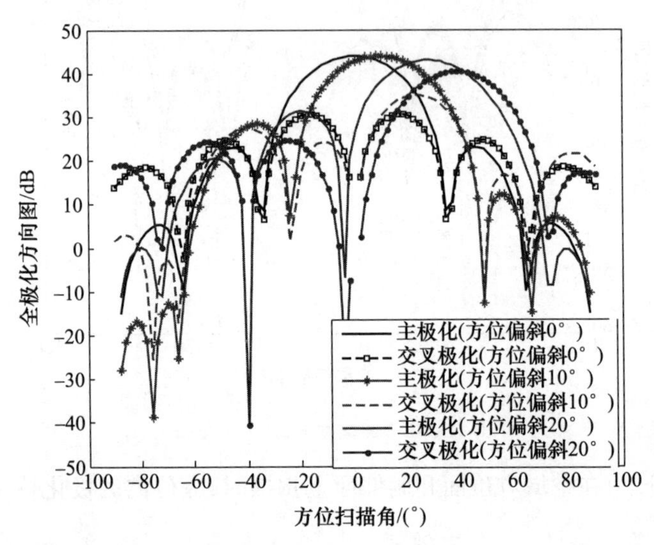

图 1-22 多个方位偏轴角度下的方位扫描方向图（见彩图）

图1－23给出了当方位波控角和观测角度固定，波束在俯仰方向扫描的极化特性。可以看出，俯仰方向的极化特性变化不明显，天线方向图结构发生较大变化，旁瓣电平升高且相对主瓣不对称，主瓣增益略有下降。表1－4比较详细地给出了空域波控扫描时的极化特性定量描述。

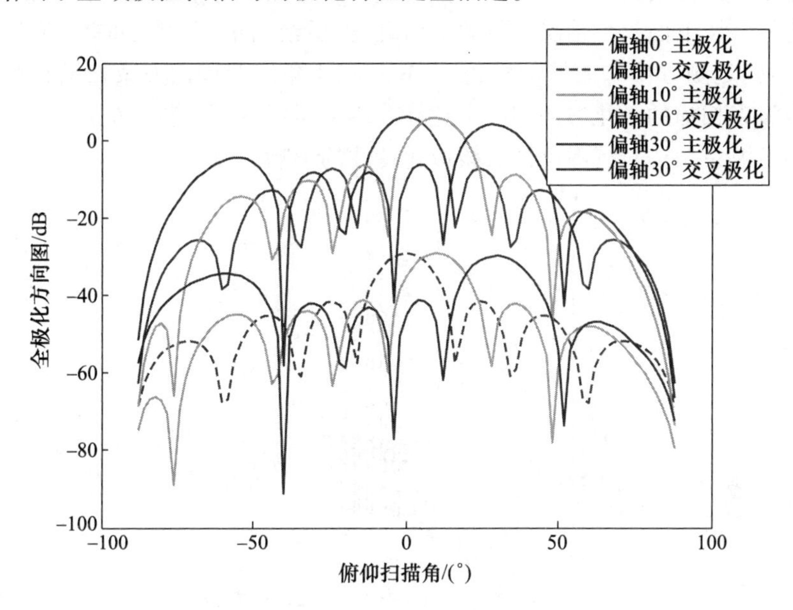

图1－23　多个俯仰偏轴角度下俯仰扫描方向图(见彩图)

表1－4　空域波控扫描时的极化特性定量描述

波束在空域扫描，偏离法线方向 方位波控角固定，俯仰波控角增大	俯仰方向 极化纯度/dB	备注
方位角波控1°，俯仰角波控0°	−35	交叉极化方向图和 主极化方向图结构相似
方位角波控1°，俯仰角波控10°	−35	
方位角波控1°，俯仰角波控20°	−35	俯仰扫描的极化纯度没有变化
方位角波控1°，俯仰角波控30°	−35	
波束在空域扫描，偏离法线方向 俯仰波控角度固定，方位扫描增大	方位扫描 极化纯度/dB	备注
方位角波控0°，俯仰角波控30°	−15	增大波束方位扫描角度，交叉极化分量增大，方位扫描极化纯度降低
方位角波控10°，俯仰角波控30°	−10	
方位角波控20°，俯仰角波控30°	−7	
方位角波控30°，俯仰角波控30°	−5	

2）波导缝隙相控阵

下面以25个单元的缝隙阵列为例，分析该型天线的空域极化特性，其中，天线的工作频率为1GHz，缝隙的长度和宽度分别为0.1λ和0.5λ，在矩形平板上的缝隙间距分别为0.25λ和0.8λ，图1-24给出了仿真的缝隙阵列的三维几何结构图。按下面三种情况进行数值仿真，先后给出了等幅同向馈扫描角度为0°时，不同观测方位和俯仰的极化方向图，在小角度范围内波束扫描和宽角度方位内波束扫描的极化方向图。上述计算均不考虑阵元互耦和失配效应，目的在于确定波束扫描对缝隙阵列天线极化特性的影响。

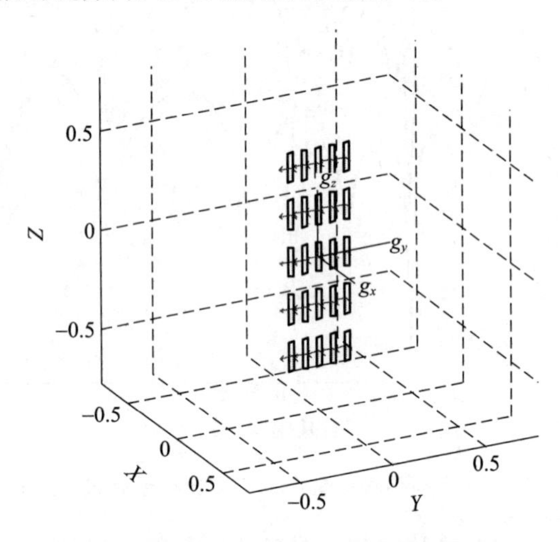

图1-24 缝隙阵列的三维几何结构图

从分析图1-25的三维主极化和交叉极化方向图可见，主极化E面方向图比较宽，覆盖了较大的方位角，方位方向图旁瓣在-20dB以下，形成漏斗状的方向图结构。图1-26给出了扫描角度为0°的不同观测方位角度下的俯仰方向图，在观测方位为0°时，仅有主极化分量，没有交叉极化分量，当观测方位分别偏离30°和60°时，主极化分量的增益下降，交叉极化分量升高。同样地，如图1-27所示，当俯仰观测角度为0°时，仅有主极化分量，随着俯仰观测角度的增大，交叉极化分量增大，波束宽度变窄。这说明，当波束没有扫描时，天线辐射效率最大，当测量目标方向偏离天线电轴方向时，所接收到的电波极化状态将随着偏离电轴的方向和仰角而改变。图1-28(a)给出了在方位扫描1°，俯仰分别扫描0°、10°、25°的俯仰方向图，可以看出，当俯仰未扫描时，交叉极化在-50dB以下，但是当俯仰扫描到10°时，交叉极化方向图的结构发生了变化，和主极化方向图结构类似，上升了10dB以上，并且随着俯仰扫描角的增大，旁瓣电平升高，交叉极化增益也变大。当增大方位扫描角到10°(图1-28(b))，俯仰小角度扫描时(0°、2°、4°),交叉极化水平增大很多,交叉极化鉴别量(XPD)升高到 -30dB 左右。当增大方位扫描角到30°时(图1-29(a)),XPD 升高到近 -20dB。为了考察方位面上扫描的极化特性,也进行了仿真分析。图1-29(b)给出当俯仰扫描到2°,方位扫描到20°的方位方向图,旁瓣电平由 -25dB 升高到 -15dB,方向图的形状也发生了畸变,旁瓣电平不对称,交叉极化电平由 -42dB 上升到 -35dB。由图1-30 可以看出,当波束扫描到俯仰角为30°、方位为20°的区域,主瓣内的交叉极化电平上升到 -12dB。综上分析,当缝隙阵的主极化为水平极化时,方位和俯仰方向上的宽角扫描较大程度地改变了波束的极化特性,除了影响天线的辐射特性外(波束展宽,增益下降),主瓣内的极化特性也发生较大的变化,由于交叉极化电平的升高使得主瓣内两个正交极化分量比值增大,极化纯度降低。通过统计多组仿真结果,表1-5 给出了该天线在波束空域扫描时的极化特性的变化规律。

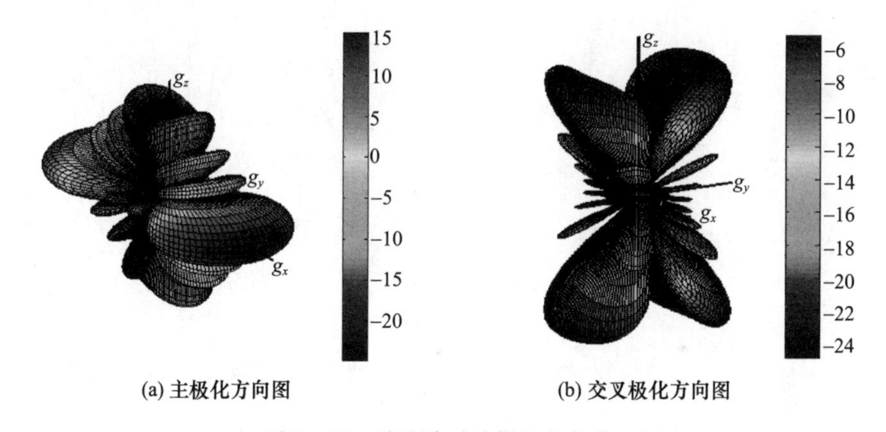

(a) 主极化方向图　　(b) 交叉极化方向图

图1-25　缝隙阵列的极化方向图

表1-5　波束空域扫描时的极化特性定量分析

波束在空域方位扫描,俯仰扫描	极化纯度/dB
波束方位扫描1°,俯仰扫描0°	-58
波束方位扫描1°,俯仰扫描10°	-48
波束方位扫描1°,俯仰扫描25°	-40
波束方位扫描10°,俯仰扫描0°	-37
波束方位扫描10°,俯仰扫描2°	-35
波束方位扫描10°,俯仰扫描4°	-33
波束方位扫描30°,俯仰扫描0°	-28
波束方位扫描30°,俯仰扫描2°	-25.8

续表

波束在空域方位扫描,俯仰扫描	极化纯度/dB
波束方位扫描 30°,俯仰扫描 4°	-23.9
波束方位扫描 20°,俯仰扫描 0°	-41
波束方位扫描 20°,俯仰扫描 2°	-35
波束方位扫描 0°,俯仰扫描 30°	-18
波束方位扫描 20°,俯仰扫描 30°	-12
波束方位扫描 30°,俯仰扫描 30°	-8

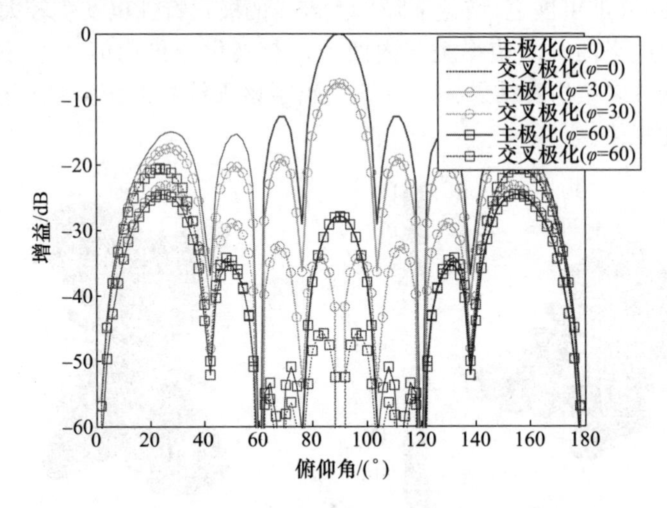

图 1-26 不同方位切面下的极化方向图

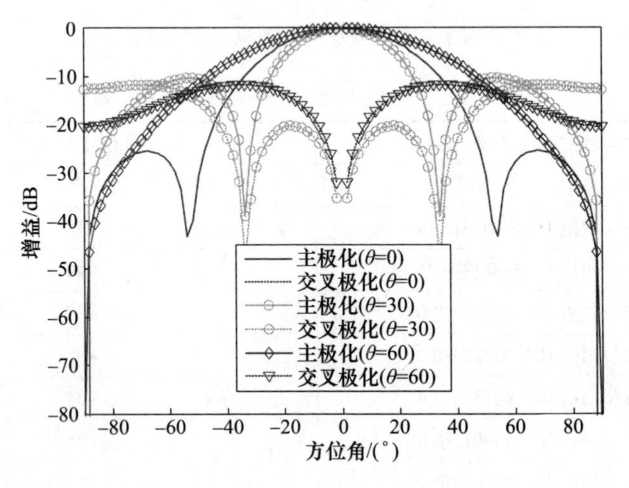

图 1-27 不同俯仰切面下的极化方向图

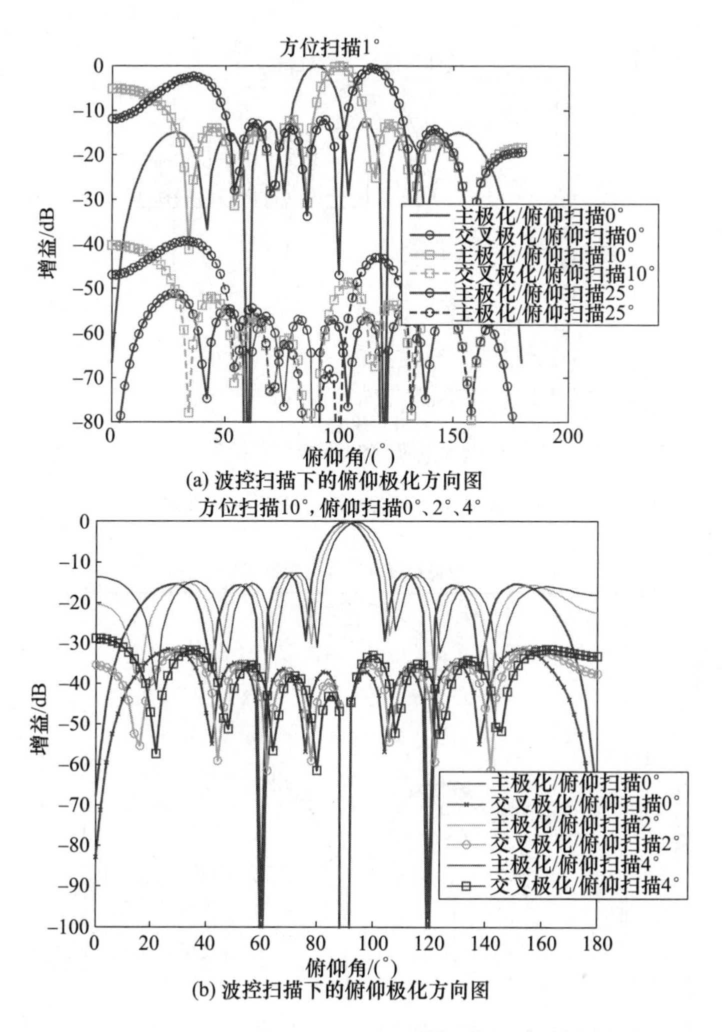

(a) 波控扫描下的俯仰极化方向图

(b) 波控扫描下的俯仰极化方向图

图 1-28　波控扫描下的方位和俯仰极化方向图(见彩图)

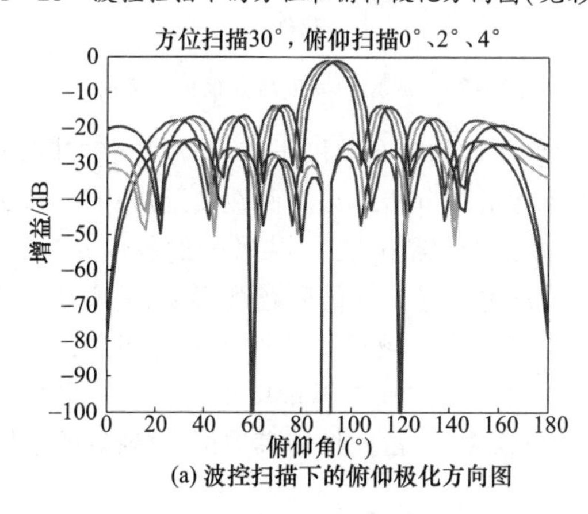

(a) 波控扫描下的俯仰极化方向图

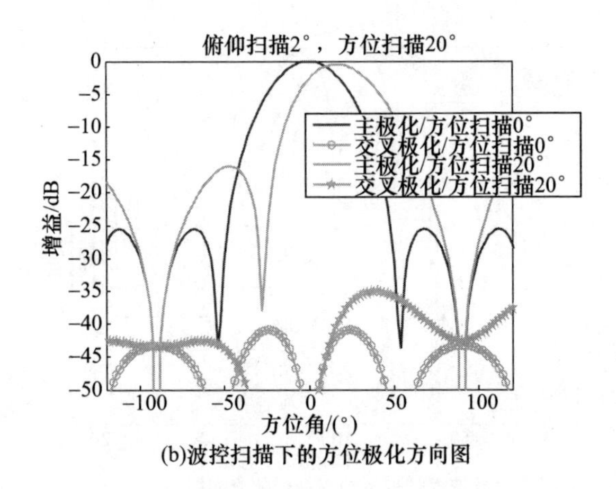

(b)波控扫描下的方位极化方向图

图 1-29 波控扫描下的俯仰极化方向图和方位极化方向图

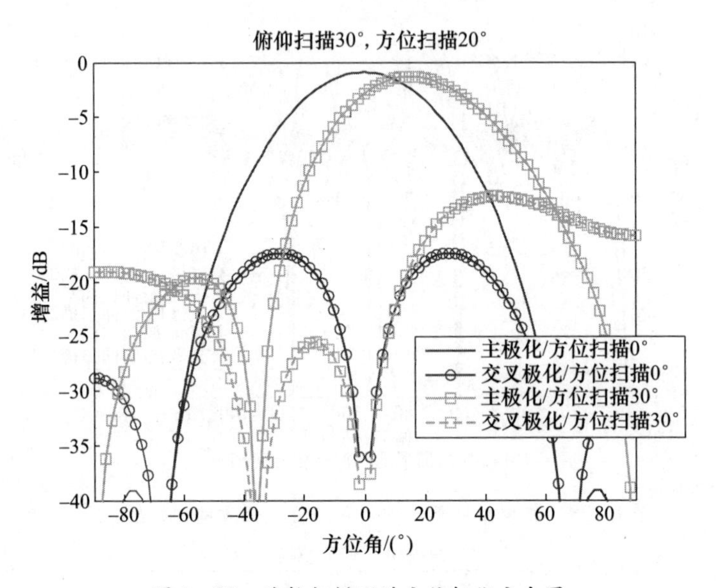

图 1-30 波控扫描下的方位极化方向图

本节从不同的角度对均匀分布偶极子阵列、波导缝隙阵列的空域极化特性进行了分析，并给出了相应的分析结果。而在实际应用中，阵元型式种类繁多，口径电场的幅度和相位加权，馈电方式、共形阵的各单元具有不同的指向的因素，必然会给极化特性的分析带来新的问题和影响，还需要做更进一步的研究。尽管如此，作为对相控阵天线空域极化特性研究的初探，具有一定的理论和实际意义，对于外场试验评估雷达威力和精度中减少天线极化特性的影响，修正相控阵雷达天线的仿真模型，丰富内场仿真理论，有较好的应用前景。

1.6　实测天线的空域极化特性分析

天线的极化与天线型式密切相关，不同天线极化特性在空间的变化规律也不尽相同。针对某工作于 C 波段的干扰机天线和某工作于 X 波段的抛物面天线在方位和俯仰方向上一定区域内扫描时的微波暗室实测数据，分析这两种实际天线的空域极化特性，为后续的应用研究提供理论依据。图 1－31 为实验所在微波暗室。

(a) 时域紧缩场

(b) 微波暗室

图 1－31　微波测试场地

1.6.1 某干扰机天线的空域极化特性分析

针对某工作于 C 波段的实际干扰机天线，利用其在方位和俯仰方向上一定区域内扫描时的暗室测量数据，分析天线的主极化方向图和交叉极化方向图；进而讨论天线的极化比、极化纯度等空域极化特性经典描述子以及天线的空域 IPPV、极化聚类中心和极化散度等空域瞬态极化特性描述子在空间的分布情况。

测量模式如下：①方位向扫描范围：$-60° \sim +60°$，扫描间隔 0.5°；②俯仰向扫描范围：$-45° \sim +45°$，扫描间隔 5°；③工作频率范围：3.9～6.2GHz；④采用垂直极化和水平极化两个通道接收电压数据。

图 1－32 示出了当天线工作在中心频段 $f = 5.05\text{GHz} \pm 12.2\text{MHz}$ 时，天线的归一化主极化方向图和交叉极化方向图，图 1－32(a) 是天线放置在水平面上时的情况，图 1－32(b) 是天线上仰 5°时的情况。

图 1－33(a) 为天线交叉极化与主极化的幅度比随方位角的变化曲线；图 1－33(b) 给出了天线的极化纯度随方位角的变化曲线。

各种不同情况下的大量仿真结果表明，该干扰机天线为一宽波束天线，当

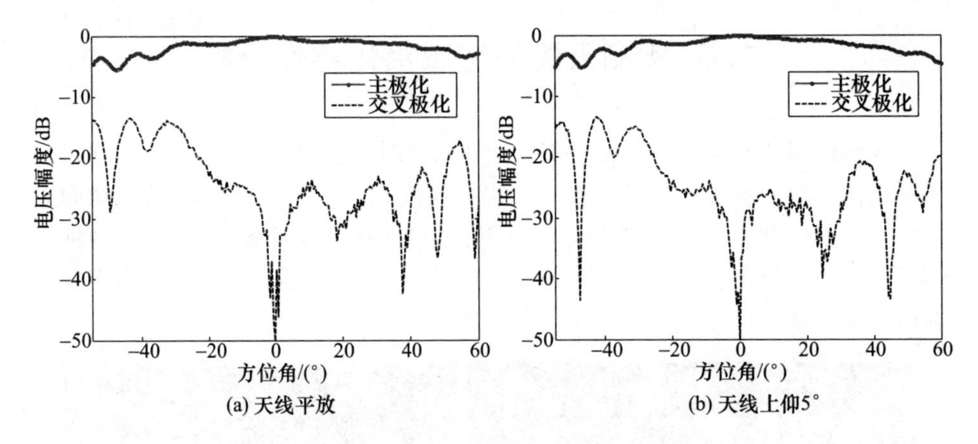

图 1-32 实测干扰机天线的主极化和交叉极化方向图

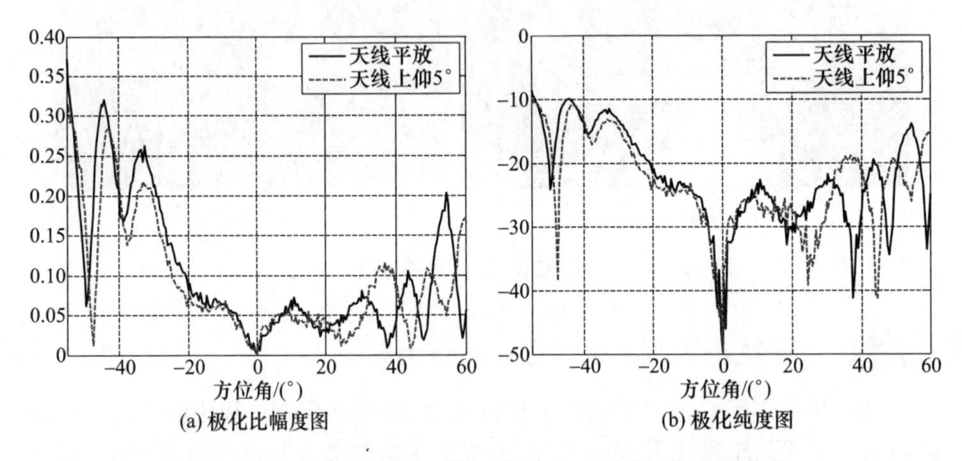

图 1-33 实测干扰机天线极化比和极化纯度的空域分布图

天线在方位和俯仰方向扫描时,极化特性按照一定规律发生明显变化。当天线平放时,主极化分量的 IPPV 为$[-0.0524,0.9986,0.0034]^{T}$,在波束中心指向,天线极化纯度很高,交叉极化鉴别量低至 -50dB;随着天线波束指向偏离中心位置,其交叉极化分量逐渐增大,极化纯度降低,交叉极化鉴别量也逐渐增大,最大时达到 -7dB。

天线的空域极化投影集完整地描述了天线的空域极化特性,瞬态极化投影矢量(即 IPPV)在 Poincare 单位球面上的分布图显示了不同空间点上天线极化状态的分布情况。根据第 2 章中天线空域瞬态极化特性的定义,图 1-34 示出了当天线工作在中心频段,在方位向主瓣区域内扫描时,天线在不同仰角情况下的空域 IPPV 图。图 1-34(a) ~(d)分别为天线平放、天线上仰 5°、上仰 10°和上仰 20°时的情况。为方便显示,对原图进行了适当的旋转,均在方位向上逆时针旋转 150°，俯仰向上顺时针旋转 30°（这里的顺时针是指在从左朝右看截面）。

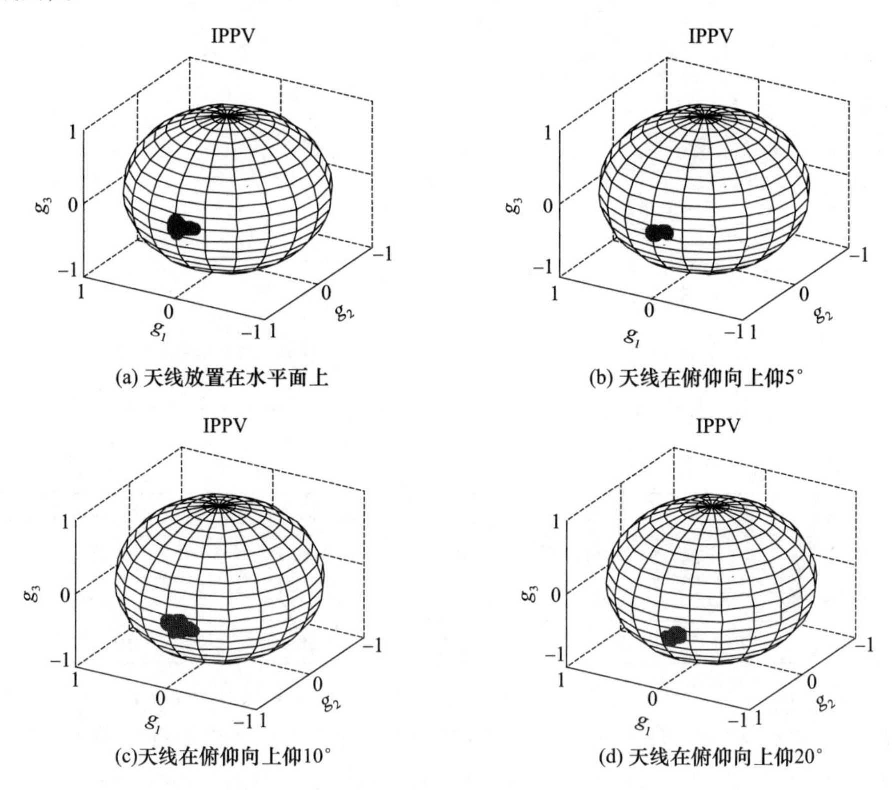

(a) 天线放置在水平面上　(b) 天线在俯仰向上仰5°

(c)天线在俯仰向上仰10°　(d) 天线在俯仰向上仰20°

图 1－34　实测干扰机天线的空域 IPPV 图

设电磁波的极化状态在 Poincare 球上的直角坐标为(g_1, g_2, g_3)，可定义其对应球坐标$(\theta_{\text{polar}}, \varphi_{\text{polar}})$，Poincare 球的直角坐标和球坐标存在如下关系：

$$\begin{cases} \tan\theta = \sqrt{g_1^2 + g_2^2}/g_3 & \theta_{\text{polar}} \in (0, \pi) \\ \tan\varphi = g_2/g_1 & \varphi_{\text{polar}} \in (0, 2\pi) \end{cases} \tag{1-230}$$

为了更好地表示当天线在空间扫描时，历经的各种极化状态与主极化的相对关系，图 1－35(a)和图 1－35(b)分别给出了当天线置于水平面、工作于中心频段且在方位向主瓣范围内扫描时，经历的各极化态与主极化状态在 Poincare 球的直角坐标系和球坐标系下的相对关系图。

由图 1－34 和图 1－35 可见，当天线在方位和俯仰方向扫描时，天线的极化状态发生改变，而且，各极化态按一定规律分布在主极化周围。在图 1－35 的工作场景下，表 1－6 示出了天线的主极化状态、天线所经历的各极化状态的g_1、g_2、g_3分量以及θ_{polar}、φ_{polar}的取值范围。

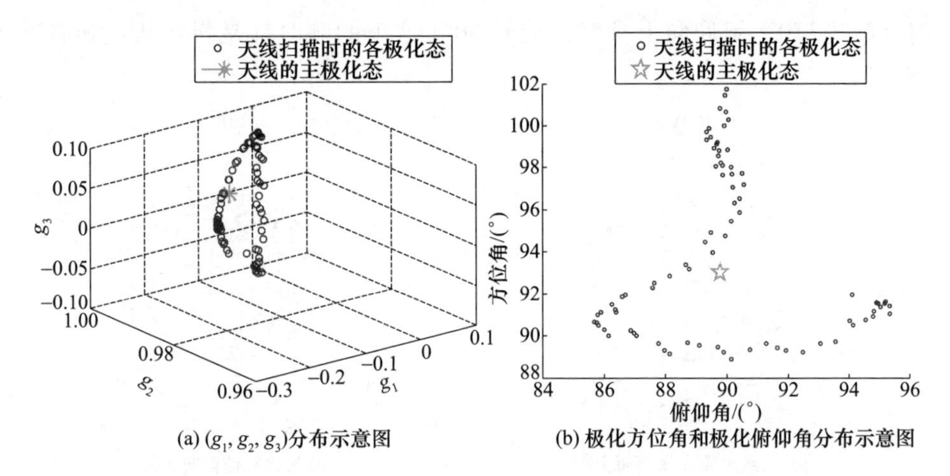

(a) (g_1, g_2, g_3)分布示意图 (b) 极化方位角和极化俯仰角分布示意图

图 1-35 实测干扰机天线的空域 IPPV 在直角坐标和球坐标系下的分布图

表 1-6 实测干扰机天线在方位向主瓣内扫描时极化状态分布范围

极化状态	g_1 分量	g_2 分量	g_3 分量	极化俯仰角 θ_{polar}	极化方位角 φ_{polar}
主极化	-0.0524	0.9986	0.0034	93.0064°	89.8052°
最小值	-0.2036	0.9791	-0.0934	85.6597°	88.8840°
最大值	0.0195	0.9999	0.0757	95.3615°	101.7447°

为了深入研究天线各极化态偏离主极化的大小及其在空间分布的离散程度,下面分析天线的典型空域瞬态极化描述子。当天线工作在中心频段时,针对每一个俯仰角,根据式(1-231)计算当天线在方位向上主瓣范围内扫描时,经历的各极化态偏离主极化的均值,图 1-36(a)示出了该偏量的均值随天线俯仰指向的变化曲线;根据式(1-232)计算当天线在方位向上主瓣范围内扫描时天线的极化散度,图 1-36(b)示出了天线的极化散度随天线俯仰指向的变化曲线。

$$\Delta\tilde{\boldsymbol{G}}_{\text{HV}} = \left(\frac{1}{M}\sum_{n=1}^{M}\tilde{\boldsymbol{g}}_{\text{HV}}(n)\right) - \tilde{\boldsymbol{g}}_{\min} \tag{1-231}$$

$$\boldsymbol{D}_{\text{HV}m}^{(2)} = \frac{1}{M}\sum_{n=1}^{M} a(n)\ |\tilde{g}_{\text{HV}m}(n) - \tilde{\boldsymbol{G}}_{\text{HV}m}|^2, m = 1,2,3 \tag{1-232}$$

其中

$$\tilde{\boldsymbol{G}}_{\text{HV}m} = \frac{1}{M}\sum_{n=1}^{M}\tilde{g}_{\text{HV}m}(n), m = 1,2,3 \tag{1-233}$$

由图 1-36(a)可见,g_3 分量较 g_1 和 g_2 分量偏离相应的主极化分量更远;由图 1-36(b)可见,g_2 和 g_3 分量在空间分布得较集中,g_1 分量在空间分布得

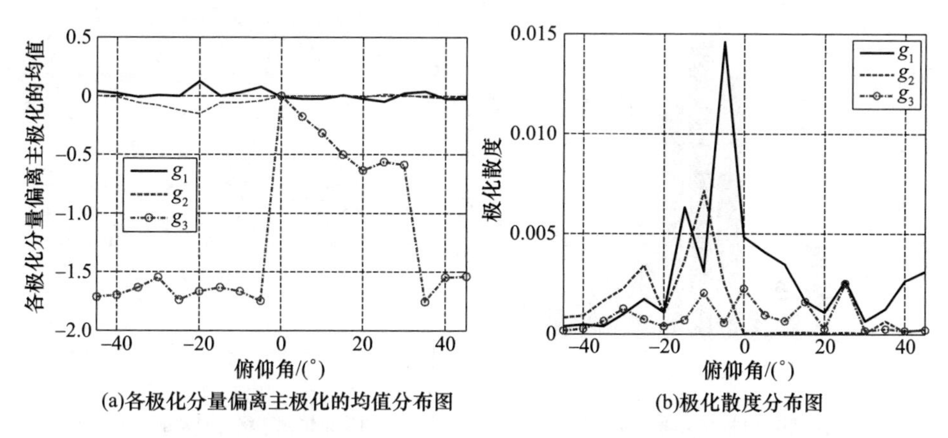

图1－36　实测干扰机天线极化描述子统计特性随俯仰角的变化曲线

相对比较稀疏。同时可以看出,当天线放置于水平面且在方位向上扫描时,它所经历的各极化态紧密地分布在主极化周围,统计均值基本与主极化相等;当天线在俯仰方向扫描时,天线的各极化态会逐渐偏离主极化态,分布也逐渐稀疏。

特别地,为了更好地表征天线的各极化态与主极化的相对关系,设天线的主极化 $\boldsymbol{h}_0$ 对应 Poincare 极化球上的点($\tilde{g}_{10}, \tilde{g}_{20}, \tilde{g}_{30}$),天线在空域扫描时经历的某一极化态 $\boldsymbol{h}_i$ 对应为($\tilde{g}_{1i}, \tilde{g}_{2i}, \tilde{g}_{3i}$),这两点所夹球心角 β 满足如下关系式:

$$\cos\beta_i = \sum_{k=1}^{3} \tilde{g}_{k0}\tilde{g}_{ki}, \cos^2\frac{\beta_i}{2} = \frac{|\boldsymbol{h}_0^{\mathrm{T}}\boldsymbol{h}_i|^2}{\|\boldsymbol{h}_0\|^2 \ \|\boldsymbol{h}_i\|^2} = |\boldsymbol{h}_0^{\mathrm{T}}\boldsymbol{h}_i|^2 \quad (1-234)$$

式中: $i=1,2,\cdots,N$, N 表示天线在空间一定区域内扫描时,所经历的不同极化状态的个数。

由此可解得

$$\beta_i = \arccos\left(\sum_{k=1}^{3} \tilde{g}_{k0}\tilde{g}_{ki}\right), \beta_i \in (0, \pi) \quad (1-235)$$

当天线工作于中心频段、置于水平面且在方位向上扫描时,图1－37(a)给出了天线经历的各极化态对应的与主极化间的空域极化夹角的统计直方图;同时,针对天线俯仰指向不同时的情况,计算天线在方位向上主瓣范围内扫描时各空域极化夹角的标准差,并绘制曲线如图1－37(b)所示。

由图1－37可见,当天线平放时,其极化夹角按照一定规律分布在4.6°附近,变化范围为(0.974°,8.7433°);而且,极化夹角分布的离散程度随着天线在俯仰方向扫描发生变化。

本节分析了某干扰机天线的典型空域瞬态极化描述子在空域的分布特性

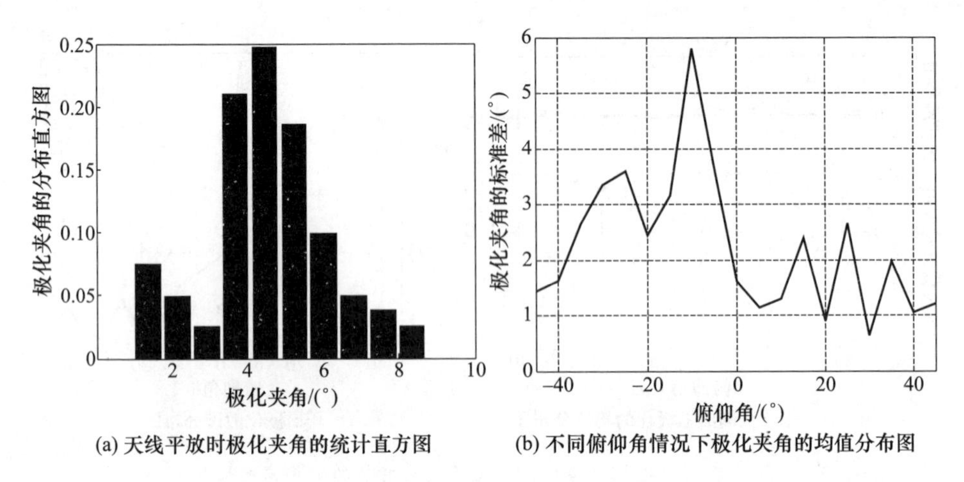

(a) 天线平放时极化夹角的统计直方图　　(b) 不同俯仰角情况下极化夹角的均值分布图

图 1-37　实测干扰机天线极化夹角的统计特性空域分布图

和取值范围，由于数据有限，无法准确推导这些极化描述子所服从统计分布的数学表达式，但是，现有分析结果从实际天线的角度表明，当天线在方位和俯仰方向扫描时，其极化状态并非一成不变的，而是按一定规律分布在主极化周围这一事实，不仅充分证明了天线空域瞬态极化特性的存在性，而且展示了其分布特点和演变规律。

1.6.2 某抛物面天线的空域极化特性分析

某工作在 X 波段的正馈抛物面天线如图 1-38 所示，抛物面的直径为 30cm。工作中心频率为 10GHz，带宽约 10%，天线的期望极化是水平极化。天线置于微波暗室的转台上，且在方位向上扫描，并同时采用垂直极化和水平极化两个通道接收电压数据。

图 1-38　实测抛物面天线照片

天线的主极化分量是水平极化 E_{H}，交叉极化分量是垂直极化 E_{V}，图1－39(a)～(c)分别示出了天线工作在中心频率10GHz及其附近频段9.8GHz、10.2GHz时的归一化主极化方向图和交叉极化方向图。

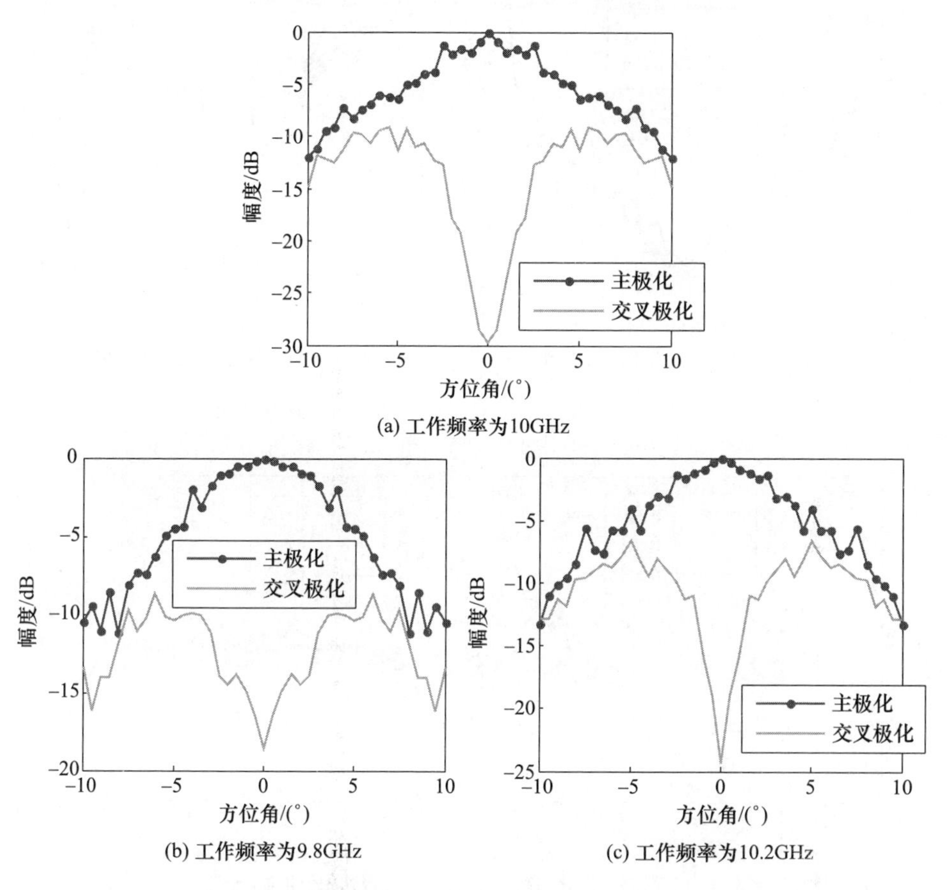

图1－39　实测抛物面天线的主极化和交叉极化方向图

由图1－39可见，该抛物面天线为一窄波束天线，波束宽度约为5°。根据极化比的定义式 $\rho = E_{\mathrm{V}}/E_{\mathrm{H}}$ 和交叉极化鉴别量(或称"极化纯度")的定义式 $\mathrm{XPD}=20\lg(E_{\mathrm{cross}}/E_{\mathrm{co}})$，可知，对于该水平极化抛物面天线来说，后者即为前者的分贝表示。图1－40和图1－41分别给出了天线的极化比幅度和极化相位描述子随方位角的变化曲线，其中，每根曲线代表不同的中心工作频率。

由图1－40和图1－41可见，当天线在空域扫描时，其极化特性发生明显变化，例如，当天线在方位向上半功率波束宽度内扫描时，天线交叉极化鉴别量从 $-\infty$ 增大到 -7dB，极化相位描述子 γ 从0°增大为25°；在方位向上主瓣范围内扫描时,交叉极化鉴别量最大达到7dB,极化相位描述子 γ 最大达到65°。

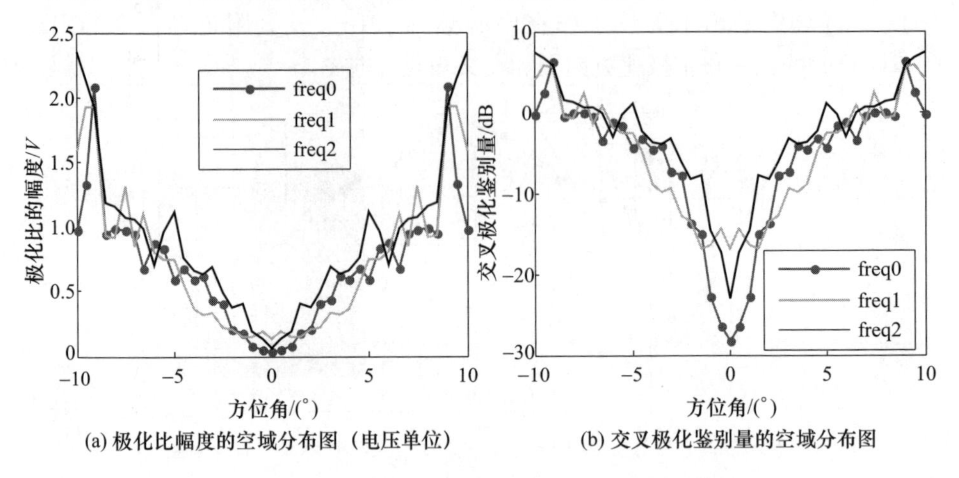

(a) 极化比幅度的空域分布图(电压单位)　(b) 交叉极化鉴别量的空域分布图

图1-40　实测抛物面天线极化比幅度的空域分布图

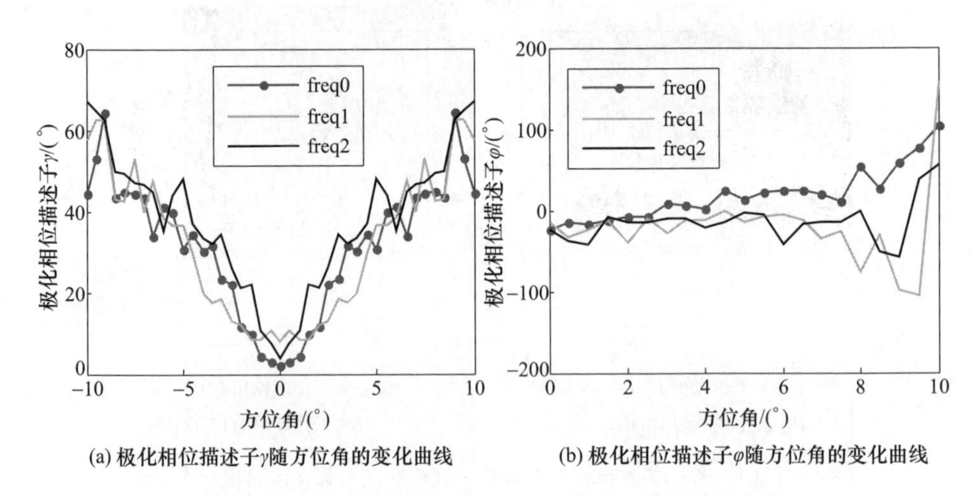

(a) 极化相位描述子γ随方位角的变化曲线　(b) 极化相位描述子φ随方位角的变化曲线

图1-41　实测抛物面天线极化相位描述子的空域分布图

图1-42(a)~(c)分别示出了当天线在方位向主瓣范围内扫描,且分别工作在中心频率10GHz及其附近频率9.8GHz、10.2GHz时,天线所经历的各极化态在Poincare球上的分布情况。

由图1-42可见,天线在方位向上扫描时,经历的各极化状态基本分布于Poincare球的赤道上,且分散在 $+x$ 轴与Poincare球的交点附近。

由图1-40~图1-42的仿真结果可见,当该正馈抛物面天线在方位向上扫描时,天线的极化特性发生明显变化。而且,在主瓣范围内,天线的极化相位描述子 γ 单调递增,极化描述子 φ 基本保持0°不变。

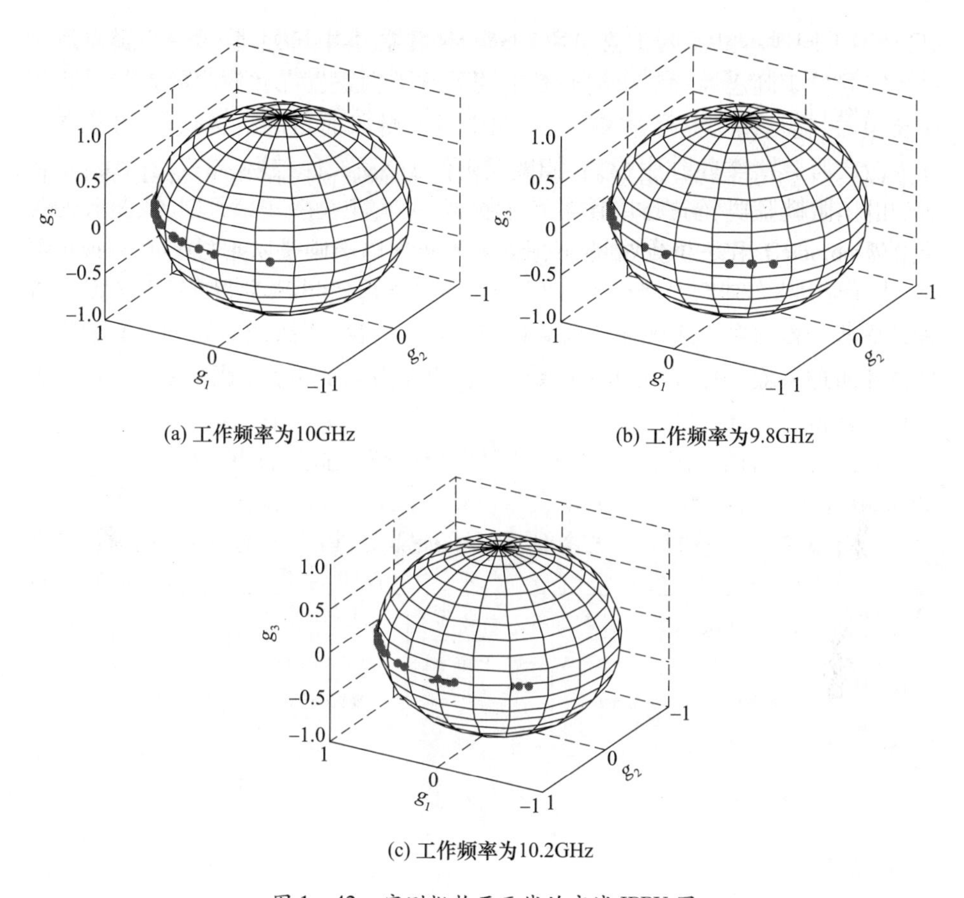

(a) 工作频率为10GHz (b) 工作频率为9.8GHz

(c) 工作频率为10.2GHz

图 1-42 实测抛物面天线的空域 IPPV 图

参考文献

[1] 庄钊文,肖顺平,王雪松. 雷达极化信息处理及其应用[M]. 北京:国防工业出版社,1999.

[2] 王雪松. 宽带极化信息处理的研究[D]. 长沙:国防科学技术大学,1999.

[3] 陈景良. 近代分析数学概要[M]. 北京:清华大学出版社,1987.

[4] 河田敬义. 集合拓扑测度[M]. 上海:上海科学技术出版社,1961

[5] 肖顺平. 宽带极化雷达目标识别的理论与应用[D]. 长沙:国防科学技术大学,1995.

[6]《数学手册》编写组. 数学手册[M]. 北京:高等教育出版社,1979.

[7] 林茂庸,柯有安. 雷达信号理论[M]. 北京:国防工业出版社,1981.

[8] 丁鹭飞,耿富录. 雷达原理[M]. 西安:西安电子科技大学出版社,2004.

[9] 李永祯. 瞬态极化统计特性与处理的研究[D]. 长沙:国防科学技术大学,2004.

[10] 张祖稷,金林,束咸荣. 雷达天线技术[M]. 北京:电子工业出版社,2005.

[11] Mott H. 天线和雷达中的极化[M]. 林昌禄,译. 成都:电子科技大学出版社. 1989.

[12] 王占领. 宽带宽角扫描相控阵雷达极化精确控制技术[D]. 长沙:国防科技大学,2021.

[13] ZHANG G,DOVIAK R J,ZRNIC D S,et al. Phased array radar polarimetry for weather sensing:a theoretical formulation for bias corrections[J]. IEEE Transactions on Geoscience and Remote Sensing,2009,47(11):3679-3689.

[14] VAN ZYL J J. On the importance of polarization in radar scattering problems[D]. Pasadena:California Institute of Technology,1986:65-69.

[15] QI Z S,GUO Y,WANG B H. Performance analysis of MUSIC for conformal array[C]//2007 International Conference on Wireless Communications,Networking and Mobile Computing(WICOM07). Shanghai,2007:168-171.

第2章

雷达目标的瞬态极化特性

2.1 引　　言

极化是电磁波除幅度、频率、相位之外的又一测量信息维度，极化信息蕴含着各极化通道之间的相位关系，联合处理各极化通道可以获得更丰富、更深层次的目标特征[1-3]。在黄培康院士的专著《雷达目标特性》第7章[4]中，已经对雷达目标的极化散射特性等内容进行了深入分析，在雷达系统设计和雷达信号处理方面是较为完备的。而对于包含多个散射中心的扩展目标，该专著及其他相关经典研究的一般思路是关注其稳态回波的目标特性。事实上，上述目标的时域回波自到达至稳态及稳态末段至回波结束这两部分共同组成了回波的暂态段，其中包含目标各散射中心按距离信号发射源远近逐个叠加（或逐个消失）的时域回波，并结合极化信息处理技术分析该暂态段回波的极化响应，称为目标的瞬态极化响应。其中蕴含丰富的目标特性信息，有效利用该信息有望突破传统的目标分辨极限，并深层次挖掘目标精细的极化散射特性，具有十分重要的意义。

早在1989年，美国学者N. F. Chamberlain等便提出了暂态极化响应（transient polarization response，TPR）概念，其思想是利用频域的大带宽实现时域上脉宽极窄的发射脉冲信号，由于宽带信号具有较高的距离分辨率，因此可以将复杂目标分解为多个独立的子散射结构；利用目标回波的极化信息分别计算目标各子散射结构的极化椭圆参数特征量，最终成功应用于几类大型商用飞机的目标识别[5-7]。1990—1991年，W. M. Steedly等利用TPR的思想，提出了一种全极化雷达回波和估计算法的指数模型，将Chamberlain的工作扩展到参数化建模，该模型在识别目标时提供了更高的分辨率和减少了对数据的需求，并通过仿真证明了该方法的有效性[8-9]。1992年，张良杰等将极化多样性特征提取问题映射到 Hopfield 模型神经网络的李雅普诺夫能量函数上，并将反向传播神经网络应用于目标识别问题，在 Chamberlain 研究的基础上增强了目标识别的实时性[10]。1997 年，国防科技大学 ATR 实验室的张勋等利用 TPR 的思想构造特征矢量，针对反向传播神经网络存在的问题，采用特性更优的多分辨率神经网络对特征矢量进行分类，并将该算法应用于五种不同信噪比（signal - to - noise ratio，SNR）战斗机比例模型的识别[11]。

在此之后，与 TPR 紧密相关的研究与报道便并不多见了。因为通过极窄脉冲来实现高距离分辨和分析 TPR 的方法存在诸多困难，如要实现 0.15m 的距离分辨，要求脉冲的脉宽仅为 1ns。由于发射机的瞬时带宽有限，在脉宽极窄时很难保证脉冲有较高的幅值，会导致发射脉冲的能量较低，不仅限制了目标的探测距离，还会对回波的 SNR 产生负面影响。另外，在分析回波的 TPR 时，需要计算各回波脉冲的极化椭圆参数特征量，这要求接收机具有较高的采样率，且各回波通道间要满足严格的相参性。与此同时，随着宽带/超宽带信号处理技术的不断发展，目前已经可以实现对千兆赫带宽信号的发射、接收、处理和分析。通过脉内调制技术可以实现带宽与脉宽的解耦，这同时保证了脉冲的带宽与能量；通过脉冲压缩技术，不仅可以区分目标各子散射结构，实现精细的距离分辨，还能使回波具有较高的 SNR；通过提取目标各子散射结构的极化信息，可以获得其各自的极化散射特性。目前该技术已广泛应用于合成孔径雷达（synthetic aperture radar，SAR）/逆合成孔径雷达（inverse synthetic aperture radar，ISAR）的目标识别。

上述有关 TPR 以及宽带信号处理的有关研究，其本质都是发射宽带信号，并用宽带接收机接收，也即“宽发宽收”。本章则聚焦于“窄发宽收”，即发射窄带信号，同样作用于包含多个散射中心的扩展目标，由于窄带信号的脉宽较宽（相对于目标大小），导致目标各散射中心的回波通常是耦合在一起的，从而无法对单个回波独立分析。因此传统观点一般认为，窄带信号的距离分辨率较低，无法实现精细的距离分辨。然而，目标各散射中心回波耦合的本质是矢量叠加，不同数目、强度、距离的散射中心回波相干叠加后相较于单散射中心回波发生变化，从而在回波的暂态段（包括“前段”和“末段”）分别产生与目标散射中心数目相等的上升/下降沿。使用宽带接收机接收回波，会使回波中各上升/下降沿时间较短，从而有利于实现对各上升/下降沿时刻的精确获取，进而有望利用窄带信号实现精细的距离分辨。在此基础上，利用极化信息处理技术，有望进一步获取目标各散射中心的极化散射特性，从而达到与“宽发宽收”类似的效果。

另外，相比于 TPR，由于窄带信号的脉宽更长，发射脉冲的幅值和能量都能得到保证，因此更有利于回波分析。但是，“宽收”要求接收机具有较大的瞬时带宽;且本研究关注回波暂态段的极化响应,因此需要接收机具有较高的采样率;此外,由于需要保留原始回波暂态段的回波信息,因此不对其做脉冲压缩处理,这要求接收机具有较低的噪声系数,以在其带宽较大时,仍能保证回波信号具有较为可观的SNR。上述分析表明,研究扩展目标的瞬态极化响应对雷达系统的硬件性能提出了很高的要求。近年来,随着硬件工艺的飞速发展,且极化雷达发展迅猛,逐渐形成了完整的理论和技术体系,例如,瞬态极化理论、极化滤波技术、极化精密测量技术等,在合成孔径雷达、大型地基雷达、气象雷达等系统中均有成功应用[12-14]。这都为研究复杂扩展目标的瞬态极化响应提供了前提与帮助。

需要注意的是,TPR译为"暂态极化响应",与本研究关注的"瞬态极化响应"名称十分相近,但具体内涵却有很大不同。前者的"暂态",指的是脉宽极窄的各单散射中心回波脉冲,各散射中心回波脉冲独立存在,脉冲间不存在耦合或叠加;后者的"瞬态",则指的是窄带回波脉冲的暂态段(或非稳态段),是扩展目标各散射中心回波相干叠加后的结果。除此之外,在TPR的相关研究中(如文献[5]),雷达的工作频率落在目标的瑞利-谐振区域,更广泛的雷达系统一般采用更高的工作频率,因此研究光学区目标的极化响应更加具有实际意义。

本章篇章结构如下:2.2节通过利用窄带信号研究扩展目标的瞬态极化响应,通过建立数学模型,分析基于瞬态极化响应的目标分辨性能,并通过实验验证在不同实验条件下,窄带信号实际的距离分辨能力和极化状态的表征能力。2.3节介绍典型雷达目标的瞬态极化特性,目标包括导弹、无人机目标。2.4节为本章的小结。

2.2 雷达目标的瞬态极化响应

2.2.1 雷达目标的瞬态极化响应回波建模与分析

1. 回波建模与分析

考虑发射一个单极化窄带脉冲,作用于一个由N个散射中心组成的扩展目标,其后向散射回波将变得很复杂,如图2-1所示。

由图可知,其回波由以下三个阶段组成:①"前段"或"建立段";②"中段"或"稳态段";③"末段"或"消逝段"。除了"中段",另外两段皆为"暂态响应阶段",两正交通道(通常为H、V通道)的暂态响应共同构成了回波的瞬态极化响应,其极化状态是由目标各散射中心回波依次叠加(或消失)形成的。但由于雷达回波通常比较微弱,因此传统方法是采用匹配滤波(也即脉冲压缩)手段提升

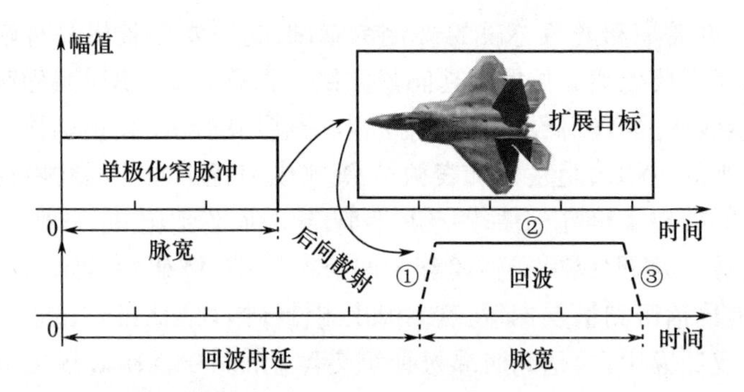

图 2-1　瞬态极化响应的获取方法

SNR 和目标检测概率，但这样做却“淹没”了暂态（瞬态）响应。其中蕴含着丰富的目标特性信息，而无法被挖掘。

随着雷达接收机硬件性能水平的不断提升，采用非匹配滤波手段研究目标的瞬态极化响应成为了可能。本节将用数学语言建立能够描述目标瞬态极化响应的回波模型，并基于该模型分析瞬态极化响应的目标分辨性能。不失一般性，假设发射水平极化的矩形单载频脉冲，在作用于一个由 N 个散射中心组成的扩展目标后得到回波信号。此时，该发射信号可以表示为

$$e_{th}(t)=A_t\mathrm{rect}\left(\frac{t}{\tau_w}\right)\mathrm{e}^{\mathrm{j}2\pi f_0 t} \tag{2-1}$$

式中：$e_{th}(t)$ 表示该发射信号的极化方式为水平极化；A_t 为发射信号的幅值；rect( ) 为发射信号的矩形包络；τ_w 为发射信号的脉宽；f_0 为发射信号的载频。

假设信号发射源与目标相对静止，即目标的姿态相对于发射源不发生变化，并且不存在多普勒频移 f_d。由于发射单载频脉冲信号，即使其脉宽非常窄（如 100ns），信号的带宽也仅为 10M，因此可以认为单载频脉冲信号恒为窄带信号。在上述条件下，可以认为目标的极化散射矩阵不发生变化。首先假设目标仅包含 1 个散射中心，该散射中心的极化散射矩阵可以表示为

$$\boldsymbol{g}(t)=\begin{bmatrix} s_{hh} & s_{hv} \\ s_{vh} & s_{vv} \end{bmatrix}\delta(t-\tau_d) \tag{2-2}$$

式中：s_{hh}、s_{hv}、s_{vh}、s_{vv} 分别为极化散射矩阵的 4 个元素；τ_d 为目标/该散射中心与信号发射源距离引起的回波时延；δ( ) 为冲激响应函数。

目标后向散射可认为是目标极化散射矩阵与发射信号的时域卷积结果[4]，当发射信号的极化为水平极化 H 时，仅与极化散射矩阵中 s_{hh}、s_{vh} 这两个元素发生作用，在目标仅包含 1 个散射中心时，H、V 两通道所接收的目标回波可以表示为

$$e_r(t)=\begin{bmatrix}e_{rh}(t)\\e_{rv}(t)\end{bmatrix}=e_{th}(t)*\begin{bmatrix}s_{hh}\\s_{vh}\end{bmatrix}L_d\delta(t-\tau_d)=L_d e_{th}(t-\tau_d)\begin{bmatrix}s_{hh}\\s_{vh}\end{bmatrix}$$

$$=A_r\mathrm{rect}\left(\frac{t-\tau_d}{\tau_w}\right)\mathrm{e}^{\mathrm{j}2\pi f_0(t-\tau_d)}\begin{bmatrix}s_{hh}\\s_{vh}\end{bmatrix}\tag{2-3}$$

式中：$e_{rh}(t)$、$e_{rv}(t)$分别表示 H、V 两路回波信号；$*$ 表示卷积运算；L_d 为距离衰减因子；A_r 为 H、V 两通道回波的幅值，该幅值为发射信号幅值 A_t、距离衰减因子 L_d 的乘积，即 $A_r=A_tL_d$。

接下来考虑目标包含 N 个散射中心的情况，此时目标为扩展目标。参照图 2－1，扩展目标回波的"前段"为目标 N 个散射中心回波按距离远近依次相干叠加的结果；"中段"为稳态段；而"后段"则是各散射中心回波按距离远近依次消失的结果。此时 H、V 两通道所接收的目标回波可以表示为

$$e_r^N(t)=\begin{bmatrix}e_{rh}^N(t)\\e_{rv}^N(t)\end{bmatrix}=\sum_{i=1}^{N}A_{r_i}\mathrm{rect}\left(\frac{t-\tau_{d_i}}{\tau_w}\right)\mathrm{e}^{\mathrm{j}2\pi f_0(t-\tau_{d_i})}\begin{bmatrix}s_{hh_i}\\s_{vh_i}\end{bmatrix}\tag{2-4}$$

式中：$e_{rh}^N(t)$、$e_{rv}^N(t)$分别表示经包含 N 个散射中心扩展目标调制的 H、V 两路回波信号；A_{r_i}表示目标第 i 个散射中心回波的幅值；$A_{r_i}=A_tL_{d_i}$，由于各散射中心距发射源的距离不同，距离衰减因子 L_{d_i}也随之变化，最终导致了目标各散射中心回波的幅值 A_{r_i}也在发生变化。τ_{d_i}为目标第 i 个散射中心与信号发射源距离引起的回波时延。s_{hh_i}、s_{vh_i}构成了目标第 i 个散射中心极化散射矩阵的第一列，反映了该散射中心的本质信息。各散射中心极化散射矩阵的幅值均以距离发射源最近散射中心散射矩阵的 s_{hh_1}元素为参考，将该元素进行幅值的归一化。

从式(2－4)可以看出，A_{r_i}对回波进行幅度调制，rect( )、τ_{d_i}、τ_w 共同决定了每个散射中心回波的起止时刻，$\mathrm{e}^{-\mathrm{j}2\pi f_0\tau_{d_i}}$实质上是对每个散射中心回波进行相位调制。将包含 N 个散射中心扩展目标的时域回波绘制成示意图（以 H 通道回波为例，V 通道同理，不再赘述），如图 2－2 所示。

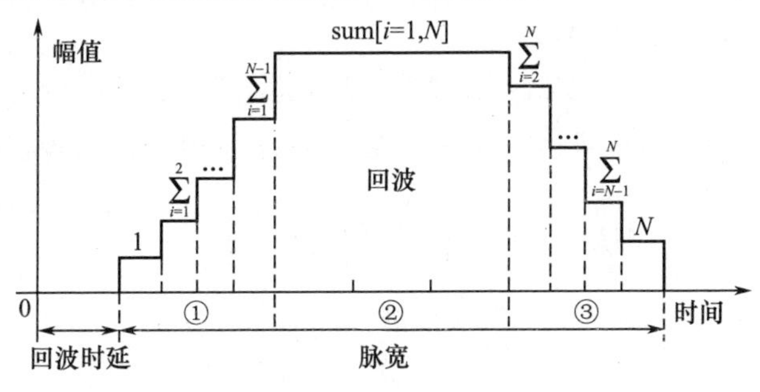

图 2－2　包含 N 个散射中心扩展目标的时域回波（以 H 通道回波为例）

根据图 2-2,依次分析回波的三个阶段。由回波的①“前段”可以看出,第 1 个至第 $N-1$ 个散射中心回波依次到达并逐个叠加,②“中段”则是 N 个散射中心回波全部到达并稳定叠加,③“末段”为第 1 个至第 $N-1$ 个散射中心回波依次消失结束,第 N 个散射中心回波的结束标志着脉冲的结束。回波的“前段”和“末段”均呈“阶梯状”分布,V 通道的回波也是如此,这两阶段 H、V 通道的回波共同构成了回波的瞬态极化响应;“中段”的幅值是稳定不变的,与该段 V 通道回波一起构成了回波的稳态极化响应。特别地,各散射中心回波的叠加(或消失)并非一定对应脉冲幅值的增大(或减小),还与各散射中心回波间的相位关系有关;另外,该图中展示的脉冲为理想矩形脉冲,实际脉冲会因接收机带宽有限而存在上升、下降沿,因此并非理想矩形。

综上所述,本节建立了能够描述扩展目标瞬态极化响应的回波模型,并结合示意图分析了回波各阶段的特点。分析表明该回波中蕴含着目标各散射中心丰富的目标特性信息,深入挖掘该信息有望提升对目标的精细分辨能力,具有十分重要的意义。

2. 距离分辨性能分析

参照《雷达信号处理基础》[15],雷达的距离分辨率可以表示为

$$\Delta R=\frac{c}{2B} \tag{2-5}$$

式中:c 为光速;B 为信号带宽。可以看出,该定义下的距离分辨率仅与带宽 B 有关,并与 B 成反比。而以上分析的窄带信号由于其带宽 B 较小,其对应的距离分辨性能也较差。如带宽 B 为 10M 的窄带信号距离分辨率仅为 15m。

若从瞬态极化响应的角度进行分析,参照式(2-5)。以回波的“前段”为例进行分析(“末段”同理,不再赘述),“前段”第 i 个阶梯的前沿对应扩展目标第 i 个散射中心回波到达的时刻。如果能够精准地捕捉到每个阶梯前沿所对应的时刻,则能够精细地计算出目标各散射中心与信号发射源的径向距离,进而通过窄带信号实现了距离的高分辨。而对于离散的多目标而言,则可以通过上述方式实现精细的目标分辨。

然而,实际的雷达接收机都是带限的,矩形脉冲通过带宽为 B_r 的接收机后,便不再为理想矩形,而是会存在上升/下降沿,即脉冲自到达至稳态需要一定的时间,而无法瞬时完成。

带限接收机可以理解为一带通滤波器,设该滤波器为一矩形窗函数 $\mathrm{I}(f)$,表示为

$$\mathrm{I}(f)=\begin{cases}1, & f_0-B_r/2<f<f_0+B_r/2\\0, & \text{其他}\end{cases} \tag{2-6}$$

式中：B_r 为接收机带宽。

经过傅里叶反变换，得到矩形窗函数 I(f) 的时域响应 i(t)，表示为

$$\mathrm{i}(t)=B_r\mathrm{sinc}(\pi B_r t)\mathrm{e}^{\mathrm{j}2\pi f_0 t} \tag{2-7}$$

式中：sinc(x) 为辛克函数，表示为 sin(x)/x。

经过带限接收机后包含 N 个散射中心的 H、V 两通道目标回波 $e_{r_{B_r}}^N(t)$ 可以表示为目标回波 $e_r^N(t)$ 与矩形窗函数的时域响应 i(t) 卷积的结果，表示为

$$e_{r_{B_r}}^N(t)=e_r^N(t)*\mathrm{i}(t)=\int_{-\infty}^{\infty}e_r^N(\mu)i(t-\mu)\mathrm{d}\mu \tag{2-8}$$

经过理论推导，式(2-8)可以表示为

$$e_{r_{B_r}}^N(t)=\begin{bmatrix}e_{rh_{B_r}}^N(t)\\ e_{rv_{B_r}}^N(t)\end{bmatrix}=B_r\sum_{i=1}^{N}A_{r_i}\mathrm{rect}\left(\frac{t-\tau_{d_i}}{\tau_w}\right)*\mathrm{sinc}(\pi B_r t)\mathrm{e}^{\mathrm{j}2\pi f_0(t-\tau_{d_i})}\begin{bmatrix}s_{hh_i}\\ s_{vh_i}\end{bmatrix} \tag{2-9}$$

式(2-9)表明，经过带限接收机后包含 N 个散射中心的目标回波将每个散射中心回波的矩形脉冲包络函数 rect( ) 变为 rect( ) 与辛克函数 sinc( ) 的卷积，而这正是产生脉冲上升/下降沿的原因。将第 i 个散射中心目标回波的矩形脉冲包络函数 $\mathrm{rect}\left(\frac{t-\tau_{d_i}}{\tau_w}\right)$ 与该辛克函数 sinc($\pi B_r t$) 的卷积过程绘制成示意图，如图 2-3 所示。

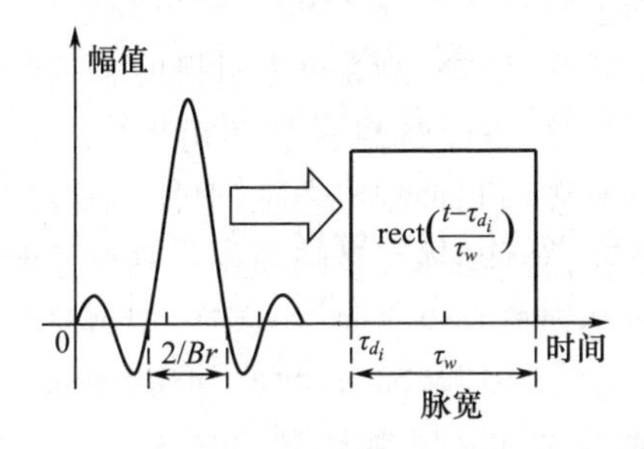

图 2-3　卷积过程示意图（以 H 通道回波为例）

由图 2-3 可以看出，脉冲的上升时间主要由辛克函数 sinc($\pi B_r t$) 第一零点之间的间距决定，分析表明该间距大小为 $2/B_r$。这说明脉冲的上升时间仅与接收机带宽 B_r 有关，带宽越大，上升沿越短暂。当 $B_r\to\infty$ 时，sinc( ) 函数变为冲激响应函数 δ( )，也即经过无限带宽的接收机后，矩形脉冲包络函数 rect( ) 保持不变，这是符合常理的。下降沿同理，不再赘述。同时不难发现，只要接收机带宽 B_r 不变，每个散射中心回波的上升/下降沿时间是相同的，表示为 $T_e=2/B_r$。

接下来通过仿真验证上述分析的正确性。设信号脉宽 $\tau_w = 100\text{ns}$，接收机带宽 $B_r = 200\text{MHz}$，经过接收机前后的矩形脉冲包络函数如图 2-4 所示。由该图可知，脉冲的上升/下降沿时间 $T_e = 2/B_r = 10\text{ns}$，这表明上述分析是正确的。另外，由于卷积的影响，脉宽 $\tau'_w = \tau_w + 2/B_r$。对于“窄发宽收”体制而言，接收机带宽 B_r 一般会远大于信号带宽 B（如 $B_r > 10B$），因此，可近似认为脉宽不变。

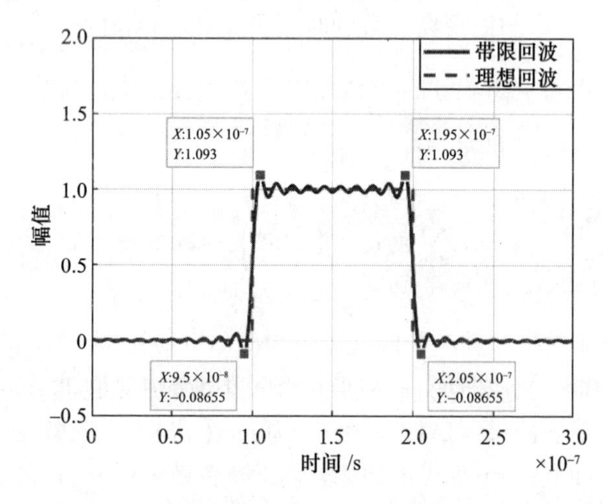

图 2-4 仿真验证示意图

当回波通过带宽为 B_r 的接收机后，每个散射中心的目标回波自到达至稳态需要的时间 $T_e = 2/B_r$。若在该散射中心回波上升沿还未结束时，下一回波到达，则该散射中心回波的稳态便被“淹没”了，进而无法实现对该散射中心的有效分辨，也即有效分辨的前提是回波到达稳态。由于 T_e 仅与 B_r 有关，即距离分辨性能本质上由接收机的带宽决定。在上述情况下，只要接收机具有较高的带宽，即便发射窄带信号，仍然能够获得较高的距离分辨性能，这也是“窄发宽收”体制能够获得更高距离分辨率的内在原因。但同时应该注意，接收机带宽增大的同时，会使得噪声功率进一步增大，从而使 SNR 降低。因此，接收机带宽 B_r 应根据实际情况进行选取，而并非越大越好。

若进一步将 H、V 通道回波联合处理，则能够计算出每个阶梯对应的极化状态。事实上，不仅是距离分辨性能，各极化状态（尤其是暂态段极化状态）的表征同样会受到噪声、脉冲上升和下降沿等因素的影响，而呈现出非理想性。例如，噪声会使每个阶梯对应的极化状态并非一个定值，而是存在波动，噪声越大，极化状态的波动范围也越大；脉冲的上升、下降沿则会导致各阶梯极化状态的改变不能瞬时完成，而是需要一定的时间，若上升、下降沿时间过长，可能会导致相距较近的两散射中心间的极化状态无法达到稳态，从而影响该极化状态的稳定表征。

若进一步涉及信号的 A/D、D/A 转换和上、下变频，以及电磁波的辐射、传播、散射、接收等过程，各极化状态所呈现的非理想性会更强。只有极化状态在稳定表征的情况下，才能够真实、准确地反映各阶梯所对应的极化状态，从而为目标分辨、挖掘回波中蕴含的目标特性信息提供前提和基础，因此极化状态的稳定表征具有重要的意义。因此，接下来需要设计多个实验，一方面验证本节所提出基于瞬态极化响应的距离分辨性能的正确性和合理性；另一方面探究随着实验条件非理想性不断增强，窄带信号实际的距离分辨能力和极化状态的表征能力如何变化，并探究实际信号收发装置是否能够观测到瞬态极化响应现象。

2.2.2 实验验证与分析

本节共设计 4 个实验，实验的非理想性逐步增强。①通过成熟的电磁仿真软件，以基本散射体偶极子作为研究对象，仿真环境不存在噪声，但设置了脉冲的上升、下降沿；②利用无人机暗室测量数据仿真生成时域回波，探究无人机这类典型目标的瞬态极化响应，并分析不同 SNR 对目标瞬态极化响应的影响；③使用任意波形发生器（arbitrary waveform generator，AWG）开展半实物仿真实验，仍以偶极子作为研究对象，该实验增加了信号的 A/D、D/A 转换过程；④在暗室开展实测实验，选用二面角与三面角作为研究对象，该实验包含了所提到的所有非理想因素，目的是探究瞬态极化响应现象的实际可观测性。

1. 基于电磁计算的回波仿真研究

为验证瞬态极化响应暂态段上述理论分析，首先，选用了东峻公司研发的一款电磁仿真软件 EastWave，该软件基于时域有限差分法（finite difference time domain，FDTD），通过在时域的递推可以实时观测到入射场和散射场的传播过程，进而获得目标的时域回波。

在实验中，选取了偶极子模型作为研究对象，实验设置如下。发射信号参数：设电磁波沿 x 轴负方向传播，发射单频电磁波，载频为 9GHz，极化方向沿 z 轴正方向（垂直极化 V），脉宽为 30ns，脉冲上升、下降沿各为 2ns。模型参数：共选用两偶极子，在建模时用细圆柱体等效，其底面半径 $r = 0.3\text{mm}$、高度 $H = 30\text{mm}$，两偶极子前后摆放，前者中心位于坐标原点，并与 z 轴重合（用于提供主极化分量 V），后者与前者相距 1.5m，两者夹角 45°（同时提供主、交叉极化分量 V、H），其中心位于 x 轴负半轴。整体模型如图 2－5 所示。

通过 FDTD 算法进行电磁计算，得到双偶极子模型 V、H 两通道的时域回波，如图 2－6 所示。从图中可以看出，V 极化的回波先到达，而 H 极化的回波

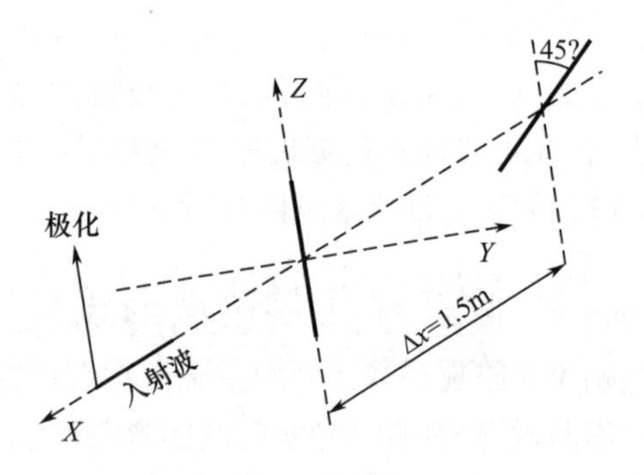

图 2-5 双偶极子模型

后到达。这是因为垂直偶极子在前,只提供V极化(主极化)分量,45°偶极子在后,同时提供H、V极化分量。两者回波的相对时延为10ns,在距离上对应1.5m,这与两偶极子的实际距离刚好对应。另外,脉冲的上升、下降沿都为2ns,从图中可以清晰地看出上升沿时间刚好为2ns。特别地,由于仿真参数设置的影响,电磁计算的回波缺少了35~40ns这段时间,该段包含了45°偶极子的部分回波和下降沿部分,缺少该部分并不影响接下来的任何回波分析。

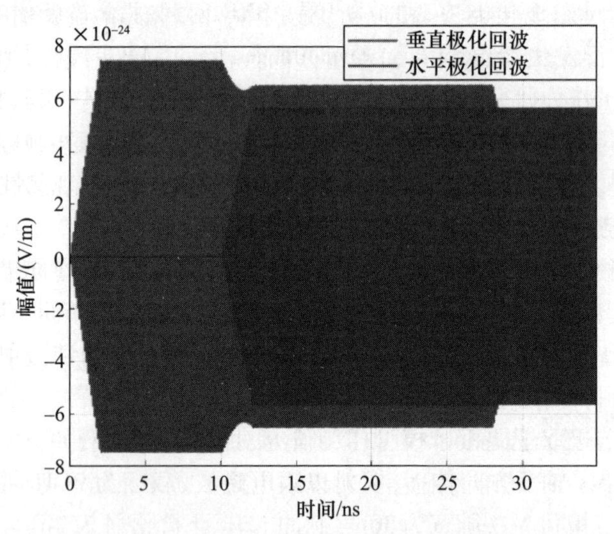

图 2-6 双偶极子模型时域回波(见彩图)

将图2-6的时域回波绘制成极化轨迹,如图2-7所示。图2-7实际上是电磁波轨迹沿发射方向的投影,横坐标为水平极化分量,纵坐标为垂直极化分量,单位都为V/m。由于图2-7是电磁波轨迹沿发射方向的投影,因此无法展示回波到达的先后顺序,因此以在图中做标注的形式进行分析。首先到达的是垂直偶极子回波,在图中恰好对应垂直极化;随后45°偶极子回波到达,与垂直偶极子回波叠加形成椭圆极化;然后垂直偶极子回波消失,仅剩 45°偶极子回波,形成 -45°线极化(极化的正负与偶极子旋转方向有关)。另外,图中存在一些离散分布的极化点,这是由于脉冲的上升沿、下降沿的存在,导致回波的极化状态无法瞬时改变。特别地,由于软件仿真的快时间采样率高达 1THz,数据量较大,因此在绘制极化轨迹时采用每 50 个点抽取 1 个的方式绘图。

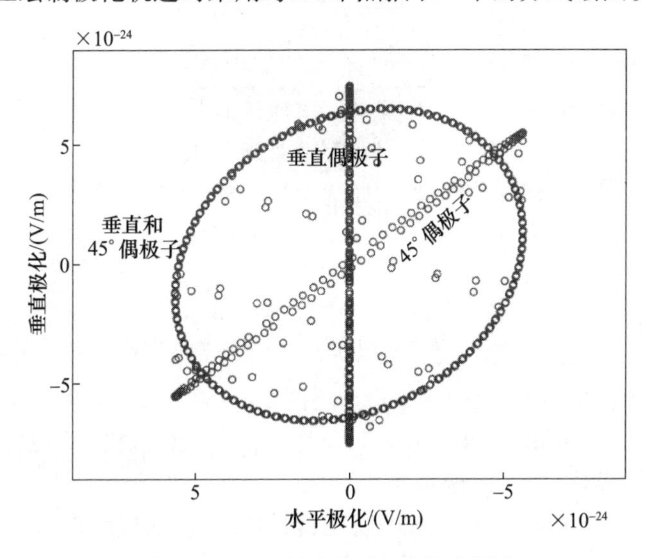

图 2-7　双偶极子模型回波极化轨迹

在该仿真中,脉冲的发射波为单频电磁波,脉宽 30ns,对应带宽 33.3MHz,按照传统的距离分辨率计算方式(即式(2-5)),得到脉冲的距离分辨率为 4.5m;而由于两目标相距 1.5m,因此按照传统方式,是无法分辨出两目标的。根据脉冲的上升沿时间,可得基于瞬态极化响应的距离分辨性能为 0.3m,则理论上可以实现两目标的分辨。根据图 2-7,可以看出两偶极子回波的极化状态发生变化,该现象表明该回波确实能够实现两目标的分辨,这验证了 2.2.1 节理论分析的正确性。

图 2-7 通过绘制回波极化轨迹的方式,仅能定性地描述回波的极化状态(如两目标回波叠加时为椭圆极化,但从图像中不方便对该椭圆的极化状态进行定量描述)。由于庞加莱极化球面构成了一个完备的极化域,球面上的每一个点都唯一对应电磁波的一个 Stokes 矢量,因此可利用庞加莱球对该极化域作可视化处理,并采用由 Stokes 矢量以及由它所定义的 Stokes 极化域进行电磁波极化状态的定量表征,如图 2-8 所示。同样地,由于数据量较大,因此在绘制图 2-8 时采用每 100 个点抽取 1 个的方式绘图。

为了深入挖掘双偶极子模型回波各个阶段的详细信息,绘制了双偶极子模

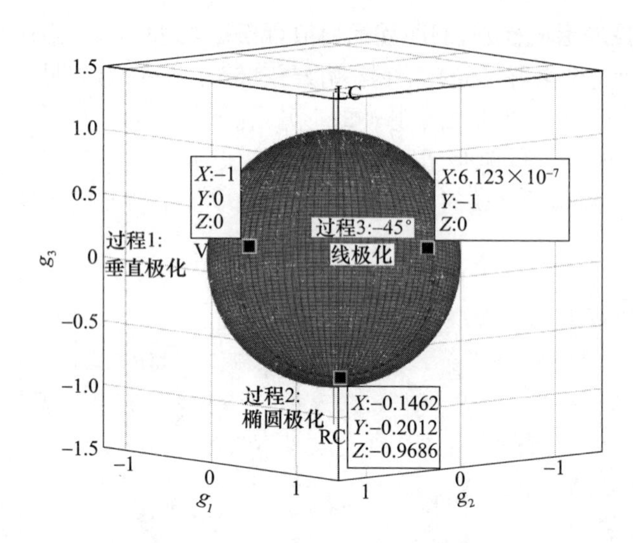

图 2-8 该模型回波的 Stokes 矢量极化表征

型回波分析图(图 2-9)以便于分析。将图 2-8 和图 2-9 联合起来进行回波分析。由图 2-9 可知,回波共分为七个阶段。①垂直偶极子回波上升沿:极化状态为垂直线极化,回波的幅值不断增大。②垂直偶极子回波稳定段:极化仍为垂直线极化,幅值不变,极化状态稳定;阶段①、②共同组成了图 2-8 中的过程 1,极化状态稳定在垂直线极化保持不变,Stokes 矢量为[-1,0,0]。③垂直偶极子回波稳定段 +45°偶极子回波上升沿:此时 45°偶极子回波处于上升沿(暂态段),因此幅值不断增大,导致两回波幅值比持续变化,因此极化持续改变,在图 2-8 中对应过程 1、2 之间时变的极化状态。④垂直、45°偶极子回波叠加稳定段:此时极化状态稳定,为椭圆极化,Stokes 矢量为[-0.15, -0.20, -0.97],对应图 2-8 中的过程 2。⑤垂直偶极子回波下降沿 +45°偶极子回波稳定段:此时垂直偶极子回波处于下降沿(暂态段),因此幅值不断减小,导致两回波幅值比持续变化,因此极化持续改变,在图 2-8 中对应过程 2、3 之间时变的极化状态;⑥45°偶极子回波稳定段:由于回波稳定,此时极化状态稳定在 -45°线极化不变,Stokes 矢量为[0, -1,0]。⑦45°偶极子回波下降沿:虽然 H、V 两通道回波的幅值都在减小,但其减小的速率相同(两通道回波源自同一发射脉冲),因此幅值比不变,又因相位差也不变,因此极化仍为 -45°线极化不变,直至回波幅值不断减小至 0;阶段⑥、⑦共同组成了图 2-8 中的过程 3,极化状态稳定在 -45°线极化保持不变,Stokes 矢量为[0, -1,0]。

综上所述,本小节利用电磁计算软件中的 FDTD 算法进行回波仿真,以双偶极子模型作为研究对象,验证了 2.2.1 节所分析的距离分辨性能的正确性,利用单频窄带脉冲实现了更好的距离分辨性能。另外,用 Stokes 矢量及其定义

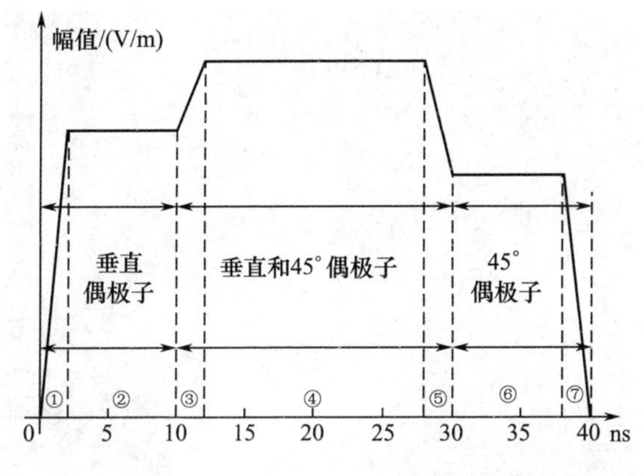

图2-9　双偶极子模型回波分析

的极化域进行了电磁波极化状态的定量表征，深入挖掘了双偶极子模型回波各个阶段的详细信息，包括每阶段回波的组成（单个回波或回波叠加）、回波的状态（稳态或暂态）以及回波处于稳态时的极化状态和暂态时极化的变化过程。

接下来，将基于实测的无人机暗室测量数据实现回波模拟。一方面，在验证2.2.1节所分析的距离分辨性能的基础上，通过模拟不同角度下无人机的回波，探索瞬态极化响应在目标识别方面的潜力；另一方面，通过在仿真中设置不同的SNR，分析噪声对瞬态极化响应在目标分辨、识别性能等方面的影响。

2. 基于无人机暗室测量数据的回波仿真研究

在利用电磁计算软件中的FDTD算法实现对偶极子等基本散射体的回波仿真后，拟对无人机这类典型目标开展回波仿真研究，但由于FDTD算法在微秒级脉宽、超电大尺寸目标条件下，电磁计算量通常难以承受。因此本小节拟采用暗室静态测量的方法获取无人机实测数据，根据实验测量的无人机数据仿真生成其对应的瞬态极化时域回波。

本节分析的无人机为“开拓者”固定翼无人机，包含机身、机翼、尾翼、发动机和螺旋桨等主要部件，机长2.3m，翼展2.9m，机高0.66m，空机重11kg。“开拓者”无人机由复杂材质构成，包括玻璃钢、碳纤维、木材和金属等，结构形式主要为轻质骨架外覆蒙皮。无人机的实测数据是在紧缩场暗室中获得的，采用基于矢量网络分析仪构建的散射测试系统进行实验，测量时无人机静止放置于支架上，场景如图2-10所示。

测量时，无人机机头沿x轴方向放置，测试频率为8～12GHz，中心频率为10GHz，频率间隔为20MHz；俯仰角为0°，方位角为-180°～180°，角度间隔0.2°；极化为线性全极化（HH、HV、VH、VV）。

无人机回波仿真流程如图2-11所示。在得到无人机暗室数据后，对其进

图 2 - 10　“开拓者”无人机暗室静态测量场景

行 HRRP 成像，并用恒虚警率（constant false alarm fate，CFAR）检测算法检测 HRRP 中散射中心的数量和位置；然后，设计仿真的发射信号，该信号经无人机每个散射中心调制后，得到仿真回波信号；最后进行回波分析。特别地，冲激响应法也是一种常用的回波仿真方法，其思路是将仿真时域发射波与目标的时域响应进行卷积，从而得到仿真的时域回波。但由于瞬态极化响应要求较高的采样率，这使得目标的时域响应点数（与暗室数据的扫频点数相同）远远小于仿真发射波的采样点数，从而对仿真回波的效果产生负面影响，因此本小节最终采用图 2 - 11 所示的方法生成仿真回波。

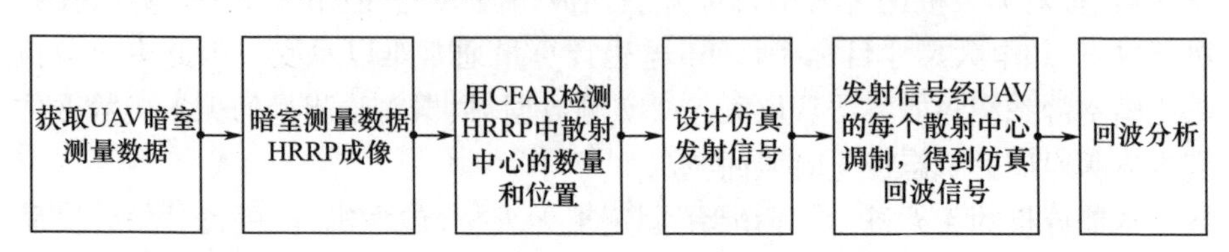

图 2 - 11　无人机回波仿真流程

仿真发射波信号仍采用单载频信号，原因是其频率恒定，波长不变。当不同散射中心回波叠加时，回波的变极化效应仅由目标各散射中心的不同散射特性引起，而与发射信号无关，因此便于分析。

仿真时，单频发射信号的信号参数包括快时间采样率 f_s、载频 f_0、信号脉宽 τ_w。若想观测到目标各散射中心回波叠加引起的变极化效应，在时域上应能够将相距最近的两散射中心区分开。由于仿真的脉冲为理想矩形，因此上升/下降沿时间为零。按照 2.2.1 节所分析的距离分辨性能，此时的距离分辨率为无穷大(在实际中由于接收机的带限作用,不可能达到此理想情况)。在不考虑噪声的影响下(或 SNR 较高),快时间采样率 f_s 的最小值与目标两相距最近散射中心距离之间的关系为

$$f_s \geqslant \frac{c}{2R_{s_{\min}}} \tag{2-10}$$

式中:$R_{s_{\min}}$ 为目标两相距最近散射中心的距离。而在实际中,为了能够更好地观测目标各散射中心回波的极化状态,实际的采样率要比上述理论值更高。在不考虑其他因素的情况下,采样率 f_s 越高,目标回波中各散射中心的采样点数越多,也就越有利于精细反演目标各散射中心回波的极化状态。另外,采样率 f_s 还需要满足奈奎斯特采样定理,即 $f_s \geqslant 2f_0$。

对于信号脉宽 τ_w,下限为在目标的第一个散射中心回波结束前,最后一个散射中心回波刚刚到达,表示为

$$\tau_w > \frac{2R_{s_{\max}}}{c} \tag{2-11}$$

式中:$R_{s_{\max}}$ 为目标两相距最远散射中心的距离。由于观测瞬态极化响应需要较高的采样率,脉宽较长时数据量会很大;且本研究主要关心瞬态极化响应暂态段,而非稳态段。因此脉宽应在满足式(211)的基础上,越短越好。

综上所示,单频发射信号参数设置如下:$f_s = 25\text{GHz}$、$f_0 = 2.5\text{GHz}$、$\tau_w = 60\text{ns}$。其中,脉冲包络为理想的矩形脉冲,因此上升、下降沿时间为零。发射信号的极化方式为水平极化 H。无人机目标的中心距信号发射源 3km,当无人机方位角为 0°时,HRRP 的 CFAR 检测结果如图 2-12 所示。

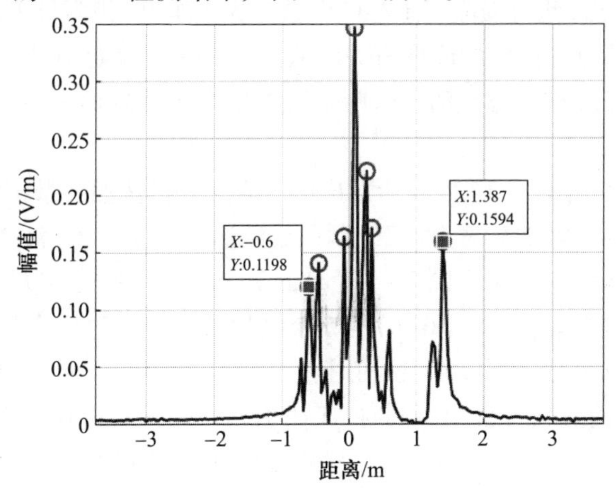

图 2-12　无人机 HRRP 的 CFAR 检测结果(方位角 0°)

从图 2 - 12 可以看出，在方位角为 0°时，CFAR 检测出无人机共 7 个强散射中心，两相距最远散射中心距离为 1. 99m，这与无人机的机长恰好对应。仿真得到无人机的时域回波如图 2 - 13 所示，SNR 设置为 50dB，从图中可以看出，由于无人机目标的中心距信号发射源 3km，所以回波在 2s 前后到达，由于 CFAR 检测出 7 个强散射中心，因此 H、V 接收通道的回波在到达至稳态和稳态至消失都各由 7 个阶梯组成。阶梯的长短代表对应两相邻散射中心距离的远近。

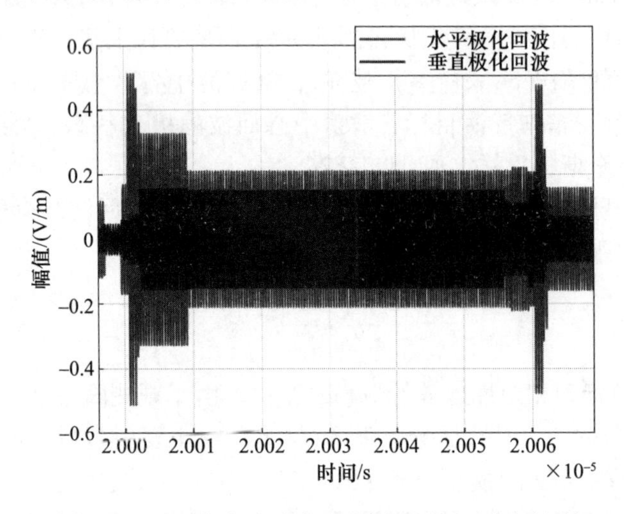

图 2 - 13　无人机仿真时域回波(方位角 0°)(见彩图)

同理，其他仿真条件不变，无人机方位角变为 76°，SNR 仍为 50dB，HRRP 的 CFAR 检测结果与无人机的仿真时域回波如图 2 - 14 和图 2 - 15 所示。从图 2 - 14可以看出，此时强散射中心的个数变为 5 个，两相距最远散射中心距离变为 1. 5m，这都与方位角的改变有关。从图 2 - 15 可以看出，H、V 接收通道的回波在到达至稳态和稳态至消失这两阶段都变为 5 个阶梯，与强散射中心的数目保持一致。

将图 2 - 13 和图 2 - 15 回波所对应的 Stokes 矢量按照各散射中心回波到达的先后顺序绘制在庞加莱球上(仅绘制回波到达至稳态段，回波消失段同理，不再赘述)，如图 2 - 16 所示。图 2 - 16(a)的 7 个极化状态对应方位角 0°时无人机的 7 个强散射中心，图 2 - 16(b)的 5 个极化状态同样对应方位角 76°时无人机的 5 个强散射中心。可以看出，利用该方法不仅可以对各散射中心实现距离上的有效分辨，而且在方位角不同时，庞加莱球中无人机极化状态的个数、位置都是不同的。基于此，可以构建无人机目标在全角度(- 180° ~ 180°)下的 Stokes 矢量极化表征数据库。当探测到未知目标时，可以将其瞬态极化响应用 Stokes 矢量表征，并与已知数据库比对，进而实现真假无人机目标的识别。需要

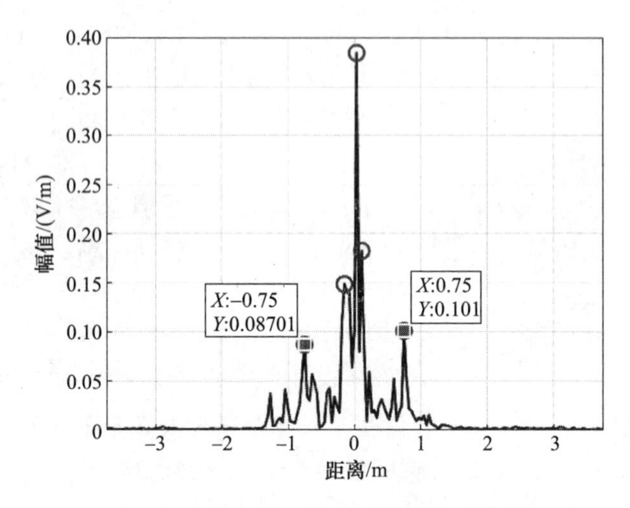

图 2-14 无人机 HRRP 的 CFAR 检测结果(方位角 76°)

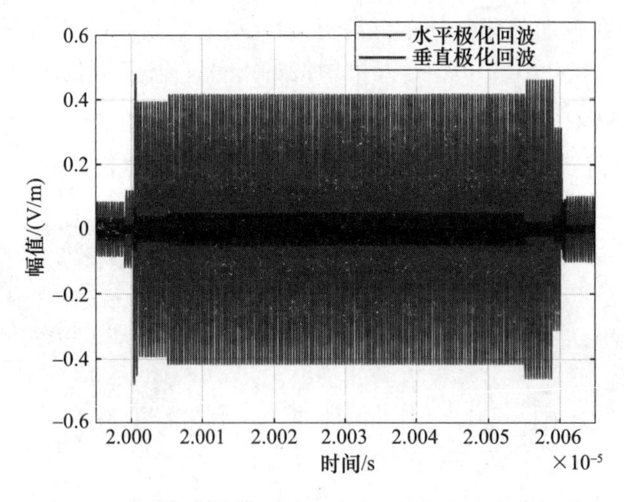

图 2-15 无人机仿真时域回波(方位角 76°)(见彩图)

特别指出的是,图 2-16(a)的状态 2 位于庞加莱球的背面,图 2-16(a)和(b)中均含有一个未标号的极化状态,该状态来自于回波到达前,忽略即可。另外,由于仿真回波为理想的矩形脉冲,不存在上升、下降沿,因此庞加莱球中的各极化状态是瞬变的,不存在像图 2-8 中极化状态的中间过渡情况。

上述仿真研究的 SNR 都为 50dB,由于本章涉及的瞬态极化响应研究未对回波做脉冲压缩处理,且受发射信号实际能量、各种噪声等因素的影响,实际的 SNR 很难达到 50dB。因此,拟以方位角 76°时无人机回波的 Stokes 矢量极化表征结果为例,探究 SNR 下降对其的影响。选择方位角 76°极化表征结果的原因

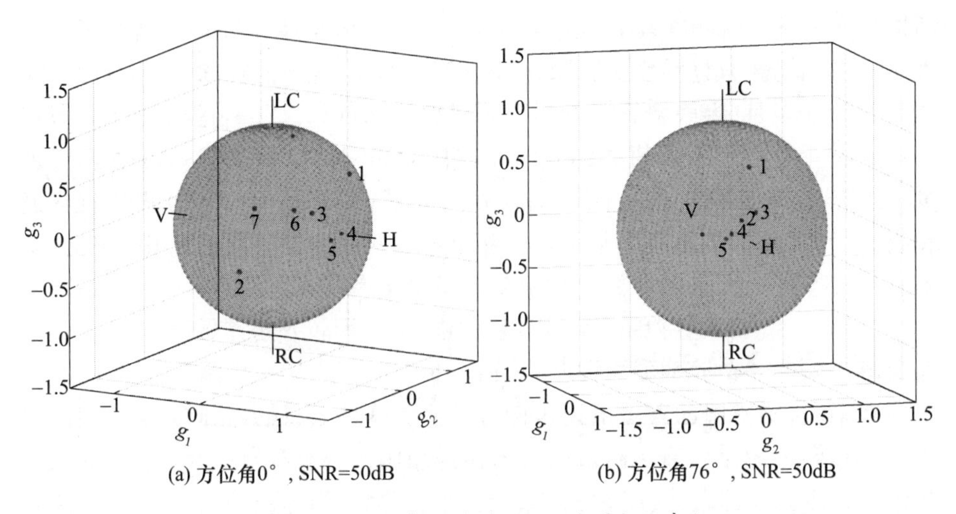

(a) 方位角0°，SNR=50dB　　(b) 方位角76°，SNR=50dB

图2-16　无人机回波的Stokes矢量极化表征

是其极化状态在庞加莱球中分布更紧密，因此更易受到SNR下降带来的负面影响。设置SNR为30dB、15dB，无人机回波的Stokes矢量极化表征结果分别如图2-17(a)、(b)所示。

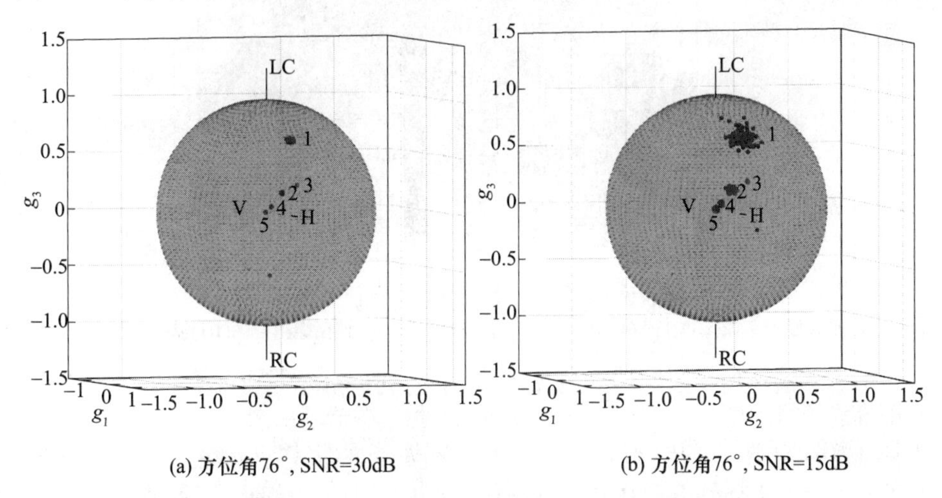

(a) 方位角76°，SNR=30dB　　(b) 方位角76°，SNR=15dB

图2-17　无人机回波的Stokes矢量极化表征

从图2-16(b)、图2-17(a)、图2-17(b)可以看出，SNR为50dB时，各极化状态几乎呈点状分布，这说明极化状态十分稳定。而随着SNR的下降，各极化状态逐渐呈聚合态分布，SNR越低，其聚合的范围也越大，这说明极化状态逐渐趋于不稳定。特别地，由于极化状态4、5相距较近，在SNR为15dB时(图2-17(b))，这两极化状态开始重叠。若SNR继续下降，极化状态4、5将难

以区分。这说明庞加莱球中各极化状态对 SNR 的承受程度与其在球中的距离有关，距离越接近，对 SNR 的耐受程度就越低。另外，虽然图 2－17(b)中各极化状态的 SNR 都为 15dB，但状态 1 的聚合范围要明显大于其他 4 个，其原因是回波的极化状态由 H、V 两通道回波的幅值比和相位差共同决定，严格相参的系统能够保证其相位差基本恒定，但相同的噪声对不同极化状态幅值比的影响是不同的，幅值比越接近 1，越容易受到噪声的影响，从而使其极化状态的聚合范围增大。

本小节基于实测的无人机暗室测量数据实现回波模拟，验证了单载频脉冲的瞬态极化响应具有实现无人机真假目标识别的潜力，并分析了不同 SNR 对无人机回波 Stokes 矢量极化表征结果的影响。但这两节的研究都基于软件仿真，缺乏实测数据验证。因此，接下来将通过 AWG 产生瞬态极化真实回波，验证上述理论与仿真的工程可实现性。

3. 基于 AWG 的回波分析与研究

由于 AWG 可以产生真实存在的物理回波，用于验证上述理论与仿真的可信度高，且相对易于实现。因此，本小节将基于 AWG 实验进行回波分析与研究。

本实验选用偶极子目标作为研究对象，共设置 4 个，0°、45°、0°、45°交替放置，夹角以 y 轴正方向为参考，0°偶极子与 y 轴平行(或重合)，且几何中心都位于 x 轴上，45°偶极子与 y 轴夹角为 45°，并与 y、z 轴所在平面平行，且几何中心也都位于 x 轴上。发射波仍采用单频电磁波，沿 x 轴负半轴方向发射，极化方式为水平极化 H(与 y 轴平行)，目标模型如图 2－18 所示。

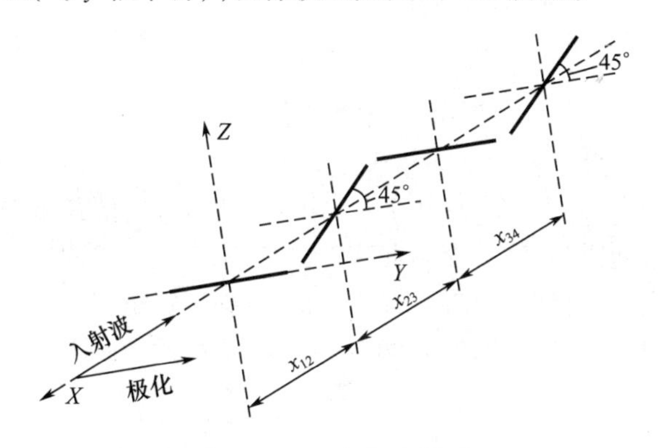

图 2－18　4 偶极子模型

实验方案如图 2－19 所示。首先用 Matlab 仿真得到经 4 偶极子目标调制的 H、V 两通道离散回波信号，仿真单频电磁波的载频 f_0 = 100MHz、脉宽 τ_w = 2us。随后将两路仿真回波信号输入 AWG，通过 D/A 转换，生成连续回波信号，因设备 AWG5014C 要求输入信号采样率为 1.2GHz，因此两路仿真回波的采样率均设置为$f_s = 1.2\text{GHz}$。然后，由示波器完成 A/D 转换，采集两路离散回波信号，示波器采样率$f_{so} = 10\text{GHz}$。最后进行回波分析。本实验通过改变 4 偶极子目标的间距（即 x_{12}、x_{23}、x_{34}），分析单载频信号瞬态极化时域回波经 D/A、A/D 转换后距离分辨的实际性能，分析和比较回波极化状态的表征能力（与理论值相比，存在多少误差）。

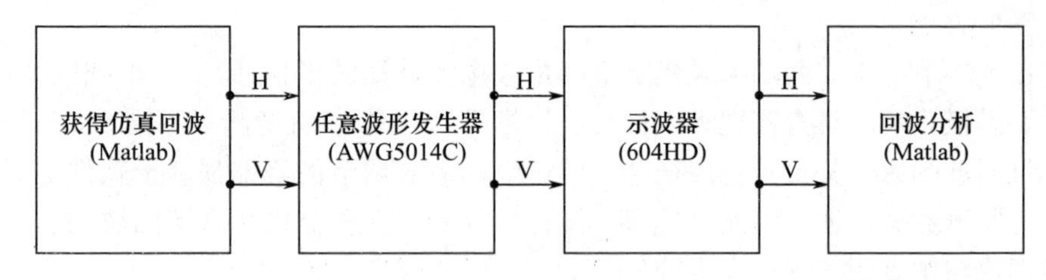

图 2-19 AWG 实验方案

本实验中的 4 偶极子皆为散射特性理想的偶极子，因此 0°偶极子的极化散射矩阵为$\begin{bmatrix} -1 & 0 \\ 0 & 0 \end{bmatrix}$，45°偶极子的散射矩阵为$\begin{bmatrix} -0.5 & -0.5 \\ -0.5 & -0.5 \end{bmatrix}$。当发射波的极化为水平极化 H 时，0°、45°偶极子回波的 Jones 矢量分别为$\begin{bmatrix} -1 \\ 0 \end{bmatrix}$、$\begin{bmatrix} -0.5 \\ -0.5 \end{bmatrix}$，各对应水平、45°线极化，后者电磁波幅值的水平、垂直分量为前者水平分量的 1/2。

AWG 实验需要计算回波信号的实际 SNR，下面将介绍回波稳态段 SNR 的计算方法。对于噪声，取一段时间较长的纯噪声信号，噪声平均功率表示为

$$P_{\text{avg0}} = \frac{\sum_{i=1}^{N_0} P_i}{N_0} \tag{2-12}$$

式中：P_i 为第 i 点噪声的瞬时功率；N_0 为所选取噪声的点数。

对于信号，取稳态段的 H、V 两通道回波信号，其中包含了噪声，在计算信号平均功率时要减去噪声平均功率，表达式为（两通道回波的计算方式一致）

$$P_{\text{avg1}} = \frac{\sum_{j=1}^{N_1} P_j}{N_1} - P_{\text{avg0}} \tag{2-13}$$

式中：P_j 为第 j 点稳态段信号加噪声的瞬时功率；N_1 为所选取稳态段信号加噪声的点数。综上所述，回波稳态段 SNR 的计算公式为

$$\text{SNR} = 10\log_{10}\left(\frac{P_{\text{avg1}}}{P_{\text{avg0}}}\right) \tag{2-14}$$

另外，在实验中，为保证 H、V 两通道回波的相参性，将两通道回波经 AWG 一次生成。受限于 AWG 的线性增益范围，需要将两通道回波的最大幅值限制在该线性增益范围内，这样的不足之处便是降低了主极化（水平极化 H）回波的 SNR（交叉极化（垂直极化 V）回波的最大幅值没有超过该范围）。因此，需要后续矫正两通道回波的幅值比，使其与仿真回波的幅值比保持一致。

还需要说明的是，回波的距离分辨性能要根据 AWG5014C 实际的调制带宽来决定，在实际中则可以根据回波数据的上升/下降沿时间来确定。接下来，先通过设置 4 偶极子目标的间距，得到仿真瞬态极化时域回波；再通过 D/A、A/D 转换，得到经 AWG、示波器处理后的实测回波。在实验中，将第一个偶极子的几何中心置于坐标原点，设置 $x_{12}=30.4\text{m}$、$x_{23}=7.6\text{m}$、$x_{34}=2\text{m}$。得到 H、V 两通道仿真瞬态极化时域回波与实测回波分别如图 2－20（a）、（b）所示。特别地，仿真回波的 SNR＝50dB。

如图 2－20 所示，由于 4 个偶极子目标的存在，仿真和 AWG 实测回波的 H 通道回波自到达至稳态段都由 4 个阶段组成；由于第 1、3 两个偶极子水平放置，因此回波中不包含垂直极化 V 分量，因此其 V 通道回波自到达至稳态段仅由 2 个阶段组成。经过验证，各目标回波到达时刻与其间距（即 x_{12}、x_{23}、x_{34}）严格对应。可以看出，实测与仿真回波各阶段均具有良好的一致性，但由于噪声的存在，AWG 实测回波的非理想性更强（如稳态段回波幅值更加不平稳）。经过计算，AWG 实测回波的 H、V 两通道稳态段 SNR 各为 33.7dB、32.9dB。另外，AWG 实测回波与仿真回波的幅值并非完全一致，在幅值矫正时仅矫正 H、V 两通道的幅值比与仿真时一致。为定量分析经 AWG、示波器处理后实测回波的距离分辨和极化表征能力，将仿真、实测回波的 Stokes 矢量分别绘制到庞加莱球上，如图 2－21 所示。

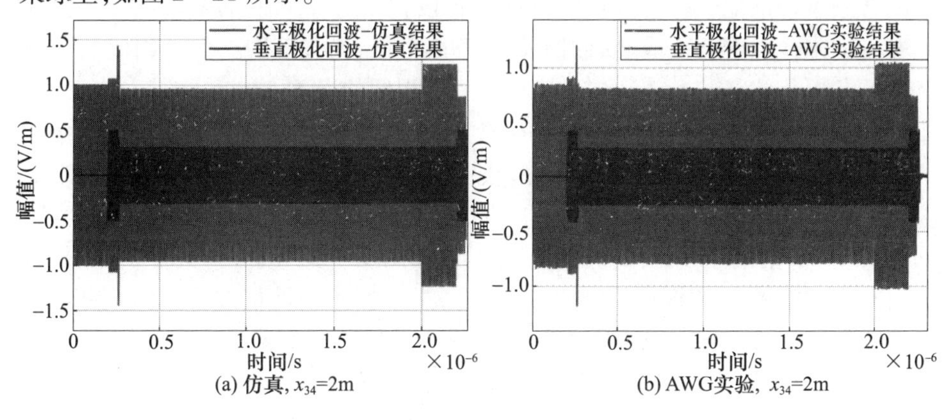

图 2－20　4 偶极子模型时域回波（见彩图）

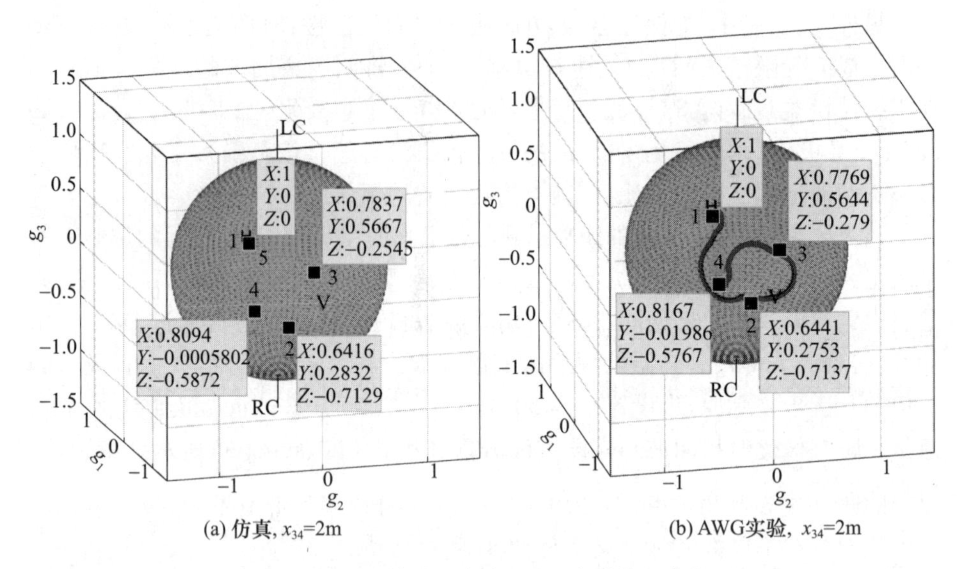

图 2-21 该模型回波的 Stokes 矢量极化表征

由于图 2-21(a)仿真的 SNR 很高,为 50dB,因此可以近似认为回波各极化状态的 Stokes 矢量为理论值。比较图 2-21(a)和(b)可以看出(同样仅绘制回波到达至稳态段),回波都为 4 个极化状态,且 AWG 实测回波与理论值的误差较小,这说明经过 AWG、示波器处理后的实测回波仍保持着很好的极化表征能力。同时,由于实测回波表现为 4 个稳定的极化状态,表明各目标都可以区分开,因此实现了相距最近 2m 的目标距离分辨。但由于仿真回波各极化状态可以瞬时改变,因此 4 个极化状态呈现为离散的点;AWG 实测回波基于真实的硬件设备生成,其极化状态的改变需要一个过程,无法瞬时完成,因此呈现为连续的轨迹。特别地,由于仿真、实测回波各极化状态实际上都是由多个极化状态相近的采样点聚合而成(实测回波的 SNR 更低,聚合范围更大),因此两图中标注的各极化状态的 Stokes 矢量皆存在一定程度的误差。

为进一步探究单载频信号瞬态极化响应实际的距离分辨性能,将 x_{34} 缩小为 0.2m,x_{12}、x_{23} 保持不变,其他实验条件也保持不变。由于 AWG5014C 调制带宽为 180MHz,经过计算相距 0.2m 的两目标是分不开的。同样地,将仿真、实测回波的 Stokes 矢量分别绘制到庞加莱球上,如图 2-22 所示。

首先观察图 2-21(a)和图 2-22(a),由于实验条件仅改变 x_{34} 的距离,因此极化状态 1、2、3 理论上应是相同的。两图中该 3 个极化状态 Stokes 矢量的误差较小,可以认为是对应相等的,这与理论分析保持一致。又因单频信号的载频为 100MHz,对应波长为 3m,而波长对应的目标间距为 1.5m(电磁波需往返传播)。因此若两目标距离的变化量为 1.5m 的整数倍,则回波叠加后的极化

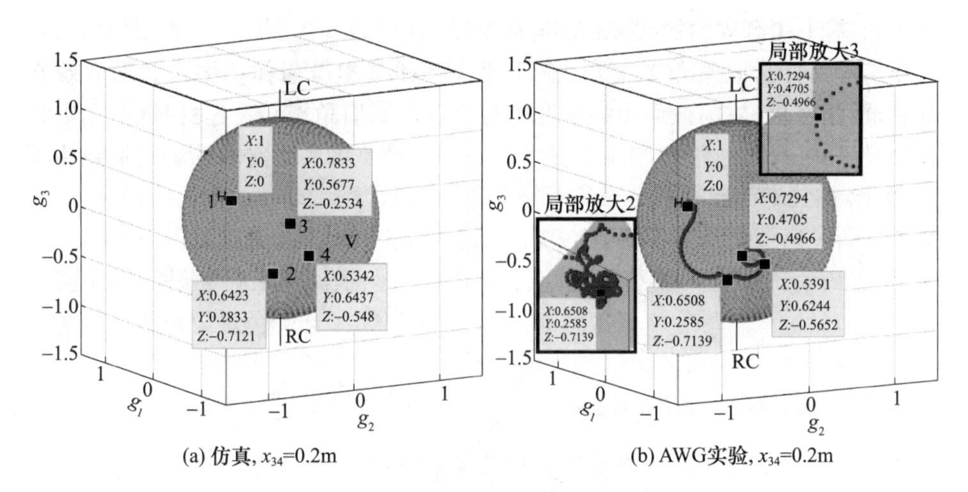

(a) 仿真, x_{34}=0.2m　　(b) AWG实验, x_{34}=0.2m

图 2-22　该模型回波的 Stokes 矢量极化表征

状态是保持不变的。但 x_{34} 较之前减小了 1.8m，并非 1.5m 的整数倍，因此两图极化状态 4 的 Stokes 矢量是不同的，这也与理论分析是一致的。

经过计算，图 2-22(b) 中 AWG 实测回波的 H、V 两通道稳态段 SNR 各为 39.1dB、41.0dB，导致交叉极化分量 V SNR 更高的原因与 AWG 的线性增益范围有关（生成波形时需要对主极化分量 H 限幅）。观察图 2-22(a) 和图 2-22(b) 可以看出，极化状态 1、2、4 Stokes 矢量的误差较小，但状态 3 却出现了相对较大的误差。由于 x_{34} 仅为 0.2m，经分析该距离小于回波到达稳态的时间所对应的距离，因此无法实现该两目标的分辨。经局部放大极化状态 2 和极化状态 3 可以看出，由于状态 3 采样点数过少，因此并未出现采样点聚合的情形，极化状态轨迹的疏密也没有明显的变化；而状态 2 则是由多个采样点聚合而成的，因此可以选取到较为稳定的极化状态。

上述现象表明，若想稳定、准确地实现目标分辨和目标极化状态的表征，需要保证该极化状态有较多的采样点（即目标的实际间距要大于 2.2.1 节分析的理论距离分辨性能所对应的距离）。而需要的采样点数目还与 SNR 有关，SNR 越低，极化状态的聚合范围越大，需要更多的采样点才能在 SNR 较低时更为准确地估计其所对应的极化状态。

综上所述，本实验通过 AWG 产生瞬态极化时域回波，分析了单载频信号实际的距离分辨能力和极化状态的表征能力。但 AWG 实验与实测实验相比，缺少了电磁波的上、下变频，以及电磁波的辐射、传播、散射、接收等过程，因此实测实验的回波会存在更强的非理想性，SNR 也会随之下降。基于此，接下来将设计实测实验，探究实际信号收发装置对瞬态极化响应的可观测性。

4. 基于实测实验的回波分析与研究

实验目标选取直角二面角、三面角这两种基本散射体。将二面角放置在前,三面角在后,因为三面角的反射能力更强。二面角旋转一定的角度,用以提供交叉极化分量,三面角则用来提供主极化分量。将实测实验的场景抽象为模型,如图2-23所示。

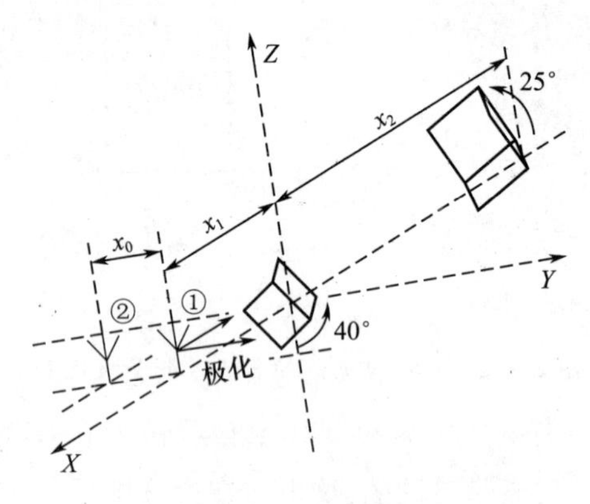

图2-23 实测实验模型

在实验中,收发天线分置,①为发射天线,②为接收天线。发射天线发射水平极化H,电磁波沿x轴负半轴方向传播;接收天线同时接收水平、垂直极化。经测量,两者的间距x_0为0.5m。直角二面角首先沿对称于x、z轴所在平面放置,其中轴线与z轴重合,随后将其沿x轴顺时针旋转一定的角度,经测量,旋转约40°。三面角首先沿对称于x、z轴所在平面水平放置,为增强三面角对电磁波的散射能力,将其绕y轴顺时针旋转约25°。发射天线距二面角的距离x_1、二面角距三面角的距离x_2分别为2.7m和5.2m。二面角、三面角的各面均为正方形,边长各为0.3m、0.4m。

实验方案如图2-24所示。首先经Matlab产生仿真单频发射波,载频为720MHz,脉宽为2μs,极化方式为水平极化H;经AWG、上变频器、喇叭天线将电磁波辐射到自由空间,频率为9.35GHz。电磁波经目标反射,用天线同时接收目标散射的H、V两路信号,经下变频器、中频调理、示波器采样,得到中频为720MHz、采样率为10GHz的回波信号,最后进行回波分析。实验场景如图2-25所示。

通过天线与目标的间距和发射波的波长易知,该实验场景满足远场条件。由于收发天线分置,因此目标的极化散射矩阵需要通过电磁仿真软件计算获得。仍采用Eastwave仿真软件,仿真条件按照实测实验场景还原,为减小运算量,对目标尺寸和间距做了一定调整,但在理论上并不影响计算结果。经测量,二面角和三面角的双站角分别为10.5°和3.6°。由于发射水平极化H,因此只

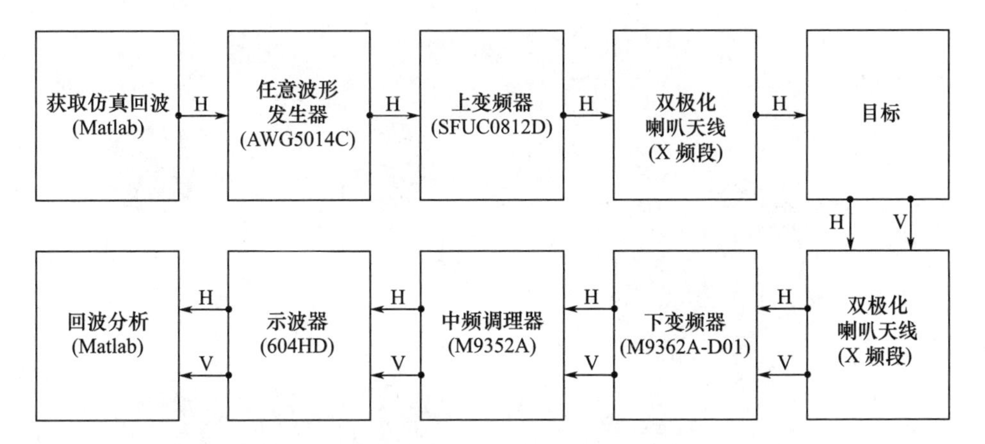

图2－24　实测实验方案

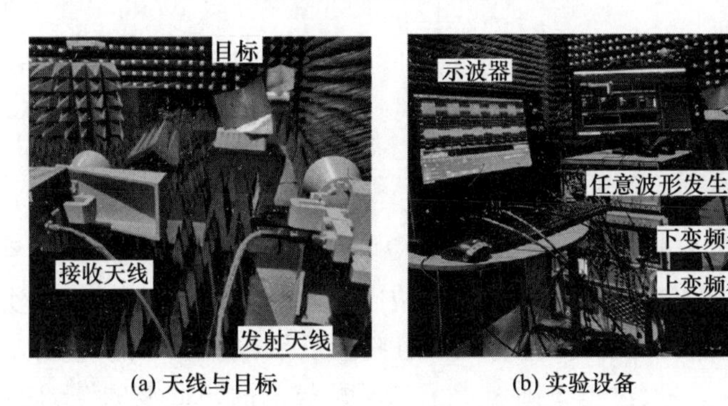

(a) 天线与目标　　(b) 实验设备

图2－25　实验场景

能计算散射矩阵的第一列(Jones 矢量),二面角、三面角及两者回波叠加的 Jones 矢量分别为$\begin{bmatrix}1\\1.29e^{j3.73}\end{bmatrix}$、$\begin{bmatrix}1\\0.08e^{j4.93}\end{bmatrix}$、$\begin{bmatrix}1\\1.25e^{j4.45}\end{bmatrix}$,对应的归一化 Stokes 矢量分别为$[-0.25\quad -0.81\quad -0.54]^T$、$[0.99\quad 0.03\quad -0.16]^T$、$[-0.22\quad -0.25\quad -0.94]^T$。实测二面角、三面角及两者回波叠加的 Jones 矢量分别为$\begin{bmatrix}1\\1.93e^{j3.77}\end{bmatrix}$、$\begin{bmatrix}1\\0.14e^{j3.10}\end{bmatrix}$、$\begin{bmatrix}1\\0.62e^{j4.73}\end{bmatrix}$,对应的归一化 Stokes 矢量分别为$[-0.58\quad -0.66\quad -0.48]^T$、$[0.96\quad -0.27\quad 0.01]^T$、$[0.44\quad 0.02\quad -0.90]^T$。可以看出,经电磁仿真计算、实测实验测量的结果存在一定程度的误差,该误差与各参数的测量误差(如双站角、目标与天线间距等)、噪声,以及电磁波在发射、传播、散射、接收等过程的畸变都有关系。在同时包含二面角、三面角的实验场景下,将电磁计算和实测实验的时域回波的 Stokes 矢量绘制在庞加莱球上,如图2－26所示。

实测实验 SNR 的计算方式与以上相同,经过计算,实测回波的 H、V 两通道

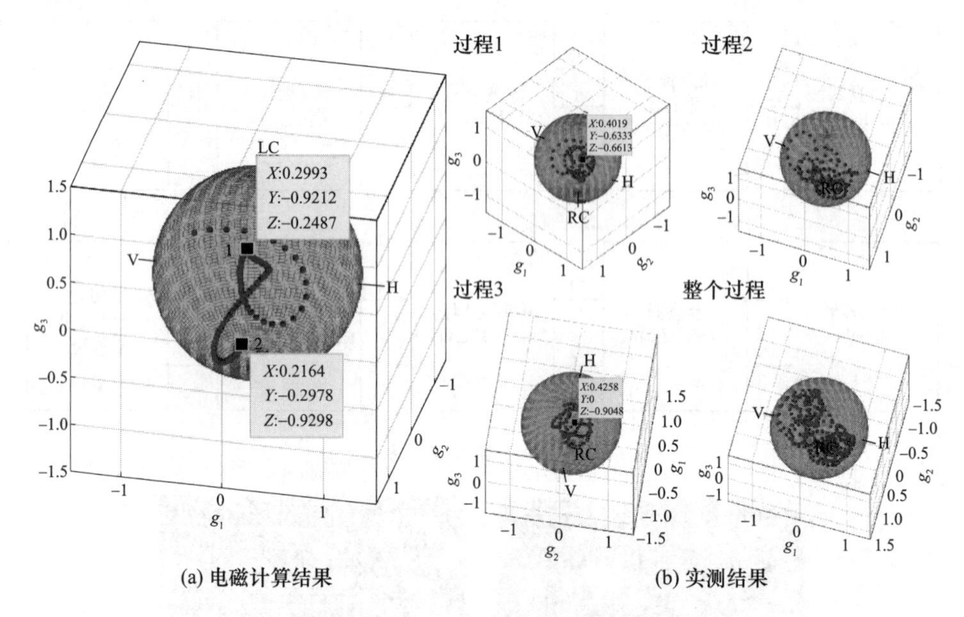

图 2-26 该模型回波的 Stokes 矢量极化表征

稳态段 SNR 各为 15.5dB、11.3dB。图 2-26(a)的极化状态 1、2 分别代表仅包含二面角和二面角、三面角叠加后时域回波的 Stokes 矢量；而由于实测结果极化状态的不稳定性更强，因此将回波分阶段展示，过程 1 为仅包含二面角时域回波的 Stokes 矢量，过程 2 则展示了二面角与三面角回波的叠加过程，过程 3 为仅包含两者极化状态叠加后的 Stokes 矢量，最后将前面 3 个过程在一张图中展示。经图 2-26(a)、(b) 比较可以看出，由于实测回波的极化状态更加不稳定，因此很难对目标的 Stokes 矢量准确描述，但可以看出回波叠加前后 Stokes 矢量表现为明显的“两簇”，说明可以实现二面角、三面角的距离分辨。

综上所述，该实测实验表明瞬态极化响应具有实际可观测性，证实了单频电磁波的瞬态极化响应确实具有更强的距离分辨能力。

2.3 典型雷达目标的瞬态极化特性

2.3.1 典型导弹类目标的瞬态极化特性

本节采用弹道空间目标模型（模型照片和详细几何尺寸结构如图 2-27 所示）的暗室测量结果进行成像，起始频率为 8.75GHz，频率步进为 20MHz，频点数为 101，俯仰角是 0°，方位角范围为 0°～180°，角度步进为 0.2°，弹道模型的横滚角为 30°。合成带宽为 2GHz，分辨率为 0.075m；为了让方位向和距离向的分辨率保持一致，都为0.075m，成像的方位向“孔径”选择11°[16]。

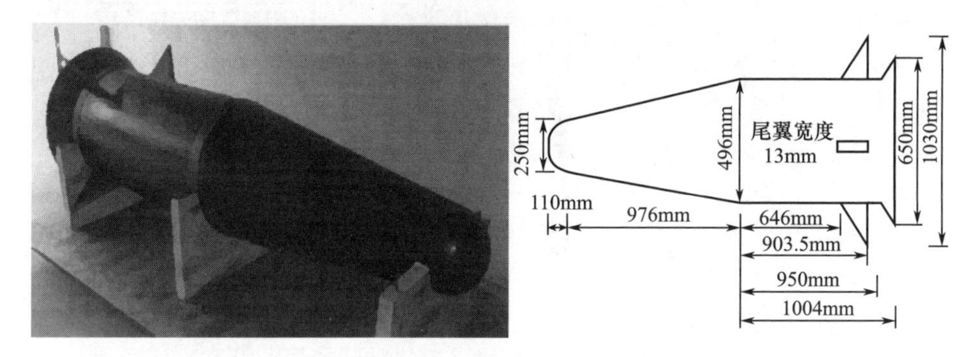

图2-27 导弹类目标模型

弹道空间目标模型的全极化图像如图2-28所示，利用Cameron分解对CFAR检测提取的散射中心进行结构类型的诊断。如图2-29所示，导弹模型的结构与无人机模型相比结构较为简单，因此提取的散射中心数目较少。对应于导弹模型弹体上的散射中心结构类型判别为圆柱体，与底部尾翼对应的散射中心判别为偶极子散射体，散射中心类型判别结果与目标实际结构基本保持一致。

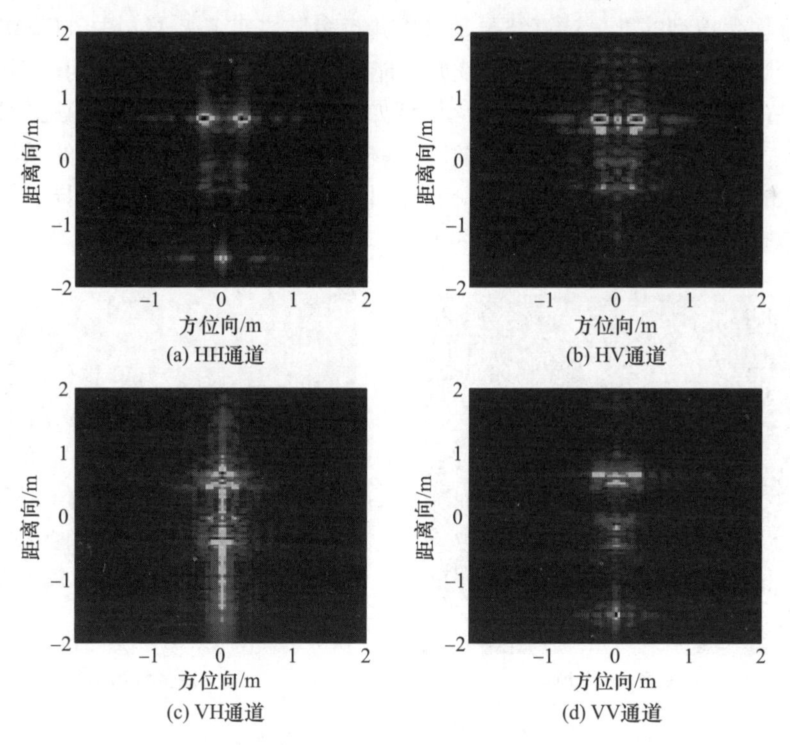

图2-28 导弹类目标模型全极化ISAR图像(PFA算法)

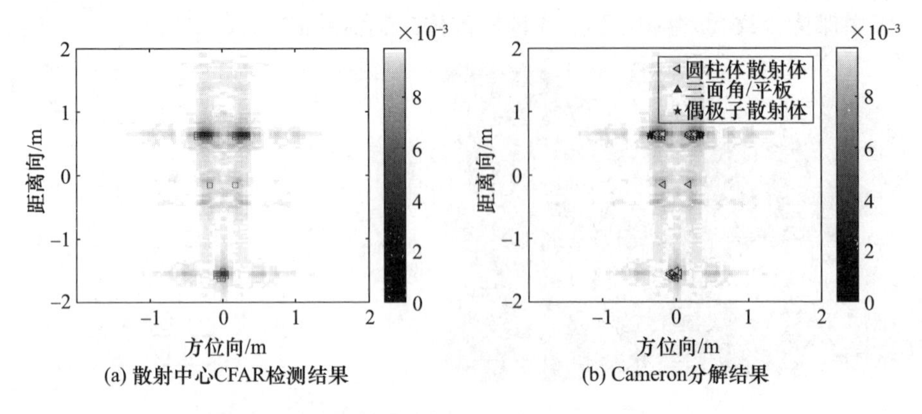

(a) 散射中心CFAR检测结果　　(b) Cameron分解结果

图 2-29　导弹类目标模型 Cameron 极化分解结果

2.3.2 典型无人机目标的瞬态极化特性

无人机模型参数见 2.2.2 节。暗室测量频率为 8 ~ 12GHz，中心频率 10GHz，频率间隔 20MHz；俯仰角 0°，方位角 -180° ~ 180°，角度间隔 0.2°；线性全极化（HH、HV、VH、VV）。

金属化模型的数值计算结果是采用并行多层快速多极子方法（MLFMM）求解混合场积分方程（CFIE）获得，该方法能快速求解电磁场的数值问题，并且具有较高的求解精度。无人机金属化模型如图 2-30（b）所示。测量数据对应复杂材质无人机，计算数据对应金属化无人机，除此之外，测量与计算的条件设置相同，由此比对分析复杂材质目标与金属目标的极化散射特性的差异以及电磁仿真数据与暗室测量数据之间的误差。

(a) 暗室静态测量场景

(b) 电磁仿真金属模型

图 2-30　“开拓者”无人机

无人机 10GHz 全极化散射测量结果和仿真计算结果如图 2 - 31 所示。

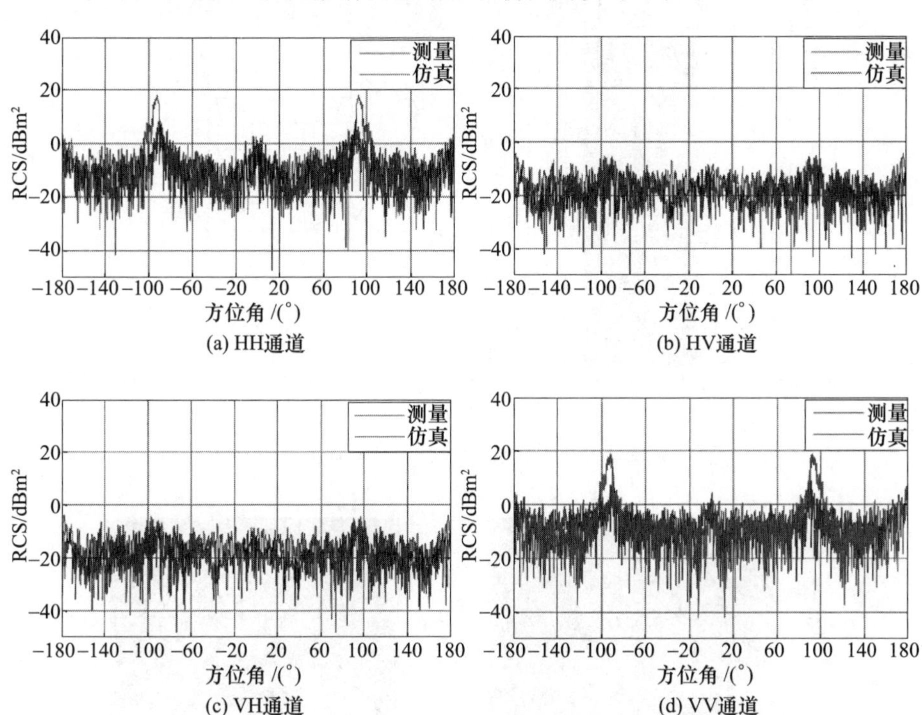

图 2 - 31　全方位的全极化 RCS 对比曲线(见彩图)

图 2 - 31 中,蓝色虚线表示暗室测量数据,红色实线为电磁仿真计算数据。由结果看到:①无人机主极化的 RCS 高于交叉极化约 10dB;②主极化通道在方位角 +90°附近,RCS 出现峰值,说明无人机侧视时有相对较强的散射;③主极化通道的 RCS,无人机暗室测量数据与金属化模型的计算数据在部分角度下相差较大,但在大角度范围内的均值差异较小;④两情况下的交叉极化通道数据差异较大,起伏规律差异明显。暗室测量结果中,交叉极化的 RCS 随方位角变化快速起伏,但在小角度范围内幅度的统计均值较为稳定,这说明了无人机在不同方位角度下的退极化效应的效果相当。金属化模型的电磁仿真结果中,交叉极化在 0°、50°、90°、180°存在较强的极化散射,而在其他角度下的散射强度相对较低。

将得到的暗室测量数据中固定角度的扫频数据按列依次排列,得到 201 × 1801 维的数据矩阵(图 2 - 32)。由于合成带宽为 4GHz,所以距离像的分辨率为 0.0375m,为了让方位向和距离向的分辨率保持一致均为 0.0375m,所以选择方位角变化范围为 23°。利用 PFA 算法对成像中心为 0°时的无人机进行成像,得到图 2 - 33。

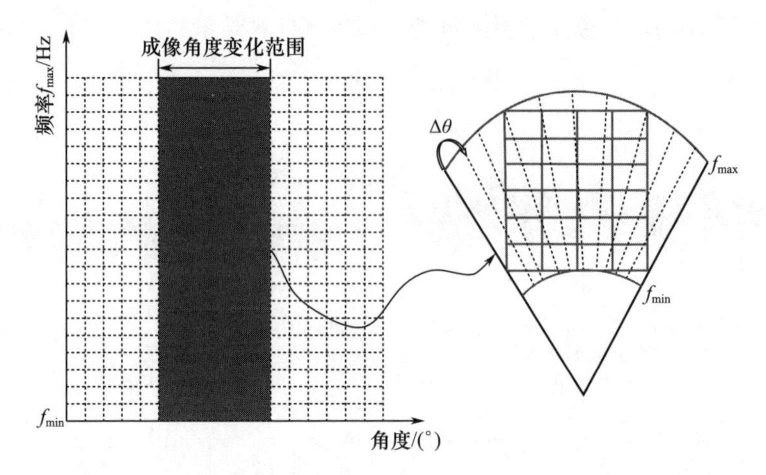

图 2-32 电磁计算或暗室测量数据矩阵与波数域分布示意图

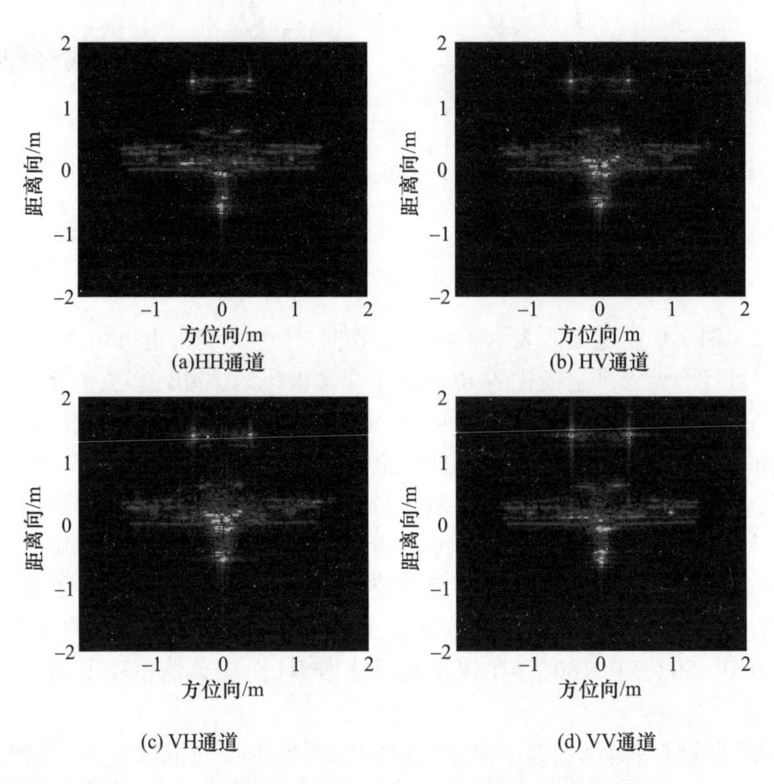

图 2-33 “开拓者”无人机全极化 ISAR 图像(0°,PFA 算法)

对“开拓者”无人机暗室测量数据进行分析,由于“开拓者”无人机的实物上,机身机翼等部件由玻璃钢等非金属材料构成,且主要材料为非色散材料。

在散射机理分析时,散射中心的频率色散特性与金属材质并不相同。同时,典型几何结构的模型也不能描述介质目标的散射特性。而考虑到极化分解的方法在分析非金属目标时,如地物目标中的房屋、森林等,也具有优良的区分效果。因此,针对复杂材质目标反演结构类型时,散射中心的类型判别方法仅利用极化信息,即采用极化分解方法,对图中各散射中心进行类型判别。相较而言,Cameron 方法能对散射中心进行更细致地划分,故此处采用 Cameron 极化分解方法判别散射中心的类型。

图 2 - 33 成像结果中,四个极化通道均有较清晰的无人机轮廓。与金属模型产生的图像相比,真实无人机的图像中,散射中心除了位于无人机的轮廓处外,在机头与机身内部也存在大量强的散射中心,这是由于无人机机身外壳由非金属材料制成,电磁波能透过外壳射入机身内部,而机身内部存在发动机等金属器件,有强的电磁散射,因此机身内部形成大量强散射点。基于 Cameron 极化分解算法的散射中心类型判别的结果,如图 2 - 34 和图 2 - 35 所示。

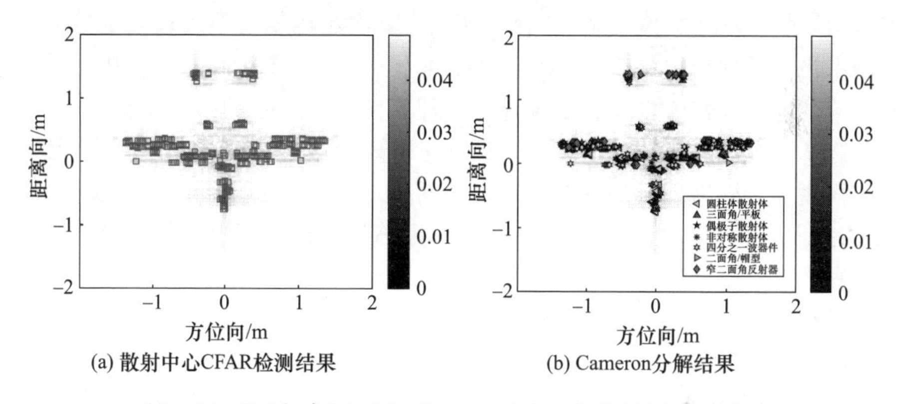

图 2 - 34　“开拓者”无人机 Cameron 极化分解结果(方位角 0°)

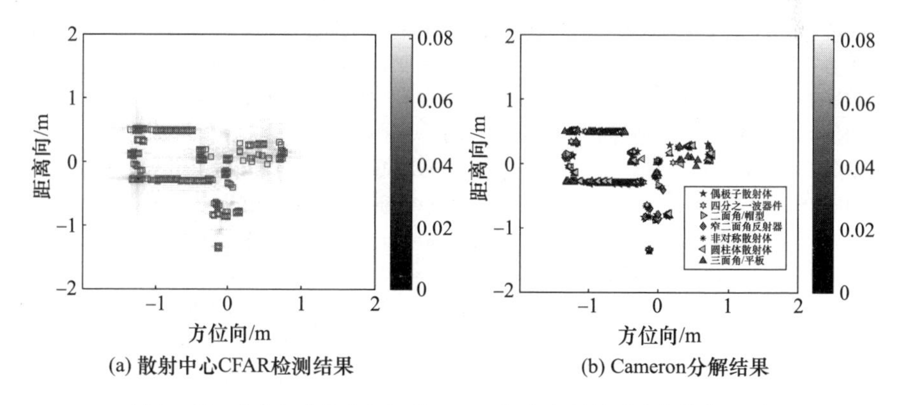

图 2 - 35　“开拓者”无人机 Cameron 极化分解结果(方位角 90°)

由图2-35可见,由于仅采用Cameron极化分解方法,散射中心类型判别存在一定的不确定性。基于类型判别结果,并结合机身的结构分析得出,正视情况下,机翼轮廓处表现为四分之一波器件和窄二面角的结构类型;螺旋桨处呈四分之一波器件散射;而尾翼则以二面角与窄二面角散射为主。在无人机内部,机头内部以圆柱结构居多;机身内部散射中心类型繁多,对应于飞机控制等金属部件,结构复杂;机翼内部存在较多三面角以及圆柱散射结构。侧视情况下,螺旋桨轴部为圆柱体结构;拖杆为圆柱体结构;尾翼主要为三面角/平板结构。而机身内部主要表现为三面角/平板结构;机翼内部存在窄二面角、偶极子以及非对称结构,结构复杂。

2.4 小　　结

本章首先介绍了TPR及相关研究的发展历史,指出了本研究的本质为"窄发宽收",与TPR的"宽发宽收"存在区别。其次利用窄带信号建立了扩展目标的瞬态极化响应回波模型,并基于回波的上升/下降沿时间分析了基于瞬态极化响应的距离分辨性能。再次设计了非理想性不断增强的四个实验,一方面验证了2.2.1节所分析的基于瞬态极化响应距离分辨性能的正确性和合理性;另一方面观测到随着实验条件非理想性不断增强,窄带信号实际的极化状态表征能力逐渐变差。最后,介绍了典型雷达目标的瞬态极化特性,目标包括导弹、无人机目标。

参考文献

[1] 庄钊文,肖顺平,王雪松. 雷达极化信息处理及其应用[M]. 北京:国防工业出版社,1999.

[2] 王雪松. 宽带极化信息处理的研究[D]. 长沙:国防科学技术大学,1999.

[3] 肖顺平. 宽带极化雷达目标识别的理论与应用[D]. 长沙:国防科学技术大学,1995.

[4] 黄培康,殷红成,许小剑. 雷达目标特性[M]. 北京:电子工业出版社,2005.

[5] CHAMBERLAIN N F. Recognition and analysis of aircraft targets by radar, using structural pattern representations derived from polarimetric signatures[D]. Columbus, ohio: The Ohio State University, 1989.

[6] CHAMBERLAIN N F. Syntactic classification of radar targets using polarimetric signatures[C]//1990 IEEE International Conference on Systems Engineering. Pittsburgh: IEEE, 1990: 490-494.

[7] CHAMBERLAIN N E., WALTON E K., Garber F D. Radar target identification of aircraft using polarization-diverse features[J]. IEEE Transactions on Aerospace and Electronic Systems, 1991, 27(1): 58-67.

[8] STEEDLY W M, MOSES R L. High resolution exponential modeling of fully polarized radar returns[C]//1990 IEEE International Conference on Systems Engineering. Pittsburgh: IEEE, 1990: 495-498.

[9] STEEDLY W M, MOSES R L. High resolution exponential modeling of fully polarized radar returns [J]. IEEE Transactions on Aerospace and Electronic Systems, 1991, 27(3): 459-469.

[10] ZHANG L J, WANG W B. Real – time polarization – diverse features extraction and automated target identification using neural networks[C]//IEEE Antennas and Propagation Society International Symposium 1992 Digest. Chicago: IEEE, 1992: 834 – 837.

[11] ZHANG X, ZHUANG Z W, Guo G R. Automatic HRR target recognition based on matrix pencil method and multiresolution neural network [C]//Proc. SPIE 3069, Automatic Target Recognition Ⅶ. Orlando: SPIE, 1997: 510 – 517.

[12] 施龙飞,任博,马佳智,等. 雷达极化抗干扰技术进展[J]. 现代雷达,2016,38(4):1 – 7,29.

[13] 王雪松. 雷达极化技术研究现状与展望[J]. 雷达学报,2016,5(2):119 – 131.

[14] 王雪松,陈思伟. 合成孔径雷达极化成像解译识别技术的进展与展望[J]. 雷达学报,2020,9(2):259 – 276.

[15] MARK A RICHARDS. 雷达信号处理基础[M]. 北京:电子工业出版社,2008.

[16] 吴佳妮. 人造目标几何结构反演与极化雷达识别研究[D]. 长沙:国防科技大学,2017.

第3章

瞬态极化雷达波形设计与瞬时测量

3.1 引　　言

极化与信号的幅度、频率和相位等信息构成了雷达对目标回波的完整描述[1]，随着雷达极化测量技术的快速发展，极化信息的应用越来越广泛，在气象探测、空中监视和大气遥感等领域，极化信息的利用在提升雷达的探测、跟踪、成像和识别能力方面发挥了重要作用[2-5]。为了获取目标的极化信息，传统极化雷达系统在发射端通过正交极化通道，通常为水平（H）极化和垂直（V）极化通道，交替或同时发射雷达信号，在接收端交替或同时接收两个极化通道的回波，从而能够测量得到用于描述目标变极化效应的目标极化散射矩阵（polarization scattering matrix，PSM）[6-8]。

另外，数字信号技术的发展催生了越来越多的自适应雷达系统的出现，显然，自适应雷达系统通过不断地调整其工作模式来适应目标和环境，能够达到更好的工作性能[9-10]。同时，随着固态发射机和任意波形产生技术的发展，极化雷达具备利用H、V正交极化通道合成任意发射/接收极化的能力，结合自适应信号处理技术的发展，这也就催生了变极化测量体制雷达出现。相比于传统固定极化测量雷达，变极化雷达能够根据回波信息不断地自适应调整雷达的收发极化状态，达到和目标以及环境的最佳匹配，这种灵活性大大提升了雷达系统获取极化信息的能力[11-12]。因此，近年来，通过自适应优化设计收发极化状态来提升变极化雷达系统性能的研究受到越来越多的关注。需要指出的是，目前的变极化雷达在一个脉冲重复周期（pulse repetition time，PRT）内只能发射/接收一种极化波，尽管利用自适应信号处理技术，能够在脉冲间实现极化状态的切换，但是该体制的实现要求目标和杂波在多个脉冲间保持极化散射特性不变，这对于诸如弹道导弹等高动态目标而言，常常无法满足[13]。

针对此，在现有极化雷达测量体制的基础之上，本章提出一种基于波形分集技术的同时多极化测量体制，在不改变雷达系统硬件框架的基础上，通过对正交波形调制不同的发射极化状态，在接收端利用脉冲压缩技术可以实现一个脉冲内多个极化波的同时发射和接收分离，相比于现有的极化测量体制，得益于多极化信息的获取，理论上能够获得更好的极化散射矩阵估计性能。

本章的结构如下：3.2 节系统回顾和梳理了现有极化测量体制的特点与不足，进而引出本章研究重点，即同时多极化测量体制。3.3 节讨论了高多普勒容限正交波形设计方法，这是同时多极化测量体制的实现基础。3.4 节围绕杂波场景下的目标极化散射信息获取展开了研究，给出了同时多极化测量体制收发极化状态选择与功率分配方法。3.5 节对本章工作进行小结。

3.2 极化雷达测量体制

一般而言，对于不同功能需求、应用背景和技术特点的雷达系统，会采用不同的极化测量体制。从极化信息获取完备性的角度来看，极化测量雷达体制经历了双极化测量—分时全极化测量—同时全极化测量体制的发展过程。但受成本和实现技术的限制，早期雷达多数工作于单极化模式，能够测得目标极化散射矩阵的单个元素；后来部分雷达可工作于双极化接收模式，此时可测得目标相干极化散射矩阵的一列元素；而后出现的分时和同时全极化测量体制能够准确获取目标相干极化散射矩阵的四个元素。

3.2.1 双极化测量体制

在原有单极化雷达基础上增加一副正交极化天线及对应的接收通道就可使其具有部分极化测量能力，称此种体制雷达为双极化测量雷达，其原理框图如图 3-1 所示[14]。假定雷达固定发射水平极化信号，而同时接收水平、垂直极化信号，在这种模式下，每个 PRI 能得到极化散射矩阵的一列元素，即 $S_{HH}(kT_p)$ 和 $S_{VH}(kT_p)$，$k=1,2,\cdots,K$。

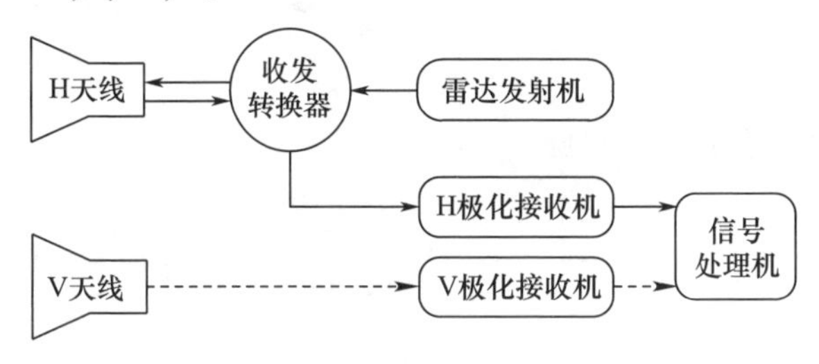

图 3-1　双极化测量系统结构框图

受限于信号处理技术水平以及硬件电子器件发展水平,20 世纪 60 年代至 70 年代研制的极化雷达多为双极化测量体制,主要用于防空反导、导弹制导和气象观测等领域,通过对两路正交极化接收信号的融合处理,相比于单极化雷达,可以有效地增强其对目标的检测性能以及抗干扰能力,可将信噪比提高几个分贝。例如,美国研制的 Millstone Hill 跟踪雷达,AMRAD 和 ALTAIR 导弹防御雷达,以及苏联研制的“扇歌”SAM 导弹制导雷达等。但是,受其极化测量能力的限制,这种体制雷达在提高雷达目标分类和识别能力等方面的作用有限[15]。

3.2.2 分时全极化测量体制

为了获得更为全面的目标极化信息,自 20 世纪 80 年代起,国内外学者对全极化测量雷达体制进行了大量研究,分时极化测量体制雷达已成为目前极化雷达研制的主流。该体制雷达以 PRI 为周期轮流发射正交极化(H、V)信号,并同时接收 H、V 极化信号,利用连续两个脉冲测量得到完整的极化散射矩阵,即第 $2k-1$ 个 PRI 测量得到 $S_{\mathrm{HH}}[(2k-1)T_p]$ 及 $S_{\mathrm{VH}}[(2k-1)T_p]$,第 $2k$ 个 PRI 测量得到 $S_{\mathrm{HV}}[2kT_p]$ 及 $S_{\mathrm{VV}}[2kT_p]$,于是可得到目标相干极化散射矩阵序列为

$$\boldsymbol{S}(k)=\begin{bmatrix} S_{\mathrm{HH}}[(2k-1)T_p] & S_{\mathrm{HV}}[2kT_p] \\ S_{\mathrm{VH}}[(2k-1)T_p] & S_{\mathrm{VV}}[2kT_p] \end{bmatrix}, k=1,2,\cdots,K \tag{3-1}$$

这种测量体制通常被称为分时极化测量体制,其系统框图如图 3-2 所示。分时极化测量雷达具有一路极化可变的发射通道,两路独立的正交极化接收通道,其发射信号波形和接收信号处理与传统极化雷达并无本质差别。分时极化测量体制要求目标在连续两个脉冲处理中电磁散射属性满足平稳性假定,当测量极化散射特性快起伏、非平稳目标,该体制会造成目标极化散射矩阵的两列元素测量值间产生严重的去相关效应[16]。

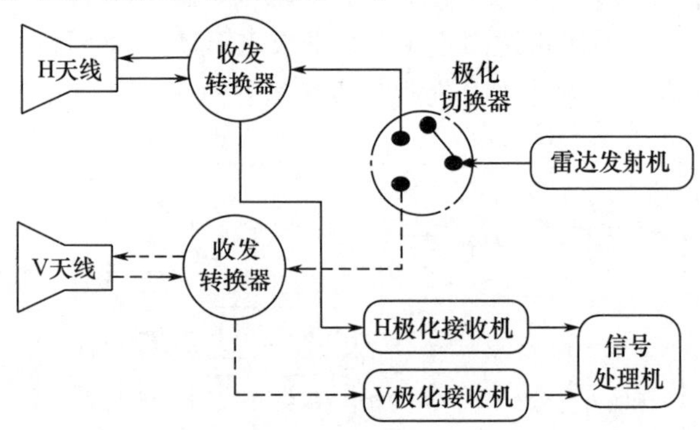

图 3-2 分时全极化测量体制系统结构框图

3.2.3 同时全极化测量体制

针对上述极化测量体制的不足,20 世纪 80 年代末 Sachidananda 等最先提出了同时极化测量的思路;在此基础上,D. Giuli 等提出发射一次脉冲测量目标相干极化散射矩阵[17],即同时极化测量体制,其核心思想是雷达发射信号由两个具有一定带宽的调制信号相干叠加得到,两个正交极化通道的发射波形尽可能正交,然后对雷达回波信号同时进行两路正交波形的相关接收,利用信号调制的正交性分离出不同发射极化对应的回波,从而利用一个脉冲周期得到目标极化散射矩阵四个元素的估计值,其系统结构框图如图 3-3 所示。

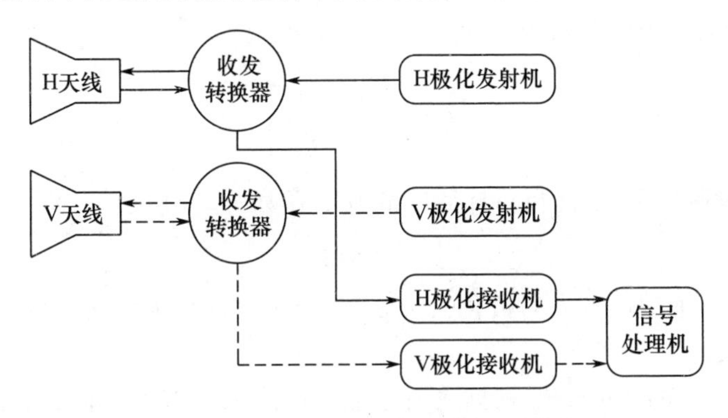

图 3-3　同时全极化测量体制系统结构框图

对极化测量体制进行综合比较可知,双极化测量雷达系统相对较为简单,极化测量能力较低,不能获取目标完整的极化散射矩阵。分时全极化和同时全极化测量体制雷达的系统复杂度和设备量均有所增加,同时其极化测量能力大为提升,能够获得完整的极化散射矩阵的四个元素。但是分时全极化测量体制对高速运动目标或大尺度分布式目标进行极化测量时难以保证测量精度。相对而言,同时极化测量体制的系统复杂度进一步增大,但相应的极化测量能力大幅提高,是当前极化测量体制发展的主流趋势。

3.2.4 具有收发极化优化能力的全极化雷达

以传统(收发天线极化方式固定)的同时极化测量体制为基础,通过对收发天线的极化方式进行改变,可实现对发射极化和接收极化方式的优化,使得极化雷达的收发极化类型能够根据测量环境自适应调整。在介绍这一工作之前,先给出两种不同类型极化优化测量系统的定义,即标量测量系统和矢量测量系统。

定义:标量测量系统:标量测量指在一次观测中极化雷达对接收到的某一

发射极化状态对应的 H 极化回波和 V 极化回波进行线性相干组合成一标量观测样本[7]。

矢量测量系统：所谓的矢量测量指在一次观测中全极化雷达将接收到的某一发射极化状态对应的 H 极化回波和 V 极化回波组成 2×1 矢量作为观测样本[18]。

标量测量系统和矢量测量系统代表了两种不同的处理接收数据方式，由于它们在雷达工程领域均有采用，下面将对两者的天线极化自适应设计问题分别进行描述。

对于标量测量系统，令天线发射极化为 $\boldsymbol{\xi}=[\xi_{\mathrm{H}},\xi_{\mathrm{V}}]^{\mathrm{T}}$，接收极化为 $\boldsymbol{\eta}=[\eta_{\mathrm{H}},\eta_{\mathrm{V}}]^{\mathrm{T}}$，目标的全极化散射矩阵为

$$\boldsymbol{T}=\begin{bmatrix} T_{\mathrm{HH}} & T_{\mathrm{HV}} \\ T_{\mathrm{VH}} & T_{\mathrm{VV}} \end{bmatrix} \tag{3-2}$$

则采用标量测量系统，测得目标后向散射复值为

$$y=\boldsymbol{\eta}\boldsymbol{T}\boldsymbol{\xi} \tag{3-3}$$

式(3-3)中，通过改变发射极化矢量 $\boldsymbol{\xi}$ 和/或接收极化矢量 $\boldsymbol{\eta}$ 可实现对雷达极化的优化设计。

而对于矢量测量系统，根据之前的定义有，接收的 2×1 维目标后向散射矢量为

$$\boldsymbol{y}=\boldsymbol{T}\boldsymbol{\xi} \tag{3-4}$$

显然，对矢量测量系统，通过调整发射极化矢量 $\boldsymbol{\xi}$ 可实现对雷达极化的优化设计。

需要指出的是，当前高速信号处理器、任意波形发射器和固态发射机等先进电子设备的出现和发展，使得人们可对雷达的波形、发射和接收天线进行调整以适应探测环境。由于传统的雷达信息获取方法和信号处理手段在应对目标检测的问题上变得越来越困难，通过对雷达收发极化优化设计与合成，充分挖掘和利用目标的极化信息，实现对雷达目标的自适应“极化匹配照射与接收”，是未来新一代雷达的重要发展方向[19]。例如，2005 年，美国国防高级研究计划局(DARPA)几乎同时启动了分别由空军科研办公室(AFOSR)主管的“面向全域最优的自适应波形设计”的多学科大学研究计划(MURI)和由海军实验室(NRL)主管的“复杂海洋环境中低小目标探测的自适应波形设计”项目，参与单位包括美国亚利桑那州立大学、哈佛大学、芝加哥伊利诺伊大学、马里兰大学、普林斯顿大学、普渡大学、雷声公司导弹系统部、澳大利亚墨尔本大学等，主要的研究目标是面向雷达自适应匹配照射与接收的波形设计(图 3-4)，其中

雷达极化信号处理是主要研究内容之一。

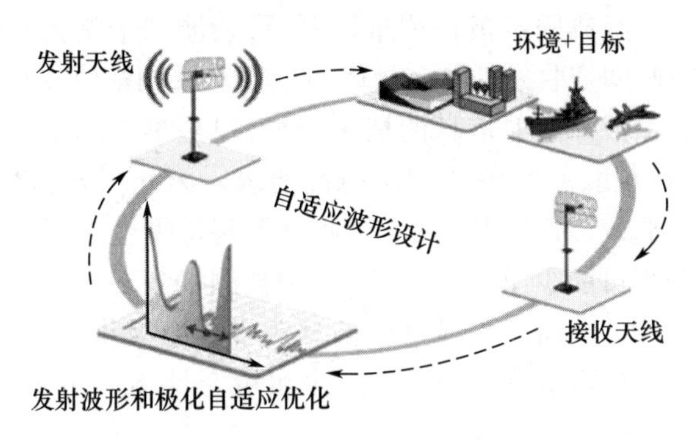

图 3-4　自适应极化波形设计流程框图

3.2.5 同时多极化测量体制

通过对目前主流极化测量体制的分析和总结可以发现,对于目标极化散射信息获取的“完备性”需求促成了极化测量体制由单极化测量体制向同时全极化测量体制的发展,对于提升雷达在复杂干扰场景下的工作效能的需求促成了极化雷达由固定极化测量体制向脉间变极化测量体制的发展。但是从雷达极化精密测量目前所面临的主要挑战来看,现有的极化测量体制面对现实需求存在以下不足:

(1) 从测量平台和被测目标的角度来看,以导引头对海面目标探测这一典型场景为例,测量平台和被测目标之间处于高速相对运动状态,这种高速运动不可避免地会造成测量平台和目标之间的距离、角度等关系时刻发生变化,而通常目标的极化散射信息对于角度等信息较为敏感[20]。因此,为了实时获取目标的极化信息并加以利用,对于动平台和动目标等高动态场景而言,就要求雷达或者导引头等测量平台具有敏捷测量、敏捷对抗,甚至敏捷成像的能力。

(2) 在复杂的电磁环境下,例如在强地杂波和海杂波场景下,不同距离单元的目标和杂波的极化散射特性一般是不同的[15,21]。这就意味着,对于分布式目标或多目标场景,为了在一个 PRT 内实现对某一距离单元目标散射点的极化散射信息测量,需要尽可能选择同时发射一组不同极化状态的电磁波,利用该距离单元内杂波和目标散射点极化域的差异实现杂波的抑制和目标极化信息的获取;但是由于不同距离单元的目标和杂波散射特性均是不同的,因此,为了实现多个距离单元目标散射信息的精确获取,通常需要多个 PRT 分别发射对应距离单元的最优极化组合才能实现目标极化散射特性的精确获取,但是这就不可避免地会造成目标极化散射信息的时间去相关。

根据上述分析可知,尽管现有的同时全极化测量体制能够满足极化散射信息测量的完备性和敏捷性要求,但是难以满足复杂电磁环境中极化散射信息获取的精密性要求,即经典固定极化测量体制下,杂波和干扰无法通过极化域信息被有效抑制;而脉间变收发极化测量体制虽然能够调整收发极化实现自然杂波、干扰等的抑制和目标散射信息的精密测量,但是难以满足动平台和动目标等对极化散射信息获取的完备性和敏捷性要求。因此,倘若存在一种测量手段,在现有的硬件平台和资源基础上,能够使得测量平台在尽可能短的时间内(最短的测量周期不可能少于一个 PRT)得到被测场景在多种不同收发极化组合激励下的回波信息,进而利用多极化信息对目标的极化散射特性进行反演,则可以达到极化特性测量完备性、敏捷性和精密性需求的同时满足和有效权衡。

针对此,本节原创性地提出一种同时多极化测量体制,该体制的信号处理流程如图 3-5 所示,相比于单极化、双极化、分时全极化和同时全极化测量体制雷达,其优势在于能够通过两路独立的正交极化发射通道,即 H 和 V 极化通道,利用波形分集技术,通过对不同极化状态调制不同的正交波形,实现多个极化状态的同时发射,并且在接收端利用波形之间的正交性实现各个极化状态回波的分离。

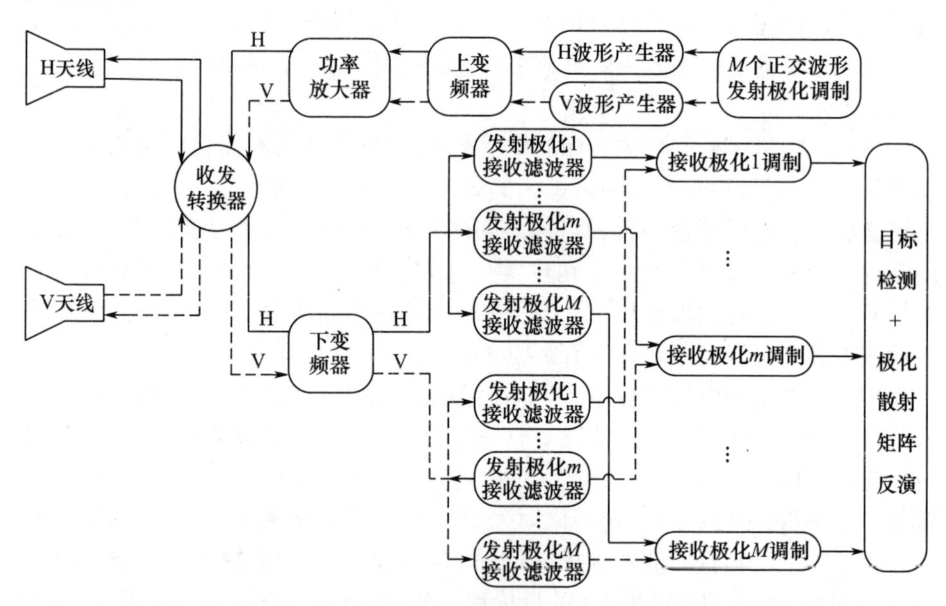

图 3-5 同时多极化测量体制信号处理流程

根据上述原理可知,同时多极化测量体制既能够实现单极化测量、分时全极化测量,也能够实现同时全极化测量。同时通过在一个 PRT 内收发多个极化状态,也能够等价实现脉间极化捷变的全极化测量体制的多极化信息获取能力,即能包含现有的大多数极化测量体制。在硬件系统组成上,同时多极化测量体制沿用了同时全极化测量体制的系统构成,需要两路独立的射频极化发射通道和两路接收通道,因此对于现有的同时全极化测量体制系统,可以仅通过改变信号处理方式升级为同时多极化测量体制系统。

3.3 瞬态极化雷达波形设计

同时多极化测量体制雷达利用正交波形和脉冲压缩技术,能够实现多极化状态电磁波的同时发射以及不同极化状态回波的筛选分离,因此正交波形设计是实现同时多极化测量体制的基础。1993 年,Giuli 等在文献[7]中提出了衡量极化测量波形性能的指标,包括波形隔离度以及峰值旁瓣比,这两个指标分别刻画了波形组在交叉通道和共通道的相关性能。此外,对于高动态目标的极化散射特性测量,极化测量波形的多普勒容限也十分重要。

传统极化雷达通常采用包括 LFM 波形、正负斜率 LFM 波形以及正负斜率非线性调频(nonlinear frequency modulation,NLFM)波形等作为雷达的发射波形。但是,一方面,调频类波形的样式较为简单,可优化的参数有限,导致其脉压旁瓣性能和低截获性能有限,易被敌方截获;另一方面,同时多极化测量体制相比于同时全极化测量体制,需要的正交波形组数更多,传统的同频正交波形对,例如正负斜率 LFM/NLFM 波形对,仅存在一对正交波形,难以扩展成正交波形组。而随着数字器件水平的发展和现代数学优化理论的进步,相位编码类波形凭借其可设计自由度高、低截获性能较好等优势,被应用于越来越多的雷达系统中。因此,本节选取相位编码波形作为研究对象,以对高动态目标的极化特性测量为背景,同时考虑对极化测量波形相关性能和多普勒容限的优化设计,研究高多普勒容限正交相位编码波形的设计问题。

3.3.1 问题描述

M 个码长为 N 的相位编码信号可以表示为

$$s_m(t) = \frac{1}{\sqrt{N\tau}} \sum^{N} \mathrm{rect}\left[\frac{t-(n-1)\tau}{\tau}\right] x_m(n), \quad m = 1,2,\cdots,M \tag{3-5}$$

其中

$$\mathrm{rect}(t) = \begin{cases} 1, & 0 < t < 1 \\ 0, & \text{其他} \end{cases} \tag{3-6}$$

以及

$$x_m(n)=a_m(n)\exp(\mathrm{j}\phi_m(n)),\quad n=1,2,\cdots,N \tag{3-7}$$

为需要设计的编码序列，$a_m(n)$和$\phi_m(n)$分别表示$x_m(n)$的模值和相位，τ为每个子码元的时宽，式(3-5)编码波形的带宽近似为$B\approx1/\tau$，一般而言，相位序列$\phi_m(n)$可以在区间$[-\pi,\pi]$内任意取值。根据雷达信号理论可知，相位编码信号的连续时间相关函数的性能主要取决于离散序列集[22]

$$\boldsymbol{X}=[\boldsymbol{x}_1,\boldsymbol{x}_2,\cdots,\boldsymbol{x}_M]_{N\times M} \tag{3-8}$$

的相关特性，其中

$$\boldsymbol{x}_m=[x_m(1),x_m(2),\cdots,x_m(N)]^{\mathrm{T}},\quad m=1,2,\cdots,M \tag{3-9}$$

因此，相位编码信号的优化设计问题实际上就是构造具有理想相关特性的离散序列集$\boldsymbol{X}$。另外，在实际应用场景中，为了使得发射信号的相关特性对目标的运动具有容忍性，对波形的多普勒容限也提出了要求，也就等价于离散序列集$\boldsymbol{X}$要在一定的多普勒频移区间均保持良好的相关性能。

雷达信号的距离和多普勒特性可以用一个二维函数，也就是信号的模糊函数来刻画。根据上述分析可知，设计高多普勒容限正交相位编码波形组本质上就是设计具有期望模糊函数形状的序列集$\boldsymbol{X}$，使波形的模糊函数在一定的距离和多普勒区间具有理想性能。一般而言，雷达信号和模糊函数之间的关系是通过前者来计算后者，进而分析前者的距离和多普勒性能。而反问题，即求解具有给定模糊函数的雷达信号，被认为是一个十分困难的问题。这是因为，并不是任何形状的模糊函数都对应着雷达信号，有很多二维信号，例如常数函数、冲激函数等，它们没有对应的时域波形。因此设计具有期望模糊函数形状的离散序列集$\boldsymbol{X}$是困难的。幸运的是，随着数值优化理论的发展，为求解上述问题提供了解决途径。通过建立以波形为优化变量，模糊函数为优化指标的优化问题，可以在数值上对设计具有期望模糊函数的波形进行有效求解，从而得到满足实际任务需求的雷达波形。

下面将对高多普勒容限相位编码波形组的设计问题进行建模。首先，序列$\boldsymbol{x}_{m_1}$和$\boldsymbol{x}_{m_2}$的非周期离散互模糊函数可以表示为

$$\begin{gathered}r_{m_1,m_2}(n,f)=\sum_{k=1}^{N}x_{m_1}(k)x_{m_2}^{*}(k-n)\exp\left(\mathrm{j}2\pi\frac{kf}{N}\right)\\ m_1,m_2=1,2,\cdots,M,n=-N+1,\cdots,0,\cdots,N-1\end{gathered} \tag{3-10}$$

式中：n为距离时延；f为归一化多普勒频率，且有$f\in[-N/2,N/2)$，其中归一化多普勒频率f和名义多普勒频率f_d之间的关系是$f=f_dN\tau$。同时需要说明的是，式(3-10)中，当$k<1$或$k>N$时，有$x_{m_1}(k)=x_{m_2}(k)=0$。此外，当$m_1=m_2$

时,式(3-10)表示 $\boldsymbol{x}_{m_1}$序列的非周期离散自模糊函数。进一步可得,序列集 $\boldsymbol{X}$ 在不同距离时延和多普勒频移下的协方差矩阵可以表示为

$$\boldsymbol{R}(n,f)=\begin{bmatrix} r_{1,1}(n,f) & r_{2,1}(n,f) & \cdots & r_{M,1}(n,f) \\ r_{1,2}(n,f) & r_{2,2}(n,f) & \cdots & r_{M,1}(n,f) \\ \vdots & & \ddots & \vdots \\ r_{1,M}(n,f) & \cdots & \cdots & r_{M,M}(n,f) \end{bmatrix} \tag{3-11}$$

通过定义一个转移矩阵 $\boldsymbol{J}_n$ 为

$$[\boldsymbol{J}_n]_{n_1,n_2}=\begin{cases}1, & n_2-n_1=n \\ 0, & n_2-n_1\neq n\end{cases},\quad n_1,n_2=1,2,\cdots,N \tag{3-12}$$

式(3-12)可以改写为

$$\boldsymbol{R}(n,f)=\boldsymbol{X}^{\dagger}\boldsymbol{J}_n\boldsymbol{X}_f=\boldsymbol{R}^{\dagger}(-n,f),\quad n=0,1,\cdots,N-1 \tag{3-13}$$

其中

$$\boldsymbol{X}_f=\mathrm{diag}(\boldsymbol{d}_f)\boldsymbol{X} \tag{3-14}$$

表示多普勒频移调制的序列集,且

$$\boldsymbol{d}_f=\left[\exp\left(\mathrm{j}2\pi\frac{1\cdot f}{N}\right),\exp\left(\mathrm{j}2\pi\frac{2\cdot f}{N}\right),\cdots,\exp\left(\mathrm{j}2\pi\frac{N\cdot f}{N}\right)\right]^{\mathrm{T}} \tag{3-15}$$

表示多普勒频移矢量。

1. 统一的目标函数

雷达信号的自模糊函数的体积是固定的,同时两个相位编码序列之间的互模糊函数的体积也具有下界,因此,不可能优化设计得到在整个模糊函数的距离和多普勒区间均具有极低旁瓣的相位编码序列。近些年来,随着认知系统等新概念的提出和快速发展,为高多普勒容限相位编码序列集提供了新的思路[23]。通过认知辅助系统,雷达通常可以预先获取感兴趣的目标可能出现的距离区间,这就意味着不需要对模糊函数的全部旁瓣进行抑制,只需要对感兴趣的目标可能出现的区间进行旁瓣抑制即可达到对目标的有效检测和参数估计,这为抑制波形的脉冲压缩距离旁瓣提供了很大的设计自由度。

通常,多通道系统的相位编码序列设计常考虑如下的设计指标,主要包括积分旁瓣比(integrated sidelobe level,ISL)、峰值旁瓣比(peak sidelobe level,PSL)、加权积分旁瓣比(weighted integrated sidelobe level,WISL)、加权峰值旁瓣比(weighted peak sidelobe level,WPSL)、波形隔离度(isolation,Iso)和加权波形隔离度(weighted isolation,WIso)等。上述指标中,前四个主要描述的是波形的自相关特性,最后一个描述的是波形间的互相关特性。为了简化分

析，令 $r_{m_1,m_2}(n) \triangleq r_{m_1,m_2}(n,0)$，则序列集 $\boldsymbol{X}$ 的 WISL、WPSL 和 WIso 可以分别定义为

$$\mathrm{WISL} = \sum_{m_1=1}^{M} \sum_{m_2=1}^{M} \sum_{n=1-N}^{N-1} w(n) \left| r_{m_1,m_2}(n) - N\delta_n \delta_{m_1-m_2} \right|^2 \tag{3-16}$$

$$\mathrm{WPSL} = \max_{m=1,\cdots,M} \{ \max_{n=1-N,\cdots,N-1, n\neq 0} \{ w(n) \left| r_{m,m}(n) \right| \} \} \tag{3-17}$$

$$\mathrm{WIso} = \max_{m_1,m_2=1,\cdots,M} \{ \max_{n=1-N,\cdots,N-1} \{ w(n) \left| r_{m_1,m_2}(n) \right| \} \} \tag{3-18}$$

式中：$w(n)$ 表示距离时延为 n 的旁瓣的对应加权系数。当对于任意的时延 n，均有 $w(n)=1$ 时，指标 WISL、WPSL 和 WIso 则转化为常用的 ISL、PSL 和 Iso 指标。根据上述定义，观察可得，无论是 WISL 指标，还是 WPSL 以及 WIso 指标，可以描述成相关函数旁瓣的 ℓ_p 范数。因此，为了统一上述波形指标，本节提出了加权旁瓣比这一指标，定义为

$$\begin{aligned}
\mathrm{WSL} &= \frac{1}{N} \int_{-N/2}^{N/2} \sum_{n=1-N}^{N-1} \sum_{m_1=1}^{M} \sum_{m_2=1}^{M} w(n,f) \left| r_{m_1,m_2}(n,f) - \delta_n \delta_{m_1-m_2} \left(\sum_{k=1}^{N} \boldsymbol{d}_f(k) \right) \right|^p \mathrm{d}f \\
&= \frac{1}{N} \int_{-N/2}^{N/2} \sum_{n=1-N}^{N-1} w(n,f) \left\| \mathrm{vec}\left(\boldsymbol{R}(n,f) - \delta_n \left(\sum_{k=1}^{N} \boldsymbol{d}_f(k) \right) \boldsymbol{I}_M \right) \right\|_p^p \mathrm{d}f
\end{aligned} \tag{3-19}$$

其中，$2 \leqslant p < +\infty$，$w(n,f)$ 表示距离时延 n 和归一化多普勒频移 f 的加权系数。根据式(3-19)可知，当 $p=2$ 时，WSL 等价于多个多普勒频率下的 WISL 指标和，即表示模糊函数的 WISL 指标。为了后续分析，定义加权峰值旁瓣隔离比(weighted peak sidelobe isolation level，WPSIL)表示 WPSL 和 WIso 的最大值，即

$$\mathrm{WPSIL} = \max\{\mathrm{WPSL}, \mathrm{WIso}\} \tag{3-20}$$

最小化 WPSIL 即可完成对于 WPSL 和 WIso 的最小化。根据式(3-19)可知，当 $p \to +\infty$，可得

$$\begin{aligned}
&\left(\frac{1}{N} \int_{-N/2}^{N/2} \sum_{k=1-N}^{N-1} \sum_{m_1=1}^{M} \sum_{m_2=1}^{M} w(n,f) \mid r_{m_1,m_2}(n,f) - \delta_n \delta_{m_1-m_2} \left(\sum_{k=1}^{N} \boldsymbol{d}_f(k) \right)^p \mathrm{d}f \right)^{1/p} \\
&\quad \to \max_{n,f,m_1,m_2} \left\{ w(n,f) \left| r_{m_1,m_2}(n,f) - \delta_n \delta_{m_1-m_2} \left(\sum_{k=1}^{N} \boldsymbol{d}_f(k) \right) \right| \right\}
\end{aligned} \tag{3-21}$$

也就意味着此时 WSL 指标等价于序列集模糊函数的 WPSIL 指标，即当 $p \to +\infty$，最小化 WSL 等价于最小化序列集模糊函数的 WPSL 和 WIso 的最大值。因此，在设计序列集 $\boldsymbol{X}$ 时，利用本节提出的目标函数 WSL，选择不同的参数 p，即可以达到优化常用的不同的波形设计指标的目的，这对于采用统一的方法来解决各类常用波形设计指标下的波形设计问题具有重要意义。

2. 波形约束条件

在实际应用中,由于硬件系统的限制,序列集设计问题需要考虑很多约束条件。首先,所设计的序列通常具有有限的能量预算,因此,在不损失一般性的情况下固定序列能量为

$$\|\boldsymbol{x}_m\|^2 = c_E^2,\quad m=1,2,\cdots,M \tag{3-22}$$

此外,一些额外常用的序列约束包括:

1) 恒模约束

由于 AD/DA 变换器和功率放大器的最大信号幅值等硬件部件的限制,恒模序列设计,特别是单位模序列设计非常重要,因为它具有最大的能量利用效率[24]。恒模约束可以描述为

$$a_m(n) = C_1 = \frac{c_E}{\sqrt{N}},\quad m=1,2,\cdots,M,n=1,2,\cdots,N \tag{3-23}$$

特别地,当 $C_1=1$ 时,式(3-23)即表示单位模约束。

2) ε-模约束

由于硬件系统的非理想性,严格的恒模约束有时会难以满足。因此,会将严格的恒模约束在一个较小的 ε 区间进行松弛,即在恒模约束的基础上有

$$\begin{aligned}&C_1-\varepsilon_1 \leqslant a_m(n) \leqslant C_1+\varepsilon_2, 0\leqslant\varepsilon_1\leqslant C_1, 0\leqslant\varepsilon_2 n\\&m=1,2,\cdots,M,n=1,2,\cdots,N\end{aligned} \tag{3-24}$$

其中,ε_1 和 ε_2 分别决定着序列模约束的下界和上界。

3) 峰均比(peak-to-average ratio,PAR)约束

PAR 约束在雷达应用中是非常实用的[25]。实际上,低 PAR 意味着序列每个子脉冲的功率在序列平均功率值附近的波动较小,即可以合理地控制传输序列的动态范围。相比之下,如果 PAR 较高,系统中的 AD/DA 变换器和功率放大器的线性区域必须有较大的动态范围才能产生发射序列,这在实践中可能难以实现。PAR 约束可以表示为最大信号功率与其平均功率之比,即

$$\mathrm{PAR}(\boldsymbol{x}_m) = \frac{\max_{n=1,2,\cdots,N}\{|a_m(n)|^2\}}{\|\boldsymbol{x}_m\|^2/N},\quad m=1,2,\cdots,M \tag{3-25}$$

根据式(3-25)容易得到,$1<\mathrm{PAR}(\boldsymbol{x}_m)<N$。特别地,当 $\mathrm{PAR}(x_m)=1$ 时,PAR 约束即转换为恒模约束。

3. 高多普勒容限正交波形组设计优化问题

根据前面给出的目标函数和约束条件,设计具有良好相关性能和多普勒容限序列集的优化问题,可以建立为以序列集 $\boldsymbol{X}$ 为变量,在若干约束条件下最小化式(3-19)中定义的 WSL 度量为指标的多约束优化问题。具体地,该优化问

题可以表示为

$$\begin{aligned}&\min_{\boldsymbol{X}\in\mathbb{C}^{N\times M}}\mathrm{WSL}(\boldsymbol{X})\\&\text{s. t. } Ceq_{n_1}(\boldsymbol{x}_m)=0,\quad n_1=1,2,\cdots,N_1\\&C_{n_2}(\boldsymbol{x}_m)\leqslant 0,\quad n_2=1,2,\cdots,N_2\\&\boldsymbol{x}_{lb}\leqslant\boldsymbol{x}_m\leqslant\boldsymbol{x}_{ub}\\&m=1,2,\cdots,M\end{aligned}\tag{3-26}$$

式中：Ceq_{n_1}和C_{n_2}分别表示为若干等$\boldsymbol{x}_m$式和不等式约束；$\boldsymbol{x}_{lb}$和$\boldsymbol{x}_{ub}$为$\boldsymbol{x}_m$的下界和上界约束。所给出的序列设计约束条件都包括在式(3－26)的约束条件内。对于上述序列集设计N－P难问题，关键在于如何在多个约束条件限制下高效地最小化非凸目标函数。由非凸目标函数和多个非凸约束构成的优化问题通常具有多个极小值，因此，获取优化问题式(3－26)的全局最优解是相当困难的，但是，考虑满足工程需要的局部最优解时，则相对容易处理。下文中，针对该优化问题将提出一种通用的基于梯度的序列集优化方法。

3.3.2 基于梯度的多模约束波形组设计方法

针对优化问题式(3－26)，本节将利用Matlab工具箱中的基于梯度的非线性迭代约束优化求解器***fmincon***，优化得式(3－26)的最优解[26]。***fmincon***具有求约束非线性多变量优化问题的最小值的功能。同时，Matlab提供了两种优化策略，即Multistart和Global Search策略，与优化求解器***fmincon***相结合使用，从而在可行域内找到最小值。对于Multistart策略，它在可行域内选取均匀分布的多个初始解作为优化求解器的输入，不同初始解的优化过程可以并行处理。对于Global Search策略，它以用户提供的一个初始解作为起点，并使用散点搜索算法在可行区域内生成一组实验点，即潜在的起始点，通过评估起始点的性能并剔除那些低潜力的起始点，它比Multistart策略运行得更快。因此，本节采用Global Search策略和求解器***fmincon***相结合。此外，值得指出的是，***fmincon***默认使用有限差分算法计算目标函数的梯度，为了使求解器收敛得更快，本节将推导给出式(3－26)中目标函数关于优化变量的梯度的解析解。

根据式(3－19)可知，目标函数WSL是一系列相关函数$r_{m_1,m_2}(n,f)$的和所构成。因此，为了得到目标函数WSL关于优化变量$\boldsymbol{X}$的梯度，本质上就是计算$r_{m_1,m_2}(n,f)$关于序列$\boldsymbol{x}_m$的幅度$a_m(n)$和相位$\phi_m(n)$的偏导数。为了简化下文的公式推导，将归一化多普勒频率区间$[-N/2,N/2)$，以间隔Δf均匀地离散化为L个离散的频率点，同时定义一个子目标函数为

$$g(\boldsymbol{X},f_l) = \sum_{n=1-N}^{N-1} w(n,f_l) \left\| \text{vec}\left(\boldsymbol{R}(n,f_l) - \delta_n \boldsymbol{I}_M\left(\sum_{k=1}^{N} \boldsymbol{d}_{f_l}(k)\right)\right) \right\|_p^p \tag{3-27}$$

则通过数值积分,目标函数 WSL 可以被改写为

$$\text{WSL}(\boldsymbol{X}) = \frac{1}{L}\sum_{l=1}^{L} g(\boldsymbol{X},f_l) \tag{3-28}$$

其中

$$f_l = -N/2 + l\Delta f, \quad l = 0,1,\cdots,L-1 \tag{3-29}$$

根据前述分析可知,目标函数的梯度本质上就是相关函数 $r_{m_1,m_2}(n,f)$ 关于 $a_m(n)$ 和 $\phi_m(n)$ 的偏导数的和,即

$$\begin{aligned}\frac{\partial \text{WSL}(\boldsymbol{X})}{\partial(\cdot)} &= \frac{1}{L}\sum_{l=1}^{L}\frac{\partial g(\boldsymbol{X},f_l)}{\partial(\cdot)} \\ &= \frac{1}{L}\sum_{l=1}^{L}\sum_{m_1=1}^{M}\sum_{m_2=1}^{M}\sum_{n=1-N}^{N-1} w(n,f_l)\frac{\partial\left|r_{m_1,m_2}(n,f) - \delta_n\delta_{m_1-m_2}\left(\sum_{k=1}^{N}\boldsymbol{d}_{f_l}(k)\right)\right|^p}{\partial(\cdot)}\end{aligned} \tag{3-30}$$

其中

$$\partial(\cdot) = \begin{cases}\partial(a_m(n)) \\ \partial(\phi_m(n))\end{cases}, \quad m = 1,2,\cdots,M, \quad n = 1,2,\cdots,N \tag{3-31}$$

同时,根据幂函数求导原理可得

$$\begin{aligned}\frac{\partial|r_{m_1,m_2}(n,f)|^p}{\partial(\cdot)} &= \frac{p}{2}|r_{m_1,m_2}(n,f)|^{p-2}\frac{\partial|r_{m_1,m_2}(n,f)|^2}{\partial(\cdot)} \\ &= p\,|r_{m_1,m_2}(n,f)|^{p-2}\text{Re}\left(r_{m_1,m_2}^*(n,f)\frac{\partial r_{m_1,m_2}(n,f)}{\partial(\cdot)}\right)\end{aligned} \tag{3-32}$$

进一步,定义一个辅助矩阵 $\boldsymbol{A}_l$ 为

$$\boldsymbol{A}_l = [\underbrace{\boldsymbol{a}_{1-N}^l \ \cdots \ \boldsymbol{a}_{-1}^l}_{\boldsymbol{A}_{1-N}^l} \quad \boldsymbol{a}_0^l \quad \underbrace{\boldsymbol{a}_1^l \ \cdots \ \boldsymbol{a}_{N-1}^l}_{\boldsymbol{A}_{N-1}^l}], \quad l = 1,2,\cdots,L \tag{3-33}$$

其中

$$\boldsymbol{a}_n^l = \text{vec}(w(n,f_l)\boldsymbol{R}(n,f_l)), \quad n = 1-N,2-N,\cdots,N-2,N-1 \tag{3-34}$$

则根据上述定义和式(3-32)可得

$$\frac{\partial g(\boldsymbol{X},f_l)}{\partial(\cdot)}=p\mathrm{Re}\Big[(|\boldsymbol{a}_0^l-\boldsymbol{h}_0^l|_{p-2}\odot(\boldsymbol{a}_0^l-\boldsymbol{h}_0^l))^{\dagger}\frac{\partial\boldsymbol{a}_0^l}{\partial(\cdot)}+$$

$$\mathrm{tr}\left((|\boldsymbol{A}_{1-N}^l|_{p-2}\odot\boldsymbol{A}_{1-N}^l)^{\dagger}\frac{\partial\boldsymbol{A}_{1-N}^l}{\partial(\cdot)}+(|\boldsymbol{A}_{N-1}^l|_{p-2}\odot\boldsymbol{A}_{N-1}^l)^{\dagger}\frac{\partial\boldsymbol{A}_{N-1}^l}{\partial(\cdot)}\right)\Big] \tag{3-35}$$

式中：$\boldsymbol{h}_0^l=\mathrm{vec}((\sum_{n=1}^{N}\boldsymbol{d}_{f_l}(n))\boldsymbol{I}_M)$。

综上所述，推导得到了子目标函数关于序列幅度和相位变量的偏导数。注意到，由于辅助矩阵 $\boldsymbol{A}_l$ 的构成元素为 $r_{m_1,m_2}(n,f_l)$，因此，等式(3－35)右边的偏导数，本质上即为求解 $\partial r_{m_1,m_2}(n,f_l)/\partial(\cdot)$。根据变量 m_1,m_2 的取值和 m 的关系，$\partial r_{m_1,m_2}(n,f_l)/\partial(\cdot)$ 具有 $\partial r_{m,m}(n,f_l)/\partial(\cdot)$、$\partial r_{m,m_1}(n,f_l)/\partial(\cdot)$ 以及 $\partial r_{m_1,m}(n,f_l)/\partial(\cdot)$ 三种情况，其中 $m_1\neq m$。根据式(3－10)的定义可得

$$r_{m,m}(k,f_l)=\sum_{p=1p\neq n,p\neq n+k}^{N}x_m(p)x_m^*(p-k)\exp\left(\mathrm{j}2\pi\frac{pf_l}{N}\right)+x_m(n)x_m^*(n-k)$$

$$\exp\left(\mathrm{j}2\pi\frac{nf_l}{N}\right)+x_m(n+k)x_m^*(n)\exp\left(\mathrm{j}2\pi\frac{(n+k)f_l}{N}\right) \tag{3-36}$$

$$r_{m,m_1}(k,f_l)=\sum_{p=1p\neq n}^{N}x_m(p)x_{m_1}^*(p-k)\exp\left(\mathrm{j}2\pi\frac{pf_l}{N}\right)+x_m(n)x_{m_1}^*(n-k)\exp\left(\mathrm{j}2\pi\frac{nf_l}{N}\right) \tag{3-37}$$

以及

$$r_{m_1,m}(k,f_l)=\sum_{p=1p\neq n+k}^{N}x_{m_1}(p)x_m^*(p-k)\exp\left(\mathrm{j}2\pi\frac{pf_l}{N}\right)+$$

$$x_{m_1}(n+k)x_m^*(n)\exp\left(\mathrm{j}2\pi\frac{(n+k)f_l}{N}\right) \tag{3-38}$$

根据式(3－36)～式(3－38)，可以容易得到

$$\frac{\partial r_{m,m}(k,f_l)}{\partial(\cdot)}=x_m^*(n-k)\exp\left(\mathrm{j}2\pi\frac{nf_l}{N}\right)\frac{\partial x_m(n)}{\partial(\cdot)}+$$

$$x_m(n+k)\exp\left(\mathrm{j}2\pi\frac{(n+k)f_l}{N}\right)\frac{\partial x_m^*(n)}{\partial(\cdot)} \tag{3-39}$$

$$\frac{\partial r_{m,m_1}(k,f_l)}{\partial(\cdot)}=x_{m_1}^*(n-k)\exp\left(\mathrm{j}2\pi\frac{nf_l}{N}\right)\frac{\partial x_m(n)}{\partial(\cdot)} \tag{3-40}$$

以及

$$\frac{\partial r_{m_1,m}(k,f_l)}{\partial(\cdot)}=x_{m_1}(n+k)\exp\left(\mathrm{j}2\pi\frac{(n+k)f_l}{N}\right)\frac{\partial x_m^*(n)}{\partial(\cdot)} \tag{3-41}$$

利用式(3-30)、式(3-35)以及式(3-39)~式(3-41)可以得到目标函数关于变量的梯度的解析解,从而可以结合目标函数的梯度和 Matlab 的求解器 ***fmincon*** 来求解优化问题式(3-26),得到具有良好多普勒容限的相位编码序列集。

3.3.3 仿真实验与结果分析

本节将通过数值仿真给出多个场景下的设计结果来证明所提方法的有效性。在仿真中,对于恒模约束下的正交相位编码序列集设计问题,算法的初始序列选择为 $\boldsymbol{x}_m=\{\exp(\mathrm{j}\phi_m(n))\}_{n=1}^{N}$,其中 $\{\phi_m(n)\}_{n=1}^{N}$ 是在 $[-\pi,\pi]$ 均匀分布的独立随机变量。对于 ε-模约束和 PAR 约束下的正交相位编码序列集设计问题,选取恒模约束下的序列优化结果作为算法的初始序列。根据式(3-23)~式(3-26)可知,恒模约束是 ε-模约束和 PAR 约束的特例,因此,当序列满足恒模约束时,其一定满足 ε-模约束和 PAR 约束。为了简洁,将本节所提的匹配滤波体制下基于梯度的最小化 WSL 正交序列集设计方法记为 WSLMF (weighted sidelobe level minimization on matched filter scheme)方法。同时需要说明的是,对于相位编码波形而言,带宽近似为 $B\approx1/\tau$,而相位编码波形的时宽为 $T=N\tau$,因此对于相位编码波形,其时宽带宽积为 $BT=N$。

1. 最小化 WISL 的波形设计

为了衡量本节所提的优化模型及相应的优化方法的有效性,将针对多种波形设计场景结合现有的波形设计方法进行性能对比分析。本小节令式(3-19)中的参数 $p=2$,则对指标 WSL 的最小化等价于最小化 WISL 指标。

第一组仿真实验分析现有波形模糊函数优化方法和本节方法在构造恒模多普勒容忍的正交相位编码波形组方面的性能差异。系统和波形的仿真参数设置如表 3-1 所示。根据相位编码波形的性质可知,上述参数对应着序列的码长为 $N=BT=512$。此外,将关注的距离区间和多普勒频移区间设置为

$$w(n,f)=\begin{cases}1, & |n|\leqslant50,\ |f|\leqslant0.42\\ 0, & \text{其他}\end{cases} \tag{3-42}$$

表 3-1　波形仿真参数

波形组数 M	时宽 T	带宽 B	系统载频
3	25.6μs	20MHz	10GHz

根据表3-1的参数可知,式(3-42)所对应的感兴趣的距离和速度区间近似分别为[-375,375]m和[-250,250]m/s,即理论上所设计波形的相关函数应该在主瓣附近[-375,375]m对应的距离区间具有低旁瓣,且该低旁瓣特性对于速度在[-250,250]m/s范围内的目标均能够得到保持。对于所有的算法,当$|\mathrm{WISL}(\boldsymbol{X}^{(i+1)})-\mathrm{WISL}(\boldsymbol{X}^{(i)})|/|\mathrm{WSL}(\boldsymbol{X}^{(i)})|\leqslant 10^{-5}$,算法终止迭代。此外,在某些仿真场景下前述的算法终止准则对于某些算法难以达到,为此将所有算法的最长运行时间限制为10000s。这里额外说明的是,为了避免重复,在后续仿真中,若没有额外说明,算法均采用如上所述的终止条件。

图3-6所示为利用WSLMF方法设计得到的恒模序列集的共通道和交叉通道归一化模糊函数图,各图中右上角子图为模糊函数的俯视图,标注数据为在关注的距离和多普勒频移区间的模糊函数的最高旁瓣。从模糊函数结果可以看出,在关注的距离多普勒频移区间范围内,WSLMF算法能够实现模糊函数旁瓣的有效抑制,即能够实现具有高多普勒容限和良好相关性能的相位编码序列集的设计。

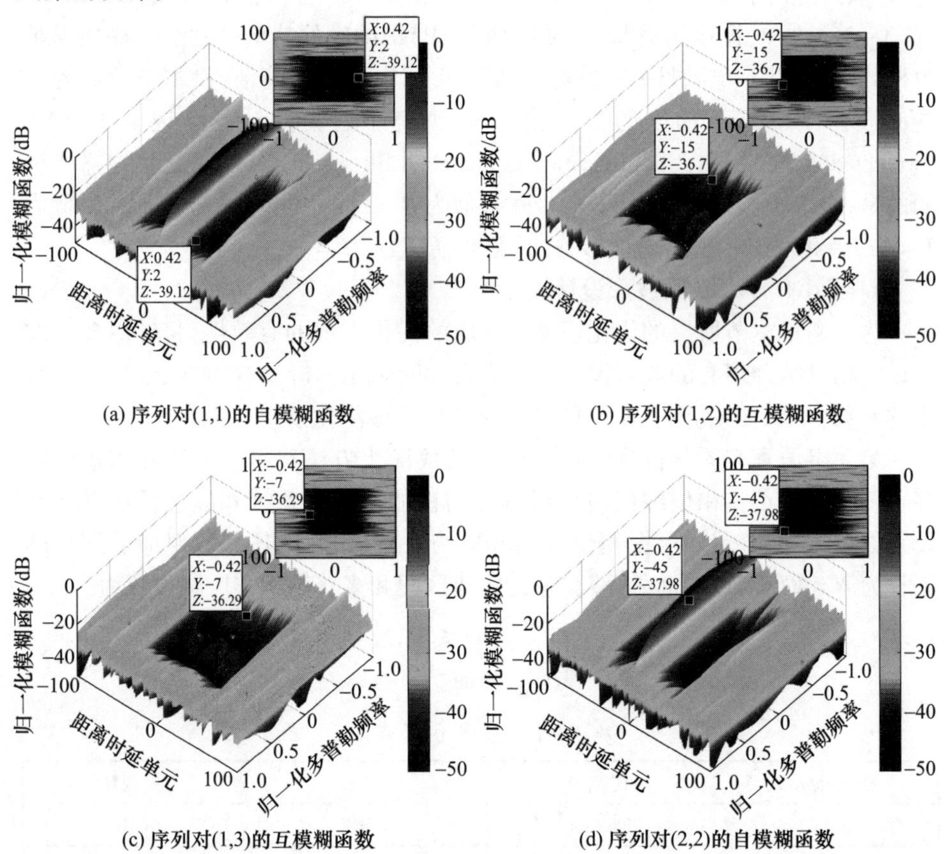

(a) 序列对(1,1)的自模糊函数　(b) 序列对(1,2)的互模糊函数

(c) 序列对(1,3)的互模糊函数　(d) 序列对(2,2)的自模糊函数

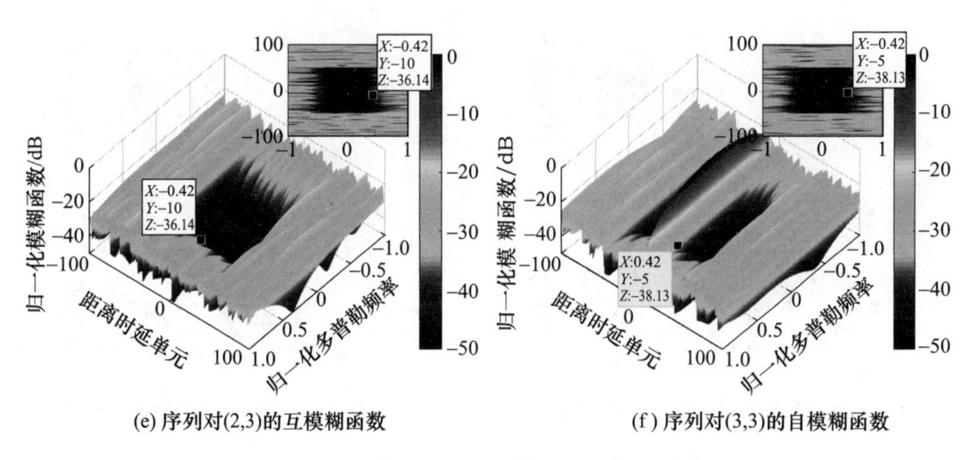

(e) 序列对(2,3)的互模糊函数　　(f) 序列对(3,3)的自模糊函数

图3-6 恒模约束下WSLMF算法设计序列的模糊函数

表3-2 不同模约束条件下的波形仿真参数

波形组数 M	时宽 T	带宽 B	系统载频	$\varepsilon_1,\varepsilon_2$	PAR
2	12.8μs	20MHz	10GHz	0.1,0.1	1.1

第二组仿真实验分析在不同的约束条件下WSLMF算法在构造多普勒容忍的正交序列方面的性能，其中约束条件包括恒模约束、ε-模约束和PAR约束。表3-2所示为该场景下雷达系统和波形的仿真参数，根据该参数可得相位编码序列码长为 $N=BT=256$。此外，将关注的距离区间和多普勒频移区间设置为

$$w(n,f)=\begin{cases}1, & |n|\leqslant 40,|f|\leqslant 0.42\\0, & \text{其他}\end{cases} \tag{3-43}$$

由表3-2可知，式(3-43)对应的关注的距离和速度区间近似为[-300,300]m和[-500,500]m/s。图3-7所示为不同模约束条件下WSLMF方法所设计序列的模糊函数图，从中可以看出，对于共通道模糊函数而言，即图3-7(a)、图3-7(c)和图3-7(e)，随着模约束的逐渐放宽，模糊函数在关注的距离多普勒频率区间内的旁瓣逐渐降低，其中PAR约束下的设计序列具有最优的旁瓣性能。这种随着模约束放宽的性能改善的规律对于交叉通道模糊函数同样适用。

2. 最小化WPSIL的波形设计

本小节将进一步分析上述模型对于指标WPSIL的优化能力。根据式(3-22)可知，当参数 p 足够大时，最小化指标WSL等价于最小化序列的WPSIL。

第一组仿真实验首先给出，当参数 p 足够大时，WSLMF算法对于不同码长的序列的WPSIL指标优化能力。令参数 $p=2^5$，码长 $N=2^7,2^8,2^9,2^{10}$ 以及组数

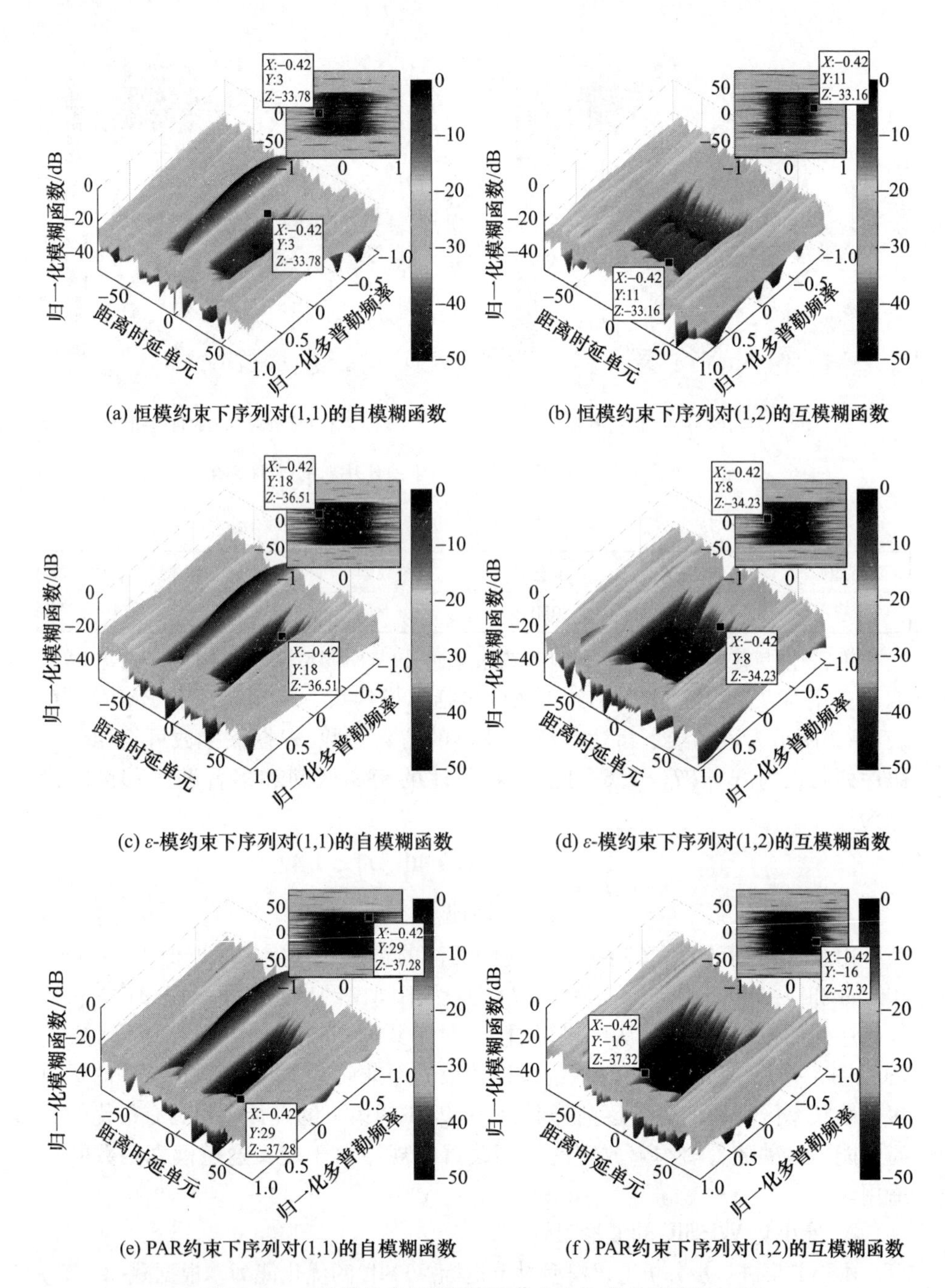

(a) 恒模约束下序列对(1,1)的自模糊函数

(b) 恒模约束下序列对(1,2)的互模糊函数

(c) ε-模约束下序列对(1,1)的自模糊函数

(d) ε-模约束下序列对(1,2)的互模糊函数

(e) PAR约束下序列对(1,1)的自模糊函数

(f) PAR约束下序列对(1,2)的互模糊函数

图 3－7　不同模约束下 WSLMF 算法设计序列的模糊函数

$M=2$，对于发射序列的模约束条件选取恒模约束，同时将关注的模糊函数距离和多普勒区间设置为

$$w(n,f)=\begin{cases}1, & |n|\leqslant\lfloor 0.15N\rfloor, |f|\leqslant 0.4\\ 0, & \text{其他}\end{cases} \tag{3-44}$$

这里需要说明的是，为了简化分析，后续将不再额外说明发射序列的带宽和脉宽。这是因为根据相位编码波形的性质以及前面的分析可知，对于相位编码波形有 $N=BT$，当设计得到 M 组 N 个相位序列后，通过设置不同的系统带宽和脉宽，根据式(3-5)即可得到具有相同相关性能的不同带宽和脉宽(需要满足 $BT=N$)的相位编码信号。对于通过上述方式产生的不同脉宽的相位编码波形而言，虽然其具有相同的相关性能，即相同的模糊函数形状，但是根据归一化多普勒频移的定义可知，利用相同的相位序列产生的不同脉宽的相位编码信号具有相同的归一化多普勒容限，但是具有不同的实际名义多普勒容限。这点在式(3-42)和式(3-43)对应的分析结果中也可以得到证实，前述两式约束了相同的归一化多普勒频率，但是由于发射信号的时宽和带宽不同，设计得到的序列从而具有不同的实际名义多普勒容限。

图3-8所示为所设计不同码长序列的 WPSIL 随着算法迭代次数的变化结果。可以看出，随着迭代次数的增加，不同码长下所设计序列的 WPSIL 均逐渐降低，这和预期相同，即当参数 p 足够大时，最小化指标 WSL 等价于最小化 WPSIL。进一步，图3-9所示为 $N=2^{10}$ 时所设计序列的模糊函数图，图中左上角的子图表示模糊函数零多普勒切面图，即序列的零多普勒相关函数图。从中可以看出，在指定的距离和多普勒频移区间范围内，模糊函数旁瓣被有效地优化降低，同时，对比图3-6所示基于最小化指标 WISL 所设计序列的结果来看，基于最小化指标 WPSIL 设计的序列的模糊函数在指定的距离多普勒频移区间内旁瓣水平更均匀。

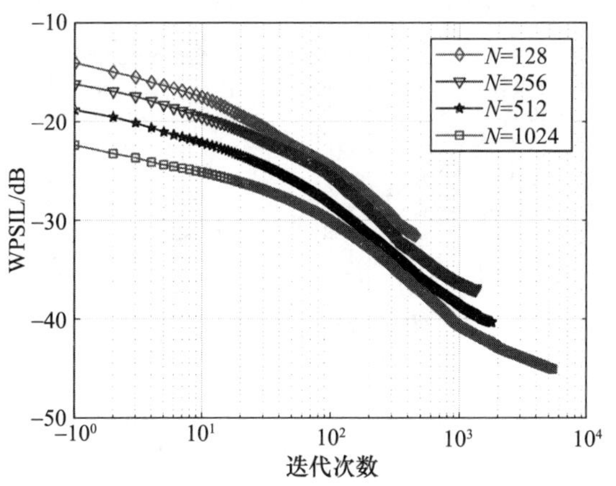

图3-8　不同码长序列 WPSIL 随迭代次数变化曲线

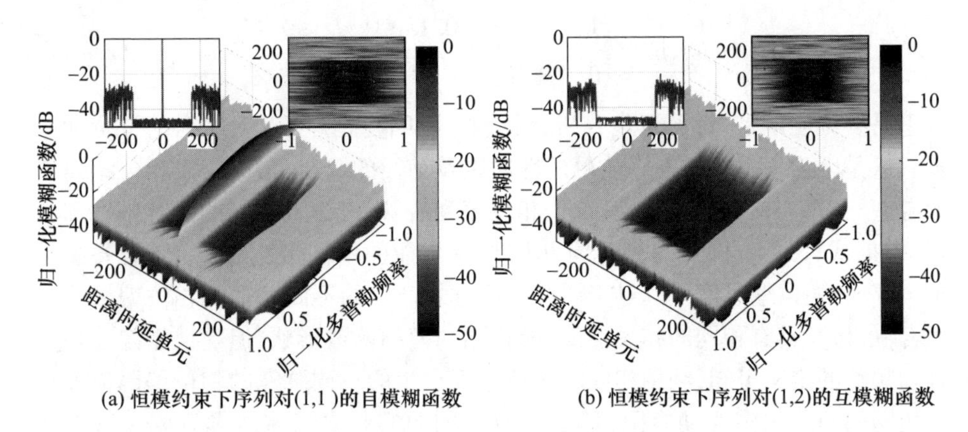

图 3-9 $p=64$ 时，WSLMF 算法设计码长为 $N=1024$ 的恒模序列的模糊函数

第二组仿真实验进一步分析参数 p 的取值对于 WSLMF 算法优化性能以及优化指标收敛速度的影响。考虑恒模约束条件下的序列集设计问题，令 $p=2^2$，2^3，…，2^7，波形参数设置为 $N=256$，$M=2$，以及

$$w(n,f)=\begin{cases}1, & |n|\leqslant 30,|f|\leqslant 0.4\\0, & \text{其他}\end{cases} \tag{3-45}$$

对于所有的参数 p，设置算法在迭代 500 次后终止，同时对于不同的参数 p 使用相同随机初始序列作为算法的输入。图 3-10 所示为不同参数 p 条件下的指标 WPSIL 随着迭代次数的变化结果。从中可以看出，当参数 p 较小时，算法具有较快的收敛速度，但是最终达到的 WPSIL 指标值较高，相比之下，当参数 p 较大时，情况恰恰相反，即算法随着迭代次数收敛较慢，但是可以达到更低的

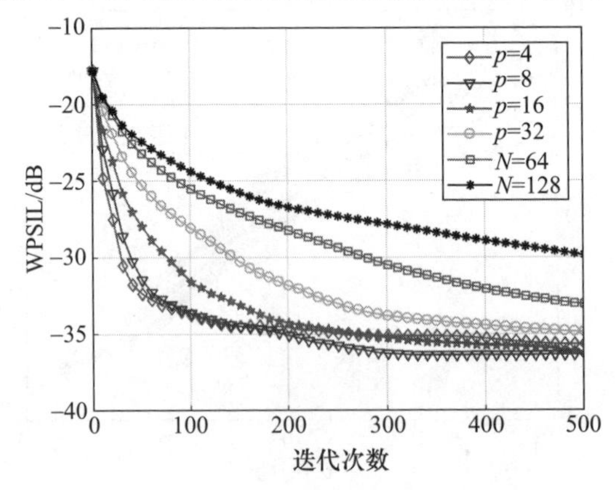

图 3-10 不同参数 p 对应的 WPSIL 随迭代次数变化曲线

WPSIL指标值。原因是当 p 较小时，指标 WSL 无法等效为 WPSIL，即算法无法有效完成对 WPSIL 的最小化。在实际应用算法的过程中，为了达到更快的收敛速度和更好的优化效果，可以随着迭代次数的增加逐渐增加参数 p 的值，从而达到收敛速度与优化能力的平衡。

前述仿真均为对模糊函数局部距离旁瓣和多普勒频移的结果分析。

第三组仿真实验给出 WSLMF 算法设计高多普勒容限低全距离旁瓣序列的性能分析，即分析在抑制模糊函数给定多普勒频率范围内全距离旁瓣的能力。仿真波形参数设置为 $M=2$、$N=512$、$p=32$，以及

$$w(n,f)=\begin{cases}1, & |n|\leqslant N-1,\ |f|\leqslant 0.4\\ 0, & \text{其他}\end{cases} \tag{3-46}$$

图 3－11 所示为初始序列和 WSLMF 算法优化后的序列的模糊函数图以及零多普勒频移下的相关函数图。对比初始序列在给定多普勒频移内的模糊函数旁瓣可知，WSLMF 算法能够有效地实现模糊函数全距离旁瓣的抑制，在上述仿真参数下，能够将模糊函数旁瓣抑制超过 8dB。

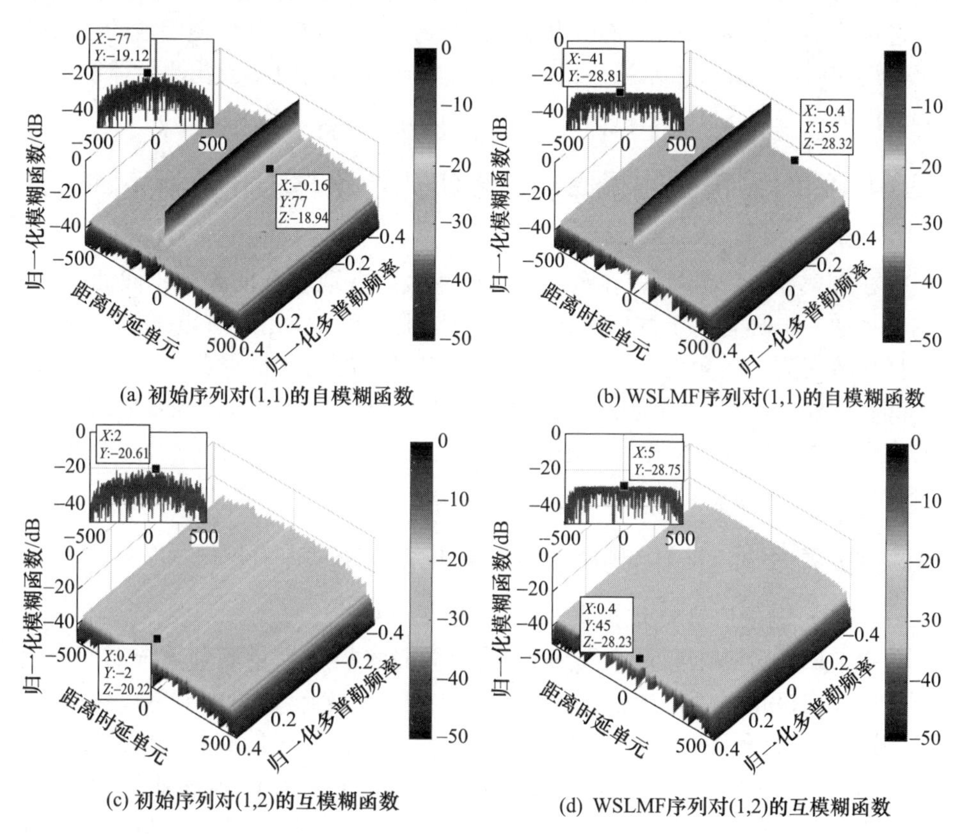

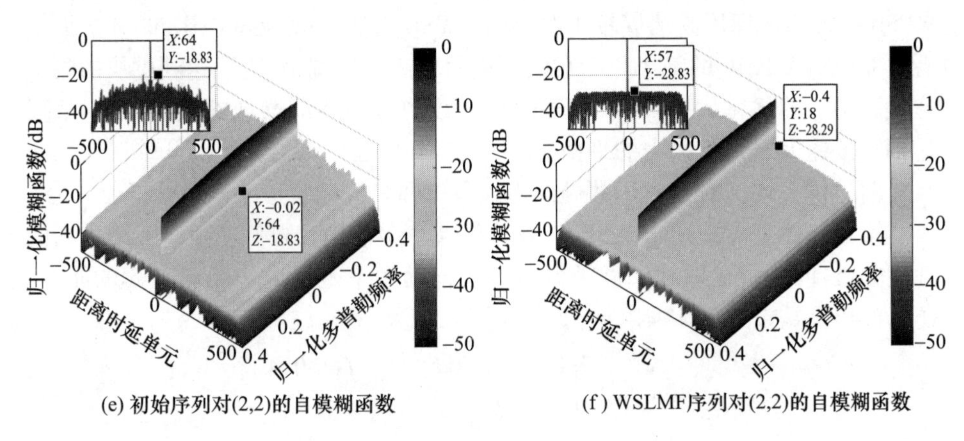

(e) 初始序列对(2,2)的自模糊函数　　(f) WSLMF序列对(2,2)的自模糊函数

图 3-11　初始序列与 WSLMF 算法设计序列的模糊函数

综上仿真结果表明，本节所提出的高多普勒容限正交相位编码序列组设计模型和相应的优化方法具有普适性。具体地，统一的波形设计指标 WSL 可以通过调节参数等价转换为包括 WISL 和 WPSIL 在内的常用波形设计指标，同时通过设置不同的权重因子，能够根据实际任务需求控制优化模糊函数的全局距离旁瓣和局部距离旁瓣水平。该部分研究对于包括同时多极化测量体制雷达和 MIMO 雷达在内的多通道系统发射波形设计具有重要意义。

3.4 同时多极化测量体制收发极化优化与极化散射矩阵估计

在 3.3 节的基础上，即在利用波形分集技术获取目标的多极化回波之后，本节将进一步研究基于同时多极化测量体制的目标极化散射矩阵估计问题。从极化精密测量的角度出发，以杂波场景中目标的极化散射矢量(polarization scattering vector, PSV)最优估计为出发点，其中 PSV 即为 PSM 的矢量形式，对同时多极化测量体制的多极化状态数目、极化状态选择以及功率分配等关键问题进行深入研究。

3.4.1 基于标量极化测量系统的极化散射矩阵估计

1. 标量测量信号模型

本节以标量极化测量系统为例，给出同时多极化标量测量系统的回波模型。同时多极化测量雷达信号处理流程如图 3-5 所示，相比于单极化、双极化、分时全极化和同时全极化测量体制雷达，其优势在于能够通过两路独立的正交极化发射通道，即 H 和 V 极化通道，利用波形分集技术，通过对不同极化状态调制不同的正交波形，实现多个极化状态的同时发射，并且在接收端利用波形之间的正交性实现各个极化状态回波的分离。根据上述原理可知，同时多极化测量体制既能够实现单极化测量、分时极化测量，也能够实现同时极化测量，即能包含现有的大多数极化测量体制。

具体地，同时多极化雷达发射信号可以用矢量表示为

$$\boldsymbol{s}(t)=\begin{bmatrix}\xi_{\mathrm{H}}(1),\cdots,\xi_{\mathrm{H}}(m),\cdots,\xi_{\mathrm{H}}(M)\\ \xi_{\mathrm{V}}(1),\cdots,\xi_{\mathrm{V}}(m),\cdots,\xi_{\mathrm{V}}(M)\end{bmatrix}$$

$$[\sqrt{P_1}s_1(t),\cdots,\sqrt{P_m}s_m(t),\cdots,\sqrt{P_M}s_M(t)]^{\mathrm{T}},m=1,2,\cdots,M \quad (3-47)$$

式中：M 表示一个脉冲内包含的总的发射极化数；$\boldsymbol{\xi}_m=[\xi_{\mathrm{H}}(m),\xi_{\mathrm{V}}(m)]^{\mathrm{T}}$ 和 $s_m(t)$ 分别表示第 m 个发射极化矢量及其对应的发射波形；P_m 表示第 m 个发射极化状态的发射功率。不失一般性，假设 $\|\boldsymbol{\xi}_m\|=1$ 以及波形具有单位能量，即 $\|s_m^2\|=\int_{-\infty}^{\infty}|s_m(t)|^2\mathrm{d}t=1$。令 $\boldsymbol{S}_t$ 和 $\boldsymbol{S}_c$ 分别表示目标和杂波的二维极化散射矩阵，即

$$\boldsymbol{S}_t=\begin{bmatrix}S_{\mathrm{HH}}^t,S_{\mathrm{HV}}^t\\ S_{\mathrm{VH}}^t,S_{\mathrm{VV}}^t\end{bmatrix},\boldsymbol{S}_c=\begin{bmatrix}S_{\mathrm{HH}}^c,S_{\mathrm{HV}}^c\\ S_{\mathrm{VH}}^c,S_{\mathrm{VV}}^c\end{bmatrix} \quad (3-48)$$

则在忽略目标的多普勒频移后，雷达的接收信号可以表示为

$$\begin{aligned}\boldsymbol{r}(t)&=\frac{A_0}{R^2}(\boldsymbol{S}_t+\boldsymbol{S}_c)\boldsymbol{s}(t-\tau)+\boldsymbol{n}(t)\\&=\frac{A_0}{R^2}(\boldsymbol{S}_t+\boldsymbol{S}_c)\sum_{m=1}^{M}\boldsymbol{\xi}_m\sqrt{P_m}s_m(t-\tau)+\boldsymbol{n}(t)\end{aligned} \quad (3-49)$$

式中：A_0 为由雷达工作频率、收发天线增益、电磁空间介电常数和导磁率等确定的常数；R 为目标和雷达间的径向距离；τ 为雷达信号发射到接收的双向距离时延；$\boldsymbol{n}(t)=[n_{\mathrm{H}}(t),n_{\mathrm{V}}(t)]^{\mathrm{T}}$ 为接收机噪声信号，其中 $n_{\mathrm{H}}(t)$ 和 $n_{\mathrm{V}}(t)$ 分别为 H 极化和 V 极化通道的噪声信号。

根据式(3-49)可知，雷达的接收信号是由不同的发射极化信号对应的回波叠加所构成的，由于不同的发射极化采用了不同的发射波形，利用发射波形之间的正交性，则可以通过脉冲压缩技术在雷达回波中实现不同极化回波的分离和提取。对于标量极化测量系统，令 $\boldsymbol{\eta}_m=[\eta_{\mathrm{H}}(m),\eta_{\mathrm{V}}(m)]^{\mathrm{T}}$，且 $\|\boldsymbol{\eta}_m\|=1$ 表示第 m 个发射极化对应的接收极化矢量，雷达接收信号经过发射信号 $s_m(t)$ 的匹配滤波器并进行数字抽样和归一化之后，则第 m 个收发极化态的观测模型可以表示为

$$r_m=\sqrt{P_m}\boldsymbol{\eta}_m^{\mathrm{T}}(\boldsymbol{S}_t+\boldsymbol{S}_c)\boldsymbol{\xi}_m+w_m,\quad m=1,2,\cdots,M \quad (3-50)$$

式中:w_m 为噪声项。即目标和杂波的 PSV 为

$$\boldsymbol{p}_t=[S_{\mathrm{HH}}^t,S_{\mathrm{HV}}^t,S_{\mathrm{VH}}^t,S_{\mathrm{VV}}^t]^{\mathrm{T}},\boldsymbol{p}_c=[S_{\mathrm{HH}}^c,S_{\mathrm{HV}}^c,S_{\mathrm{VH}}^c,S_{\mathrm{VV}}^c]^{\mathrm{T}} \tag{3-51}$$

同时记系统的第 m 个极化响应矢量为

$$\boldsymbol{a}_m=\sqrt{P_m}\cdot[\xi_{\mathrm{H}}(m)\eta_{\mathrm{H}}(m),\xi_{\mathrm{V}}(m)\eta_{\mathrm{H}}(m),\xi_{\mathrm{H}}(m)\eta_{\mathrm{V}}(m),\xi_{\mathrm{V}}(m)\eta_{\mathrm{V}}(m)]^{\mathrm{T}} \tag{3-52}$$

则式(3-50)可以改写为

$$r_m=\boldsymbol{a}_m^{\mathrm{T}}\boldsymbol{p}_t+\boldsymbol{a}_m^{\mathrm{T}}\boldsymbol{p}_c+w_m,\quad m=1,2,\cdots,M \tag{3-53}$$

由此得到了一个测量脉冲同时多极化测量体制不同收发极化组合下的观测模型。

进一步考虑在一个相干处理间隔(coherent processing interval,CPI)内,雷达发射 K 个脉冲信号对目标的极化散射信息进行估计,同时假设目标和杂波的极化散射特性在一个 CPI 内保持不变,该假设可以通过合理地选择参数 K 实现。这里需要额外说明的是,根据 3.2 节对同时多极化测量体制的分析可知,同时多极化测量体制具有完备性、敏捷性和精密性优势,其中敏捷性代表其在一个脉冲重复周期就可以测量得到目标完整的极化信息,但是当目标和杂波的极化散射特性在一个 CPI 内保持不变时,同时多极化测量体制同样可以采用相参积累等方法,利用多脉冲信号处理的优势进一步提高极化散射信息的精度。即使目标和杂波的极化散射特性是瞬变的,只需将模型中的脉冲数取为 $K=1$ 即可,因此,采用多脉冲联合处理与同时多极化测量体制的敏捷性优势并不矛盾。参照单个 PRT 的流程类似地可以得到一个 CPI 内的观测模型为

$$r_{m,k}=\boldsymbol{a}_{m,k}^{\mathrm{T}}\boldsymbol{p}_t+\boldsymbol{a}_{m,k}^{\mathrm{T}}\boldsymbol{p}_c+w_{m,k},\quad m=1,2,\cdots,M,k=1,2,\cdots,K \tag{3-54}$$

式中:下标 m,k 表示第 k 个脉冲重复周期的第 m 种极化状态;$r_{m,k}$和 $w_{m,k}$分别表示相应的观测量和噪声项;$\boldsymbol{a}_{m,k}$表示相应的系统的极化响应矢量,可以表示为

$$\begin{aligned}\boldsymbol{a}_{m,k}=\sqrt{P_{m,k}}\cdot[&\xi_{\mathrm{H}}(m,k)\eta_{\mathrm{H}}(m,k),\xi_{\mathrm{V}}(m,k)\eta_{\mathrm{H}}(m,k),\\&\xi_{\mathrm{H}}(m,k)\eta_{\mathrm{V}}(m,k),\xi_{\mathrm{V}}(m,k)\eta_{\mathrm{V}}(m,k)]^{\mathrm{T}}\end{aligned} \tag{3-55}$$

进一步定义

$$\boldsymbol{r}=[r_{1,1},r_{2,1},\cdots,r_{M,1},\cdots,r_{1,K},r_{2,K},\cdots,r_{M,K}]^{\mathrm{T}} \tag{3-56}$$

$$\boldsymbol{A}=[\boldsymbol{a}_{1,1},\boldsymbol{a}_{2,1},\cdots,\boldsymbol{a}_{M,1},\cdots,\boldsymbol{a}_{1,K},\boldsymbol{a}_{2,K},\cdots,\boldsymbol{a}_{M,K}]^{\mathrm{T}} \tag{3-57}$$

$$\boldsymbol{w}=[w_{1,1},w_{2,1},\cdots,w_{M,1},\cdots,w_{1,K},w_{2,K},\cdots,w_{M,K}]^{\mathrm{T}} \tag{3-58}$$

则可以得到同时多极化测量体制一个 CPI 内的观测模型为

$$\boldsymbol{r}=\boldsymbol{A}\boldsymbol{p}_t+\boldsymbol{A}\boldsymbol{p}_c+\boldsymbol{w} \tag{3-59}$$

观察式(3-59)可知,为了实现对目标PSV的估计,需要满足$MK \geq 4$且有rank$(\boldsymbol{A}) \geq 4$(rank$(\boldsymbol{A})$表示矩阵$\boldsymbol{A}$的秩)以确保可以反演4×1维矢量$\boldsymbol{p}_t$。极化测量的目的是通过观测,在杂波场景中实现目标极化散射信息的精确获取。对于目标和杂波的统计特性方面,假定$\boldsymbol{p}_t$的协方差矩阵为$\boldsymbol{C}_t$,$\boldsymbol{p}_c$为均值为零、协方差矩阵为$\boldsymbol{C}_c$的四维随机矢量;对于噪声矢量,假定其为零均值、协方差矩阵为$\sigma^2\boldsymbol{I}$的高斯白噪声;最后假定目标、杂波和噪声三者不相关,因此联合概率密度函数$f(\boldsymbol{p}_t,\boldsymbol{p}_c,\boldsymbol{w})$具有任意性。关于目标、杂波和噪声的统计特性假设的合理性以及利用协方差矩阵来描述目标和杂波的极化散射特性的合理性可以参考文献[27-28]。

2. 同时多极化测量体制收发极化优化与功率分配问题描述

首先,对于式(3-59)中的杂波和噪声项$\boldsymbol{A}\boldsymbol{p}_c+\boldsymbol{w}$,其均值为零,协方差矩阵为

$$\boldsymbol{C}_{cw} = \mathbb{E}((\boldsymbol{A}\boldsymbol{p}_c+\boldsymbol{w})(\boldsymbol{A}\boldsymbol{p}_c+\boldsymbol{w})^\dagger) = \boldsymbol{A}\,\mathbb{E}(\boldsymbol{p}_c\boldsymbol{p}_c^\dagger)\boldsymbol{A}^\dagger + \mathbb{E}(\boldsymbol{w}\,\boldsymbol{w}^\dagger) = \boldsymbol{A}\boldsymbol{C}_c\boldsymbol{A}^\dagger + \sigma^2\boldsymbol{I} \tag{3-60}$$

同时注意到,同时多极化测量体制的观测模型式(3-59)是一个贝叶斯线性参数估计模型,且待观测量$\boldsymbol{p}_t$与$\boldsymbol{A}\boldsymbol{p}_c+\boldsymbol{w}$无关。因此,根据贝叶斯高斯-马尔可夫定理可知,利用观测$\boldsymbol{r}$得到$\boldsymbol{x}_t$的线性最小均方误差估计(linear minimum mean square error,LMMSE)为[29]

$$\hat{\boldsymbol{p}}_t = \mathbb{E}(\boldsymbol{p}_t) + (\boldsymbol{C}_t^{-1} + \boldsymbol{A}^\dagger(\boldsymbol{C}_{cw})^{-1}\boldsymbol{A})^{-1}\boldsymbol{A}^\dagger(\boldsymbol{C}_{cw})^{-1}(\boldsymbol{r} - \boldsymbol{A}\,\mathbb{E}(\boldsymbol{p}_t)) \tag{3-61}$$

估计量的性能由误差$\boldsymbol{d}=\boldsymbol{p}_t-\hat{\boldsymbol{p}}_t$来决定,由式(3-61)可知,误差矢量$\boldsymbol{d}$的均值为零,协方差矩阵为

$$\boldsymbol{C}_d = (\boldsymbol{C}_t^{-1} + \boldsymbol{A}^\dagger(\boldsymbol{C}_{cw})^{-1}\boldsymbol{A})^{-1} \tag{3-62}$$

由文献[29]可知,误差协方差矩阵的主对角元素$[\boldsymbol{C}_d]_{i,i}$,$i=1,2,\cdots,4$即为$\boldsymbol{p}_t$第i个元素的LMMSE估计误差,因此,最小化误差协方差矩阵的迹$\mathrm{Tr}(\boldsymbol{C}_d)$即最小化$\boldsymbol{p}_t$的估计误差。所以,本节取$\mathrm{Tr}(\boldsymbol{C}_d)$为待优化的目标函数。

另外,在实际雷达系统中,每一路发射极化通道的可允许的最大发射功率是有限的,本节假设两路极化通道可允许的最大发射功率相同。由于同时多极化体制在每个极化通道需要同时发射M个波形,因此需要考虑最大发射功率约束,即

$$\sum_{m=1}^{M} P_{m,k}\,|\xi_{\mathrm{H}}(m,k)|^2 \leqslant P_{\max},\ \sum_{m=1}^{M} P_{m,k}\,|\xi_{\mathrm{V}}(m,k)|^2 \leqslant P_{\max},\ \forall k \in [1,K] \tag{3-63}$$

式中：$P_{\max}$为可允许的最大发射功率。对于同时多极化测量体制，以最小化 PSV 估计误差为准则，求解多个脉冲的收发极化状态和各极化状态的能量分配的优化问题可以表示为

$$\begin{aligned}
&\min_{A \in \mathbb{C}^{MK\times 4}} \operatorname{tr}(\boldsymbol{C}_d) \\
&\text{s. t. } \boldsymbol{C}_d = (\boldsymbol{C}_t^{-1} + \boldsymbol{A}^{\dagger}(\boldsymbol{C}_{cw})^{-1}\boldsymbol{A})^{-1} \\
&\sum_{m=1}^{M} P_{m,k} \, |\xi_{\mathrm{H}}(m,k)|^2 \leqslant P_{\max}, \sum_{m=1}^{M} P_{m,k} \, |\xi_{\mathrm{V}}(m,k)|^2 \leqslant P_{\max} \\
&\|\boldsymbol{\xi}(m,k)\| = 1, \|\boldsymbol{\eta}(m,k)\| = 1, m = 1,2,\cdots,M, k = 1,2,\cdots,K
\end{aligned} \tag{3-64}$$

根据上述模型可以看出，对于固定极化测量体制而言，观测矩阵 $\boldsymbol{A}$ 是一个定值，无法随着环境的变化而改变，固定极化状态难以形成对变化杂波环境的极化匹配，这就导致了其 PSV 估计性能受限；而对于脉间变极化测量体制，观测矩阵 $\boldsymbol{A}$ 则变为一个 $K\times 4$ 维矩阵，根据对观测矩阵 $\boldsymbol{A}$ 秩的要求，该体制至少需要 4 个脉冲才能实现 PSV 的估计，这难以满足对目标 PSV 测量的完整性和敏捷性要求。相比之下，同时多极化测量体制在有限的资源下，通过调整雷达系统的多收发极化状态矢量，可以达到与目标和观测场景的极化匹配，即对目标的极化增强和对干扰的极化抑制，同时通过正交波形技术实现多个极化状态回波的同时获取，能够满足 PSV 测量的完整性、敏捷性和精确性要求。对于上述优化问题，由于最大功率约束和恒模约束的存在，导致该优化问题为非凸优化问题，难以直接求解，为了降低算法求解的计算复杂度，以下将采用序贯估计信号处理框架对其进行处理。

3. 基于序贯 LMMSE 估计的标量测量系统多极化状态设计与功率分配方法

由于目标函数和约束条件的非凸性（$\|\boldsymbol{\xi}(m,k)\| = \|\boldsymbol{\eta}(m,k)\| = 1$ 是非凸的），式（3-64）所示的优化问题是一个非凸优化问题。为了简化求解该问题，进一步对收发极化矢量进行如下等价转换。根据恒模约束，$\boldsymbol{\xi}(m,k)$ 和 $\boldsymbol{\eta}(m,k)$ 可以利用三角函数分别表示为

$$\begin{aligned}
&\boldsymbol{\xi}(m,k) \triangleq \begin{bmatrix} \cos(\alpha_{m,k})\cos(\beta_{m,k}) + \mathrm{j}\sin(\alpha_{m,k})\sin(\beta_{m,k}) \\ -\sin(\alpha_{m,k})\cos(\beta_{m,k}) + \mathrm{j}\cos(\alpha_{m,k})\sin(\beta_{m,k}) \end{bmatrix} \\
&\alpha_{m,k} \in [-\pi/2, \pi/2], \beta_{m,k} \in [-\pi/4, \pi/4], \quad m = 1,2,\cdots,M, k = 1,2,\cdots,K
\end{aligned} \tag{3-65}$$

和

$$\boldsymbol{\eta}(m,k) \triangleq \begin{bmatrix} \cos(\phi_{m,k})\cos(\varphi_{m,k}) + \mathrm{j}\sin(\phi_{m,k})\sin(\varphi_{m,k}) \\ -\sin(\phi_{m,k})\cos(\varphi_{m,k}) + \mathrm{j}\cos(\phi_{m,k})\sin(\varphi_{m,k}) \end{bmatrix}$$

$$\phi_{m,k} \in [-\pi/2,\pi/2], \varphi_{m,k} \in [-\pi/4,\pi/4], m=1,2,\cdots,M, k=1,2,\cdots,K \tag{3-66}$$

从而,优化问题(3-64)可以改写为

$$\begin{aligned} & \min_{\boldsymbol{A}\in\mathbb{C}^{MK\times 4}} \operatorname{tr}(\boldsymbol{C}_d) \\ & \text{s. t. } \boldsymbol{C}_d = (\boldsymbol{C}_t^{-1} + \boldsymbol{A}^{\dagger}(\boldsymbol{C}_{cw})^{-1}\boldsymbol{A})^{-1} \\ & \sum_{m=1}^{M} P_{m,k} |\xi_{\mathrm{H}}(m,k)|^2 \leqslant P_{\max}, \sum_{m=1}^{M} P_{m,k} |\xi_{\mathrm{V}}(m,k)|^2 \leqslant P_{\max} \\ & \boldsymbol{\xi}(m,k) = \begin{bmatrix} \cos(\alpha_{m,k})\cos(\beta_{m,k}) + \mathrm{j}\sin(\alpha_{m,k})\sin(\beta_{m,k}) \\ -\sin(\alpha_{m,k})\cos(\beta_{m,k}) + \mathrm{j}\cos(\alpha_{m,k})\sin(\beta_{m,k}) \end{bmatrix} \\ & \boldsymbol{\eta}(m,k) = \begin{bmatrix} \cos(\phi_{m,k})\cos(\varphi_{m,k}) + \mathrm{j}\sin(\phi_{m,k})\sin(\varphi_{m,k}) \\ -\sin(\phi_{m,k})\cos(\varphi_{m,k}) + \mathrm{j}\cos(\phi_{m,k})\sin(\varphi_{m,k}) \end{bmatrix} \\ & \alpha_{m,k} \in [-\pi/2,\pi/2], \beta_{m,k} \in [-\pi/4,\pi/4], \\ & \phi_{m,k} \in [-\pi/2,\pi/2], \varphi_{m,k} \in [-\pi/4,\pi/4] \\ & m = 1,2,\cdots,M, k = 1,2,\cdots,K \end{aligned} \tag{3-67}$$

分析可知,优化问题式(3-67)仍是非凸的,因为目标函数仍是非凸的。然而,和式(3-64)相比,根据式(3-55)、式(3-57)、式(3-65)和式(3-66)可知,待优化的系统极化响应矩阵 $\boldsymbol{A}$ 可以由变量 $\{P_{m,k}, \alpha_{m,k}, \beta_{m,k}, \phi_{m,k}, \varphi_{m,k}\}_{m=1,k=1}^{M,K}$ 确定,即将矩阵 $\boldsymbol{A}$ 的优化问题转换为多变量的非凸优化问题。

显然,求解问题式(3-67)的优化变量数约为 $\mathcal{O}(MK)$,根据文献[28]可知,如果采用传统的网格法等直接搜索法,其计算量约为 $\mathcal{O}((b_P b_\alpha b_\beta b_\phi b_\varphi)^{MK})$,其中参数 $b_P, b_\alpha, b_\beta, b_\phi, b_\varphi$ 分别为 $P_{n,m}, \alpha_{n,m}, \beta_{n,m}, \phi_{n,m}, \varphi_{n,m}$ 在可行域上的网格划分数,这表明,一次性求解 K 个脉冲的所有收发极化及功率分配的计算量是巨大的。然而,在实际信号处理过程中,随着时间的推移,雷达接收到的样本数据源源不断的到来,可供使用的数据也就越来越多。因此,实际中可以按照时间顺序对数据进行处理,即可以采用序贯估计方式来处理雷达的接收样本数据[29]。根据序贯 LMMSE 估计算法流程可知,令 $\hat{\boldsymbol{p}}_{t,k-1}$ 为第 $k-1$ 个 PRT 的 LMMSE 估计,$\boldsymbol{C}_{d,k-1}$ 为相应的误差协方差矩阵,则对于第 k 次观测,被估计量 $\hat{\boldsymbol{p}}_{t,k}$ 的序贯 LMMSE 估计可以表示为

$$\hat{\boldsymbol{p}}_{t,k} = \hat{\boldsymbol{p}}_{t,k-1} + \boldsymbol{K}_k(\boldsymbol{r}_k - \boldsymbol{A}_k \hat{\boldsymbol{p}}_{t,k-1}) \tag{3-68}$$

其中

$$[\boldsymbol{K}_k]_{:,m} = \frac{\boldsymbol{C}_{d,k-1}\boldsymbol{a}_{m,k}}{\boldsymbol{a}_{m,k}^{\dagger}\boldsymbol{C}_c\,\boldsymbol{a}_{m,k} + \sigma^2 + \boldsymbol{a}_{m,k}^{\dagger}\boldsymbol{C}_{d,k-1}\boldsymbol{a}_{m,k}}, \quad m = 1,2,\cdots,M \tag{3-69}$$

$$\boldsymbol{r}_k = [r_{1,k}, r_{2,k}, \cdots, r_{M,k}]^{\mathrm{T}} \tag{3-70}$$

以及

$$\boldsymbol{A}_k = [\boldsymbol{a}_{1,k}, \boldsymbol{a}_{2,k}, \cdots, \boldsymbol{a}_{M,k}]^{\mathrm{T}} \tag{3-71}$$

分别表示增益矩阵$\boldsymbol{K}_k$的第m列,第k个脉冲的观测样本和系统的极化响应矩阵。同时,序贯估计量$\hat{\boldsymbol{p}}_{t,k}$的误差协方差矩阵更新为

$$\boldsymbol{C}_{d,k} = (\boldsymbol{I} - \boldsymbol{K}_k \boldsymbol{A}_k)\boldsymbol{C}_{d,k-1} \tag{3-72}$$

因此,根据上述分析可得,基于序贯 LMMSE 估计的方法,求解优化问题式(3-57)可以转化为依次求解如下的优化问题:

$$\begin{aligned}
&\min_{\boldsymbol{A}_k \in \mathbb{C}^{M\times 4}} \operatorname{tr}(\boldsymbol{C}_{d,k}) \\
&\text{s. t. } \boldsymbol{C}_{d,k} = (\boldsymbol{I} - \boldsymbol{K}_k \boldsymbol{A}_k)\boldsymbol{C}_{d,k-1} \\
&\sum_{m=1}^{M} P_{m,k} \left|\xi_{\mathrm{H}}(m,k)\right|^2 \leqslant P_{\max}, \sum_{m=1}^{M} P_{m,k} \left|\xi_{\mathrm{V}}(m,k)\right|^2 \leqslant P_{\max} \\
&\boldsymbol{\xi}(m,k) = \begin{bmatrix} \cos(\alpha_{m,k})\cos(\beta_{m,k}) + \mathrm{j}\sin(\alpha_{m,k})\sin(\beta_{m,k}) \\ -\sin(\alpha_{m,k})\cos(\beta_{m,k}) + \mathrm{j}\cos(\alpha_{m,k})\sin(\beta_{m,k}) \end{bmatrix} \\
&\boldsymbol{\eta}(m,k) = \begin{bmatrix} \cos(\phi_{m,k})\cos(\varphi_{m,k}) + \mathrm{j}\sin(\phi_{m,k})\sin(\varphi_{m,k}) \\ -\sin(\phi_{m,k})\cos(\varphi_{m,k}) + \mathrm{j}\cos(\phi_{m,k})\sin(\varphi_{m,k}) \end{bmatrix} \\
&\alpha_{m,k} \in [-\pi/2, \pi/2], \beta_{m,k} \in [-\pi/2, \pi/2] \\
&\phi_{m,k} \in [-\pi/2, \pi/2], \varphi_{m,k} \in [-\pi/2, \pi/2], m = 1,2,\cdots,M
\end{aligned} \tag{3-73}$$

分析可知,对于单次估计而言,其优化的变量数从$\mathcal{O}(MK)$变为$\mathcal{O}(M)$。综上所述,利用序贯估计方法,通过最小化误差代价函数$\operatorname{tr}(\boldsymbol{C}_{d,k})$,可以得到同时多极化测量体制每个脉冲的最优收发多极化及对应的功率分配方案。具体地,对于第k个脉冲重复周期,为了求解非凸优化问题式(3-73),本节使用 Matlab 工具箱中的优化求解器 ***fmincon*** 来对上述问题进行求解,***fmincon*** 是一个标准的高效多变量非线性优化求解器,其详细功能和运行方式可参考文献[26],从而序贯更新同时多极化测量体制的收发极化状态和功率资源分配算法流程可以总结为算法 1。

算法 1：同时多极化标量测量系统序贯极化选取和功率资源分配算法流程

输入：$\boldsymbol{C}_t,\boldsymbol{C}_c,\hat{\boldsymbol{p}}_{t,k-1},\boldsymbol{C}_{d,k-1},\sigma^2,\boldsymbol{r}_k$ 以及$\boldsymbol{A}_{k-1}$

步骤 1：利用 ***fmincon*** 工具箱求解优化问题式(3-73)，得到待优化变量 $P_{m,k},\alpha_{m,k},\beta_{m,k},\phi_{m,k},\varphi_{m,k}$ 的优化结果并构建系统极化响应矩阵$\boldsymbol{A}_k$；

步骤 2：根据式(3-69)，计算增益因子$\boldsymbol{K}_k$；

步骤 3：根据式(3-68)和(3-72)更新估计量 $\hat{\boldsymbol{p}}_{t,k}$ 和误差协方差矩阵$\boldsymbol{C}_{d,k}$。

3.4.2 基于矢量极化测量系统的极化散射矩阵估计

和标量测量系统相比，极化矢量测量系统在接收端可以同时获得水平极化回波和垂直极化回波，由于可以同时获取二维的接收回波，使得矢量测量系统在诸多方面得到了性能提升。因此，本节将以上推导的同时多极化标量测量系统信号模型扩展至同时多极化矢量测量系统，并给出相应的收发极化选取与功率分配方法。

1. 矢量测量信号模型

对于同时多极化矢量测量系统而言，其可调整的只有发射极化状态及其功率分配，而在接收端，回波的水平极化和垂直极化分别经过独立的射频通道后接收成为二维矢量。按照上述分析，矢量测量系统的接收信号可以表示为

$$\boldsymbol{r}(t)=\begin{bmatrix} r_{\mathrm{H}}(t)\\ r_{\mathrm{V}}(t)\end{bmatrix}=\frac{A_0}{R^2}(\boldsymbol{S}_t+\boldsymbol{S}_c)\sum_{m=1}^{M}\boldsymbol{\xi}_m\sqrt{P_m}s_m(t-\tau_0)+\boldsymbol{n}(t) \tag{3-74}$$

式中：$r_{\mathrm{H}}(t)$和 $r_{\mathrm{V}}(t)$分别表示 H 和 V 极化通道的接收回波信号，其余参数的定义同式(3-47)。接着，对两个极化通道回波分别进行脉压处理和数字抽样，则第 m 个发射极化对应的脉压归一化输出矢量可以表示为

$$\boldsymbol{r}_m=\sqrt{P_m}(\boldsymbol{S}_t+\boldsymbol{S}_c)\boldsymbol{\xi}_m+\boldsymbol{n}_m,\quad m=1,2,\cdots,M \tag{3-75}$$

式中：$\boldsymbol{r}_m=[r_{\mathrm{H}}(m),r_{\mathrm{V}}(m)]^{\mathrm{T}}$ 和$\boldsymbol{n}_m=[n_{\mathrm{H}}(m),n_{\mathrm{V}}(m)]^{\mathrm{T}}$ 分别表示第 m 个极化的二维观测矢量和噪声矢量。观察式(3-75)可以发现，当取 $m=2$ 且发射极化设置为 $\xi_1=[1,0]^{\mathrm{T}}$ 以及 $\xi_2=[1,0]^{\mathrm{T}}$ 时，上述测量模型即为传统的同时全极化测量体制模型，这与 3.2 节的分析相吻合，同时多极化测量体制可以包含现有的大部分极化测量体制，是一种更一般和通用的极化测量模型。

进一步，定义矢量测量系统第 m 个发射极化状态的系统极化响应矩阵为

$$\boldsymbol{A}'_m=\begin{bmatrix}\xi_{\mathrm{H}}(m),\xi_{\mathrm{V}}(m),0,0\\ 0,0,\xi_{\mathrm{H}}(m),\xi_{\mathrm{V}}(m)\end{bmatrix} \tag{3-76}$$

则式(3-75)可以改写为

$$\boldsymbol{r}_m = \boldsymbol{A}'_m \boldsymbol{p}_t + \boldsymbol{A}'_m \boldsymbol{p}_c + \boldsymbol{n}_m, \quad m = 1,2,\cdots,M \tag{3-77}$$

其中,$\boldsymbol{p}_t$ 和 $\boldsymbol{p}_c$ 定义同式(3-51)。

类似地,考虑一个 CPI 内的观测模型,假设一个 CPI 内发射 K 个脉冲信号对目标的极化散射信息进行估计,参考多脉冲处理类似的方法,可得一个 CPI 内同时多极化矢量测量系统的观测模型为

$$\boldsymbol{r}_{m,k} = \boldsymbol{A}'_{m,k} \boldsymbol{p}_t + \boldsymbol{A}'_{m,k} \boldsymbol{p}_c + \boldsymbol{n}_{m,k}, \quad m = 1,2,\cdots,M, \quad k = 1,2,\cdots,K \tag{3-78}$$

式中:下标 m,k 表示第 k 个脉冲的第 m 个发射极化状态;$\boldsymbol{r}_{m,k}$ 和 $\boldsymbol{n}_{m,k}$ 表示对应的观测矢量和噪声矢量;$\boldsymbol{A}'_{m,k}$ 为对应的矢量测量系统极化响应矩阵,可以表示为

$$\boldsymbol{A}'_{m,k} = \sqrt{P_{m,k}} \begin{bmatrix} \xi_{\mathrm{H}}(m,k), \xi_{\mathrm{V}}(m,k), 0, 0 \\ 0, 0, \xi_{\mathrm{H}}(m,k), \xi_{\mathrm{V}}(m,k) \end{bmatrix} \tag{3-79}$$

将一个 CPI 内所有的观测样本和噪声项分别放入两个列矢量,则同时多极化矢量测量系统一个 CPI 的观测模型可以改写为

$$\boldsymbol{r}' = \boldsymbol{A}' \boldsymbol{p}_t + \boldsymbol{A}' \boldsymbol{p}_c + \boldsymbol{n}' \tag{3-80}$$

其中

$$\boldsymbol{r}' = [\boldsymbol{r}_{1,1}^{\mathrm{T}}, \boldsymbol{r}_{2,1}^{\mathrm{T}}, \cdots, \boldsymbol{r}_{M,1}^{\mathrm{T}}, \cdots, \boldsymbol{r}_{1,K}^{\mathrm{T}}, \cdots, \boldsymbol{r}_{M,K}^{\mathrm{T}}]^{\mathrm{T}} \tag{3-81}$$

$$\boldsymbol{n}' = [\boldsymbol{n}_{1,1}^{\mathrm{T}}, \boldsymbol{n}_{2,1}^{\mathrm{T}}, \cdots, \boldsymbol{n}_{M,1}^{\mathrm{T}}, \cdots, \boldsymbol{n}_{1,K}^{\mathrm{T}}, \cdots, \boldsymbol{n}_{M,K}^{\mathrm{T}}]^{\mathrm{T}} \tag{3-82}$$

以及

$$\boldsymbol{A}' = \begin{bmatrix} \sqrt{P_{1,1}}[\xi_{\mathrm{H}}(1,1), \xi_{\mathrm{V}}(1,1), 0, 0] \\ \sqrt{P_{1,1}}[0, 0, \xi_{\mathrm{H}}(1,1), \xi_{\mathrm{V}}(1,1)] \\ \vdots \\ \sqrt{P_{M,1}}[\xi_{\mathrm{H}}(M,1), \xi_{\mathrm{V}}(M,1), 0, 0] \\ \sqrt{P_{M,1}}[0, 0, \xi_{\mathrm{H}}(M,1), \xi_{\mathrm{V}}(M,1)] \\ \vdots \\ \sqrt{P_{1,K}}[\xi_{\mathrm{H}}(1,K), \xi_{\mathrm{V}}(1,K), 0, 0] \\ \sqrt{P_{1,K}}[0, 0, \xi_{\mathrm{H}}(1,K), \xi_{\mathrm{V}}(1,K)] \\ \vdots \\ \sqrt{P_{M,K}}[\xi_{\mathrm{H}}(M,K), \xi_{\mathrm{V}}(M,K), 0, 0] \\ \sqrt{P_{M,K}}[0, 0, \xi_{\mathrm{H}}(M,K), \xi_{\mathrm{V}}(M,K)] \end{bmatrix} \tag{3-83}$$

综上所述,对于同时多极化矢量测量系统,得到了与标量测量系统类似的一个 CPI 内的观测模型。对于模型中目标和杂波的统计特性,同 3.4.1 节假设,对于噪声矢量,为了性能比较的公平性,假设两个极化通道的噪声$\{n_{\mathrm{H}}(m,k)\}_{m=1,k=1}^{M,K}$和$\{n_{\mathrm{V}}(m,k)\}_{m=1,k=1}^{M,K}$均为协方差矩阵为$\sigma^2/2\,\boldsymbol{I}_{MK}$的零均值高斯白噪声,且二者不相关。同时假定目标、杂波和噪声三者不相关,因此联合概率密度函数具有任意性。

在上述假设下,根据观测模型式(3-80),由观测量$\boldsymbol{r}'$对$\boldsymbol{p}_t$的 LMMSE 估计及相应的误差矩阵$\boldsymbol{D}$分别为

$$\hat{\boldsymbol{p}}_t=\mathbb{E}(\boldsymbol{p}_t)+(\boldsymbol{C}_t^{-1}+\boldsymbol{A}'^{\dagger}(\boldsymbol{C}'_{cn})^{-1}\boldsymbol{A}')^{-1}\boldsymbol{A}'^{\dagger}(\boldsymbol{C}'_{cn})^{-1}(\boldsymbol{r}'-\boldsymbol{A}'\mathbb{E}(\boldsymbol{p}_t)) \tag{3-84}$$

以及

$$\boldsymbol{C}'_d=(\boldsymbol{C}_t^{-1}+\boldsymbol{A}'^{\dagger}(\boldsymbol{C}'_{cn})^{-1}\boldsymbol{A}')^{-1} \tag{3-85}$$

其中

$$\boldsymbol{C}'_{cn}=\boldsymbol{A}'\boldsymbol{C}_c\boldsymbol{A}'^{\dagger}+\frac{\sigma^2}{2}\boldsymbol{I}_{2MK} \tag{3-86}$$

与标量测量系统类似,本节选取 LMMSE 估计误差矩阵的迹作为目标函数,同时将式(3-65),即发射极化的三角函数转换式代入式(3-85),则同时多极化矢量测量系统最小化目标极化散射矢量估计误差的发射极化选取与功率分配问题可以表示为

$$\begin{aligned}
&\min_{\boldsymbol{A}'\in\mathbb{C}^{2MK\times4}}\ \mathrm{tr}(\boldsymbol{C}'_d)\\
&\text{s. t. }\ \boldsymbol{C}'_d=(\boldsymbol{C}_t^{-1}+\boldsymbol{A}'^{\dagger}(\boldsymbol{C}'_{cn})^{-1}\boldsymbol{A}')^{-1}\\
&\sum_{m=1}^{M}P_{m,k}\,|\xi_{\mathrm{H}}(m,k)|^2\leqslant P_{\max},\ \sum_{m=1}^{M}P_{m,k}\,|\xi_{\mathrm{V}}(m,k)|^2\leqslant P_{\max}\\
&\boldsymbol{\xi}(m,k)=\begin{bmatrix}\cos(\alpha_{m,k})\cos(\beta_{m,k})+\mathrm{j}\sin(\alpha_{m,k})\sin(\beta_{m,k})\\-\sin(\alpha_{m,k})\cos(\beta_{m,k})+\mathrm{j}\cos(\alpha_{m,k})\sin(\beta_{m,k})\end{bmatrix}\\
&\alpha_{m,k}\in[-\pi/2,\pi/2],\beta_{m,k}\in[-\pi/4,\pi/4]\\
&m=1,2,\cdots,M,k=1,2,\cdots,K
\end{aligned} \tag{3-87}$$

与优化问题式(3-67)类似,直接求解式(3-87)需要优化的变量数约为$\mathcal{O}(MK)$,如果采用网格搜索法进行求解,则计算量约为$\mathcal{O}((b_P b_\alpha b_\beta)^{MK})$,参数$b_P,b_\alpha,b_\beta$分别为$P_{m,k},\alpha_{m,k},\beta_{m,k}$在可行域上的网格划分数。尽管和标量测量系统相比,矢量测量系统的计算量约减少了一半,但是计算量仍和脉冲数与极化

状态数呈指数关系,这也就意味着一次性求解 K 个脉冲的所有发射极化选取和功率分配的计算量仍是巨大的。为了有效求解该问题,后续将着手采用基于序贯估计的方法对上述问题进行求解。

2. 基于序贯 LMMSE 估计的矢量系统多极化资源分配方法

令 $\hat{\boldsymbol{p}}_{t,k-1}$ 为基于 $k-1$ 个脉冲的观测量 $[\boldsymbol{r}_{1,1}^{\mathrm{T}},\boldsymbol{r}_{2,1}^{\mathrm{T}},\cdots,\boldsymbol{r}_{M,1}^{\mathrm{T}},\cdots,\boldsymbol{r}_{1,k-1}^{\mathrm{T}},\cdots,\boldsymbol{r}_{M,k-1}^{\mathrm{T}}]$ 对目标极化散射矢量 $\boldsymbol{p}_t$ 的 LMMSE 估计,$\boldsymbol{C}'_{d,k-1}$ 为相应的误差矩阵,则根据序贯估计方法的信号处理流程可知,对于第 k 次观测,当新的观测样本到来时,待估变量的 LMMSE 估计量更新为

$$\hat{\boldsymbol{p}}_{t,k}=\hat{\boldsymbol{p}}_{t,k-1}+\boldsymbol{K}'_k(\boldsymbol{r}'_k-\tilde{\boldsymbol{A}}'_k\hat{\boldsymbol{p}}_{t,k-1}) \tag{3-88}$$

其中

$$[\boldsymbol{K}'_k]_{:,(2m-1)}=\frac{\boldsymbol{C}_{d,k-1}([\boldsymbol{A}'_{m,k}]_{1,:})^{\mathrm{T}}}{([\boldsymbol{A}'_{m,k}]_{1,:})^*\boldsymbol{C}_c([\boldsymbol{A}'_{m,k}]_{1,:})^{\mathrm{T}}+\dfrac{\sigma^2}{2}+([\boldsymbol{A}'_{m,k}]_{1,:})^*\boldsymbol{C}_{d,k-1}([\boldsymbol{A}'_{m,k}]_{1,:})^{\mathrm{T}}} \tag{3-89a}$$

$$[\boldsymbol{K}'_k]_{:,2m}=\frac{\boldsymbol{C}_{d,k-1}([\boldsymbol{A}'_{m,k}]_{2,:})^{\mathrm{T}}}{([\boldsymbol{A}'_{m,k}]_{2,:})^*\boldsymbol{C}_c([\boldsymbol{A}'_{m,k}]_{2,:})^{\mathrm{T}}+\dfrac{\sigma^2}{2}+([\boldsymbol{A}'_{m,k}]_{2,:})^*\boldsymbol{C}_{d,k-1}([\boldsymbol{A}'_{m,k}]_{2,:})^{\mathrm{T}}} \tag{3-89b}$$

$$m=1,2,\cdots,M$$

$$\boldsymbol{r}'_k=[\boldsymbol{r}_{1,k}^{\mathrm{T}},\boldsymbol{r}_{2,k}^{\mathrm{T}},\cdots,\boldsymbol{r}_{M,k}^{\mathrm{T}}]_{2M\times 1}^{\mathrm{T}} \tag{3-90}$$

以及

$$\tilde{\boldsymbol{A}}'_k=\begin{bmatrix}\boldsymbol{A}'_{1,k}\\ \boldsymbol{A}'_{2,k}\\ \vdots\\ \boldsymbol{A}'_{M,k}\end{bmatrix}_{2M\times 4} \tag{3-91}$$

分别表示增益矩阵 $\boldsymbol{K}'_k$ 的第$(2m-1)$列和第 $2m$ 列、第 k 个脉冲的观测样本和系统的极化响应矩阵。相应地,被估计量的误差协方差矩阵更新为

$$\boldsymbol{C}'_{d,k}=(\boldsymbol{I}-\boldsymbol{K}'_k\tilde{\boldsymbol{A}}'_k)\boldsymbol{C}'_{d,k-1} \tag{3-92}$$

从而基于序贯 LMMSE 估计的方法,求解同时多极化矢量测量系统的发射极化选取与功率分配优化问题式(3-87),可以转化为依次求解如下的优化问题:

$$
\begin{aligned}
&\min_{\widetilde{A}'_k \in \mathbb{C}^{2M\times 4}} \quad \mathrm{tr}(\boldsymbol{C}'_{d,k}) \\
&\text{s. t. } \boldsymbol{C}'_{d,k} = (\boldsymbol{I} - \boldsymbol{K}'_k \widetilde{\boldsymbol{A}}'_k)^{-1} \boldsymbol{C}'_{d,k-1} \\
&\sum_{m=1}^{M} P_{m,k} \left| \xi_{\mathrm{H}}(m,k) \right|^2 \leqslant P_{\max}, \sum_{m=1}^{M} P_{m,k} \left| \xi_{\mathrm{V}}(m,k) \right|^2 \leqslant P_{\max} \\
&\xi(m,k) = \begin{bmatrix} \cos(\alpha_{m,k})\cos(\beta_{m,k}) + \mathrm{j}\sin(\alpha_{m,k})\sin(\beta_{m,k}) \\ -\sin(\alpha_{m,k})\cos(\beta_{m,k}) + \mathrm{j}\cos(\alpha_{m,k})\sin(\beta_{m,k}) \end{bmatrix} \\
&\alpha_{m,k} \in [-\pi/2, \pi/2], \beta_{m,k} \in [-\pi/4, \pi/4], \quad m = 1,2,\cdots,M
\end{aligned}
\tag{3-93}
$$

分析可知,采用序贯估计方法优化的变量数从 $\mathcal{O}(MK)$ 变为 $\mathcal{O}(M)$,同时相比于标量测量系统,矢量测量系统的优化变量数也有所减少。综上所述,利用序贯估计方法,通过最小化误差代价函数 $\mathrm{Tr}(\boldsymbol{C}'_{d,k})$,可以得到同时多极化矢量测量系统每个脉冲的最优发射极化状态及对应的功率分配方案。具体地,对于第 k 个脉冲重复周期,为了求解非凸优化问题式(3-93),本节使用 Matlab 工具箱中的优化求解器 ***fmincon*** 来对上述问题进行求解,从而序贯更新同时多极化矢量测量系统发射极化状态和功率资源分配算法流程可以总结为算法 2。

算法 2:同时多极化矢量测量系统序贯收发极化选取与功率分配方法
输入:$\boldsymbol{C}_t, \boldsymbol{C}_c, \hat{\boldsymbol{p}}_{t,k-1}, \boldsymbol{C}_{d,k-1}, \sigma^2, \boldsymbol{r}'_k$ 以及 $\widetilde{\boldsymbol{A}}'_{k-1}$ 步骤 1:利用 ***fmincon*** 工具箱求解优化问题式(3-93),得到待优化变量 $P_{m,k}, \alpha_{m,k}, \beta_{m,k}$ 的优化结果并构建系统极化响应矩阵 $\widetilde{\boldsymbol{A}}'_k$; 步骤 2:根据式(3-89),计算增益因子 $\boldsymbol{K}_k$; 步骤 3:根据式(3-88)和(3-92)更新估计量 $\hat{\boldsymbol{p}}_{t,k}$ 和误差协方差矩阵 $\boldsymbol{C}'_{d,k}$。

3.4.3 仿真实验与结果分析

为了验证同时多极化测量体制的性能,本节通过数值仿真,首先对具有收发极化均可调整的同时多极化雷达系统,验证算法 1 基于序贯估计的目标 PSV 估计方法的有效性,并与传统极化测量体制以及文献[28]所示脉间变极化测量体制进行性能对比分析。其次,对仅具有发射极化调整能力和收发极化均可调整的同时多极化测量体制进行了性能对比,进一步分析多极化测量体制在不同雷达系统上的性能。最后,将对比分析矢量多极化测量系统与标量多极化测量系统在目标极化散射信息获取方面的性能差异。

同时,在仿真过程中,为了性能对比的公平性,我们采用同文献[28]类似的

目标和杂波协方差矩阵生成方法。具体地，目标的协方差矩阵可以选择为

$$C_t=\gamma\,U_t\Lambda_t\,(U_t\Lambda_t)^{\dagger} \tag{3-94}$$

式中：U_t 为任意酉矩阵，其可以选择为由随机复高斯分布元素构成的矩阵 M 的奇异值分解的左手边矩阵，即 $M=U_t\Lambda_M\,U_r$，Λ_t 为一个对角矩阵；γ 为信杂噪比(Signal - to - Clutter - Noise Ratio，SCNR)控制因子，定义为

$$\mathrm{SCNR}=\mathrm{tr}(C_t)/(\mathrm{tr}(C_c)+\sigma^2) \tag{3-95}$$

式中：C_c 为杂波的协方差矩阵，可以表示为

$$C_c=U_c\Lambda_c\,(U_c\Lambda_c)^{\dagger} \tag{3-96}$$

式中：Λ_c 为一个对角矩阵；U_c 的生成方式与 U_t 相同。在所有仿真过程中，令噪声功率为 $\sigma^2=0\mathrm{dB}$，每个极化通道的功率约束为 $P_{\max}=1$。对于所有算法，均采用随机初始化方式，即在变量约束范围内随机选取初始解输入算法进行迭代优化。此外，在仿真过程中，为了充分验证不同极化测量体制的性能，对于每组仿真参数，均进行 500 次独立蒙特卡洛仿真实验，即根据仿真约束条件产生 500 对独立的C_t 和C_c，选择多次蒙特卡洛仿真的统计均方误差作为该测量体制的性能结果。

1. 标量极化测量系统

1）与传统极化测量体制的性能对比

本节将进行同时多极化测量体制与传统固定极化以及脉间变极化测量体制的性能对比分析。对于传统的固定极化测量体制，一般地，在发射端发射天线交替发射 H、V 极化，在接收端对 H、V 极化回波进行交替接收，因此，上述流程等价为随着雷达系统的观测，系统的极化响应矢量参数循环交替变化为

$$a_1=\sqrt{P_{\max}}[1,0,0,0]^{\mathrm{T}},a_2=\sqrt{P_{\max}}[0,1,0,0]^{\mathrm{T}},$$
$$a_3=\sqrt{P_{\max}}[0,0,1,0]^{\mathrm{T}},a_4=\sqrt{P_{\max}}[0,0,0,1]^{\mathrm{T}} \tag{3-97}$$

对于文献[28]所述的脉间变极化测量体制，其信号模型等价于同时多极化测量体制 $N=1$ 对应的模型，不同的是，文献[28]采用网格法来对每一个 PRT 的收发极化矢量参数进行求解。为了对比的公平性，选取同文献[28]相同的目标和杂波参数，即

$$\Lambda_t=\mathrm{Diag}([0.1,0.1,0.3,1]),\Lambda_c=\mathrm{Diag}([0.25,0.25,0.25,0.25]) \tag{3-98}$$

图 3－12 所示为传统极化测量体制、脉间变极化测量体制（本节均使用与文献[28]中相同的网格划分参数）以及同时多极化测量体制的目标 PSV 估计均方误差随观测脉冲数变化曲线，仿真中信杂噪比设置为 SCNR＝0dB。从图中可以看出，对于所有的测量体制，随着样本数的增加，目标 PSV 的估计误差逐渐降低。特别地，当可利用脉冲数相同时，同时多极化测量体制具有最小的估计误差，并且，随着单个脉冲同时发射的极化态数 M 的增加，这种 PSV 估计精度的改善越来越明显。但是，从图中也可以发现，这种增加同时发射的极化状态数带来的性能改善并不是无限的，当极化状态数从 $M=2$ 变为 $M=4$ 时，目标 PSV 的估计性能提升相比于极化状态数从 $M=1$ 变为 $M=2$ 时要小，而同时发射的极化数目的增加会使得每个脉冲序贯估计所优化的变量数增加，即优化算法运行时间增加。因此，在实际应用中，可以根据 PSV 的估计精度要求和实时性要求合理地选择极化状态数 M。

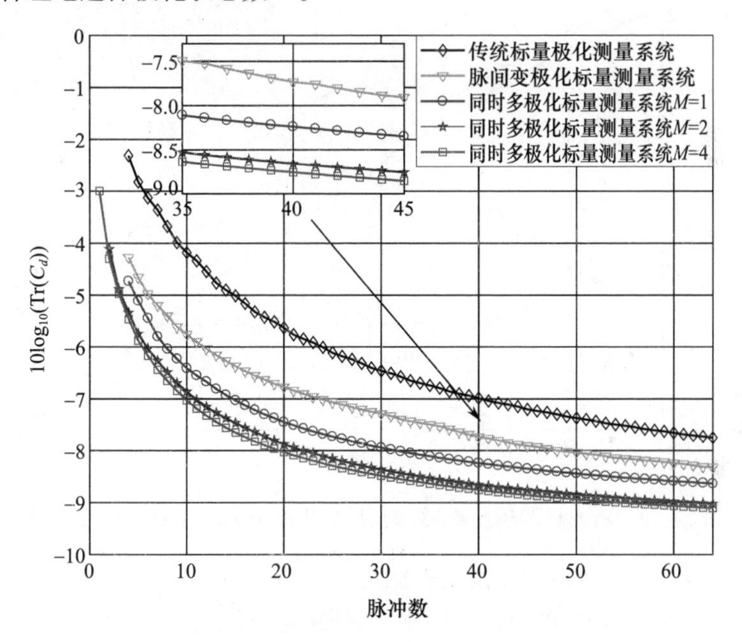

图 3－12　PSV 估计误差随观测脉冲数变化曲线

此外，值得说明的是，传统极化测量体制和脉间变极化测量体制至少需要 4 个 PRT 才能实现目标 PSV 的估计，而同时多极化测量体制需要更少的脉冲数即可实现 PSV 估计，即当 $M=2$ 和 $M=4$ 时，分别需要 2 个和 1 个脉冲即可实现 PSV 的完整估计。同时也注意到，文献[28]中变极化测量体制对应着同时多极化测量体制 $M=1$ 的情况，但是从图 3－12 的结果来看，即使在 $M=1$ 时，同时多极化测量体制也表现出比变极化测量体制更好的测量性能。原因在于文献

[28]采用网格法来获取最优收发极化状态,而网格法的优化性能与划分网格的大小密切相关,本节采用的是数值优化方法,因此对相同的优化问题获得了更好的优化结果。

图 3-13 所示为固定脉冲数为 $K=32$ 时,不同极化测量体制的 PSV 估计误差随 SCNR 的变化曲线。同预期的一样,相比于传统极化测量体制,同时多极化测量体制表现出最好的 PSV 估计性能。为了获取相同的 PSV 估计精度,在上述仿真参数下,同时多极化测量体制相比于传统极化测量体制和脉间变极化测量体制,对雷达系统的 SCNR 要求分别低了 3.5~4dB 和 1.5~2dB,这对于提升在杂波场景中的目标极化散射信息获取能力具有重要意义。

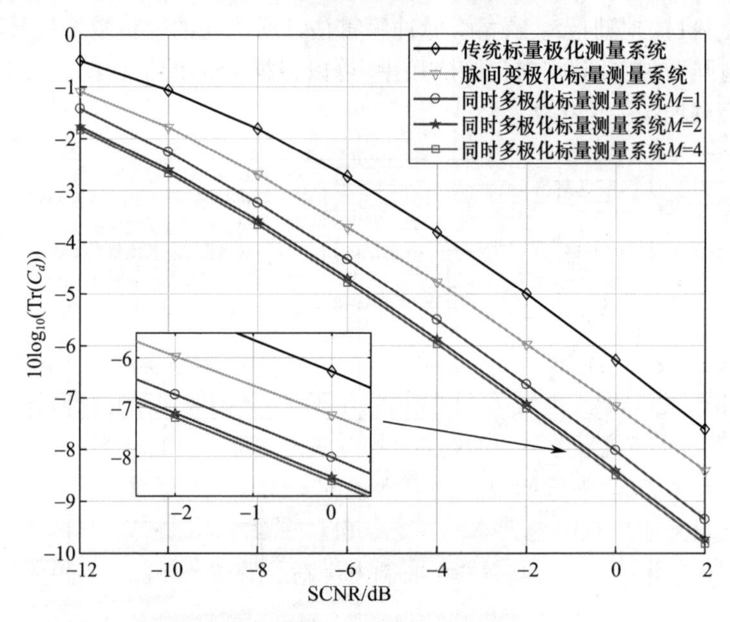

图 3-13 观测样本数为 $K=32$ 时,PSV 估计误差随 SCNR 的变化曲线

2）与同时多发射极化体制的性能对比

由于实际雷达系统的灵活性差别,部分雷达系统仅能支持发射极化的自适应调整。因此,本节进一步针对同时多发射极化测量体制、同时多收发极化测量体制和传统极化测量体制进行性能对比分析。对于具有自适应发射多极化调整能力的极化雷达系统,其发射极化状态可通过调整配置 H、V 极化通道的正交波形来实现,而接收极化状态只能交替固定为 H 极化或 V 极化,即系统的极化响应矢量交替变化为 $\boldsymbol{a}_{m,k}=\sqrt{P_{m,k}}[\xi_{\mathrm{H}}(m,k),\xi_{\mathrm{V}}(m,k),0,0]^{\mathrm{T}}$ 和 $\boldsymbol{a}_{m,k+1}=\sqrt{P_{m,k+1}}[0,0,\xi_{\mathrm{H}}(m,k),\xi_{\mathrm{V}}(m,k)]^{\mathrm{T}}$,其中 m,k 表示第 k 个脉冲的第 m 个极化态。对于同时多收发极化测量体制而言,其收发极化状态均可自由配置。此

外，不失一般性，对于每次蒙特卡洛仿真，将目标和杂波参数选择为

$$\boldsymbol{\Lambda}_t = \mathrm{Diag}(\mathrm{rand}(4,1)),\boldsymbol{\Lambda}_c = \mathrm{Diag}(\mathrm{rand}(4,1)) \tag{3-99}$$

式中：rand(4,1)表示 4×1 维随机实矢量。同时需要说明的是，为了保持目标的功率恒定，本节对 $\boldsymbol{\Lambda}_t$ 进行归一化处理，即每次蒙特卡洛仿真的 $\boldsymbol{\Lambda}_t$ 的主对角元素为随机生成变量，但是限定其平方和为 1，即 $\|\boldsymbol{\Lambda}_t\|_F^2 = 1$，其中 $\|\cdot\|_F$ 表示矩阵的 Frobenius 范数。

图 3-14 所示为多种极化测量方式在 SCNR = 0dB 时的 PSV 估计均方误差随观测脉冲数变化曲线。从中可以看出，对于常规的一般目标，随着观测样本数的增加，各类极化测量系统的 PSV 估计误差均逐渐降低，即能对目标的极化散射信息进行有效估计。同时，如预期的一样，同时多收发极化测量体制表现出最好的测量性能，图 3-14 显示出，同时多收发极化测量体制 PSV 估计误差 < 同时多发射极化测量体制 PSV 估计误差 < 传统极化测量体制 PSV 估计误差。这里需要说明的是，如前所述，变极化测量体制等价于同时多收发极化测量体制 $M=1$ 的情况，图 3-14 中变极化测量体制的 PSV 估计误差高于同时多发射极化体制 $M=1$ 的情况是由于其采用的网格法搜索最优收发极化导致的，而不是测量体制自身的不足。

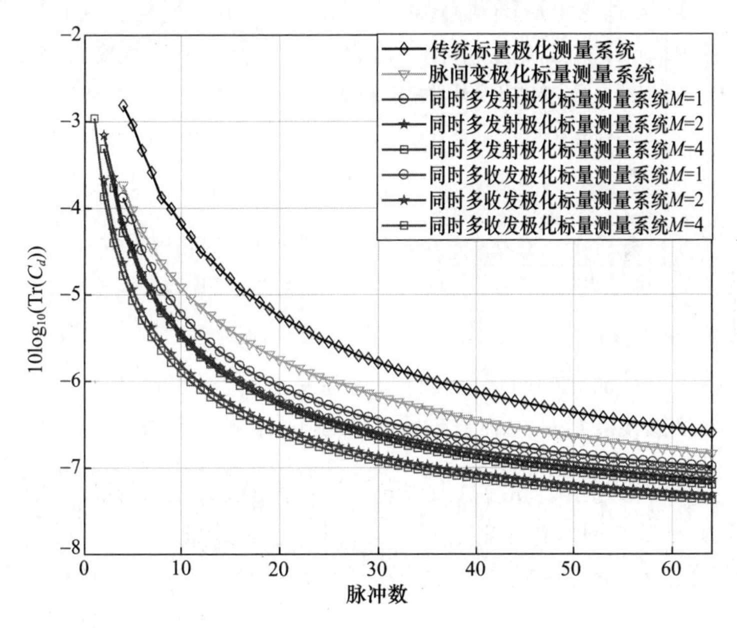

图 3-14　SCNR = 0dB 时，同时多发射极化和多收发极化标量测量系统 PSV 估计误差随观测脉冲数变化曲线

图 3-15 所示为固定观测样本数为 $K=32$ 时，各类极化测量体制的 PSV 估

计误差随 SCNR 的变化曲线。可以看出,对于常规的一般目标,为了获取相同的 PSV 估计精度,相比于传统极化测量体制,同时多收发极化测量体制和同时多发射极化测量体制对雷达系统的 SCNR 要求分别低了约 2～4dB 和 1.5～2.5dB。因此,在实际应用过程中,当系统仅具备发射极化调整能力时,采用同时多发射极化测量体制,也可以提升对目标的 PSV 估计性能。同时,如果雷达系统同时具备发射和接收极化调整能力时,采用同时多收发极化测量体制可以获得比传统极化测量体制和变极化测量体制更精确的极化散射信息获取性能。

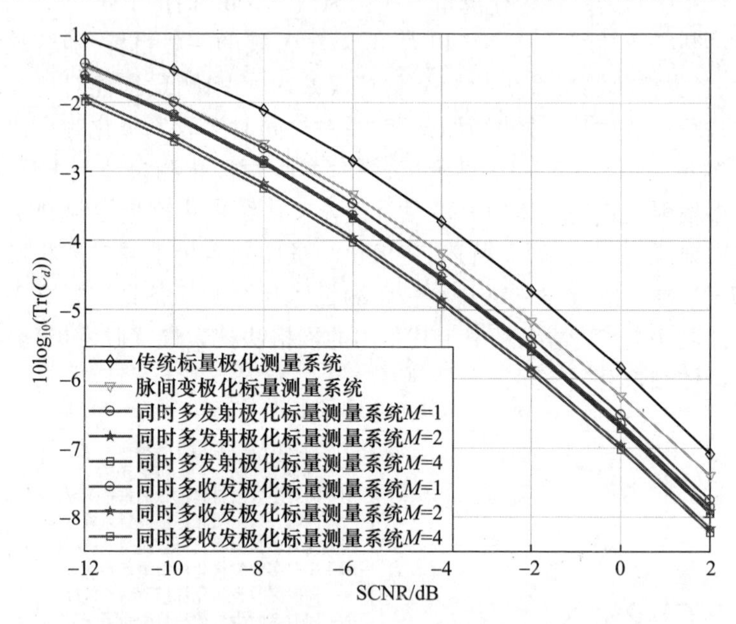

图 3-15　观测样本数为 $K=32$ 时,同时多发射极化和多收发极化标量测量系统 PSV 估计误差随 SCNR 的变化曲线

2. 矢量测量系统

本节将进一步对比同时多极化标量测量系统、同时多极化矢量测量系统以及传统同时全极化测量系统在目标极化散射信息估计方面的性能差异。根据前述分析可知,同时全极化测量系统为同时多极化矢量测量系统的特例,即同时发射水平和垂直正交极化,接收端利用正交通道对回波进行同时接收得到二维观测矢量,其等价于第 k 个脉冲系统的极化响应矩阵为

$$\tilde{\boldsymbol{A}}_k' = \begin{bmatrix} 1 & 0 & 0 & 0 \\ 0 & 0 & 1 & 0 \\ 0 & 1 & 0 & 0 \\ 0 & 0 & 0 & 1 \end{bmatrix} \tag{3-100}$$

为了性能对比的公平性,采用与式(3-98)相同的目标和杂波统计参数。图3-16所示为SCNR=0dB时,不同极化测量系统的PSV估计均方误差随观测脉冲数的变化曲线,其中,脉间变极化测量体制为文献[28]中对应的矢量测量系统的脉间变极化测量体制,即对应同时多极化矢量测量系统$M=1$的模式。从中可以看出,相比于同时全极化测量体制,具有脉间极化状态捷变的同时多极化矢量测量系统表现出更好的PSV估计性能,即使对于$M=1$的多极化矢量测量系统,其目标极化散射信息获取精度也要优于同时全极化测量体制。并且这种性能改善随着极化状态数M的增加越来越明显,但是和标量测量系统类似,这种由极化状态数的增加带来的测量精度的提升并不是无限的。同时注意到,$M=1$的多极化矢量测量系统的PSV估计性能优于文献[28]的脉间变极化矢量测量系统的性能,这同样是由于优化算法造成的,而与测量体制无关,因为二者的测量模式在本质上是相同的。另外,对比标量测量系统和矢量测量系统的测量性能可以发现,相同极化状态数M的条件下,矢量测量系统表现出比标量测量系统更好的PSV估计性能,可能的原因在于矢量测量系统相比于标量测量系统可利用的观测数据量更多,从而可以对数据进行更丰富的线性组合从而获取更好的PSV估计性能。无论是从同时多极化矢量测量系统和标量测量系统的性能结果,还是从同时多极化矢量测量系统与传统全极化测量性能结果来看,雷达可使用的自由度越大以及可利用的数据量越大,目标PSV的估计误差越小,即估计精度越高。

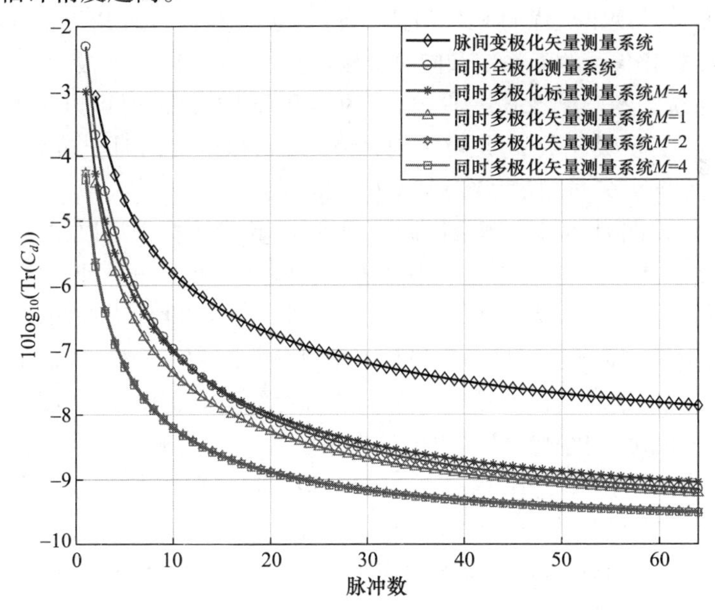

图3-16　SCNR=0dB时,标量和矢量测量系统PSV估计误差随观测脉冲数的变化曲线

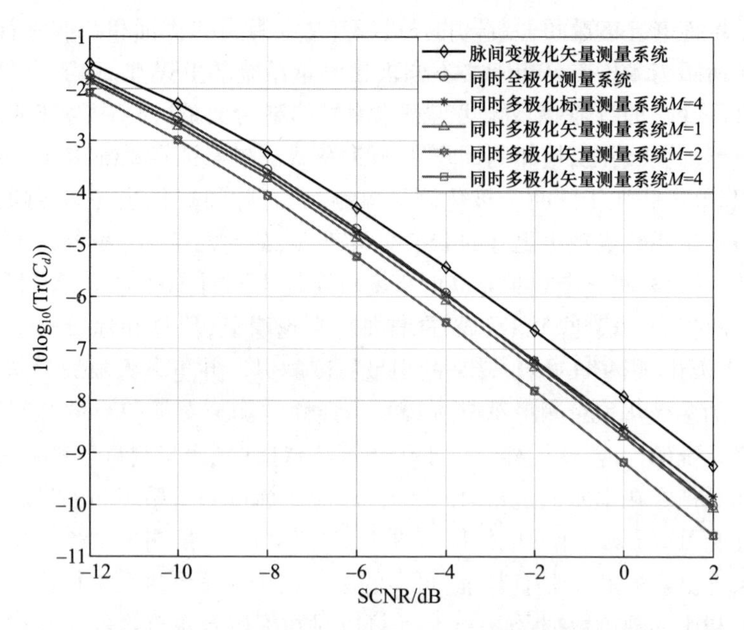

图 3 - 17　观测脉冲数为 $K=32$ 时，标量和矢量测量系统 PSV 的估计误差随 SCNR 的变化曲线

图 3 - 17 所示为固定观测样本数为 $K=32$ 时，不同标量和矢量极化测量体制的 PSV 估计误差随 SCNR 的变化曲线。可以看出，同预期一样，同时多极化矢量测量系统表现出最优的 PSV 估计性能，为了获取相同的 PSV 估计精度，相比于脉间变极化矢量测量系统和同时全极化测量系统，同时多极化矢量测量系统对雷达系统的 SCNR 要求分别降低了约 2dB 和 1dB。同时可以看出，对于标量测量系统，当多极化数 M 足够大时，能够达到和传统同时全极化测量系统（本质上该系统为矢量测量系统）基本相近的性能。

此外，根据同时多极化测量体制原理可知，其优势在于可以在一个脉冲内同时发射多个状态的极化波，也就意味着该体制可以在一个脉冲内完成对目标极化散射信息的获取。为了进一步评估该体制在一个脉冲周期内的目标 PSV 估计性能，图 3 - 18 给出了同时多极化矢量测量系统在一个脉冲周期内同时发射不同极化状态数时获得的目标 PSV 的估计性能。对比图 3 - 16 的结果可以看出，尽管同时全极化测量体制也能够在一个脉冲内实现目标 PSV 的估计，但是其估计误差约为 -2.3dB，相比之下，经过极化状态和功率优化的同时多极化矢量测量系统的 PSV 估计误差均小于 -4dB，并且随着极化状态数 M 的增加，这种单个 PRT 的 PSV 估计性能改善越来越明显，当极化状态数 $M>6$ 后，目标 PSV 的估计性能基本保持不变。

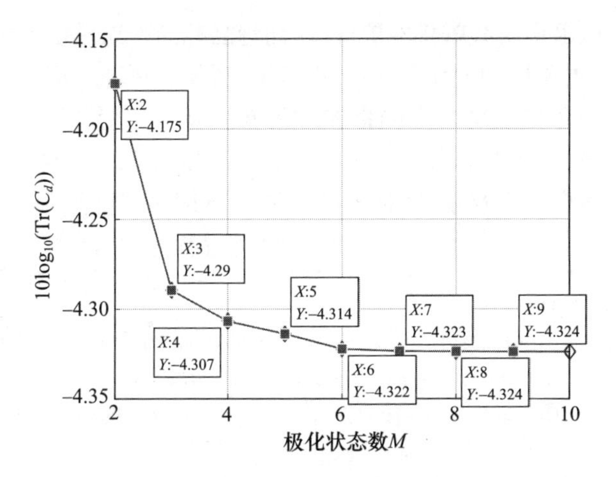

图3－18　观测脉冲数为 $K=1$ 时，同时多极化矢量测量系统 PSV 的估计误差随极化状态数变化曲线

3.5 小　结

针对目标极化散射信息的精确获取问题，本章首次提出一种同时多极化测量体制，从体制的实现原理、信号模型等方面对其进行了详细分析。针对杂波场景中的目标极化散射信息精确估计这一关键问题，基于最小均方误差估计准则，以最小化目标极化散射矢量估计误差为目的，建立了同时多极化测量体制极化状态选取与功率资源分配模型，为了降低算法的计算复杂度，提出了一种基于序贯估计的多极化体制资源分配方法。结果表明，相比于传统极化测量体制和变极化测量体制，同时多极化测量体制具有更高的目标极化散射信息获取精度，同等测量精度下，对雷达系统具有更低的信杂噪比要求。

本节从极化测量的角度分析并验证了同时多极化测量体制的优势，可以预见，该体制在其他应用上仍具有潜在优势。首先，在目标分辨领域，众所周知，零极化理论在雨雪杂波抑制等领域已经发挥了重要作用，其本质就是通过将雷达系统的收发极化选择为雨雪等的零极化，从而在回波中实现雨雪的抑制和目标的提取。根据这一理论，对于同一距离单元存在两个目标的分辨问题，采用同时多极化测量体制，通过调整不同的收发极化组合，可以调控目标在脉压输出后的峰值水平，从而可以达到抑制和提取目标的目的，从而实现双目标分辨，在此基础上可以进一步研究多目标的分辨问题。另外，在目标识别领域，相比于传统极化测量体制，同时多极化测量体制能够在一个脉冲内获得目标在多个不同收发极化组合下的真实回波，对于极化特性捷变的目标，可以在更短的测量周期获取目标更多的散射特性信息，从而为目标的辨识提供支撑。

参 考 文 献

[1] 王雪松．雷达极化技术研究现状与展望[J]．雷达学报，2016，5(2)：119 – 131.

[2] LI D，LIN B，WANG X，et al. High – performance polarization remote sensing with the modified U – net based deep – learning network [J]. IEEE Transactions on Geoscience and Remote Sensing，2022，60：5621110. doi：10. 1109/TGRS. 2022. 3164917.

[3] CHENG X，AUBRY A，CIUONZO D，et al. Robust waveform and filter bank design of polarimetric radar [J]. IEEE Transactions on Aerospace and Electronic Systems，2017，53(1)：370 – 384.

[4] BOUCHAT J，TRONQUO E，ORBAN A，et al. Assessing the potential of fully polarimetric mono – and bistatic SAR acquisitions in L – Band for crop and soil monitoring[J]. IEEE Journal of Selected Topics in Applied Earth Observations and Remote Sensing，2022，15：3168 – 3178.

[5] 庞晨．相控阵雷达极化精密极化测量理论与技术研究[D]．长沙：国防科学技术大学，2015.

[6] SANTALLA V，ANTAR Y M. A comparison between different polarimetric measurement schemes[J]. IEEE Transactions on Geoscience and Remote Sensing，2002，40(5)：1007 – 1017.

[7] GIULI D，FOSSI M，FACHERIS L. Radar target scattering matrix measurement through orthogonal signals [J]. IEEE Proceedings F – Radar and Signal Processioy，1993，140(4)：233 – 242.

[8] 王占领．宽带宽角扫描相控阵雷达极化精确控制技术[D]．长沙：国防科学技术大学，2021.

[9] LI X S，XING M D，XIA X G，et al. Deramp space – time adaptive processing for multichannel SAR systems [J]. IEEE Geoscience and Remote Sensing Letters，2014，11(8)：1448 – 1452.

[10] WANG M，ZHANG J，DENG K，et al. An adaptive and adjustable maximum – likelihood estimator for SAR change detection[J]. IEEE Transactions on Geoscience and Remote Sensing，2022，60：5227513. doi：10. 1109/TGRS. 2022. 3171721.

[11] XIE L，HE Z S，TONG J，et al. Transmitter polarization optimization for space – time adaptive processing with diversely polarized antenna array[J]. Signal Processing，2020，169：107401. doi：10. 1016/j. sigpro. 2019. 107401.

[12] LIU J，ZHANG Z，YANG Y. Optimal waveform design for generalized likelihood ratio and adaptive matched filter detectors using a diversely polarized antenna[J]. Signal Processing，2012，92：1126 – 1131.

[13] 程旭．全极化雷达目标检测与参数估计方法研究[D]．长沙：国防科学技术大学，2016.

[14] MUELLER E A，CHANDRASEKAR V. Review of meteorologic radar polarimetry in North America[C]// Radar Polarimetry. San Diego：SPIE，1993：346 – 356.

[15] 庄钊文．雷达极化信息处理及其应用[M]．北京：国防工业出版社，1999.

[16] 常宇亮．瞬态极化雷达测量、检测与抗干扰技术研究[D]．长沙：国防科学技术大学，2010.

[17] GIULI D，FACHERIS L，FOSSI M，et al. Simultaneous scattering matrix measurement through signal coding [C]//In Radar Conference，Arlington，1990：258 – 262.

[18] NEHORAI A，PALDI E. Vector – sensor array processing for electromagnetic source localization[J]. Signal Processing IEEE Transactions on，1994，42(2)：376 – 398.

[19] 吴曼青．数字阵列雷达的发展与构想[J]．雷达科学与技术．2008，6(6)：401 – 405.

[20] 吴佳妮．人造目标几何结构反演与极化雷达识别研究[D]．长沙：国防科学技术大学，2017.

[21] 张晓峰,王莉,殷国东,等. Ku 波段地海杂波极化特性实验与分析[J]. 电波科学学报,2019,34(6):676 - 686.

[22] LEVANON N,MOZESON E. Radar signals[M]. Hoboken:John Wiley & Sons,2004.

[23] CUI G,YU X,YANG Y,et al. Cognitive phaseonly sequence design with desired correlation and stopband properties[J]. IEEE Transactions on Aerospace and Electronic Systems,2017,53(6):2924 - 2935.

[24] HE H,LI J,STOICA P. Waveform design for active sensing systems:a computational approach [M]. Cambridge:Cambridge University Press,2012.

[25] WANG Z,BABU P,PALOMAR D P. Design of PAR constrained sequences for MIMO channel estimation via majorization - minimization[J]. IEEE Transactions on Signal Processing,2016,64(23):6132 - 6144.

[26] The MathWorks,Inc:optimization toolbox user's guide[EB/OL]. [2022 - 09 - 01]. https://ww2.mathworks.cn/help/pdfdoc/optim/ptim.pdf.

[27] XIAO J J,NEHORAI A. Joint transmitter and receiver polarization optimization for scattering estimation in clutter[J]. IEEE Transactions on Signal Processing,2009,57(10):4142 - 4147.

[28] CHENG X,SHI L F,CHANG Y L,et al. Target scattering estimation in clutter with polarization optimization [J]. EURASIP Journal on Advances in Signal Processing,2015. doi:10.1186/s13634 - 015 - 0286 - y.

[29] STEVEN M K. Foundamentals of statistical singal processing: estimation theory[M]. Englewood Cliffs: Prentice - Hall,1993.

第4章

基于谱去极化比的极化气象雷达杂波抑制

4.1 引　言

极化多普勒气象雷达可实现对大气的高时空分辨率观测，是业界公认开展气象研究必不可少的工具。由极化气象雷达获得的信息可广泛应用于定量降水估计[1-4]、短期天气预报[5]和预警等方面[6]。

目前，包含美国双偏振 WSR - 88D 雷达[7]和欧洲国家气象服务网 EU - METNET[8]在内的大多数业务气象雷达采用同时发射、同时接收(SHV)的工作模式。工作于 SHV 模式下的雷达没有交叉极化测量能力，无法获得线性去极化比[1]，其标准极化测量参量是差分反射率、差分相位和共极化相关系数[9]。Ryzhkov 等[10]提出疑问“若不进行交叉极化测量，将会带来多少信息的损失”？他们通过研究发现交叉极化的测量将会提高对熔化层上方水凝物的微物理性质的解译。为此，Ryzhkov 等使用 SHV 雷达的测量参量定义去极化比，并将其定义为圆形去极化比(cDR)[10]。

气象雷达杂波根据多普勒速度的不同可以分为静态杂波和动态杂波。窄带动态杂波可能是由雷达系统本身或外部辐射源造成的。大多情况下，这些杂波具有一定的谱宽，在距离 - 多普勒(RD)域中是非平稳的，在气象雷达显示器(plan position indicator，PPI)中是某些方位向的斑点。这使得传统的杂波抑制方法无法滤除此类杂波。针对气象雷达窄带杂波的抑制问题，文献[11]提出了一种基于谱线性去极化比(spectral linear depolarization ratio，sLDR)的移动双谱线性去极化比(moving double spectral linear depolarization ratio，MDsLDR)滤波器。该谱极化滤波技术利用多普勒和极化信息综合表征降雨目标的微物理和运动特性。将 MDsLDR 滤波器应用于雷达 PPI 扫描的每个径向 RD 图[11]中可以满足气象雷达的实时性处理要求，但是该滤波器只适用于全极化雷达。为了解决SHV模式雷达中的杂波抑制问题,本章提出利用谱去极化比(spectral depolarization ratio,sDR)参量替代sLDR,将MDsLDR滤波方法应用到SHV模式的雷达中。

目前,人们对清洁可再生能源的需求越来越高,用于风力发电的风力涡轮机的数量和规模也日渐增多[12]。然而,风力涡轮机的回波严重影响了气象雷达的数据质量。在风车杂波中,静止和运动的大强度反射波都是由巨大的塔和移动的叶片产生的[13-15]。此外,涡轮机舱的截面是其偏航角的函数(即风和涡轮指向方向的偏差),这意味着涡轮机的特征会由于偏航角的变化而变化[16-17]。毫无疑问,来自这些组件的回波可能会影响雷达数据质量,使其产生有偏的参数估计。因此,需要一个有效的方法来抑制气象雷达中的风车杂波(wind turbine clutter,WTC)。

随着射频频谱的大规模使用,气象雷达上的射频干扰(radio frequency interference,RFI)现象受到越来越多气象专家的关注[18]。到目前为止,大多数有关RFI的报道是其对C波段气象雷达的影响(如终端多普勒天气雷达TDWR和欧盟雷达网EU-METNET[19-20]),但是RFI对S波段气象雷达[19]的影响案例也越来越多。Saltikoff等[19]认为,S波段雷达中的RFI主要是来自无线网络的邻带干扰和其他政府雷达的带内干扰。RFI在雷达PPI上呈现点斑、条纹等样式,这些RFI严重影响气象雷达的数据质量。因此,在降雨测量中滤除RFI是十分必要的。

本章提出一种移动谱去极化比(the moving spectral depolarization ratio,MsDR)滤波器,该滤波器采用了文献[11]中滤波器的设计概念,但是,并不局限于窄带杂波的抑制,还涉及RFI和WTC的抑制。更重要的是,本章将滤波器中的sLDR替换为sDR,使其更适用于SHV模式下雷达的杂波抑制。为了验证所提MsDR滤波器的有效性,本章使用了以下雷达的数据做性能分析:①用于科学研究的具有全极化测量能力的X波段雷达;②具有双极化测量能力的C波段雷达。本章通过全极化雷达的数据对比MsDR滤波器和MDsLDR滤波器对窄带杂波和WTC的杂波抑制性能,使用C波段雷达数据验证MsDR滤波器对RFI的抑制性能。

本章的结构如下:4.2节介绍了X波段全极化雷达和C波段双极化雷达的雷达测量模式并对杂波进行分析。4.3节介绍了谱极化测量参量、MsDR滤波器和雷达观测参量。4.4节详细介绍了在X波段雷达不同案例中,MsDR滤波器的杂波抑制性能。4.5节介绍了在C波段雷达中,MsDR滤波器对RFI的抑制效果。4.6节对本章工作进行小结。

4.2 雷达测量和杂波分析

本节将介绍两部雷达,并利用这两部雷达的数据评估滤波器的有效性。一部是荷兰代尔夫特理工大学研制的 IDRA 雷达,该雷达是 X 波段全极化雷达,主要受稳定或移动的窄带杂波以及 WTC 旁瓣杂波的影响。另一部是荷兰皇家气象局的气象雷达系统,下面简称为 KNMI 雷达,该雷达是 C 波段双极化雷达,主要受 RFI 的影响。

4.2.1 IDRA 测量系统

IDRA 雷达是专门为大气研究而设计的 X 波段高分辨率全极化多普勒气象雷达[21]。该雷达是线性调频连续波(linear frequency - modulated continuous wave,FMCW)扫描雷达,设有一个发射机和两个接收机。H 极化和 V 极化信号在发射机上交替传输,两个接收机同时接收,因此可以获取交叉极化和共极化的参量。系统规格如表 4 - 1 所示,其中,扫描时间是 FMCW 雷达的一个术语,相当于脉冲雷达的脉冲重复时间,IDRA 雷达是实时显示测量值的。自 2009 年 4 月至今,雷达数据均可在网上免费下载[22],这些数据有利于对监测区域进行的长期观测以研究其降雨变化。

表 4 - 1 IDRA 系统规范

雷达类型	线性 FMCW
发射机类型	固态
极化类型	全极化
中心频率/GHz	9.475
发射功率/W	1,2,5,10,**20**
扫描时间/μs	204.8,**409.6**,8192.2,1638.4,3276.8
带宽/MHz	**5**,10,20,50
天线宽度	1.8°
扫描角	俯仰 0.5°,方位 0° ~360°

注:加粗部分表示在本章数据模式下使用的参数。

水平扫描的 IDRA 安装在一个 213m 高塔的顶部,扫描仰角固定为 0.5°以降低地杂波对雷达的影响。但是,在 60°方位角距雷达 3.4km 处有三部高为 120m 的风车[23],该雷达会受到风车杂波的影响。IDRA 和风力涡轮机的几何形状与实际地理位置如图 4 - 1 所示。这些涡轮机的额定功率为 2000kW,直径和轮毂高度为 80m。指向风车方向的 IDRA 扫描示意图如图 4 - 1(c)所示。从

图4-1(c)可以看出,风车距雷达天线主波束约116m(雷达波束宽度为1.8°),这说明WTC是由IDRA的旁瓣引起的。根据IDRA和WTC的几何形状和位置关系,有效的WTC旁瓣杂波抑制方法研究十分必要。

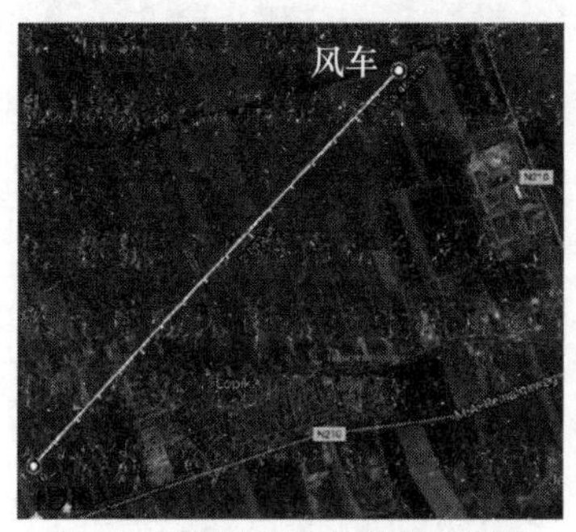

(a) IDRA和风力涡轮机的相对位置

(b) IDRA和风力涡轮机的相对位置

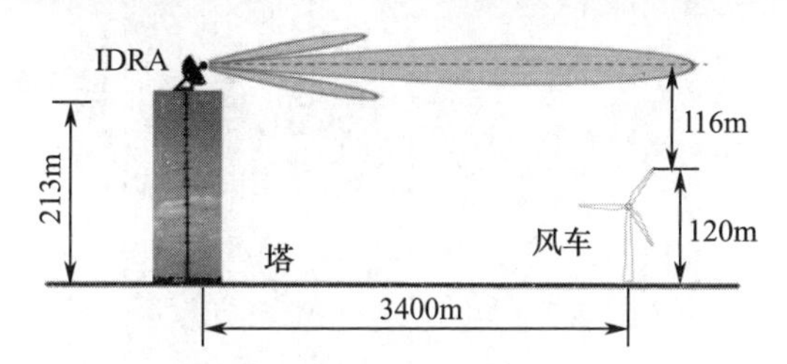

(c) IDRA指向风力涡轮机扫描的示意图

图4-1　IDRA和风车的相对位置及扫描示意图

测量于2017年4月26日00:00(UTC时间)的IDRA原始PPI反射率如图4-2(a)和图4-2(b)所示,其中降雨区域位于IDRA的西北部。由图4-2可知,雷达反射率不足以用来区分降雨和WTC。本节主要在3.3km范围内进行观测分析,并对WTC和雷达回波部分重叠的区域进行快速傅里叶变换以建立时间-多普勒谱。由于IDRA以1r/min速度旋转,时间信息可以转换为方位角信息,如图4-2(c)所示。结果表明,降雨和WTC在负多普勒速度处重叠,并在48°、56°和64°左右出现了3个来自风车的特征回波。由图4-2可知,WTC的谱宽很宽,其中部分回波成分被多普勒混叠所掩盖。

第105个径向的RD图如图4-2(d)所示,来自WTC的两条长谱线分布在3.2km和3.6km处,且部分WTC与降雨重叠。为了进一步研究WTC和不受WTC影响信号的特征分布,图4-2(e)对比了3.2km(存在WTC)和2.7km(无WTC)处的多普勒频谱。由图4-2(e)可知,相比于不受WTC影响的信号,WTC的存在将信号功率抬高了大约20dB,这使得检测被WTC污染的降雨更加困难。故在气象雷达中滤除高强度和宽带的杂波十分必要。

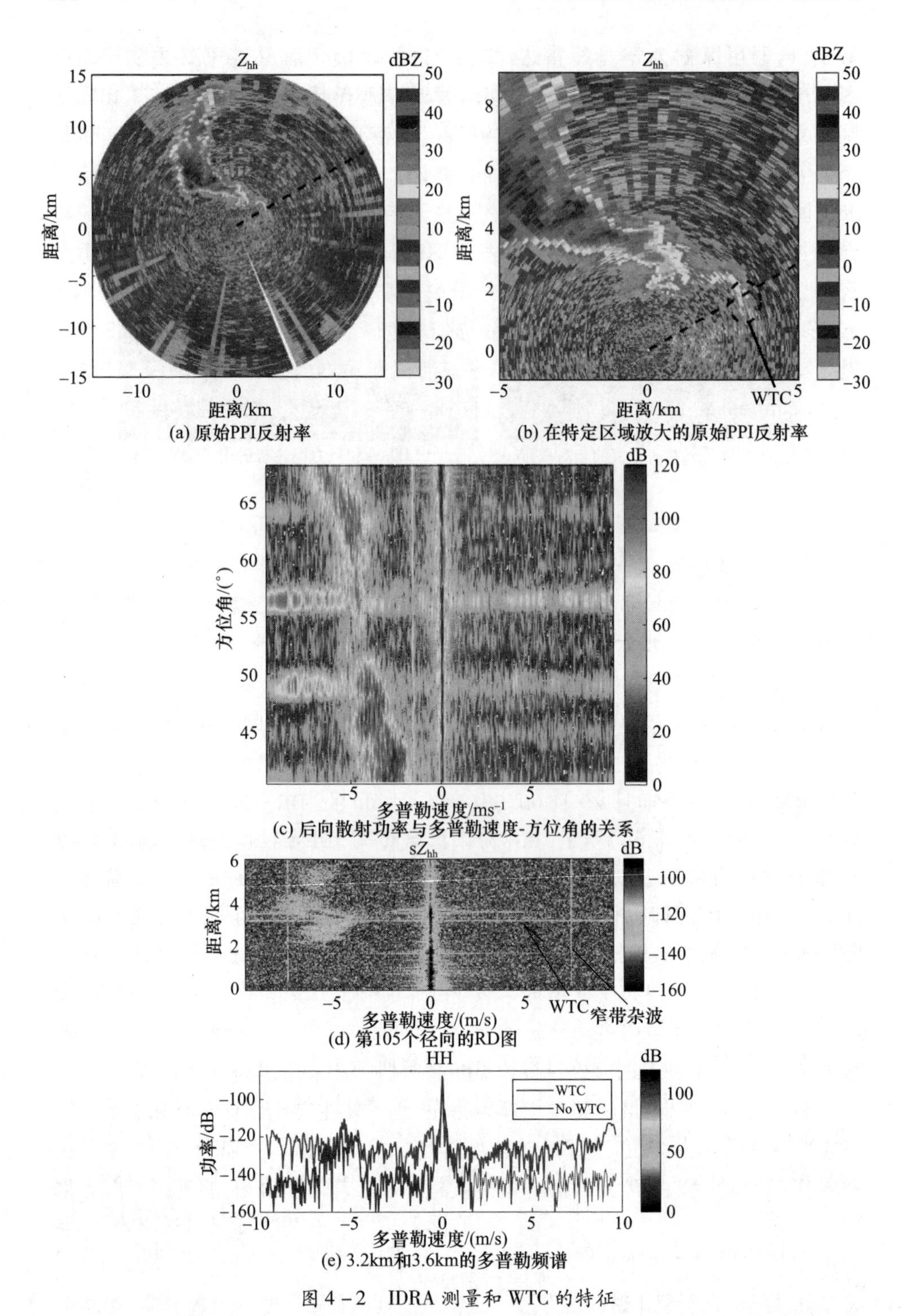

图 4-2 IDRA 测量和 WTC 的特征

IDRA除了受到WTC的影响外还受到窄带杂波的影响，例如地杂波和运动杂波。大多数情况下，运动杂波表现为PPI某些方位向上的斑点，如图4-2(a)所示。这些杂波并不局限于某些距离单元，且在距离-多普勒域中是非平稳的(图4-2(d))，这使得传统的杂波抑制方法无法滤除此类杂波。这些杂波会影响气象目标的反射率、多普勒速度和极化参量的测量与估计。但是，目前尚不能确定这种杂波的产生原因，但文献[11,24-25]已对其特征进行了详尽的研究，并将此杂波称为窄带运动杂波。值得注意的是，这种杂波并不仅存在于IDRA雷达中，也存在于其他高分辨率极化多普勒X波段雷达中，例如MESEWI[26]和Bonn[27]X波段雷达系统。

4.2.2 KNMI测量系统

位于Herwijnen和Den Helder等2个地区的2部雷达可以覆盖整个荷兰地区，这两部雷达也是欧盟雷达网的一部分。2017年将KNMI雷达系统从单极化升级为双极化，该雷达有16种扫描模式，并在不同的扫描仰角上有不同的配置，体扫通常在5min内完成并绘制用于气象监测和预报的降雨图[28]。KNMI雷达系统如表4-2所示。

表4-2　KNMI系统规范

雷达类型	脉冲多普勒
发射机类型	固态
极化类型	双极化
中心频率/GHz	5.633(Herwijnen),5.625(Den Helder)
发射功率/kW	500
脉冲宽度/μs	0.5~3.5
脉冲重复频率/Hz	175~2400
天线宽度	<1°
扫描角	俯仰-2°~90°,方位0°~360°
扫描方式	5min16种模式

自从布设了这两个双极化雷达以来，它们就一直受到射频信号的影响。RFI在频谱上表现为升高的白噪声[18]。在气象雷达中进行RFI实验以及RFI特性分析不是本章研究的重点，但是，可以利用被RFI影响的雷达数据进一步验证所提滤波器在实际运行环境中的有效性。

4.3 谱极化滤波

4.3.1 谱极化观测

谱极化技术利用多普勒和极化信息综合表征气象目标的微物理和运动特征,有利于反演气象目标[29]和抑制非气象目标回波[11]。下面介绍几种典型极化气象雷达谱极化测量参量。

假设极化气象雷达发射 x 极化电磁波、接收 y 极化电磁波,其中,h 表示水平极化,v 表示垂直极化。基于后向散射的约束,与距离 r 和多普勒速度 v 相关的谱反射功率定义为

$$sZ_{xy}(r,v)=CsP_{xy}(r,v)r^2=C\ |sS_{xy}(r,v)|^2r^2 \tag{4-1}$$

式中:C 为雷达常数;$sS_{xy}(r,v)$ 表示二维的复距离-多普勒谱;$sP_{xy}(r,v)$ 表示谱功率。定义谱差分反射率 $sZ_{DR}(r,v)$、谱线性去极化比 $sLDR^{hh}(r,v)$ 和 $sLDR^{vv}(r,v)$、谱共极化相关系数 $s\rho_{co}(r,v)$ 为

$$sZ_{DR}(r,v)=10\lg\left(\frac{sZ_{hh}(r,v)}{sZ_{vv}(r,v)}\right) \tag{4-2}$$

$$sLDR^{hh}(r,v)=10\lg\left(\frac{sZ_{vh}(r,v)}{sZ_{hh}(r,v)}\right) \tag{4-3}$$

$$sLDR^{vv}(r,v)=10\lg\left(\frac{sZ_{hv}(r,v)}{sZ_{vv}(r,v)}\right) \tag{4-4}$$

$$s\rho_{co}(r,v)=\frac{|\langle sS_{hh}(r,v)\cdot sS_{vv}^{*}(r,v)\rangle|}{\sqrt{\langle|sS_{hh}(r,v)|^2\rangle\langle|sS_{vv}(r,v)|^2\rangle}} \tag{4-5}$$

式中:$s\rho_{co}(r,v)$ 中的〈〉表示在距离维或多普勒速度维的滑动平均,在本节为后者;"*"表示复共轭,滑动平均使谱极化参量具有较低的变化性,从而使得阈值滤波可以很好地区分降雨和杂波。但是,这种滑动平均也会将杂波扩展到邻近区域,导致降雨目标的损失或杂波的不完全去除。

与 Ryzhkov[10]等定义的去极化比类似,本节将其定义进行扩展,并将其应用于谱域。本节将改进的去极化比称为谱去极化比 $sDR(r,v)$,其定义为

$$sDR(r,v)=\frac{1+sZ_{DR}(r,v)^{-1}-2s\rho_{co}(r,v)sZ_{DR}(r,v)^{-1/2}}{1+sZ_{DR}(r,v)^{-1}+2s\rho_{co}(r,v)sZ_{DR}(r,v)^{-1/2}} \tag{4-6}$$

式中:$sZ_{DR}(r,v)$ 表示线性度量下的谱差分反射率。

$sDR(r,v)$ 结合了 $s\rho_{co}(r,v)$ 和 $sZ_{DR}(r,v)$ 的信息,较低的 sDR 值代表目标近

似球形，较高的 sDR 值代表椭球目标，如大雨滴。即 sDR 通过 $s\rho_{co}$和 sZ_{DR}的组合来区分近球形目标和其他目标，有助于区分降雨目标与非降雨回波。作为一种去极化因子，sDR 与 sLDR 具有相似的物理意义。通常情况下，对于气象目标，交叉极化信号电平仅为共极性信号电平的 10^{-2} ~ 10^{-3}（[-20dB，-30dB]）。但是，sLDR 容易受到噪声和杂波的影响，这增加了该参数的应用价值[30]。事实上，Kilambi[31]等也建议使用去极化比来抑制杂波并区分气象回波和非气象回波。因此，与 sLDR 类似，sDR 也是一个有效的谱极化变量。

由于 RFI 在频域表现为噪声，本节主要讨论涉及 WTC 的谱极化参量。使用与图 4-2(d)中相同的数据生成谱极化参量如图 4-3 所示。对于谱差分反射率 sZ_{DR}（描述降雨粒子的良好指标），降雨、WTC 和噪声均为正值。其中，WTC 的值最大，但事实上并非总是如此，因为 WTC 的 sZ_{DR}是由风力涡轮机叶片的姿势决定的。因此，简单地使用 sZ_{DR}值来区分降雨和 WTC 是不合适的。

降雨的 sLDR 值相对较小，但若存在噪声和杂波，sLDR 值会增加。同时，该参数已被用于 S 波段侧视观测雷达[30]和 X 波段水平扫描雷达[11]的杂波抑制中。由图 4-3(b)和图 4-3(c)可知，相比于降雨和噪声，WTC 的 sLDR 值最小。研究表明，信噪比 SNR 越大，降雨的 sLDR 值越小[25,30]。在这种情况下，弱降雨的 sLDR 特征与 WTC 相似，可以利用降雨的空间连续性设计滤波器，在去除 WTC 的同时保留降雨。但是，几乎所有的业务气象雷达系统（如 WSR-88D）都没有交叉极化测量能力，因此利用 sLDR 的滤波方法无法广泛应用于实际的雷达系统中。

另外，大多数双极化雷达系统都可以测量得到共极化谱相关系数 $s\rho_{co}$，该参数已用于水凝物分类[32]。大多数降雨目标的 $s\rho_{co}$非常接近于 1，非降雨目标的 $s\rho_{co}$远低于 1。其中，IDRA 中的 $s\rho_{co}$是通过 7 个连续多普勒单元的滑动平均得到的。由图 4-3(d)可知，仅有部分 WTC 的 $s\rho_{co}$值接近降雨，这有利于 WTC 的滤除。然而，地杂波、带状杂波和降雨的 $s\rho_{co}$相似。这意味着仅使用 $s\rho_{co}$不足以区分降雨，应该结合其他技术进一步去除这些杂波[30]。

由 sZ_{DR}和 $s\rho_{co}$在 SHV 模式下导出的谱去极化比 sDR 参量如图 4-3(e)所示。降雨与杂波以及噪声的 sDR 值差异较大，这表明 sDR 在抑制杂波方面具有较好的能力。sLDR 和 sDR 在 3km 处的频谱如图 4-3(f)所示。由图可知，降雨的 sDR 值往往小于噪声，与 sLDR 值具有相似的特征，但 sDR 比 sLDR 更稳健。对于没有交叉极化测量能力的双极化气象雷达，sDR 是有效的滤波极化参量。

为了进一步突出 sDR 参量在非气象回波检测和杂波抑制方面的潜力，本节研究了 RD 图中选定区域的 sDR 特征。考虑 IDRA 测量中几个径向，我们在这几个径向每个距离上计算得到 SNR，其中一个 SNR 可能对应于几个 sDR 值。通过将相同的 SNR 分组，可以得到 sDR 与 SNR 的散点图。图 4－4 展示了降雨区域和非降雨区域的 sDR 与 SNR 的结果。其中，SNR 在多普勒域中被定义为

$$\mathrm{SNR}(r)=\frac{\sum_{v\in\mathrm{atm}}(\mathrm{s}P_{\mathrm{hh}}(r,v)-sN)}{\sum_{v}sN} \tag{4-7}$$

式中：$v\in\mathrm{atm}$ 表示 RD 图上属于降雨目标的点；sN 为整个 RD 图的谱噪声。通过绘制功率值直方图，直方图出现频次最大处所对应的功率值即可确定为谱噪声 sN。类似的针对每个 RD 图确定噪声的方法可参照文献[33]。

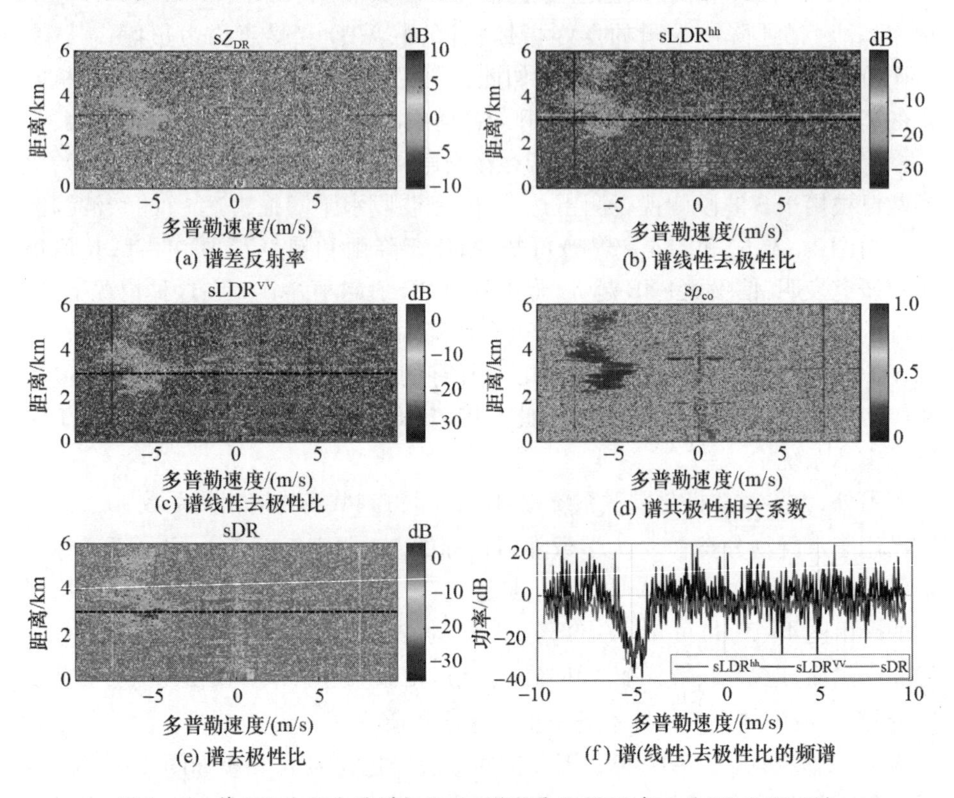

图 4－3　第 105 个径向的谱极化观测(测量于 2017 年 4 月 26 日 00:00)

由图 4－4 可知，一个 SNR 对应于一定范围内的多个 sDR 值。降雨目标的 sDR 值随 SNR 的增加呈下降趋势，主要集中在 －15 ~ －5dB。然而，非气象回波没有这种统计特性，且大部分的 sDR 值均匀分布在 －10 ~0dB。图 4－4 呈现的 sDR 特性表明，仅用一个 sDR 阈值(－10dB)滤波会损失弱降雨目标。应结合其他技术和变量在滤除杂波的同时保持弱降雨。

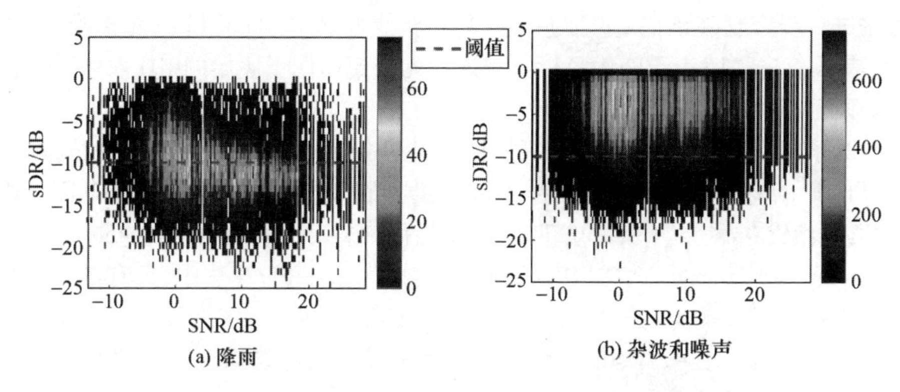

图4-4　降雨和非降雨区域的sDR与SNR散点图
(颜色条代表样点数量。虚线表示 sDR = -10dB 的潜在阈值)

4.3.2 MsDR 滤波器

为了能够在有效去除杂波的同时保留降雨目标,本节提出一种基于 sDR 参量的 MsDR 滤波方法。MsDR 滤波器的设计主要包括4个部分,如图4-5所示。MsDR 滤波器的设计步骤与 MDsLDR 滤波器相同,只是将 MDsLDR 滤波器中的 sLDR 参量替换成适用于双极化气象雷达的 sDR 参量。下面是对 MsDR 滤波器的简要描述。滤波器设计更详细的描述见文献[11]。

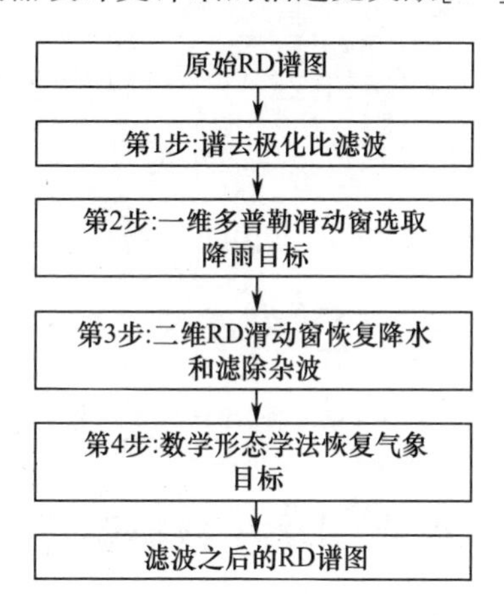

图4-5　MsDR 滤波器流程图

MsDR 滤波器的输入是经过傅里叶变换得到原始的 RD 图,输出是滤波后的 RD 图。该滤波器主要分为4个步骤来抑制杂波,第1步利用阈值对 sDR 进行谱极化滤波;第2步是沿着多普勒维使用一个动态窗滤除带状杂波;第3步是利用移动的二维窗恢复去除的降雨并滤除剩余杂波;第4步是用数学形态学方法进一步恢复降雨[34]。经过以上 4 个步骤可以得到{0,1}二元掩模,其中“0”表示杂波,“1”表示降雨目标。将该二元掩模作用于原始的 RD 功率谱以提取降雨目标并滤除杂波和噪声。

为了量化不同杂波抑制方法的性能,并进一步说明 sDR 参量的优势,本章将呈现 IDRA 标准处理(SP)算法对 WTC 的抑制效果。SP 算法是在 RD 图上进行的,它由以 $0\mathrm{ms}^{-1}$ 为中心的窄凹口滤波器和双谱线性去极化比(double spectral linear depolarization ratio,DsLDR)滤波器组成[30]。在 SP 算法中,只有谱功率高于噪声水平 3dB 的单元被保留。此外,孤立的以及连续的多普勒单元少于总量 2% 的目标会被滤除。DsLDR 滤波器的基本方法是,如果 RD 图中某单元的 sLDR 大于相应的阈值,则将该单元去除。

4.3.3 雷达观测

MsDR 滤波器用于保留 RD 图中的降雨目标,滤除杂波和噪声,因此可以更准确地估计测量参量。在距离 r 处的雷达反射率可以表示为

$$Z_{\mathrm{hh}}(r) = C\sum_{v\in \mathrm{atm}}(sP_{\mathrm{hh}}(r,v) - \mathrm{s}N)r^2 \tag{4-8}$$

利用雷达反射率可以得到径向速度 $\bar{v}$ 和谱宽 σ_v 为[1]

$$\bar{v}(r) = \frac{1}{Z_{\mathrm{hh}}(r)}\sum_{v\in \mathrm{atm}} v\mathrm{s}Z_{\mathrm{hh}}(r,v) \tag{4-9}$$

$$\sigma_v(r) = \sqrt{\frac{1}{Z_{\mathrm{hh}}(r)}\sum_{v\in \mathrm{atm}}(v - v(r))^2\mathrm{s}Z_{\mathrm{hh}}(r,v)} \tag{4-10}$$

差分反射率和共极化相关系数可以表示为[21]

$$Z_{\mathrm{DR}}(r,v) = 10\lg\left(\frac{Z_{\mathrm{hh}}(r)}{Z_{\mathrm{vv}}(r)}\right) \tag{4-11}$$

$$\rho_{\mathrm{co}}(r) = \frac{\left|\sum\limits_{v\in \mathrm{atm}}\langle S_{\mathrm{hh}}(r,v)S_{\mathrm{vv}}^*(r,v)\rangle\right|}{\sqrt{\sum\limits_{v\in \mathrm{atm}}\langle|S_{\mathrm{hh}}(r,v)|^2\rangle\sum\limits_{v\in \mathrm{atm}}\langle|S_{\mathrm{vv}}(r,v)|^2\rangle}} \tag{4-12}$$

4.4 IDRA 数据验证

本节将用 IDRA 实测数据验证所提滤波方法的有效性。滤波器设计中参数选择的方法在文献[11]有详细介绍,该方法将用在图 4-5 中的步骤 2。所设计的谱极化滤波器应用较为广泛,除了可以抑制文献[11]中已经详细介绍的窄带动态杂波外,本节还将重点关注其对 WTC 的抑制性能[11]。

如图 4-2 所示,WTC 的谱宽较宽,但仅出现在部分距离上。理想情况下,

MsDR 滤波器的设计应该考虑 WTC 距离有限的特性。但是,为了将本章所提滤波器与文献[11]中的 MDsLDR 滤波器进行公平的比较,并强调 sDR 参量的作用,本章滤波器与 MDsLDR 滤波器的步骤相同,步骤 1 中的谱极化滤波阈值是根据杂波和降水去除比例来确定的。在接下来的案例分析中,sLDR 的阈值为 -7dB,而 sDR 的阈值为 -10dB,两者都是根据杂波去除百分比选择的。

4.4.1 案例一

第一个案例来自图 4-2 所示的数据,该回波数据中不仅包含 WTC、地杂波、噪声,还包含窄带动态杂波和弱降雨。首先,检查 RD 图,选择第 105 个径向进行滤波器性能验证。不同滤波器处理后的结果如图 4-6 所示。由图 4-6(b)可知,SP 滤波器不能完全去除 WTC 和噪声,还损失一些降雨使降雨区域不连续。其他滤波器没有这样的问题,但在保持降雨目标方面,MsDR 滤波器性能优于 MDsLDR 滤波器,与此同时,该滤波器可以有效抑制 WTC。

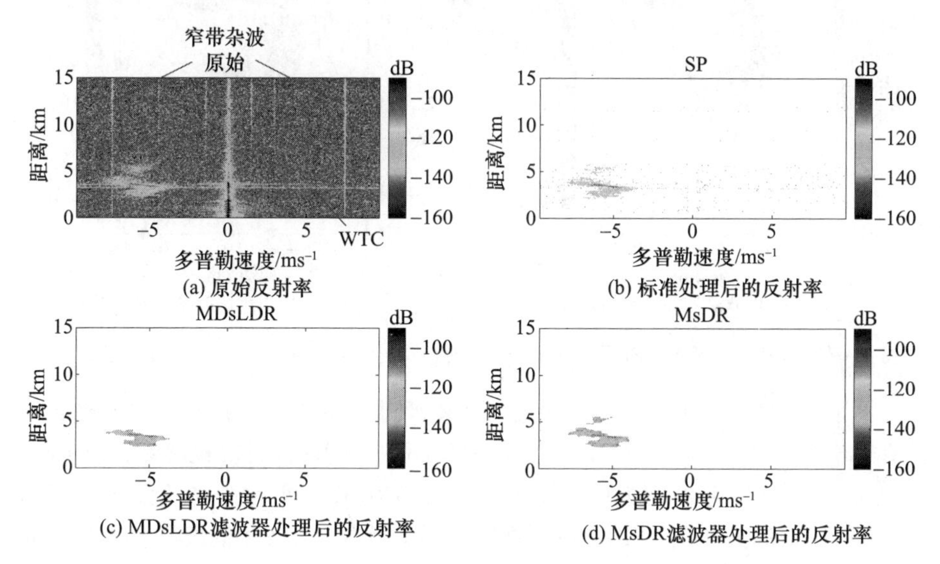

图 4-6　IDRA 在 2017 年 4 月 26 日 00:00(UTC)收集的数据中第 105 个径向的 RD 图

对完整 PPI 扫描数据的处理结果如图 4-7 所示。为了进行比较,我们将图 4-2(a)中原始的 PPI 功率图重新显示为图 4-7(a)。SP 滤波器在保留大部分降雨的同时也保留了杂波(窄带移动杂波和 WTC)和噪声。如图 4-7(c)和图 4-7(d)所示,谱极化滤波器具有较好的杂波抑制能力,特别地,MsDR 滤波器在保留降雨方面的性能优于 MDsLDR 滤波器,较好地保留了降雨区域的边界,这使整个 PPI 扫描更加连续和平滑。然而,MsDR 滤波器的处理保留了部分杂波,进一步检查第 142 个径向,如图 4-8 所示。这种杂波不同于窄带移动杂波，今后需进一步研究。但是，考虑到 MsDR 滤波器不需要雷达具有交叉极化测量能力，此滤波器有较好的应用前景。

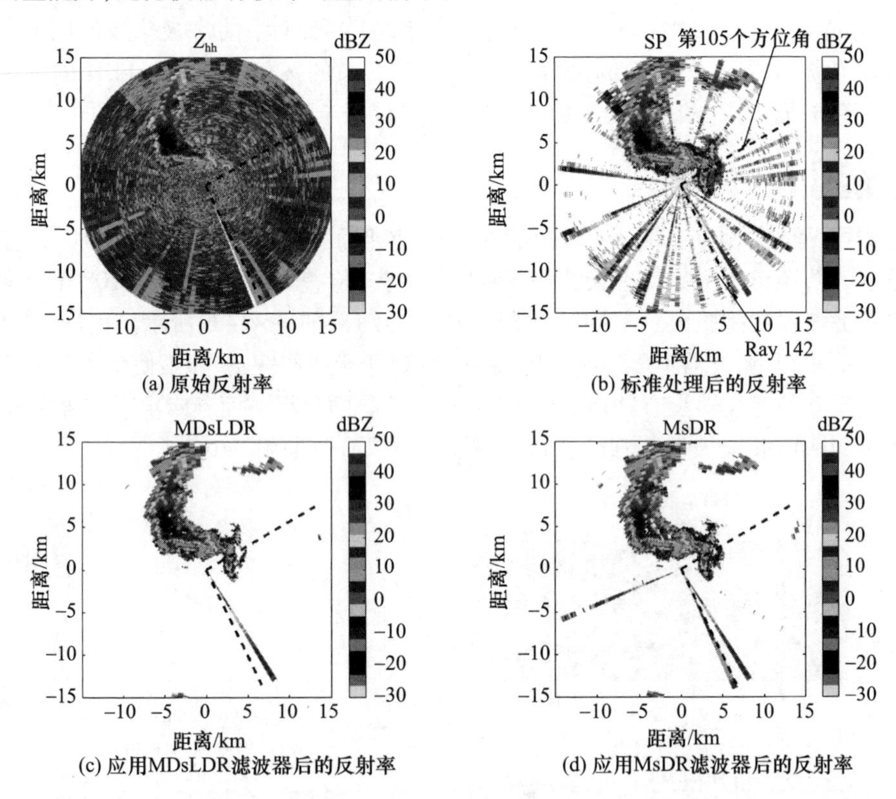

(a) 原始反射率 (b) 标准处理后的反射率

(c) 应用MDsLDR滤波器后的反射率 (d) 应用MsDR滤波器后的反射率

图 4-7 不同处理后的 PPI 反射率（所用数据收集于 2017 年 4 月 26 日 00:00(UTC)）

此外，用整个 PPI 处理时间评估 MsDR 滤波器的操作适用性。这两种滤波器在具有 3.6GHz 的英特尔 E5-1620CPU、16GB 的 RAM 计算机终端运行，该计算机是 Windows7 系统，使用的软件为 Matlab2016b。两种谱极化滤波器仅需 30s 即可获得滤波后的 PPI 结果。通过专用的软件，谱极化滤波器具有很大的实时应用潜力。

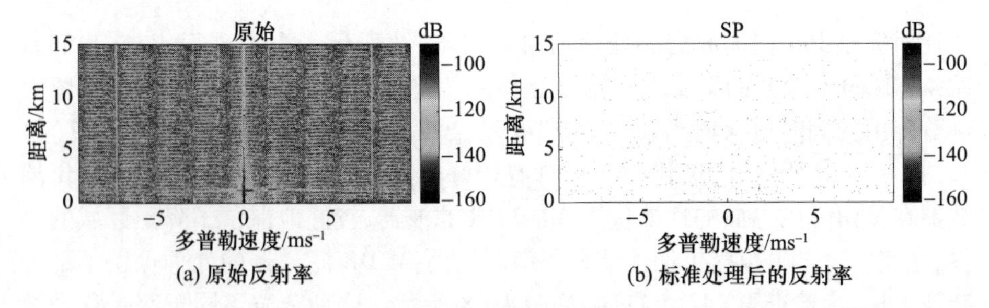

(a) 原始反射率 (b) 标准处理后的反射率

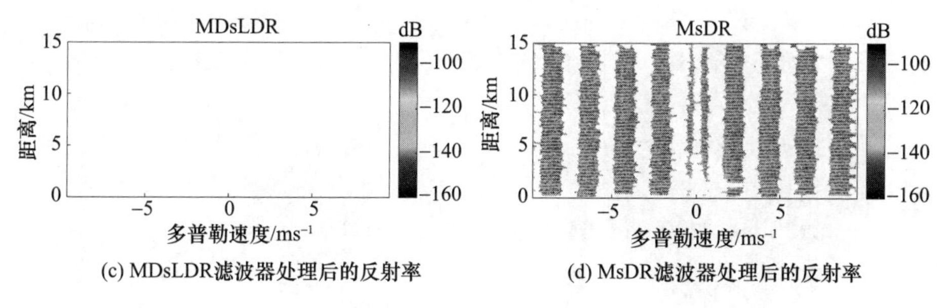

(c) MDsLDR滤波器处理后的反射率　(d) MsDR滤波器处理后的反射率

图4－8　IDRA在2017年4月26日00:00(UTC)收集的数据中第142个径向的RD图

4.4.2 案例二

为了进一步验证MsDR滤波器在杂波抑制方面的性能,我们分析了另一个受杂波严重影响的具有弱降雨的案例。数据收集于2016年1月15日12:00(UTC)。主要检查第69个径向,用不同的滤波器对其RD图进行处理,处理结果如图4－9所示。SP滤波器无法完全抑制移动的杂波,而MDsLDR和MsDR的杂波抑制性能较好。注意到在一些距离单元,杂波的强度高于弱降雨。如图4－9(c)和图4－9(d)所示,MsDR滤波器在保留降雨方面性能优于MDsLDR。此外,相应的PPI反射率的处理结果如图4－10所示,经过分析可以得到与案例一相同的结论。

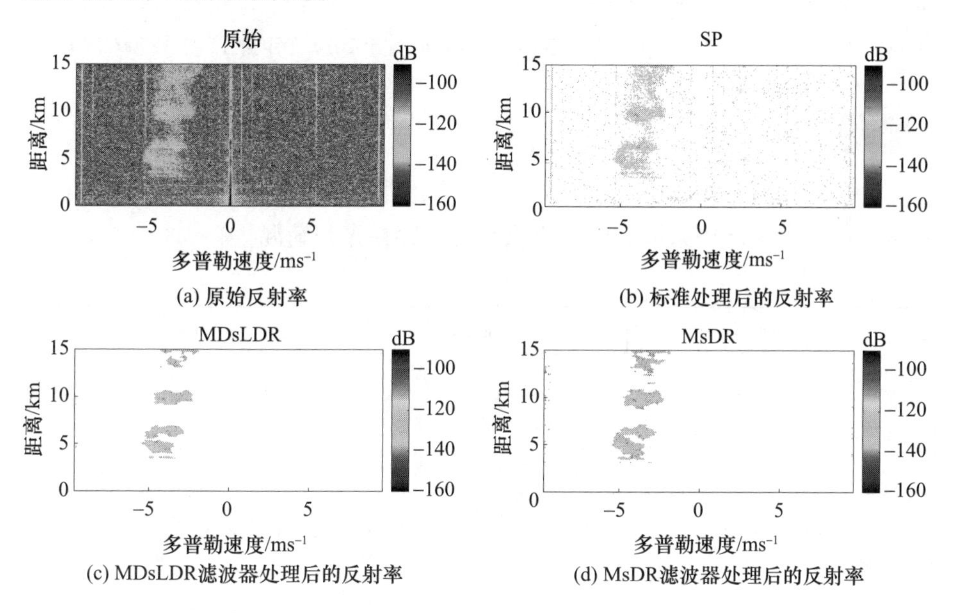

(a) 原始反射率　(b) 标准处理后的反射率

(c) MDsLDR滤波器处理后的反射率　(d) MsDR滤波器处理后的反射率

图4－9　IDRA在2016年1月15日12:00(UTC)收集的数据中第69个径向的RD图

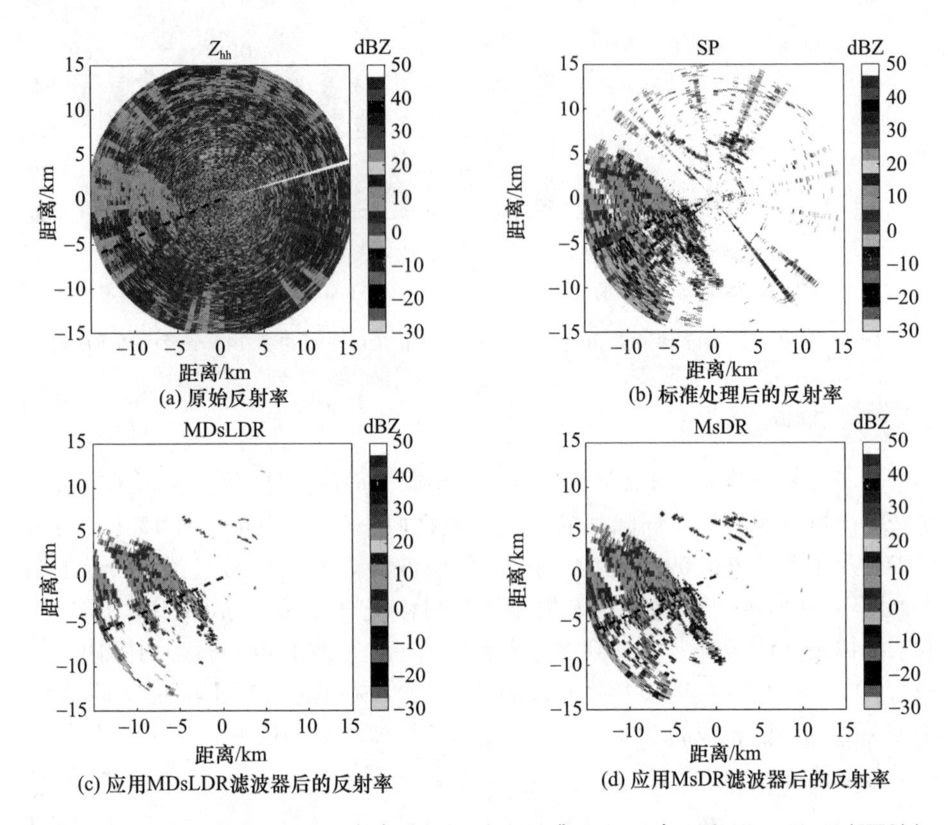

(a) 原始反射率
(b) 标准处理后的反射率
(c) 应用MDsLDR滤波器后的反射率
(d) 应用MsDR滤波器后的反射率

图 4-10 不同处理后的 PPI 反射率图(所用数据收集于 2016 年 1 月 15 日 12:00(UTC))

4.4.3 其他案例

为了定量评估极化参量的质量,我们考虑了另外三种降雨情况,如表 4-3 所示。这三种情况中杂波和降雨不重叠且不存在多普勒混叠。

表 4-3 其他情况

案例	时间	降雨类型
一	2011-07-01 02:00	中雨
二	2014-08-22 13:00	中雨
三	2017-06-06 08:00	中雨

为了进一步量化滤波器的性能,我们定义距离-多普勒域上的检测概率 P_d 和虚警概率 P_{fa} 为

$$P_d = \frac{TP}{TP + FN} \tag{4-13}$$

$$P_{fa} = \frac{\mathrm{FP}}{\mathrm{FP} + \mathrm{TN}} \tag{4-14}$$

式中:TP 表示降雨被判断为降雨的点数;FN 表示降雨被判断为杂波的点数;FP 表示杂波被判断为降雨的点数;TN 表示杂波被判断为杂波的点数。

此外,还可以通过定义均方误差(RMSE)用于衡量滤波性能。对于给定的距离-多普勒谱图,如果我们有 R 个距离单元包含降雨,那么对于任一参量 X 的 RMSE 可以表征为

$$\delta X = \sqrt{\frac{1}{R}\sum_{r=1}^{R} \left(X^{\mathrm{tru}}(r) - X^{\mathrm{est}}(r)\right)^2} \tag{4-15}$$

式中:$X^{\mathrm{tru}}(r)$是距离 r 处测量参量的真值;$X^{\mathrm{est}}(r)$是测量参量的估计值。参量 X 可以是雷达反射率、差分反射率和共极化系数等。由于 IDRA 中 Z_{DR}的方位不连续,本节只考虑 Z_{hh}和 ρ_{co}。

手动选择这些数据中真实的降雨区域,选择标准为:①降雨在 RD 图中具有连续性;②频谱信噪比阈值;③谱极化阈值($\mathrm{s}\rho_{co}$和 sLDR)。其中,阈值是根据杂波和降雨的谱极化参量分布确定的。

不同滤波器处理得到的 Z_{hh}和 ρ_{co}评估结果(P_d、P_{fa}、RMSE)如表 4-4 所示。SP 滤波器处理得到的平均检测概率 P_d 最小(0.75),平均虚警概率最大 P_{fa}(0.01),平均 δZ_{hh}(0.56dBZ)和平均 $\delta\rho_{\mathrm{co}}$(0.039)也最大。对于 P_d 和 δZ_{hh}两个评估指标,SP 滤波器的处理效果与 MDsLDR 滤波器相当,但是,MDsLDR 滤波器在滤除噪声方面效果更好,故而得到较低的 P_{fa}和 $\delta\rho_{\mathrm{co}}$。总体而言,MsDR 滤波器的性能最好,即该滤波器在滤除杂波和噪声的同时尽可能较多地保留降雨。

表 4-4　雷达观测的最小均方误差

案例	帧数	SP				MDsLDR				MsDR			
		P_d	P_{fa}	δZ_{hh}	$\delta\rho_{\mathrm{co}}$	P_d	P_{fa}	δZ_{hh}	$\delta\rho_{\mathrm{co}}$	P_d	P_{fa}	δZ_{hh}	$\delta\rho_{co}$
1	54	0.75	0.01	0.39	0.028	0.77	0.00	0.69	0.011	0.86	0.00	0.57	0.015
	55	0.78	0.01	0.32	0.011	0.80	0.00	0.41	0.006	0.90	0.00	0.27	0.007
	56	0.78	1‰	0.16	0.008	0.79	0.00	0.45	0.005	0.90	0.00	0.46	0.007
	57	0.76	0.01	0.45	0.042	0.78	0.00	0.37	0.014	0.83	0.00	0.67	0.023
2	18	0.72	0.02	022	0.021	0.75	0.00	0.29	0.016	0.80	0.00	0.15	0.003
	19	0.71	0.01	0.19	0.020	0.73	0.00	0.53	0.006	0.73	0.00	0.57	0.005
	20	0.74	0.01	0.11	0.021	0.77	0.00	0.27	0.003	0.82	0.00	0.12	0.001
	21	0.73	0.02	0.41	0.031	0.76	0.00	0.20	0.006	0.79	0.00	0.15	0.006
	22	0.75	0.01	0.16	0.021	0.77	0.00	0.16	0.028	0.80	0.00	0.12	0.001

续表

案例	帧数	SP				MDsLDR				MsDR			
		P_d	P_{fa}	δZ_{hh}	$\delta\rho_{\mathrm{co}}$	P_d	P_{fa}	δZ_{hh}	$\delta\rho_{\mathrm{co}}$	P_d	P_{fa}	δZ_{hh}	$\delta\rho_{co}$
3	10	0.78	0.01	0.86	0.054	0.84	0.00	1.00	0.056	0.91	0.01	0.16	0.018
	11	0.77	0.01	1.20	0.053	0.85	0.00	0.41	0.024	0.90	0.00	0.35	0.023
	12	0.77	0.01	1.21	0.062	0.85	0.00	0.51	0.007	0.91	0.00	0.20	0.016
	13	0.71	0.02	1.43	0.107	0.81	0.00	0.98	0.042	0.83	0.00	0.69	0.046
	14	0.68	0.02	1.18	0.104	0.73	0.00	1.43	0.078	0.79	0.00	1.24	0.117
平均		0.75	0.01	0.56	0.039	0.78	**0.00**	0.53	0.021	**0.85**	**0.00**	**0.40**	**0.020**

4.5 KNMI 数据验证

IDRA 测量结果表明,MsDR 滤波器具有较好的杂波抑制性能。然而,IDRA 并不是一个业务的双极化气象雷达系统。本节将使用 C 波段 KNMI 业务雷达的数据来进一步验证 MsDR 滤波器在没有交叉极化测量能力的双极化雷达中的有效性。具体地,由于 RFI 是升高的白噪声,预计 MsDR 滤波器能够有效去除 RFI。

使用该雷达于 2017 年 10 月 26 日 17:17 采集的 I/Q 数据,采集数据时,雷达系统的配置为:天线转速为 2r/min,仰角为 0.3°,脉冲重复频率为 449Hz,距离分辨率为 0.4km。SP 处理时,相关处理脉冲数为 64,对应的多普勒速度分辨率为 18.8cm/s。第 180 个径向的谱极化参量以及谱去极化比如图 4-11 所示。注意,通过三个连续多普勒单元的滑动平均计算得到 KNMI 雷达的 $s\rho_{\mathrm{co}}$ 值。MsDR 滤波后的谱图如图 4-11(e)所示,该滤波器有良好的噪声去除及降雨保留性能。

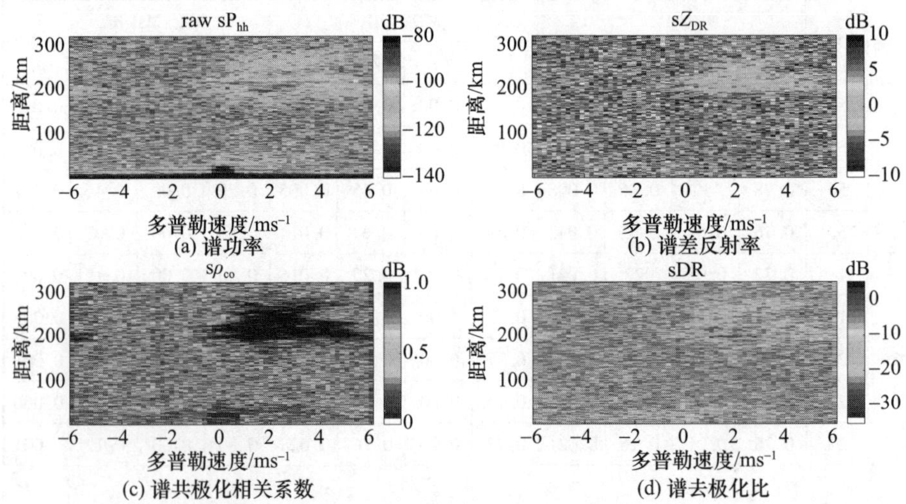

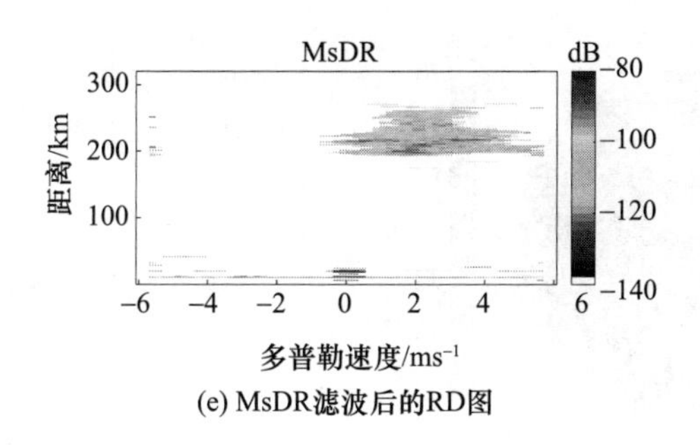

(e) MsDR滤波后的RD图

图 4-11　2017 年 10 月 26 日 17:17 的谱极化观测

此外,将该滤波器应用于全 PPI 扫描,$P_{hh}\cdot r^2$、Z_{DR}和ρ_{co}的结果如图 4-12 所示。因为雷达常数未知,我们使用与反射率相关的变量 $P_{hh}\cdot r^2$ 代替反射率。由图 4-12 可知,MsDR 滤波器可以滤除雷达 PPI 中大部分 RFI,并保留了大部分降雨回波,减弱了噪声,有利于极化观测。谱极化滤波器不仅可以改善观测结果(淹没在图 4-12(c)中相邻背景下的短程弱降雨),还可以改善极化数据质量(如图 4-12(f)中的降雨边界,此结果可能会随着图 4-12(e)中的噪声污染而恶化)。

值得注意的是,图 4-12 所示数据的处理时间约为 34s。相对于 IDRA 中的处理时间,该数据的时间增加主要是因为需要处理更多的径向(KNMI 的 PPI 扫描中有 227 个径向,而在 IDRA 的 PPI 扫描中有 143 个径向)。然而,通过专用的软件和算法优化,改进后的滤波器可以很容易地实时实现。

4.6 小　结

本章提出了一种改进的谱极化滤波器,该滤波器可用于解决无交叉极化测量能力的双极化气象雷达的杂波和噪声抑制问题。该滤波器在 RD 图中使用一个类似于 cDR[10] 的极化参量 sDR,由于 sDR 不需要交叉极化参量,因此 MsDR 滤波器具有巨大的应用潜力,可以应用于大多数在 SHV 模式下工作的业务极化气象雷达。

基于降雨的谱极化特征及其在 RD 图上的空间连续性,将 MsDR 滤波器应用于 RD 图中以抑制杂波和噪声。MsDR 滤波器是一种将杂波检测和滤波集成在一起的谱极化杂波抑制技术。本研究利用 X 波段全极化雷达数据量化 MsDR 滤波器的性能。IDRA 不仅受到窄带杂波的影响,还受到 WTC 的影响。此外,利用受 RFI 影响的业务 C 波段双极化气象雷达的数据进一步证明该滤波器的有效性。结果表明,MsDR 滤波器易于实现,计算复杂度较低,故可以实时应用于不同频率的业务雷达系统。

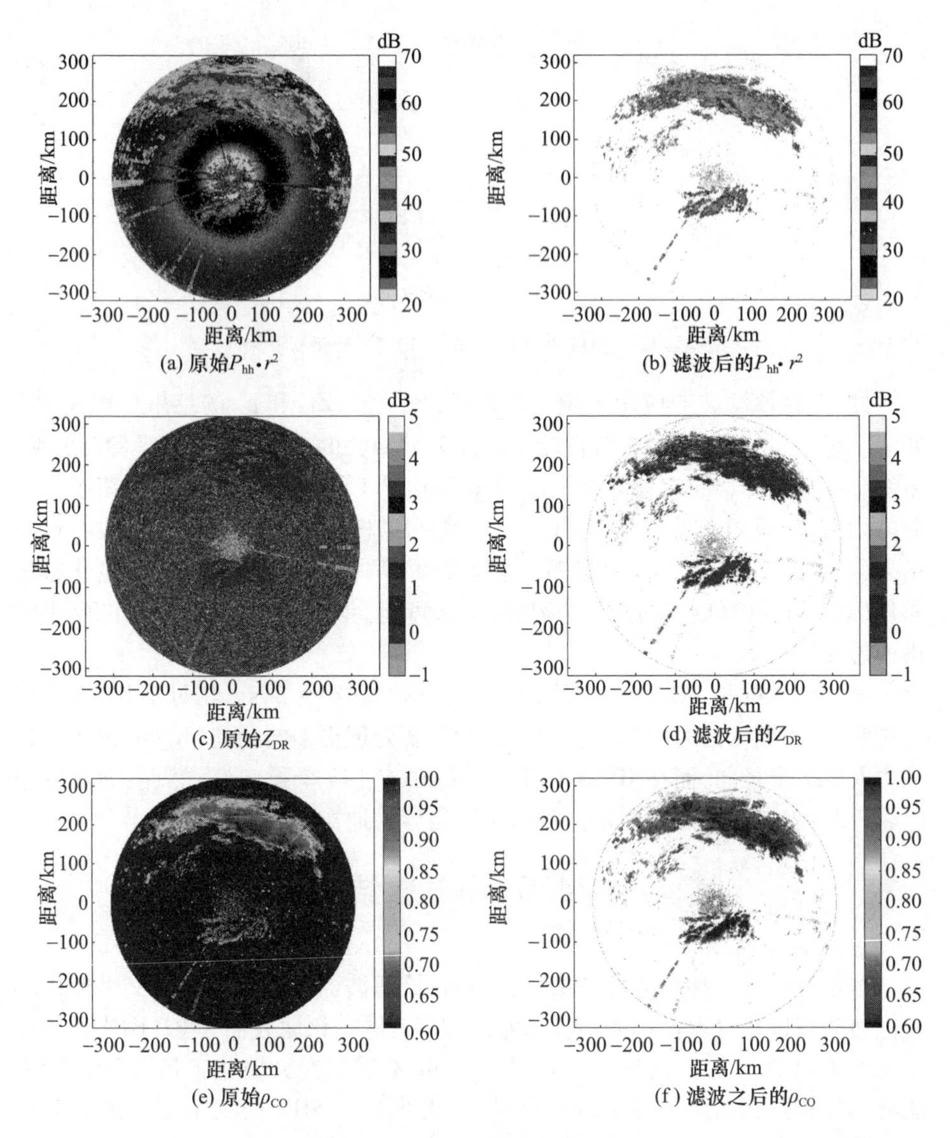

(a) 原始$P_{hh}\cdot r^2$ (b) 滤波后的$P_{hh}\cdot r^2$

(c) 原始Z_{DR} (d) 滤波后的Z_{DR}

(e) 原始ρ_{CO} (f) 滤波之后的ρ_{CO}

图 4－12 KNMI 雷达的 PPI 对比

本章计划将 MsDR 滤波器设计为一个可以消除各种类型杂波的多功能滤波器。虽然本章的结果在这一问题上进行了一定程度的说明，但 RFI 的抑制工作仍然没有完成，同时，本章抑制的 WTC 是利用雷达天线旁瓣测量得到的，所提出的滤波器在主波上的性能尚未得到证明。该滤波器的设计只用到了 sDR 参量，后续可以考虑结合不同的谱极化参量，以使滤波器更适用于不同类型的杂波抑制。此外，MsDR 滤波器无法解决降雨目标与杂波混叠时的问题。最近，Yin 等提出了一种谱极化滤波和 Kriging 方法[35]识别并重构被杂波影响的降雨目标,使设计的方法适用于不同类型的杂波和降雨重叠的情况也是十分有意义的。

参考文献

[1] BRINGI V N,CHANDRASEKAR V. Polarimetric Doppler weather radar:principles and applications [M]. Cambridge:Cambridge University Press,2001.

[2] MATROSOV S Y,CLARK K A,MARTNER B E,et al. X – band polarimetric radar measurements of rainfall [J]. Journal of Applied Meteorology,2002,41(9):941 – 952.

[3] RYZHKOV A V,SCHUUR T J,BURGESS D W,et al. The joint polarization experiment:Polarimetric rainfall measurements and hydrometeor classification[J]. Bulletin of the American Meteorological Society,2005,85(6):809 – 824.

[4] CHEN H,CHANDRASEKAR V. The quantitative precipitation estimation system for Dallas – Fort Worth (DFW) urban remote sensing network[J]. Journal of Hydrology,2015,531:259 – 271.

[5] DIXON M,WIENER G. Titan:Thunderstorm identification,tracking,analysis,and nowcasting—a radar – based methodology[J]. Journal of Atmospheric and Oceanic Technology,1993,10(6):785 – 797.

[6] STENSRUD D J,XUE M,Wicker L J,et al. Convective – scale warn – on – forecast system:A vision for 2020 [J]. Bulletin of the American Meteorological Society,2009,90(10):1487 – 1499.

[7] CRUM T D,ALBERTY R L. The WSR – 88D and the WSR – 88D operational support facility[J]. Bulletin of the American Meteorological Society,1993,74(9):1669 – 1687.

[8] HUUSKONEN A,SALTIKOFF E,HOLLEMAN I. The operational weather radar network in Europe [J]. Bulletin of the American Meteorological Society,2014,95(6):897 – 907.

[9] DOVIAK R,BRINGI V,RYZHKOV A. Considerations for polarimetric upgrades to operational WSR – 880D radars[J]. Journal of Atmospheric and Oceanic Technology,2000,17(3):257 – 278.

[10] RYZHKOV A,MATROSOV S Y,Melnikov V,et al. Estimation of depolarization ratio using weather radars with simultaneous transmission/reception[J]. Journal of Applied Meteorology,2017,56(7):1797 – 1816.

[11] YIN J,UNAL C M,RUSSCHENBERG H W. Narrow – band clutter mitigation in spectral polarimetric weather radar[J]. IEEE Transactions on Geoscience and Remote Sensing,2017,55(8):4655 – 4667.

[12] Global Wind Energy Council. Global Wind Report 2019[EB/OL]. [2020 – 3 – 25]. https://gwec. net/global – wind – report – 2019/.

[13] ISOM B,PALMER R,SECREST G,et al. Detailed observations of wind turbine clutter with scanning weather radars[J]. Journal of Atmospheric and Oceanic Technology,2009,26(5):894 – 910.

[14] BEAUCHAMP R M,CHANDRASEKAR V. Characterization and modeling of the wind turbine radar signature using turbine state telemetry [J]. IEEE Transactions on Geoscience and Remote Sensing,2017,55(9):5134 – 5147.

[15] BEAUCHAMP R M,CHANDRASEKAR V. Suppressing wind turbine signatures in weather radar observations[J]. IEEE Transactions on Geoscience and Remote Sensing,2017,55(5):2546 – 2562.

[16] YIN J,KRASNOV O,UNAL C,et al. Spectral polarimetric features analysis of wind turbine clutter in weather radar[C]. 11th European Conference on Antennas Propagation (EUCAP). Paris:IEEE,2017:3351 – 3355.

[17] BEAUCHAMP R M, CHANDRASEKAR V. Dual – polarization radar characteristics of wind turbines with ground clutter and precipitation[J]. IEEE Transactions on Geoscience and Remote Sensing, 2016, 54(8): 4833 – 4846.

[18] CHO J Y. A new radio frequency interference filter for weather radars[J]. Journal of Atmospheric and Oceanic Technology, 2017, 34(7): 1393 – 1406.

[19] SALTIKOFF E, CHO J Y, TRISTANT P, et al. The threat to weather radars by wireless technology [J]. Bulletin of the American Meteorological Society, 2016, 97(7): 1159 – 1167.

[20] JOE P, SCOTT J, SYDOR J, et al. Radio local area network (RLAN) and C – band weather radar interference studies[C]. Proc. 32nd AMS Radar Conf. Radar Meteorol. Albuquerque: AMS, 2005: 1 – 9.

[21] FIGUERAS I VENTURA J. Design of a high resolution X – band Doppler polarimetric radar[D]. Delft: Delft University of Technology, 2009.

[22] IDRA data website [EB/OL]. [2022 – 11 – 15]. https://opendap. tudelft. nl/thredds/catalog/IDRA/catalog. html.

[23] Wind Turbines in the Netherlands[EB/OL]. [2022 – 11 – 15]. https://www. thewindpower. net/country maps en 10 netherlands. php.

[24] YIN J, UNAL C, SCHLEISS M, et al. Radar target and moving clutter separation based on the low – rank matrix optimization [J]. IEEE Transactions on Geoscience and Remote Sensing, 2018, 56 (8): 4765 – 4780.

[25] YIN J, UNAL C, RUSSCHENBERG H. Object – orientated filter design in spectral domain for polarimetric weather radar[J]. IEEE Transactions on Geoscience and Remote Sensing, 2019, 57(5): 2725 – 2740.

[26] KRASNOV O, YAROVOYA. Polarimetric micro – Doppler characterization of wind turbines[C]//10th Eur. Conf. Antennas Propag. (EuCAP). Davos: IEEE, 2016: 1 – 5.

[27] X – band radar of Bonn University[EB/OL]. [2022 – 8 – 10]. https://www. ifgeo. uni – bonn. de/abteilungen/meteorologie/messdaten/radarbilder/aktuelle – bilder/plan – position – indicator.

[28] Precipitation map from KNMI weather radars [EB/OL]. [2022 – 10 – 16]. https://www. buienradar. nl/.

[29] WANG Y, YU T Y, RYZHKOV A, et al. Application of spectral polarimetry to a hailstorm at low elevation angle[J]. Journal of Atmospheric and Oceanic Technology, 2019, 36(4): 567 – 583.

[30] UNAL C. Spectral polarimetric radar clutter suppression to enhance atmospheric echoe[J]. Journal of Atmospheric and Oceanic Technology, 2009, 26(9): 1781 – 1797.

[31] KILAMBI A, FABRY F, MEUNIER V. A simple and effective method for separating meteorological from non – meteorological targets using dual – polarization data[J]. Journal of Atmospheric and Oceanic Technology, 2018, 35(7): 1415 – 1424.

[32] MOISSEEV D N, CHANDRASEKAR V. Polarimetric spectral filter for adaptive clutter and noise suppression[J]. Journal of Atmospheric and Oceanic Technology, 2009, 26(2): 215 – 228.

[33] IVI'C I R, CURTIS C, TORRES S M. Radial – based noise power estimation for weather radars[J]. Journal of Atmospheric and Oceanic Technology, 2013, 30(12): 2737 – 2753.

[34] NAJMAN L, Talbot H. Mathematical morphology[J]. Annals of Mathematics and Artificial Intelligence, 1994, 10(1 – 2): 55 – 84.

[35] YIN J P, SCHLEISS M, WANG X S. Clutter – contaminated signal recovery in spectral domain for polarimetric weather radar [J]. IEEE Geoscience and Remote Sensing letters, 2022 (19). DOI: 10. 1109/lgrs. 2021. 3063355.

第5章

瞬态极化扩维滤波

5.1 引　言

在现代战场条件下,电磁环境日趋复杂恶劣,这对各类战场电磁传感系统的工作性能提出严峻考验。在复杂电磁环境中,如何有效地抑制外界干扰、改进信号接收质量、最大限度地从干扰环境中提取有用的目标信息,已成为雷达领域面临的重点问题。

雷达干扰抑制与增强信号的措施可分为三类[1]:第一类是在信号进入接收机前(信号处理前),通过天线射频通道的参数调制,使干扰在天线与射频通道内进行衰减,典型代表是频率捷变滤波与变极化器滤波;第二类是在信号进入接收机后,通过多路接收通道加权处理对消干扰信号、保留目标信号,典型代表是空域阵列滤波;第三类是在信号进入接收机后,利用干扰和目标回波在波形和频谱结构等方面的差异,采用适当的信号处理方法对其加以区分,从而达到抑制干扰、增强信号的目的。其中第三类方法更接近于对干扰信号的识别与剔除,难以在混叠信号中分离所需的目标信号。

常规雷达多基于时域、频域或空域进行以上三类滤波处理以抑制干扰,但对目标与环境极化信息的利用不够充分。近年来,随着电磁波极化信息得以被更深刻地洞察、解释和利用,通过极化抗干扰方法往往能够取得独特的效果,其本质是充分挖掘干扰与目标在极化多维联合域的差异,减弱或消除干扰对雷达探测的影响。本章提出瞬态极化扩维滤波方法,利用正交非匹配滤波处理(信号域扩维),消除目标回波信号对滤波矢量求解的影响;将极化滤波器的干扰正交特性扩展至窄频短时的时 - 频 - 空 - 极化联合域,最大限度增大滤波器干扰抑制能力(信息域扩维);将极化滤波器从二维接收极化调制复空间扩展到四维收发极化联合调制复空间(收发域扩维),有效降低滤波后的目标回波能量损失。

本章的研究内容如下:5.2 节讨论了目标和雷达面临的干扰、杂波环境的极化特性,这是后续极化滤波处理的背景和基础。5.3 节围绕极化滤波器基本理论展开阐述,梳理极化滤波器历史发展图谱,完成极化滤波器数学建模与性能分析。5.4 节分析常规雷达多通道滤波方法存在的问题。5.5 节针对当前滤波方法的问题,建立瞬态极化扩维滤波数学模型,阐述瞬态极化扩维滤波原理,进行仿真分析与外场数据测试。外场测试表明,相比于空域阵列滤波及常规极化阵列滤波方法,瞬态极化扩维滤波方法在抑制干扰与保留目标信号方面有独特优势。

5.2 目标与干扰环境极化特性

长期以来,目标雷达特性的研究由于各种条件的限制只限于对其有效散射截面的研究。然而,对结构和性质各异的不同目标,笼统地用一个有效散射面积来描述,就显得过于粗糙。随着航空与宇航技术的发展、雷达技术的进步以及现代战争的需要,要求获得更多的目标特征信息,如目标散射的幅度特性、相位特性及极化特性等[2]。这些信息对于目标识别与分类、雷达对抗、飞行器隐身及雷达反隐身等都有重要的意义,同时它对现代雷达系统,尤其是对新一代智能雷达系统的理论、体制的形成及其技术的进步,以及优化设计具有强生存能力的飞行器等,都有十分重要的指导意义。

雷达发射的电磁波在目标表面感应电流而进行再辐射,从而产生散射电磁波。散射波的性质不同于入射波的性质,这是由于目标对入射电磁波的调制效应所致。这种调制效应由目标本身的物理结构特性决定,不同目标对相同入射波具有不同的调制特性。也就是说,散射波含有关于目标的物理结构信息,它是目标信息的载体。一个电磁波可由幅度、相位、频率以及极化等参量作完整表达,分别描述它的能量特性、相位特性、振荡特性以及矢量特性,而目标对电磁波的调制效应,就体现在调制其幅度、相位、频率以及极化等参量上,散射波的幅度特性、相位特性、频速特性及极化特性与入射波相应参量特性之间的差异,就成为获得目标散射信号进一步提取用于目标分类/识别特征的重要依据[3]。分析目标回波与干扰在极化域有何差异,也是极化域滤波方法的理论基础。

5.2.1 外场数据获取环境

本小节设置三个外场数据获取场景,分别是对低速飞机目标的地面绕飞观测实验、对海面低速小艇目标的高塔静态观测实验、旁瓣干扰的持续观测实验。基于以上三种典型场景，分析目标回波极化特性及人为干扰信号极化特性差异。

1. 地面绕飞观测实验

地面绕飞观测实验基于 Ku 波段双极化导引头实验系统进行，该系统采用发射高重频脉冲串的窄带准连续波测量体制；在极化测量方面，使用单发双收的双极化测量体制，发射水平极化（H），同时接收水平极化与垂直极化（V），系统参数如表5－1所示。图5－1给出了双极化导引头实验系统对挂载干扰机的飞行目标进行地面绕飞观测的实验场景，其中导引头被固定在位于地面支架，由机场内的辅助指示雷达对低空小型教练机目标进行持续位置监控，并引导导引头调整波束指向目标并对目标进行精细跟踪。此外，目标搭载的干扰机持续进行噪声压制干扰。

表5－1　地面绕飞实验导引头实验系统参数

天线		发射机		接收机	
天线类型	平板缝隙阵列天线	频率/GHz	16	接收模式	H和V同时接收
波束宽度/(°)	5	重频/kHz	××	接收体制	准连续波
极化隔离度/dB	20	发射极化	H极化	接收带宽/Hz	3/kHz

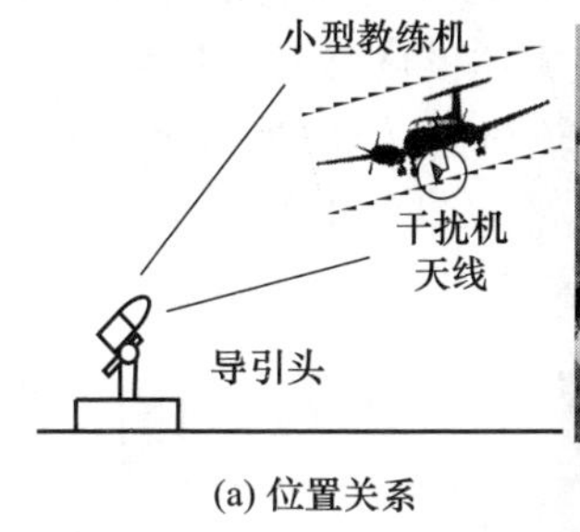

(a) 位置关系

(b) 实验场景

(c) 小型教练机

图5－1　地面绕飞观测实验场景

2. 对海静态观测实验

对海静态观测实验基于 Ku 波段全极化相控阵导引头实验系统进行，该系统采用脉冲压缩距离高分辨测量体制；在极化测量方面，使用双发双收的全极化测量体制，同时发射水平极化（H）与垂直极化（V），同时接收水平极化与垂直极化，系统参数如表5－2所示。图5－2给出了全极化相控阵导引头实验系统对箔条干扰及小艇的高塔对海静态观测的实验场景。其中导引头被固定在高塔顶部的观测塔台中，对慢速航行小艇及其释放的箔条干扰进行观测。

表 5-2 对海静态观测实验导引头实验系统参数

天线		发射机		接收机	
天线类型	微带阵列	频率/GHz	16	接收模式	H 和 V 同时接收
波束宽度/(°)	5	波形	± LFM	接收带宽/Hz	100M
极化隔离度/dB	25	发射极化	V 和 H 同时发射极化	接收通道数	16

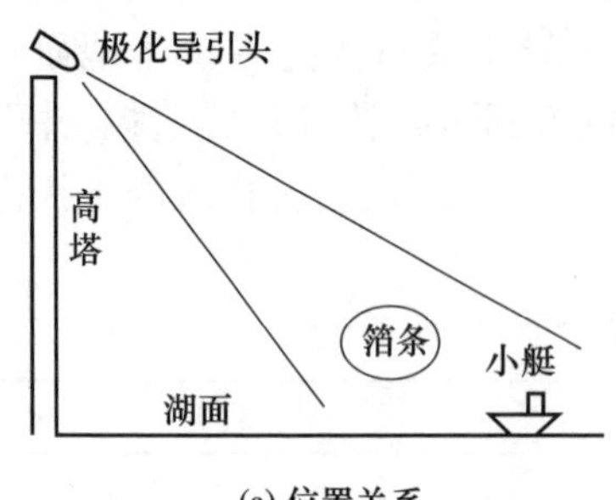

(a) 位置关系

(b) 实验高塔 (c) 极化导引头实验系统

图 5-2 对海静态观测实验场景

3. 旁瓣干扰观测实验

旁瓣干扰测试环境如图 5-3 所示，并给出了干扰机天线实物、雷达极化辅助天线布局及实验场景。实验雷达为某型 S 波段防空雷达极化改造实验系统，采用窄带脉冲压缩测量体制，可进行方位向 360°波束旋转扫描（转速为 360°/10s），雷达不发射信号，仅对周围空域进行信号接收。本实验场景中干扰机施放水平极化压制干扰以及随机变极化压制干扰两种干扰样式。

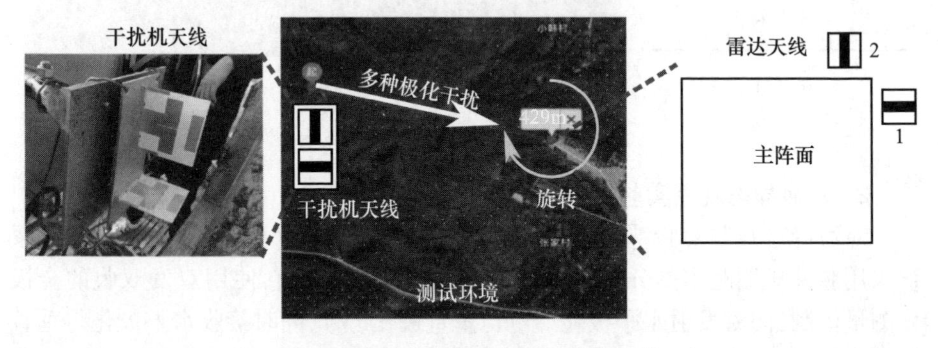

图 5-3 对变极化干扰观测实验场景

实验通过位于雷达天线主阵面边缘的两个宽波束辅助天线（分别为 1 号水平 H 极化、2 号垂直 V 极化）采集干扰数据，实质上是对旁瓣固定极化/变极化干扰数据进行采集。干扰源则位于距离雷达429m的小山顶部(干扰机高度大于雷达海拔高度),固定极化干扰条件下,只有水平H极化天线发射噪声干扰信号;变极化干扰条件下干扰机两个正交极化天线分别发射独立等功率的噪声干扰信号。

5.2.2 目标极化特性

众所周知,复杂目标的高频后向散射基本上是一种局部行为。事实上,理论分析和实际测量均已表明,目标后向散射波可以认为是一组有限数目散射中心的独立散射波的合成,这些散射波通常取决于散射中心周围一小块区域的形状和导电性质,它们主要由目标体的镜面反射点以及曲率不连续处(如尖端、拐角、破口段等)产生。在高频区,目标散射中心的位置对于姿态十分敏感,特别对镜面反射情况尤为如此。

通常情况下,目标相对于雷达时常具有非对称外形,并且目标材料也不是完全纯导体,因而会产生去极化现象。对于单个散射中心而言,其周围区域形状以及材料属性的微小变化均会导致其极化散射特性的显著改变,因此目标的去极化效应强烈地依赖于目标散射中心的特性。此外,对于雷达波束主瓣内的多个点源,它们往往具有不同的极化特性,多点源相互干涉使多点源回波在不同距离、不同角度上具有不同的极化状态。图5-4给出了单点源与两点源在不同距离上的极化合成示意图,当点源个数大于2时,图5-4中所示的极化合成会呈现出更复杂的变化。

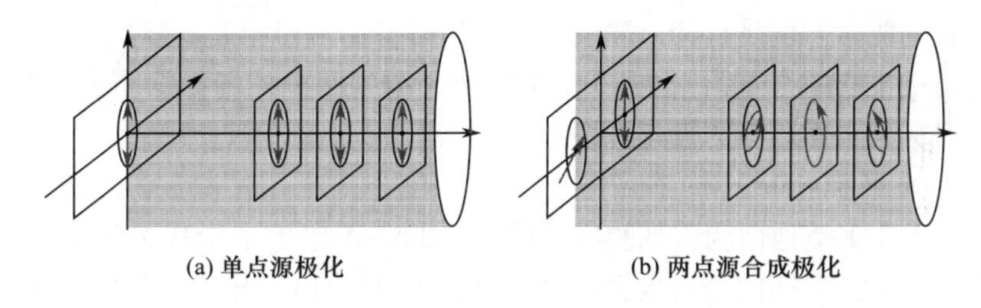

(a) 单点源极化　　(b) 两点源合成极化

图5-4　单点源与两点源在不同距离上的极化合成示意图

由此便可以解释在长时观测情况下分布式目标的极化散射特性:

(1) 当使用线极化进行发射和接收时,目标的主极化回波比交叉极化回波要强得多,二者功率比在4~30dB,对于不同极化态的线极化,上述结果略有不同,但整体趋势保持不变;

(2) 当使用圆极化作为发射和接收极化时,目标的交叉极化回波要比其主极化回波略强,二者功率比在0~6dB,平均大约为1.6dB;

(3) 目标交叉极化回波与主极化回波是弱相关的,由于目标姿态随运动而变化，其极化特性也持续改变，导致目标交叉极化回波与主极化回波相关程度随观测时间的增加而减小，即目标回波极化纯度随观测时长增加而增加。

上述目标极化特性对于高分辨条件下的金属目标（如飞机、舰船等）同样成立。造成这些现象的原因大致解释如下：

(1) 在一个长时观测周期内，目标散射行为主要受到镜面散射中心影响。这是因为镜面散射中心较其他类型的散射中心具有更强的发射回波，对于线极化入射波，其反射回波只有主极化分量，而对于圆极化入射波，其反射回波中只有交叉极化回波而没有主极化回波。

(2) 目标回波的极化取决于多个散射中心独立回波的极化以及它们之间的相对相位关系。在高频区，目标尺寸远大于波长，因而目标姿态的微小改变都会引起散射中心回波相对相位的显著变化。因此，目标回波的极化将在两次观测之间因目标散射中心相对位置的改变而呈现出明显的变化。

但是在短时观测情况下，譬如在搜索天线的波束驻留时间内，目标回波极化纯度相对较高，尽管两次观测得到回波的极化状态通常会有差异，但二者都具有较高的极化纯度。

对于高分辨雷达，由于分辨单元体积缩小，使得雷达回波可以提供目标一维或二维图像。在这种情况下，目标回波与雷达分辨单元相对应，每个分辨单元只包含为数不多且距离很近的几个散射中心，因此，目标回波极化对于目标姿态的敏感依赖性大大地降低了，同时对目标回波描述的模糊性也减少了，换言之，目标回波极化中包含了目标的结构信息，因此极化信息可用于增强雷达的目标识别能力。但是目标回波极化与目标姿态仍密切相关，这对于提取不变极化特征是不利的。下面，根据5.2.1节所介绍的两个外场数据获取场景，分析空中目标与水面目标的极化特性。

1. 空中目标

根据5.2.1节地面绕飞观测实验结果，图5-5给出了干扰关闭条件下导引头各频率单元采样的测量数据（信噪比约25dB）。由于导引头采用准连续波体制，目标回波为单频点信号，因此这里截取和通道四个时间段各50帧数据，

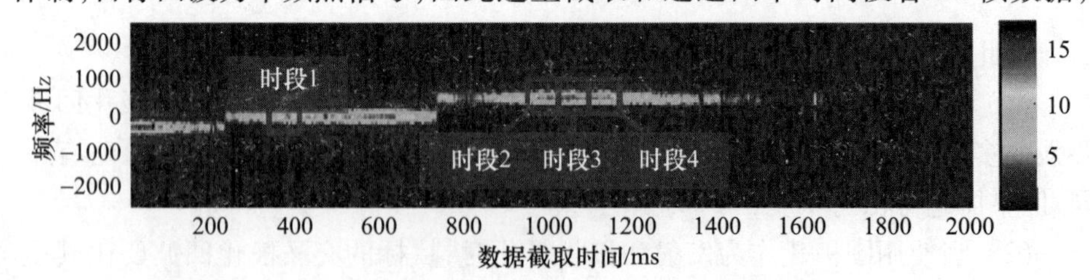

图5-5 单点源与两点源在不同距离上的极化合成示意图

其中时段2、时段3、时段4为连续时间段。

将目标回波极化在Poincare极化球上予以表示，得到图5－6。可以发现，在四个时间段中，目标回波极化均呈现团状分散式分布，其极化度在0.8~0.9。由于目标飞机运动导致其相对于导引头的姿态产生变化，导致其极化散射矩阵变化、回波极化产生起伏。

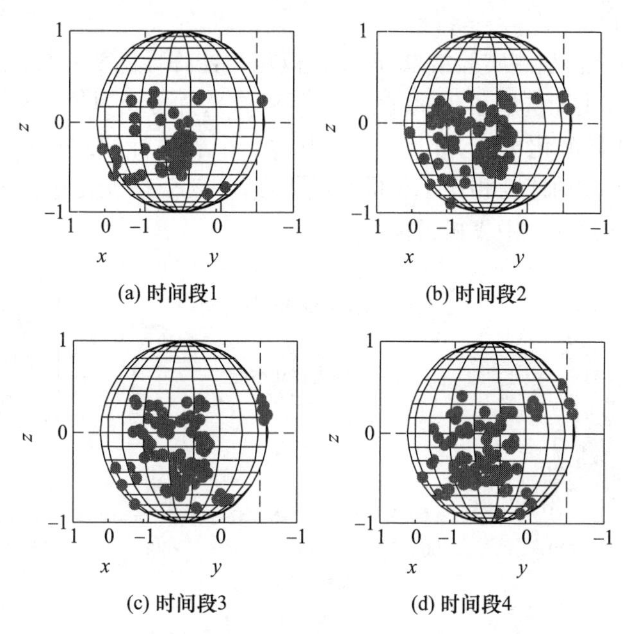

图5－6　四个时段的目标回波极化在Poincare极化球的分布情况

图5－7(a)给出了1000帧的小型飞机回波极化在Poincare极化球的分布情况(时长约18s)，可以发现，其极化分布范围进一步增大，即总体极化度产生下降。图5－7(b)、(c)则分别给出了目标回波极化比幅值与相位的频次分布情况。

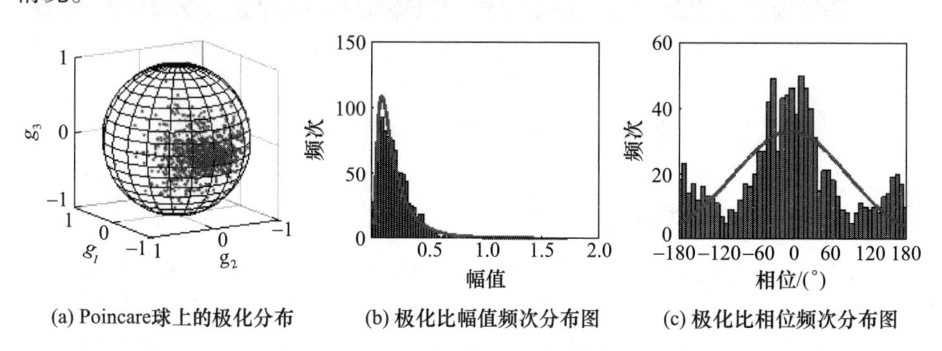

图5－7　四个时段的目标回波极化在Poincare极化球的分布情况

图 5 -7(b)中曲线为采用对数正态分布进行拟合的概率密度曲线,对于这类小型飞行目标,其极化比幅值起伏最符合对数正态分布;图 5 -7(c)中曲线采用正态分布进行拟合的概率密度曲线,可以发现这种条件下,目标回波极化比相位并非均匀分布,而是根据目标散射结构特性,使相位分布产生一定程度的聚集效应。

2. 水面目标

根据对海静态观测实验结果,摘取全极化相控阵导引头对慢速移动小艇的一维距离像序列图(选取了 1000 帧一维距离像),并分析其在小艇距离单元范围内最强散射点极化分布,如图 5 -8 所示。小艇目标回波极化度为 0. 85 ~ 0. 95,由于小艇移动速度相比于飞机明显更慢,小艇姿态变化更慢,故其目标回波极化度高于图 5 -7 中飞机目标。

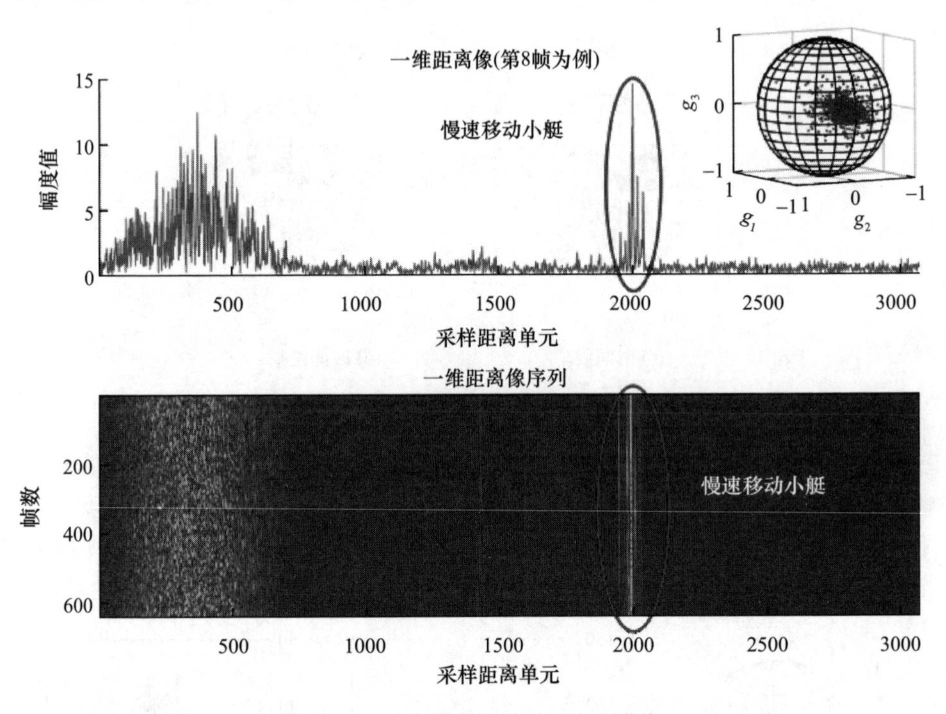

图 5 -8 对小艇目标观测以为距离像

5. 2. 3 干扰极化特性

有源干扰通过发射电磁信号进行电子干扰行动,其从干扰效果上可以分为压制式和欺骗性两大类。有源压制性干扰是其中应用最为普遍的一种干扰方式,其一般通过发射大功率噪声信号形成强干扰信号,淹没雷达接收机中的目标回波信号,实现对敌方雷达检测环节的扰乱和破坏[4]。而随着射频存储、间歇采样等雷达干扰技术的发展,密集转发干扰等新型压制干扰,已经能够以较小的发射功率实现对设定区域进行压制的目的。有源压制干扰仍然是十分重要的雷达干扰方式。下面根据当前有源干扰的极化辐射方式,分别对固定极化有源干扰和变极化有源干扰进行分析,由于干扰信号样式本身不影响其极化状态,这里采用压制式噪声干扰进行分析。

1. 固定极化有源干扰

对于雷达接收机,其两个正交极化通道接收到的干扰信号的复包络 $E_x(t)$ 和 $E_y(t)$ 为

$$E(t) = \begin{bmatrix} E_x(t) \\ E_y(t) \end{bmatrix} = \sum_{i=1}^{N} E_i(t) G(\theta_i, \varphi_i) \boldsymbol{h}_i \tag{5-1}$$

式中:$E_i(t)$ 为第 i 个干扰源发射信号的复包络;$\boldsymbol{h}_i$ 为第 i 个干扰源的极化矢量;$G(\theta_i, \varphi_i)$ 为双极化接收天线增益,θ_i 与 φ_i 为第 i 个干扰源相对于雷达视线的俯仰角与方位角。增益矩阵反映了天线两个极化通道之间的隔离程度。通常情况下,在天线电轴方向上,增益矩阵是一个对角阵,这意味着在这个方向两个极化通道之间是完全隔离的,理想情况下,两个通道的增益相等。

根据式(5-1)可以看出,雷达接收到的干扰信号实际上是各个干扰源辐射场经接收天线进行极化变换以后的接收信号之和。在以下几种情况,天线的极化变换作用使得天线处的等效合成干扰电场呈高度极化:

(1) 只有一个完全极化的干扰源存在;

(2) 接收机接收到的干扰功率中某一个干扰源的贡献处于主导地位,即雷达对该干扰源的接收功率超过了对其余干扰源接收功率之和。

根据5.2.1节地面绕飞观测实验结果,图5-9给出了开启噪声干扰条件下导引头各频率单元采样的测量数据(干噪比约25dB),干扰信号覆盖了雷达接收机带宽,使接收机各频率单元被噪声淹没,提取同一时刻不同频率单元(连续的频点)的干扰信号各50帧数据分析其极化分布。

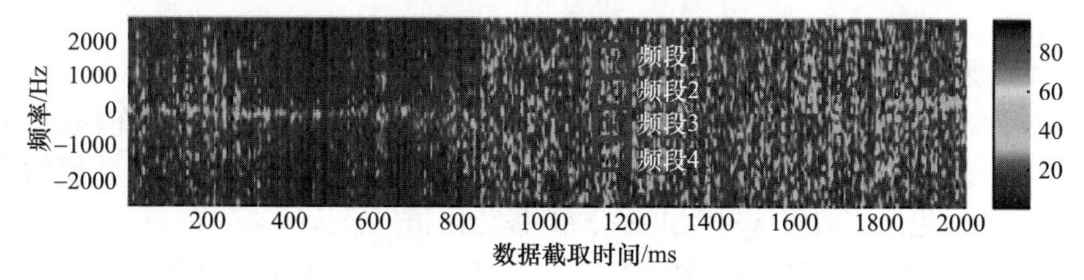

图5-9 同一时刻四个频点数据截取示意

四个频段的噪声干扰信号在 Poincare 极化球上的投影如图 5－10 所示。可以发现，由于干扰信号极化仅受天线极化状态影响，在四个频段中单个固定极化干扰信号的极化状态均较为一致且比较聚集，其极化度均约为 0.98。

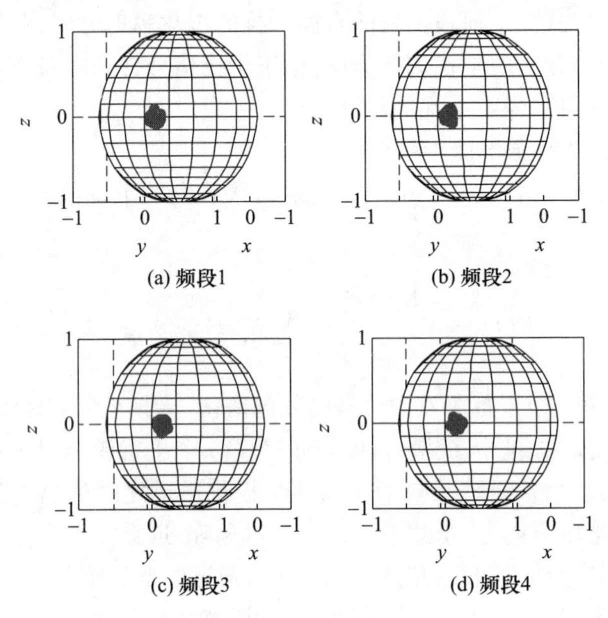

图 5－10 四个时段的目标回波极化在 Poincare 极化球的分布情况

2. 变极化有源干扰

雷达变极化干扰的实质是对干扰信号再次进行极化域调制，变极化干扰可以是实时跟踪雷达极化变化的“极化瞄准干扰”，可以是在两种极化状态之间交替变化的“交变极化干扰”，也可以是干扰极化状态随机变化的“随机极化干扰”。雷达变极化干扰拓宽了干扰样式变化的维度，从空域、频域、能量域三个维度拓展到了空、频、能量、极化域四个维度。利用雷达天线空域极化特性，交变极化干扰可以对抗雷达空域抗干扰措施；进一步采取针对性变化策略（比如正交变极化、随机极化等调制方式）可以破坏雷达的极化抗干扰信号处理链路。

根据 5.2.1 节外场对变极化干扰观测实验结果（随机极化干扰），图 5－11 给出了雷达不旋转条件下对变极化干扰接收 1000 帧数据的极化分布情况，可以发现随机极化干扰的极化状态在 Poincare 极化球上分布较分散，极化度约为 3～5，其极化比幅值服从对数正态分布，极化比相位服从均匀分布。

图 5－12 给出了雷达旋转条件下对变极化干扰接收 1000 帧数据的极化分布情况，可以发现雷达旋转前后，干扰极化在 Poincare 极化球的分布情况没有

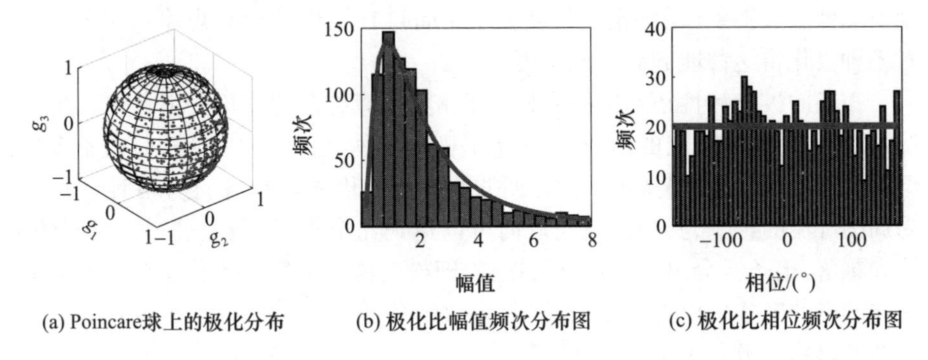

(a) Poincare球上的极化分布　(b) 极化比幅值频次分布图　(c) 极化比相位频次分布图

图5-11　变极化干扰的极化状态在Poincare极化球的分布情况(雷达不旋转情况)

明显变化,均呈现较为散乱的状态,但在雷达旋转360°条件下,两个正交极化接收天线随着雷达转动,接收波束极化比也会产生变化,导致接收数据极化态部分受到天线极化影响,使极化比幅值拖尾略有增大,此时极化比相位仍为均匀分布。

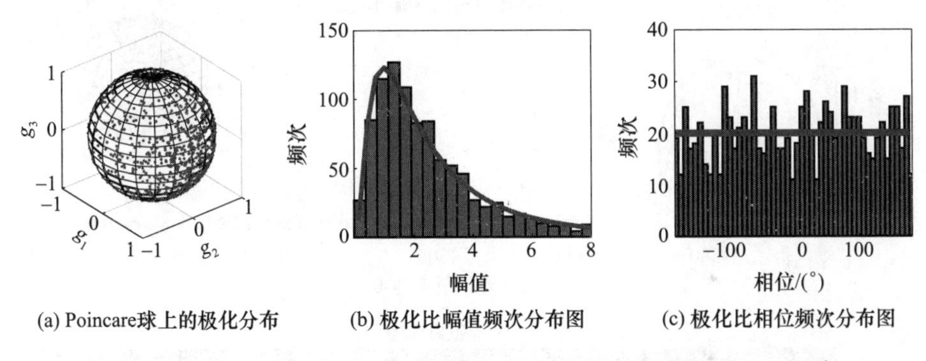

(a) Poincare球上的极化分布　(b) 极化比幅值频次分布图　(c) 极化比相位频次分布图

图5-12　变极化干扰的极化状态在Poincare极化球的分布情况(雷达旋转情况)

3. 箔条干扰

箔条是一种体分布目标,因此箔条干扰是由大量的、在空间任意分布的箔条所产生的回波之和。箔条投放在空中后,人们希望它能随机取向,使其平均有效反射面积与收/发极化无关,从而能干扰具有不同极化的雷达。但实际上,由于箔条的形状、材料、长短不同,箔条在大气中有独特的运动特性与分布规律。

对于均匀的短箔条(单根箔条长度不超过10cm),经投放后在大气中将趋于水平取向而旋转地下降,因此这种箔条对于水平接收极化的雷达有较强干扰作用,但对于垂直接收极化雷达则干扰效果较小。对于一端配重(使其重心偏离几何中心)的箔条,或者材料以及外形不对称的箔条,它们在下落过程中基本上保持垂直取向,因而可以干扰垂直极化雷达,但对水平极化雷达的干扰效果则要降低。长箔条(单根箔条长度大于10cm)在空中的运动规律相对随机,它对各种极化雷达都能起到干扰作用[1]。

箔条的极化特性还与箔条云相对于雷达波束方向的仰角大小有关。在90°仰角时,即使水平取向的箔条,它对水平极化和垂直极化的回波都是差不多的;但在低仰角条件下,箔条水平极化回波比垂直极化强。此外,箔条在刚投放时,受周围气流的影响,其初始空间取向可以达到完全随机,但经过一定时间的扩散和飘落,箔条云会出现极化分层现象,即横向漂浮的箔条多位于箔条云上部,纵向漂浮的箔条多位于箔条云下部,导致箔条云上部散射以水平极化为主,下部散射以垂直极化为主[5]。

根据5.2.1节地面绕飞观测实验结果,摘取全极化相控阵导引头对箔条干扰的一维距离像序列图(选取了1000帧一维距离像),并分析其在箔条距离单元范围内最强散射点极化分布,如图5-13所示。箔条干扰平均极化态为45°线极化,极化度约为0.5~0.8。

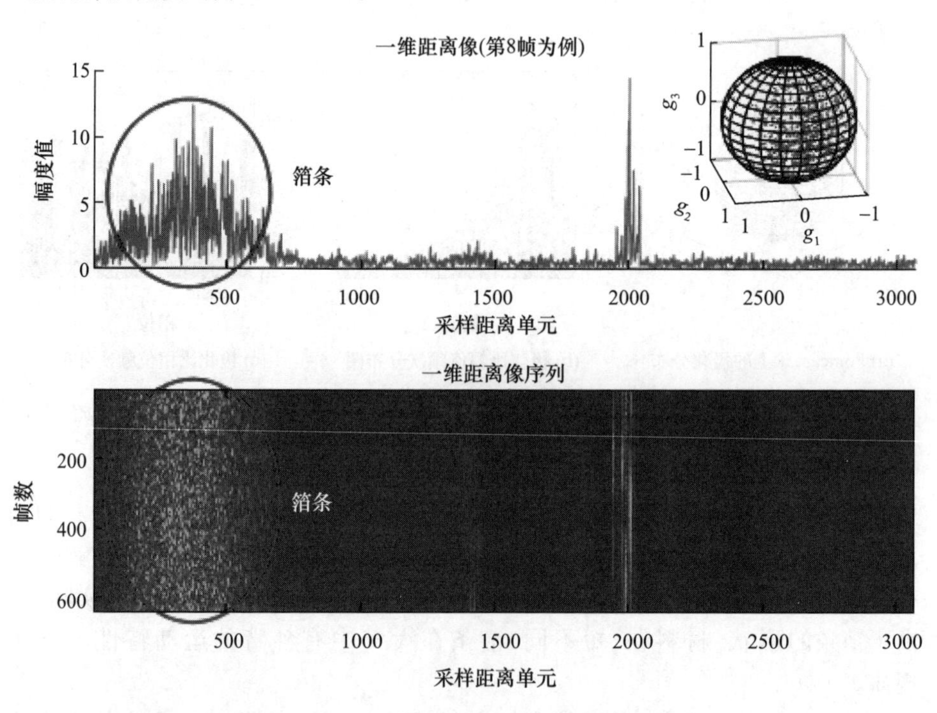

图5-13 同一时刻四个频点数据截取示意

通过以上外场实验数据,可以发现目标回波、箔条干扰往往具有不同的极化特性,通过调整雷达发射与接收天线极化,使之与我们不需要接收的信号在极化域正交,能够在抑制干扰的同时在一定程度上保留目标信号,这是极化域滤波可行的物理基础之一[6]。此外,非常重要的一点是,目标回波、箔条干扰等无源散射回波极化度较低,而有源干扰(除变极化干扰外)极化度较高,这就决定了相比于箔条干扰,有源干扰信号在极化通道中具有较高相关性,故通过极化通道加权合成能够有效对消干扰信号,这也是极化域滤波的另一个物理基础[7]。

5.3 极化滤波基本理论

极化滤波实质上是利用雷达天线对不同入射波在极化域中的选择性,来抑制干扰信号并提高目标信号的接收质量,本节梳理极化滤波理论与技术的历史发展图谱,并对极化滤波的基本分类与表征进行阐述。

5.3.1 极化滤波发展图谱

1. 技术起步期:1975—1985 年

在此期间,极化域滤波的概念被首次提出,并进行了初步的理论探索与技术应用,在雨杂波抑制、有源干扰抑制方面取得一定成效。

1) 理论创新

极化滤波器的研究集中在干扰极化抑制方向,最早的干扰抑制极化滤波器(interference suppression polarization filter,ISPF)是 Nathanson 于 1975 年在研究宽带阻塞干扰抑制和杂波对消问题时得到的自适应极化对消器(adaptive polarization canceller,APC)[8]。早期的雷达系统虽然多工作于单极化模式,但能自由选择采用线极化(如水平极化或垂直极化)或圆极化的天线,这种单一极化天线在接收时本身便能够对与之正交的极化辐射或散射电磁波加以抑制,于是研究者很早就发现极化在抑制非目标回波或干扰方面具有先天的优势,例如采用圆极化雷达可以用于抑制雨杂波[9]。然而,经实际观察发现,采用圆极化工作模式虽能够对雨杂波约 10dB 的抑制效果,但是在无雨的地方,相比于水平极化方式会造成目标回波功率 3 ~ 6dB 的损[10]。于是 Nathanson 首先提出了 APC 基本原理,即利用一对正交极化天线实现对目标回波的无损接收,再利用两个极化通道间干扰信号的相干性,通过对消处理的方式来调制天线接收极化达到抑制干扰的目的。由于 APC 有少量的对消剩余误差,因此 Gherardelli 等将 APC 称为次最优极化对消器[11],但由于这种滤波器系统构造简单,并且能够自动补偿通道间的幅相不均衡,对于极化固定或缓变的杂波、干扰都具有很好的抑制性能,在工程中得到初步应用。

极化滤波器的概念是由 Poelman 等建立,他们认为通过结合收发天线极化状态虚拟自适应的方式，能够补偿频域和空域滤波技术在抑制干扰或杂波、提升信干噪比方面的缺陷，在建立一极化矢量变换(polarization vector transaction, PVT)理论的同时[12]，设计了一种利用极化矢量变换结合多凹口逻辑乘(multinorch logic produce, MLP)的极化滤波器[13]，通过将极化信号样本矢量分别通过多个单极化滤波器，实现对不同极化状态干扰的抑制。但由于 MLP 处理是非线性的，导致正交极化通道之间的干扰信号相关性下降，造成其应用范围受到限制。意大利佛罗伦萨大学的学者 Gherardelli 对上述两类极化滤波器开展了性能比较后，进行了有机结合，提出了多凹口逻辑乘对称自适应极化对消器(multinorch logic produce symmetric adaptive polarization canceller, MLP－SAPC)，在提高干扰抑制性能的同时进一步简化极化滤波系统的复杂度[14]。此外，还有学者将极化域滤波中最优接收极化的概念扩展至杂波中目标检测与增强等应用，如 Ioannidis 等研究了杂波中目标鉴别的最优接收极化问题[15]。

2）工程应用

采用基于模拟电路与数字电路进行迭代式加权值求解的极化滤波处理方式，往往通过时域截取数据方式获取纯干扰信号，以实现两路正交极化通道的加权滤波，用于对雨杂波、有源干扰的抑制，可取得 10～15dB 干扰抑制能力，其自适应极化滤波电路处理时间为秒量级。

2. 缓速发展期：1985—1995 年

极化滤波技术进入缓速发展周期，其中在极化滤波核心理论创新方面未有显著突破，但相关理论成果逐步在雷达极化信号处理领域产生影响，如在合成孔径雷达成像的极化增强、杂波中对目标的极化检测等方面得到不少学术成果。此外，随着运算核及射频器件技术发展，极化滤波技术也逐步从基于射频通道滤波电路的处理方式向更后端的信号处理发展，逐步从模拟极化滤波走向数字极化滤波。

1）理论创新

Poelman 等对极化滤波器在对抗雨杂波时的性能进行了分析，提出若干抗杂波性能评价准则与指标[16]。Stapor 研究了单一信号源、干扰源和完全极化情况下的接收极化最优化问题[17]。van Zyl 等结合高分辨合成孔径雷达体制，研究了目标极化增强和杂波抑制问题，并在 JPL 极化雷达于 1985 年对旧金山城市地区 SAR 图像进行增强实验[18]。Kostinski 与 Boerner 研究了使目标回波极化与杂波或干扰背景信号具有最大极化差异的雷达天线极化配置问题[19]。王新等研究了用于极化滤波的正交极化特性设计问题[20]。

2）工程应用

由于运算芯片集成度的提升，极化调制时间由秒量级提升至毫秒量级，极化滤波也由纯模拟电路处理走向模拟与数字结合的处理模式，主要是以下两种实现方式：其一是采用“数字电路+数字芯片”替代纯模拟电路完成极化滤波，代表性工作是刘永坦教授将极化滤波方法应用至地波高频雷达抗干扰[21]。其二是通过在雷达射频通道使用变极化器，控制雷达天线接收极化，达到极化滤波抑制干扰的目的，代表性工作是空军研究院魏克珠研究员等围绕铁氧体变极化器应用问题，完成了基本的理论研究与工程化实现（关于变极化器的详细情况见5.3.2节）。

3. 理论井喷期：1995—2015年

从20世纪90年代中期开始，极化滤波相关技术进入理论井喷期，国内外学者围绕极化滤波器原理设计、性能优化、类型优选等问题进行了大量卓有成效的研究，逐步形成完整的极化滤波理论体系，带动极化滤波技术在雷达抗干扰领域加速应用。

1）理论创新

Stapor首先将极化滤波技术视为一种带限的优化问题，并按照优化对象的不同，将其分为目标极化匹配滤波器（signal pol - match filter，SMPF）、干扰抑制极化滤波器（interference suppression polarization filter，ISPF）以及最大输出信干噪比极化滤波器（maximize signal - to - interference - noise ratio，MSINR），并比较了几类滤波器在应对单一极化干扰源中时的滤波性能[22]。国防科技大学王雪松教授、徐振海教授研究了极化轨道约束下SINR的局部最优化问题，将SINR全极化域滤波这个双自由度最优化问题转化为两个单自由度最优化问题，并研究了信号干扰功率差（power difference of signal and interference，PDSI）准则下的全极化域和极化轨道约束下的最优化问题，随后将SINR和PDSI的极化优化问题推广到了多散射源情况[23-28]。

哈尔滨工业大学毛兴鹏教授等在此基础上先后提出了零相移极化滤波器和斜投影极化滤波器[29-30]，这两类滤波器的设计思想都是在极化滤波处理后进行幅相的补偿，以避免目标因滤波而引起的相位失真，这种补偿优点在于能够维持目标脉间回波信号的相干性，可用于下一步的信号相干处理。但是，一方面目标回波的先验极化信息难以预先掌握，同时受到干扰遮盖往往难以估计；另一方面，无论是零相移或是斜投影思想，其本质仍是以干扰抑制最大化为优化目标，因此对于信干噪比的改善实际上与ISPF滤波器接近[31]。

随着对极化滤波技术研究的深入，人们不再仅仅满足于单纯从极化域开展抗干扰技术研究,从而开始考虑和传统频域、空域抗干扰技术相结合,于是发展出了一系列极化频域、极化空域联合滤波算法。极化和空域的联合滤波思想首先由 Compton 教授在研究极化阵列抗干扰性能时提出,能够有效抑制来自多方向的同频干扰信号[32]。国外方面,美国 MITRE 公司提出利用 N 个双极化天线能对消 $2N-1$ 个宽带干扰[33]。美国俄亥俄州立大学、美国 ESL 公司、以色列特拉维夫大学、美国佛罗里达大学等团队将基于标量阵列的波束形成和参数估计方法成功移植于极化敏感阵列[34]。美国佐治亚理工研究院的 Showman 首先提出在空-时自适应处理(space time adaptive processing, STAP)之后串联一个极化匹配滤波器或极化白化滤波器,用来改善杂波/干扰背景下的目标检测,称为极化-空-时自适应处理(polarized space time adaptive processing, PSTAP),其结论为 PSTAP 处理比 STAP 处理的输出 SINR 提高 6dB[35]。

国内方面,哈尔滨工业大学、电子科技大学、国防科技大学等单位均研究了极化与空、时域联合处理的问题。国防科技大学团队中,徐振海教授等建立了多准则极化阵列滤波器的设计方法,分析了完全极化和部分极化情形下各类极化空域联合滤波器特点及性能[36-37];戴幻尧博士等又分别基于单极化雷达和二元阵雷达天线的空域极化特性,发展了若干新的极化滤波算法[38];施龙飞研究员提出了主旁瓣同时干扰的极化域-空域联合对消方法,实现对 1 个主瓣干扰+多个旁瓣干扰的极化域-空域联合抑制[39]。

然而,现有研究成果多只进行接收域极化滤波处理,而在发射极化控制方面研究成果较少。国防科技大学施龙飞研究员等首次将极化滤波从接收域扩维至发射域,通过对极化雷达收发极化进行联合优化,控制雷达发射极化使极化滤波后目标回波能量损失最小(通过发射极化控制使目标回波信号极化与干扰信号极化尽量正交),实现目标最优信干噪比准则条件下的极化域滤波[40]。

2) 工程应用

在这一期间,极化相关电子器件性能显著提升,极化域、极化-空时频联合域滤波方法逐步应用于抗主瓣干扰、抗多点源干扰等场景,在地面雷达、雷达导引头中主播推广应用。相关极化域滤波算法能够直接在 DSP 或 FPGA 中进行嵌入式算法实现,极化滤波矢量求解精度、极化滤波运算时间、极化通道均衡性/一致性指标均明显提升。

除数字极化滤波方法外,随着电子技术的进步,硬件变极化器的性能也得到发展,主要体现在极化采样点数的增加(使形成的极化更接近干扰正交极化),以及极化切换时间的降低(更快速地切换至干扰正交极化),可实现干扰抑制比约 20dB、极化切换时间在 10μs 量级。

4. 加速应用期:2015 年至今

从 2015 年至今,众多实际应用需求推动极化域滤波技术逐步完善,如极化滤波与制导雷达/导引头精确测角能力的兼容、极化滤波与防空雷达目标识别能力的兼容等,极化域滤波技术进入加速应用期。

1) 理论创新

由于极化滤波基本理论已经较为成熟,这一时期极化域滤波方法研究主要侧重于两个方面:一是增加滤波零陷深度,提升雷达干扰抑制性能与目标信号保留能力;二是在抑制干扰后获取不失真的目标参数信息。

在深度抑制干扰与保留目标方面,波形信息逐步用于提升极化 - 多域联合滤波性能,武警警官学院程旭等通过设计匹配发射波形极化的自适应滤波器组,提升目标极化检测中的信杂比[41];国防科技大学马佳智等通过极化阵列稳健波束形成方法,显著降低极化阵列滤波中目标自消影响[42];电子科技大学崔国龙教授等[43]、国防科技大学刘甲磊等[44]基于雷达信号与干扰信号特征差异,均独立开展了极化阵列盲源分离算法研究,相比于常规空域阵列盲源分离算法,其信干噪比提升 6 ~ 15dB。此外,通过增加极化阵列自身维度也能进一步增加干扰信号与目标信号的信息域差异,提升滤波后目标信干噪比。西安电子科技大学[45]、空军预警学院[46]等单位提出使用多维电磁矢量传感器阵列提升复杂电磁环境感知能力。

在抑制干扰后目标参数获取方面,哈尔滨工业大学团队宋立众教授等研究了频域极化滤波技术,将频域极化滤波方法应用至高频地波雷达、单脉冲测角体制导引头系统等[47]。国防科技大学马佳智博士等分析了极化滤波对空域单脉冲测角的影响效应,设计了极化滤波后单脉冲测角校正方法[48-49]与极化阵列滤波后单脉冲测角校正方法[50]。这一部分研究仍处于起步阶段,相关学术成果虽然较少,但具有较高发展潜力。

2) 工程应用

极化滤波与极化阵列滤波技术被广泛应用于国内外远程预警、防空反导、精确制导等领域,部分已经完成研制的雷达系统在外场实验与日常使用中,多取得良好抗干扰效果。

5. 技术图谱与发展趋势

极化域滤波技术发展历史图谱如图 5 - 15 所示,5.5 节所重点针对当前面临的深度滤波与目标信号保留问题,提出瞬态极化扩维滤波方法。

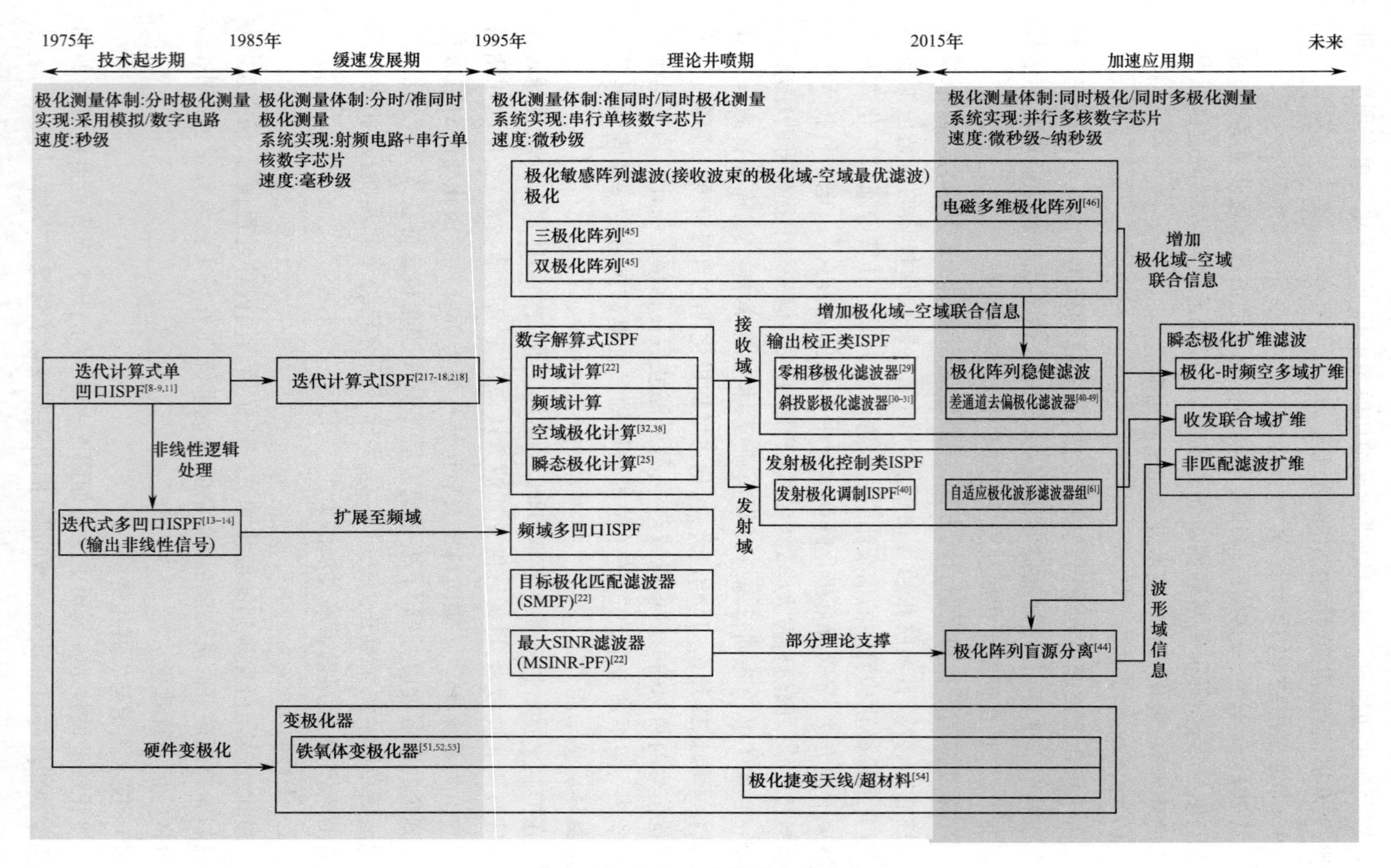

图 5-14 极化滤波技术发展图谱

5.3.2 极化滤波器分类与表征

本节对各类极化滤波器数学原理展开阐述，比较分析各类极化滤波器之间的共同点与差异性所在。

1. 变极化器

变极化器是在雷达天线与射频通道中实现极化选择的器件或模块，一般使用的变极化器是铁氧体变极化器。我国的微波铁氧体技术起步于20世纪50代后期，经过60余年的研究发展，各种铁氧体器件广泛应用于军事和民用高科技技术领域[51]。

它利用外加电路改变加载于铁氧体的外加磁场，以驱动铁氧体材料实现铁氧体器件的控制作用，通过外加电路中电流方向的改变，引起铁氧体材料外加磁场变化，继而改变铁氧体内高功率加载信号的幅值与相位，进而在雷达射频通道中对发射和接收信号进行变极化调制。需要注意的是铁氧体变极化器仅能离散控制天线极化，仅在极化域进行离散调制，形成极化采样网格(网格密度受限)，如图5－15所示。铁氧体变极化器有两种类型，包括单模双通道变极化器和双模单通道变极化器[52]。

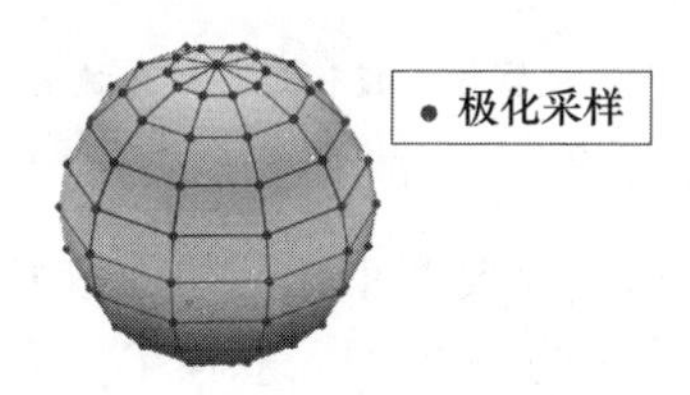

图5－15　Poincare极化球上的变极化器极化离散调制位置示意

1）单模双通道变极化器

单模双通道变极化器通过对两路正交极化通道进行独立的相位和开关控制来产生多种发射和接收极化态，但仅可调制出离散的若干的极化态，如H线极化、V线极化、左旋/右旋圆极化等，其变极化原理如图5－16所示。

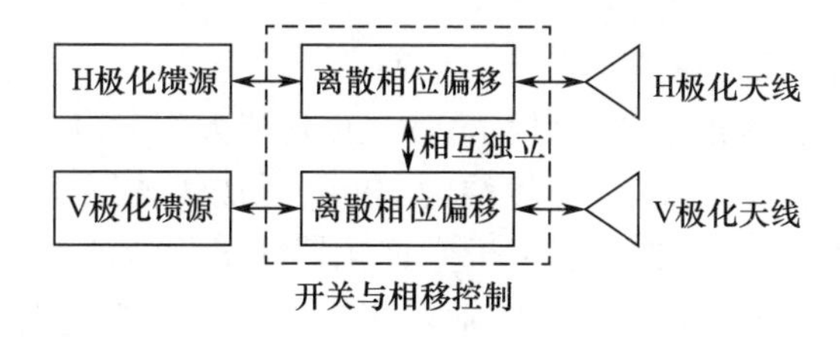

图5－16　单模双通道变极化原理示意

单模双通道变极化器的稳定性较好，结构简单，可视雷达馈线结构大大简化,其相位控制精度在 ±1.5°以内,且能承受较大峰值功率(如在 C 波段,可承受 1.5MW 峰值功率、2.6kW 平均功率),但单模双通道铁氧体变极化器极化转换速度较慢,难以应用在快速变极化场景[53]。针对这一缺点,学术界的一种解决思路是采用极化捷变天线[54],即通过在天线馈源端口、馈线网络中增加开关结构或使用超材料天线,直接使天线可以在几种极化态间快速切换,进而避免使用铁氧体变极化器。图 5-17(a)给出了典型的铁氧体双通道变极化器,图 5-17(b)给出了一种新型的基于开关结构的极化可重构(或极化捷变)阵列天线结构图。

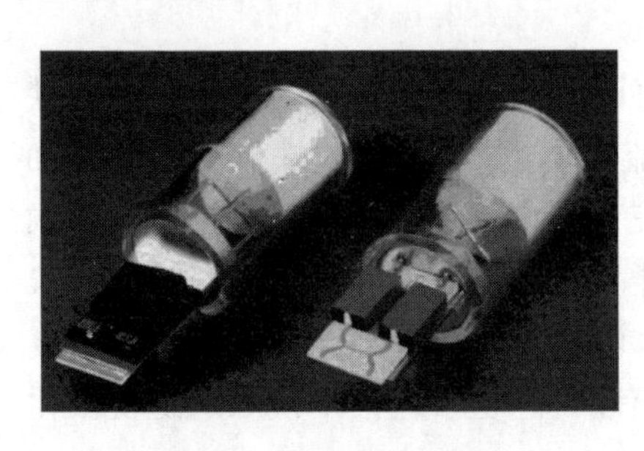

(a) 单模双通道铁氧体变极化器

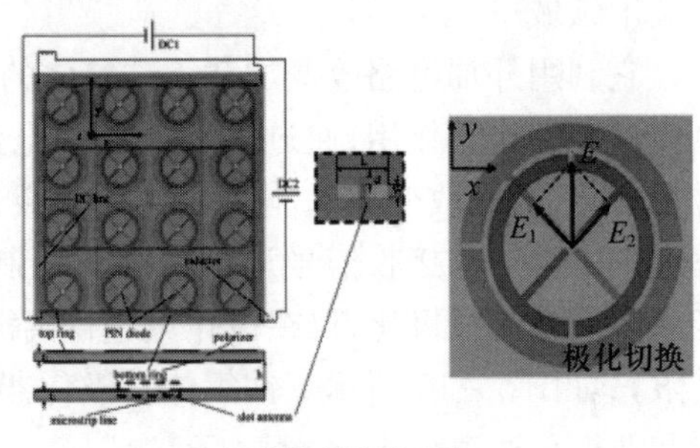

(b) 极化捷变阵列天线

图 5-17 铁氧体变极化器与极化捷变天线

2) 双模单通道变极化器

单模双通道变极化器由于需要两个相同的通道来实现变极化,有器件多、成本高、占用空间大、变极化慢的缺点[55]。双模单通道变极化器通过在铁氧体棒四周增加环流线圈控制铁氧体中电磁场变化,在单个信号通道内实现对信号极化的控制,典型双模单通道铁氧体变极化器结构如图 5-18 所示。

信号在双模单通道铁氧体棒中的极化变化情况如图 5-19 所示,分别对应图 5-18 中变极化段与相移段。双模单通道铁氧体变极化器能够用于抛物面天线等单馈源系统变化,或在阵列天线各通道馈源处加装,实现阵列天线变极化[56]。

3) 快速铁氧体变极化器

20 世纪 70 年代中期至 90 年代,雷达变极化器大都采用机电式或铁氧体模块,它们的变极化速率比较慢,一般约为 10ms,无法快速跟踪环境中的干扰变化,且只能工作在窄带模式,这使基于变极化器的极化域滤波方法性能难以满足需求。针对这一问题,学术界与工业界提出了锁式变极化器、双通道快速变极化器、宽带铁氧体变极化器等新型铁氧体变极化结构,使其变极化速率提升至 5~10μs 量级,变极化带宽扩展至约 1GHz[52,57]。

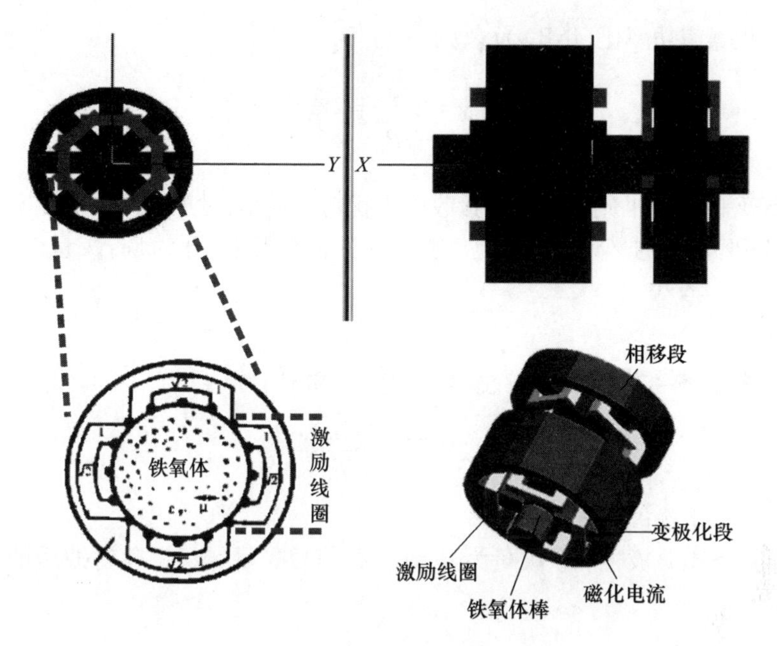

图5-18　典型双模单通道变极化器

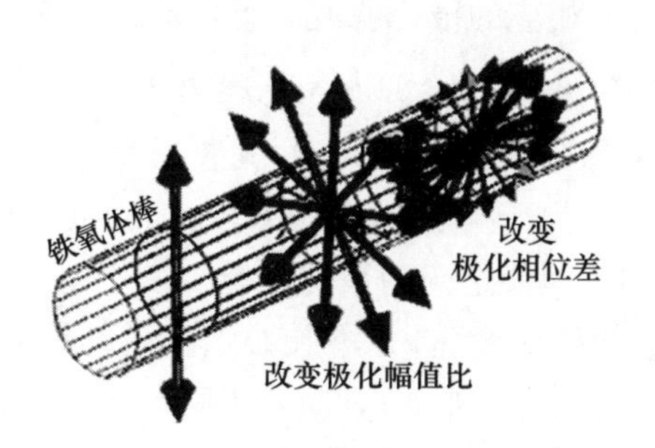

图5-19　信号极化在铁氧体变极化器中的改变

2. 干扰抑制极化滤波器

雷达接收天线的Stokes矢量为$\boldsymbol{J}_{\mathrm{r}}$，满足单位增益-完全极化约束，即$\boldsymbol{J}_{\mathrm{r}}$可写为四维列矢量形式：$\boldsymbol{J}_{\mathrm{r}}=[1,\boldsymbol{g}_{\mathrm{r}}^{\mathrm{T}}]^{\mathrm{T}}$，子矢量$\boldsymbol{g}_{\mathrm{r}}$范数为1即$\|\boldsymbol{g}_{\mathrm{r}}\|^2=\boldsymbol{g}_{\mathrm{r}}^{\mathrm{T}}\boldsymbol{g}_{\mathrm{r}}=1$，式中上标“T”表示转置。在雷达接收天线波束内存在多个信号源和干扰源，相应的辐射场合成Stokes矢量为$\boldsymbol{J}_{\mathrm{S}}$和$\boldsymbol{J}_{\mathrm{I}}$，记为$\boldsymbol{J}_{\mathrm{S}}=[g_{\mathrm{S0}},\boldsymbol{g}_{\mathrm{S}}^{\mathrm{T}}]^{\mathrm{T}}$，$\boldsymbol{J}_{\mathrm{I}}=[g_{\mathrm{I0}},\boldsymbol{g}_{\mathrm{I}}^{\mathrm{T}}]^{\mathrm{T}}$，$\boldsymbol{g}_{\mathrm{I}}$与$\boldsymbol{g}_{\mathrm{S}}$矢量夹角为$\theta_{\mathrm{SI}}$，记雷达天线输出的SINR为$\xi$，则有

$$\xi=\frac{\frac{1}{2}\boldsymbol{J}_{\mathrm{r}}^{\mathrm{T}}\boldsymbol{J}_{\mathrm{S}}}{\frac{1}{2}\boldsymbol{J}_{\mathrm{r}}^{\mathrm{T}}\boldsymbol{J}_{\mathrm{I}}+\frac{1}{2}N_0}\tag{5-2}$$

若记干扰噪声功率比(INR)为χ,则

$$\chi=\frac{g_{I0}}{\frac{1}{2}P_N}=2\frac{g_{I0}}{P_N} \tag{5-3}$$

ISPF 的滤波准则是使雷达接收的干扰功率最小,对于常规单极化窄带干扰而言,ISPF 对应的最佳极化就是干扰极化的正交极化,用 Stokes 矢量表示为

$$\boldsymbol{g}_{\text{ISPFopt}}=-\frac{\boldsymbol{g}_I}{\|\boldsymbol{g}_I\|} \tag{5-4}$$

代入式(5-2)得到 ISPF 滤波器的输出 SINR 为

$$\xi_{\text{ISPF}}=\frac{g_{S0}}{g_{I0}}\frac{1-\rho_S\cos\theta_{SI}}{1-\rho_I+2/\chi} \tag{5-5}$$

式中:ρ_I 为干扰极化度。

假设 SMPF 极化加权矢量为 $\boldsymbol{h}$,则干扰信号矢量 $\boldsymbol{x}$ 经极化滤波后的输出电压为

$$V=\boldsymbol{h}^T\boldsymbol{x} \tag{5-6}$$

由式(5-6)可得到相应的极化滤波后干扰输出功率为

$$P_r=E(|V|^2)=E((\boldsymbol{h}^T\boldsymbol{x})(\boldsymbol{h}^T\boldsymbol{x})^H)=\boldsymbol{h}^TE(\boldsymbol{x}\boldsymbol{x}^H)\boldsymbol{h}^*=\boldsymbol{h}^T\boldsymbol{R}\boldsymbol{h}^* \tag{5-7}$$

式中:$E(\cdot)$表示求平均运算;T 表示转置;* 表示共轭;H 表示共轭转置。

不难看出式(5-7)为干扰协方差矩阵 $\boldsymbol{R}$ 的 Hermitian 二次型,通过求取其最优值,可以得到 SMPF 所能达到的最佳性能。由于滤波的原理是依靠极化通道加权实现接收功率的相对变化,并不关心加权后的绝对强度,因此进一步假设接收极化满足约束条件 $\|\boldsymbol{h}\|=1$,在该约束条件下根据 Hermitian 二次型的性质,对任意的二维复矢量 $\boldsymbol{h}$,存在如下关系:

$$\lambda_1\leqslant P_{\text{out}}=\boldsymbol{h}^T\boldsymbol{R}\boldsymbol{h}^*\leqslant\lambda_2 \tag{5-8}$$

其中,定义 λ_1 和 λ_2 为矩阵 $\boldsymbol{R}$ 的两个特征值,且不妨假设 $\lambda_1\leqslant\lambda_2$,则利用矩阵特征值的计算公式可得

$$\begin{cases}\lambda_1=\frac{1}{2}\left(R_{HH}+R_{VV}-\sqrt{(R_{HH}-R_{VV})^2+4|R_{HV}|^2}\right)=\frac{\text{tr}(\boldsymbol{R})}{2}(1-\rho_I)\\ \lambda_2=\frac{1}{2}\left(R_{HH}+R_{VV}+\sqrt{(R_{HH}-R_{VV})^2+4|R_{HV}|^2}\right)=\frac{\text{tr}(\boldsymbol{R})}{2}(1+\rho_I)\end{cases} \tag{5-9}$$

式中:$\text{tr}(\boldsymbol{R})=R_{HH}+R_{VV}$为矩阵的迹,代表输入干扰信号的总功率(这里的干扰包括了干扰直达波信号、电磁环境扰动引起的散射波信号以及通道热噪声);ρ_I

为干扰极化度。

在压制干扰条件下，为实现干扰抑制，需使接收到的干扰信号功率最小，则通过极化滤波能够得到的干扰最小输出功率为

$$P_{r\min}=\lambda_1=\frac{\mathrm{tr}(\boldsymbol{R})}{2}(1-\rho_{\mathrm{I}}) \tag{5-10}$$

由此，ISPF 的干扰抑制比(jamming rejection ratio，JRR)与干扰极化度的关系可以近似简化表示为(这里的 JRR 是 ISPF 对总干扰能量的抑制比)

$$\mathrm{JRR}=\frac{\mathrm{tr}(\boldsymbol{R})}{P_{r\min}}=\frac{2}{1-\rho_{\mathrm{I}}} \tag{5-11}$$

3. 目标匹配极化滤波器

SMPF 的滤波准则是使雷达接收天线极化与有用目标回波信号的极化匹配，用 Stokes 矢量来描述就是使接收天线 Stokes 子矢量与信号极化的 Stokes 子矢量指向一致，即

$$\boldsymbol{g}_{\mathrm{SMPFopt}}=-\frac{\boldsymbol{g}_{\mathrm{S}}}{\|\boldsymbol{g}_{\mathrm{S}}\|} \tag{5-12}$$

代入式(5-2)得到 SMPF 滤波器的输出 SINR 为

$$\xi_{\mathrm{SMPF}}=\frac{g_{\mathrm{S0}}}{g_{\mathrm{I0}}}\frac{1+\rho_{\mathrm{S}}}{1+\rho_{\mathrm{I}}\cos\theta_{\mathrm{SI}}+2/\chi} \tag{5-13}$$

4. 最大信干噪比极化滤波器

最佳 SINR 极化滤波器是指以雷达天线输出端的 SINR 达到最大作为优化准则，其实质是一个带约束非线性最优化问题，直接求解往往会遇到较大的数学困难，利用集合套思想，通过研究 SINR 滤波器在 Poincare 极化球上的滤波通带特性，可以间接得到 SINR 滤波器的最优解。下面仅给出结论，雷达对信号进行极化滤波后，其接收机输出端最大 SINR 为

$$\xi_{\max}=\frac{g_{\mathrm{S0}}}{g_{\mathrm{I0}}}\frac{\chi}{2}D_{\mathrm{opt}} \tag{5-14}$$

其中

$$D_{\mathrm{opt}}=\frac{1+2K-2K\rho_{\mathrm{S}}\rho_{\mathrm{I}}\cos\theta_{\mathrm{SI}}+\sqrt{\Delta/4}}{4K^2(1-\rho_{\mathrm{I}}^2)+4K+1} \tag{5-15}$$

$$\Delta=4\{[\rho_{\mathrm{S}}+2K(\rho_{\mathrm{S}}-\rho_{\mathrm{I}}\cos\theta_{\mathrm{SI}})]^2+4K^2(1-\rho_{\mathrm{S}}^2)\rho_{\mathrm{I}}^2(1-\cos^2\theta_{\mathrm{SI}})\} \tag{5-16}$$

$$2K=g_{\mathrm{I0}}/P_{\mathrm{N}} \tag{5-17}$$

相应的最佳接收极化为

$$\boldsymbol{g}_{\max}=\frac{\boldsymbol{x}_{\mathrm{S}}-D_{\mathrm{opt}}\boldsymbol{x}_{\mathrm{I}}}{D_{\mathrm{opt}}(1+2K)-1} \tag{5-18}$$

式中：$\boldsymbol{x}_{\mathrm{S}}=\boldsymbol{g}_{\mathrm{S}}/\boldsymbol{g}_{\mathrm{S0}}$；$\boldsymbol{x}_{\mathrm{I}}=\boldsymbol{g}_{\mathrm{I}}/\boldsymbol{g}_{\mathrm{I0}}$。

5.3.3 极化滤波器优选准则

在研究极化滤波器的性能度量问题之前，用一个例子建立极化滤波器性能的直观概念，图5-20是3种典型极化滤波器的两组性能曲线，上面一组曲线的参数为$\rho_{\mathrm{S}}=0.9$，$\rho_{\mathrm{I}}=0.8$，$\chi=20\mathrm{dB}$，下面一组曲线参数为$\rho_{\mathrm{S}}=0.9$，$\rho_{\mathrm{I}}=0.3$，$\chi=20\mathrm{dB}$，每组曲线中最上面一条对应着最佳SINR极化滤波器，其余两条曲线分别对应着SMPF和ISPF滤波器。由图5-20可见，当雷达面临的信号与干扰极化特性不同时，不同的极化滤波器性能会出现明显差异，具体为：

（1）当信号与干扰极化夹角$\theta_{\mathrm{SI}}=60°$时，若$(\rho_{\mathrm{S}},\rho_{\mathrm{I}})=(0.9,0.8)$，则ISPF滤波性能要明显优于SMPF，两者滤波性能相差约2.75dB，而ISPF的滤波增益比最佳SINR值仅低1dB。

（2）当干扰极化度下降至$\rho_{\mathrm{I}}=0.3$时，ISPF滤波性能明显劣于SMPF，两者差约3.3dB，此时ISPF的滤波增益比最佳SINR值低约3.7dB。

（3）此外，由图5-21还可看出，最佳SINR滤波器的输出也对滤波电磁环境具有明显的依赖关系，比如两类曲线中的SINR滤波器输出值在$\theta_{\mathrm{SI}}=60°$时相差2.5dB。

（4）由典型极化滤波器的公式可知，影响极化滤波效果的因素主要包括：雷达接收天线处的干噪比χ，信号与干扰的极化度ρ_{S}和ρ_{I}以及两者的极化夹角θ_{SI}。

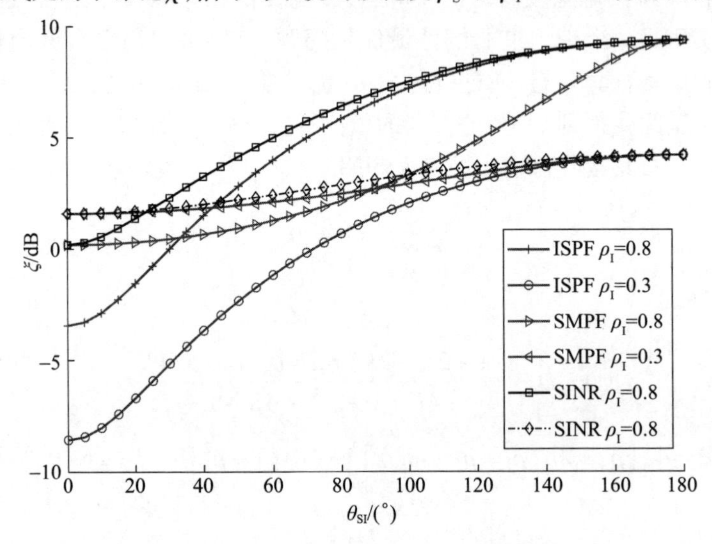

图5-20　典型计划滤波器性能曲线

由以上分析，不难得出两个基本结论：

（1）极化滤波器的性能度量不宜直接采用输出SINR值等“绝对指标”，原因很简单：不同电磁环境下同一个滤波器会有不同的输出，同时不同滤波器之间的优劣关系也会发生变化，采用绝对指标将难以衡量不同滤波器之间的优劣关系；为了客观度量不同极化滤波器之间的相对优劣，并使之尽可能适合当前电磁环境，宜采用“相对标准”，即以当前电磁环境下极化滤波器的最佳滤波输出作为参照标准。

（2）根据上面的两个基本观点，我们提出极化滤波器的相对滤波增益这一指标，即以当前电磁环境下的最佳SINR极化滤波器输出 $\xi_{\max}$ 作为“相对标准”，用实际滤波器的输出 ξ 与 $\xi_{\max}$ 的差值作为该滤波器的相对滤波增益，其定义式为

$$\eta = \xi - \xi_{\max}\,(\mathrm{dB}) \tag{5-19}$$

图5-21给出了 $(\rho_S, \rho_I) = (0.9, 0.8)$ 且 $\chi = 20\mathrm{dB}$ 情况下ISPF和SMPF极化滤波器的 η 值与极化角 θ_{SI} 的关系曲线，可见当信号、干扰极化夹角较大时，ISPF的滤波效果不但明显优于SMPF，而且与最佳SINR滤波器的性能也相当接近。

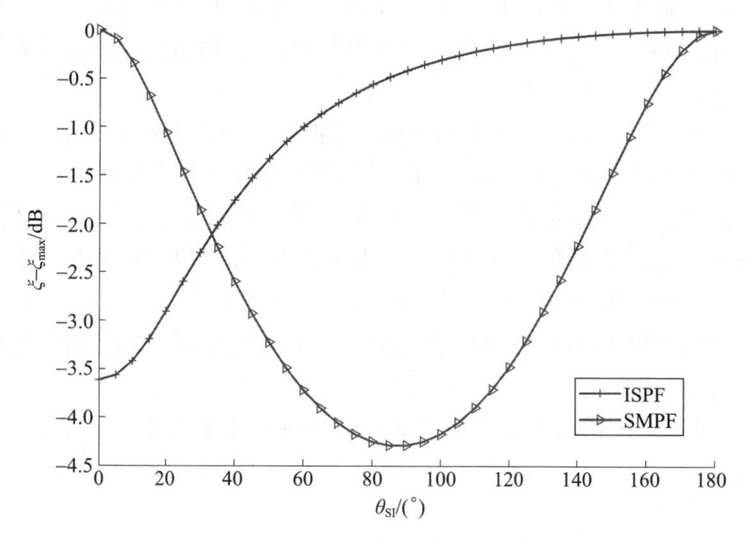

图5-21 ISPF与SMPF的相对滤波增益曲线

1. 极化滤波器性能度量

在给定的电磁环境下，不同极化滤波器的相对优劣除了与信号和干扰的极化度、干噪比等指标有关外，还与信号、干扰的极化夹角 θ_{SI} 有密切的依赖关系，换言之，极化滤波器的 η 是 θ_{SI} 的函数，因此可写为 $\eta(\theta_{SI})$，通常情况下不能一

概而论地比较不同极化滤波器的优劣,而需要根据 θ_{SI} 的大小来比较哪个滤波器更优。

考虑到一般情况下,信号与干扰的极化夹角 θ_{SI} 难以预先获悉,所以 θ_{SI} 可看作一个分布在 $[0,\pi]$ 区间上的随机变量,且有分布密度 $f(\theta_{SI})$,用统计的观点对不同的极化滤波器做平均意义上的比较是恰当的,具体而言,给定信号、干扰的极化度以及干噪比,计算每个极化滤波器的 η 相对于 θ_{SI} 的统计平均,以此作为衡量滤波器性能优劣的指标,具体定义由下式给出:

$$\bar{\eta} = \langle \eta \rangle = \int_0^{\pi} \eta(\theta_{SI}) f(\theta_{SI}) \mathrm{d}\theta_{SI} \tag{5-20}$$

式中:$\langle \cdot \rangle$ 代表统计平均,多数情况下假定 θ_{SI} 具有均匀分布,因为这代表了对极化滤波器设计最不利的情况,此时信号与干扰极化夹角的分布密度为 $f(\theta_{SI}) = 1/\pi$,则极化滤波器相对滤波增益的统计平均公式为

$$\bar{\eta} = \frac{1}{\pi} \int_0^{\pi} \eta(\theta_{SI}) \mathrm{d}\theta_{SI} \tag{5-21}$$

以图 5-21 为例,由式(5-21)算得对于 ISPF 滤波器 $\bar{\eta} = -0.99\mathrm{dB}$,而对于 SMPF 滤波器 $\bar{\eta} = -2.47\mathrm{dB}$。由这两个数据可得如下结论:

(1) 此时 ISPF 滤波器的性能优于 SMPF 滤波器,两者的滤波增益差值平均约为 1.5dB;

(2) ISPF 滤波器的性能与最佳 SINR 滤波器性能十分接近,用统计的观点来看,ISPF 滤波器的性能与最佳 SINR 滤波器性能相差不足 1dB。

作为滤波器的性能指标,SINR 比 SNR 和 SIR 等指标更加全面,但实际中以 SNR 和 SIR 作为优化对象的极化滤波器更为常见(如 ISPF 和 SMPF),它们的滤波优化准则往往等效为 SIR 和 SNR 的最大化,由以上的分析可知,不同电磁环境下 ISPF 和 SMPF 的性能差异可能很大,如何根据电磁环境的参数选择可靠的极化滤波器,就成为工程应用上需要着重考虑的问题。

比较 ISPF 和 SMPF 的性能,实质是比较两种极化滤波器性能对电磁环境参数的依赖关系,由式(5-5)和式(5-13),不考虑式中公共因子 g_{S0}/g_{I0} 的影响,定义如下两个参量:

$$A_{ISPF} = \frac{1 - \rho_S \cos\theta_{SI}}{1 - \rho_I + 2/\chi} \tag{5-22}$$

$$A_{SMPF} = \frac{1 + \rho_S}{1 + \rho_I \cos\theta_{SI} + 2/\chi} \tag{5-23}$$

不难证明,A_{ISPF} 和 A_{SMPF} 在 $\theta_{SI} \in [0,\pi]$ 上单调不减,对大多数情况 $\rho_S \neq 0$ 和

$\rho_I \neq 0$,A_{ISPF}和A_{SMPF}还是严格单调递增。当$\theta_{SI}=\pi$时,由上两式及式(5-14)易知$A_{ISPF}=A_{SMPF}=\xi_{max}/(g_{S0}/g_{I0})$,即无论$\rho_S$,$\rho_I$,$\chi$取值如何,两种极化滤波器的性能都达到最佳。换言之$A_{ISPF}-\theta_{SI}$和$A_{SMPF}-\theta_{SI}$两条曲线在$\theta_{SI}=\pi$处必然相交,下面来求这两条曲线在$\theta_{SI}\in[0,\pi]$内有无其他交点。定义

$$\Delta A = A_{ISPF} - A_{SMPF} \tag{5-24}$$

将式(5-22)和式(5-23)代入式(5-24)展开得

$$\Delta A = \frac{\rho_I - (1+2/\chi)\rho_S + \rho_S\rho_I(1-\cos\theta_{SI})}{[(1+2/\chi)-\rho_I][(1+2/\chi)+\rho_I\cos\theta_{SI}]}(1+\cos\theta_{SI}) \tag{5-25}$$

由式(5-25)可见,除$\theta_{SI}=\pi$为ΔA的必然零点外,另外的零点由下式决定:

$$\rho_I - (1+2/\chi)\rho_S + \rho_S\rho_I(1-\cos\theta_{SI}) \tag{5-26}$$

变形得

$$\cos\theta_{SI} = \frac{1}{\rho_S} - \left(1+\frac{2}{\chi}\right)\frac{1}{\rho_I} + 1 \tag{5-27}$$

可见只要下式

$$-1 < \frac{1}{\rho_S} - \left(1+\frac{2}{\chi}\right)\frac{1}{\rho_I} + 1 \leqslant 1 \tag{5-28}$$

成立,方程(5-27)就有解,ΔA就存在非π的零点,记为

$$\theta_{SI0} = \arccos\left[\frac{1}{\rho_S} - \left(1+\frac{2}{\chi}\right)\frac{1}{\rho_I} + 1\right] \tag{5-29}$$

这里称θ_{SI0}为ISPF和SMPF这两种极化滤波器性能的临界点,即两者的性能优劣关系在该点发生逆转。值得指出的是,式(5-28)的不等式对于ISPF和SMPF滤波器的性能比较具有十分重要的意义,因为它给出了电磁环境参数的一个分界判别条件,下面的分析将会表明,式(5-28)确定了ISPF和SMPF的两个优选区和一个临界区。

2. 极化滤波器优选分析

若干扰和信号的极化度满足

$$\rho_I > \left(1+\frac{2}{\chi}\right)\rho_S \tag{5-30}$$

则有$\Delta A>0$或$A_{ISPF}>A_{SMPF}$,这意味着无论信号与干扰的极化夹角取值如何,ISPF的输出SINR总是高于SMPF的输出SINR,因此称式(5-30)定义了ISPF的优选区,如果以INR作为控制参量,以ρ_S为横轴,ρ_I为纵轴,作$\rho_S-\rho_I$平面关系图,这实际上是一个单位正方形,那么给定INR后,式(5-30)所定义的ISPF

优选区实际上就是这个正方形上半部分,如图 5-22 中的 Ⅰ 区所示。

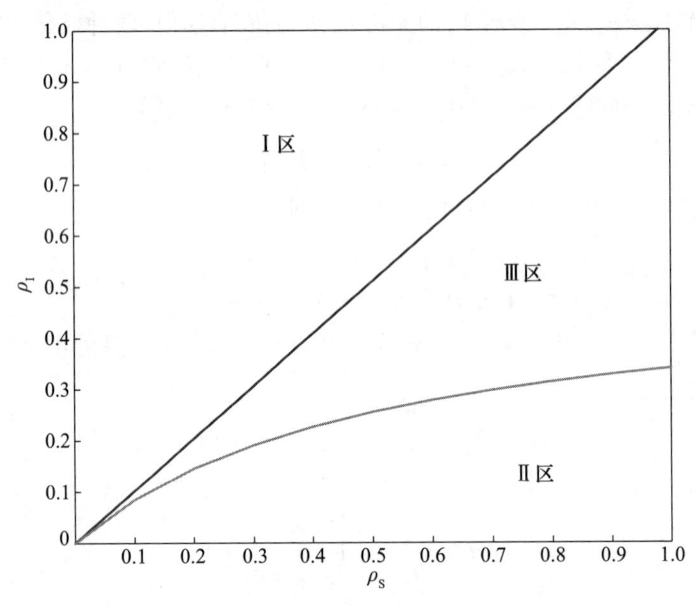

图 5-22 ISPF 与 SMPF 的优选区与临界区 $\chi=20\text{dB}$

式(5-30)意味着干扰的极化度高于信号的极化度,在大多数工程中,信号极化度往往较高,那么式(5-28)实际上隐含地假定了干扰具有很高的极化度,可能接近于 1。比如,超高频雷达或短波超视距雷达经常会受到调频电台或短波电台的广播信号的干扰,这些射频干扰通常具有很高的极化度,此时若信号极化度不是很高,那么宜采用 ISPF 进行极化滤波。

若干扰信号的极化度满足

$$\rho_I < \frac{\rho_S}{1+2\rho_S}\left(1+\frac{2}{\chi}\right) \tag{5-31}$$

则有 $\Delta A<0$ 或 $A_{ISPF}<A_{SMPF}$,这意味着无论信号与干扰的极化夹角取值如何,SMPF 的输出 SINR 总是高于 ISPF 的输出 SINR,也就是说,此时以选用 SMPF 滤波器为宜,故称式(5-31)定义了 SMPF 的优选区,式(5-31)是关于 ρ_S 和 ρ_I 的非线性关系,在 $\rho_S-\rho_I$ 平面图上,对应着图 5-22 中的 Ⅱ 区。

当雷达工作在强干扰环境中时,即 $\chi\gg1$,式(5-31)可强化为 $\rho_I<\rho_S/1+2\rho_S$,此式意味着干扰的极化度不会太高,因此可得结论,当干扰的极化度很低时宜选用 SMPF 滤波器。

当干扰和信号的极化度满足式(5-28)时,即 ρ_I 满足关系式

$$\frac{\rho_S}{1+2\rho_S}\left(1+\frac{2}{\chi}\right)<\rho_I<\left(1+\frac{2}{\chi}\right)\rho_S \tag{5-32}$$

此时,ISPF 和 SMPF 两种滤波器的性能曲线在 θ_{SI0} 点发生相交,所以不能笼统地认定两种滤波器孰优孰劣,而必须根据 θ_{SI} 来比较哪个滤波器更优,因此称式(5-28)所定义的区域为 ISPF 和 SMPF 的临界区,如图5-23中的Ⅲ区所示,实际上,经过仔细观察不难发现,临界区中两种极化滤波器性能优劣的改变是有规律的,具体而言,在临界区,ΔA 可以写作

$$\Delta A = \xi(\cos\theta_{SI0} - \cos\theta_{SI}) \tag{5-33}$$

式中:$\xi = \dfrac{\rho_S \rho_I (1 + \cos\theta_{SI})}{[(1+2/\chi) - \rho_I][(1+2/\chi) - \rho_I\cos\theta_{SI}]}$,当 $\theta_{SI} < \theta_{SI0}$ 时,有 $\Delta A < 0$,这意味着此时 SMPF 的滤波性能较好;而当 $\theta_{SI} > \theta_{SI0}$ 时,则 $\Delta A > 0$,此时 ISPF 的性能更佳。

在实际应用中,极化滤波器设计者往往希望根据雷达所处的电磁环境来设计一种最佳或“准最佳”滤波器,通常情况是在 ISPF 和 SMPF 两者之间选择。如果电磁环境参数$\{\rho_S, \rho_I, \chi\}$落在 $\rho_S - \rho_I$ 平面中Ⅰ区或Ⅱ区,那么极化滤波器的选择方案是明确的。但对临界区(Ⅲ区)的处理则困难得多,原因在于此时需要信号与干扰极化夹角 θ_{SI} 的信息,但由于雷达探测的目标回波和干扰信号的极化经常是动态变化的,因此实际测量 θ_{SI} 往往很困难。

如果把未知参量 θ_{SI} 看作一个随机变量,那么就可以用统计的方法得到临界区的滤波器选择方案。具体思路为:对临界区内的每个点(ρ_S, ρ_I, χ)利用两种极化滤波器的相对增益对其性能进行度量和比较,将 ISPF 性能占优的那些点组成一个点集,即为临界区内的 ISPF 优选区,记为Ⅲ-A 区;余下的点组成另一个点集,即为临界区内的 SMPF 优选区,记为Ⅲ-B 区。图5-23给出了 $\chi = 10\text{dB}$ 时,临界区两个点集的计算结果,不难发现,Ⅲ-A 和Ⅲ-B 两个区恰好将临界区以一条分界线分开,而且对每个 ρ_S,Ⅲ-A 区总位于Ⅲ-B 区的上方,根据这种分割结果,可得如下结论:若电磁环境参数(ρ_S, ρ_I, χ)落在Ⅰ区和Ⅲ-A 区内,雷达宜采用 ISPF 滤波器;反之,若落在Ⅱ区和Ⅲ-B 区,雷达宜采用 SMPF 进行极化滤波。这样一来,ISPF 和 SMPF 的优选判别条件就简化为:若电磁环境参数(ρ_S, ρ_I, χ)落在临界区的分界线以上,优选 ISPF 反之,优选 SMPF。

图5-24为不同干噪比条件下临界区的分界线,INR 的值由上而下依次为5dB、10dB、15dB 和20dB。这些曲线可供实际查用。可以看出,随着 INR 值的增大,临界区分界线下降,ISPF 优选区面积增大。当 INR 值超过20dB 后,分界线的下降变得非常缓慢,可用一条直线近似描述,该直线方程为

$$\rho_I = 0.737\rho_S, \rho_S \in (0,1) \tag{5-34}$$

这个方程精度虽然不是很高,但是在实际工程应用中在高干噪比条件下选择极化滤波器很方便。

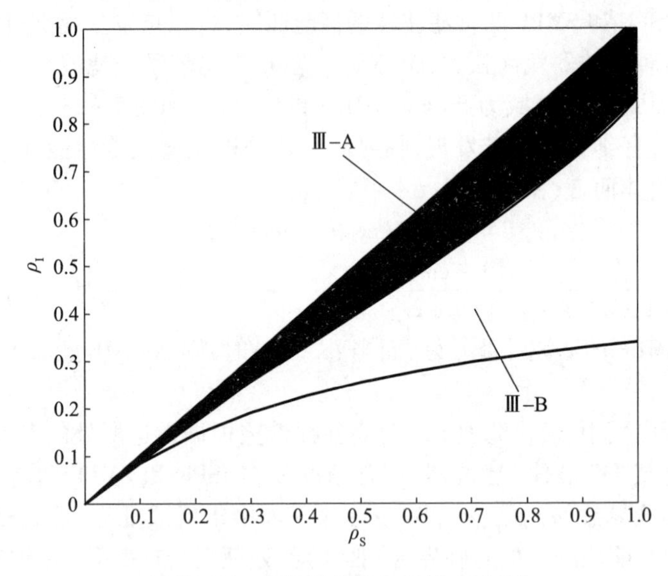

图 5-23 临界区分割结果(χ=10dB)

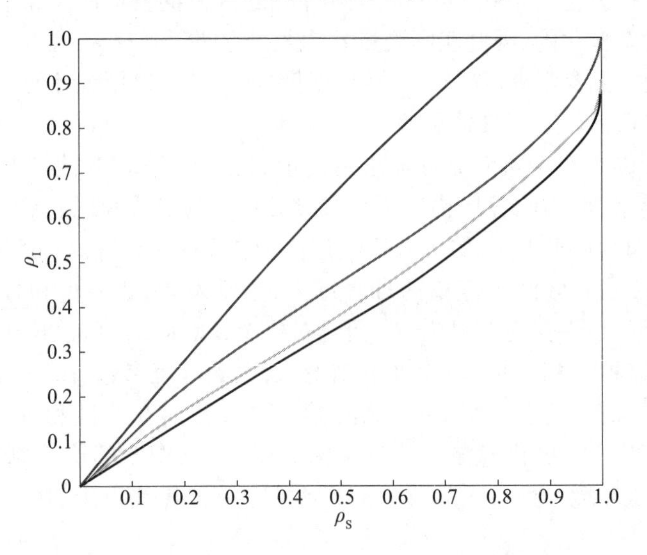

图 5-24 临界区分界线,χ为 5dB,10dB,15dB 和 20dB

5.4 雷达常规多通道滤波方法的限制

5.4.1 雷达常规多通道滤波方法面临的问题

随着雷达探测性能的提升与电子干扰技术的发展,雷达面临的探测环境日趋复杂,不仅有自然环境影响,还有多种样式的人为干扰,尤其是各种伴随式、自卫式、群目标协同突防等多点源干扰的威胁越来越大。这些新的情况使雷达主旁瓣内同时接收到含目标回波与干扰在内的多个信号的概率大为增加,主旁瓣干扰进一步压缩了雷达目标与干扰信号在时－频－空域中的差异,使目标信号被多源干扰严重压制。

针对以上问题,当前雷达往往采用阵列滤波技术实现空间分布的多源干扰抑制,然而常规单极化/极化阵列滤波仍未能完全解决以上问题,主要表现在:目标自消问题、零陷深度问题、主瓣干扰(滤波后目标损失)问题三个方面。当前单极化/极化阵列滤波方法存在的三项主要问题的内涵及主要应对手段如表5－3所示。

表5－3　单极化/极化阵列滤波方法存在的问题及应对方法

		目标自消问题	零陷深度问题	主瓣干扰问题 (滤波后目标损失问题)
		内涵:低干信比或无干扰条件下,滤波算法在求解加权值时,在目标信号角度形成零陷,抑制了目标信号	内涵:由于阵列误差、干扰源移动、干扰源极化调制等问题,使干扰真实角度方向的波束零陷深度不足	内涵:当雷达波束3dB主瓣内存在干扰时,目标与干扰角度差异较小或无角度差异,目标角度与波束干扰零陷角度差异较小,导致目标回波能量损失较大
空域阵列滤波	应对手段	主要采用稳健波束形成类算法或盲源分离类算法应对: ①对角加载算法; ②特征空间算法; ③不确定矢量集算法; ④协方差矩阵重构算法; ⑤盲源分离算法	主要采用零陷展宽和协方差校正的稳健波束形成类算法应对: ①零陷展宽算法; ②协方差矩阵校正算法; ③阵列自校准算法	①缺乏有效手段
	存在问题	①缺乏对无干扰场景的判断手段; ②仅作用于雷达和通道,缺乏对单脉冲雷达差通道滤波处理; ③计算量小的算法(如对角加载算法)缺乏最优权值解析解; ④存在最优解的算法(如不确定矢量集算法)则存在计算复杂度较高或不同阵列构型(如椭圆、菱形阵列)条件下需考虑阵列流形的问题	①实际系统普遍零陷深度在－20～－25dB,难以进一步增加零陷深度; ②无法应对旁瓣变极化压制干扰	①滤波后的目标回波信干噪比提升性能不足

续表

极化阵列滤波	应对手段	①采用纯极化域滤波,几乎无目标自消,在有无干扰场景下均可使用; ②采用极化盲源分离算法	①形成极化域-空域联合零陷,增加零陷深度; ②极化旁瓣对消方法可应对旁瓣变极化干扰	①当主瓣干扰信号与目标回波信号具有一定极化差异,极化域滤波/极化阵列滤波均能有效抑制主瓣干扰
	存在问题	①缺乏对无干扰场景的判断手段; ②缺乏基于极化阵列的稳健波束形成算法; ③仅作用于雷达和通道,缺乏对单脉冲雷达差通道滤波处理	①缺乏极化阵列稳健波束形成算法	①当目标信号的极化-角度与干扰信号极化-角度均接近时,滤波性能大幅下降; ②难以应对主瓣变极化干扰

本节分别对当前单极化阵列空域滤波方法、极化主辅阵滤波、极化阵列滤波方法进行分析,结合表5-3内容,阐述当前雷达常规多通道滤波方法所存在的问题,明确5.4.2节所提出瞬态极化扩维滤波方法的目的。

5.4.2 典型单极化阵列滤波方法分析

空域阵列滤波,即空域自适应阵列波束形成器,通过处理单极化阵列接收信号来自适应地调整加权矢量,达到对消干扰保留目标信号的目的。为了选取最优的加权矢量,自适应波束形成器的设计准则有最大信干噪比(signal-plus-interference-to-noise-ratio,SINR)准则、最小均方误差(mean squared error,MSE)准则以及最大似然比准则等。虽然这些准则的应用场景各不相同,但是当接收数据协方差矩阵和阵列导向矢量都精确已知时,这些准则之间相互等价,并且都收敛于最优维纳解。代表性空域阵列滤波方法如图5-25所示。

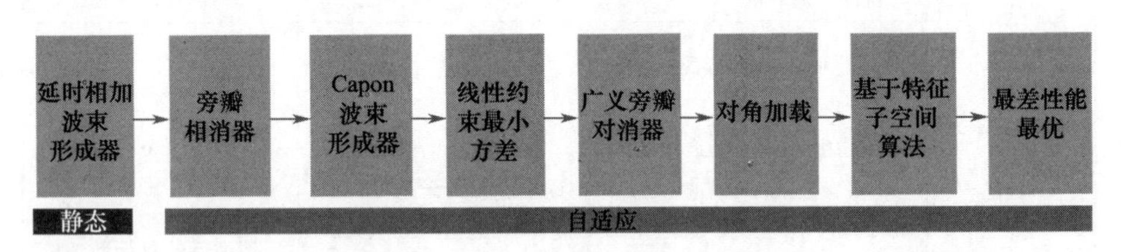

图5-25 代表性空域阵列滤波方法

1. 经典Capon波束形成器

1)基本原理

最常用的自适应波束形成器是最小方差无失真响应(minimum variance distortionless response,MVDR)波束形成器,也被称为Capon波束形成器,该波束形

成器通过最小化阵列输出功率,使得期望方向的信号无失真地通过波束形成器。传统 Capon 方法的权矢量求解为

$$\boldsymbol{w}=\frac{\boldsymbol{R}^{-1}\boldsymbol{a}_0}{\boldsymbol{a}_0^{\mathrm{H}}\boldsymbol{R}^{-1}\boldsymbol{a}_0} \tag{5-35}$$

式中:$\boldsymbol{a}_0$ 是期望信号的导向矢量;$\boldsymbol{R}$ 是样本信号的协方差矩阵。

2）算法分析

最基本波束形成器,其静态干扰抑制能力最强,但存在严重的稳健性问题,包括目标自消、零陷深度、主瓣干扰问题。

2. 对角加载类算法

1）基本原理

对角加载是一种简单有效的稳健滤波方法,该算法通过对 Capon 最小方差问题进行正则化处理,在样本协方差矩阵加上一个对角矩阵,等价于在样本协方差矩阵的主对角线上人为地加入一些白噪声,这样能够保证对角加载矩阵一直是可逆的[58]。对角加载方法的权矢量求解为将传统 Capon 方法中的样本协方差矩阵 $\boldsymbol{R}$ 进行加载

$$\boldsymbol{w}=\frac{(\boldsymbol{R}+\rho\boldsymbol{I})^{-1}\boldsymbol{a}_0}{\boldsymbol{a}_0^{\mathrm{H}}(\boldsymbol{R}+\rho\boldsymbol{I})^{-1}\boldsymbol{a}_0} \tag{5-36}$$

式中: ρ 为对角加载因子;$\boldsymbol{I}$ 为单位矩阵。

2）算法分析

该算法的优点是实现简单、显著提升自适应波束形成器对模型误差的稳健性,缺点是对角加载因子的选取比较困难,且无法解决主瓣干扰及干扰参数快变问题。

3. 特征子空间类算法

这一类算法在信源数已知或者被过高估计的情况下,比样本矩阵求逆算法拥有更快的收敛速度,该算法利用样本协方差矩阵的信号加干扰子空间成分来进行计算加权矢量,从而减少因噪声子空间扰动而引起的性能损失,缺点是需要精确已知信号加干扰子空间的维数,特征分解的运算量大,在低信噪比的环境下性能较差,同样无法解决主瓣干扰及干扰参数快变问题。

4. 不确定矢量集类算法(凸优化类算法)

1）基本原理

自从 Vorobyov[59] 在 2003 年提出最差情况性能最优(worst - case performance optimization,WCPO)算法以来,基于凸优化规划(convex optimization programming,COP)的稳健自适应波束形成算法得到了广泛地研究与发展。这一类算法假设导向矢量误差的范数有一个上界,即将导向矢量误差约束在一个球形

不确定集中,真实的期望信号导向矢量定义为假定的期望信号导向矢量与导向矢量误差之和,通过最小化输出干扰加噪声功率,同时保证所有可能的真实信号导向矢量(最差情况)全都无失真地通过自适应波束形成器,将非凸优化问题转换成凸二阶锥规划或其他凸优化问题,基于凸优化运算求解加权矢量。这一类方法适用于非高斯干扰信号。

代表性的 WCPO 算法中,其权矢量求解可表示为

$$\begin{aligned}&\min_{w} \boldsymbol{w}^{\mathrm{H}} \hat{\boldsymbol{R}}^{-1} \boldsymbol{w}\\&\text{s. t. } \boldsymbol{w}^{\mathrm{H}} \boldsymbol{a}_0 \geqslant 1+\varepsilon \|\boldsymbol{w}\|\\&\operatorname{Im}\{\boldsymbol{w}^{\mathrm{H}} \boldsymbol{a}_0\}=0\end{aligned} \tag{5-37}$$

式中:ε 为误差因子。

2) 算法分析

这一类算法重点考虑稳健滤波问题,其运算复杂度相对较高,需要凸优化算法包进行支持,存在不同阵列构型(如椭圆、菱形阵列)条件下需考虑阵列流形的限制,且对于主瓣干扰同样难以有效应对。

5. 协方差矩阵重构类算法

1) 基本原理

为了彻底消除样本数据中的期望信号成分(目标信号)及其带来的目标信号自消等不利影响,文献[60]提出了协方差矩阵重构算法,与以往稳健波束形成的算法不同,该算法利用 Capon 谱估计器对不含期望信号的角度区域进行积分,从而构造干扰加噪声协方差矩阵,同时最大化波束形成器输出功率且保证导向矢量不会收敛到任何一个干扰导向矢量,使得假定的期望信号导向矢量得到矫正并计算加权矢量,进而低信噪比和高信噪比条件下都能实现近似最优性能,在高信噪比条件下能够克服期望信号相消问题,在低信噪比情况下能够保持良好的性能。这一类方法的缺点是:由于需要大量积分运算,在运算资源较少的导引头中难以进行嵌入式实现,且无法应对主瓣干扰

协方差矩阵重构方法将传统 Capon 方法中的样本协方差矩阵 $\boldsymbol{R}$ 进行重构为

$$\hat{\boldsymbol{R}}=\int_{\Theta} \frac{\boldsymbol{a}(\theta) \boldsymbol{a}^{\mathrm{H}}(\theta)}{\boldsymbol{a}^{\mathrm{H}}(\theta) \boldsymbol{R}^{-1} \boldsymbol{a}(\theta)} \mathrm{d} \theta \tag{5-38}$$

式中:Θ 表示不包含期望信号的角度区域;$\boldsymbol{a}(\theta)$ 表示 Θ 内角度 θ 所对应的导向矢量。

2)算法分析

需要大量积分运算,且在积分过程中会屏蔽主瓣信号,导致不会产生对主

瓣干扰的零陷,无法抑制主瓣干扰。

5.4.3 极化阵列滤波方法分析

极化阵列信号滤波主要研究在电磁信号空间信息和极化信息均已知的情况下,同时利用干扰信号与期望信号空域和极化域的特征差异,在极化-空域联合域中抑制干扰。

1. 极化主辅阵滤波

1）基本原理

针对多点源干扰场景,基于双极化主辅阵列构型(图5-26),提出基于双极化主辅阵的多点源干扰极化域-空域联合滤波算法。

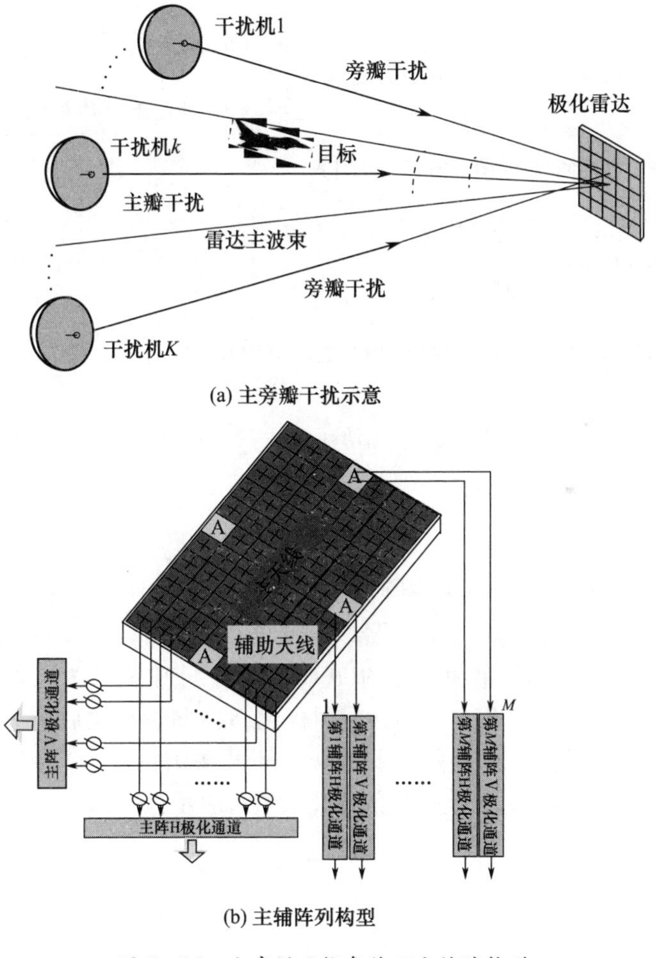

(a) 主旁瓣干扰示意

(b) 主辅阵列构型

图5-26　主旁瓣干扰条件下主辅阵构型

每个阵元/子阵由一组正交双极化偶极子构成，A 代表 M 个辅助天线阵元，其余阵元构成主阵。假设每组正交极化阵元都具有相同的方向图特性，则主阵天线增益为

$$\boldsymbol{G}_e(\theta,\varphi)=\begin{bmatrix} g_{\mathrm{HH}}^e(\theta,\varphi) & g_{\mathrm{HV}}^e(\theta,\varphi) \\ g_{\mathrm{VH}}^e(\theta,\varphi) & g_{\mathrm{VV}}^e(\theta,\varphi) \end{bmatrix} \tag{5-39}$$

式中：(θ,φ) 分别为阵面坐标系下的俯仰角和方位角；$g_{\mathrm{HH}}^e(\theta,\varphi)$ 和 $g_{\mathrm{VV}}^e(\theta,\varphi)$ 分别为 H 和 V 通道对接收各自共极化分量的增益；$g_{\mathrm{HV}}^e(\theta,\varphi)$ 和 $g_{\mathrm{VH}}^e(\theta,\varphi)$ 分别为接收各自交叉极化分量的增益。

在天线增益的基础上乘以阵列因子即为主阵天线方向图，即

$$\boldsymbol{G}_0(\theta,\varphi)=\boldsymbol{G}_e(\theta,\varphi)F_{\text{array}}=\begin{bmatrix} g_{\mathrm{HH}}^0(\theta,\varphi) & g_{\mathrm{HV}}^0(\theta,\varphi) \\ g_{\mathrm{VH}}^0(\theta,\varphi) & g_{\mathrm{VV}}^0(\theta,\varphi) \end{bmatrix} \tag{5-40}$$

同理，每个辅阵天线阵元的方向图为

$$\boldsymbol{G}_m(\theta,\varphi)=\begin{bmatrix} g_{\mathrm{HH}}^m(\theta,\varphi) & g_{\mathrm{HV}}^m(\theta,\varphi) \\ g_{\mathrm{VH}}^m(\theta,\varphi) & g_{\mathrm{VV}}^m(\theta,\varphi) \end{bmatrix},\quad (m=1,2,\cdots,M-1) \tag{5-41}$$

首先给出主阵通道的接收信号极化矢量模型为

$$\boldsymbol{x}_0(t)=\begin{bmatrix} x_{0,\mathrm{H}}(t) \\ x_{0,\mathrm{V}}(t) \end{bmatrix}=\boldsymbol{G}_0(\theta_s,\varphi_s)\boldsymbol{Sh}s(t)+\sum_{k=1}^{K}\boldsymbol{G}_0(\theta_k,\varphi_k)\boldsymbol{j}_k\boldsymbol{j}_k(t)+\boldsymbol{n}_0(t) \tag{5-42}$$

式中：$x_{0,\mathrm{H}}(t)$ 和 $x_{0,\mathrm{V}}(t)$ 分别为主阵两路极化通道接收信号，且雷达主阵天线接收到的信号包括目标回波、干扰信号以及通道噪声。目标回波对应等号右边第一项，假设目标位于雷达波束中心的 (θ_s,φ_s) 方向，式中 $s(t)$ 为包含雷达发射波形在内的雷达信号复包络，$\boldsymbol{h}$ 为雷达发射极化，$\boldsymbol{S}$ 为目标极化后向散射矩阵。右边第二项为多个干扰信号的叠加，以第 k 个干扰源为例，$j_k(t)$ 为包含干扰信号波形在内的信号复包络，干扰信号的极化矢量可表示为

$$\boldsymbol{j}_k=\begin{bmatrix} E_{k,H} \\ E_{k,V} \end{bmatrix}=\begin{bmatrix} -\sin\varphi_k & \cos\theta_k & \cos\varphi_k \\ \cos\varphi_k & \cos\theta_k & \sin\varphi_k \end{bmatrix}\begin{bmatrix} \cos\gamma_k \\ \sin\gamma_k \mathrm{e}^{\mathrm{j}\eta_k} \end{bmatrix} \tag{5-43}$$

式中：(θ_k,φ_k) 为该干扰源相对雷达波束中心的方位角和俯仰角；(γ_k,η_k) 为干

扰机辐射信号的极化相位描述子。式中等号右边第三项为通道内热噪声。

辅助阵元各通道接收到的极化矢量信号则可以表示为

$$\boldsymbol{x}_m(t) = \boldsymbol{G}_m(\theta_s,\varphi_s)\boldsymbol{Sh}s(t) + \sum_{k=1}^{K}\boldsymbol{G}_m(\theta_k,\varphi_k)\mathrm{e}^{\mathrm{j}\phi_m}\boldsymbol{j}_k j_k(t) + \boldsymbol{n}_m(t),\quad (m = 1,2,\cdots,M-1) \tag{5-44}$$

式中:ϕ_m 为第 m 号辅助阵元通道相对于主阵的接收信号相位滞后。

将雷达主辅阵元通道经数字采样后的信号组成矢量形式,即

$$\boldsymbol{X}(n) = \begin{bmatrix} \boldsymbol{x}_0(n) \\ \boldsymbol{x}_1(n) \\ \boldsymbol{x}_2(n) \\ \vdots \\ \boldsymbol{x}_{M-1}(n) \end{bmatrix} = \begin{bmatrix} \boldsymbol{G}_0(\theta_s,\varphi_s) \\ \boldsymbol{G}_1(\theta_s,\varphi_s)\mathrm{e}^{\mathrm{j}\phi_1} \\ \boldsymbol{G}_2(\theta_s,\varphi_s)\mathrm{e}^{\mathrm{j}\phi_2} \\ \vdots \\ \boldsymbol{G}_{M-1}(\theta_s,\varphi_s)\mathrm{e}^{\mathrm{j}\phi_{M-1}} \end{bmatrix} \otimes \boldsymbol{s}_p s(n) + \sum_{k=1}^{K}\begin{bmatrix} \boldsymbol{G}_0(\theta_k,\varphi_k) \\ \boldsymbol{G}_1(\theta_k,\varphi_k)\mathrm{e}^{\mathrm{j}\phi_1} \\ \boldsymbol{G}_2(\theta_k,\varphi_k)\mathrm{e}^{\mathrm{j}\phi_2} \\ \vdots \\ G_{M-1}(\theta_k,\varphi_k)\mathrm{e}^{\mathrm{j}\phi_{M-1}} \end{bmatrix} \otimes \boldsymbol{j}_k j_k(n) + \boldsymbol{N}(n) \tag{5-45}$$

式中:$\boldsymbol{s}_p = \boldsymbol{Sh}$ 为目标极化矢量,定义第 k 个干扰源和目标的极化－空域联合导向矢量为

$$\boldsymbol{l}_k = \begin{bmatrix} \boldsymbol{G}_0(\theta_k,\varphi_k) \\ \boldsymbol{G}_1(\theta_k,\varphi_k)\mathrm{e}^{\mathrm{j}\phi_1} \\ \boldsymbol{G}_2(\theta_k,\varphi_k)\mathrm{e}^{\mathrm{j}\phi_2} \\ \vdots \\ \boldsymbol{G}_{M-1}(\theta_k,\varphi_k)\mathrm{e}^{\mathrm{j}\phi_{M-1}} \end{bmatrix} \otimes \boldsymbol{j}_k,\ \boldsymbol{l}_\mathrm{s} = \begin{bmatrix} \boldsymbol{G}_0(\theta_s,\varphi_s) \\ \boldsymbol{G}_1(\theta_s,\varphi_s)\mathrm{e}^{\mathrm{j}\phi_1} \\ \boldsymbol{G}_2(\theta_s,\varphi_s)\mathrm{e}^{\mathrm{j}\phi_2} \\ \vdots \\ \boldsymbol{G}_{M-1}(\theta_s,\varphi_s)\mathrm{e}^{\mathrm{j}\phi_{M-1}} \end{bmatrix} \otimes \boldsymbol{s}_\mathrm{p} \tag{5-46}$$

则 $\boldsymbol{X}(n)$ 可简化为

$$\boldsymbol{X}(n) = \boldsymbol{l}_s s(n) + \sum_{k=1}^{K}\boldsymbol{l}_k j_k(n) + \boldsymbol{N}(n) = \boldsymbol{l}_s s(n) + \boldsymbol{LJ}(n) + \boldsymbol{N}(n) \tag{5-47}$$

这里 $\boldsymbol{L} = [\boldsymbol{l}_1,\boldsymbol{l}_2,\cdots,\boldsymbol{l}_K]$,为 K 个干扰源的极化－空域联合导向矢量集,干扰

源信号波形集合则用 $\boldsymbol{J}(n)=[j_1(n),j_2(n),\cdots,j_K(n)]^{\mathrm{T}}$ 表示。定义干扰噪声协方差矩阵为

$$\boldsymbol{R}=E\{\boldsymbol{X}(n)\boldsymbol{X}(n)^{\mathrm{H}}\},(n=N-D+1,N-D+2,\cdots,N) \tag{5-48}$$

假设权值矢量 $\boldsymbol{w}$ 为 $2M$ 维复矢量，则输出信干噪比可表示为

$$\mathrm{SINR}=\frac{\|\boldsymbol{w}^{\mathrm{H}}\boldsymbol{l}_s\boldsymbol{s}(t)\|^2}{\|\boldsymbol{w}^{\mathrm{H}}[\boldsymbol{LJ}(t)+\boldsymbol{N}(t)]\|^2}=\frac{P_s\ \|\boldsymbol{w}^{\mathrm{H}}\boldsymbol{l}_s\|^2}{\boldsymbol{w}^{\mathrm{H}}\boldsymbol{R}\boldsymbol{w}} \tag{5-49}$$

式中：P_s 代表目标回波信号的功率。

基于滤波后最大信干噪比准则，最优权值的计算方式为

$$\tilde{\boldsymbol{w}}_{\mathrm{opt}}=c\boldsymbol{R}^{-1}\boldsymbol{l}_s \tag{5-50}$$

式中：c 为常系数且不为0，其取值不会影响滤波后的输出信干噪比。

2）算法分析

该滤波方法结合了空域和极化域的信息，相比单一域的滤波而言，在主瓣一个干扰和旁瓣多个干扰情况下，该方法拥有更好的干扰抑制效果。但是，当主瓣干扰不止一个时，该方法无法有效滤除干扰信号来保证目标信号的探测，不能满足主瓣多点源干扰对抗需求。此外，由于算法在主瓣内等效于仅进行极化域滤波，因此不存在目标自消问题。

2. 经典极化阵列滤波

1）基本原理

空域滤波方法中，基于各种约束准则的自适应滤波方法被广泛应用，将这些自适应滤波方法拓展到空域－极化域联合滤波上，对干扰形成极化域－空域联合零陷，能够达到比空域方法更好的干扰抑制效果。

考虑一个由 N 个双极化阵元以间隔 d 均匀排列组成的线阵，双极化状态为水平极化 H 和垂直极化 V。为便于分析，线阵条件下，我们在空域只取一个角度 θ 作为变量来分析，因此设空域的方位角 φ 都为90°。

阵元的接收极化矢量与信号的极化状态和空域角度有关，其可以表示为

$$\boldsymbol{p}=\begin{bmatrix}\cos\theta & \cos\varphi- & \sin\varphi\\ \cos\theta & \sin\varphi & \cos\varphi\end{bmatrix}\begin{bmatrix}\sin\gamma\mathrm{e}^{\mathrm{j}\eta}\\ \cos\gamma\end{bmatrix} \tag{5-51}$$

在本节设置的 $\varphi=90°$ 条件背景下，上式可以简化为

$$\boldsymbol{p}=\begin{bmatrix}-\cos\gamma\\ \cos\theta\sin\gamma\mathrm{e}^{\mathrm{j}\eta}\end{bmatrix} \tag{5-52}$$

已知信号的空域导向矢量 $\boldsymbol{a}(\theta)$，则空域 - 极化域联合导向矢量为

$$\boldsymbol{s}=\boldsymbol{p}\otimes\boldsymbol{a} \tag{5-53}$$

式中：$\otimes$表示矩阵的 Kronecker 积。

空间内 p 个信号的入射角为 $\theta_i(i=1,2,\cdots,p)$，极化角为 $\gamma_i(i=1,2,\cdots,p)$，阵列在 t 时刻的接收信号为

$$\boldsymbol{x}=\sum_{i=1}^{p}\boldsymbol{s}(\theta_i,\gamma_i)l_i(t)+\boldsymbol{n}(t) \tag{5-54}$$

式中：$l_i(t)(i=1,2,\cdots,p)$为干扰信号的时域包络；$l_0(t)$为目标回波信号的时域包络，$\boldsymbol{n}(k)$是独立同分布的高斯白噪声；θ_0 为雷达目标视角，γ_0 为阵列接收极化。

常规极化阵列滤波，是一种极化域 - 空域联合处理的滤波方式，实质上是将一维空域滤波技术推广应用到极化域 - 空域二维联合域中。和普通阵列信号处理结构相同，阵列输出信号 $\boldsymbol{y}$ 为阵列接收信号 $\boldsymbol{x}$ 的线性加权求和

$$\boldsymbol{y}=\boldsymbol{\omega}^{\mathrm{H}}\boldsymbol{x} \tag{5-55}$$

式中：加权值 $\boldsymbol{\omega}$ 是 $2N$ 维复矢量。极化阵列滤波原理如下：

最优的加权矢量确定与信号处理准则密切相关，准则要求不同，所确定的权矢量也不同，阵列的滤波性能也不同。比如以阵列输出信号干扰噪声比最大为目标的 SINR 滤波器，以阵列输出与期望响应均方误差最小为目标的维纳滤波器，以及专门抑制干扰信号的干扰抑制滤波器等。这里介绍最大信号干扰噪声比准则下的权值。

由阵列接收信号可以计算得到信号的协方差矩阵：

$$\boldsymbol{R}_{\mathrm{X}}=E[\boldsymbol{x}\boldsymbol{x}^{\mathrm{H}}] \tag{5-56}$$

有准则设置如下：

$$\min\boldsymbol{\omega}^{\mathrm{H}}\boldsymbol{R}_{\mathrm{X}}\boldsymbol{\omega}\quad \mathrm{s.\,t.}\quad \boldsymbol{s}^{\mathrm{H}}\boldsymbol{\omega}=1 \tag{5-57}$$

以上准则求解得到极化阵列加权值为

$$\boldsymbol{\omega}=\frac{\boldsymbol{R}_{\mathrm{X}}^{-1}\boldsymbol{s}(\theta_0,\gamma_0)}{\boldsymbol{s}(\theta_0,\gamma_0)^{\mathrm{H}}\boldsymbol{R}_{\mathrm{X}}^{-1}\boldsymbol{s}(\theta_0,\gamma_0)} \tag{5-58}$$

2）算法分析

极化阵列滤波方法能够在干扰角度形成极化域 - 空域联合零陷，进一步提升干扰抑制能力，当干扰信号与目标回波信号具备一定极化差异时，虽然单极化阵列中的目标自消程度有所降低，但仍然不能完全消除目标自消影响（尤其在目标与干扰极化差异较小的情况）。图 5 - 27 给出了 3 个干扰条件下极化阵

列滤波后方向图的仿真示例。

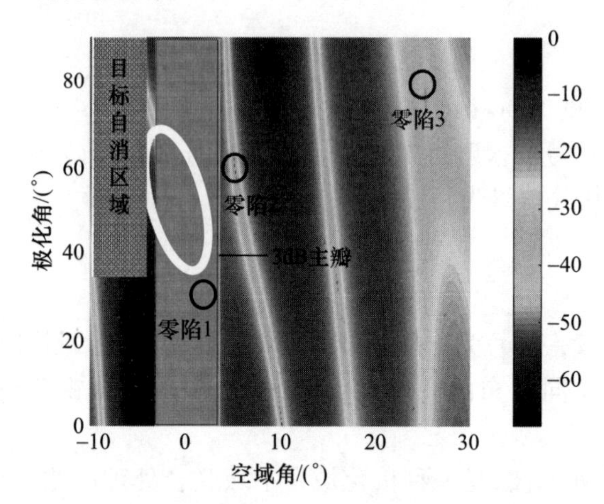

图 5-27　3 个干扰条件下极化阵列滤波后的极化域-空域目标自消区域示意

5.5 瞬态极化扩维滤波方法

针对雷达常规多通道滤波方法存在的问题，本节提出瞬态极化扩维技术，通过联合使用多种扩维手段，综合提升极化雷达的干扰信号滤除与目标信号保留性能，具体包括：

(1) 极化-非匹配滤波扩维。在滤波矢量计算过程中，对多通道信号进行“窄带发射、宽带接收”的非匹配滤波处理，通过滤波器仅获取纯干扰信号，进而在协方差矩阵计算中消除目标回波信号的影响，获取纯干扰信号的协方差矩阵，规避经典单极化阵列/极化阵列滤波中存在的目标自消问题。

(2) 极化-时频空联合域扩维。按照时频域细分网格，将输入多通道信号转化为极化-时频空联合域瞬态数据矩阵，而后对数据矩阵各子单元进行小数据样本条件下的极化阵列最优滤波处理，在干扰源对应角度和极化处生成联合域最优波束零陷，在提升对干扰抑制性能的同时，提升对雷达系统多通道均衡性误差容限、提升对干扰参数时变误差容限，综合提升波束零陷深度。

(3) 极化-收发联合域扩维。提出收发极化联合优化滤波方法，将极化滤波由二维复空间(接收极化)扩展到四维复空间(发射极化+接收极化)，实现了目标回波与干扰信号在极化域的稳定分离，解决了滤波器的目标能量损失问题。

瞬态极化扩维滤波方法内涵如表 5-4 所示。

表5-4　瞬态极化扩维滤波方法内涵

目标问题	针对性措施	取得效果
①目标自消问题	极化-非匹配滤波扩维：多通道非匹配滤波	获取纯干扰协方差矩阵，在滤波矢量计算中消除目标信号影响
①零陷深度问题 ②主瓣干扰问题	极化-时频空联合域扩维： ①小样本数据协方差矩阵校正； ②极化域-空域联合瞬态滤波	①适应干扰参数快速变化； ②降低系统通道非均衡性影响； ③极化域-空域联合域零陷增大零陷深度
①主瓣干扰与目标损失问题	极化-收发联合域扩维： 收发域极化联合优化	①增强目标与干扰的极化差异，提升滤波后目标信干噪比

5.5.1 极化-非匹配滤波扩维

本节借鉴5.4.2节协方差矩阵重构类滤波算法思路，针对间歇转发干扰，将滤波处理扩维至波形域。通过在各通道进行非匹配滤波，在常规接收带宽外获取纯干扰信号，消除目标信号对阵列滤波权值求解的影响。

1. 基本原理

设间歇采样脉冲信号$p(t)$是一个矩形包络脉冲串，如图5-28所示，其脉宽为τ、重复周期T_s，即

$$p(t) = \mathrm{rect}(t/\tau)\sum_{-\infty}^{+\infty}\delta(t - nT_s) \tag{5-59}$$

则$p(t)$的频谱为

$$P(f) = \sum_{-\infty}^{+\infty}a_n\delta(t - nf_s) \tag{5-60}$$

式中：$f_s = 1/T_s$为采样频率；$a_n = \tau f_s\mathrm{sinc}(\pi n f_s\tau)$。当$T_s = 2\tau$时，$p(t)$就是方波脉冲串。

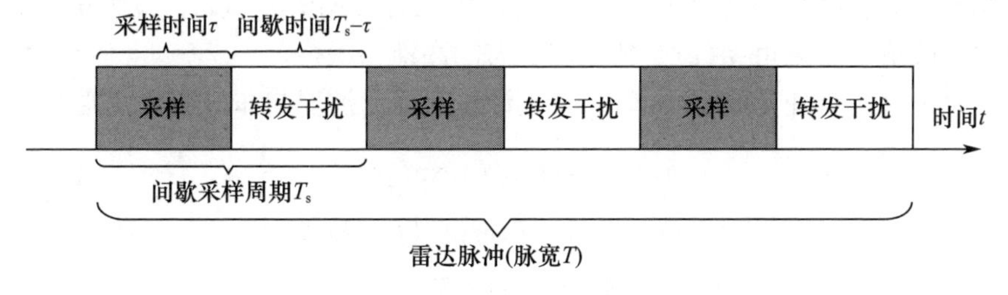

图5-28　间歇采样干扰信号样式

设雷达信号为$x(t)$，脉宽T，频谱为$X(f)$，带宽B，干扰机对其进行间歇采样处理，其中脉宽T远大于采样周期T_s，则间歇转发的干扰信号为

$$x_{\mathrm{J}}(t)=p(t)x(t) \tag{5-61}$$

其频谱为

$$X_{\mathrm{J}}(f)=\sum_{n=-\infty}^{+\infty}a_nX(f-nf_{\mathrm{s}}) \tag{5-62}$$

式(5－62)表明，$X_{\mathrm{J}}(f)$是$X(f)$的周期加权延拓，延拓周期为f_{s}，而目标回波信号由于未经过时域间歇采样，其信号频谱不会产生周期延拓，因此在频带$f_{\mathrm{s}}-B/2$至$f_{\mathrm{s}}+B/2$处可获取干噪比降低但不含目标回波的纯干扰频谱（干噪比降低与a_n变化抑一致），如图5－29所示。通过对干扰时域信号的采集，能够较为准确地估计T_{s}取值，进而估计f_{s}取值。

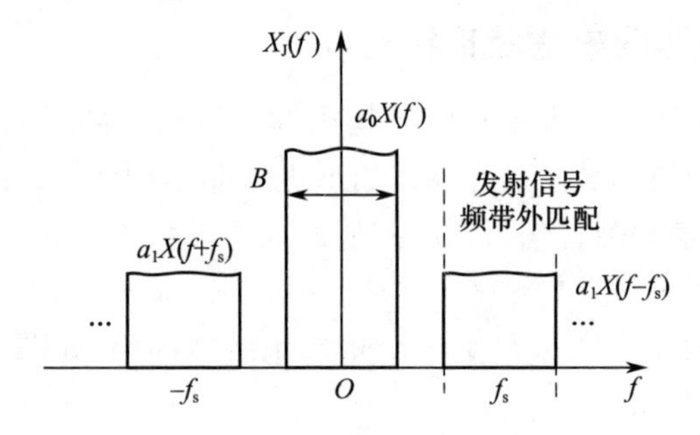

图5－29 “窄发宽收”非匹配滤波所利用的干扰信号频谱

结合5.4.3节极化阵列信号模型中式(5－54)，极化阵列多通道采样数据为

$$\boldsymbol{x}=\sum_{i=1}^{p}\boldsymbol{s}(\theta_i,\gamma_i)l_i(t)+\boldsymbol{n}(t) \tag{5-63}$$

式中：$l_i(t)(i=1,2,\cdots,p)$为干扰信号的时域包络，$l_0(t)$为目标信号时域包络；$\boldsymbol{s}(\theta_i,\gamma_i)$为对应第$i$个点源的极化域－空域联合导向矢量，$(\theta_i,\gamma_i)$为第$i$个点源的空域角和极化角；$\boldsymbol{n}(t)$是独立同分布的高斯白噪声。

对于每一个阵元或子阵通道，分别设置匹配滤波器与非匹配滤波器为

$$h(t)=\mathrm{rect}(t/T)\exp(\mathrm{j}Kt^2) \tag{5-64}$$

$$h'(t)=\mathrm{rect}(t/T)\exp[\mathrm{j}(f_{\mathrm{s}}+Kt^2)] \tag{5-65}$$

式中：$K=\pi B/2$，B为信号带宽，T为信号脉宽。

则极化－非匹配滤波扩维处理流程如图5－30所示。图5－30中，$\boldsymbol{x}'$为极化阵列多通道输入数据$\boldsymbol{x}$经各通道匹配滤波器$h(t)$匹配滤波后输出信号矢量，$\boldsymbol{y}$为极化阵列多通道输入数据$\boldsymbol{x}$经各通道匹配滤波器$h'(t)$匹配滤波后输出信号矢

量(降低干噪比后无目标信号混叠的纯干扰信号),$\boldsymbol{R}_y$ 为使用数据 $\boldsymbol{y}$ 计算的无目标回波信号混叠的重构协方差矩阵。

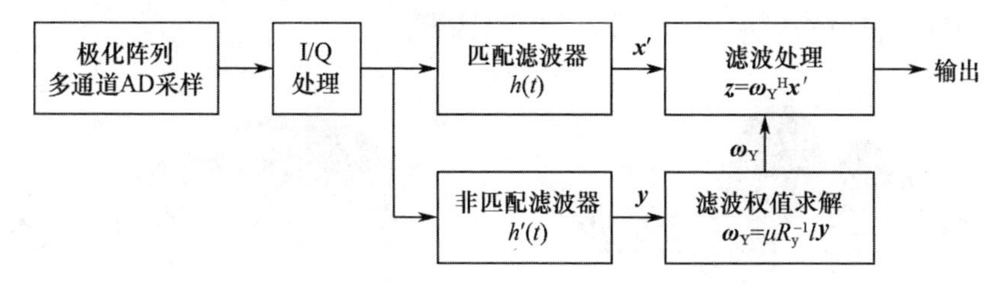

图5-30 极化-非匹配滤波扩维处理流程

基于信号 $\boldsymbol{y}$,计算式(5-58)中协方差矩阵与极化阵列滤波矢量为

$$\boldsymbol{\omega}_{\mathrm{Y}}=\frac{\boldsymbol{R}_{\mathrm{Y}}^{-1}\boldsymbol{s}(\theta_0,\gamma_0)}{\boldsymbol{s}(\theta_0,\gamma_0)^{\mathrm{H}}\boldsymbol{R}_{\mathrm{Y}}^{-1}\boldsymbol{s}(\theta_0,\gamma_0)} \tag{5-66}$$

式中:$\boldsymbol{s}(\theta_0,\gamma_0)$为对应目标角度即波束指向的极化域-空域联合导向矢量。

2. 算法仿真

设雷达带宽为1MHz,脉宽为50μs,阵元数为16,阵元间距为半波长,目标的到达角为2°,极化角为30°,距离为10km,干扰信号的到达角为15°,极化角为60°,间歇转发信号的周期为1μs,每次转发时延为0.5μs,生成50个假目标,其时域幅值波形如图5-31所示。

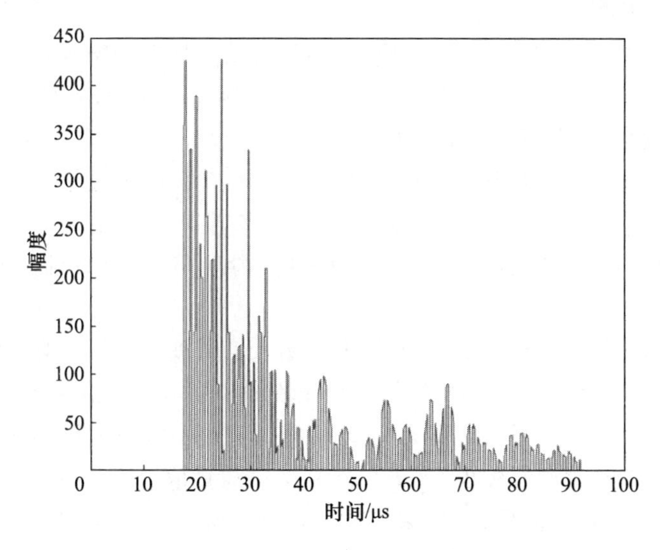

图5-31 间歇转发干扰时域幅值波形

通过常规匹配滤波和非匹配滤波后,自适应波束形成的天线方向图如图5-32所示,从图中可以发现,经过匹配滤波后在目标和干扰位置均形成零

陷，而经过非匹配滤波后，仅在干扰位置形成零陷，由此说明了，经过非匹配滤波后能够得到较为纯净的干扰和噪声信号，继而可以用于自适应波束形成的协方差矩阵计算得到更加理想的干扰协方差矩阵。

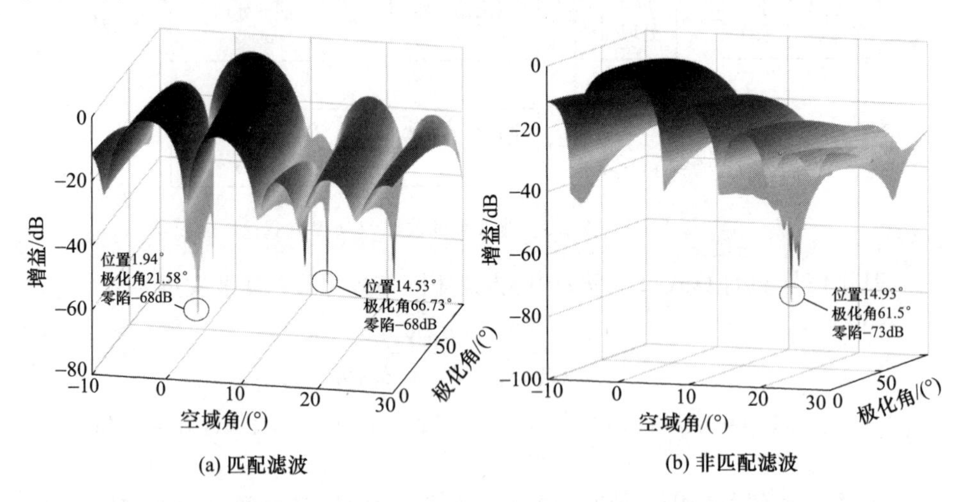

图 5-32 匹配滤波和非匹配滤波后的自适应波束形成方向图

5.5.2 极化-时频空联合域扩维

1. 基本原理

本节针对零陷深度与主瓣干扰两个问题，采用按照时频域细分网格，将输入多通道信号转化为极化-时频空联合域瞬态数据矩阵，而后对数据矩阵各子单元进行小数据样本条件下的极化阵列最优滤波处理（结合 5.5.1 节非匹配滤波扩维处理），在干扰源对应角度和极化处生成联合域最优波束零陷，在提升对干扰抑制性能的同时，提升对雷达系统多通道均衡性误差容限、提升对干扰参数时变误差容限，综合提升波束零陷深度。信号处理流程如图 5-33 所示。

通过时频域的分区处理，将极化阵列输入信号变为不同时段、不同频率的小数量信号样本，将第 m 个时段、第 n 个频段的多通道输入信号样本（经非匹配滤波扩维处理后）记为$\boldsymbol{y}^{mn}$，则基于式(5-56)，对应的计算协方差均矩阵为 $\boldsymbol{R}_{\mathrm{Y}}^{mn}$。由于$\boldsymbol{y}^{mn}$的采样点数相对较少，则 $\boldsymbol{R}_{\mathrm{Y}}^{mn}$ 计算结果与真值会产生一定偏差，称为小样本偏差。针对这一问题，可以采用小样本协方差矩阵校正方法进行优化，校正后的协方差矩阵可以表示为

$$\hat{\boldsymbol{R}}_{\mathrm{Y}}^{mn}=\boldsymbol{R}_{\mathrm{Y}}^{mn}+\rho\boldsymbol{I} \tag{5-67}$$

式中：$\boldsymbol{I}$ 为单位对角阵；ρ 为加载校正系数。本章在后续内容中均采用文献[58]

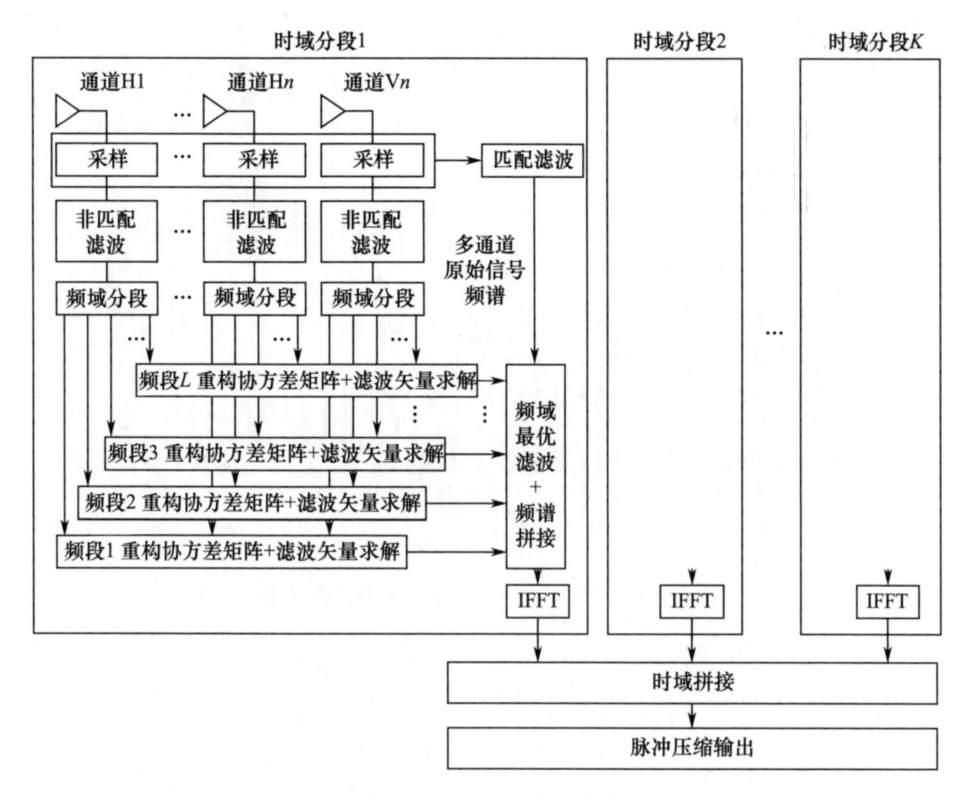

图5-33　极化-时频空联合域扩维处理流程

的小样本协方差矩阵校正方法。

则对第 m 个时段、第 n 个频段的多通道输入信号样本 $\boldsymbol{y}^{mn}$，瞬态极化扩维滤波矢量可以表示为

$$\boldsymbol{\omega}_{\mathrm{Y}}^{mn}=\frac{(\boldsymbol{R}_{\mathrm{Y}}^{mn}+\rho\boldsymbol{I})^{-1}\boldsymbol{s}(\theta_0,\gamma_0)}{\boldsymbol{s}(\theta_0,\gamma_0)^{\mathrm{H}}(\boldsymbol{R}_{\mathrm{Y}}^{mn}+\rho\boldsymbol{I})^{-1}\boldsymbol{s}(\theta_0,\gamma_0)} \tag{5-68}$$

2. 外场测试

基于5.2.1节旁瓣干扰观测试验场景，对比本节瞬态极化扩维滤波方法与常规旁瓣对消的效果，测试雷达系统处于旋转状态，对空中民航飞机目标进行探测。图5-34给出了单个脉冲对一个水平H极化旁瓣干扰的滤波后信号幅值，可以发现采用本章滤波方法后的目标信干噪比显著提升，明显看出目标脉压峰值。图5-35则给出了连续1000个脉冲条件下，常规旁瓣对消方法与本章滤波方法的干扰抑制比情况对比（相同输出目标峰值能量条件下），瞬态极化扩维滤波方法比常规空域旁瓣对消对干扰抑制性能大幅提升。

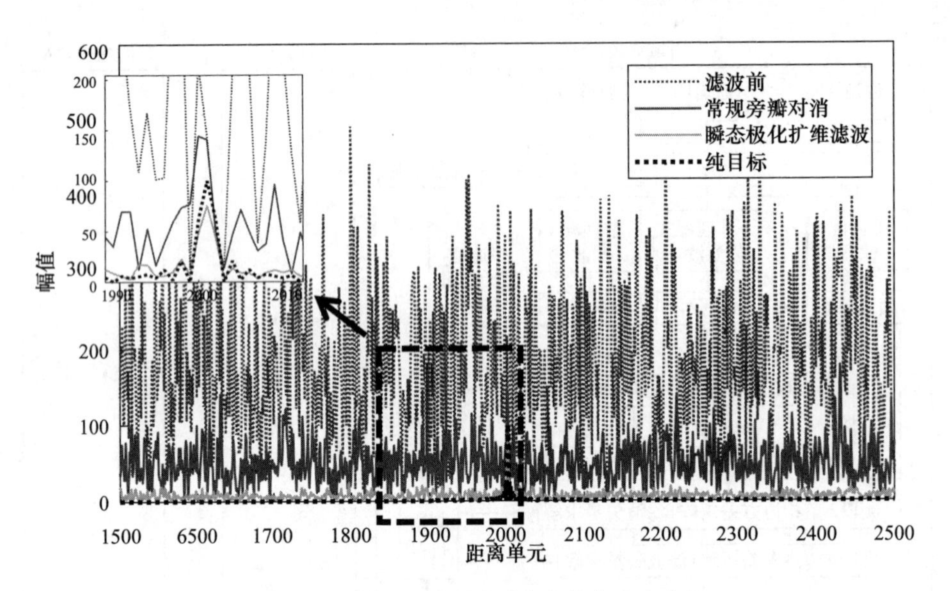

图 5－34　极化－时频空联合域扩维处理流程

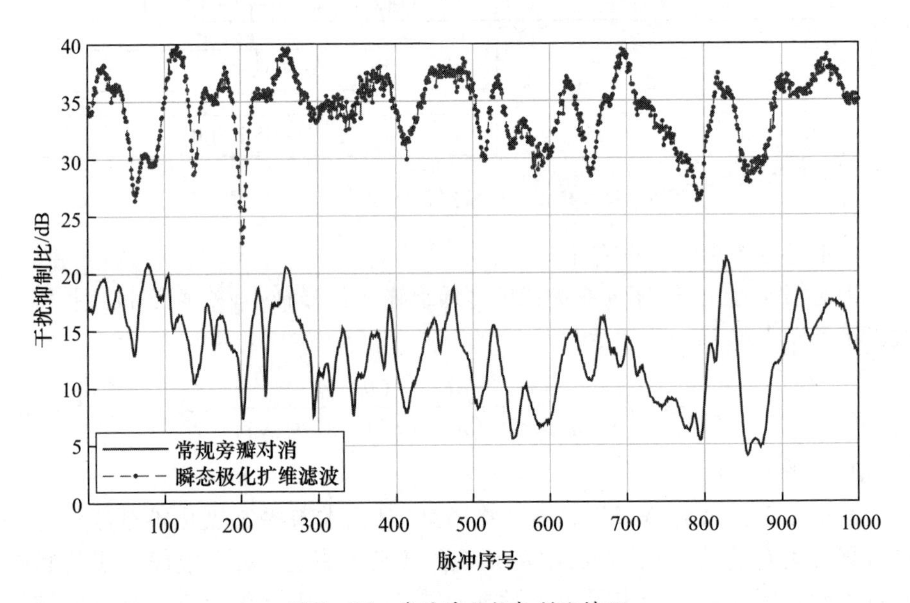

图 5－35　多脉冲干扰抑制比情况

5.5.3 极化－收发联合域扩维

针对主瓣干扰情况下提升输出 SINR 的问题，将滤波维度由接收域拓展至发射－接收联合域，进行极化－收发联合域扩维滤波。

1. 基本原理

由于主瓣干扰功率很大、威胁最为严重，我们把接收极化优化的准则设为干扰信号极化的正交极化，力图完全对消干扰。而发射极化的优化准则设为“在接收极化已确定情况下，对目标回波接收功率最大”。因此，本节提出进行接收极化、发射极化分步优化的思路。先通过干扰信号数据以确定最佳接收极化，再估计最佳发射极化，处理流程如图 5-36 所示。

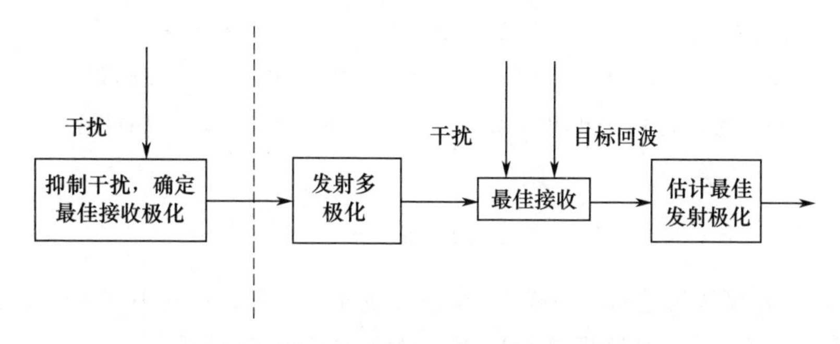

图 5-36　干扰背景下雷达发射/接收极化联合优化过程

由前可知，干扰背景下雷达最佳接收极化为

$$\boldsymbol{h}_{\mathrm{r,opt}}^{\mathrm{T}}\boldsymbol{h}_{\mathrm{J}}=0 \tag{5-69}$$

目标回波极化 $\boldsymbol{h}_{\mathrm{s}}$ 由发射极化 $\boldsymbol{h}_{\mathrm{t}}$ 和目标散射矩阵 $\boldsymbol{S}$ 共同决定，即

$$\boldsymbol{h}_{\mathrm{s}}=\boldsymbol{S}\boldsymbol{h}_{\mathrm{t}} \tag{5-70}$$

在雷达接收极化确定为 $\boldsymbol{h}_{\mathrm{r,opt}}$ 之后，若要求回波接收功率最大，即应使 $\boldsymbol{h}_{\mathrm{s}}^{\mathrm{T}}\boldsymbol{h}_{\mathrm{r,opt}}$ 最大，将式(5-70)代入 $\boldsymbol{h}_{\mathrm{s}}^{\mathrm{T}}\boldsymbol{h}_{\mathrm{r,opt}}$ 中，则回波接收功率变为 $\boldsymbol{h}_{\mathrm{t}}^{\mathrm{T}}\boldsymbol{S}^{\mathrm{T}}\boldsymbol{h}_{\mathrm{r,opt}}$，即发射极化优化的目的是使 $\boldsymbol{h}_{\mathrm{t}}^{\mathrm{T}}\boldsymbol{S}^{\mathrm{T}}\boldsymbol{h}_{\mathrm{r,opt}}$ 取最大值。

若定义目标散射矩阵和最佳接收极化的乘积矢量为 $\boldsymbol{\theta}=\boldsymbol{S}^{\mathrm{T}}\boldsymbol{h}_{\mathrm{r,opt}}/\|\boldsymbol{S}^{\mathrm{T}}\boldsymbol{h}_{\mathrm{r,opt}}\|$（显然 $\|\boldsymbol{\theta}\|=1$），则由收、发极化决定的目标接收信号电压系数为

$$v_{\mathrm{s}}=\boldsymbol{h}_{\mathrm{r,opt}}^{\mathrm{T}}\boldsymbol{S}\boldsymbol{h}_{\mathrm{t}}=\boldsymbol{h}_{\mathrm{t}}^{\mathrm{T}}\boldsymbol{\theta} \tag{5-71}$$

由内积空间的性质 $|v_{\mathrm{s}}|=|\langle\boldsymbol{h}_{\mathrm{t}},\boldsymbol{\theta}^{*}\rangle|\leqslant\|\boldsymbol{h}_{\mathrm{t}}\|\cdot\|\boldsymbol{\theta}^{*}\|$（上标“*”表示共轭）可知，当且仅当 $\boldsymbol{h}_{\mathrm{t}}=\alpha\boldsymbol{\theta}^{*}$ 时（α 为复常数），接收到的信号功率最大。若约束 $\|\boldsymbol{h}_{\mathrm{t,opt}}\|=1$，则最佳发射极化可确定为

$$\boldsymbol{h}_{\mathrm{t,opt}}=\boldsymbol{\theta}^{*} \tag{5-72}$$

即与 $\boldsymbol{\theta}$ 匹配的 $\boldsymbol{h}_{\mathrm{t}}$ 为最佳发射极化。下面研究最佳发射极化的估计方法（也即对 $\boldsymbol{\theta}$ 的估计）。若 M 个发射极化分别为 $\boldsymbol{h}_{\mathrm{t},m}$（$m=1,2,\cdots,M$），目标回波复幅度

v_m 可写为

$$v_m = \beta \boldsymbol{h}_{tm}^{T} \boldsymbol{\theta} = \boldsymbol{h}_{t,m}^{T} \tag{5-73}$$

式中：$\beta = \sqrt{\dfrac{2P_t G_t G_r \lambda^2}{(4\pi)^3 R^4 L}}$在一个相干处理期间内为常数，与目标散射矩阵无关，其中 P_t 为雷达发射功率，G_t 和 G_r 分别为在目标方向上的天线发射和接收增益，λ 为雷达波长，R 为目标距离，L 为总损耗。

按式(5-73)构造观测方程，$\boldsymbol{H}_t = [\boldsymbol{h}_{t,1} \quad \boldsymbol{h}_{t,2} \quad \boldsymbol{h}_{t,M}]^T$ 为系数矩阵，观测矢量(其中 z_m 为脉冲回波幅度)为 $\boldsymbol{Z} = [z_1 \cdots \quad z_m \quad \cdots \quad z_M]^T$，加性噪声矢量为 $\boldsymbol{n} = [n_1 \quad \cdots \quad n_m \quad \cdots \quad n_M]^T$，则

$$\boldsymbol{Z} = \boldsymbol{H}_t \beta \boldsymbol{\theta} + \boldsymbol{n} \tag{5-74}$$

式中：噪声 $\boldsymbol{n}$ 可认为是高斯白噪声，噪声矢量 $\boldsymbol{n} \sim N(0, \boldsymbol{R})$，其中 $\boldsymbol{R} = \sigma^2 \boldsymbol{I}_{M \times M}$ 是噪声方差矩阵，σ^2 为观测噪声方差，$\boldsymbol{I}_{M \times M}$ 为 $M \times M$ 的单位矩阵。

矢量 $\boldsymbol{\theta}$ 的最小二乘估计为

$$\hat{\boldsymbol{\theta}} = \frac{1}{\beta} (\boldsymbol{H}_t^H \boldsymbol{H}_t)^{-1} \boldsymbol{H}_t^H \boldsymbol{Z} \tag{5-75}$$

式中：上标 H 表示共轭转置；估计误差 $\tilde{\boldsymbol{\theta}} = \hat{\boldsymbol{\theta}} - \boldsymbol{\theta}$ 服从零均值复高斯分布：$\tilde{\boldsymbol{\theta}} \sim N(0, \boldsymbol{R}_{\tilde{\boldsymbol{\theta}}})$，其协方差阵 $\boldsymbol{R}_{\tilde{\boldsymbol{\theta}}}$ 为

$$\boldsymbol{R}_{\tilde{\boldsymbol{\theta}}} = \frac{1}{\mathrm{SNR}} (\boldsymbol{H}_t^H \boldsymbol{H}_t)^{-1} \tag{5-76}$$

式中：$\mathrm{SNR} = |\beta|^2 / \sigma^2$ 称为信噪比，反映了目标回波接收功率，但不包括目标散射强度和极化。虽然系数 β 无法获知，但由于有 $\| \boldsymbol{h}_{t,opt} \| = 1$ 的约束，因此依据式，最佳发射极化为

$$\hat{\boldsymbol{h}}_{t,opt} = \frac{[(\boldsymbol{H}_t^H \boldsymbol{H}_t)^{-1} \boldsymbol{H}_t^H \boldsymbol{Z}]^*}{\| (\boldsymbol{H}_t^H \boldsymbol{H}_t)^{-1} \boldsymbol{H}_t^H \boldsymbol{Z} \|} \tag{5-77}$$

由于最佳发射极化估计$\hat{\boldsymbol{h}}_{t,opt}$和矢量 $\boldsymbol{\theta}$ 均是范数为 1 的二维复矢量，且 $\boldsymbol{h}_{t,opt}$ 与 $\boldsymbol{\theta}$ 匹配，因此，定义$\hat{\boldsymbol{h}}_{t,opt}$和 $\boldsymbol{\theta}$ 的匹配度

$$m_p = \frac{|\hat{\boldsymbol{h}}_{t,opt}^{T} \theta|^2}{\| \hat{\boldsymbol{h}}_{t,opt} \|^2 \ \| \boldsymbol{\theta} \|^2} \tag{5-78}$$

下面研究矢量 $\boldsymbol{\theta}$ 的估计性能与匹配度 m_{p}（以 m_{p} 作为算法性能评价）的关系。设 $\boldsymbol{\theta}=[\theta_1,\theta_2]^{\mathrm{T}}$，$\hat{\boldsymbol{\theta}}=[\hat{\theta}_1,\hat{\theta}_2]^{\mathrm{T}}$ 和 $\tilde{\boldsymbol{\theta}}=[\tilde{\theta}_1,\tilde{\theta}_2]^{\mathrm{T}}$ 分别为矢量 $\boldsymbol{\theta}$ 的估计和估计误差，代入式（5－78），可得

$$m_{\mathrm{p}}=1-\frac{|\theta_2\tilde{\theta}_1-\theta_1\tilde{\theta}_2|^2}{(|\theta_1+\tilde{\theta}_1|^2+|\theta_2+\tilde{\theta}_2|^2)} \tag{5-79}$$

易证 $0\leqslant m_{\mathrm{p}}\leqslant 1$，式（5－79）表明 m_{p} 不仅与 $\tilde{\boldsymbol{\theta}}$ 有关，还与 $\boldsymbol{\theta}$ 有关。

2. 算法仿真

雷达参数设置如下：接收机带宽 2MHz，采用正交双通道处理，系统采样率为 4MHz，雷达载频为 5GHz，采用双极化体制，脉冲宽度为 512μs。

这里假设最佳接收极化与干扰极化接近交叉极化，干扰功率被抑制到接收机噪声水平。按照上述参数在不同输入信噪比（原始回波的时域信噪比，并且与极化及目标散射矩阵无关）下进行蒙特卡洛仿真，并统计匹配度的均值和方差，如图 5－37 所示。由图可见，仿真实验结果与理论结果非常接近，随着输入信噪比的增大，匹配度的均值逐渐接近于 1，而方差也逐渐趋近于零。

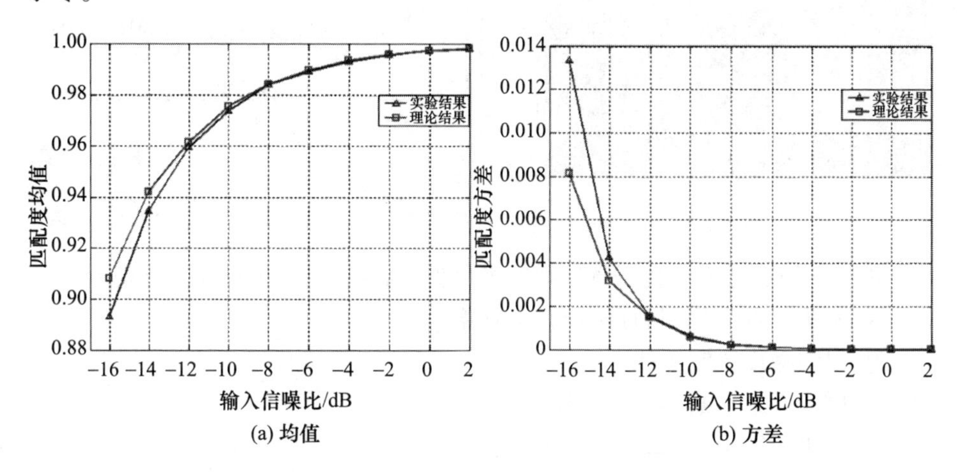

图 5－37　匹配度的均值、方差随时域输入信噪比变化曲线

需指出的是，本方法的最终目的是更好地检测目标，而不仅仅是得到最佳发射极化。以同时极化体制为例，发射 M 种极化，得到了最大发射极化估计 $\hat{\boldsymbol{h}}_{\mathrm{t,opt}}$，如何利用 $\hat{\boldsymbol{h}}_{\mathrm{t,opt}}$ 优化检测性能，一方面，要对这 M 个发射极化的回波进行非相参积累以提高当前周期的雷达检测性能；另一方面，在后续一段时间内，可以

采用$\hat{\boldsymbol{h}}_{\mathrm{t,opt}}$进行发射，并采用相参积累提供雷达检测信噪比。至于在多长的探测时间内，进行一次发射极化的优化估计，要根据目标极化散射矩阵起伏变化情况和雷达工作体制来确定，对于目标极化散射矩阵起伏变化较慢的，可以在1个CPI(相干处理周期)甚至多个CPI内采用同一个发射极化$\hat{\boldsymbol{h}}_{\mathrm{t,opt}}$。

5.5.4 外场测试

基于5.2.1节对海静态观测实验场景，使用导引头实验系统与测试环境开展本节外场测试，外场测试环境如图5－38所示。实验中的角反射器阵列(模拟舰船目标)由5个球形全向充气角反射器(6m)组成，距高塔目标13km；角反射器之间距离约20m、依次排开；导引头架设在高塔上，舷内有源干扰机架设在小船上(采用45°线极化干扰天线)。

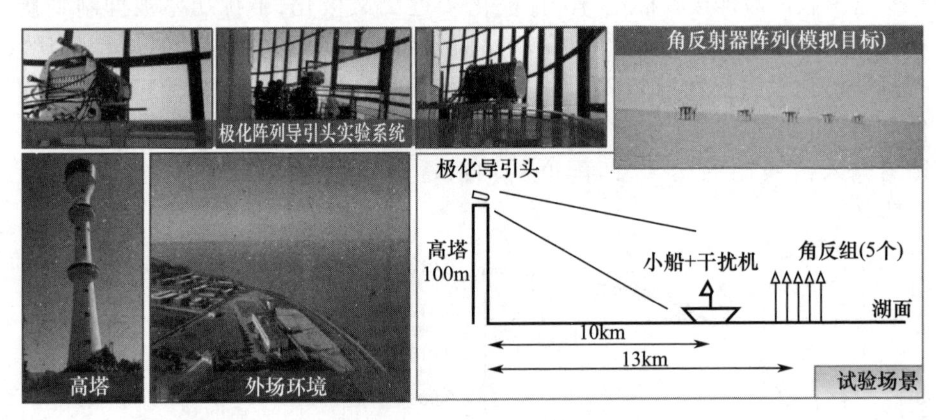

图5－38 外场测试环境

进行4种近海面干扰场景的瞬态极化扩维滤波测试，干扰样式分别为：

① 密集转发干扰(目标未被完全遮盖)；

② 射频噪声压制干扰；

③ 射频噪声＋密集转发干扰；

④ 密集转发干扰(目标被完全遮盖)。

图5－39给出了对干扰样式①的滤波后距离－多普勒图，可以发现常规极化滤波方法的干扰残留严重，采用瞬态极化扩维滤波方法后，干扰被较好抑制，目标重新出现。基于4种干扰样式，分别进行6幅距离多普勒图的脉冲级瞬态极化扩维滤波处理，统计干扰抑制比指标及滤波后目标信干噪比指标，如表5－5与表5－6所示。可以发现，在海面干扰场景统计下瞬态极化扩维滤波方法实现对4种干扰样式的有效抑制，并较大程度保留了目标信号。

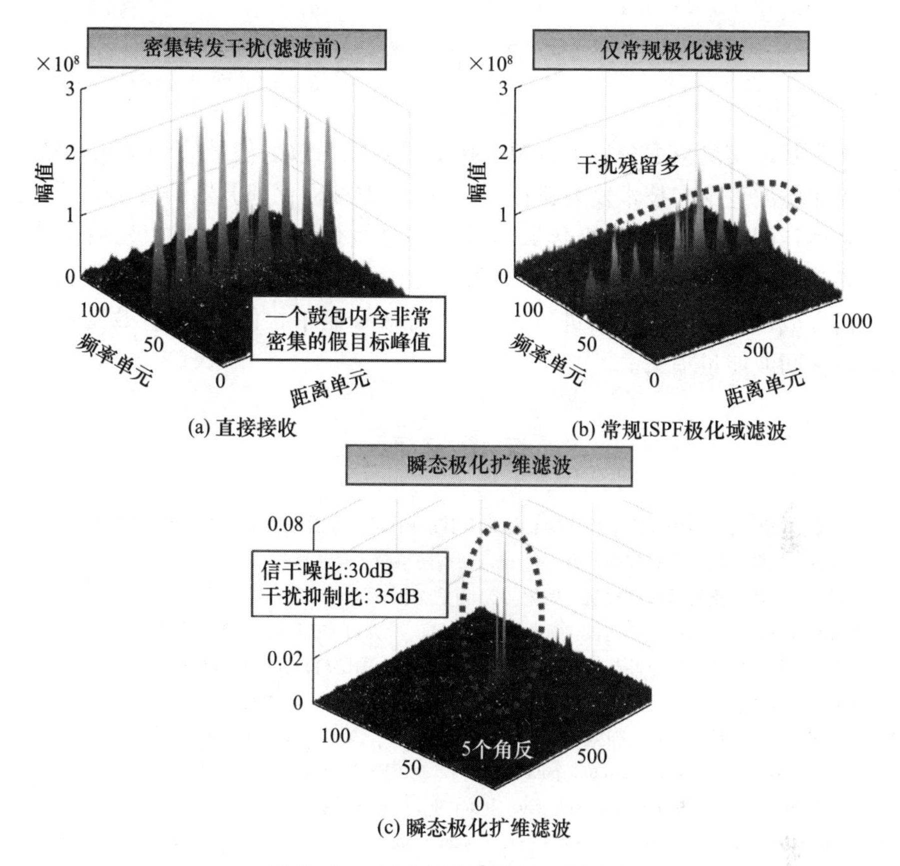

(a) 直接接收

(b) 常规ISPF极化域滤波

(c) 瞬态极化扩维滤波

图5-39 干扰样式①滤波效果对比

表5-5 对4种干扰样式的瞬态极化扩维滤波干扰抑制比

干扰样式	图像1	图像2	图像3	图像4	图像5	图像6
干扰样式①	35.2dB	34.9dB	34.2dB	34.5dB	33.8dB	33.5dB
干扰样式②	24.8dB	25.6dB	25.3dB	25.4dB	25.4dB	25.8dB
干扰样式③	30.7dB	31.7dB	31.2dB	31.2dB	31.7dB	28dB
干扰样式④	37.6dB	37.3dB	37.3dB	36.9dB	36.9dB	36.9dB

表5-6 对4种干扰样式的瞬态极化扩维滤波后目标信干噪比

干扰样式	图像1	图像2	图像3	图像4	图像5	图像6
干扰样式①	29.7dB	29.4dB	29.4dB	28.7dB	27.9dB	27.4dB
干扰样式②	21.2dB	21.3dB	21.8dB	20.7dB	20.4dB	20.1dB
干扰样式③	28.1dB	29.2dB	27.1dB	28.9dB	29.2dB	27.8dB
干扰样式④	33dB	31.2dB	31.4dB	31.8dB	31.8dB	31.7dB

5.6 小　　结

本章基于实测数据分析了有源干扰信号与无源散射信号的极化域差异,提炼了极化滤波理论与技术发展路径,并围绕多类型极化滤波器的数学表征与内在联系展开阐述。此外,将极化域滤波扩展至极化-多域联合滤波,针对当前空域阵列、极化阵列滤波所存在的问题,提出瞬态极化扩维滤波方法,使滤波处理在信号域、信息域、收发域进行扩维,在有效抑制干扰的同时,有效降低滤波后的目标回波能量损失。

参考文献

[1] 庄钊文,肖顺平,王雪松. 雷达极化信息处理及其应用[M]. 北京:国防工业出版社,1999.
[2] 王雪松. 宽带极化信息处理的研究[M]. 长沙:国防科技大学出版社,2005.
[3] 王雪松. 雷达极化技术研究现状与展望[J]. 雷达学报,2016,5(2):119 - 131.
[4] 李永祯,肖顺平,王雪松. 雷达极化抗干扰技术[M]. 北京:国防工业出版社,2010.
[5] 崔刚. 箔条干扰的极化特性与抑制技术研究[D]. 长沙:国防科技大学,2022.
[6] 施龙飞. 雷达极化抗干扰技术研究[D]. 长沙:国防科学技术大学,2007.
[7] 施龙飞,任博,马佳智,等. 雷达极化抗干扰技术进展[J]. 现代雷达,2016,38(4):1 - 7.
[8] NATHANSON F E. Adaptive circular polarization[C]//IEEE Int. Radar Conf. Arlington,1975:221 - 225.
[9] WHITE W D. Circular polarization cuts rain clutter[J]. Electronics,1954,27:158 - 160.
[10] SCHNEIDER A B,WILLIAMS P D L. Circular polarization in radars:an assessment of rain clutter reduction and likely loss of target performance[J]. The Radio and Electronic Engineer,1976,47(1):11 - 29.
[11] GHERARDELLI M,GIULI D,FOSSI M. Suboptimum polarization cancellers for dual polarisation radars[J]. IEEE Proceedings of Radar and Signal Processing,1988(1):60 - 72.
[12] POELMAN A J,GUY J R F. Nonlinear polarisation - vector translation in radar system:A promising concept for real - time polarisation - vector signal processing via a single - notch polarisation suppression filter[J]. IEEE Proceedings of Radar and Signal Processing,1984,131(5):451 - 465.
[13] POELMAN A J,GUY J R F,Multinotch logic - product polarization suppression filters:Atypical design example and its performance in a rain clutter environment[J]. IEEE Proceedings of Communications,Radar and Signal Processing,1984,131(7):383 - 396.
[14] GHERARDELLI M. Adaptive polarization suppression of intentional radar disturbance[J]. IEEE Proceedings of Radar and Signal Processing,1990,137(6):407 - 416.
[15] IOANNIDIS G A,HAMMERS D E. Optimum antenna polarizations for target discrimination in clutter[J]. IEEE Transactions on Antennas and Propagation,1979,27(3):357 - 363.
[16] POELMAN A J,HILGERS C J. Effectiveness of multinotch logic - product polarisation filters in radar for countering rain clutter[J]. IEEE Proceedings of Radar and Signal Processing,1991,138(5):427 - 437.
[17] STAPOR D P. Optimal receive antenna polarization in the presence of interference and noise[J]. IEEE Transactionson Antennas and propagation,1995,43(5):473 - 477.

[18] VAN ZYL J J,PAGES C H,ELACHI C. On the optimum polarizations of incoherently reflected waves [J]. Transactions on Antennas and Propagation,1987,35(7):818 - 824.

[19] KOSTINSKI A B,BOERNER W M. On the polarimetric contrast optimization[J]. IEEE Transactions on Antennas and Propagation,1987,35(8):988 - 991.

[20] 王新,王威,乔晓林. 具有极化滤波的地波超视距雷达正交双极化天线[J]. 系统工程与电子技术,1995,3:18 - 24.

[21] 张国毅,刘永坦. 高频地波雷达的三维极化滤波[J]. 电子学报,2000,28(9):114 - 116.

[22] STAPOR D P. Optimal receive antenna polarization in the presence of interference and noise[J]. IEEE Transactions on Antennas and Propagation,1995,43(5):473 - 477.

[23] 王雪松,庄钊文,肖顺平,等. 极化信号的优化接收理论:完全极化情形[J]. 电子学报,1998,26(6):42 - 46

[24] 王雪松,庄钊文,肖顺平,等. 极化信号的优化接收理论:部分极化情形[J]. 电子科学学刊,1998,20(4):468 - 473

[25] WANG X,CHANG Y,DAI D,et al. Band characteristics of SINR polarization filter[J]. IEEE Transactions on Antennas and Propagation,2007,55(4):1148 - 1154.

[26] WANG X,ZHUANG Z,XIAO S. Nonlinear programming modeling and solution of radar target polarization enhancement[J]. Progress in Natural Science,2000,10(1):62 - 67.

[27] WANG X,ZHUANG Z,XIAO S. Nonlinear optimization method of radar target polarization enhancement [J]. Progress in Natural Science,2000,10(2):136 - 140.

[28] 徐振海,王雪松,施龙飞,等. 信号最优极化滤波及性能分析[J]. 电子与信息学报,2006,28(3):498 - 501.

[29] MAO X P,LIU Y. Null phase - shift polarization filtering for high - frequency radar[J]. IEEE Transactions on Aerospace and Electronic Systems,2007,43(4):1397 - 1408.

[30] MAO X P,LIU A,HOU H,et al. Oblique projection polarisation filtering for interference suppression in high - frequency surface wave radar[J]. IET Radar Sonar Navigation,2012,6(2):71 - 80.

[31] YANG Y,XIAO S,ZHANG W. On the properties of 2 × 2 oblique projection operators[J]. IEEE Antennas and Wireless Propagation Letters,2017,16:689 - 691.

[32] COMPTON R T. On the performance of a polarization sensitive adaptive array[J]. IEEE Transactions on Antennas and Propagation,1981,29(5):718 - 725.

[33] FANTE R L,VACCARO J J. Evaluation of adaptive space - time - polarization cancellation of broadband interference[C]//Proceedings of IEEE Position Location and Navigation Symposium. California: Palms Springs,2002:1 - 3.

[34] PARK H R,LI J,WANG H. Polarization - space - time domain generalized likelihood ratio detection of radar targets[J]. Signal Processing,1995,41(2):153 - 164.

[35] SHOWMAN G A,MELVIN W L,BELENKII M. Performance evaluation of two polarimetric STAP architectures[C]//Proceedings of the IEEE Radar Conference. Huntsville:IEEE,2003:59 - 65.

[36] 徐振海,王雪松,肖顺平,等. 极化敏感阵列滤波性能分析:完全极化情形[J]. 电子学报,2004(08):1310 - 1313.

[37] 徐振海,王雪松,肖顺平,等. 极化敏感阵列滤波性能分析:相关干扰情形[J]. 通信学报,2004(10):8 - 15.

[38] DAI H Y,WANG X S,LI Y Z,et al. Main - lobe jamming suppression method of using spatial polarization characteristics of antennas[J]. IEEE Transactions on Aerospace and Electronic Systems,2012,48(3):

2167 - 2179.

[39] 任博,施龙飞,王洪军,等. 抑制雷达主波束内 GSM 干扰的极化滤波方法研究[J]. 电子与信息学报,2014,32(2):459 - 464.

[40] 施龙飞,王雪松,肖顺平,等. 干扰背景下雷达最佳极化的分步估计方法[J]. 自然科学进展,2005,15(11):1324 - 1329.

[41] CHENG X,AUBRY A,CIUONZO D,et al. Robust waveform and filter bank design of polarimetric radar [J]. IEEE Transactions on Aerospace and Electronic Systems,2017,53(1):370 - 384.

[42] 马佳智. 极化雷达导引头多点源参数估计与抗干扰技术研究[D]. 长沙:国防科技大学,2017.

[43] GE M,CUI G L,KONG L. Mainlobe jamming suppression with polarimetric multi - channel radar via independent component analysis[J]. Digital Signal Proessing,2020,106:102806.

[44] 刘甲磊,马佳智,施龙飞. 虚拟波束四阶累积量 DOA 估计方法[J]. 系统工程与电子技术,2022,44(7):2134 - 2142.

[45] 王桂宝,王兰美. 电磁矢量传感器阵列参数估计及应用[M]. 北京:科学出版社,2018.

[46] 李槟槟,陈辉,刘维建,等. 低快拍下基于稀疏重构的大电磁矢量传感器阵列多维参数联合估计[J]. 系统工程与电子技术,2021,43(4):868 - 874.

[47] 宋立众,乔晓林,孟宪德. 一种单脉冲雷达中的极化估值与滤波算法[J]. 系统工程与电子技术,2005,2(5):764 - 766.

[48] MA J Z,SHI L,LI Y,et al. Angle estimation of extended targets in main - lobe interference with polarization filtering[J]. IEEE Transactions on Aerospace and Electronic Systems,2017,53(1):169 - 189.

[49] MA J Z,SHI L,LI Y,et al. Angle estimation with polarization filtering:a single snapshot approach [J]. IEEE Transactions on Aerospace and Electronic Systems,2018,54(1):257 - 268.

[50] LU Y,MA J,ZHOU J,et al. Adaptive polarization - constrained monopulse approach for dual - polarization array[J]. IEEE Antennas and Wireless Propagation Letters,2021,20(3):289 - 292.

[51] 魏克珠,李士根,蒋仁培. 微波铁氧体新器件[M]. 北京:国防工业出版社,1995.

[52] 魏克珠,蒋仁培,李士根. 微波铁氧体新技术与应用[M]. 北京:国防工业出版社,2013.

[53] 魏克珠,潘健,刘博,等. 微波铁氧体期间与变极化应用[M]. 北京:国防工业出版社,2017.

[54] LI W T,GAO S,CAI Y,et al. Polarization - reconfigurable circularly polarized plannar antenna using switchable polarizer[J]. IEEE Transactions on Antennas and Propagation,2017,65(9):4470 - 4477.

[55] 蒋微波,蒋仁培. 微波铁氧体期间在雷达和电子系统中的应用、研究与发展(上)[J]. 现代雷达,2009,31(9):5 - 13.

[56] 蒋微波,蒋仁培. 微波铁氧体期间在雷达和电子系统中的应用、研究与发展(下)[J]. 现代雷达,2009,31(10):1 - 9.

[57] 唐楠,胡岚. L 波段铁氧体大功率变极化器的研制[J]. 微波学报,2016,8:238 - 241.

[58] DU L,LI J. Fully automatic computation of diagonal loading levels for robust adaptive beamforming [J]. IEEE Transactions on Aerospace and Electronic Systems,2010,46(1):449 - 458.

[59] VOROBYOV S A,GERSHMAN A B,LUO Z Q. Robust adaptire beamforming using worst - case performance optimization:a solution to the signal mismatchproblem[J]. IEEE Transactions on Signal Processing,2003,51(2):313 - 324.

[60] GU Y,LESHEN A. Robust adaptive beamforming based on interference covariance matrix reconstruction and steering vector estimation[J]. IEEE Transactions on Signal Processing,2012,60(7):3881 - 3885.

[61] CHENG X,AUBRY A,CIUONZO D,et al. Robust wareform and filter bank design of polarimetric radar [J]. IEEE Transactions on Aerospace and Electronic Systems,2017,53(1):370 - 384.

第6章

极化域变焦超分辨处理

6.1 引　言

分辨是雷达领域的经典问题,雷达的发展始终伴随着对更强分辨能力的追求,雷达分辨问题至今仍具有巨大的研究价值。尽管经过几十年的发展,雷达分辨能力不断提升,但“分不开、辨不清”的矛盾在雷达各类应用中日益凸显。关于雷达分辨的研究,模糊函数理论占据绝对主流[1]。通常,模糊函数根据雷达发射波形得到[2],同时借鉴光学领域“瑞利分辨极限”的概念,形成了当前雷达领域约定俗成的分辨率定义方式[3-4]。然而,在实际探测过程中可能出现与分辨率定义相悖的现象,即“同一分辨单元内的多目标可能可分辨,不同分辨单元内的多目标未必可分辨”。这一反常现象说明:**雷达分辨率不能完全描述雷达的实际分辨能力,模糊函数理论并不完备。**

关于雷达分辨的研究并不仅限于模糊函数,尝试突破瑞利分辨极限的超分辨研究层出不穷。例如,基于参数化模型假设提出的自适应单脉冲技术,可应用于低仰角目标跟踪,实现同一波束内目标信号与多径反射信号的分辨[5-8];基于空间等相位面假设提出的 MUSIC、ESPRIT 等空间谱方法,可完成密集多目标参数精确估计[9-10];基于稀疏性假设提出的压缩感知方法,可突破实孔径雷达的角度分辨率,实现超分辨成像[11-14],等等。所有超分辨方法将分辨问题转化为估计问题,采用非线性处理,具有一定超分辨效果,但均对目标或来波进行假设,不具备广泛适用性。即便如此,上述超分辨方法的提出说明了雷达的实际分辨能力并不仅局限于分辨率,对于突破瑞利分辨极限的超分辨相关研究具有重要参考意义。

超分辨理论大多数是从电磁场标量模型中得到,其研究主要集中在时域、空域、多普勒域,在极化域的尝试鲜为人知。极化雷达经过 80 余年的发展,逐渐形成了相对完整的理论和技术体系,如瞬态极化理论、极化滤波技术、极化精密测量技术等,在合成孔径雷达、大型地基雷达、气象雷达等系统中均有成功应用[15-18]。在研究雷达极化过程中,易注意到一个物理事实:在不同极化激励下,相邻目标的合成回波差异很大,例如,考虑二面角和三面角的组合场景,在45°线极化下仅存在三面角的响应,在圆极化下仅存在二面角的响应。相比于非极化雷达,极化雷达可以探测矢量场,获得更多的信息维度,极化域与时域、空域、多普勒域正交,极化的引入可以大幅改善雷达分辨性能[19-21],研究极化与分辨的关系具有重要的理论价值。

本章立足于瞬态极化理论,深入分析极化与雷达分辨的内在关系,依托当前极化雷达的敏捷调控能力,原创性提出极化域变焦理论与超分辨原理,提出极化域变焦时域分辨方法,实现多目标的正确判决和准确测距。在此基础上,以精确制导领域抗角反干扰为背景,提出极化域变焦角反辨识技术和极化域抗质心干扰技术,实现了舰船目标与角反阵列的有效鉴别和质心干扰条件下舰船目标角度准确测量,并采用电磁仿真数据和实测数据验证所提算法有效性。

本章的结构如下:6.2 节介绍了雷达分辨理论中模糊函数的局限,分析了目标相对幅相对分辨效果的影响。6.3 节介绍了极化域变焦时域超分辨原理和方法,并进行了仿真验证。6.4 节和 6.5 节分别介绍了极化域变焦在角及组合体冲淡式干扰和质心式干扰对抗中的应用并分析了对抗方法的性能。6.6 节对本章工作进行了小结。

6.2 关于模糊函数分辨率准则的思考

本节从模糊函数出发,首先介绍雷达分辨基础理论,其次梳理三类超分辨方法,最后重点分析目标相对幅相关系对实际分辨效果的影响,探索突破瑞利分辨极限的可行路径。

6.2.1 模糊函数的局限

模糊函数是研究雷达分辨问题的经典理论工具,提出至今已超过 70 年。1948 年,J. Ville 在信号解析理论研究中引入时频瞬时谱用以表征信号的能量分布,其表达式由文献[1]中第五章的公式(6)给出,这是模糊函数的最早形态。1953 年,P. M. Woodward 在文献[2]中的第七章讨论了目标分辨和信号模糊度的关系,并从两个目标的可分性出发,引出公式(17)用以描述目标在距离-速度维的模糊度,即模糊函数,具体写为

$$\chi(t_{\mathrm{d}}, f_{\mathrm{d}}) = \int u(t) u^{*}(t + t_{\mathrm{d}}) \mathrm{e}^{-2\pi \mathrm{j} f_{\mathrm{d}} t} \mathrm{d}t \tag{6-1}$$

式中:$u(t)$表示发射波形;t_d 表示时延;f_d 表示多普勒频率。在此基础上,根据瑞利分辨极限定义了分辨率,这是雷达领域首次关于“Resolution”(分辨率)的系统论述。此后涌现出大量关于模糊函数和雷达分辨的研究,逐渐形成统一的模糊函数雷达分辨理论。

雷达系统的时－频域分辨力取决于信噪比、信号波形和信号处理方法三个因素:目标分辨问题的基础前提是“目标已被检测到”,隐含了高信噪比的假设。另外,信号处理系统通常利用匹配滤波实现最优接收,此时雷达的分辨力仅取决于雷达信号和参数,两者的关系可用模糊函数描述。模糊函数的定义源于两个目标的可分度,模糊函数值越小,目标的可分度越高,越有利于分辨。由此可见,模糊函数内含三大前提假设:点目标假设、匹配滤波假设和高信噪比假设,这些假设导致由模糊函数定义的“分辨率”与雷达实际探测中的“分辨效果”存在不一致。

考虑空间邻近的目标1和目标2,理想情况下,目标回波分别表示为

$$x_1(t) = A_1 e^{j\varphi_1} u(t - t_{d1}) e^{j2\pi(f_0 + f_{d1})(t - t_{d1})} \tag{6-2}$$

$$x_2(t) = A_2 e^{j\varphi_2} u(t - t_{d2}) e^{j2\pi(f_0 + f_{d2})(t - t_{d2})} \tag{6-3}$$

式中:f_0 为中心频率,A_i、t_{di}、φ_i 和 f_{di}分别为目标的幅度、时延、相位和多普勒频率,$i(i=1,2)$表示目标序号。采用误差均方最小准则作为最佳分辨准则,则有

$$\begin{aligned}\varepsilon^2 &= \int_{-\infty}^{\infty} |x_1(t) - x_2(t)|^2 dt \\ &= (A_1^2 + A_2^2)\int_{-\infty}^{\infty} |u(t)|^2 dt - 2\sqrt{A_1 A_2}\,\mathrm{Re}\{e^{j\Delta\varphi} e^{j(f_0+f_{d2})\Delta t_d} \chi(\Delta t_d, \Delta f_d)\}\end{aligned} \tag{6-4}$$

式中:$\Delta\varphi = \varphi_2 - \varphi_1$ 表示相位差;$\Delta t_d = t_{d2} - t_{d1}$表示时延差;$\Delta f_d = f_{d2} - f_{d1}$表示多普勒频率差;$\chi(\Delta t_d, \Delta f_d)$具体写为

$$\chi(\Delta t_d, \Delta f_d) = \int_{-\infty}^{\infty} u(t) u^*(t + \Delta t_d) e^{j2\pi\Delta f_d t} dt \tag{6-5}$$

$\chi(\Delta t_d, \Delta f_d)$即是模糊函数,形式与式(6－1)相同。显然,$\varepsilon^2$ 越大,目标回波差异越明显,越有利于分辨。式(6－4)中第一项表示信号能量,仅取决于发射功率和雷达散射截面积(RCS),目标可分度主要由第二项决定。由此可见,模糊函数仅能反映信号波形的固有分辨力,实际分辨效果还与目标的幅度、相位、多普勒频率、时延、信噪比等诸多因素有关[22]。

在经典雷达分辨理论中,仅用模糊函数研究目标分辨问题,忽略了幅度和相位的影响,导致由模糊函数定义的“分辨率”并不能刻画雷达对各种真实情况

下邻近目标的“分辨效果”。如图 6-1(a)所示，当目标幅度相同且间隔恰好为 1 倍雷达分辨率时，“分辨效果”受相对相位影响极大；如图 6-1(b)所示，当目标幅度差异很大，即使间隔 2 倍雷达分辨率，两者也难以区分。所以在实际探测过程中，同一分辨单元内的群目标可能可分辨，不同分辨单元内的群目标未必可分辨。

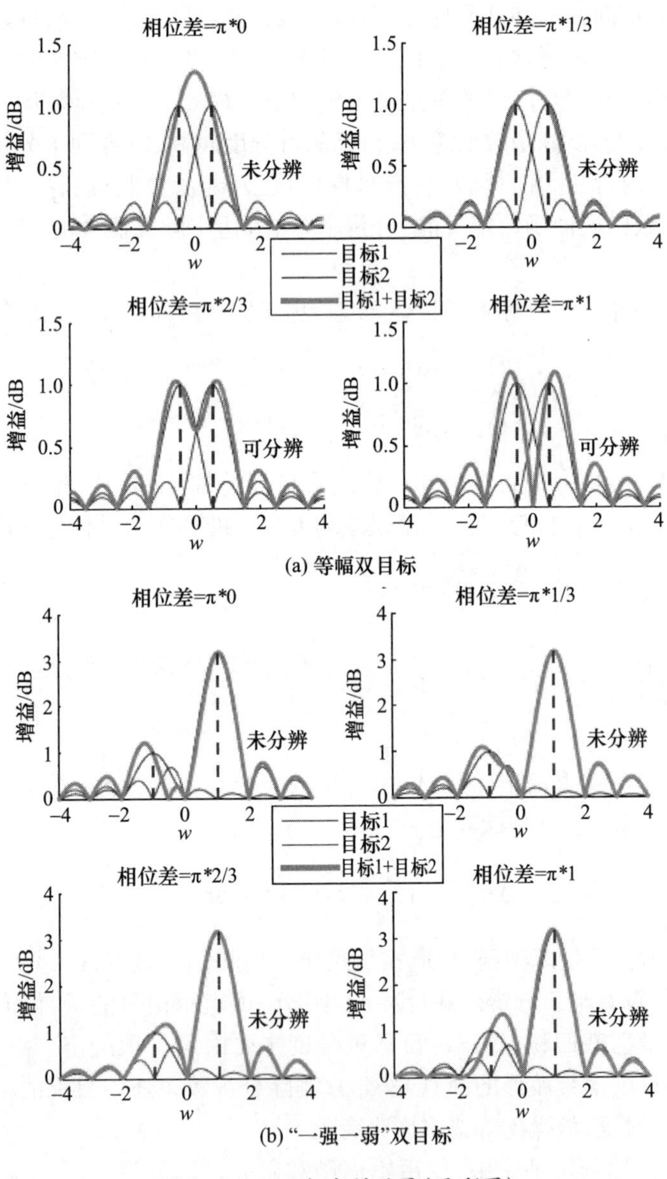

图 6-1 双目标分辨效果(见彩图)

6.2.2 雷达超分辨方法

通常来说,雷达存在一个观测域 ω 和一个变换域 ω',在观测域获得信号采样后,通过变换处理估计信号在变换域的谱图,观测域可以是频域、空域或者慢时间域,对应的测量参量为距离、角度和速度。在经典谱估计理论中,采用非参数化模型描述信号的离散采样,通过周期图法估计变换谱,其处理基础是傅里叶变换。如图6-2所示,最为理想的测量方式是在观测域进行无限长的观测,变换域对应的谱为线谱,此时只要两个目标在变换域存在差异即可分辨。然而,实际雷达系统只能进行有限的观测,造成线谱的扩展效应,此时两个目标在变换域的差异可能不足以被分辨。

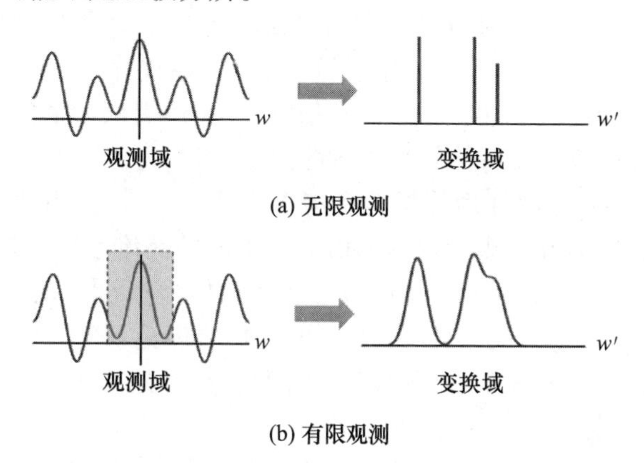

图6-2　雷达观测域和变换域的关系

模糊函数理论采用的是非参数化模型,不完备的根本原因在于非参数化模型无法准确描述目标和探测环境的变化。为了突破瑞利分辨极限,进一步提升雷达的探测能力,信号处理理论从经典谱估计发展至现代谱估计,非参数化模型也发展至参数化模型。参数化模型直接假设了信号的具体形式,同时包含了信号模型的阶数和参数(包含幅度和相位),此时变换域的谱图变为线谱。非参数化模型方法从观测域出发,通过变换处理得到变换域谱图,从而提取目标信息;而参数化模型方法从变换域出发,建立包含对目标或来波特定假设的参数化模型,通过观测域的采样信号拟合得到最优参数估计。参数化模型消除了有限观测的扩展效应,不受瑞利分辨极限的限制,由此衍生出一系列超分辨方法,主要分为极大似然(ML)方法、子空间方法和压缩感知(CS)方法三类。

(1) ML方法:在目标数已知的情况下建立参数化模型,将似然函数作为优化对象,调整参数使信号模型与观测数据的拟合误差最小。对于单个目标,可直接求解似然函数,存在ML估计的闭式解[23-24];对于群目标,似然函数闭式解难以求得,需要通过数值方法迭代逼近,例如交替投影法、最速梯度法和统计近似法等[25]。ML 方法实现超分辨存在两方面难点:①实际探测过程中难以准确预知目标数[26];②群目标的似然函数求解为高维非线性优化问题,常规数值方法求解计算量巨大,难以满足实时处理要求。

(2) 子空间方法:相比于 ML 方法,子空间方法对来波的空间相位提出假设,将信号协方差矩阵作为优化对象,典型方法为 MUSIC[9] 和 ESPRIT[27]。MUSIC的基本思想是将协方差矩阵进行特征值分解,得到与信号分量对应的信号子空间以及与信号分量正交的噪声子空间,利用两个子空间的正交性估计信号参数。ESPRIT 同样需要协方差矩阵特征值分解,但利用信号子空间的旋转不变特性估计信号参数。子空间方法同样需要预知目标个数,并且要求各目标回波非相干以及需要多个独立快拍估计协方差矩阵。在雷达中应用子空间方法需要空间平滑解相干,但代价是牺牲阵列孔径,导致分辨性能恶化[28];另外,雷达通常采用匹配滤波和相参积累提升信噪比,无法提供大量独立快拍。

(3) CS 方法:该方法对信号的稀疏性提出假设,通过低维数据恢复出高维模型,在雷达成像和图像处理等领域有诸多应用[29-32]。将雷达探测区域按网格划分,构造由观测矩阵、观测数据和稀疏解组成的高维参数化模型,求解模型后提取目标信息。ML 方法和子空间方法属于单模型拟合问题,CS 方法属于多模型寻优问题,计算量更大。CS 方法结合贝叶斯理论(BCS)可无须预知目标数[33-35],但目标的参数通常不会恰好落于网格上,导致模型失配(又称为 off - grid 问题)[36],造成超分辨性能急剧下降。

综上所述,雷达超分辨的“内核”是参数化模型,通过对目标或来波的前提假设消除有限观测的线谱扩展效应,使雷达获得超分辨能力。如表 6 - 1 所示,ML 方法和子空间方法需要预知目标数,整个处理过程并不涉及目标数判决,其本质仍是参数估计方法;CS 方法对目标数没有严格限定,但计算量巨大,并且模型失配对超分辨性能影响巨大。上述超分辨方法对所观测的物理对象均提出了假设,适用范围有限,工程实现难度大。

表 6 - 1　三类超分辨方法性能对比

超分辨方法	性能指标		
	所需快拍数	计算量	预知目标数?
ML 估计	1	中等	√
子空间方法	≫1	低	√
CS 方法	1	高	×

6.2.3 雷达分辨效果数学分析

考虑同一分辨单元内的双目标场景,雷达接收的信号为各目标的线性叠加,不妨设发射波形为线性调频信号,带宽为 B,则有 $\Delta t_d < 1/B$。在高信噪比条件下,经过匹配滤波后,接收信号变为

$$x(t) \approx A'_1 e^{j\varphi'_1} \mathrm{sinc}[\pi B(t - \Delta t_d/2)] + A'_2 e^{j\varphi'_2} \mathrm{sinc}[\pi B(t + \Delta t_d/2)] \quad (6-6)$$

式中:$\mathrm{sinc}(x)$为辛克函数,$\mathrm{sinc}(x) = \sin x/x$;$A'_i$ 和 φ'_i 分别为匹配滤波输出的幅度和相位。复信号的模值为时域波形,写为

$$\begin{aligned} y(t) &= |x(t)|^2 \\ &= |A'_1|^2 \mathrm{sinc}^2(t_1) + |A'_2|^2 \mathrm{sinc}^2(t_2) + 2\mathrm{Re}\{A'_1 A'^*_2\} \cos\Delta\varphi' \mathrm{sinc}(t_1)\mathrm{sinc}(t_2) \end{aligned} \quad (6-7)$$

式中:$t_1 = \pi B(t - \Delta t_d/2)$;$t_2 = \pi B(t + \Delta t_d/2)$;$\Delta\varphi' = \varphi'_1 - \varphi'_2$。由于时域和距离域是线性映射关系,式(6-7)中的时域波形亦称为距离像。

当时域波形存在可被检测的多个峰值,且与各目标一一对应,多目标即可在时域分辨。波形的峰值点可通过分析一阶导数和二阶导数得到,为了便于分析,利用泰勒展开将辛克函数近似为多项式:

$$\mathrm{sinc}(x) \approx 1 - \frac{x^2}{6} \quad (6-8)$$

将式(6-8)代入式(6-7)中,并对 $y(t)$一阶求导,可得

$$y'(t) = \frac{2}{3}A'^2_1 t_1\left(\frac{1}{6}t_1^2 - 1\right) + \frac{2}{3}A'^2_2 t_2\left(\frac{1}{6}t_2^2 - 1\right) + \frac{2}{9}A'_1 A'_2 \cos\Delta\varphi'(t^3 - \Delta t_d^2 t - 6t) \quad (6-9)$$

进一步,对 $y(t)$二阶求导,可得

$$y''(t) = \frac{2}{3}A'^2_1\left(\frac{1}{2}t_1^2 - 1\right) + \frac{2}{3}A'^2_2\left(\frac{1}{2}t_2^2 - 1\right) + \frac{2}{9}A'_1 A'_2 \cos\Delta\varphi'(3t^2 - \Delta t_d^2 - 6) \quad (6-10)$$

由 $y'(t)$的零点可确定波形的极值点位置,由 $y''(t)$的正负可确定极值点的属性(波峰或是波谷)。

显然,若双目标幅度差异太大,弱目标易被强目标淹没,相比之下等幅双目标更易分辨。假设 $A'_1 = A'_2$,此时易得到 $y'(0) = 0$,$t = 0$ 时刻可能出现波峰或是波谷。当 $y''(0) \geqslant 0$ 时,$y(0)$为波谷,双目标可分辨;反之,无可分辨。由此得到等幅双目标可分辨的条件,具体写为

$$\Delta t_d \geqslant \sqrt{\frac{6 + 6\cos\Delta\varphi'}{3 - \cos\Delta\varphi'}} \stackrel{\mathrm{def}}{=} g(\Delta\varphi') \quad (6-11)$$

不难证明,双目标同相时($\Delta\varphi' = 0$),$g(\Delta\varphi')$取得最大值$\sqrt{6}$;双目标反相时

$(\Delta\varphi' = \pm\pi)$，$g(\Delta\varphi')$取得最小值0。由此可得，“等幅同相”双目标最难分辨，“等幅反相”双目标最易分辨。

如图6-3所示，“等幅同相”情况下，目标的间隔至少达到1.33倍分辨率[①]才可分辨；“等幅反相”情况下，目标间隔只要稍大于0即可分辨。另外，表6-2给出了“等幅反相”的时域波形参量，随着目标间隔减小，虽然峰值幅度急剧减小，但峰值旁瓣比缓慢减小，双峰间距几乎不变。也就是说，双目标在“等幅反相”条件下具有极强的可分辨特性。

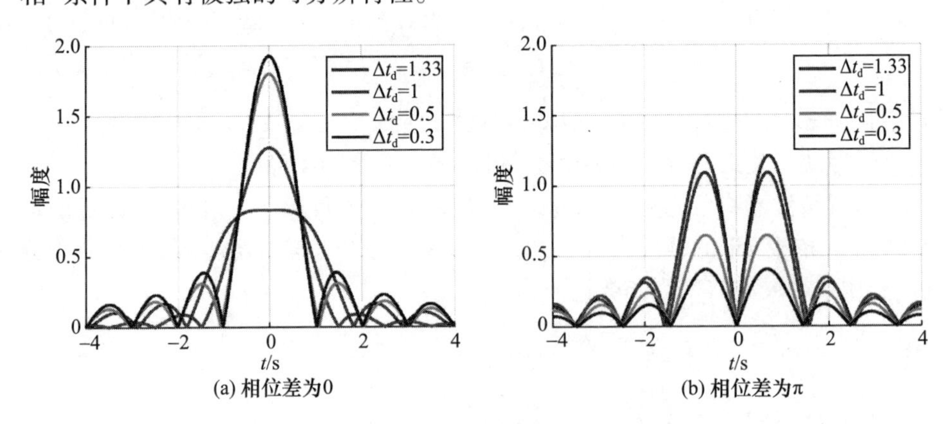

图6-3　等幅双目标分辨效果(见彩图)

表6-2　等幅反向双目标波形参量

目标间隔 Δt	0.9	0.8	0.7	0.6	0.5	0.4	0.3	0.2	0.1	变化趋势
峰值幅度	1.05	0.90	0.74	0.58	0.42	0.28	0.16	0.07	0.02	急剧减小
峰值旁瓣比/dB	9.63	9.31	9.05	8.84	8.66	8.52	8.42	8.34	8.30	缓慢减小
双峰间隔 Δt	1.366	1.357	1.350	1.344	1.338	1.334	1.331	1.328	1.325	几乎不变

综上所述，目标的相对幅相对分辨效果影响极大，但模糊函数仅考虑不利于分辨的“等幅同相”情况，导致传统分辨率反映的是雷达分辨性能的“下界”，“等幅反相”可突破这一极限，极大提升雷达分辨力，达到超分辨的效果。

6.3 极化域变焦时域超分辨原理与方法

本节从极化雷达信号模型出发，分析收发极化对实际分辨效果的影响，结合全极化域距离像阐述超分辨原理，并针对实际雷达系统，提出极化域变焦多

---

① 根据推导，间隔需要达到1.56倍分辨率，但推导过程中采用近似，存在拟合误差，1.33倍分辨率为仿真实验结果。

目标存在性检测与分辨方法,实现多目标的正确判决和距离的有效估计。

6.3.1 极化雷达信号模型

经典分辨理论将电磁波假设为标量模型处理,忽略了极化参量。考虑电磁波的矢量特性,式(6-6)改写为

$$x(t) = \bar{A}_1 \mathrm{e}^{\bar{\varphi}_1} \boldsymbol{h}_{\mathrm{R}}^{\mathrm{T}} \boldsymbol{S}_1 \boldsymbol{h}_{\mathrm{T}} \mathrm{sinc}(t_1) + \bar{A}_2 \mathrm{e}^{\bar{\varphi}_2} \boldsymbol{h}_{\mathrm{R}}^{\mathrm{T}} \boldsymbol{S}_2 \boldsymbol{h}_{\mathrm{T}} \mathrm{sinc}(t_2) \tag{6-12}$$

式中:$\bar{A}_i \mathrm{e}^{\bar{\varphi}_i} \boldsymbol{h}_{\mathrm{R}}^{\mathrm{T}} \boldsymbol{S}_i \boldsymbol{h}_{\mathrm{T}} = A'_i \mathrm{e}^{\varphi'_i}$,$\boldsymbol{h}_{\mathrm{T}}$ 和 $\boldsymbol{h}_{\mathrm{R}}$ 为发射和接收极化矢量,$\boldsymbol{S}_i$ 为目标的极化散射矩阵。采用 Jones 矢量表征极化,极化状态矢量写为

$$\boldsymbol{h}(\phi,\tau) = \begin{bmatrix} \cos\phi\cos\tau - \mathrm{j}\sin\phi\sin\tau \\ \sin\phi\cos\tau - \mathrm{j}\cos\phi\sin\tau \end{bmatrix} \tag{6-13}$$

式中:(ϕ,τ) 为极化椭圆几何描述子,并且有:$\phi \in (-\pi/2,\pi/2]$,$\tau \in (-\pi/4,\pi/4]$。假设发射和接收极化的椭圆几何描述子分别为$(\phi_{\mathrm{T}},\tau_{\mathrm{T}})$和$(\phi_{\mathrm{R}},\tau_{\mathrm{R}})$,则有 $\boldsymbol{h}_{\mathrm{T}} = h(\phi_{\mathrm{T}},\tau_{\mathrm{T}})$、$\boldsymbol{h}_{\mathrm{R}} = \boldsymbol{h}(\phi_{\mathrm{R}},\tau_{\mathrm{R}})$。$\boldsymbol{S}_i$ 为 2×2 复数矩阵,表示为

$$\boldsymbol{S}_i = \begin{bmatrix} s_{11}^{(i)} & s_{12}^{(i)} \\ s_{21}^{(i)} & s_{22}^{(i)} \end{bmatrix} \tag{6-14}$$

在单站雷达条件下,极化散射矩阵具有互易性,即 $s_{12}^{(i)} = s_{21}^{(i)}$。

6.3.2 极化域变焦超分辨原理

极化雷达具备感知电磁波极化信息的能力,可调控发射和接收的极化状态。理想情况下,极化雷达可采用任意极化状态发射和接收,“无级”调控收发极化状态,从而在极大范围内调节目标回波的幅度和相位,实现“等幅反相”。换言之,极化雷达具备超分辨的潜力。

虽然采用极化调控可以极大增强雷达的分辨能力,但在实际探测过程中,目标的极化散射矩阵未知,并且雷达调控极化时存在系统误差,通过单次测量无法直接实现超分辨,需要通过大量极化域采样逼近“等幅反相”。从信号处理的角度来看,一种收发极化组合在极化域上对应一个滤波器,对某些散射结构具有增强作用,对另外一些散射结构具有抑制作用。如图 6-4 所示,采用 45°线极化电磁波探测“二面角+三面角”双目标,当调节接收极化状态时,各目标在时域形成的峰值有高有低,叠加形成的能量“聚焦点”在真实目标附近来回跳变,主瓣形状各不相同。

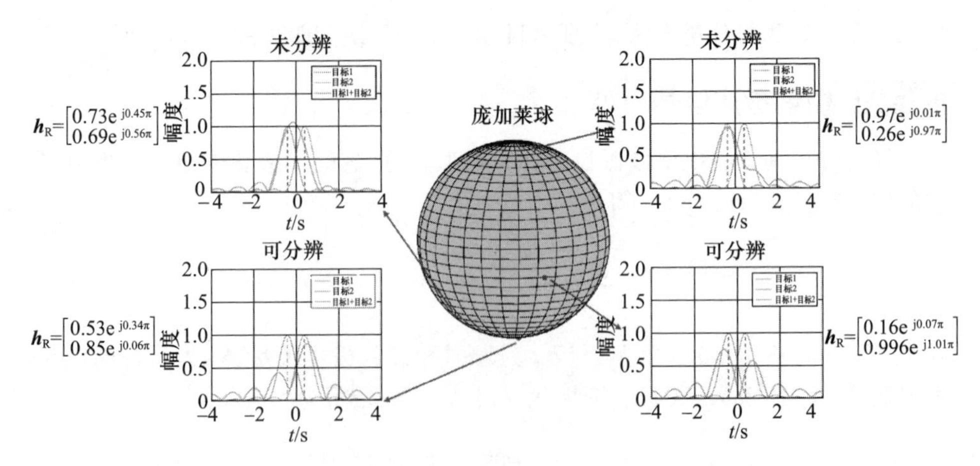

图 6－4 不同接收极化状态下的距离像(见彩图)

在光学领域中,物体的反射光是一种三维响应,包含景深维信息,照相机选择某一焦点,将反射光投影至二维平面形成图像,调节焦点可获得不同景深上的投影,这种处理在光学领域称为变焦。从信号处理的角度出发,这种投影等效为景深维度上一个极窄的滤波器,光学变焦与调节收发极化状态在效果上极其相似,微调将导致成像结果剧烈变化。由此提出“极化域变焦”的概念,即通过改变收发极化状态调控目标相对幅相,改变相干叠加效果,增强目标信息获取能力。

根据式(6－12)给出的信号模型,包含极化参量的距离像可表示为

$$\gamma = \bar{A}_1^2|g_1|^2\,\mathrm{sinc}^2(t_1) + \bar{A}_2^2|g_2|^2\,\mathrm{sinc}^2(t_2) + 2\bar{A}_1\bar{A}_2\cos\Delta\bar{\varphi}\,\mathrm{Re}\{g_1g_2^*\}\,\mathrm{sinc}(t_1)\,\mathrm{sinc}(t_2) \tag{6-15}$$

式中:$g_1=\boldsymbol{h}_R^T\boldsymbol{S}_1\boldsymbol{h}_T$;$g_2=\boldsymbol{h}_R^T\boldsymbol{S}_2\boldsymbol{h}_T$。从极化域变焦原理出发,距离像是关于时间和极化椭圆几何描述子的多元函数,应表示为$\gamma(R,\phi_T,\tau_T,\phi_R,\tau_R)$。式(6－15)可表征用任意极化激励目标的时域波形,包含了“可分辨”和“未分辨”两类,综合处理所有结果,可将目标的可分辨性提升至最大。

6.3.3 全极化域距离像

特定的收发极化组合对不同的散射机理具有增强或抑制的作用,对应的距离像是所有目标响应的融合,将所有距离像线性累加,形成的包络反映了多目标组合的轮廓尺寸,可用于检测多目标的存在性。该包络定义为**全极化域距离像**,具体写为

$$\Gamma(t)=\int_{-\frac{\pi}{4}}^{\frac{\pi}{4}}\int_{-\frac{\pi}{2}}^{\frac{\pi}{2}}\int_{-\frac{\pi}{4}}^{\frac{\pi}{4}}\int_{-\frac{\pi}{2}}^{\frac{\pi}{2}}\gamma(t)\,\mathrm{d}\phi_{\mathrm{T}}\mathrm{d}\tau_{\mathrm{T}}\mathrm{d}\phi_{\mathrm{R}}\mathrm{d}\tau_{\mathrm{R}} \tag{6-16}$$

观察式(6－15),与极化椭圆几何描述子有关的项为$|g_1|^2$,$|g_2|^2$以及$\mathrm{Re}\{g_1g_2^*\}$,并且$|g_1|^2$和$|g_2|^2$形式相同,所以求解式(6－16)仅需计算$|g_i|^2$和$\mathrm{Re}\{g_1g_2^*\}$的四重积分。

通过计算化简,在式(6－15)中,与极化椭圆几何描述子有关的项为$|g_1|^2$,$|g_2|^2$以及$\mathrm{Re}\{g_1g_2^*\}$,将式(6－15)代入式(6－16),可得

$$\begin{aligned}\Gamma={}&\bar{A}_1^2\mathrm{sinc}^2(t_1)\int_{-\frac{\pi}{4}}^{\frac{\pi}{4}}\int_{-\frac{\pi}{2}}^{\frac{\pi}{2}}\int_{-\frac{\pi}{4}}^{\frac{\pi}{4}}\int_{-\frac{\pi}{2}}^{\frac{\pi}{2}}\left|g_1\right|^2\mathrm{d}\phi_{\mathrm{T}}\mathrm{d}\tau_{\mathrm{T}}\mathrm{d}\phi_{\mathrm{R}}\mathrm{d}\tau_{\mathrm{R}}+\\&\bar{A}_2^2\mathrm{sinc}^2(t_2)\int_{-\frac{\pi}{4}}^{\frac{\pi}{4}}\int_{-\frac{\pi}{2}}^{\frac{\pi}{2}}\int_{-\frac{\pi}{4}}^{\frac{\pi}{4}}\int_{-\frac{\pi}{2}}^{\frac{\pi}{2}}\left|g_2\right|^2\mathrm{d}\phi_{\mathrm{T}}\mathrm{d}\tau_{\mathrm{T}}\mathrm{d}\phi_{\mathrm{R}}\mathrm{d}\tau_{\mathrm{R}}+\\&2\bar{A}_1\bar{A}_2\cos\Delta\bar{\varphi}\,\mathrm{sinc}(t_1)\mathrm{sinc}(t_2)\int_{-\frac{\pi}{4}}^{\frac{\pi}{4}}\int_{-\frac{\pi}{2}}^{\frac{\pi}{2}}\int_{-\frac{\pi}{4}}^{\frac{\pi}{4}}\int_{-\frac{\pi}{2}}^{\frac{\pi}{2}}\mathrm{Re}\{g_1g_2^*\}\,\mathrm{d}\phi_{\mathrm{T}}\mathrm{d}\tau_{\mathrm{T}}\mathrm{d}\phi_{\mathrm{R}}\mathrm{d}\tau_{\mathrm{R}}\end{aligned} \tag{6-17}$$

令$\boldsymbol{h}_{\mathrm{T}}=[h_{\mathrm{T}_1},h_{\mathrm{T}_2}]^{\mathrm{T}}$,$\boldsymbol{h}_{\mathrm{R}}=[h_{\mathrm{R}_1},h_{\mathrm{R}_2}]^{\mathrm{T}}$,则有

$$\begin{aligned}|g_1|^2={}&|h_{\mathrm{R}_1}|^2\,|h_{\mathrm{T}_1}|^2\,|s_{11}^{(1)}|^2+|h_{\mathrm{R}_1}h_{\mathrm{T}_2}+h_{\mathrm{R}_2}h_{\mathrm{T}_1}|^2\,|s_{12}^{(1)}|^2+|h_{\mathrm{R}_2}|^2\,|h_{\mathrm{T}_2}|^2\,|s_{22}^{(1)}|^2+\\&2\mathrm{Re}\{h_{\mathrm{R}_1}^*h_{\mathrm{T}_1}^*(h_{\mathrm{R}_1}h_{\mathrm{T}_2}+h_{\mathrm{R}_2}h_{\mathrm{T}_1})s_{11}^{(1)*}s_{12}^{(1)}\}+2\mathrm{Re}\{h_{\mathrm{R}_2}^*h_{\mathrm{T}_2}^*(h_{\mathrm{R}_1}h_{\mathrm{T}_2}+h_{\mathrm{R}_2}h_{\mathrm{T}_1})s_{22}^{(1)*}s_{12}^{(1)}\}+\\&2\mathrm{Re}\{h_{\mathrm{R}_1}^*h_{\mathrm{T}_1}^*h_{\mathrm{R}_2}h_{\mathrm{T}_2}s_{11}^{(1)*}s_{22}^{(1)}\}\end{aligned} \tag{6-18}$$

进一步,对$|h_{\mathrm{R}_1}|^2\,|h_{\mathrm{T}_1}|^2$进行四重积分:

$$\begin{aligned}&\int_{-\frac{\pi}{4}}^{\frac{\pi}{4}}\int_{-\frac{\pi}{2}}^{\frac{\pi}{2}}\int_{-\frac{\pi}{4}}^{\frac{\pi}{4}}\int_{-\frac{\pi}{2}}^{\frac{\pi}{2}}|h_{\mathrm{R}_1}|^2\,|h_{\mathrm{T}_1}|^2\mathrm{d}\phi_{\mathrm{T}}\mathrm{d}\tau_{\mathrm{T}}\mathrm{d}\phi_{\mathrm{R}}\mathrm{d}\tau_{\mathrm{R}}\\&=\int_{-\frac{\pi}{4}}^{\frac{\pi}{4}}\int_{-\frac{\pi}{2}}^{\frac{\pi}{2}}|h_{\mathrm{R}_1}|^2\mathrm{d}\phi_{\mathrm{R}}\mathrm{d}\tau_{\mathrm{R}}\int_{-\frac{\pi}{4}}^{\frac{\pi}{4}}\int_{-\frac{\pi}{2}}^{\frac{\pi}{2}}|h_{\mathrm{T}_1}|^2\mathrm{d}\phi_{\mathrm{T}}\mathrm{d}\tau_{\mathrm{T}}\\&=\int_{-\frac{\pi}{4}}^{\frac{\pi}{4}}\int_{-\frac{\pi}{2}}^{\frac{\pi}{2}}(\cos^2\phi_{\mathrm{R}}\cos^2\tau_{\mathrm{R}}+\sin^2\phi_{\mathrm{R}}\sin^2\tau_{\mathrm{R}})\mathrm{d}\phi_{\mathrm{R}}\mathrm{d}\tau_{\mathrm{R}}\\&\quad\int_{-\frac{\pi}{4}}^{\frac{\pi}{4}}\int_{-\frac{\pi}{2}}^{\frac{\pi}{2}}(\cos^2\phi_{\mathrm{T}}\cos^2\tau_{\mathrm{T}}+\sin^2\phi_{\mathrm{T}}\sin^2\tau_{\mathrm{T}})\mathrm{d}\phi_{\mathrm{T}}\mathrm{d}\tau_{\mathrm{T}}\\&=\frac{\pi^2}{4}\frac{\pi^2}{4}=\frac{\pi^4}{16}\end{aligned} \tag{6-19}$$

同理亦有，$\int_{-\frac{\pi}{4}}^{\frac{\pi}{4}}\int_{-\frac{\pi}{2}}^{\frac{\pi}{2}}\int_{-\frac{\pi}{4}}^{\frac{\pi}{4}}\int_{-\frac{\pi}{2}}^{\frac{\pi}{2}}|h_{R_1}|^2|h_{T_1}|^2 d\phi_T d\tau_T d\phi_R d\tau_R=\frac{\pi^4}{16}$。另外，对$|h_{R_1}h_{T_2}+h_{R_2}h_{T_1}|^2$进行四重积分：

$$
\begin{aligned}
&\int_{-\frac{\pi}{4}}^{\frac{\pi}{4}}\int_{-\frac{\pi}{2}}^{\frac{\pi}{2}}\int_{-\frac{\pi}{4}}^{\frac{\pi}{4}}\int_{-\frac{\pi}{2}}^{\frac{\pi}{2}}|h_{R_1}h_{T_2}+h_{R_2}h_{T_1}|^2 d\phi_T d\tau_T d\phi_R d\tau_R \\
&=\int_{-\frac{\pi}{4}}^{\frac{\pi}{4}}\int_{-\frac{\pi}{2}}^{\frac{\pi}{2}}\int_{-\frac{\pi}{4}}^{\frac{\pi}{4}}\int_{-\frac{\pi}{2}}^{\frac{\pi}{2}}|h_{R_1}h_{T_2}|^2+|h_{R_2}h_{T_1}|^2+2\mathrm{Re}\{h_{R_1}^*h_{T_1}^*h_{R_2}h_{T_2}\}d\phi_T d\tau_T d\phi_R d\tau_R \\
&=\frac{\pi^4}{16}+\frac{\pi^4}{16}+0=\frac{\pi^4}{8}
\end{aligned}
\tag{6-20}
$$

其中，$\int_{-\frac{\pi}{4}}^{\frac{\pi}{4}}\int_{-\frac{\pi}{2}}^{\frac{\pi}{2}}\int_{-\frac{\pi}{4}}^{\frac{\pi}{4}}\int_{-\frac{\pi}{2}}^{\frac{\pi}{2}}\mathrm{Re}\{h_{R_1}h_{R_2}^*\}d\phi_T d\tau_T d\phi_R d\tau_R=0$，$\int_{-\frac{\pi}{4}}^{\frac{\pi}{4}}\int_{-\frac{\pi}{2}}^{\frac{\pi}{2}}\int_{-\frac{\pi}{4}}^{\frac{\pi}{4}}\int_{-\frac{\pi}{2}}^{\frac{\pi}{2}}\mathrm{Re}\{h_{T_1}h_{T_2}^*\}d\phi_T d\tau_T d\phi_R d\tau_R=0$。将式(6－19)和式(6－20)代入式(6－18)可得

$$
\int_{-\frac{\pi}{4}}^{\frac{\pi}{4}}\int_{-\frac{\pi}{2}}^{\frac{\pi}{2}}\int_{-\frac{\pi}{4}}^{\frac{\pi}{4}}\int_{-\frac{\pi}{2}}^{\frac{\pi}{2}}|g_1|^2 d\phi_T d\tau_T d\phi_R d\tau_R=\frac{\pi^4}{16}|s_{11}^{(1)}|^2+\frac{\pi^4}{16}|s_{22}^{(1)}|^2+\frac{\pi^4}{8}|s_{12}^{(1)}|^2
\tag{6-21}
$$

同理有

$$
\int_{-\frac{\pi}{4}}^{\frac{\pi}{4}}\int_{-\frac{\pi}{2}}^{\frac{\pi}{2}}\int_{-\frac{\pi}{4}}^{\frac{\pi}{4}}\int_{-\frac{\pi}{2}}^{\frac{\pi}{2}}|g_2|^2 d\phi_T d\tau_T d\phi_R d\tau_R=\frac{\pi^4}{16}|s_{11}^{(2)}|^2+\frac{\pi^4}{16}|s_{22}^{(2)}|^2+\frac{\pi^4}{8}|s_{12}^{(2)}|^2
\tag{6-22}
$$

另外，将$g_1g_2^*$展开：

$$
\begin{aligned}
g_1g_2^*=&|h_{R_1}|^2|h_{T_1}|^2 s_{11}^{(1)*}s_{11}^{(2)*}+|h_{R_1}h_{T_2}+h_{R_2}h_{T_1}|^2 s_{12}^{(1)}s_{12}^{(2)*}+|h_{R_2}|^2|h_{T_2}|^2 s_{22}^{(1)}s_{22}^{(2)*}+ \\
&2\mathrm{Re}\{h_{R_1}^*h_{T_1}^*(h_{R_1}h_{T_2}+h_{R_2}h_{T_1})s_{11}^{(1)*}s_{12}^{(2)}\}+2\mathrm{Re}\{h_{R_2}^*h_{T_2}^*(h_{R_1}h_{T_2}+h_{R_2}h_{T_1})s_{22}^{(1)*}s_{12}^{(2)}\}+ \\
&2\mathrm{Re}\{h_{R_1}^*h_{T_1}^*h_{R_2}h_{T_2}s_{11}^{(1)*}s_{22}^{(2)}\}
\end{aligned}
\tag{6-23}
$$

进而，对式(6－23)进行四重积分：

$$\int_{-\frac{\pi}{4}}^{\frac{\pi}{4}}\int_{-\frac{\pi}{2}}^{\frac{\pi}{2}}\int_{-\frac{\pi}{4}}^{\frac{\pi}{4}}\int_{-\frac{\pi}{2}}^{\frac{\pi}{2}} |\mathrm{Re}(g_1 g_2^*)|^2 \mathrm{d}\phi_{\mathrm{T}}\mathrm{d}\tau_{\mathrm{T}}\mathrm{d}\phi_{\mathrm{R}}\mathrm{d}\tau_{\mathrm{R}} = \frac{\pi^4}{16}\mathrm{Re}\{s_{11}^{(1)}s_{11}^{(2)*} + s_{22}^{(1)}s_{22}^{(2)*} + 2s_{12}^{(1)}s_{12}^{(2)*}\} \tag{6-24}$$

将式(6－21)、式(6－22)和式(6－24)代入式(6－17),可将全极化域距离像简化为

$$\begin{aligned}\Gamma(t) = &\frac{\pi^4}{16}(|s_{11}^{(1)}|^2 + 2|s_{12}^{(1)}|^2 + |s_{22}^{(1)}|^2)\bar{A}_1^2\mathrm{sinc}^2(t_1) + \\ &\frac{\pi^4}{16}(|s_{11}^{(2)}|^2 + 2|s_{12}^{(2)}|^2 + |s_{22}^{(2)}|^2)\bar{A}_2^2\mathrm{sinc}^2(t_2) + \\ &\frac{\pi^4}{8}\mathrm{Re}\{s_{11}^{(1)}s_{11}^{(2)*} + 2s_{12}^{(1)}s_{12}^{(2)*} + s_{22}^{(1)}s_{22}^{(2)*}\}\bar{A}_1\bar{A}_2\cos\Delta\bar{\varphi}\,\mathrm{sinc}(t_1)\mathrm{sinc}(t_2)\end{aligned} \tag{6-25}$$

相比于常规一维距离像,全极化域距离像包含了极化散射矩阵的各个元素。单目标条件下的距离像是“标准型”,主瓣宽度与雷达距离分辨率相同,主瓣位置指向目标,不随收发极化改变。但多目标的距离像是各目标“标准型”的融合,主瓣展宽,并且主瓣位置随收发极化在目标周围剧烈跳动。如图6－5(a)和图6－5(b)所示,单目标条件下,常规一维距离像和全极化域距离像具有一致性,均为“标准型”;多目标条件下,全极化域距离像主瓣宽度远大于“标准型”,可用于判决目标属性(“单目标”或是“多目标”),实现多目标的检测。

按“可分辨”和“未分辨”将距离像分为两类,“可分辨”有两个可检测的峰值,“未分辨”仅有一个,全极化域距离像可分解为

$$\Gamma(t) = \Gamma_{1\mathrm{p}}(t) + \Gamma_{2\mathrm{p}}(t) \tag{6-26}$$

式中:$\Gamma_{1\mathrm{p}}(t)$为单峰极化域距离像,是所有“未分辨”的累加;$\Gamma_{2\mathrm{p}}(t)$为双峰极化域距离像,是所有“可分辨”的累加。虽然“等幅反相”可以极大增强目标的可分性,但目标回波仍存在耦合,导致$\Gamma_{2\mathrm{p}}(t)$的双峰位于双目标的两侧,未能准确指向目标;另外,$\Gamma_{1\mathrm{p}}(t)$的峰值点位于双目标之间,综合利用$\Gamma_{1\mathrm{p}}(t)$和$\Gamma_{2\mathrm{p}}(t)$可以指示目标真实位置。如图6－5(c)所示,$\Gamma_{1\mathrm{p}}(t)$的峰值点和$\Gamma_{2\mathrm{p}}(t)$的左侧峰值点可确定目标1所在区间,$\Gamma_{1\mathrm{p}}(t)$的峰值点和$\Gamma_{2\mathrm{p}}(t)$的右侧峰值点可确定目标2所在区间。

综上所述,极化域变焦处理具有目标选择性增强的效果,利用多极化接收,依据不同目标的极化敏感度实现RCS不同程度的增强或抑制,根据距离像的主瓣展宽情况和距离像峰值分布,实现多目标的检测与超分辨。

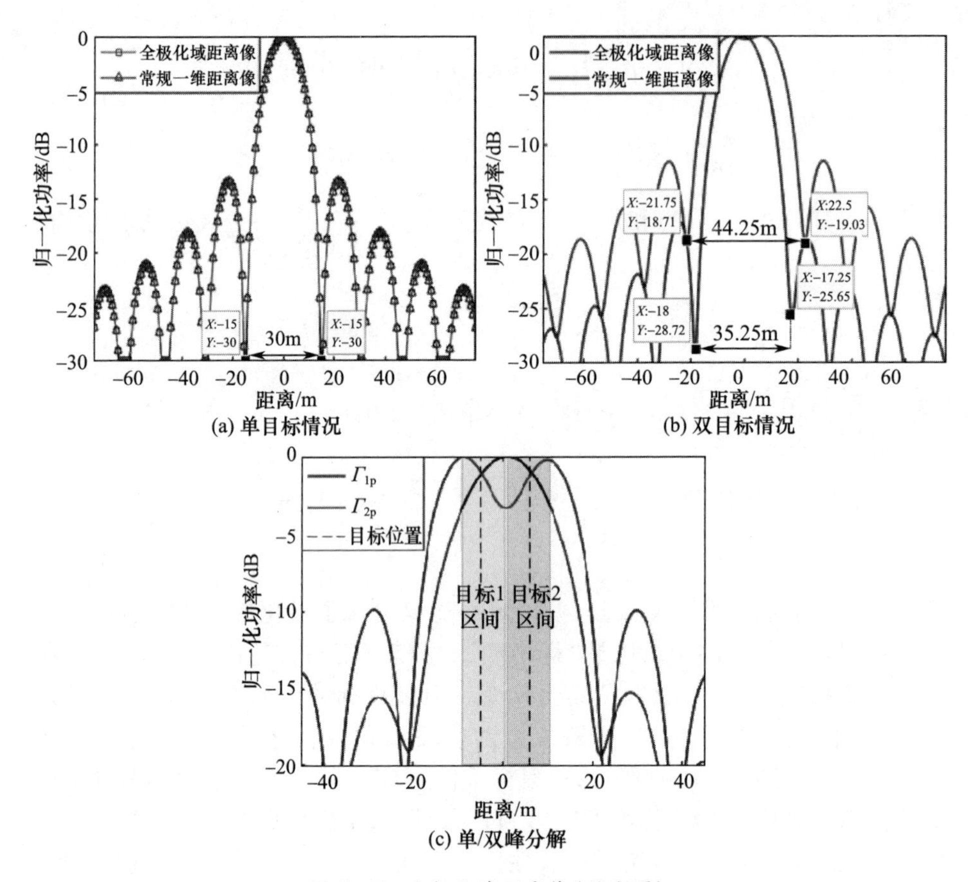

(a) 单目标情况

(b) 双目标情况

(c) 单/双峰分解

图 6-5 全极化域距离像(见彩图)

6.3.4 极化域变焦多目标存在性检测与分辨方法

实际极化雷达系统通常以一种或两种极化方式发射,采用水平极化和垂直极化双通道接收,此时的接收极化矢量分别为$[1\quad 0]^{\mathrm{T}}$和$[0\quad 1]^{\mathrm{T}}$,将两路信号进行加权,可获得任意极化的接收效果。虽然无法获取全极化域距离像,但可通过接收端的极化域变焦形成多极化域距离像,多极化域距离像是全极化域距离像的一个子集,同样可用于多目标的时域超分辨。

考虑单极化发射-双极化接收体制,假设以$\boldsymbol{h}_{\mathrm{T}_0}$的极化状态发射,以垂直极化和水平极化接收,并在数字域形成L种极化接收状态。假设第$l(l=1,2,\cdots,L)$种接收极化为$\boldsymbol{h}_{\mathrm{R}_l}$,代入式(6-15)可得极化收发组合$(\boldsymbol{h}_{\mathrm{T}_0},\boldsymbol{h}_{\mathrm{R}_l})$的距离像$\gamma_l(t)$,则多极化域距离像表示为

$$\overline{\Gamma}(t) = \sum_{l=1}^{L}\gamma_l(t) \tag{6-27}$$

多极化域距离像亦可分解为单峰和双峰两种情况，写为

$$\overline{\Gamma}(t)=\overline{\Gamma}_{1\mathrm{p}}(t)+\overline{\Gamma}_{2\mathrm{p}}(t) \tag{6-28}$$

图6－6给出了极化域变焦时域超分辨的处理流程。

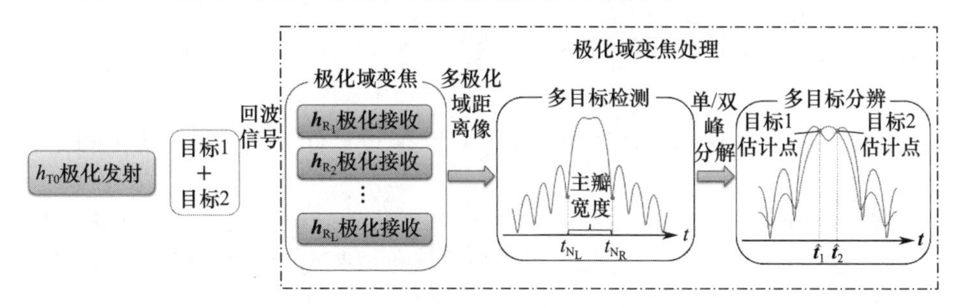

图6－6　极化域变焦时域分辨处理流程

极化域变焦多目标检测：假设 $\overline{\Gamma}$ 的左、右第一零点位于 t_{L} 和 t_{R}，则多极化域距离像的主瓣宽度为 $t_{\mathrm{R}}-t_{\mathrm{L}}$，由此判决目标属性：

$$\begin{cases}\mathrm{H}_0: t_{\mathrm{R}}-t_{\mathrm{L}}\leqslant\beta\dfrac{2}{B}\\ \mathrm{H}_1: t_{\mathrm{R}}-t_{\mathrm{L}}>\beta\dfrac{2}{B}\end{cases} \tag{6-29}$$

式中：H_0 表示单目标假设；H_1 表示多目标假设；β 为门限因子，可根据经验调整，通常略大于1。

极化域变焦多目标分辨：$\overline{\Gamma}_{1\mathrm{p}}$的峰值点位置记为 $t_{1\mathrm{p}}$，$\overline{\Gamma}_{2\mathrm{p}}$的两个峰值点位置分别记为 $t_{2\mathrm{p-L}}$和 $t_{2\mathrm{p-R}}$，则$[t_{2\mathrm{p-L}},t_{1\mathrm{p}}]$为目标1所在区间，$[t_{1\mathrm{p}},t_{2\mathrm{p-R}}]$为目标2所在区间。从两个区间中搜索得到与 $\overline{\Gamma}_{2\mathrm{p}}$相交点 $\hat{t}_1$ 和 $\hat{t}_2$。$\hat{t}_1$ 满足：$\overline{\Gamma}_{1\mathrm{p}}(\hat{t}_1)=\overline{\Gamma}_{2\mathrm{p}}(\hat{t}_1)$，$\hat{t}_1\in[t_{2\mathrm{p-L}},t_{1\mathrm{p}}]$；$\hat{t}_2$ 满足：$\overline{\Gamma}_{1\mathrm{p}}(\hat{t}_2)=\overline{\Gamma}_{2\mathrm{p}}(\hat{t}_2)$，$\hat{t}_2\in[t_{1\mathrm{p}},t_{2\mathrm{p-R}}]$。目标1和目标2的距离估计为

$$\hat{R}_i=\frac{c\hat{t}_i}{2} \tag{6-30}$$

式中：c 表示光速。

6.3.5 仿真结果分析

考虑典型极化雷达系统，以45°线极化发射，发射波形为线性调频，脉宽 $T_{\mathrm{p}}=10\mu\mathrm{s}$，带宽 $B=10\mathrm{MHz}$，则距离分辨率为15m；经过匹配滤波处理，信号在时域和频域上得到积累，信噪比可提升 $T_{\mathrm{p}}B=20\mathrm{dB}$，将匹配滤波后的信噪比记为SNR。以水平和垂直双极化接收，采样频率为300MHz，形成 $L=400$ 个数字极化

接收通道。考虑同一距离单元内的双目标场景，假设目标的散射机理为三面角、二面角或非三面角，相应的极化散射矩阵分别为$\begin{bmatrix}1 & 0\\0 & 1\end{bmatrix}$、$\begin{bmatrix}1 & 0\\0 & -1\end{bmatrix}$或$\begin{bmatrix}1 & 0.15\\0.15 & 0.9\mathrm{e}^{\mathrm{j}0.2\pi}\end{bmatrix}$。

首先，定义双目标的幅相比为$\rho=\dfrac{\bar{A}_2}{\bar{A}_1}\mathrm{e}^{\mathrm{j}\Delta\varphi}$，假设目标1的信噪比为10dB，目标间隔15m（1倍分辨率），考虑多个场景，通过极化域变焦处理形成多极化域距离像，如图6-7所示。显然，单目标的多极化域距离像为“标准型”，主瓣宽度为2倍距离分辨率，与理论相符；双目标的多极化域距离像为“非标准型”，与目标的极化散射特性、相对幅相等因素有关，并且主瓣宽度远大于2倍距离分辨率，所以利用主瓣宽度判决目标属性是有效的技术途径。值得注意的是，多极化域距离像能够反映目标的尺寸轮廓，虽然其主瓣形状随目标的极化散射特性变化，但主瓣宽度不变，仅与目标间隔有关。另外，当双目标的极化散射特性相同时，极化域变焦无法调控相对幅相，主瓣宽度仅取决于初始幅相比，多目标可能误判为单目标。

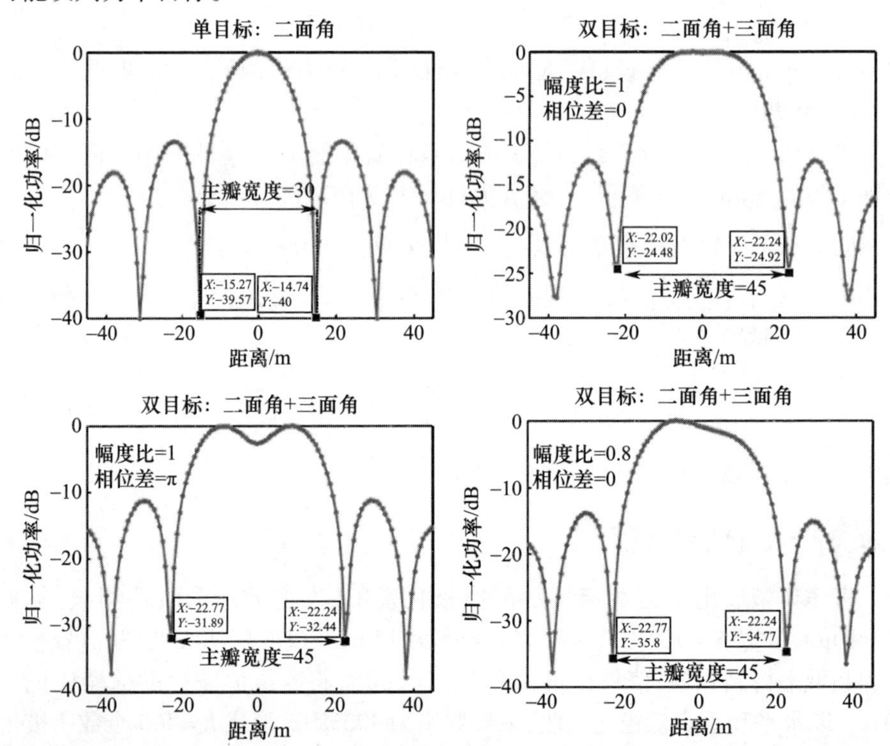

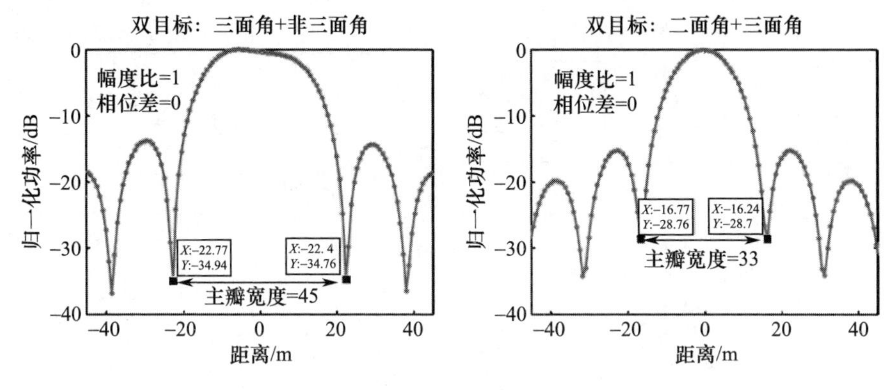

图 6－7　多极化域距离像主瓣宽度

为进一步验证极化域变焦处理的多目标检测性能，假设目标间的相位差服从(－π,π]的均匀分布，通过多次实验计算得到多目标的正确判决概率和单目标的误判概率，仿真结果如图 6－8 所示。显然，信噪比越高、目标间隔越大，多极化域距离像的主瓣轮廓越清晰明显，多目标正确判决概率越高，单目标误判概率越低。当信噪比高于 10dB 且目标间隔大于 0.5 倍距离分辨率时，所提方法可有效判决目标属性，多目标正确判决概率超过 90%，单目标误判概率近乎为 0。极化域变焦处理对目标极化散射特性并不敏感，即使目标的极化散射特性相同亦可正确判决。另外，略微升高判决门限可有效减少单目标的误判概率，但同时双目标的正确判决概率也随之下降。需要强调的是，此处的检测门限为经验值，并非由主瓣宽度的统计分布导出，多目标的恒虚警检测需要进一步深入研究。

在检测到多目标的基础上，将多极化域距离像进行为单/双峰分解，考虑多种场景，单峰和双峰极化域距离像如图 6－9 所示。可以看出，单/双峰极化域距离像与目标的极化散射特性、间隔、相对幅相均有关，但利用两者的主瓣交点仍然可以较为准确地指示目标距离。虽然单/双峰极化域距离像随目标间隔和

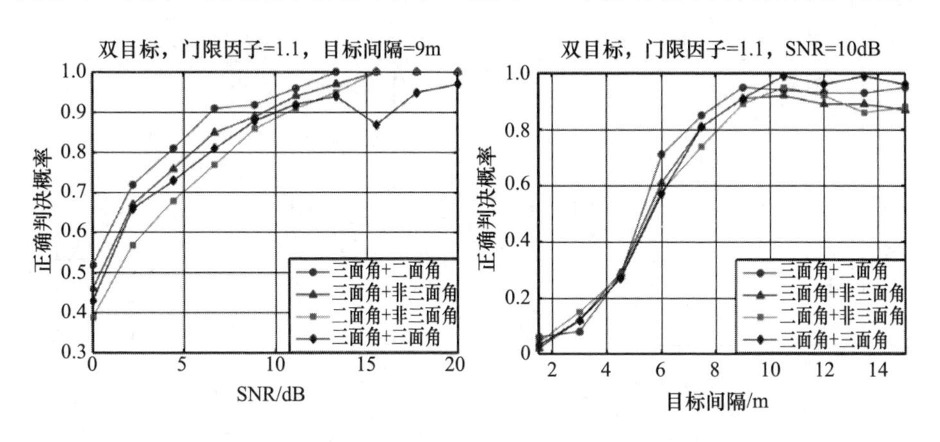

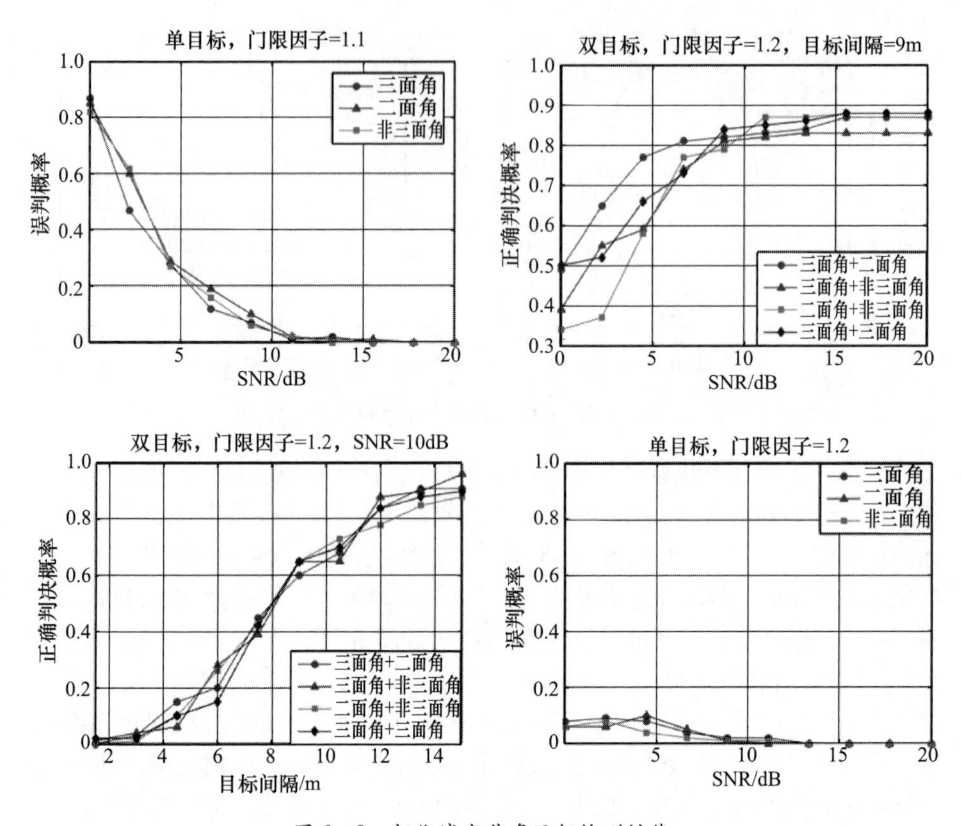

图 6-8 极化域变焦多目标检测性能

相对幅相对而改变，但两者的主瓣交点依然在目标真值附近，并对测距精度影响较小。相比之下，主瓣交点对目标的散射特性更为敏感，对测距精度影响较大。另外，当双目标的极化散射特性相同，极化域变焦无法调控相对幅相，在 $\rho=1$ 条件下仅存在单峰情况，无法实现双目标的时域超分辨。

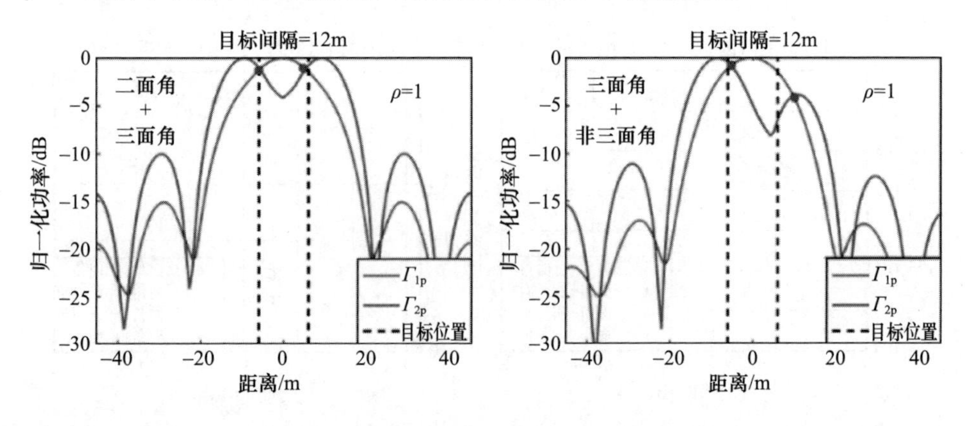

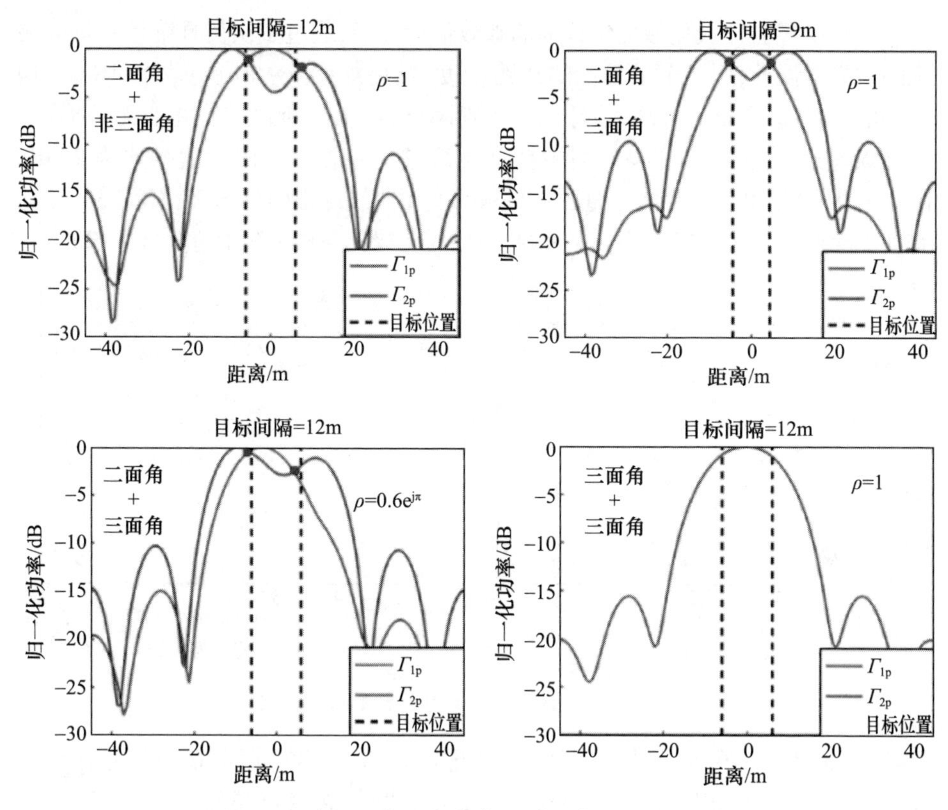

图6-9 多极化域距离像单/双峰分解结果(见彩图)

双峰极化域距离像的形成是实现超分辨的标志,与性噪比、目标间隔、相对幅相等因素有关。假设双目标的散射机理分别为三面角和二面角,通过多次仿真实验统计不同条件下的超分辨概率,结果如表6-3所示。显然,信噪比越高、目标间隔越大,双目标分辨概率越高。不妨假设,当分辨概率超过50%时,超分辨有效。由此得出极化域变焦的超分辨性能,信噪比为10dB时,雷达分辨力提升约5倍;信噪比为20dB时,雷达分辨力提升约6.7倍;信噪比为30dB时,雷达分辨力可稳健提升近20倍。

表6-3 双目标超分辨概率

目标间隔/距离分辨率	0.05	0.1	0.15	0.2	0.25	0.3	0.35	0.4	0.45	0.5
SNR = 10dB	18%	29%	35%	47%	63%	77%	79%	82%	100%	100%
SNR = 15dB	27%	35%	41%	53%	69%	79%	89%	96%	100%	100%
SNR = 20dB	37%	42%	52%	60%	78%	83%	94%	100%	100%	100%
SNR = 25dB	41%	45%	62%	69%	80%	85%	98%	100%	100%	100%
SNR = 30dB	47%	51%	68%	75%	83%	89%	100%	100%	100%	100%

为进一步验证极化域变焦处理的参数估计性能,通过多次仿真统计双目标测距的均方根误差,用以衡量目标的测距精度,结果如图6-10所示。由图6-10(a)可知,随着信噪比升高,估计误差不断降低,但由于所提方法并非无偏估计,估计误差逐渐趋于1m左右,测距精度无法进一步提升。假设信噪比为20dB,图6-10(b)给出了测距精度随目标间隔的变化曲线。由图可知,距离间隔越宽越有利于参数估计,在实现超分辨的基础上,中等信噪比条件下测距精度为1~2m。

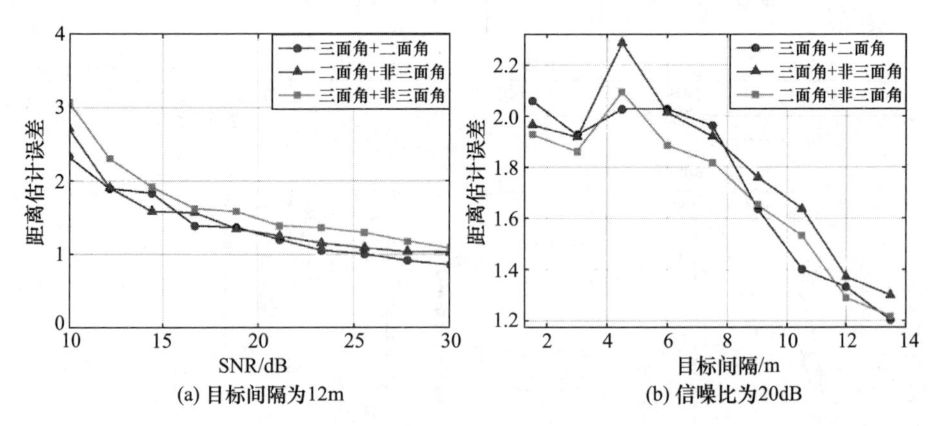

图6-10 极化域变焦多目标分辨算法测距误差

最后,考虑实际极化雷达系统,双极化接收通道存在互耦,造成信号存在相互"污染"。工程上以交叉极化隔离度衡量互耦程度,隔离度越高,互耦程度越低。假设信噪比为20dB,目标间隔为12m(0.8倍距离分辨率),表6-4给出了不同隔离度条件下多目标正确判决概率和距离估计误差。可以看出,极化域变焦处理并未因接收通道互耦而导致分辨性能下降,交叉极化隔离度仅需达到-15dB,多目标检测性能和分辨性能与理论保持一致。极化域变焦时域分辨方法对极化通道耦合并不敏感,本质原因是极化域与时域正交,"通道泄露"仅影响信号的幅度和相位,目标在极化域仍存在差异,极化域变焦处理依旧可实现有效时域分辨。

表6-4 不同交叉极化隔离度下的多目标分辨性能(检测概率/估计误差)

交叉隔离度/dB	-5	-10	-15	-20	-25	-30
二面角+三面角	97%/1.84m	97%/1.63	100%/1.49m	100%/1.43m	100%/1.45m	100%/1.32m
三面角+非三面角	81%/1.94m	95%/1.63	96%/1.45m	100%/1.53m	100%/1.40m	100%/1.49m
二面角+非三面角	86%/2.13m	97%/1.58m	100%/1.65m	100%/1.64m	100%/1.45m	100%/1.27m

实验结果表明:本节所提方法对交叉极化不敏感,可实现多目标的正确判

决与距离的有效估计,10dB 信噪比条件下,雷达分辨力提升约5 倍;30dB 信噪比条件下,雷达分辨力提升约20 倍。

6.4 极化域变焦超分辨应用——角反组合体冲淡式干扰对抗技术

角反射器是雷达电子对抗中一种重要的无源干扰装备[37],具有较大的雷达散射截面积,组合使用可形成与真实目标相似的假目标,给雷达检测、识别和跟踪带来严峻挑战[38-39]。长期以来,抗角反干扰一直是对海精确打击等领域的难点问题[40-41]。近年来,随着新型充气式角反材质和结构的不断改进[40],其覆盖频段更宽,全向性更好,干扰效费比更高。在海面战场环境下,角反射器通常采用漂浮式或拖曳式布设,对末制导雷达可形成冲淡式和质心式两种干扰态势[42]。冲淡式干扰是指在雷达搜索阶段投放角反射器或角反阵列,散布于雷达探测区域并形成多假目标,“冲淡”真实舰船目标。质心式干扰是指在雷达跟踪阶段舰船和角反射器位于同一分辨单元,单脉冲测量角度指向两者质心,导致跟踪失败。形成质心式干扰的空间几何关系较为严格,冲淡式干扰更为常见。

对抗角反冲淡式干扰的关键在于准确鉴别角反和舰船目标,从而消除角反射器的影响。基于一维距离像特征的角反鉴别方法主要通过发射大带宽信号,获得距离上的高分辨,得到目标散射结构的径向分布,依据一维距离像的强度、宽度、饱和度等特征辨识目标[42]。然而,一维距离像随观测角度伸缩变化,导致该方法在实际应用中并不稳健[43-44]。除一维距离像外,距离多普勒、微动多普勒等特征也用来进行角反辨识[45-46]。由于海面起伏以及拖曳式角反射器的存在,舰船和角反阵列在多普勒域也难以有效分辨。另外,角反射器和舰船均为刚体目标,具有同样的频谱展宽特性[43]。总之,在高动态的观测条件下,仅依赖时、频、空域特征鉴别角反较为困难。

雷达发射电磁波照射目标后产生变极化效应[47-49],其散射回波的极化状态相对于入射波会发生改变,这种变化与目标的结构、材质等属性密切相关[50-54],极化分解方法是目前对角反和箔条等无源干扰进行极化鉴别的主流手段[55-56]。角反射器一般表现为奇次散射,而舰船结构复杂,表现为二次散射、奇次散射和体散射等多种复杂散射特性的相互耦合[57]。根据极化分解结果中各特征分量的比例关系就可以实现角反射器的鉴别。然而,极化分解的前提是目标的极化散射矩阵准确测量。实际探测过程中,雷达测量系统存在极化通道不平衡和极化通道耦合等非理想因素,难以实现极化散射矩阵的精密测量,导致实际应用中效能有限。极化域变焦处理通过改变收发极化状态调控目标相对幅相关系,获得多种相干叠加效果,增强目标信息获取能力[58]。极化域变焦处理一方面可获得超分辨效果,极大提升雷达分辨能力,另一方面可放大目标间的极化散射特性差异,增加雷达目标识别能力,对于解决角反辨识问题具有独特优势。早在20世纪90年代,孙见彬提出利用金属栅网和电机改变天线极化对抗箔条干扰,并通过外场试验进行了验证[59]。这是极化域变焦处理的早期实践,但受限于当时的工程技术,并且缺乏理论支撑,相关研究未能继续深入。

极化域变焦处理立足于现有全极化测量体制[60]的提出,发射一组正交极化状态的电磁波,采用水平/垂直双通道接收,数字化形成多种接收极化状态,实现雷达的收发极化联合调控。角反射器结构简单,角反射器阵列上的各散射点散射机理相似,随极化状态调控变化的差异不大,而舰船的结构复杂,各散射点随极化状态调控的差异较大,通过极化域变焦处理可以放大二者之间的差异,实现角反射器的鉴别。

本节立足于极化域变焦原理,首先引入极化-距离二维像的概念,在此基础上建立角反和舰船的信号模型,分析舰船和角反阵列极化维和距离维的差异,而后构建一组相关性特征参数进行表征,并结合支持向量机提出一种角反阵列辨识方法,实现角反阵列的有效鉴别。

6.4.1 极化-距离二维像

在不同收发极化状态的调控下,目标的一维距离像会产生显著起伏,而这种起伏蕴含了目标丰富的极化散射信息,需要将多种极化下的一维距离像组合起来进行综合处理,从而更加直观地反映目标受收发极化状态调控的变化情况。

假设采用 L 种接收极化状态获取目标的一维距离像,第 $l(l=1,2,\cdots,L)$ 种接收极化为 $\boldsymbol{h}_{\mathrm{R}_l}$,得到的一维距离像 $\boldsymbol{\gamma}_l$ 为 M 点序列。将 L 种接收极化下的一维距离像组合可以得到一个 $L\times M$ 的二维矩阵 $\boldsymbol{\Gamma}$,即

$$\boldsymbol{\Gamma}=[\boldsymbol{\gamma}_1 \quad \boldsymbol{\gamma}_2 \quad \cdots \quad \boldsymbol{\gamma}_L]^{\mathrm{T}} \tag{6-31}$$

则 $\boldsymbol{\Gamma}$ 即为目标的“极化-距离”二维像,其横向为距离维,表征了回波幅度随距离的变化情况;纵向为极化维,表征了回波幅度随极化状态调控的变化情况,类比于距离像,我们称之为“极化像”。极化-距离二维像表征了目标不同距离单元的散射点随极化调控的幅度变化情况。

考虑双点目标情况,假设目标1的两个散射点极化散射特性不同,其极化

散射矩阵分别为$\boldsymbol{S}_1$和$\boldsymbol{S}_2$，目标2的两个散射点极化散射特性相同，其极化散射矩阵均为$\boldsymbol{S}_2$。$\boldsymbol{S}_1$和$\boldsymbol{S}_2$的表达式为

$$\boldsymbol{S}_1=\begin{bmatrix}1 & 0.3\mathrm{e}^{\mathrm{j}0.3\pi}\\ 0.3\mathrm{e}^{\mathrm{j}0.3\pi} & 0.9\mathrm{e}^{\mathrm{j}0.4\pi}\end{bmatrix} \tag{6-32}$$

$$\boldsymbol{S}_2=\begin{bmatrix}1 & 0\\ 0 & 1\end{bmatrix} \tag{6-33}$$

在接收极化中，对极化椭圆几何描述子参数采样得到400种极化状态，得到两个目标的极化－距离二维像以及距离维和极化维的幅度变化分别如图6－11和图6－12所示。其中，图6－11为目标1和目标2的极化－距离二维像和不同极化态的距离像，图6－12为目标1和目标2的极化－距离二维像和不同距离单元的极化像。

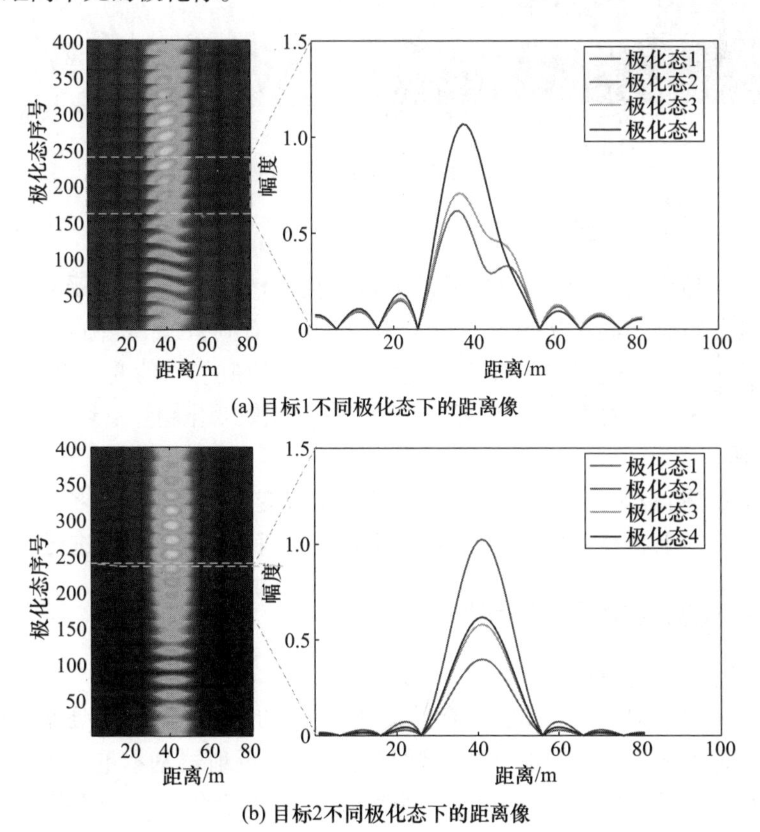

图6－11　不同目标的极化－距离二维像及不同极化态的距离像（见彩图）

从距离维分析，如果各距离单元散射点具有不同的极化散射特性，其幅相

叠加效果受极化调控影响会发生显著变化,不同极化状态下的一维距离像会发生明显起伏,表现为一维距离像峰值点位置的移动,如图 6-11(a)所示。反之,若不同散射点的极化散射特性相似,不同极化态下的幅相叠加效果相同,具有相同的起伏情况,如图 6-11(b)所示。

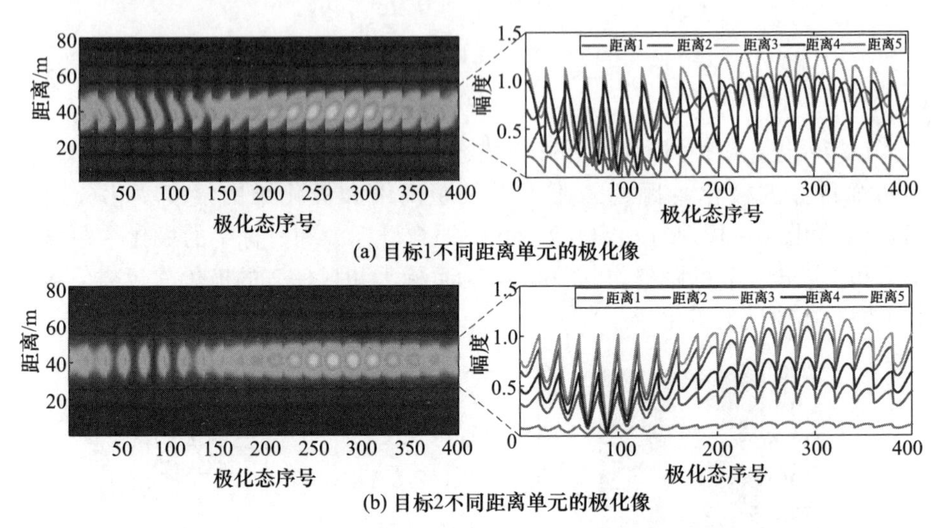

图 6-12　不同目标的极化-距离二维像及不同距离单元的极化像(见彩图)

从极化维考虑,各个距离单元散射点的极化散射特性不同,受到极化调控的幅度变化也会不同。从图 6-12(a)和(b)可以看到,目标 1 中的两个散射点的极化像均随着极化状态周期性变化,不同位置的散射点的变化趋势不一致,出现重叠现象。而对于目标 2,两个散射点的极化像变化趋势一致,只存在幅度上的区别。

综上所述,极化-距离二维像反映了极化域变焦条件下目标各散射点之间的相对极化散射特性差异,可以通过极化和距离两个维度的幅度进行表征。

6.4.2 舰船与角反阵列建模

1. 角反信号模型

为了使角反射器具有全方位覆盖,实际使用的充气式角反等通常由多个三面角反射器的基本单元组合而成。常见的三面角反射器基本单元根据组成三面角平面形状的不同,主要分为三角形角反射器、圆形角反射器和正方形角反射器 3 种。其中,三角形角反射器能够在较大的角度范围内获得较强的回波功率,是目前应用最为广泛的一类角反射器。常见的角反射器基本单元的组合方式如图 6-13 所示,分别为八面体角反射器和二十面体角反射器。文献[61]指出,对于八面体角反射器,仅在雷达发射的平面波沿腔体边缘入射时,才会出现二次散射,包括两种情况:①雷达入射的俯仰角为90°,即平行于上下两部分的交界面入射。方位角介于±45°;②雷达入射方位角正好为±45°,即平行于一个角反单元的两个侧边入射,俯仰角介于0°~90°。对于二十面体角反射器,同样只有沿腔体边缘入射才会出现二次散射。然而,由于二十面体角反射器的各个腔体的顶点并不是对齐的,当沿一个腔体的边缘入射时,该腔体中产生二次散射,而其他腔体中产生一次或三次散射。

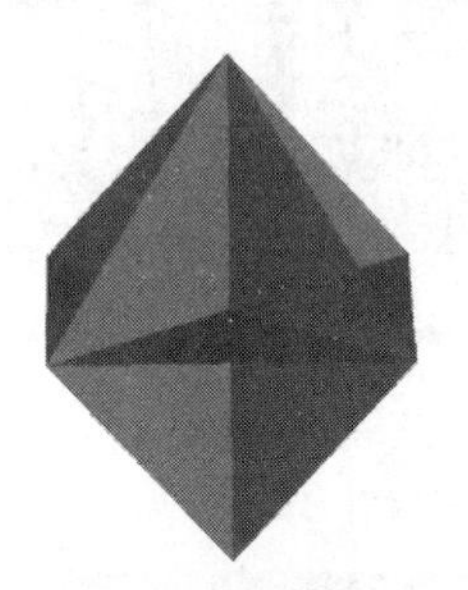
(a) 八面体角反射器

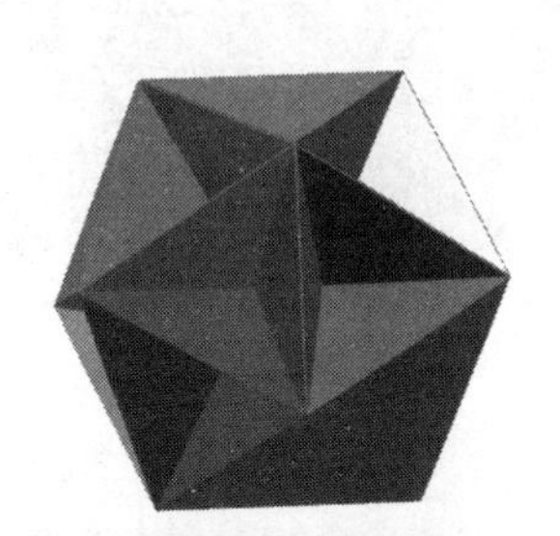
(b) 二十面体角反射器

图6-13　典型角反射器模型

为了验证上述结论的正确性,利用极化相似性参数[62]分析角反射器在不同俯仰角和入射角下的极化散射特性的稳定程度。假设任意两个目标的极化散射矩阵分别为$\boldsymbol{S}_1$、$\boldsymbol{S}_2$,则相似性参数$\eta(\boldsymbol{S}_1,\boldsymbol{S}_2)$定义为

$$\eta(\boldsymbol{S}_1,\boldsymbol{S}_2)=\frac{|\boldsymbol{k}_1^{\mathrm{H}}\boldsymbol{k}_2|^2}{\|\boldsymbol{k}_1\|_2^2\ \|\boldsymbol{k}_2\|_2^2} \tag{6-34}$$

式中:$\|\cdot\|_2$表示矢量的二范数,即各元素模值的平方和;$\boldsymbol{k}_1$、$\boldsymbol{k}_2$为与$\boldsymbol{S}_1$、$\boldsymbol{S}_2$对应的Pauli矢量,即$\boldsymbol{k}=(1/\sqrt{2})[S_{11}+S_{22}\quad S_{11}-S_{22}\quad 2S_{12}]$。利用电磁仿真软件,获取角反射器全方位的极化散射矩阵数据。分析不同角度下组合角反射器与理想三面角散射体之间的极化相似性参数,结果如图6-14所示。可以发现,八面体和二十面体角反射器在较大的俯仰角和方位角范围内均有比较稳定的散射特性,与理想三面角散射体的极化相似性大于0.8的角度范围分别为71%和78%。八面体出现二次散射的区域(即蓝色区域)与前述分析一致,二十面体中颜色较浅的位置即沿腔体边缘入射的位置。

综上所述,角反的极化散射特性比较稳定,在不同观测角度下均表现为奇次散射。因此,考虑实际情况中角反射器漂浮在海面受海浪的影响,姿态发生改变,相对于雷达入射角方向会产生不同程度的倾斜或者旋转将角反射器建模为旋转的二次散射和奇次散射(一次散射或三次散射)的组合[63]。

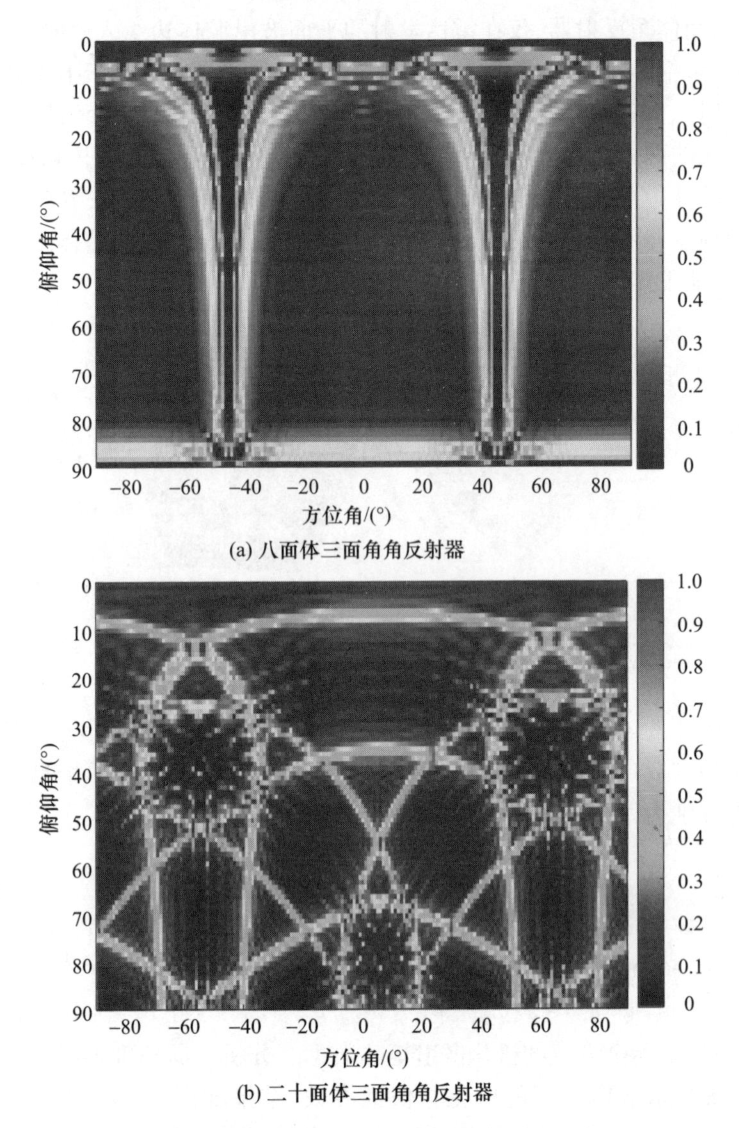

图 6-14 不同类型角反射器与理想三面角极化相似性参数(见彩图)

$$\boldsymbol{S}=\alpha_{\mathrm{s}}\begin{bmatrix}1 & 0\\0 & 1\end{bmatrix}+\beta_{\mathrm{d}}\begin{bmatrix}\cos2\theta & \sin2\theta\\\sin2\theta & -\cos2\theta\end{bmatrix} \tag{6-35}$$

式中:α_{s}、β_{d} 分别为奇次散射和二次散射的散射系数;θ 为角反射器绕雷达视线方向旋转的角度。则角反阵列的一维距离像可以表示为

$$\gamma_l(t)=\left|\sum_{i=1}^{N_{\mathrm{C}}}A_i\mathrm{e}^{\mathrm{j}\varphi_i}\boldsymbol{h}_{\mathrm{R}_l}^{\mathrm{T}}\boldsymbol{S}_i^{\mathrm{C}}\boldsymbol{h}_{\mathrm{T}}\mathrm{sinc}[\pi B(t-\Delta t_i/2)]\right|^2 \tag{6-36}$$

式中：N_{C} 为角反阵列散射点数目；$\boldsymbol{S}_i^{\mathrm{C}}$ 为角反阵列各点的极化散射矩阵，对应不同的入射角度 θ_i^{C} 以及散射系数 $\alpha_{\mathrm{s}_i}^{\mathrm{C}}$、$\beta_{\mathrm{d}_i}^{\mathrm{C}}$。由于角反阵列各点始终满足 $\alpha_{\mathrm{s}_i}^{\mathrm{C}} \gg \beta_{\mathrm{d}_i}^{\mathrm{C}}$，因此角反阵列各散射点的极化散射矩阵 $\boldsymbol{S}_i^{\mathrm{C}}$ 基本相似。

2. 舰船信号模型

舰船种类多样，结构复杂，雷达发射的电磁波照射到舰船目标后，会在舰船本身结构之间以及舰船与海面之间形成多种复合散射。其主要散射机理表现为二次散射、奇次散射和螺旋散射等[64]。舰船的奇次散射组成复杂，主要来自船身、甲板、舰桥侧壁、舰上的天线罩等镜面反射结构，可用金属平板或金属球的奇次散射矩阵来近似。舰船目标具有较强的二次散射，主要来自于船身与海面之间、舰桥与甲板之间形成强散射的二面角结构。由于观测角度的变化，舰船上的二面角结构会发生不同程度的倾斜，交叉极化分量会显著增大，可用旋转二面角的极化散射矩阵进行表征。另外，舰船上由塔台、天线和护栏等复杂结构会产生螺旋散射。然而，螺旋散射的能量较低。因此，舰船也可采用式(6－35)中模型进行表征，然而模型系数与角反射器不同，舰船的二次散射系数一般高于奇次散射系数，并且不同散射点之间存在显著差异。

类似地，舰船的一维距离像可以表示为

$$\gamma_l(t) = \left| \sum_{i=1}^{N_{\mathrm{S}}} A_i \mathrm{e}^{\mathrm{j}\varphi_i} \boldsymbol{h}_{\mathrm{R}_l}^{\mathrm{T}} \boldsymbol{S}_i^{\mathrm{S}} \boldsymbol{h}_{\mathrm{T}} \mathrm{sinc}[\pi B(t - \Delta t_i/2)] \right|^2 \tag{6-37}$$

式中：N_{S} 为舰船散射点数目；$\boldsymbol{S}_i^{\mathrm{S}}$ 为各散射点的极化散射矩阵，对应不同的入射角度 θ_i^{S} 以及散射系数 $\alpha_{\mathrm{s}_i}^{\mathrm{S}}$、$\beta_{\mathrm{d}_i}^{\mathrm{S}}$。由于舰船各点的散射系数各不相同，舰船各散射点的极化散射矩阵 $\boldsymbol{S}_i^{\mathrm{S}}$ 差异较大。

为了验证上述信号模型，利用电磁仿真软件仿真一组角反阵列和舰船的全极化一维距离像。利用式(6－35)求解得到奇次散射系数 $\alpha_{\mathrm{s}_i}^{\mathrm{C}}$、$\alpha_{\mathrm{s}_i}^{\mathrm{S}}$ 和二次散射系数 $\beta_{\mathrm{d}_i}^{\mathrm{C}}$、$\beta_{\mathrm{d}_i}^{\mathrm{S}}$，利用式(6－36)和式(6－37)得到一维距离像计算结果，如图6－15所示。

从幅度上看，舰船和角反阵列的一维距离像均为一个个起伏的尖峰。模型仿真结果与电磁计算结果只在幅度较弱的杂波位置存在差异，峰值点位置的幅度基本一致，说明了上述模型的有效性。设 λ 为奇次散射系数占总的散射系数的比值，即 $\lambda = \alpha_{\mathrm{s}}/(\alpha_{\mathrm{s}} + \beta_{\mathrm{d}})$。统计多组数据中奇次散射系数的占比 λ 分布情况，如图6－16所示。可以看到，舰船的奇次散射系数占比分布相对分散，呈均匀分布；而角反阵列分布相对集中，基本分布在1附近。说明舰船各散射点的极化散射特性存在较大差异，角反阵列各散射点的极化特性几乎相同。

分析二者的极化－距离二维像，如图6－17所示。可以看到舰船的极化－距离二维像在距离维和极化维出现明显起伏，而角反阵列的极化－距离二维像

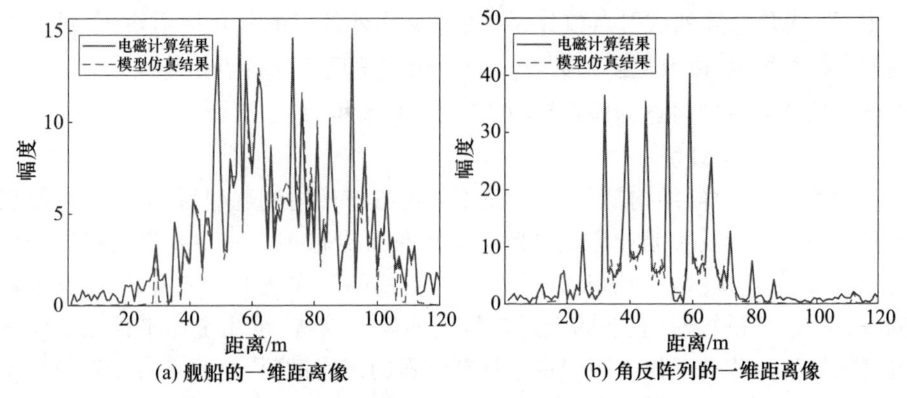

图 6-15　舰船和角反阵列的一维距离像电磁计算结果和模型仿真结果(见彩图)

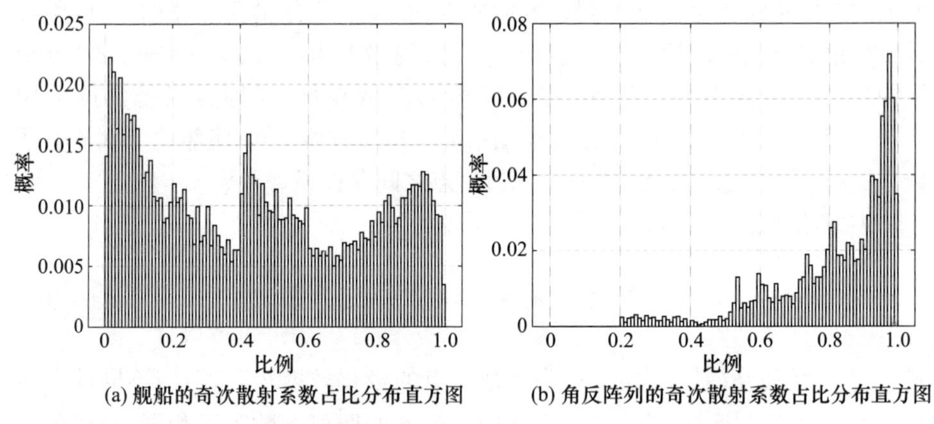

图 6-16　舰船和角反阵列奇次散射系数占比分布情况

起伏较小,为多条连续的光滑直线。通过极化域变焦构建极化-距离二维像使舰船和角反阵列的差异得到显著放大,从而更加有利于后续的角反辨识。

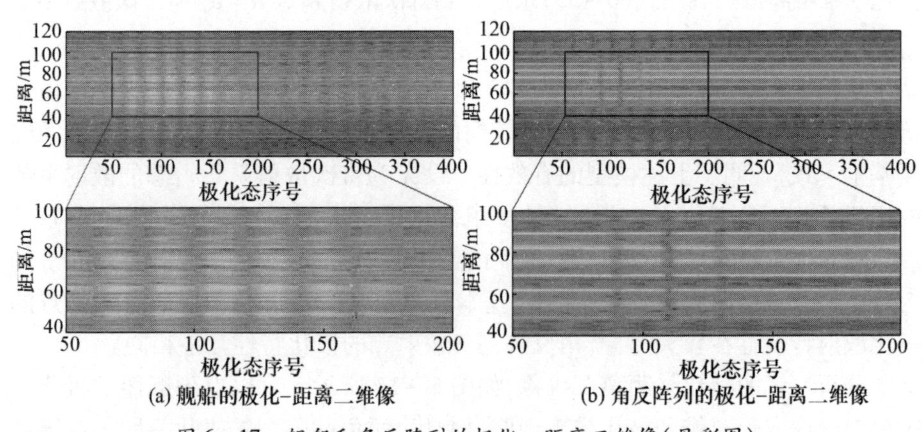

图 6-17　舰船和角反阵列的极化-距离二维像(见彩图)

6.4.3 极化域变焦角反阵列辨别方法

极化域变焦技术可调控散射点间相对幅相关系,增强目标信息获取能力。一方面极化域变焦可以实现目标的超分辨效果,另一方面可以增强不同目标的极化散射特性差异,实现目标的识别。角反射器结构简单,角反射器阵列上各散射点散射机理相似,随极化状态调控变化的差异不大,而舰船的结构复杂,各散射点随极化状态调控的差异较大。利用极化域变焦的手段可以放大二者之间的差异,从而实现角反射器的鉴别。本节将介绍一种基于支持向量机的极化域变焦角反射器鉴别方法。

1. 极化域变焦相关特征提取

通过6.5.1节的分析,可以得知舰船和角反阵列的极化-距离二维像在极化维和距离维存在显著差异。为了表征目标不同散射点的幅度随极化调控的变化情况,本节提出极化像相关特征参数 $\bar{C}_{\mathrm{P}}$ 和距离像相关特征参数 $\bar{C}_{\mathrm{R}}$ 来表征目标差异。

假设一个扩展目标包含 M 个散射点,对于第 $m(m=1,2,\cdots,M)$ 个散射点,采用 N 种数字极化接收通道,可以得到该散射点的极化像 $\boldsymbol{\Gamma}_m^{\mathrm{P}}$。可知 $\boldsymbol{\Gamma}_m^{\mathrm{P}}$ 是一个 N 点序列,即

$$\boldsymbol{\Gamma}_m^{\mathrm{P}}=[\gamma_{1,m},\gamma_{2,m},\cdots,\gamma_{n,m},\cdots,\gamma_{N,m}]^{\mathrm{T}} \tag{6-38}$$

式中:$\gamma_{n,m}$ 表示第 $n(n=1,2,\cdots,N)$ 种接收极化状态下第 m 个散射点的幅度。为了比较相邻两个距离单元的极化像序列的相关性,采用皮尔逊相关系数(PCC)。假设第 $m-1$ 和第 m 个散射点的极化像序列之间的相关系数为 $r_{(m-1,m)}$,则

$$r_{(m-1,m)}=\frac{\sum_{n=1}^{N}(\gamma_{n,m}-\bar{\gamma}_m)(\gamma_{n,m-1}-\bar{\gamma}_{m-1})}{\sqrt{\sum_{n=1}^{N}(\gamma_{n,m}-\bar{\gamma}_m)^2}\sqrt{\sum_{n=1}^{N}(\gamma_{n,m-1}-\bar{\gamma}_{m-1})^2}} \tag{6-39}$$

式中:$\bar{\gamma}_{m-1}$、$\bar{\gamma}_m$ 分别为第 $m-1$ 和第 m 个散射点的极化像均值,并且 $r_{(m-1,m)}\in[0,1]$。因此,该目标的极化像相关特征参数 $\bar{C}_{\mathrm{P}}$ 可以表示为该目标所有散射点两两之间极化像相关系数的均值,

$$\bar{C}_{\mathrm{P}}=\frac{2}{M(M-1)}\sum_{x=1}^{M-1}\sum_{y=x+1}^{M}r_{(x,y)} \tag{6-40}$$

可知,$\bar{C}_{\mathrm{P}}\in[0,1]$。

同理,对于具有 M 个散射点的扩展目标,采用 N 种数字极化接收通道,可以得到第 $n(n=1,2,\cdots,N)$ 种极化态下的距离像 $\boldsymbol{\Gamma}_n^{\mathrm{r}}$。$\boldsymbol{\Gamma}_n^{\mathrm{r}}$是一个 M 点序列,即

$$\boldsymbol{\Gamma}_n^{\mathrm{r}}=[\gamma_{n,1},\gamma_{n,2},\cdots,\gamma_{n,m},\cdots\gamma_{n,M}] \tag{6-41}$$

第 $n-1$ 和第 n 种极化态下目标距离像序列之间的相关系数为 $r_{(n-1,n)}$,则

$$r_{(n-1,n)}=\frac{\sum_{m=1}^{M}(\gamma_{n,m}-\bar{\gamma}_n)(\gamma_{n-1,m}-\bar{\gamma}_{n-1})}{\sqrt{\sum_{m=1}^{M}(\gamma_{n,m}-\bar{\gamma}_n)^2}\sqrt{\sum_{m=1}^{M}(\gamma_{n-1,m}-\bar{\gamma}_{n-1})^2}} \tag{6-42}$$

式中:$\bar{\gamma}_{n-1}$、$\bar{\gamma}_n$ 分别为第 $n-1$ 和第 n 种极化状态的距离像均值。可知,$r_{(n-1,n)}\in[0,1]$。因此,该目标的距离像相关特征参数 $\bar{C}_{\mathrm{R}}$ 可以表示为

$$\bar{C}_{\mathrm{R}}=\frac{2}{N(N-1)}\sum_{x=1}^{N-1}\sum_{y=x+1}^{N}r_{(x,y)} \tag{6-43}$$

同理易知,$\bar{C}_{\mathrm{R}}\in[0,1]$。

对于舰船目标,其物理结构复杂,各散射点的极化散射特性差异较大,受不同极化状态调控的变化较大,极化维和距离维的相关性均较弱;而对于角反阵列,各散射点的极化散射特性基本相似,受极化状态调控的差异较小,极化维和距离维的相关性较强,均趋近于1。因此,利用极化域变焦技术得到的两个相关性特征参数可以表征目标各散射点之间的散射特性差异,从而实现角反鉴别。

2. 基于支持向量机的角反射器鉴别

支持向量机(SVM)是一种解决二分类问题的分类器,通过核函数进行高维映射实现非线性分类,求解能够正确划分训练数据集并且几何间隔最大的分离超平面[65]。它在解决小样本、非线性及高维模式识别中表现出许多特有的优势。与传统的线性 SVM 分类器相比,带有高斯径向基核函数的 SVM 分类器具有很强的泛化能力、很快的收敛速率,并且只需要很少的训练样本就可以获得很好的训练效果。所提方法将使用常规的基于高斯径向基核函数的 SVM 分类器。

首先对获取的舰船和角反射器仿真数据进行极化域变焦处理,然后提取特征参数,构建训练数据集:$T=\{(\boldsymbol{x}_1,y_1),\cdots,(\boldsymbol{x}_N,y_N)\}$。其中,$\boldsymbol{x}_i\in\mathbf{R}^2$ 为特征矢量$\begin{bmatrix}\bar{C}_{\mathrm{P}} & \bar{C}_{\mathrm{R}}\end{bmatrix}^{\mathrm{T}}$;$y_i\in\{+1,-1\}$ 为样本类别标记:$+1$ 为正样本,表示舰船;-1 为负样本,表示角反射器阵列。选取适当的核函数和惩罚函数,构造并求解凸二次规划问题,得到训练好的 SVM 二分类模型。利用 SVM 模型对测试数据进

行分类,得到角反射器阵列鉴别结果。

3. 极化域变焦角反鉴别流程

基于极化域变焦的角反射器鉴别流程如图6-18所示。主要分为两部分,第一部分是特征参数提取,包括以下步骤。

步骤一:在舰船和角反射器一维距离像的基础上,通过在接收端形成多个数字极化接收通道,利用极化域变焦,得到极化-距离二维像。

步骤二:利用恒虚警检测(CFAR)算法,得到各极化状态下峰值点位置。采用密度聚类方法对峰值点进行聚类,将不同类别的所有峰值点合并,得到不同类别目标所在的距离单元集合。

步骤三:构建极化-距离二维像特征集,提取不同类别的距离像和极化像相关性特征。首先在距离维,提取目标不同极化态下距离像的相关性特征参数;然后在极化维分析峰值点的分布情况,提取不同距离单元的极化像相关特征参数。

第二部分是模型的训练与分类。采用支持向量机分类器,通过对海面舰船角反场景的样本数据进行训练,得到最优SVM分类模型,从而实现海面舰船角反数据的实时鉴别。

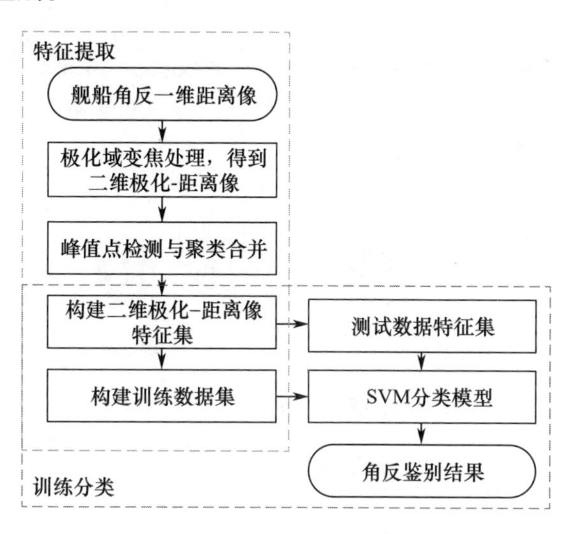

图6-18　角反射器鉴别流程图

6.4.4 仿真结果分析

1. 仿真数据

由于海面角反射器和舰船场景的实测数据较少,本实验利用CST电磁仿真软件进行仿真,考虑X波段雷达对海探测场景。仿真中心频率为10GHz,带宽为150MHz。仿真场景中角反阵列在海面沿雷达航行方向排布，角反阵列与舰船相距一定间隔，根据舰船尺寸选择设置一组或者两组角反阵列。仿真时设置沿船头方向为方位角0°，垂直甲板向下为俯仰角0°。每组角反阵列包含三个八面体角反射器（三角形或直线形排列，如图6－19（e）和（f）所示），其中每个角反射器边长为3m。考虑冲淡式干扰场景，舰船和角反阵列相距较远，在观测得到的一维距离像中可以清楚分辨，将俯仰角范围设置为20°～90°，方位角范围设置为0°～70°。四种舰船模型以及两种角反阵列模型如图6－19所示，舰船的尺寸参数如表6－5所示。仿真得到舰船和角反射器的512组全极化一维距离像数据。其中，图6－20展示了四种不同类型的舰船和角反在俯仰角为40°、方位角为50°时的全极化一维距离像。距离雷达入射方向较近的为舰船目标，较远一侧的目标为角反阵列。

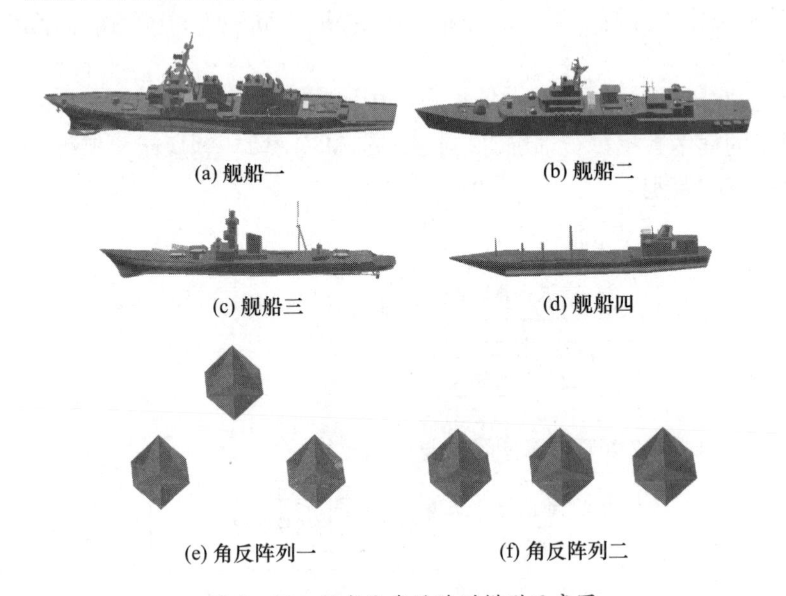

图6－19 舰船和角反阵列模型示意图

表6－5 舰船模型尺寸参数（单位：m）

舰船	参数		
	长度	宽度	高度
舰船一	169.69	22.90	56.25
舰船二	145.36	17.74	34.27
舰船三	107.74	11.39	29.14
舰船四	130.80	10.00	23.30

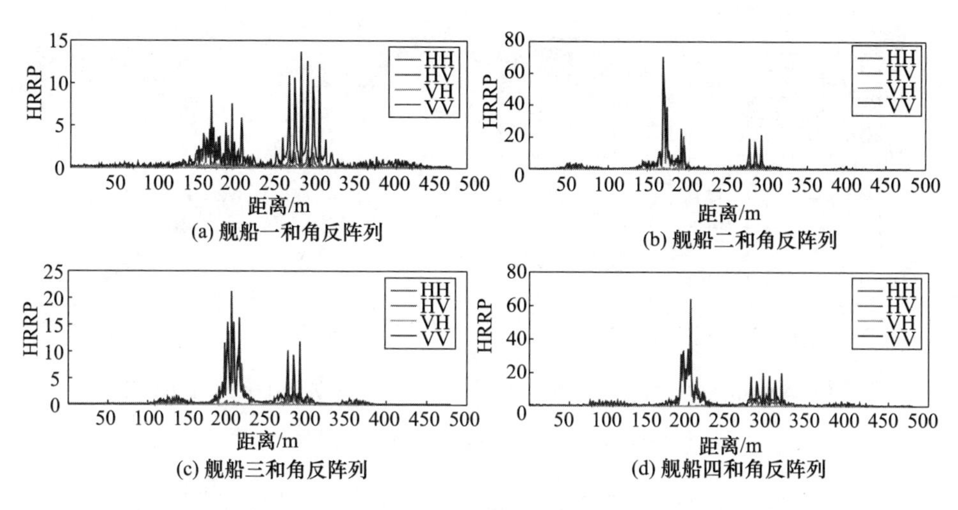

图6－20　不同舰船和角反阵列仿真得到的全极化一维距离像(见彩图)

2. 角反阵列鉴别实验

本实验采用上述仿真数据进行角反鉴别实验,对比方法为基于极化目标分解方法的角反鉴别方法。主要采用相干分解中常用的Krogager分解方法进行对比。Krogager分解将散射点的极化散射矩阵分解为奇次散射、旋转角为θ的二次散射以及螺旋散射三种分量之和[66]。在基于极化目标分解的角反鉴别中,一般认为角反射器或角反阵列结构简单,多为奇次散射,而舰船结构复杂,由多个形状各异的子散射体组成,包含多种复杂散射。假设分解得到三种分量对应的能量分别为K_s,K_d,K_h,将三种散射分量的占比P_s,P_d,P_h作为特征量,利用SVM等分类器实现角反鉴别。其中,三种散射分量占比可以表示为

$$\begin{aligned} P_s &= \frac{K_s}{K_s + K_d + K_h} \\ P_d &= \frac{K_d}{K_s + K_d + K_h} \\ P_h &= \frac{K_h}{K_s + K_d + K_h} \end{aligned} \tag{6-44}$$

可知P_s,P_d,P_h的取值范围均为[0,1],并且三者之和为1。因此,本实验中考虑不同散射点的散射分量占比构成的二维特征矢量$[P_s,P_d]^T$作为SVM分类器的角反鉴别特征量。

不同方法得到的特征点分布如图6－21所示。

1）噪声条件下角反鉴别分析

为了考虑不同噪声对角反鉴别率的影响,本实验在原始电磁计算数据的基

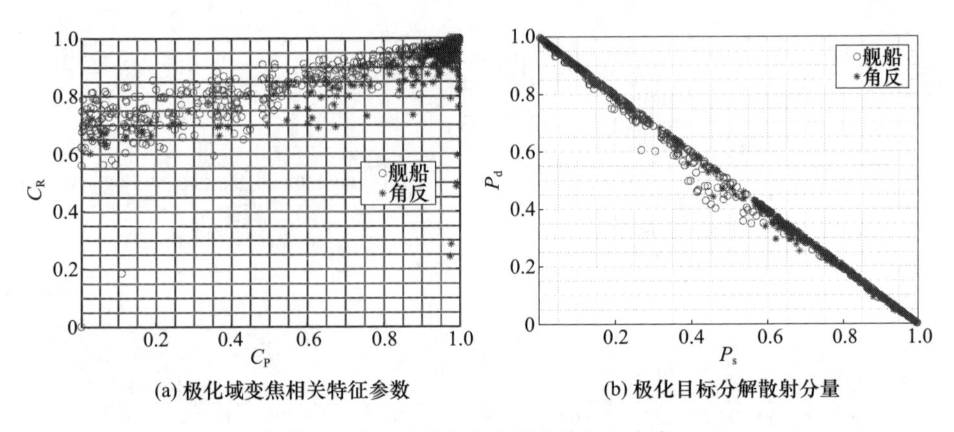

(a) 极化域变焦相关特征参数　　(b) 极化目标分解散射分量

图 6-21　不同方法得到的特征点分布

础上叠加不同信噪比的高斯白噪声。利用无噪声的 512 组数据提取的相关性特征和极化分解特征作为训练样本得到的分类模型进行测试，测试样本为信噪比 SNR 取值 5～30dB 时提取的特征量。不同信噪比条件下角反的鉴别率如图 6-22 所示。图 6-23 展示了信噪比为 10dB 条件下两种方法的特征点二维分布情况。

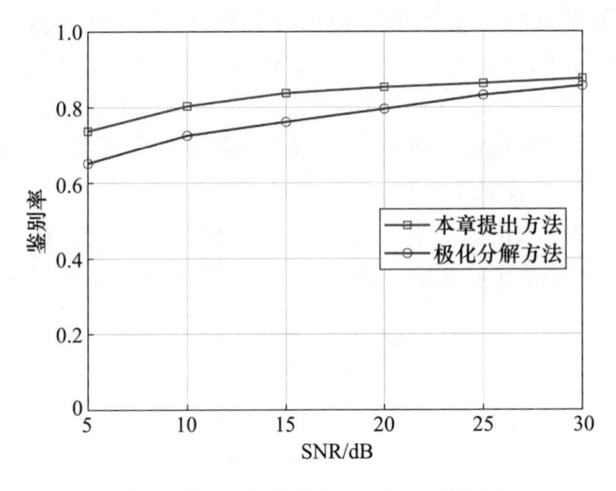

图 6-22　不同信噪比下角反鉴别率

从角反鉴别率随信噪比变化情况可以看到，噪声影响下两种方法的鉴别率均有一定程度的下降，但极化域变焦的相关性特征参数始终高于极化分解方法，并且随着信噪比的降低，二者鉴别率的差距逐渐变大。分析图 6-23 可知，在噪声影响下舰船和角反阵列的特征点重叠程度显著增加，导致二者的区分度降低。在 SNR 为 30dB 时，两种方法的鉴别率分别为 87.6% 和 85.6%。当 SNR 降为 5dB 时，极化域变焦角反鉴别率下降为 73.7%，而极化目标分解的角反鉴别率下降为 65.1%。从上述分析可知，极化域变焦角反鉴别方法相比于极化目

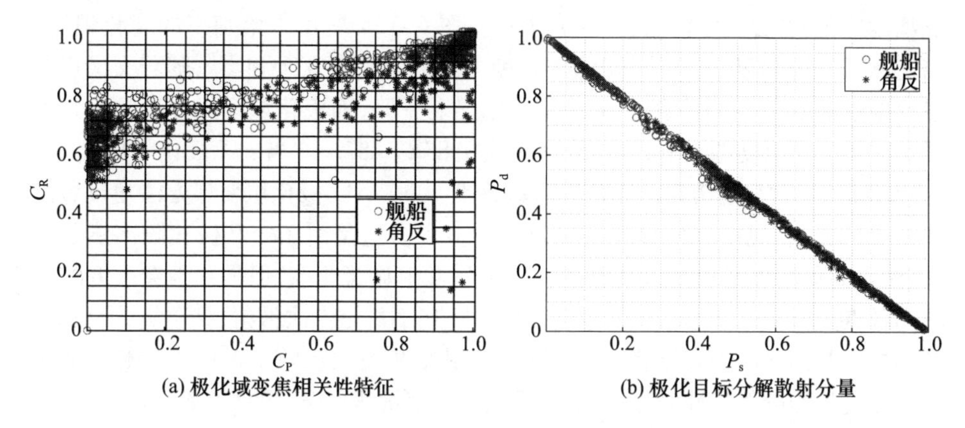

图6-23　信噪比为10dB时不同方法的特征点分布

标分解方法,在不同信噪比下性能更加稳健,受噪声影响程度显著低于极化目标分解方法(表6-6)。

表6-6　不同信噪比下鉴别率

SNR/dB	5	10	15	20	25	30
极化分解方法	65.1%	72.5%	76.2%	79.6%	83.2%	85.6%
所提方法	73.7%	80.4%	83.8%	85.4%	86.3%	87.6%
精度提升	8.6%	7.8%	7.6%	5.8%	3.1%	2.0%

2）极化测量误差条件下角反鉴别分析

为了验证极化域变焦角反鉴别方法在不同极化测量误差下的鉴别性能,本节在原始数据的基础上设置不同极化测量误差做进一步分析。在极化测量误差的模型中,测量的极化散射矩阵 $\boldsymbol{S}_{\mathrm{m}}$ 和真实的极化散射矩阵 $\boldsymbol{S}$ 之间的关系满足:

$$\boldsymbol{S}_{\mathrm{m}} = \boldsymbol{R}\boldsymbol{S}\boldsymbol{T} + \boldsymbol{N} \tag{6-45}$$

式中:$\boldsymbol{N}$ 表示雷达回波信号中的加性噪声;$\boldsymbol{T}$ 和 $\boldsymbol{R}$ 分别表示雷达发射路径和接收路径引入的极化失真,即

$$\boldsymbol{T} = \begin{bmatrix} 1 & \delta \\ \delta & 1 \end{bmatrix} \begin{bmatrix} 1 & 0 \\ 0 & k_{\mathrm{t}} \end{bmatrix} \tag{6-46}$$

$$\boldsymbol{R} = \begin{bmatrix} 1 & 0 \\ 0 & k_{\mathrm{r}} \end{bmatrix} \begin{bmatrix} 1 & \delta \\ \delta & 1 \end{bmatrix} \tag{6-47}$$

式中:δ 为发射和接收天线的极化隔离度;k_{t}、k_{r} 表示幅度和相位的通道不平衡。

考虑极化通道串扰影响,设交叉极化隔离度为 -45 ~ -5dB,不同交叉极化

隔离度下的角反鉴别率如表6-7所示。图6-24展示了鉴别率的变化情况。当交叉极化隔离度小于-30dB时,两种方法的鉴别率几乎相当。随着交叉极化隔离度逐渐增大,极化分解方法的鉴别率显著下降,而极化域变焦方法的鉴别率受交叉极化隔离度的影响较小,始终维持在85%~87%。当交叉极化隔离度δ=-10dB时,极化分解方法的角反鉴别率最低为50.8%,极化域变焦方法角反鉴别率为85.0%,相比极化分解方法提升了34.2%。这是由于交叉极化隔离度的增加,测得的角反阵列和舰船的极化散射矩阵发生显著改变,但是并不会改变角反阵列各点散射特性基本相似的本质。角反阵列不再是奇次散射,基于极化目标分解的方法鉴别性能受到显著影响。而极化域变焦方法反映了角反阵列和舰船各散射点之间的散射特性的相似程度,受到极化串扰测量误差的影响较小。

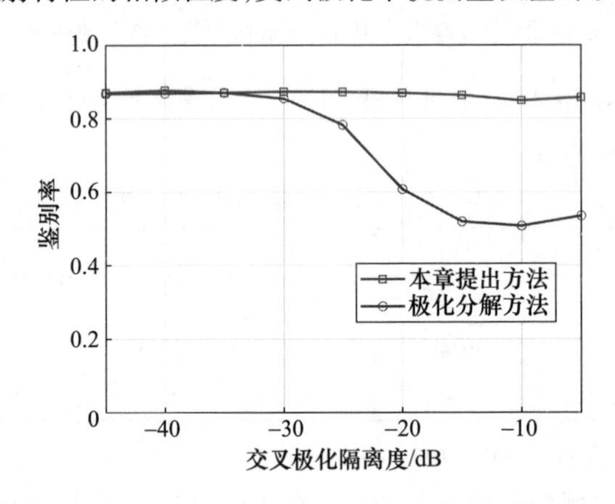

图6-24 不同交叉极化隔离度下的角反鉴别率

表6-7 不同交叉极化隔离度下角反鉴别率

隔离度/dB	-45	-40	-35	-30	-25	-20	-15	-10	-5
极化分解方法	86.8%	86.9%	87.0%	85.4%	78.2%	60.7%	52.0%	50.8%	53.5%
所提方法	87.1%	87.8%	87.1%	87.4%	87.3%	87.0%	86.4%	85.0%	85.8%
精度提升	0.3%	0.9%	0.1%	2.0%	9.1%	26.3%	**34.5%**	**34.2%**	32.3%

考虑极化通道的幅度和相位不平衡误差对角反鉴别率的影响,分别设置极化通道幅度不平衡为0~2dB,相位不平衡为0°~20°,得到角反鉴别率随极化测量误差的变化关系如图6-25和图6-26所示。可以看到极化域变焦角反鉴别方法受到通道不平衡和相位不平衡的影响较小,始终维持在83%左右。而极化分解方法的鉴别率受极化通道不平衡的测量误差影响较大。在没有极化测量误差的情况下,两种方法的鉴别率几乎相当,随着通道不平衡和相位不平衡的增加,极化分解方法的角反鉴别率显著低于极化域变焦方法,当通道不平衡为0.6dB时,极化域变焦角反鉴别性能提升最明显,平均提升约19.7%,当相

位不平衡为12dB时,性能提升最明显为17.0%。

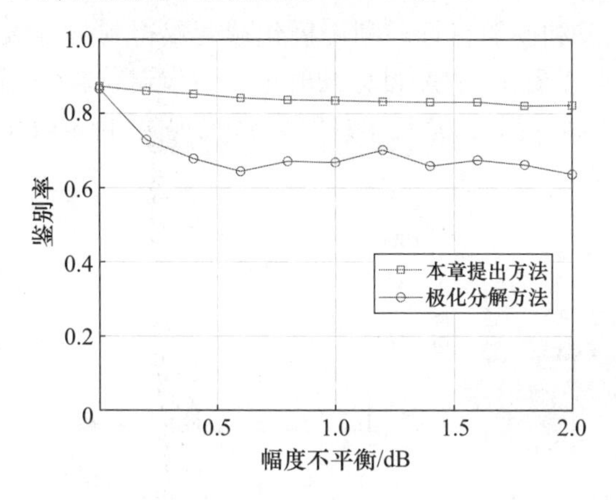

图6-25 不同幅度不平衡误差下的角反鉴别率

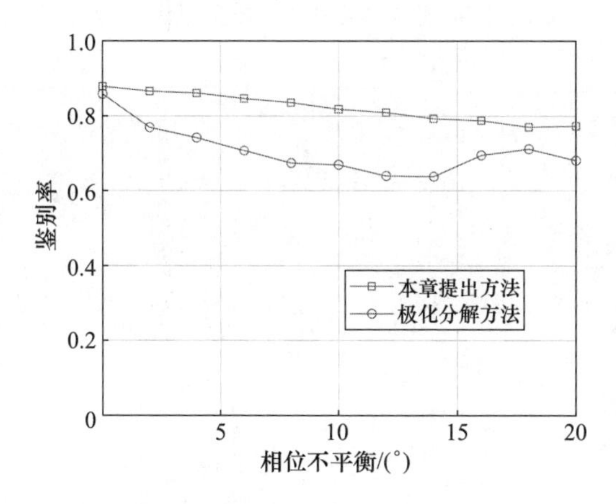

图6-26 不同相位不平衡下的角反鉴别率

从上述分析可知,极化域变焦的角反鉴别方法相比于极化分解方法鉴别精度更高,在不同测量误差下的性能更加稳定。特别地,在交叉极化隔离度误差下,极化分解方法的性能下降最为显著,而极化域变焦几乎不受极化测量误差的影响。

6.4.5 实测数据分析

利用X波段实测全极化数据,进行海面角反鉴别分析。数据集中包含20组海面舰船与角反实测数据,实验场景中包含的目标类型有两个角反目标以及一个舰船目标,背景是海面。实验场景如图6-27(a)所示,各个极化通道的一维距离像见图6-27(b)。可以看到,角反目标散射能量较高,散射机理较为简单;而舰船目标散射较为复杂,占据散射单元数目较多。海杂波的散射能量相对较小,远低于角反和舰船目标。利用极化域变焦得到二维极化－距离像,如图6－28所示。可以看出,舰船目标的峰值点位置起伏较大,而角反峰值点位置基本位于一条直线。另外,角反出现“零极化”现象,特定收发极化下,角反回波近乎被完全抑制。

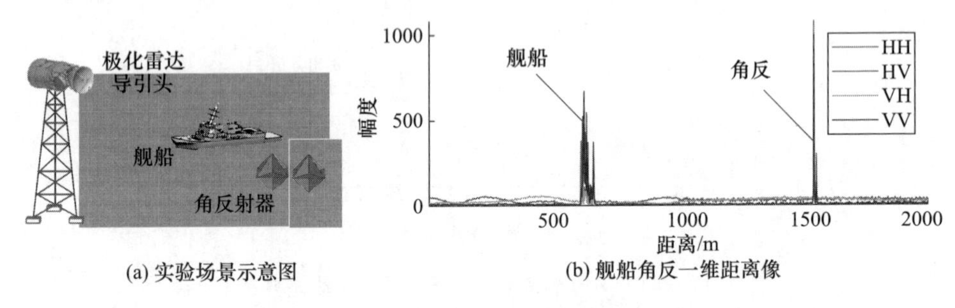

(a) 实验场景示意图　　(b) 舰船角反一维距离像

图6－27　实验场景与一维距离像(见彩图)

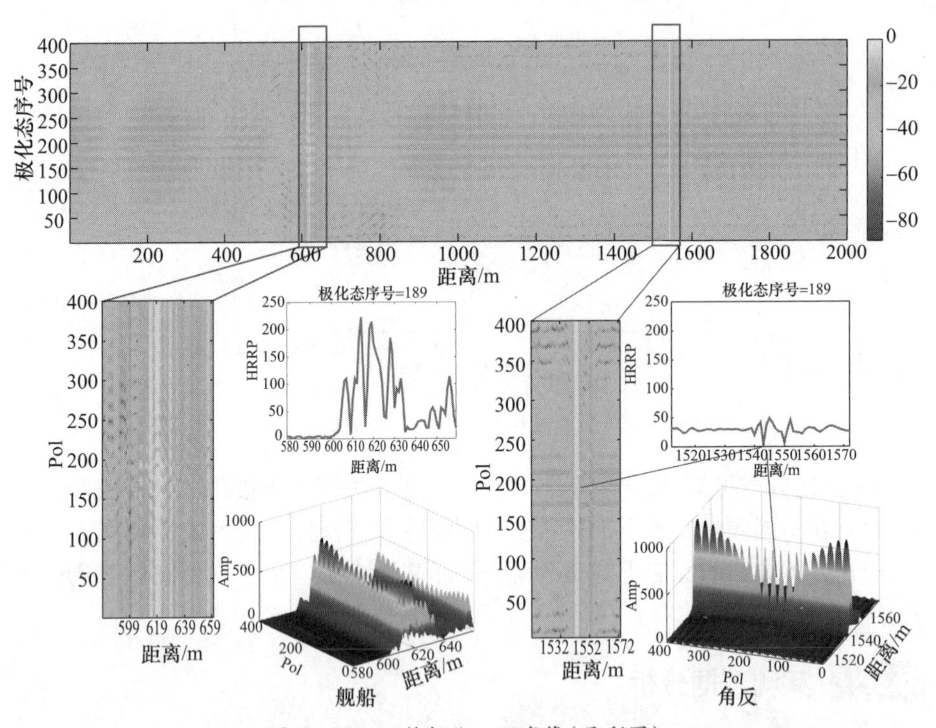

图6－28　二维极化－距离像(见彩图)

进一步,检测二维极化－距离像中峰值点的位置,并进行聚类,结果如图6－29所示。对图中所有峰值点进行密度聚类,将左右两侧明显的峰值点合并。

针对20组实测数据,提取5类特征分别为:峰值点数、峰值点分段数、峰值

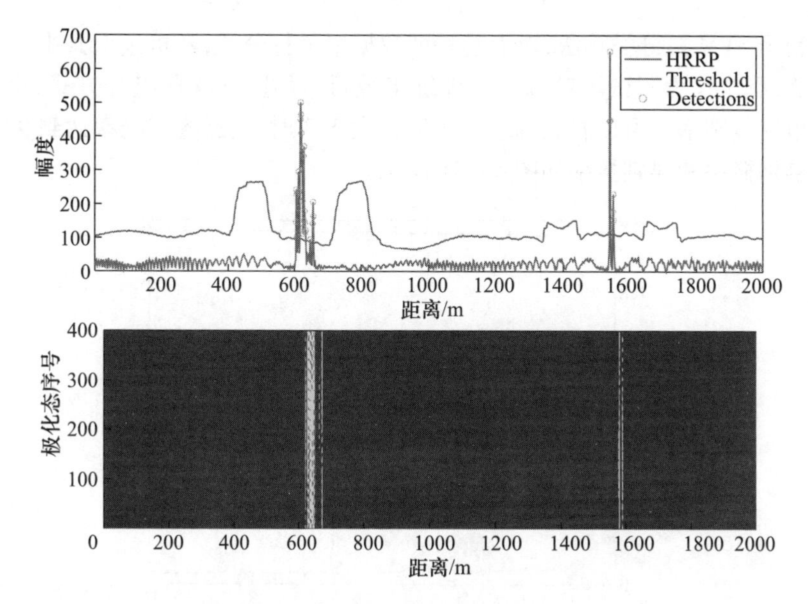

图 6-29　CFAR 检测与聚类结果(见彩图)

点最大连续长度、峰值点分段长度方差、峰值点分段长度均值,如图 6-30 所示。可以看到,5 类特征可以较好地表征舰船和角反的差异。

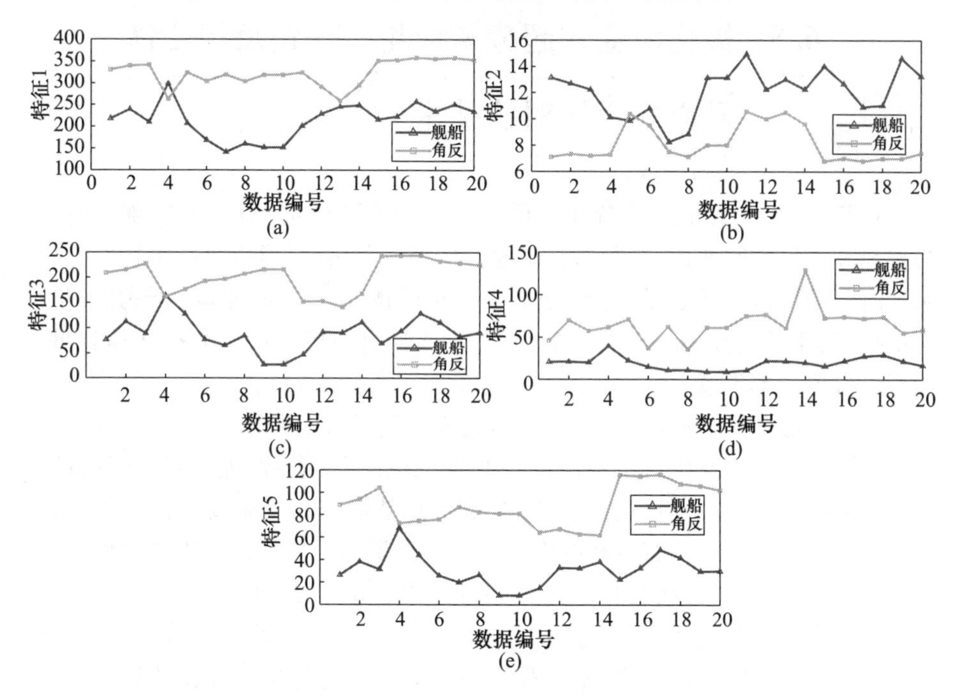

图 6-30　特征提取结果

利用 SVM 二分类算法，对上述特征数据集进行分类，随机选取其中 N 组作为训练，剩余作为测试。对每一个训练集数目，设置 1000 种组合方式，得到最终的角反鉴别率。可以看到训练样本数目大于 3 时，**角反鉴别概率达到 97% 以上**。鉴别概率和误判概率如图 6－31 所示。

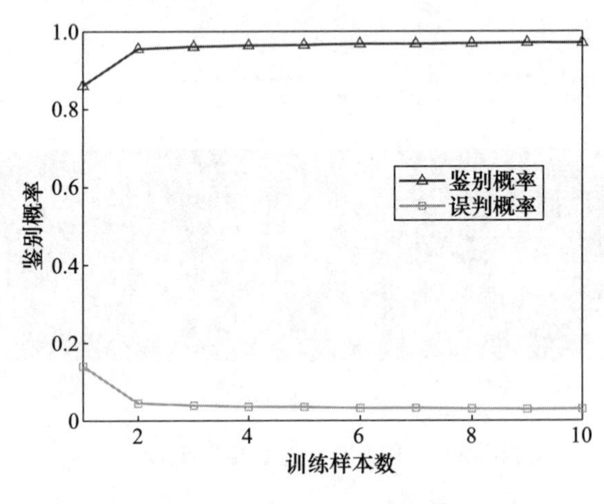

图 6－31　鉴别概率和误判概率

6.5　极化域变焦超分辨应用——角反组合体质心式干扰对抗技术

近年来，充气式角反装备在材质和结构上不断改进，对抗难度越来越大。当舰船和角反空间邻近，在距离和角度上均难以分辨时，形成质心干扰态势，单脉冲测角结果指向质心处，导致导引头被角度诱偏[37]。研究雷达导引头角反对抗技术，尤其是破解质心干扰难题，对雷达导引头抗干扰能力提升具有重要的理论价值和军事意义。

对抗质心式干扰通常分为两步，一是检测到目标后判断是否为“目标＋干扰”的混合体，二是从混叠的回波信号中准确测量目标参数（尤其是角度测量）。近 20 年内，关于质心干扰的研究大量涌现，虽然研究对象主要为箔条干扰，但对于研究角反对抗仍具有重要的借鉴意义。在质心干扰存在性检测方面，一种为波形类方法，通过分析目标回波的特征差异检测干扰，如信号盒形分析[67]、小波变换[68－69]等，此类方法的判决指标通常为经验值，需要根据实际情况调整；另一种为统计类方法，将“混合体”视作多目标，建立单脉冲比统计模型，通过似然比检测实现干扰存在性判决[70－71]，此类方法模型推导复杂，仅适用于单个干扰情况。在目标精确测角方面,一种是干扰抑制方法,利用目标和干扰的极化散射特性差异,通过极化滤波抑制干扰,提升单脉冲测角精度[72];另一种是多目标测量方法,与统计类干扰检测方法类似,同样以单脉冲统计模型为基础,构造统计量实现多目标的角度估计,如矩估计[73]、极大似然估计[74]等。上述方法存在仅适用单个干扰、依赖于正确的统计模型等不足,并且需要大量脉冲精确估计统计模型参数,在实际应用中受限。

舰船目标包含了丰富的散射机理,而角反组的散射机理相对单一,两者极化信息差异明显,可用于提升角反干扰的检测与抑制。然而,多数研究采用多通道方法处理极化信息[75-77],目标间的散射特性差异利用不够充分,实际应用时效能有限。根据极化域变焦理论,通过调控雷达收发极化抑制角反回波并准确测量舰船目标是可行的,极化域变焦处理同时具有超分辨和放大目标极化散射特性差异的效果,可应用于角反干扰存在性判决和舰船目标测角。

本节针对极化阵列雷达建立信号模型,分析多目标的特征波束与单脉冲测角分布,结合舰船与角反极化散射特性构建质心干扰场景,进而提出极化域变焦角反质心式干扰对抗方法,形成干扰存在性检测与舰船目标测角算法,并利用电磁仿真数据验证所提方法的有效性与算法性能。

6.5.1 阵列雷达极化域变焦处理

1. 极化阵列雷达信号模型

考虑 N 元一维线阵雷达,阵元间距为 d,各阵元连接两个极化接收通道,采用水平和垂直线极化方式进行接收。单目标条件下,极化阵列雷达的快拍信号模型为

$$\boldsymbol{x}(u)=A_0\mathrm{e}^{\mathrm{j}\varphi_0}\boldsymbol{h}_\mathrm{R}^\mathrm{T}\boldsymbol{S}_0\boldsymbol{h}_\mathrm{T}\boldsymbol{a}(u_0) \tag{6-48}$$

式中:A_0 和 φ_0 分别为回波的幅度和相位;$\boldsymbol{h}_\mathrm{T}$ 和 $\boldsymbol{h}_\mathrm{R}$ 分别为发射和接收极化矢量;$\boldsymbol{a}(u_0)$为阵列导向矢量,写为

$$\boldsymbol{a}(u_0)=\begin{bmatrix}1 & \mathrm{e}^{-\mathrm{j}\frac{2\pi}{\lambda}du_0} & \cdots & \mathrm{e}^{-\mathrm{j}\frac{2\pi}{\lambda}(N-1)du_0}\end{bmatrix}^\mathrm{T} \tag{6-49}$$

式中:λ 为波长;u_0 为目标角度的余弦坐标,$u_0=\sin\theta_0$,θ_0 为目标与阵列法向的夹角。

进一步,利用数字波束形成技术,将导向矢量作为加权矢量,即 $\boldsymbol{w}=\boldsymbol{a}(u)$,波束形成网络的输出响应称为特征波束[78],具体写为

$$\Gamma(u)=\boldsymbol{w}^\mathrm{H}\boldsymbol{x}=A_0\mathrm{e}^{\mathrm{j}\varphi_0'}\boldsymbol{h}_\mathrm{R}^\mathrm{T}\boldsymbol{S}\boldsymbol{h}_\mathrm{T}N\mathrm{sinc}\left(\frac{\pi N(u-u_0)}{\lambda}\right) \tag{6-50}$$

式中：$\varphi_0' = \varphi_0 - \pi Nd(u-u_0)/\lambda$；$\mathrm{sinc}(x) = \sin(x)/x$。单目标条件下，特征波束与阵列方向图特性一致，波束最大幅度增益为 N，波束宽度由阵列孔径决定，根据瑞利分辨极限，阵列雷达的波束宽度（角度分辨率）定义为

$$\Delta u_{\mathrm{R}} = \frac{\lambda}{Nd} \tag{6-51}$$

未分辨双目标条件下，假设各目标回波信号为 $\boldsymbol{x}_1$ 和 $\boldsymbol{x}_2$，特征波束表示为

$$\Gamma(u) = \boldsymbol{w}^{\mathrm{H}}\boldsymbol{x}_1 + \boldsymbol{w}^{\mathrm{H}}\boldsymbol{x}_2 = \sum_{i=1}^{2} A_i \mathrm{e}^{\mathrm{j}\varphi_i'} \boldsymbol{h}_{\mathrm{R}}^{\mathrm{T}} \boldsymbol{S}_i \boldsymbol{h}_{\mathrm{T}} N \mathrm{sinc}\left(\frac{\pi N(u-u_i)}{\lambda}\right) \tag{6-52}$$

其中，目标角度满足 $|u_1 - u_2| = \Delta u < \Delta u_{\mathrm{R}}$。可以看出，特征波束为各目标相干叠加的结果，形状与目标相对幅相关系有关。

由式（6－50）可知，极化阵列雷达的特征波束是关于角度和极化椭圆几何描述子的多元函数，可以表示为 $\Gamma(u, \boldsymbol{h}_{\mathrm{T}}, \boldsymbol{h}_{\mathrm{R}})$。考虑全极化测量体制，假设阵列天线的极化特性已精密校准[79]，$\boldsymbol{h}_{\mathrm{T}}$ 和 $\boldsymbol{h}_{\mathrm{R}}$ 可通过数字合成进行调控。假设可调控极化状态 L 种，则收发极化状态组合共 L^2 种，第 $l(l=1,2,\cdots,L)$ 种收发极化组合为 $(\boldsymbol{h}_{\mathrm{R}_l}, \boldsymbol{h}_{\mathrm{T}_l})$，对应的特征波束为 Γ_l。

如图6－32所示，极化域变焦处理可分为融合与提取两部分。融合是指将所有的特征波束进行线性叠加，得到全极化域特征波束：

$$\overline{\Gamma} = \sum_{l=1}^{L^2} |\Gamma_l| \tag{6-53}$$

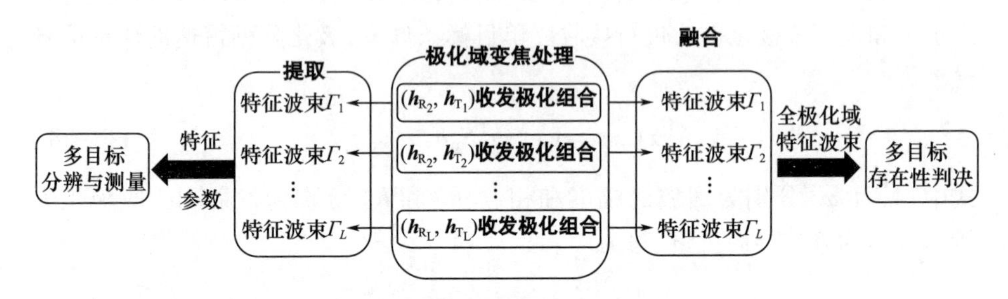

图6－32　极化域变焦处理原理图

当 L 足够大时，极化域变焦处理可遍历绝大部分幅相关系，实现目标的充分激励，因此全极化域特征波束可反映多目标集合的整体尺寸轮廓，具体推导可参照全极化域距离像的详细推导过程。

多目标的全极化域特征波束相较于阵列标准波束存在波束扩展，目标间隔越大，扩展现象越明显。假设 $\overline{\Gamma}$ 的第一零点分别位于 u_{L} 和 u_{R}，定义波束扩展因子为

$$\xi = \frac{|u_R - u_L|}{2\Delta u_R} \tag{6-54}$$

单目标条件下，$\xi=1$；多目标条件下，$\xi>1$。如图6－33所示，对于间隔为0.4倍波束宽度的双目标，波束扩展因子可达1.4，相较单目标有明显的增加。因此，全极化域特征波束可用于多目标存在性检测。

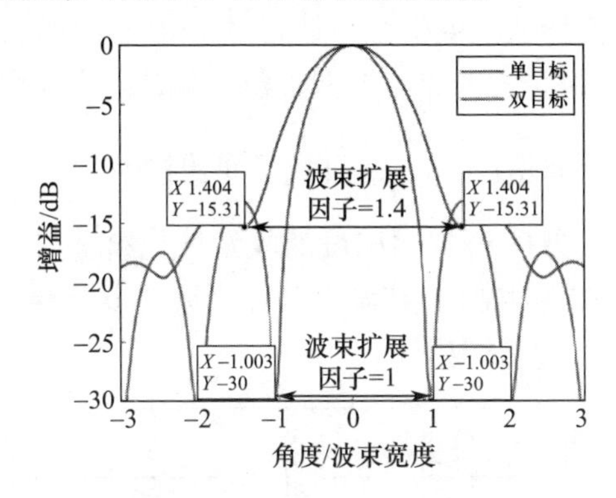

图6－33　单目标和双目标的波束扩展因子（见彩图）

2. 极化域变焦单脉冲测角性能分析

阵列雷达通过波束形成构造和、差波束实现单脉冲测角，以比相单脉冲测角为例[80]，和波束权值矢量为 $\boldsymbol{w}_{\Sigma}=1^{N\times1}$，差波束为 $\boldsymbol{w}_{\Delta}=[-1^{1\times N/2}\quad 1^{1\times N/2}]^{\mathrm{T}}$，其中 $1^{N\times1}$ 表示全1矢量，目标角度估计为

$$u \approx \frac{4}{N\pi}\mathrm{Im}\left(\frac{\boldsymbol{w}_{\Delta}^{\mathrm{H}}\boldsymbol{x}}{\boldsymbol{w}_{\Sigma}^{\mathrm{H}}\boldsymbol{x}}\right) \tag{6-55}$$

然而，单脉冲精确测量的前提是波束内有且仅有一个目标，多目标条件下测角结果为各目标角度的“质心”，通常与任何一个目标均不对应，造成极大的测角偏差。双目标条件下，单脉冲测角结果为

$$\begin{aligned} u &= \frac{4}{N\pi}\mathrm{Im}\left(\frac{\boldsymbol{w}_{\Delta}^{\mathrm{H}}(\boldsymbol{x}_1+\boldsymbol{x}_2)}{\boldsymbol{w}_{\Sigma}^{\mathrm{H}}(\boldsymbol{x}_1+\boldsymbol{x}_2)}\right) \\ &\approx \frac{u_1+u_2\rho}{1+\rho} \end{aligned} \tag{6-56}$$

式中：ρ 为波束形成后的目标复幅度比。多目标的单脉冲测角结果与相对幅相关系密切，当 ρ 极小时，测角结果指向目标1；当 ρ 极大时，测角结果指向目标2；其他情况下，测角结果指向双目标质心。

在极化域变焦处理的 L^2 个测角结果中，虽然大部分指向目标质心，但存在数种特殊的收发极化组合使得某个目标信号远强于其他目标，此时单脉冲可正确测角。换言之,极化域变焦处理可抑制角反质心干扰,实现抗角度诱偏。考虑“三面角 + 非三面角”双目标场景,间隔为0.4倍波束宽度,图6-34给出了极化域变焦单脉冲测角结果的统计分布以及特征波束最大增益。显然,绝大部分测角结果集中在双目标之间,并且特征波束增益也最大,说明回波信号为双目标的相干叠加,这也符合质心干扰的角度诱偏性;同时,存在一定的概率可精确测量双目标角度,但特征波束增益降低超过15dB,说明正确测量依赖于某个目标被有效抑制。值得注意的是,非三面角精确测量的概率比三面角高6倍,其根本原因在于:如三面角$\left(\boldsymbol{S}=\begin{bmatrix}1 & 0\\0 & 1\end{bmatrix}\right)$、二面角$\left(\boldsymbol{S}=\begin{bmatrix}1 & 0\\0 & -1\end{bmatrix}\right)$等典型散射简单结构,其副对角元素为0,可抑制回波的收发极化组合很多;但对于复杂人造目标,存在非三面角的散射结构,其副对角元素不为0,导致可抑制回波的收发极化组合相对较少。

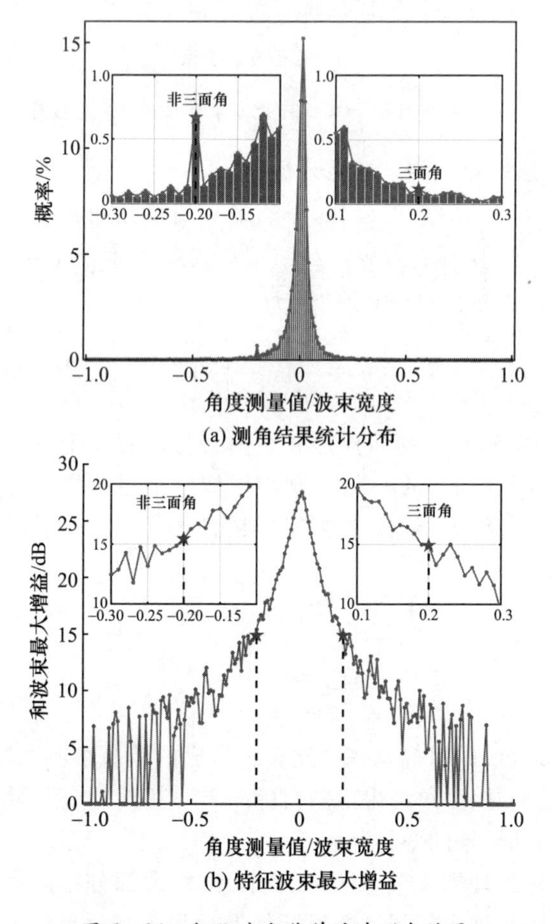

图6-34 极化域变焦单脉冲测角结果

6.5.2 极化域变焦抗角反质心干扰算法

1. 质心干扰场景信号模型

考虑对海场景中，舰船在附近抛洒多个充气式角反，如图6-35所示，舰船与角反组位于雷达的同一分辨单元内，在距离和角度上均未分辨，形成质心式干扰态势。

图6-35　对海角反组质心干扰场景

通常情况下，角反可视作点目标，舰船可视作扩展目标。假设同一分辨单元内存在 M_C 个角反和 M_S 个舰船散射点，根据式(6-48)给出的极化阵列雷达快拍信号模型，理想条件下，角反组质心干扰信号模型为

$$\boldsymbol{x} = \sum_{m=1}^{M_\mathrm{C}} A_m \mathrm{e}^{\mathrm{j}\varphi_m} \boldsymbol{h}_\mathrm{R}^\mathrm{T} \boldsymbol{S}_m \boldsymbol{h}_\mathrm{T} \boldsymbol{a}(u_m) + \sum_{m'=1}^{M_\mathrm{S}} A_{m'} \mathrm{e}^{\mathrm{j}\varphi_{m'}} \boldsymbol{h}_\mathrm{R}^\mathrm{T} \boldsymbol{S}_{m'} \boldsymbol{h}_\mathrm{T} \boldsymbol{a}(u_{m'}) \tag{6-57}$$

式中：u_m 和 $u_{m'}$ 分别为角反与舰船散射点的角度。需要注意的是，实际雷达系统存在接收通道热噪声、通道不一致、交叉极化等非理想因素，高信噪比下热噪声影响较小，通道不一致和交叉极化是影响信号模型的主要因素。非理想条件下，雷达观测到的目标PSM为

$$\overline{\boldsymbol{S}} = \boldsymbol{RST} \tag{6-58}$$

式中：$\boldsymbol{T}$ 和 $\boldsymbol{R}$ 分别表示在发射端和接收端由于非理想因素引入的极化失真矩阵，具体参照式(6-46)和式(6-47)。

2. 干扰存在性检测与抗质心干扰单脉冲测角算法

对抗角反质心干扰主要包含两部分，分别为质心干扰存在性检测与舰船目标角度测量，两者均可通过极化域变焦处理实现。

质心干扰存在性检测：当目标相距雷达较远时，舰船各散射点在角度上分布相对集中，相较角反组存在一定的角度间隔，因此“角反组+舰船”的全极化

域特征波束存在明显的扩展效应。根据式(6－53)和式(6－54)计算得到波束扩展因子ξ,与判决门限η进行比较,若$\xi \geqslant \eta$,则判定为存在质心干扰。η可根据信噪比等参数进行调整,典型值为1～1.2。

舰船目标角度测量:检测到质心干扰后,统计极化域变焦单脉冲测角结果,得到概率分布曲线。如图6－36所示,概率曲线类似于高斯分布,测角结果大概率指向舰船与角反组的中心区域,仅有小部分测角结果落在舰船目标一侧或角反干扰一侧,可将概率曲线划分为质心区、目标区和干扰区三部分,质心区指示了舰船和角反的中心。由于质心区的特征波束为舰船与角反的相干叠加,增益远强于目标区和干扰区,因此根据特征波束增益的3dB区域划分质心区。

角反组各散射点的PSM均近似于单位矩阵,存在多种收发极化组合使得角反回波远弱于舰船,此时的单脉冲测角结果为舰船各散射点的融合,集中在舰船附近;然而,舰船各散射点的PSM相差较大,几乎不存在某种收发极化组合,使得所有散射点回波能量均很弱。因此,目标区内存在明显凸突起,干扰区相对平滑。

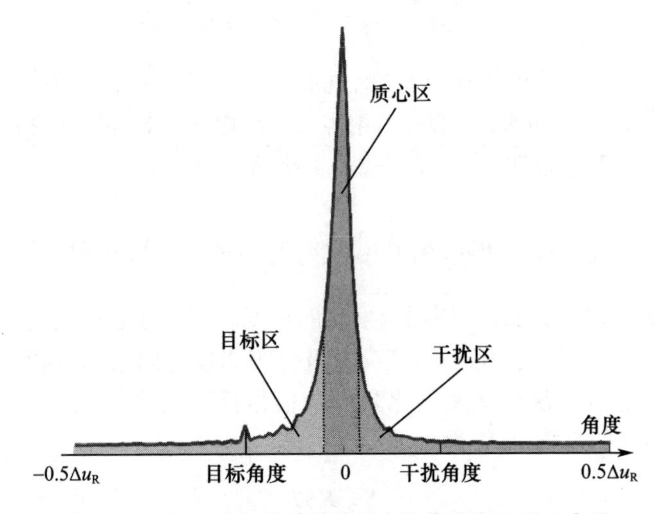

图6－36 极化域变焦单脉冲测角概率曲线分区示意图

根据上述分析,提出极化域变焦抗角反质心干扰算法,算法流程如图6－37所示,主要分为以下步骤。

步骤1:获取全极化阵列雷达快拍数据,进行极化域变焦处理,得到全极化域特征波束。

步骤2:检测是否存在质心干扰。若不存在,采用传统单脉冲测角;否则,统计极化域变焦单脉冲测角的概率分布。

步骤 3:计算概率曲线峰值点与两侧极小值点的偏移量,判断偏移最大的峰值点是否在质心区。若不在,该峰值点对应的角度为目标角度估计;否则,剔除该峰值点,重复步骤 3。

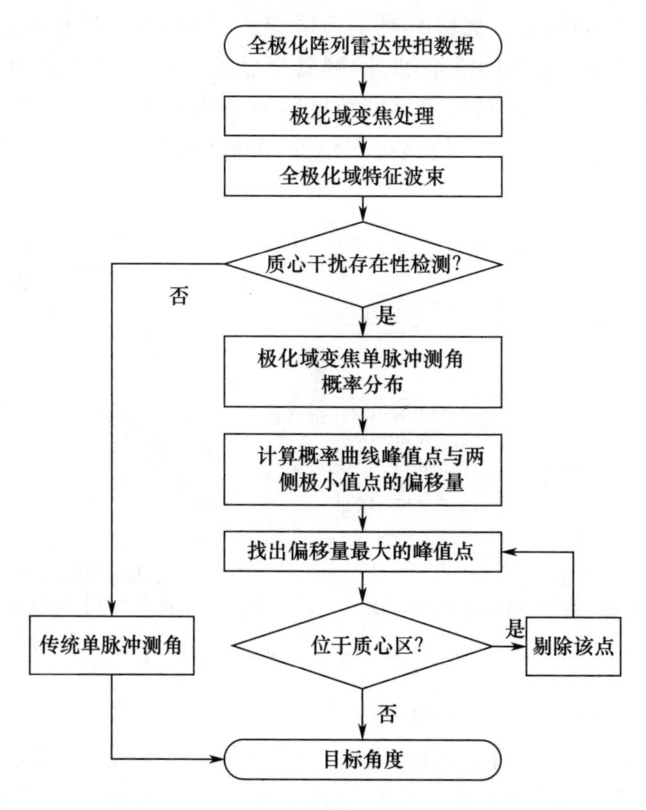

图 6-37　极化域变焦抗角反质心干扰算法流程

6.5.3 仿真实验

考虑均匀半波长一维线阵,设阵元数 $N=16$,则波束宽度为 $\Delta u_{\mathrm{R}}=0.125$。考虑同一雷达分辨单元内,包含舰船目标的两个散射点以及两个角反,目标散射点角度为 u_1,u_2,角反散射点角度为 u_3,u_4,以 $\Delta u=u_1-u_3$ 表示舰船与角反的角度间隔,本节中称为目标间隔。目标 PSM 设为 $\boldsymbol{S}_1,\boldsymbol{S}_2$,角反 PSM 设为 $\boldsymbol{S}_3$ 和 $\boldsymbol{S}_4$,$\boldsymbol{S}_1$ 和 $\boldsymbol{S}_2$ 为非三面角散射特性,$\boldsymbol{S}_3$ 和 $\boldsymbol{S}_4$ 为近似三面角散射特性,参照式(6-35)生成。为验证所提方法性能,进行 500 次仿真实验统计质心干扰检测概率和舰船目标测角误差。

1. 质心干扰存在性检测算法性能分析

采用极化域变焦处理检测质心干扰存在性,波束扩展因子的检测门限设为

1~1.2,进行500次仿真实验,测试算法性能。其中,每次仿真各散射点回波强度相等,相对相位服从[0,2π)的均匀分布。设舰船目标两点角度间隔与双角反角度间隔均为0.05倍波束宽度,即$|u_1-u_2|=|u_3-u_4|=0.05\Delta u_R$。图6-38给出了所提方法的质心干扰检测概率与信噪比、角度间隔的关系曲线,可以看出,随着信噪比以及目标间隔增加,检测概率显著提升,信噪比高于10dB即可有效检测。相比之下,舰船与角反的角度间隔影响更大,需要高于0.4倍波束宽度。另外,门限设置越高,检测概率越低,但可保证更低的虚警,需根据实际需求设置。

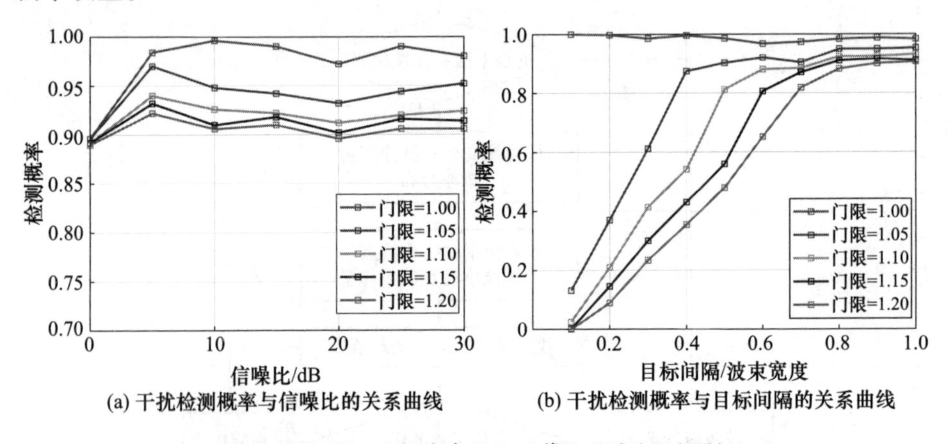

(a) 干扰检测概率与信噪比的关系曲线 (b) 干扰检测概率与目标间隔的关系曲线

图6-38 质心干扰存在性检测算法性能(见彩图)

2. 抗质心干扰测角算法性能分析

在检测到质心干扰后,采用极化域变焦抗质心干扰算法对角反回波进行抑制,实现舰船目标的准确测角。为衡量算法性能,选取文献[75]所提方法进行对比,该方法针对双极化单脉冲雷达提出,假设波束内存在一个干扰且来波极化比已知,通过多通道处理解算目标角度。

测角性能与角度间隔的关系:考虑舰船与角反位于不同的角度间隔,图6-39给出了对应的测角误差。可以看出,随着角度间隔增大,极化多通道方法逐渐恶化,而所提方法测角性能稳定,中等信噪比下测角精度可达0.1倍波束宽度。极化多通道方法仅适用于“单目标+单干扰”情况,并且需要已知干扰回波极化比,难以对抗角反组合体质心干扰,角度间隔越大,被角反诱偏越远。当舰船与角反间隔小于0.4倍波束宽度,所提方法将判定为无质心干扰,此时将采用传统单脉冲测量,测角结果指向两者质心,测角误差不会超过两者角度间隔。因此,无论舰船与角反角度间隔大或小,所提方法均适用。

测角性能与幅度比的关系:假设舰船与角反间隔$\Delta u=0.4\Delta u_R$,令两者幅度比为ρ,在-10~10dB范围变化,舰船测角误差如图6-40所示。可以看出,所

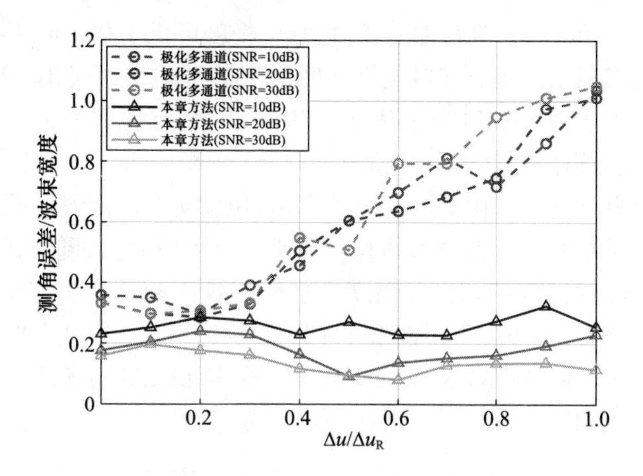

图6-39 不同目标间隔下目标角度测量的平均误差(见彩图)

提方法测角误差不超过0.2倍波束宽度,且远优于极化多通道方法。随着幅度比增加,舰船回波能量逐渐强于角反,两者质心逐渐指向舰船,并且全极化域特征波束的波束扩展因子趋于1,此时所提算法将按照未存在质心干扰处理,采用传统单脉冲测量,仍可准确测量舰船角度。因此,当$\rho>7$dB时,极化域变焦抗质心干扰的误差显著下降。

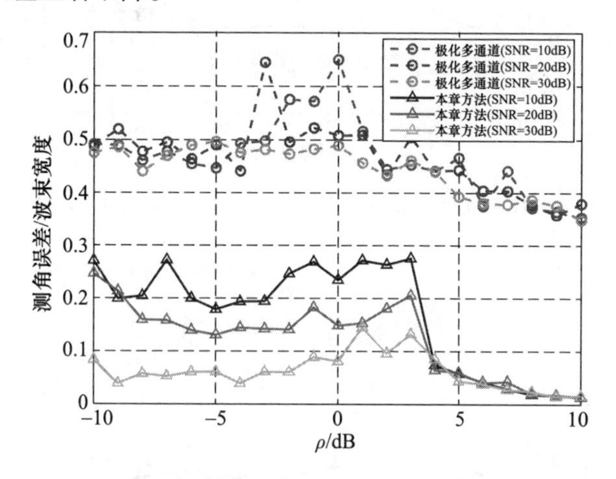

图6-40 不同幅度比下目标角度测量的测角误差(见彩图)

系统非理想性对测角性能的影响:进一步,考虑实际极化雷达系统的非理想因素对算法的影响。根据式(6-58),非理想因素主要包括极化通道耦合与不平衡。

设极化通道隔离度由-45dB增加至-5dB,抗质心干扰测角算法误差的变化曲线如图6-41所示。可以看出,所提方法对交叉极化并不敏感,当极化通

道隔离度优于 -20dB 时,测角性能相对稳定,精度可优于 0.1 倍波束宽度,这是因为极化域变焦利用的是调控收发极化时回波信号的相对变化。通常而言,极化雷达系统极化通道隔离度要求优于 -30dB,因此所提方法的工程可实现性强,可应对极化通道隔离度恶化的情况。

设极化通道幅度误差由 0dB 恶化至 2dB,相位误差由 0°恶化至 20°,抗质心干扰测角算法误差的变化曲线如图 6-42 所示。可以看出,随着极化通道平衡性不断恶化,测角误差逐渐增大,幅度不平衡相较于相位不平衡影响更大。在中等信噪比条件下,当幅度不平衡低于 1dB 且相位不平衡低于 20°,所提方法测角误差可优于 0.2 倍波束宽度,即使幅度不平衡达到 2dB,测角误差仍可保持在 0.3 倍波束宽度以内。

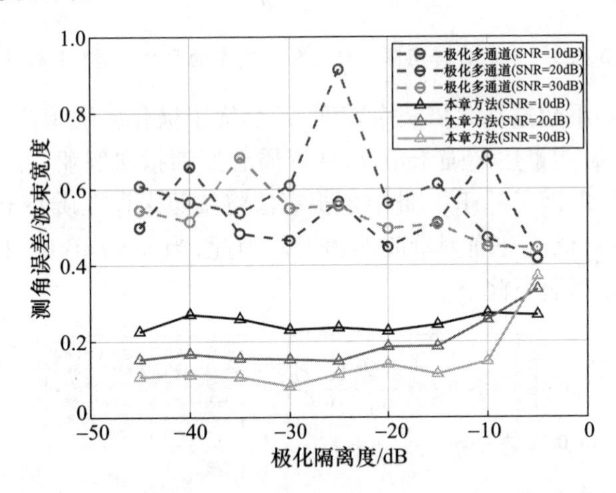

图 6-41 极化通道隔离度对测角性能的影响(见彩图)

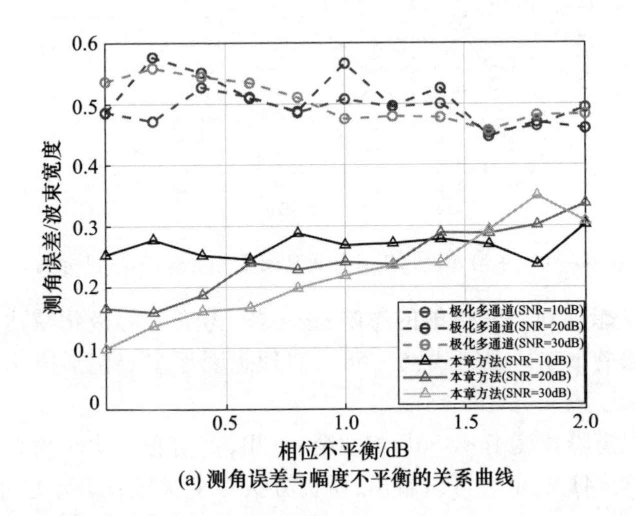

(a) 测角误差与幅度不平衡的关系曲线

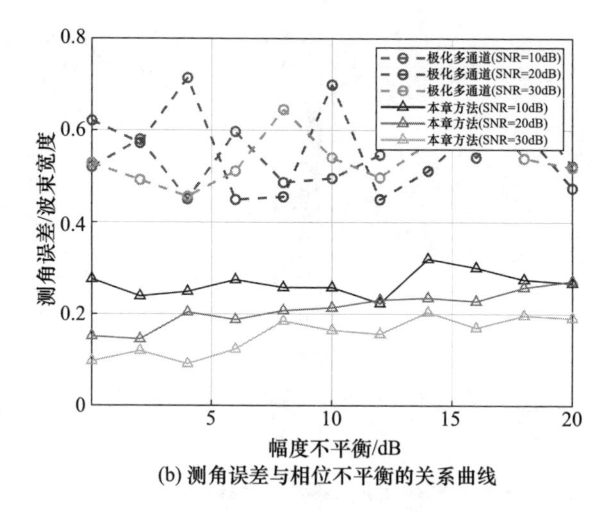

(b) 测角误差与相位不平衡的关系曲线

图6-42　极化通道幅相不平衡对测角性能的影响(见彩图)

3. 基于电磁仿真数据的算法性能分析

为进一步验证所提算法有效性,结合 CST 软件电磁仿真数据,测试极化域变焦抗质心干扰测角性能。如图 6-43 所示:首先,设置中心频率为 10GHz,带宽为 4GHz,仿真舰船全方位极化散射数据并成像,获得舰船各散射点的精确分布;其次,按照雷达带宽为 300MHz 的距离分辨单元对图像进行距离切片,提取舰船散射中心,并结合二十面角反仿真数据构建质心干扰场景。干扰场景的参数设置为:舰船与雷达的径向距离为 10km,方位上距离波束中心 200m,则舰船各散射点的角度范围为 $-0.22\Delta u_{\mathrm{R}} \sim -0.16\Delta u_{\mathrm{R}}$;另外,设置波束内存在 5 个充气式角反,角度分别为 $0.14\Delta u_{\mathrm{R}}$、$0.18\Delta u_{\mathrm{R}}$、$0.16\Delta u_{\mathrm{R}}$、$0.21\Delta u_{\mathrm{R}}$、$0.3\Delta u_{\mathrm{R}}$。角反回波能量与舰船相当,共产生 111 组数据。

利用所提方法进行质心干扰检测与舰船目标测角,定义正确检测且测角精度(以舰船中心为参考)低于 0.1 倍波束宽度为对抗成功,根据 111 组数据统计得到所提方法的质心对抗成功率超过 80%。选取对抗成功和不成功的两组典型数据,处理结果如图 6-44 所示。其中,典型数据 1 为成功对抗情况,单脉冲测角概率曲线的干扰区相对平滑,可准确检测到目标对应的峰值点;典型数据 2 为未成功对抗情况,干扰区和目标区均出现较强的凸起,根本原因在于该组数据中舰船的极化散射特性接近于角反,导致算法失效。需要注意的是,所提方法仅考虑了单个距离单元内的干扰对抗,实际应用时可联合时域多组数据进行综合处理,进一步提升质心干扰对抗性能。

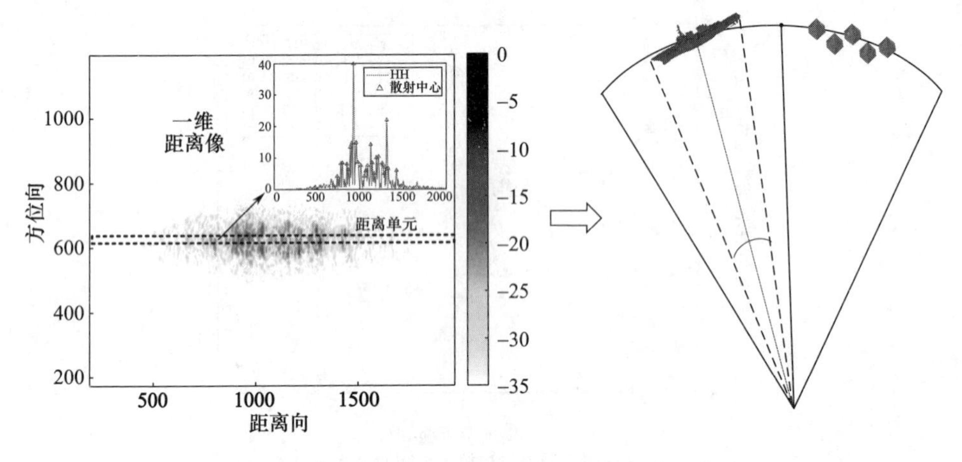

图 6－43　电磁仿真数据质心干扰场景构建示意图

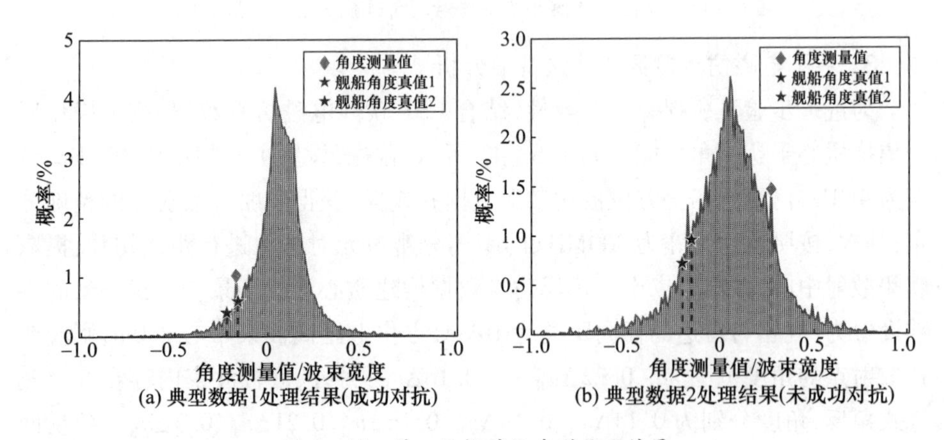

(a) 典型数据1处理结果(成功对抗)　(b) 典型数据2处理结果(未成功对抗)

图 6－44　质心干扰对抗典型处理结果

6.6 小　结

本章从模糊函数理论出发,重点分析了目标相对幅相关系对雷达分辨效果的影响,提出了极化域变焦理论,通过全极化域距离像阐明了极化域变焦时域分辨原理,并针对实际极化雷达系统提出了多目标检测与分辨方法,实现了多目标的正确判决与距离的有效估计。实验结果表明,10dB 信噪比条件下,雷达分辨力提升约 5 倍;30dB 信噪比条件下,雷达分辨力提升约 20 倍。需要注意的是,所提方法仅采用了非参数化模型,测距精度有限,可引入参数化模型进一步提升测距精度。

另外,以雷达导引头抗角反冲淡式和质心式干扰为背景,建立了舰船与角反的极化雷达信号模型。针对冲淡式干扰，构造了可表征目标极化散射特性的极化-距离二维像，在此基础上提出极化域变焦角反阵列辨识算法，通过 SVM 分类器对舰船和角反射器进行了分类鉴别。仿真数据表明，所提算法的角反鉴别精度相比极化分解方法在低信噪比条件下平均提升 7.5%，在交叉极化隔离度高于 -25dB 条件下平均提升 27.3%，该方法受到噪声和极化测量误差的影响更加稳健，性能更优。结合实测数据，算法有效性得到检验。

针对质心式干扰，根据舰船与角反的极化散射特性构建角反质心干扰场景模型，提出了极化域变焦单脉冲抗质心干扰算法，实现了质心干扰存在性检测与舰船目标精确测角。仿真结果表明，所提方法测角精度可达 0.1 倍波束宽度，远优于传统极化多通道方法，并且在极化通道耦合、幅相不一致等非理想条件下仍可有效测量，综合质心干扰对抗成功率可达 80% 以上。

参考文献

[1] VILLE J. Théorie et applications de la notion de signal analytique[J]. Cables et Transmission,1948,2A:61-74.

[2] WOODWARD P M. Probability and information theory with application to radar[M]. Oxford:Pergamon Press,1953.

[3] 张有为，李少洪．雷达系统分析[M]．北京：国防工业出版社，1981.

[4] 丁鹭飞，耿富录，陈建春．雷达原理[M].5版．北京：电子工业出版社，2014.

[5] 徐振海，肖顺平，熊子源．阵列雷达低角跟踪技术[M]．北京：科学出版社，2014.

[6] 谢腾飞，杨雪亚．平面阵列米波雷达超分辨测高技术研究[J]．雷达科学与技术，2015,1(2):164-166.

[7] 徐振海，熊子源，宋聃，等．阵列雷达双零点单脉冲低角跟踪算法[J]．国防科技大学学报，2015,1(1):130-135.

[8] 王罗胜斌，徐振海，刘兴华，等．阵列雷达自适应多零点单脉冲群目标测角算法[J]．国防科技大学学报，2019,41(3):1-6.

[9] SCHMIDT R O. Multiple emitter location and signal parameter estimation[J]. IEEE Transaction on Antennas and Propagation,1986,34(3);276-280.

[10] ROY R,KAILATH T. ESPRIT-estimation of signal parameters via rotational invariance techniques[J]. IEEE Transactions on Acoustics Speech & Signal Processing,2002,37(7):984-995.

[11] Carlin M,Rocca P,Oliveri G,et al. Directions-of-Arrival Estimation Through Bayesian Compressive Sensing Strategies[J]. IEEE Transactions on Antennas and Propagation,2013,61(7):3828-3838.

[12] TELLO ALONSO M T,LOPEZ-DEKKER F,MALLORQUI J J. A novel strategy for radar imaging based on compressive sensing[J]. IEEE Transactions on Geoscience and Remote Sensing,2011(1),48:4285-4295.

[13] YANG J,KANG Y,ZHANG Y,et al. A Bayesian angular superresolution method with lognormal constraint for sea-surface target[J]. IEEE Access,2020,8(1):13419-13428.

[14] 林铭团．电磁波涡旋的产生方法及应用研究[D]．长沙：国防科技大学，2018.

[15] 王雪松. 宽带极化信息处理的研究[D]. 长沙:国防科学技术大学,1999.

[16] 施龙飞,任博,马佳智,等. 雷达极化抗干扰技术进展[J]. 现代雷达,2016,38(4):1 -7.

[17] 王雪松. 雷达极化技术研究现状与展望[J]. 雷达学报,2016,5(2):119 -131.

[18] 王雪松,陈思伟. 合成孔径雷达极化成像解译识别技术的进展与展望[J]. 雷达学报,2020,9(2):259 -276.

[19] NOVAK L M,HALVERSEN S D,OWIRKA G,et al. Effects of polarization and resolution on SAR ATR [J]. IEEE Transactions on Aerospace and Electronic Systems,1997,33(1):102 -116.

[20] 李增辉,常雯,杨健. 基于超分辨极化 SAR 图像的舰船检测算法[J]. 系统工程与电子技术,2015,37(8):1773 -1777.

[21] WANG S L,XU Z H,DONG W,et al. A scheme of polarimetric superresolution for multitarget detection and localization[J]. IEEE Signal Processing Letters,2021,28(1):439 -443.

[22] 徐振海,王罗胜斌,熊子源. 相位差对雷达分辨的影响[J]. 电气电子教学学报,2015,(4)1:1 -2.

[23] 徐振海,黄艳刚,熊子源,等. 阵列雷达单脉冲与极大似然估计的一致性[J]. 现代雷达,2013,35(10):32 -35.

[24] WANG S L,XU Z H,LIU X H,et al. Subarray - based frequency diverse array for target range - angle localization with monopulse processing[J]. IEEE Sensors Journal,2018(1814):5937 -5947.

[25] 王永良. 空间谱估计理论与算法[M]. 北京:清华大学出版社,2004.

[26] LUOSHENGBIN W,ZHENHAI X,XINGHUA L,et al. Estimation of unresolved targets number based on Gerschgorin disks [C]// IEEE International Conference on Signal Processing. Xiamen: IEEE, 2017: 248 -252.

[27] ROY R,KAILATH T. ESPRIT - estimation of signal parameters via rotational invariance techniques [J]. IEEE Transactions on Acoustics Speech Signal Processing,2002,37(7):984 -995.

[28] PILLAI S U,KWON B H. Forward/backward spatial smoothing techniques for coherent signal identification [J]. IEEE Transactions on Acoustics Speech Signal Processing,1989,37(1):8 -15.

[29] CANDES E,ROMBERG J,TAO T. Robust uncertainty principles:exact signal frequency information [J]. IEEE Transactions on Information Theory,2006,52(1):489 -509.

[30] CANDES E,TAO T. Near - optimal signal recovery from random projections:universal encoding strategies [J]. IEEE Transactions on Information Theory. 2007,52(1):5406 -5425.

[31] PATI Y C,REZAIIFAR R,KRISHNAPRASAD P S. Orthogonal matching pursuit:recursive function approximation with applications to wavelet decomposition [C]//Conference on Signals, Systems Computers. Pacific Grove:IEEE,1993:40 -44.

[32] TIBSHIRANI R. Regression shrinkage selection via the LASSO[J]. Journal of the Royal Statal Society Series B(Statal Methodology),2011,73(3):273 -282.

[33] 黄天耀. 基于稀疏反演的相参捷变频雷达信号处理[D]. 北京:清华大学,2014.

[34] JI S,DUNSON D,CARIN L. Multitask compressive sensing[J]. IEEE Transactions on Signal Processing,2009,57(1):92 -106.

[35] WU Q,ZHANG Y D,AMIN M G,et al. Complex multitask Bayesian compressive sensing[C]//IEEE International Conference on Acoustics. Florence:IEEE,2014:3375 -3379.

[36] TANG G,BHASKAR B N,SHAH P,et al. Compressed sensing off the grid[J]. IEEE Transactions on Information Theory,2013,59(11):7465 -7490.

[37] 陈静. 雷达无源干扰原理[M]. 北京:国防工业出版社,2009.

[38] 张志远,张介秋,屈绍波,等. 雷达角反射器的研究进展及展望[J]. 飞航导弹,2014,1(4):64-70.

[39] 张志远,赵原源. 新型二十面体三角形角反射器的电磁散射特性分析[J]. 指挥控制与仿真,2018,40(4):133-7.

[40] 张林,胡生亮,胡海. 舰载充气式角反射体装备现状与战术运用研究现状[J]. 兵器装备工程学报,2018(6):48-51.

[41] 胡海,张林,张小东. 舰载充气式角反射体反导装备发展及运用[J]. 国防科技,2018,39(2):74-77.

[42] 汤广富,李华,甘荣兵,等. 海战场环境下角反射器干扰分析[J]. 电子信息对抗技术,2015,1(5):39-84.

[43] 朱珍珍,汤广富,程翥,等. 基于极化分解的舰船和角反射器鉴别方法[J]. 舰船电子对抗,2010,33(6):15-21.

[44] 张俊,胡生亮,范学满,等. 基于HRRP和PA的浮空式角反射体布放态势寻优[J]. 战术导弹技术,2018,1(3):1-5.

[45] 黄孟俊,赵宏钟,付强,等. 一种基于微多普勒特征的海面角反射器干扰鉴别方法[J]. 宇航学报,2012,1(10):1486-1491.

[46] 黄孟俊,陈建军,赵宏钟,等. 海面角反射器干扰微多普勒建模与仿真[J]. 系统工程与电子技术,2012,1(9):1781-1787.

[47] 王雪松. 雷达极化技术研究现状与展望[J]. 雷达学报,2016,5(2):119-131.

[48] 庄钊文,肖顺平,王雪松. 雷达极化信息处理及其应用[M]. 北京:国防工业出版社,1999.

[49] 黄培康,殷红成,许小剑. 雷达目标特性[M]. 北京:电子工业出版社,2005.

[50] 曾勇虎,王雪松,肖顺平,等. 基于瞬态极化时频分布及奇异值特征提取的雷达目标识别[J]. 电子学报,2005,1(3):571-573.

[51] 王雪松,徐振海,李永祯,等. 高分辨雷达目标极化检测仿真实验与结果分析[J]. 电子学报,2000,1(12):60-63.

[52] 王雪松,庄钊文,肖顺平,等. 光学区雷达目标空间极化结构特性描述及识别研究[J]. 电子学报,1998,1(6):36-41.

[53] 肖顺平,郭桂蓉,庄钊文,等. 基于含参最小二乘估计曲线拟合的极化雷达目标识别方法[J]. 电子学报,1997,1(03):32-54.

[54] 何松华,郭桂蓉,庄钊文. 雷达目标高分辨率距离—极化结构成像方法研究[J]. 电子学报,1994,1(7):1-8.

[55] 全斯农,范晖,代大海,等. 一种基于精细极化目标分解的舰船箔条云识别方法[J]. 雷达学报,2021,10(1):1-13.

[56] 涂建华,汤广富,肖怀铁,等. 基于极化分解的抗角反射器干扰研究[J]. 雷达科学与技术,2009,1(2):85-90.

[57] 李郝亮,陈思伟,王雪松. 海面角反射器的极化旋转域特性研究[J]. 系统工程与电子技术,2022,1(1):1-12.

[58] 王罗胜斌,王雪松,徐振海. 雷达极化域调控超分辨的原理与方法[J]. 中国科学:信息科学,2022,1(1):1674-7267.

[59] 孙见彬. 天线变极化技术抗无源质心干扰研究[J]. 电子对抗,1992,1(1):1-27.

[60] 柯有安. 雷达散射矩阵与极化匹配接收[J]. 电子学报,1963,1(03):1-11.

[61] 吴林罡,胡生亮,张俊,等. 双棱锥型角反射器RCS快速预估方法[J]. 战术导弹技术,2021,1(5):

1 - 7.
[62] YANG J,PENG Y,LIN S. Similarity between two scattering matrices[J]. Electronics Letters,2001,37(3):193 - 4.
[63] 邱鹏宇．反舰导弹复合导引头抗干扰性能研究[D]. 长沙:国防科学技术大学,2005.
[64] 房茂金．基于极化相参雷达的抗组合干扰技术研究[D]. 长沙:国防科学技术大学,2013.
[65] 周志华．机器学习[M]. 北京:清华大学出版社,2016.
[66] KROGAGER E. New decomposition of the radar target scattering matrix[J]. Electronics Letters,1990,26(18):1525 - 1527.
[67] 蔡天一,赵峰民,曾维贵．基于分形维数的质心干扰对抗方法[J]. 弹箭与制导学报,2013,33(2):173 - 176.
[68] 李伟,贾惠波,顾启泰．抗箔条质心干扰的一种方法[J]. 舰船电子对抗,2000,1(5):11 - 13.
[69] 汤广富,陈远征,赵宏钟,等．一种改进的小波变换抗箔条干扰算法[J]. 雷达与对抗,2005,1(2):20 - 24.
[70] 来庆福,赵晶,冯德军,等．单脉冲雷达导引头质心干扰检测方法[J]. 现代雷达,2011,33(11):40 - 44.
[71] YANG Y,FENG D J,ZHANG W M,et al. Detection of chaff centroid jamming aided by GPS/INS[J]. IET Radar Sonar & Navigation,2013,7(2):130 - 142.
[72] 马佳智,施龙飞,李永祯,等．主瓣干扰下混合极化系统单脉冲角度估计方法[J]. 系统工程与电子技术,2016,38(12):2692 - 2699.
[73] 刘业民,李永祯,黄大通,等．基于极化单脉冲雷达扩展目标角度估计方法[J]. 系统工程与电子技术,2021,43(6):1497 - 1505.
[74] 刘业民,李永祯,邢世其,等．抗舷外有源诱饵方法研究[J]. 电波科学学报,2022,37(1):48 - 57.
[75] 乔晓林,金铭,赵宜楠．利用极化单脉冲雷达抗质心干扰的研究[J]. 现代雷达,2006,28(12):45 - 51.
[76] 李永祯,王雪松,来庆福,等．基于极化对比增强的导引头抗箔条算法[J]．系统工程与电子技术,2011,33(2):268 - 271.
[77] 刘业民,邢世其,李永祯,等．基于极化单脉冲雷达的角度估计方法[J]．系统工程与电子技术,2018,40(8):1713 - 1719.
[78] HARRY L,VAN TREES. 最优阵列处理技术[M]. 汤俊,等译．北京:清华大学出版社,2008.
[79] 王雪松,王占领,庞晨,等．极化相控阵雷达技术研究综述[J]．雷达科学与技术,2021,19(4):349 - 370.
[80] SHERMAN S M,BARTON D K. 单脉冲测向原理与技术[M].2 版．周颖,陈远征,赵锋,等译．北京:国防工业出版社,2013.

第7章

极化特征提取与识别

7.1 引　言

极化成像雷达通过调整收发电磁波的极化方式实现对目标更加全面、精准、客观的散射特性测量，这些观测信息对于区分物体的几何结构、目标指向以及物质属性等参数具有显著优势，极大增强了对目标信息的获取能力和对复杂环境的感知能力。极化成像雷达目标散射特性分析与极化特征提取是战场侦察、精确打击领域目标检测与识别中的紧迫课题和任务，而目标极化分解是目前研究最多、应用最广泛的极化散射特性分析工具。

目标极化分解研究始于20世纪70年代，这类方法从散射行为刻画这一本质出发，为目标特征构建提供了重要的物理释义基础，它能够从混合散射体中分离出不同类型散射成分的贡献，并依据贡献大小来辨别不同目标的主导散射。然而，传统目标极化分解中散射模型的建立通常具有狭隘缺陷。对于方位变化的人造目标，散射模型参数与实际不符的狭隘使得交叉极化响应被错误地划分与增强，导致散射特性呈现与实际物理相违背的情况。对于结构复杂的人造目标，散射成分数目考虑不充分的狭隘使得总体散射中混杂散射难以被分离，导致散射行为无法被全面且准确地刻画。另外，当今战场环境日益复杂，干扰、伪装与人造目标相互混杂，这些假目标干扰不仅能够模拟目标回波的波形及多普勒特性，甚至还能够模拟目标的部分极化散射信息，导致传统目标极化分解存在明显的电磁散射机理混淆问题，这给极化成像雷达在复杂环境下的目标检测与识别带来了极大的阻碍。现有方法大都以数学规划的方式来弥补散射模型的不足，忽视了从物理层面去优化并建立散射模型。另外，目标极化特征提取的任务是从目标的雷达回波中获取与目标属性直接相关，且干扰与目标间差异扩大化的一个或多个特征，在此基础上实现人造目标的检测与识别。极化特征提取不仅可以作为消除干扰措施的判断依据，也可以在复杂电磁环境中为雷达数据处理提供重要支撑。统计分布假设是极化特征提取最常用的理论依据，但统计模型通常难以表征异质、复杂散射场景的数据分布。不仅如此，某些人造目标在统计特性上的可分性较差，而统计分布建模本质又是一种拟合处理，故而提取的极化特征总是不可避免地存在误差。

针对这些问题，本章介绍了基于精细极化分解的极化特征提取与检测识别的最新研究成果，主要内容包括：立足于目标物理几何属性本质，通过优化和拓展物理散射模型，提出精细极化分解理念，更为全面、准确地揭示人造目标局部结构散射机制，并定量描述各散射机制主导性；在此基础上，结合精细极化分解获得的目标局部极化散射信息及散射功率，构造并提取多层次、多维度的目标极化特征，从散射精细刻画层面凸显目标与干扰间的细微差异，实现目标与干扰的准确检测与识别。

本章内容安排如下：7.2 节为复杂环境目标极化分解特征提取，重点介绍基于交叉散射模型的五成分目标极化分解、基于类偶极子散射模型的六成分/七成分目标极化分解、基于旋转二面角散射模型的八成分目标极化分解的散射权重特征提取；7.3 节为人造目标极化检测与识别，主要包括基于散射权重特征设计的复杂海面背景目标极化检测以及复杂海面背景目标极化识别；7.4 节为本章小结。

7.2 复杂环境目标极化分解特征提取

目标极化分解是目标散射特性描述与极化特征提取的主要手段，也是目标检测识别等应用的重要基础。目标极化分解将极化成像雷达数据分离为若干个基本散射分量的线性组合，且这些分量与具体的散射机理相对应，具有明确清晰的物理意义[1-3]。经典的目标极化分解方法包括 Freeman 三成分分解[4]、Yamaguchi 四成分分解[5]等，这些方法在自然植被以及简单人造目标场景下能够取得理想的分解效果。然而，由于缺乏对人造目标散射特性的泛化认知以及散射模型的精准构建，经典的目标极化分解方法在复杂场景下难以取得良好的分解性能和应用效果。本节在充分探究人造目标极化散射规律认知的基础上，通过模型优化与模型拓展等方式不断构建更加精准的散射模型，建立了不同层级的精细目标极化分解方法，下面分别进行介绍。

7.2.1 基于交叉散射模型的五成分极化分解

在极化雷达系统成像过程中，与雷达平台方位平行的人造目标（如建筑物）

会产生很强的偶次散射,很容易与其他自然地物区分开来[6]。但对于方位变化的人造目标结构,其偶次散射较弱,会呈现出与自然植被相同的散射现象。研究指出,森林和方位变化的人造目标都对散射矩阵中的交叉散射项有贡献[7-9]。为了更准确地描述方位变化人造目标的交叉散射特征,从而将其与自然植被的体散射区分开来,已有研究通过对散射单元进行概率分布积分提出了不同的散射模型[10-13]。但是这些模型本身缺乏对异源交叉极化响应的深入探索以及局限于特定方位分布,其性能难以取得根本突破。鉴于此,本节使用二面角反射子并结合其极化方位角分布来推导交叉散射模型,并在此基础上提出了基于交叉散射模型的五成分目标极化分解方法。

1. 交叉散射模型构建

交叉散射响应与目标在观测坐标系下方位取向紧密相关,并且散射功率与方位大小呈正相关关系。从散射体基本结构及空间分布这一本质出发,本节利用圆极化基算法求得不同空间分布目标的极化方位角,结合适用于表征垂直结构的余弦平方函数求得二面角散射体自适应极化方位角分布,建立得到最终的交叉散射模型。

根据极化相干矩阵中,极化方位角 θ 可按下式估计[1,14-18]

$$\theta=\frac{1}{4}\arctan\left(\frac{2\mathrm{Re}\{T_{23}\}}{T_{22}-T_{33}}\right) \tag{7-1}$$

式中:$\mathrm{Re}\{T_{23}\}$ 表示相干矩阵元素 T_{23} 的实部。二面角散射结构体的极化方位角分布定义为

$$p(\theta)=\frac{1}{2}\cos(\theta-\theta_{\mathrm{dom}}),\ -\frac{\pi}{2}+\theta_{\mathrm{dom}}<\theta<\frac{\pi}{2}+\theta_{\mathrm{dom}} \tag{7-2}$$

式中:θ_{dom} 为建筑物极化方位角,可以通过式(7-1)计算得到。则交叉散射相干矩阵模型可以定义为

$$\langle[\boldsymbol{T}]\rangle_{\mathrm{cross}}=\int_{-\pi/2+\theta_{\mathrm{dom}}}^{\pi/2+\theta_{\mathrm{dom}}}[T_{\mathrm{d}}(\theta)]p(\theta)\mathrm{d}\theta \tag{7-3}$$

式中:$T_{\mathrm{d}}(\theta)$ 为标准二面角反射子的相干矩阵散射模型,式(7-3)可进一步推导为

$$\langle[\boldsymbol{T}]\rangle_{\mathrm{cross}}=\begin{bmatrix}0&0&0\\0&\frac{1}{2}-\frac{1}{30}\cos(4\theta_{\mathrm{dom}})&0\\0&0&\frac{1}{2}+\frac{1}{30}\cos(4\theta_{\mathrm{dom}})\end{bmatrix} \tag{7-4}$$

从式(7-4)可以看出,该相干矩阵散射模型是自适应的,与二面角的极化

方位角密切相关。当目标极化方位角为45°时,该式变为[10]

$$[\boldsymbol{T}]_{\text{cross}}=\frac{1}{15}\begin{bmatrix}0&0&0\\0&8&0\\0&0&7\end{bmatrix} \tag{7-5}$$

可以看出具有较大极化方位角的人造目标能得到较强的交叉散射功率,这与实际散射情况一致,说明该散射模型在补偿较大极化方位角所产生的交叉散射功率上具有较好的效果,有效增强了人造目标散射机理描述能力。另外,交叉散射模型在统一的数学形式下阐述了在其他特定方位调制下的二面角散射模型表示形式,不仅有效地从总交叉极化能量中分离出二面角结构散射的交叉极化能量,还使其他散射模型有了泛化的表征形式与理论基础。

2. 目标极化分解参数求解

将交叉散射当作一个独立的散射成分加入到 Yamaguchi 四成分极化分解中,则极化相干矩阵就被分解为表面散射、偶次散射、体散射、螺旋散射以及交叉散射,可表示为

$$\begin{aligned}\langle[\boldsymbol{T}]\rangle &= f_S[\boldsymbol{T}]_S+f_D[\boldsymbol{T}]_D+f_V[\boldsymbol{T}]_V+f_H[\boldsymbol{T}]_H+f_C[\boldsymbol{T}]_C\\ &= f_S\begin{bmatrix}1&\beta^*&0\\\beta&|\beta|^2&0\\0&0&0\end{bmatrix}+f_D\begin{bmatrix}|\alpha|^2&\alpha&0\\\alpha^*&1&0\\0&0&0\end{bmatrix}+\frac{f_V}{4}\begin{bmatrix}2&0&0\\0&1&0\\0&0&1\end{bmatrix}+\\ &\quad \frac{f_H}{2}\begin{bmatrix}0&0&0\\0&1&\pm\mathrm{j}\\0&\mp\mathrm{j}&1\end{bmatrix}+f_C[\boldsymbol{T}]_C\end{aligned} \tag{7-6}$$

式中:f_S,f_D,f_V,f_H 和 f_C 分别表示表面散射、偶次散射、体散射、螺旋散射以及交叉散射的加权系数;$[\boldsymbol{T}]_S$,$[\boldsymbol{T}]_D$,$[\boldsymbol{T}]_V$,$[\boldsymbol{T}]_H$ 和 $[\boldsymbol{T}]_C$ 表示对应散射机理的标准相干散射模型;α 和 β 分别代表二次散射和表面散射模型参数。为了简便,这里体散射模型采用 Yamaguchi 四成分分解中三种体散射模型的对称形式。基于式(7-6),可以得到下列关于分解参数的方程组:

$$\begin{cases} f_S+f_D|\alpha|^2+f_V/2=T_{11} & \text{(a)}\\ f_S|\beta|^2+f_D+f_V/4+f_H/2+m_{22}f_C=T_{22} & \text{(b)}\\ f_V/4+f_H/2+m_{33}f_C=T_{33} & \text{(c)}\\ f_S\beta^*+f_D\alpha=T_{12} & \text{(d)}\\ f_H/2=|\mathrm{Im}(T_{23})| & \text{(e)}\end{cases} \tag{7-7}$$

式中：m_{22}和m_{33}分别代表式(7-4)中第二和第三个对角元素；$\mathrm{Im}(T_{23})$为T_{23}的虚部。可以看出f_H可由方程组中式(7-7)(e)直接求出，则随后方程组剩余四个方程，共包含六个未知数。与Yamaguchi四成分分解方法一致，这里也需要根据判决条件$\mathrm{Re}(S_{HH}S_{VV}^*)$来固定两个未知参数$f_S$和$f_D$，即

$$\begin{aligned}&\text{如果 } \mathrm{Re}(S_{HH}S_{VV}^*)<0,\text{则} f_S=0\\&\text{如果 } \mathrm{Re}(S_{HH}S_{VV}^*)>0,\text{则} f_D=0\end{aligned} \tag{7-8}$$

在此基础上就可以得到包含四个未知变量的四个方程，进而求解得到所有的未知参数。为了让结果解析式更为简洁，可以对方程组(7-7)按照下面方式进行简化。根据式(7-7)(b)和(c)可得

$$\begin{aligned}&f_D+(m_{22}-m_{33})f_C=T_{22}-T_{33}, \qquad \mathrm{Re}(S_{HH}S_{VV}^*)<0\\&f_S|\beta|^2+(m_{22}-m_{33})f_C=T_{22}-T_{33}, \qquad \mathrm{Re}(S_{HH}S_{VV}^*)>0\end{aligned} \tag{7-9}$$

在上述两个方程中，因为$(m_{22}-m_{33})f_C$远远小于f_D和$f_S|\beta|^2$，因此可以略去。将式(7-9)与式(7-7)(d)结合起来就可以求得f_D，f_S，α和β。再结合式(7-7)~式(7-9)，最终得到所有的未知参数。当$\mathrm{Re}(S_{HH}S_{VV}^*)>0$时，有

$$\begin{cases}f_S=\dfrac{|T_{12}|^2}{T_{22}-T_{33}},f_V=2\left(T_{11}-\dfrac{|T_{12}|^2}{T_{22}-T_{33}}\right),\beta=\dfrac{T_{22}-T_{33}}{T_{12}}\\f_D=0,\alpha=0,f_H=2|\mathrm{Im}(T_{23})|,f_C=\left(T_{33}-\dfrac{f_H}{2}-\dfrac{f_V}{4}\right)/m_{33}\end{cases} \tag{7-10}$$

当$\mathrm{Re}(S_{HH}S_{VV}^*)<0$时，有

$$\begin{cases}f_D=T_{22}-T_{33},f_V=2\left(T_{11}-\dfrac{|T_{12}|^2}{T_{22}-T_{33}}\right),\alpha=\dfrac{T_{12}}{T_{22}-T_{33}}\\f_S=0,\beta=0,f_H=2|\mathrm{Im}(T_{23})|,f_C=\left(T_{33}-\dfrac{f_H}{2}-\dfrac{f_V}{4}\right)/m_{33}\end{cases} \tag{7-11}$$

需要注意的是，如果出现$f_C<0$，则可设置$f_C=0$并按照原始四成分分解的参数求解方法得到其他未知参数。从以上两式可以看出，该分解方法旨在从相干矩阵的交叉散射项T_{33}中分离出方位变化人造目标的交叉散射。根据f_C的解析表达式可以看出，人造目标的交叉散射和其极化方位角密切相关。当极化方位角为45°时，$m_{33}=7/15$，而当极化方位角为0°时，$m_{33}=8/15$，因此具有较大方位角的人造目标会产生较强的交叉散射。在Sato模型[10]中，$m_{33}=8/15$，在文献[11]的模型中，$m_{33}=1/2$，因此和这两个散射模型相比较，交叉散射模型能够补偿具有较大极化方位角人造目标被低估的交叉散射。根据上面的计算结果可以得到分解之后的各个散射功率

$$\begin{aligned}&P_S=f_S(1+|\beta|^2),P_D=f_D(1+|\alpha|^2),P_V=f_V\\&P_H=f_H,P_C=f_C\end{aligned} \tag{7-12}$$

式中：P_S，P_D，P_V，P_H 以及 P_C 分别为表面散射功率、偶次散射功率、体散射功率、螺旋散射功率以及交叉散射功率。

为了说明不同目标极化分解方法的性能，本节将采用加拿大 Radarsat－2 C 波段极化 SAR 数据进行展示，该数据成像地点位于美国圣迭戈市，成像时间为 2008 年 4 月 9 日，在方位向和距离向的像素原始分辨率分别为 4.82m 和 4.73m。成像结果的 Pauli 编码图和对应的光学图像如图 7－1 所示，可以看到所选区域涵盖了各种典型目标环境，包括带有不同取向角的人造目标、森林和海洋。图 7－2 给出了基于交叉散射模型的五成分目标极化分解方法的不同散射成分功率以及伪彩色合成结果，其中红色代表人造目标散射（二次散射、螺旋体散射、交叉散射之和），绿色代表体散射，蓝色代表表面散射。

(a) Pauli编码图　(b) 光学图像

图 7－1　Radarsat－2 C 波段极化 SAR 数据

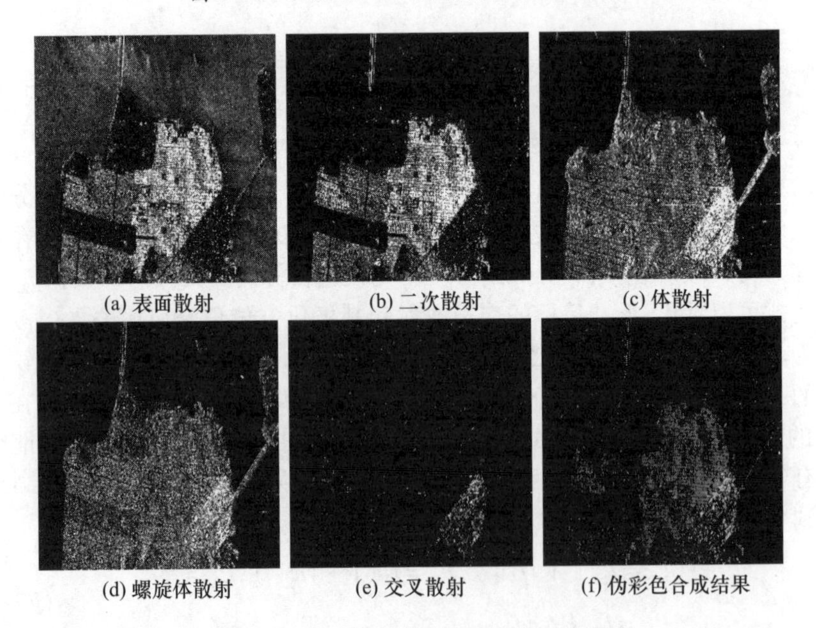

(a) 表面散射　(b) 二次散射　(c) 体散射

(d) 螺旋体散射　(e) 交叉散射　(f) 伪彩色合成结果

图 7－2　五成分目标极化分解（见彩图）

7.2.2 基于类偶极子散射模型的六成分/七成分极化分解

目标在满足单站互易的条件下,极化相干矩阵中共有9个自由参数,经典的目标极化分解方法只利用了其中部分自由参数(T_{11}、T_{22}、T_{33}、$\mathrm{Re}(T_{12})$、$\mathrm{Im}(T_{12})$、$\mathrm{Im}(T_{23})$),导致极化观测量不能被充分利用。实际上,这些未被利用的自由参数对应于人造目标散射的反射非对称部分。反射非对称散射不仅是人造目标的固有属性,更是刻画和判别人造目标散射的重要依据[1,19-22]。因此,为了充分利用极化信息并降低反射对称性的约束,本节通过扩充散射模型来对相干矩阵非对角元素进行释义。人造目标结构复杂,通常通过混合叠加多种基本粒子散射来描述其散射机制。由于水平/垂直偶极子的极化观测信息具有非常简单的表征形式[23-25],下面通过组合不同距离和方位取向的偶极子来构建不同形态结构的类偶极子混合散射模型,具体包括±45°偶极子散射模型[23-24]、±45°四分之一波器件散射模型[23-24]和±45°混合偶极子散射模型[25]。

1. 类偶极子散射模型

根据文献[23-24],±45°偶极子散射模型对应的物理结构如图7-3所示,其相应的散射矩阵具有以下形式:

$$
\begin{aligned}
[\boldsymbol{S}]_{\mathrm{OD}}^{45^\circ} &= [\boldsymbol{S}]_1 = \begin{bmatrix} 1 & 1 \\ 1 & 1 \end{bmatrix} \\
[\boldsymbol{S}]_{\mathrm{OD}}^{-45^\circ} &= [\boldsymbol{S}]_2 = \begin{bmatrix} 1 & -1 \\ -1 & 1 \end{bmatrix}
\end{aligned}
\tag{7-13}
$$

相应地,±45°偶极子散射模型的相干矩阵可以通过其散射矩阵的Pauli矢量内积得到,推导得到其表达式为

$$
[\boldsymbol{T}]_{\mathrm{OD}}^{\pm 45^\circ} = \frac{1}{2}\begin{bmatrix} 1 & 0 & \pm 1 \\ 0 & 0 & 0 \\ \pm 1 & 0 & 1 \end{bmatrix} \tag{7-14}
$$

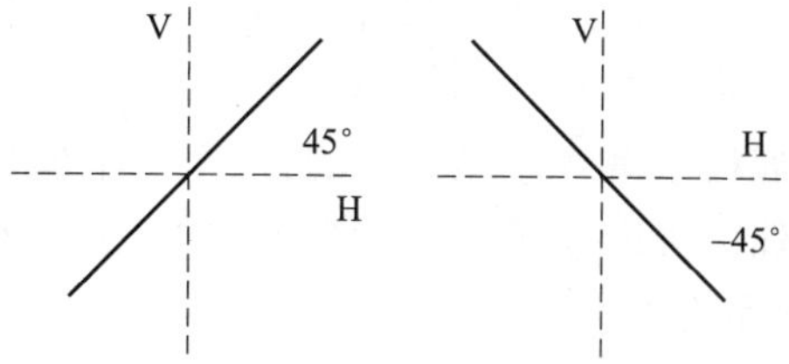

图7-3　±45°偶极子散射示意图

±45°四分之一波器件散射模型的物理结构如图7-4所示，其散射矩阵可以通过位于不同位置的偶极子的散射矩阵相加得到，该散射矩阵具有以下形式：

$$
\begin{aligned}
[\boldsymbol{S}]_{\mathrm{OQW}}^{45^\circ} &= [\boldsymbol{S}]_1 + [\boldsymbol{S}]_2 P(0) + [\boldsymbol{S}]_2 P\left(\frac{\lambda}{8}\right) + [\boldsymbol{S}]_1 P\left(\frac{3\lambda}{8}\right) = \begin{bmatrix} 1 & \mathrm{j} \\ \mathrm{j} & 1 \end{bmatrix} \\
[\boldsymbol{S}]_{\mathrm{OQW}}^{-45^\circ} &= [\boldsymbol{S}]_1 + [\boldsymbol{S}]_2 P(0) + [\boldsymbol{S}]_1 P\left(\frac{\lambda}{8}\right) + [\boldsymbol{S}]_2 P\left(\frac{3\lambda}{8}\right) = \begin{bmatrix} 1 & -\mathrm{j} \\ -\mathrm{j} & 1 \end{bmatrix}
\end{aligned} \tag{7-15}
$$

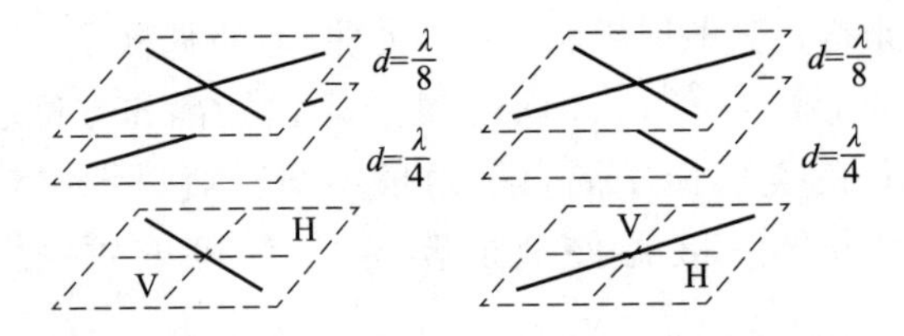

图7-4　±45°四分之一波器件散射示意图

这里，$P(d)=\exp(-\mathrm{j}(4\pi d/\lambda))$是由距离$d$产生的相位延迟，具有以下形式：

$$
P(d) = \begin{cases} 1, & d=0 \\ -\mathrm{j}, & d=\dfrac{\lambda}{8} \\ -1, & d=\dfrac{2\lambda}{8}=\dfrac{\lambda}{4} \\ \mathrm{j}, & d=\dfrac{3\lambda}{8} \end{cases} \tag{7-16}
$$

同样地，±45°四分之一波器件散射模型的相干矩阵可以由其散射矩阵得到，推导得到其表达式为[23-24]

$$
[\boldsymbol{T}]_{\mathrm{OQW}}^{\pm 45^\circ} = \frac{1}{2}\begin{bmatrix} 1 & 0 & \pm\mathrm{j} \\ 0 & 0 & 0 \\ \mp\mathrm{j} & 0 & 1 \end{bmatrix} \tag{7-17}
$$

对于±45°混合偶极子散射模型，考虑将一个水平偶极子与一个相距$\lambda/4$的取向角为±45°的偶极子进行混合。该偶极子的组成如图7-5所示，它们相应的散射矩阵可以表示为[25]

$$
[\boldsymbol{S}]_{\mathrm{MD}}^{-45^\circ} = [\boldsymbol{S}]_{\mathrm{dipole}}^{0^\circ} + [\boldsymbol{S}]_{\mathrm{dipole}}^{-45^\circ} P\left(\frac{\lambda}{4}\right) = \frac{1}{2}\begin{bmatrix} 1 & 1 \\ 1 & -1 \end{bmatrix} \tag{7-18}
$$

$$[\boldsymbol{S}]_{\mathrm{MD}}^{45^\circ}=[\boldsymbol{S}]_{\mathrm{dipole}}^{0^\circ}+[\boldsymbol{S}]_{\mathrm{dipole}}^{45^\circ}P\left(\frac{\lambda}{4}\right)=\frac{1}{2}\begin{bmatrix}1 & -1\\ -1 & -1\end{bmatrix} \tag{7-19}$$

相应地,可以得到下式:

$$[\boldsymbol{T}]_{\mathrm{MD}}^{\pm 45^\circ}=\frac{1}{2}\begin{bmatrix}0 & 0 & 0\\ 0 & 1 & \pm 1\\ 0 & \pm 1 & 1\end{bmatrix} \tag{7-20}$$

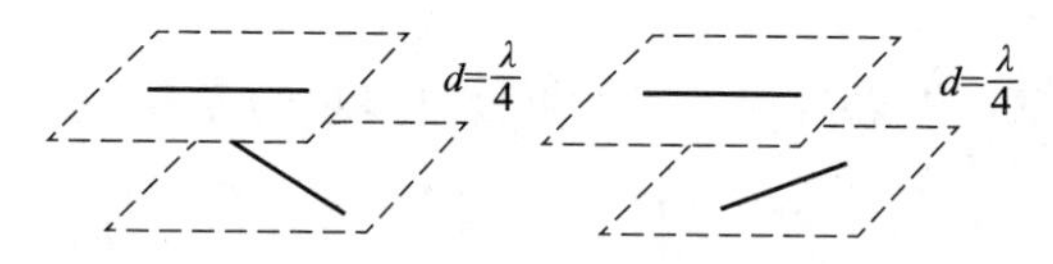

图7-5　±45°混合偶极子散射示意图

±45°偶极子、±45°四分之一波器件和±45°混合偶极子这三种散射成分广泛地存在于方位变化人造目标、植被和斜坡表面等区域,这些散射行为对应的极化信息蕴含在相干矩阵的非对角元素中。可以看到,这三种散射模型均具有相干特性,即对应矩阵的秩都等于1[26]。实际上,由于受到某些因素的限制以及对于极化信息的未完全利用,输入相干矩阵与经典分解方法中散射模型之间总是存在着一些差距,这导致分解之后将或多或少地存在残余成分。上述±45°偶极子、±45°四分之一波器件和±45°混合偶极子散射模型就是用于释义这些残余成分,实现人造目标局部结构散射机制的精细刻画[27-28]。

2. 目标极化分解参数求解

将±45°偶极子散射模型与±45°四分之一波器件散射模型加入到Yamaguchi四成分极化分解中,则六成分目标极化分解可表示为

$$\langle[\boldsymbol{T}]\rangle=f_{\mathrm{S}}[\boldsymbol{T}]_{\mathrm{S}}+f_{\mathrm{D}}[\boldsymbol{T}]_{\mathrm{D}}+f_{\mathrm{H}}[\boldsymbol{T}]_{\mathrm{H}}+f_{\mathrm{V}}[\boldsymbol{T}]_{\mathrm{V}}+f_{\mathrm{OD}}[\boldsymbol{T}]_{\mathrm{OD}}+f_{\mathrm{OQW}}[\boldsymbol{T}]_{\mathrm{OQW}} \tag{7-21}$$

在此基础上再结合±45°混合偶极子散射模型,则七成分目标极化分解可表示为

$$\langle[\boldsymbol{T}]\rangle=f_{\mathrm{S}}[\boldsymbol{T}]_{\mathrm{S}}+f_{\mathrm{D}}[\boldsymbol{T}]_{\mathrm{D}}+f_{\mathrm{H}}[\boldsymbol{T}]_{\mathrm{H}}+f_{\mathrm{V}}[\boldsymbol{T}]_{\mathrm{V}}+f_{\mathrm{OD}}[\boldsymbol{T}]_{\mathrm{OD}}+f_{\mathrm{OQW}}[\boldsymbol{T}]_{\mathrm{OQW}}+f_{\mathrm{MD}}[\boldsymbol{T}]_{\mathrm{MD}} \tag{7-22}$$

这里以六成分目标极化分解为例,介绍分解参数的求解过程。式(7-18)可进一步表示为

$$\langle[\boldsymbol{T}]\rangle = f_{\mathrm{S}}\begin{bmatrix}1 & \beta^* & 0\\ \beta & |\beta|^2 & 0\\ 0 & 0 & 0\end{bmatrix} + f_{\mathrm{D}}\begin{bmatrix}|\alpha|^2 & \alpha & 0\\ \alpha^* & 1 & 0\\ 0 & 0 & 0\end{bmatrix} + \frac{f_{\mathrm{V}}}{4}\begin{bmatrix}2 & 0 & 0\\ 0 & 1 & 0\\ 0 & 0 & 1\end{bmatrix} + \frac{f_{\mathrm{H}}}{2}\begin{bmatrix}0 & 0 & 0\\ 0 & 1 & \pm\mathrm{j}\\ 0 & \mp\mathrm{j} & 1\end{bmatrix} + \frac{f_{\mathrm{OD}}}{2}\begin{bmatrix}1 & 0 & \pm1\\ 0 & 0 & 0\\ \pm1 & 0 & 1\end{bmatrix} + \frac{f_{\mathrm{OQW}}}{2}\begin{bmatrix}1 & 0 & \pm\mathrm{j}\\ 0 & 0 & 0\\ \mp\mathrm{j} & 0 & 1\end{bmatrix} \tag{7-23}$$

基于式(7－23),可以得到下列关于分解参数的方程组:

$$\begin{aligned}
&f_{\mathrm{S}} + f_{\mathrm{D}}|\alpha|^2 + f_{\mathrm{V}}/2 + f_{\mathrm{OD}}/2 + f_{\mathrm{OQW}}/2 = T_{11}\\
&f_{\mathrm{S}}|\beta|^2 + f_{\mathrm{D}} + f_{\mathrm{V}}/4 + f_{\mathrm{H}}/2 = T_{22}\\
&f_{\mathrm{V}}/4 + f_{\mathrm{H}}/2 + f_{\mathrm{OD}}/2 + f_{\mathrm{OQW}}/2 = T_{33}\\
&f_{\mathrm{S}}\beta^* + f_{\mathrm{D}}\alpha = T_{12}\\
&f_{\mathrm{OD}}/2 = |\mathrm{Re}(T_{13})|\\
&f_{\mathrm{OQW}}/2 = |\mathrm{Im}(T_{13})|\\
&f_{\mathrm{H}}/2 = |\mathrm{Im}(T_{23})|
\end{aligned} \tag{7-24}$$

可以看出f_{OD},f_{OQW},f_{H}可由后三个方程直接求出,f_{V}可由第三个方程进一步得出,结果为$f_{\mathrm{V}} = 2(2T_{33} - f_{\mathrm{H}} - f_{\mathrm{OD}} - f_{\mathrm{OQW}})$。随后方程组只剩余三个方程,共包含四个未知数。这三个方程可进一步变换为

$$\begin{aligned}
&\frac{f_{\mathrm{S}}}{1+|\beta|^2} + \frac{f_{\mathrm{D}}|\alpha|^2}{1+|\alpha|^2} = S\\
&\frac{f_{\mathrm{S}}|\beta|^2}{1+|\beta|^2} + \frac{f_{\mathrm{D}}}{1+|\alpha|^2} = D\\
&\frac{f_{\mathrm{S}}\beta^*}{1+|\beta|^2} + \frac{f_{\mathrm{D}}\alpha}{1+|\alpha|^2} = C
\end{aligned} \tag{7-25}$$

式中:$S = T_{11} - f_{\mathrm{V}}/2 - f_{\mathrm{OD}}/2 - f_{\mathrm{OQW}}/2$;$D = T_{22} - f_{\mathrm{V}}/4 - f_{\mathrm{H}}/2$;$C = T_{12}$。根据实验结果可知,二面角引起的偶次散射导致参数$\mathrm{Re}(S_{\mathrm{HH}}S_{\mathrm{VV}}^*)$为负,而非二面角结构将导致$\mathrm{Re}(S_{\mathrm{HH}}S_{\mathrm{VV}}^*)$为正。在此基础上,构造判决条件表达式为

$$C_0 = T_{11} - T_{22} - T_{33} + f_{\mathrm{H}} = 2T_{11} - \mathrm{SPAN} \tag{7-26}$$

如果$C_0 > 0$,则偶次散射为零,进一步得到

$$\alpha=0\rightarrow\beta^{*}=\frac{C}{S},f_{\mathrm{S}}=S+\frac{|C|^{2}}{S},f_{\mathrm{D}}=D-\frac{|C|^{2}}{S}\tag{7-27}$$

如果 $C_0\leqslant 0$，则表面散射为零，进一步得到

$$\beta^{*}=0\rightarrow\alpha=\frac{C}{D},f_{\mathrm{S}}=S-\frac{|C|^{2}}{D},f_{\mathrm{D}}=D+\frac{|C|^{2}}{D}\tag{7-28}$$

图7-6是六成分目标极化分解方法的不同散射成分功率以及伪彩色合成结果，其中红色代表人造目标散射（二次散射、螺旋体散射、±45°偶极子散射、±45°四分之一波器件散射之和），绿色代表体散射，蓝色代表表面散射。

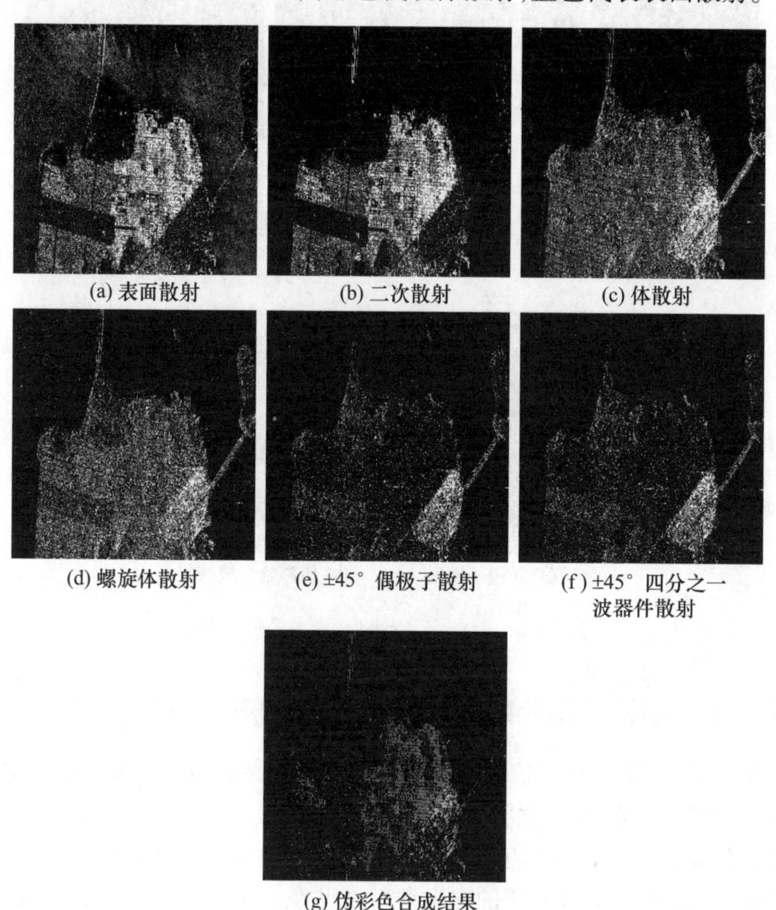

(a) 表面散射　(b) 二次散射　(c) 体散射

(d) 螺旋体散射　(e) ±45° 偶极子散射　(f) ±45° 四分之一波器件散射

(g) 伪彩色合成结果

图7-6　六成分目标极化分解（见彩图）

图7-7给出了七成分目标极化分解方法的不同散射成分功率以及伪彩色合成结果，其中红色代表人造目标散射（二次散射、螺旋体散射、±45°偶极子散射、±45°四分之一波器件散射、±45°混合偶极子散射之和），绿色代表体散射，蓝色代表表面散射。

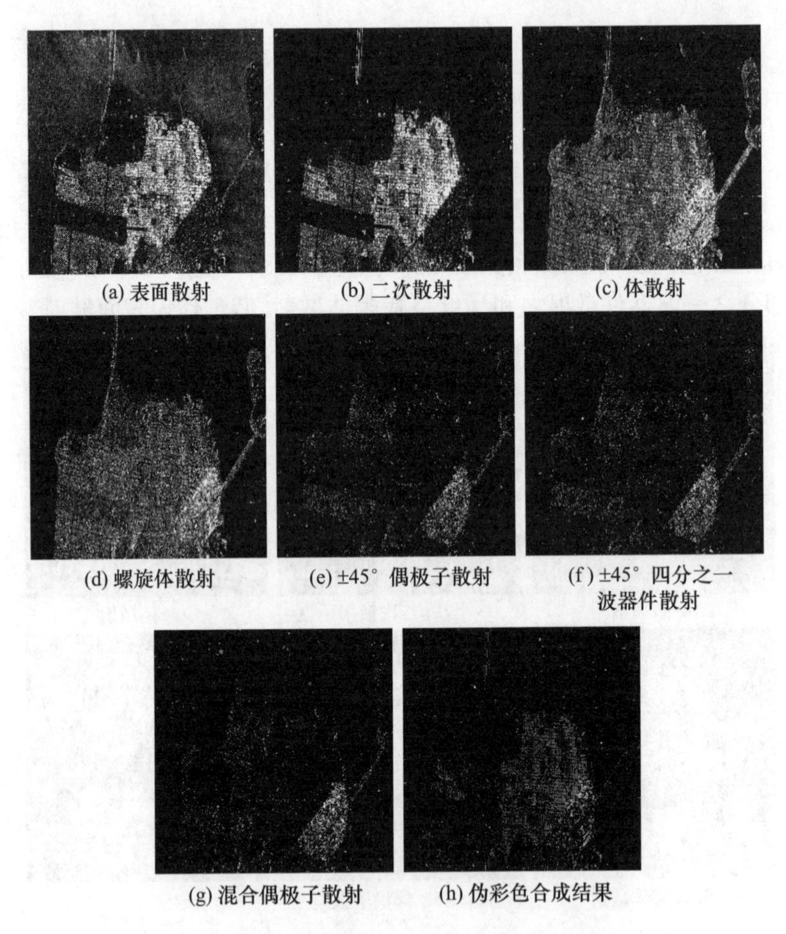

(a) 表面散射 (b) 二次散射 (c) 体散射

(d) 螺旋体散射 (e) ±45° 偶极子散射 (f) ±45° 四分之一波器件散射

(g) 混合偶极子散射 (h) 伪彩色合成结果

图 7-7 七成分目标极化分解(见彩图)

7.2.3 基于旋转二面角散射模型的八成分极化分解

前面指出,对于具有方位变化二面角结构(下称旋转二面角)的人造目标,其通常会改变电磁波的极化状态,进而产生强烈的交叉极化响应[26-27]。如果无法准确分配由人造目标产生的和由自然地物产生的交叉极化成分,就会导致散射机理混淆。7.2.1 节介绍的交叉散射模型在一定程度上改善了这种混淆现象,但这类模型限制了所包含的同极化成分(相干矩阵中的 T_{22} 项)和交叉极化成分(相干矩阵中的 T_{33} 项)近乎相等。然而,Guinvarc'h 等指出即便是只有较小的方位变化,旋转二面角也会产生强烈的交叉极化响应[9]。因此,交叉极化成分比同极化成分要大得多。为了解决这一问题,本节建立了一种旋转二面角散射模型,实现了对人造目标交叉散射成分的精细分配,并在此基础上提出了八成分目标极化分解方法。

1. 旋转二面角散射模型

在数学上,如果 X 是一个不等于 1 的有理数,那么它的差倒数 DR(X)为

$$\mathrm{DR}(X)=\frac{1}{1-X} \tag{7-29}$$

定义 X 的类差倒数 ADR(X),其表达式为

$$\mathrm{ADR}(X)=\frac{X}{1-X} \tag{7-30}$$

对于类差倒数,其最重要的性质为若 X 的取值范围为 0 ~ 1,那么 $X/(1-X)$ 总是要显著大于 X。鉴于此,旋转二面角散射中同极化和交叉极化成分可以利用类差倒数变换进行合理分配,从而提出一种旋转二面角散射模型

$$[\boldsymbol{T}]_{\mathrm{R}}=\begin{bmatrix}0 & 0 & 0\\0 & R_{22} & 0\\0 & 0 & R_{33}\end{bmatrix}$$
$$R_{22}=\frac{\mathrm{Fac}}{\mathrm{Fac}+\dfrac{\mathrm{Fac}}{1-\mathrm{Fac}+\xi}},\quad R_{33}=\frac{\dfrac{\mathrm{Fac}}{1-\mathrm{Fac}+\xi}}{\mathrm{Fac}+\dfrac{\mathrm{Fac}}{1-\mathrm{Fac}+\xi}} \tag{7-31}$$

式中:Fac 是一个待确定的修正因子;ξ 是一个无穷小的正数,用于防止分母取值为零。旋转二面角散射模型采用了与交叉散射模型相同的矩阵形式,因此它可以有效地分配总体交叉极化成分。旋转二面角散射模型的优化体现在两个方面:一方面,在没有任何先验信息的条件下,用 Fac 替换原始模型矩阵中的 T_{22} 项,它表征了在旋转二面角结构中一定比例的同极化成分;另一方面,用 Fac 的类差倒数替换原始模型矩阵中的 T_{33} 项,它表征了交叉极化成分要显著大于同极化成分。

在 Fac 的取值方面,首先,它应当是一个与旋转二面角散射特性相关的独有特征,即利用 Fac 能够对旋转二面角结构进行辨别;其次,不同于交叉散射模型以及为了消除方位估计不准确所带来的影响,Fac 应具有旋转不变性,即不敏感于方位变化;最后,Fac 的取值必须在 0 ~ 1。本部分将旋转二面角散射描述子 D_{RDS} 融入至 Fac 的构造之中,其数学形式基于分析旋转二面角极化散射特性求得[29]

$$D_{\mathrm{RDS}}=\frac{4\lambda_3^2}{\mathrm{SPAN}}\left(1-\frac{\lambda_1-\lambda_2}{\mathrm{SPAN}-3\lambda_3}\right)^2 \tag{7-32}$$

式中:SPAN 为散射总能量;λ_i 为相干矩阵的特征值;D_{RDS}是矩阵特征值的组合,故其具有旋转不变特性。由于特征值没有明确的取值范围,因此 D_{RDS}理论上具有零到正无穷的取值。考虑 Fac 的取值约束,这里使用一种非线性归一化变换,将 D_{RDS}映射至[0,1]。变换函数采用 sigmoid 函数,其形式为

$$\mathrm{SF}(X)=\frac{1}{\left[1+\mathrm{e}^{a(X-c)}\right]^b} \tag{7-33}$$

式中:a,b,c 为大于零的常数。sigmoid 函数具有单调递增的特性,常被用作激活函数来对变量进行归一化映射。结合 sigmoid 函数变换,修正因子 Fac 最终具有如下形式:

$$\mathrm{Fac}=\frac{1}{\left[1+\mathrm{e}^{a(D_{\mathrm{RDS}}-c)}\right]^b} \tag{7-34}$$

修正因子 Fac 取值区间为 0 ~ 1,其分布取决于描述子 D_{RDS}变化的形式,即常数 a,b,c 的取值设定。其中,常数 a,c 直接影响了描述子 D_{RDS}变化中对比度拉伸的程度,较大的常数 a 在 D_{RDS}最大幅值附近会产生较高的对比度拉伸,而较大的常数 c 则会促使修正因子 Fac 趋于最大值方向饱和。常数 b 则指代了 sigmoid 函数的量级,为简单起见,它通常被设定为 1。这里,为了平衡修正因子 Fac 对比度拉伸程度和饱和程度,常数 a,b,c 被分别设定为 -1、1 和 0。为了直观地比较交叉散射模型和所提出的旋转二面角散射模型,从一个旋转二面角像素中摘取其相干矩阵进行说明,该相干矩阵为

$$\begin{bmatrix} 0.356 & 0.015-0.010\mathrm{j} & -0.037-0.071\mathrm{j} \\ 0.015+0.010\mathrm{j} & 0.128 & -0.097-0.051\mathrm{j} \\ -0.037+0.071\mathrm{j} & -0.097+0.051\mathrm{j} & 0.332 \end{bmatrix} \tag{7-35}$$

表 7-1 给出了根据上述相干矩阵计算得到的交叉散射模型和旋转二面角散射模型的归一化元素取值。从原始相干矩阵中可以看到,交叉极化成分(0.332)要明显大于同极化成分(0.128),其实际比值为 2.594。在交叉散射模型中,交叉极化成分与同极化成分大小接近,分别为 0.524 和 0.476,其比值为 0.909。对于旋转二面角散射模型,其交叉极化成分(0.689)与同极化成分(0.312)之间的关系表明该模型更接近于实际(其比值为 2.208),因此它能够更有效地表征旋转二面角散射中交叉极化和同极化成分的分布。

表7-1 不同散射模型的元素取值

散射模型	同极化成分(R_{22})	交叉极化成分(R_{33})	计算分布比例(R_{33}/R_{22})	实际分布比例(T_{33}/T_{22})
交叉散射模型	0.524	0.476	0.909	2.59
旋转二面角散射模型	0.312	0.689	2.208	

2. 目标极化分解参数求解

尽管七成分分解具有较好的解译性能,其用以表征旋转二面角散射中交叉极化成分分布的散射模型在本质上却不恰当,这是因为其相干矩阵 T_{22} 项和 T_{33} 项近乎相等。除此之外,在七成分分解中,所有旋转二面角散射均被当作体散射,这会造成严重的体散射过估计和散射机理混淆。为了解决上述问题,本节整合旋转二面角散射模型以及类偶极子散射模型,提出了一种精细八成分分解方法,其精细性反映在两个方面:一是极化信息可在物理层面被充分利用;二是不同散射行为可被这八类散射模型准确刻画:

$$\begin{aligned}\langle[\boldsymbol{T}]\rangle = & f_{\mathrm{S}}[\boldsymbol{T}]_{\mathrm{S}} + f_{\mathrm{D}}[\boldsymbol{T}]_{\mathrm{D}} + f_{\mathrm{H}}[\boldsymbol{T}]_{\mathrm{H}} + f_{\mathrm{V}}[\boldsymbol{T}]_{\mathrm{V}} + \\ & f_{\mathrm{R}}[\boldsymbol{T}]_{\mathrm{R}} + f_{\mathrm{OD}}[\boldsymbol{T}]_{\mathrm{OD}} + f_{\mathrm{OQW}}[\boldsymbol{T}]_{\mathrm{OQW}} + f_{\mathrm{MD}}[\boldsymbol{T}]_{\mathrm{MD}}\end{aligned} \tag{7-36}$$

式中:f_{S},f_{D},f_{H},f_{V},f_{R},f_{OD},f_{OQW} 和 f_{MD} 分别代表待求的散射系数。由于不同散射机理之间并不正交,因此模型求解必须预先设定求解过程来确定每个散射项的权值。基于提出的旋转二面角散射模型和精细八成分分解框架,本部分设计了一种基于根的判别式的模型求解策略。

与文献[10,11,30-32]一致,通过从原始相干矩阵中减去螺旋体散射、±45°偶极子散射、±45°四分之一波器件散射以及±45°混合偶极子散射后,表面散射和二次散射的主导性可以通过残余矩阵中 T_{11} 和 T_{22} 项的相对大小(CO)进行判断:

$$\mathrm{CO} = T_{11} - T_{22} + \frac{f_{\mathrm{H}}}{2} - \frac{f_{\mathrm{OD}}}{2} - \frac{f_{\mathrm{OQW}}}{2} + \frac{f_{\mathrm{MD}}}{2} \tag{7-37}$$

相应地,如果 $\mathrm{CO}\geqslant 0$,那么在残余矩阵中表面散射占主导,此时可将二次散射系数置零(即 $f_{\mathrm{D}}=0$)。否则如果 $\mathrm{CO}\geqslant 0$,那么在残余矩阵中二次散射占主导,此时可将表面散射系数置零(即 $f_{\mathrm{S}}=0$)。从而,该欠定方程组可以实现求解。进一步,利用模值计算,可以获得如下表达式:

$$\begin{aligned}&\mathrm{CO}\geqslant 0:\mathrm{Re}(\beta) = \frac{\mathrm{Re}(T_{12})}{f_{\mathrm{S}}},\mathrm{Im}(\beta) = -\frac{\mathrm{Im}(T_{12})}{f_{\mathrm{S}}} \\ &\mathrm{CO}<0:\mathrm{Re}(\alpha) = \frac{\mathrm{Re}(T_{12})}{f_{\mathrm{D}}},\mathrm{Im}(\alpha) = \frac{\mathrm{Im}(T_{12})}{f_{\mathrm{D}}}\end{aligned} \tag{7-38}$$

尽管式(7-38)具有紧凑特性,但直接求解模型的解析解仍然十分困难。事实上,对于旋转二面角散射模型,如果修正因子 Fac 很小,那么可以直接忽略 $f_R R_{22}$ 项的影响。如果修正因子 Fac 很大且接近于 1,那么同样可以忽略 $f_R R_{22}$ 项的影响,这是因为参数归一化处理可使 R_{22} 忽略不计。在此基础上,可进一步求得两个一元二次方程:

$$
\begin{aligned}
&\mathrm{CO}\geqslant 0: A f_S^2 + Bf_S + C = 0, A = 1,\\
&B = 2T_{22} - T_{11} - f_H - f_{MD} + \frac{f_{OD}}{2} + \frac{f_{OQW}}{2}, C = -2|T_{12}|^2\\
&\mathrm{CO} < 0: A f_D^2 + Bf_D + C = 0, A = 2,\\
&B = T_{11} - 2T_{22} + f_H + f_{MD} - \frac{f_{OD}}{2} - \frac{f_{OQW}}{2}, C = -|T_{12}|^2
\end{aligned}
\tag{7-39}
$$

相应地,两个一元二次不等式的判别式分别为

$$
\begin{aligned}
&\mathrm{CO}\geqslant 0: \Delta = \left(2T_{22} - T_{11} - f_H - f_{MD} + \frac{f_{OD}}{2} + \frac{f_{OQW}}{2}\right)^2 + 8|T_{12}|^2\\
&\mathrm{CO} < 0: \Delta = \left(T_{11} - 2T_{22} + f_H + f_{MD} - \frac{f_{OD}}{2} - \frac{f_{OQW}}{2}\right)^2 + 8|T_{12}|^2
\end{aligned}
\tag{7-40}
$$

可以发现,式(7-40)中的判别式总是大于零,这确保了一元二次方程始终具有两个根。因此,方程的根可分为如下情形进行判定:①如果两根中较大的根为负,那么表面/二次散射系数被强制置零,这是因为模型必须保证物理可解(即具有非负散射贡献);②如果两根中较大的根为正而较小的根为负,那么表面/二次散射系数被确定为较大的根;③如果两根中较小的根为正,表面/二次散射系数仍然被确定为较大的根,这是出于约束体散射贡献不至于过大而考虑。一旦确定了表面或者二次散射系数,那么余下的散射系数便可计算,其表达式为

$$
\begin{aligned}
&f_H = 2|\mathrm{Im}(T_{23})|, f_{OD} = 2|\mathrm{Re}(T_{13})|, f_{OQW} = 2|\mathrm{Im}(T_{13})|, f_{MD} = 2|\mathrm{Re}(T_{23})|\\
&\mathrm{CO}\geqslant 0: f_D = 0, f_S = \frac{\sqrt{\Delta} - \left(2T_{22} - T_{11} - f_H - f_{MD} + \frac{f_{OD}}{2} + \frac{f_{OQW}}{2}\right)}{2}\\
&f_V = 2\left(T_{11} - f_S - \frac{f_{OD}}{2} - \frac{f_{OQW}}{2}\right), f_R = \frac{4T_{33} - 2f_H - f_V - f_{OD} - f_{OQW} - f_{MD}}{4R_{33}}\\
&\mathrm{CO} < 0: f_S = 0, f_D = \frac{\sqrt{\Delta} - \left(T_{11} - 2T_{22} + f_H + f_{MD} - \frac{f_{OD}}{2} - \frac{f_{OQW}}{2}\right)}{4}\\
&f_V = 2(2T_{22} - 2f_D - f_H - f_{MD}), f_R = \frac{4T_{33} - 2f_H - f_V - f_{OD} - f_{OQW} - f_{MD}}{4R_{33}}
\end{aligned}
\tag{7-41}
$$

相应地,散射系数对应的散射贡献可计算为

$$\begin{aligned} &P_{\mathrm{S}}=f_{\mathrm{S}}(1+|\beta|^{2}),P_{\mathrm{D}}=f_{\mathrm{D}}(1+|\alpha|^{2}),P_{\mathrm{H}}=f_{\mathrm{H}} \\ &P_{\mathrm{R}}=f_{\mathrm{R}},P_{\mathrm{OD}}=f_{\mathrm{OD}},P_{\mathrm{OQW}}=f_{\mathrm{OQW}},P_{\mathrm{MD}}=f_{\mathrm{MD}} \end{aligned} \tag{7-42}$$

为了降低体散射过估的影响且考虑到散射贡献平衡,体散射贡献被计算为

$$P_{\mathrm{V}}=\mathrm{SPAN}-P_{\mathrm{S}}-P_{\mathrm{D}}-P_{\mathrm{H}}-P_{\mathrm{R}}-P_{\mathrm{OD}}-P_{\mathrm{OQW}}-P_{\mathrm{MD}} \tag{7-43}$$

图7-8给出了八成分目标极化分解方法的不同散射成分功率以及伪彩色合成结果,其中红色代表人造目标散射(二次散射、螺旋体散射、旋转二面角散射、±45°偶极子散射、±45°四分之一波器件散射、±45°混合偶极子散射之和),绿色代表体散射,蓝色代表表面散射。

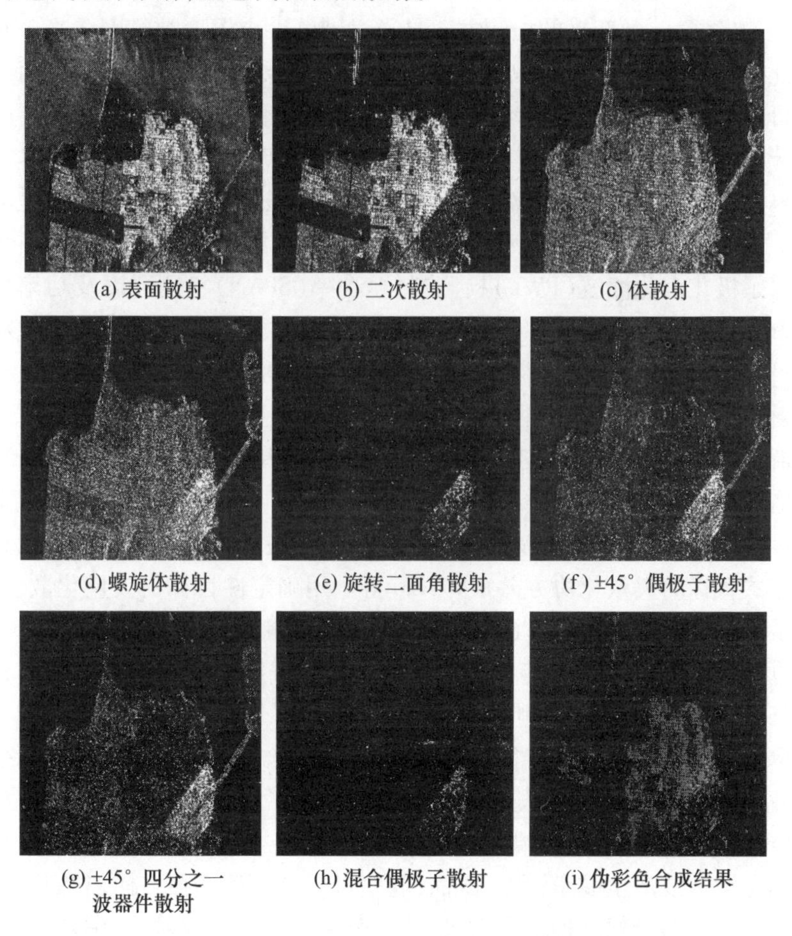

图7-8　八成分目标极化分解(见彩图)

7.3 人造目标极化检测与识别

7.3.1 复杂海面背景目标极化检测

由于舰船等造目标具有方位多变和结构复杂等特点,设计具有强泛化、易分辨的极化特征来精准检测目标,目标精准检测是一个非常有挑战性的问题。基于统计分布分析,恒虚警率(CFAR)方法是一种应用广泛的舰船目标检测技术[33-35],在未知先验信息的情况下,由于舰船目标相较于海杂波具有更强的散射响应,CFAR 通常具有良好的检测性能。但受到雷达平台参数多样和复杂海况的影响,海杂波精准统计建模及对应的参数估计非常困难而且复杂。随着人工智能的发展,一种新兴的检测方法是通过训练一个深度神经网络来分辨重要的特征。在这方面,由于卷积神经网络能够对底层函数进行估计(可用以刻画舰船目标后向散射特性且自动提取低维和高维图像结构特征),它在当前图像目标检测领域非常流行[36-38]。然而,深度学习的应用通常受到大样本训练需求的限制,且其可解释性仍然存疑。相较之下,通过刻画散射行为以提取合适的特征更为可观和实际。从利用散射强度信息开始,Novak[39] 和 De Graff[40] 分别提出了极化白化滤波(PWF)检测器、总功率(SPAN)检测器以及功率最大合成(PMS)检测器来分辨舰船目标。利用海杂波和人造目标之间的反射对称差异,Velotto 等设计了反射对称(RS)检测器来检测舰船目标[41]。通过分析目标的散射机理,Sugimoto 等利用 Yamaguchi 四成分分解设计了带阻滤波(Pt - Ps)检测器来压制海杂波的散射贡献[42]。Zhang 等将 Yamaguchi 四成分分解应用于构造的协方差差异矩阵,提出了一种二次 - 表面 - 螺旋散射(DBSPc)贡献舰船目标检测器[43]。在经典极化凹口滤波(PNF)检测器[44]的基础上,相较于利用分布式目标的矢量化协方差矩阵,Liu 等利用确定性目标的矢量化散射矩阵,提出了一种全新形式的 PNF(NPNF)[45]来辨别舰船目标。通过利用 Sobel 梯度算子以生成超像素,Zhang 等提出了一种结合邻域协方差矩阵和极化白化滤波(PWFSobel)的舰船目标检测器[46]。

尽管当前越来越多的特征检测器被提出,但始终难以实现舰船目标强泛化和高效率的检测。一方面,与雷达平台方位向不平行的舰船目标会产生显著的交叉极化响应,其散射不再满足反射对称性,这会导致它与具有强去极化效应的高动态海杂波产生混淆;另一方面,舰船目标的类型多种多样,它们通常由不同尺度和形状的局部结构组合而成,其复杂性源自单次散射、二次散射、三次散射以及更高阶散射的叠加,实现舰船目标散射的精细刻画并设计稳健有效的检测特征需要深入研究。本节提出了一种联合数学规划策略和精细极化分解的舰船目标极化检测方法。工作主要分成两部分:第一部分在精细极化分解的基础上,分析了舰船目标的主导和局部散射机理,在此基础上利用分解得到了散射贡献,设计了一种散射贡献组合特征,并进一步将其整合至保护滤波器中以增强特征功效;第二部分利用实测极化 SAR 数据,阐述了提出方法相较于对比方法在视觉解译和物理一致方面的优势。

1. 目标特征检测器

1）散射贡献组合特征

通过揭示方位变化引起的交叉极化响应跃变,以及挖掘反射不对称性信息以刻画混合散射,精细极化分解得到的散射成分可分别对应舰船目标不同的局部几何结构,因此它能够实现舰船目标散射机理的有效表征。主导散射是目标最本质的散射机理,其贡献是一种重要的极化特征,但仅利用主导散射贡献会存在一定局限。这是因为一方面,某些非主导散射贡献接近于主导散射贡献,从而会降低特征的有效性;另一方面,由于精细极化分解方法实现了极化信息的完全利用,因此在特征构造的过程中必须利用所有输出的散射贡献。鉴于此,最直接的特征构造方式就是利用简单的数学规划策略将这些散射贡献进行组合。

首先聚焦于三种基本的散射机理,即表面散射、二次散射以及体散射。图7－9针对舰船目标的散射进行了分析(散射贡献强弱非顺序排列)。对于表面散射,它通常被认为是地表面以及海杂波的主导散射机理。但在实际中,舰船目标的表面散射同样显著,其响应主要产生于舰船甲板以及其他典型的船体奇次散射结构。而二次散射(由舰船－海面或舰船船体本身形成的二面角所产生)是舰船目标最显著的散射机理,因此其贡献强弱是舰船存在与否的重要指标。对于体散射,它通常来源于树冠层等自然目标的多重交互作用。但当电磁波照射舰船目标时,其局部结构之间也会存在多重交互散射,这些多重交互散射共同形成了舰船目标的体散射。但是相较于表面散射和二次散射,它对总后向散射的贡献较弱。

进一步分析五种延展散射机理,即螺旋体散射、旋转二面角散射、±45°偶极子散射、±45°四分之一波器件散射和±45°混合偶极子散射。对于旋转二面角散射,其产生主要是因为二面角方位变化所导致,它与二次散射一起可共同认为是二面角散射。另外,舰船上塔台、天线和护栏等类似于偶极子结构的复杂局部结构会明显产生螺旋体散射、±45°偶极子散射、±45°四分之一波器件散射以及±45°混合偶极子散射,这四种散射的物理建模不仅充分利用了极化信息,还实现了矩阵非对角元素的物理释义。由于矩阵非对角元素不严格为

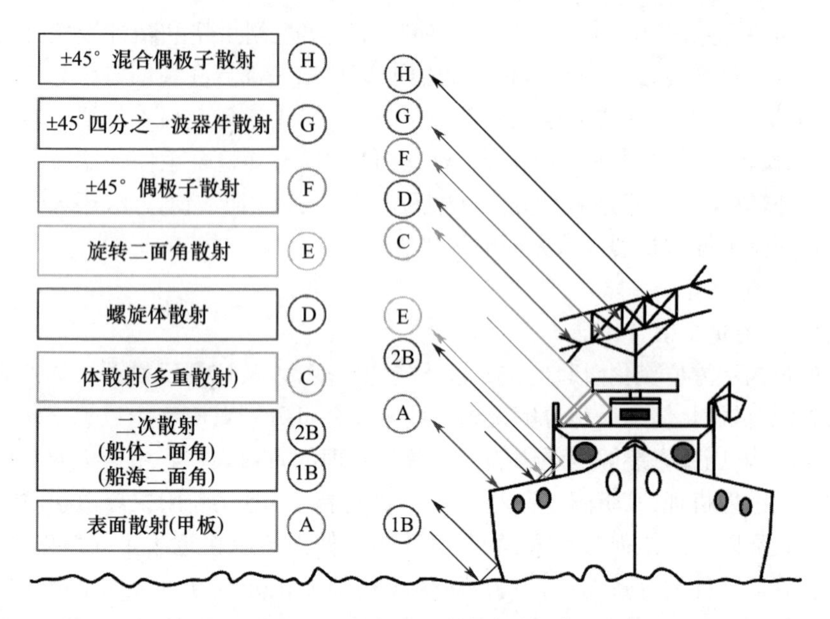

图 7-9 舰船目标散射成分分析

零,这四种散射一定程度上也存在于海杂波背景,但是相较之下,发生在舰船等造目标局部结构中的这类散射贡献更为强烈,这是因为它们本质上与反射不对称性相关联(故可共同认为是反射不对称散射)。基于上述理论分析,利用简单的线性及非线性组合,本节提出一种泛化形式的舰船目标极化检测特征,即

$$F_{\mathrm{Ship}} = P_{\mathrm{S}} * P_{\mathrm{D}} * P_{\mathrm{V}} * P_{\mathrm{H}} * P_{\mathrm{R}} * P_{\mathrm{OD}} * P_{\mathrm{OQW}} * P_{\mathrm{MD}} \tag{7-44}$$

式中:“ * ”代表了线性运算符(如加运算和减运算)或者非线性运算符(如乘运算和除运算)。需要注意的是,不同散射成分的贡献通常具有不同的动态范围。根据舰船目标散射的实际观测与理论分析,本节进一步构造一种可用于舰船目标检测的散射贡献组合器特征为

$$\mathrm{SCC} = P_{\mathrm{S}}P_{\mathrm{V}} + \underbrace{(P_{\mathrm{D}} + P_{\mathrm{R}})}_{\text{二面角散射}} + \underbrace{(P_{\mathrm{H}} + P_{\mathrm{OD}} + P_{\mathrm{OQW}} + P_{\mathrm{MD}})}_{\text{反射不对称散射}} \tag{7-45}$$

散射贡献组合器特征具有如下特性:①P_{S} 与 P_{V} 相乘则可以显著地降低表面散射主导(低海况情形下的海杂波)以及体散射主导(高动态情形下的海杂波)目标的影响。这是因为表面散射与体散射不能同时主导海杂波散射。②由于 P_{D} 与 P_{R} 是舰船等造目标的独有散射,因此二者之和(总二面角散射)可有效凸显舰船目标散射特性。③由于海杂波属于自然分布式目标,其散射通常具有反射对称特性,即 $\langle S_{\mathrm{HH}} \cdot S_{\mathrm{HV}}^{*} \rangle = \langle S_{\mathrm{HV}} \cdot S_{\mathrm{VV}}^{*} \rangle = 0$。在这种情况下,从相干矩阵 T_{13} 和 T_{23} 项计算得到的螺旋体散射、±45°偶极子散射、±45°四分之一波器件散

射和 ±45°混合偶极子散射可以忽略。而由于舰船目标具有复杂的局部结构，这些散射明显存在，因此通过叠加反射不对称散射（四者之和），可以进一步增大舰船目标和海杂波散射之间的差异。

2）保护滤波器

受到噪声和目标样本估计纯度不高的影响，直接在像素层面应用散射贡献组合器特征可能会导致某些异常值的出现。此外，对于弱小舰船目标检测，需要尽可能地增强目标和海杂波之间的特征差异。鉴于此，本节利用滑窗处理，将散射贡献组合器特征与保护滤波器进行结合来增强特征的功效，提出一种散射贡献组合特征检测器。

保护滤波器结构如图 7－10 所示，它包含了三层结构。其中，目标区域（测试区域）位于内部，保护区域和杂波区域（训练区域）分别位于中间和外围。保护区域设置的目的不仅是防止目标区域内舰船像素被海杂波像素污染，而且还可以将杂波区域内的舰船像素作为异常值予以剔除。在保护滤波器基础上，最终提出的散射贡献组合器特征检测器为

$$\mathrm{Det}_{\mathrm{Ship}} = \log \frac{\langle \mathrm{SCC} \rangle_{\mathrm{Test}}}{\langle \mathrm{SCC} \rangle_{\mathrm{Train}}} \tag{7-46}$$

式中：< · >代表相应区域像素的空间平均。在该检测器中，保护滤波器可在初始阶段对目标和杂波进行筛选，从而降低异常值的影响。此外，利用邻域信息及分区域对像素进行特征运算可显著增强特征的功效。若测试区域主要包含目标像素，则 $\mathrm{Det}_{\mathrm{Ship}}$ 取值较大；若测试区域主要包含海杂波像素，那么 $\mathrm{Det}_{\mathrm{Ship}}$ 取值接近于零；若目标像素主要分布在保护区域和训练区域，那么在测试区域的 SCC 值要小于训练区域的 SCC 值，则 $\mathrm{Det}_{\mathrm{Ship}}$ 取值为负。

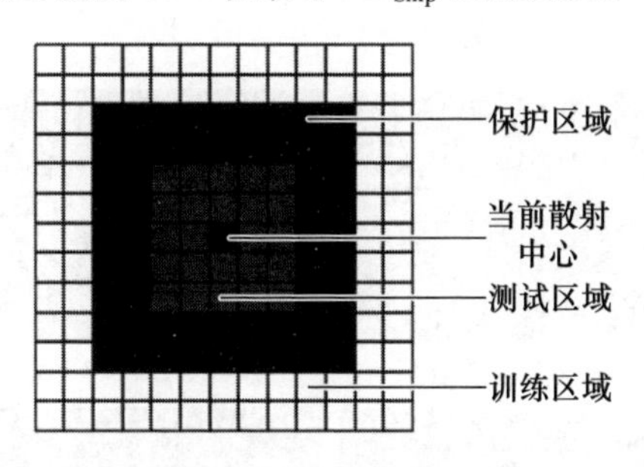

图 7－10　保护滤波器

对于测试区域边长尺寸，它通常被经验地设定为 3 个像素[47]，这是因为较小的测试区域可有效检测弱小舰船目标。而对于保护区域和训练区域，其尺寸与目标大小以及图像分辨率紧密相关。根据下文所用数据图像分辨率，为了确保保护区域可大致包含舰船目标整体，将保护区域边长尺寸设定为 31 个像素。

同时,考虑到在检测器应用中,海杂波和目标像素数目接近(样本量均匀)从而使得检测器性能更可靠这一要求,训练区域(杂波区域)边长尺寸被设定为33个像素,并且较大的训练区域也可更有效地对弱小舰船目标进行检测。由于所提特征检测器对应于舰船目标的散射显著性,因此采用可分辨特征特性的直方图阈值方法完成最终的舰船目标检测。直方图阈值法[29]选取阈值的过程可简要总结如下:首先,选取一定数量的舰船目标像素和随机的海杂波像素作为训练样本;其次,估计出这些不同类别训练样本的特征检测器直方图;最后,选取二者直方图曲线的交互点,即直方图两个波峰之间的波谷作为最终的检测阈值。

2. 检测性能评估

1) 实验数据

本节利用两组全极化SAR实测数据对所提方法进行验证。第一组为星载高分三号C波段数据,其成像地点位于中国广东省珠江河口,数据录取时间为2017年8月5日,原始方位向和距离向分辨率均为8.0m。第二组数据为美国机载AIRSAR L波段数据,其成像地点位于日本东京湾,数据录取时间为2000年10月2日,原始方位向和距离向分辨率分别为5.0m和2.8m。图7-11给出了两种全极化SAR数据的Pauli伪彩色图,其中红色像素代表二次散射结构,绿色像素代表体散射结构,蓝色像素代表表面散射结构。由于缺乏上述区域船舶自动识别系统(automatic identification system,AIS)的信息,因此舰船目标分布的真值主要是根据光学图像和极化SAR图像联合判读获得。视觉判读的合理性在于由于舰船目标相较于海杂波具有较强的后向散射,因此它们在图像中通常呈现为亮斑。在高分三号数据和AIRSAR数据中,分别存在49艘和24艘舰船目标,其中尺寸较大、散射较强的目标用红框标记,尺寸较小(小于20个像素)、散射较弱的目标则用黄框标记。

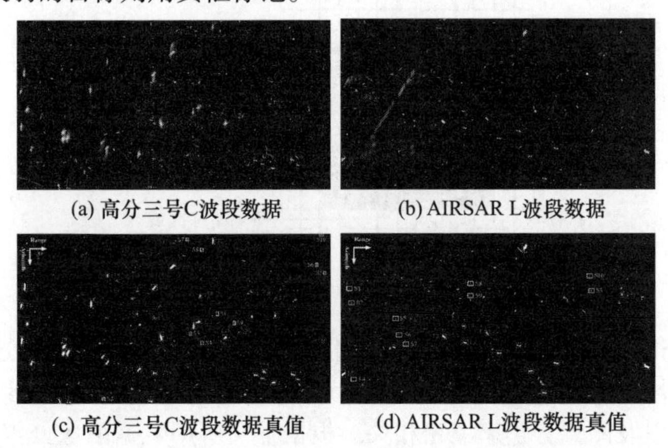

(a) 高分三号C波段数据　(b) AIRSAR L波段数据

(c) 高分三号C波段数据真值　(d) AIRSAR L波段数据真值

图7-11 不同数据Pauli伪彩色图像及相应的地表真值(见彩图)

2）精细八成分分解结果

图7-12分别给出了高分三号和AIRSAR数据精细八成分分解得到的伪彩色合成结果，其中红色通道代表舰船目标散射（二次散射、螺旋体散射、旋转二面角散射、±45°偶极子散射、±45°四分之一波器件散射以及±45°混合偶极子散射之和），绿色通道代表体散射，蓝色通道代表表面散射。由于呈现的是全景图像，因此部分舰船目标分解结果被放大至图中黄色矩形框中。

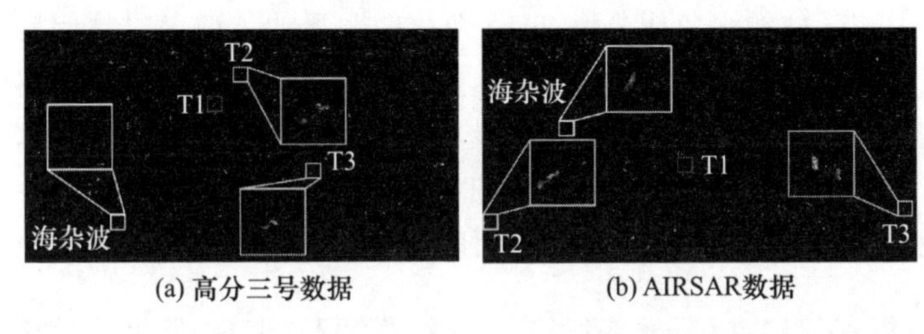

图7-12 精细八成分分解结果（见彩图）

对于船体方向与雷达方位向平行或者垂直的舰船目标，由于其结构对称且不改变电磁波的极化方式，因此它在散射中主要产生同极化响应，从而呈现明显的二次散射或者表面散射。根据图7-12可以看到，此类目标大多呈现出强烈的红色成分，其散射易于理解且容易检测。相反地，对于船体方向与雷达平台方位向具有明显夹角的舰船目标，其散射结构不再对称，且会造成散射电磁波极化基的扭转，此时它的散射中同极化响应将会显著减少，而交叉极化响应则会明显增加，此类目标散射机理复杂且易于与海杂波混淆，因此重点对其结果进行展示。可以看到，在黄色矩形框中有多种颜色无规律地分布于舰船目标内部，这表明不同方位和局部结构对应不同的散射机制，也说明舰船目标存在复杂多样的散射机理。仔细观察可以发现，在这类舰船目标中，红色成分占比最大，仅有小部分绿色成分。如前所述，舰船目标的体散射代表了其内部结构之间产生的固有且微弱的多重散射，因此绿色成分无法被完全消除。除了上述观测结果之外，绝大部分海杂波呈现出明显的黑色和蓝色（如高分三号数据中白色矩形框所示），说明对应的后向散射能量非常弱。但是对于少部分高动态海杂波，其内部与外部会产生多重散射交互，因此它会呈现出绿色成分（如AIRSAR数据中白色矩形框所示）。值得注意的是在分解结果中十字旁瓣和方位向模糊的现象均被明显压制，这说明精细八成分分解方法在分辨散射机理方面的有效性。

进一步地，从两组数据中分别选取一艘舰船目标（图7-12中T1目标），并将分解得到的八种散射成分展示如图7-13（a）和图7-13（b）所示。同时，替换旋转二面角散射模型为交叉散射模型，并将其整合至八成分分解框架中（称为交叉八成分分解)，将求解得到的八种散射成分展示如图 7 - 13(c)和图 7 - 13(d)所示。通过观察，舰船目标上均明显存在四种基本散射，并且分布具有连续性和整体性，可以很容易观测到舰船目标的轮廓。对于表面散射、二次散射以及螺旋体散射，两类分解方法并没有明显差异。但是对比体散射可以发现，在高分三号舰船中部以及 AIRSAR 舰船尾部(如图中黄色圆形区域所示)，交叉八成分分解结果要显著强于精细八成分分解结果，这直接导致在伪彩色合成图中该区域的绿色成分增加，从而存在明显的体散射过估问题。对于余下四种延展散射，旋转二面角散射成分在舰船目标上分布分散(如图中黄色椭圆所示)，且不与表面散射、二次散射、体散射以及螺旋体散射叠加，这说明这些区域存在特定的旋转二面角结构。仔细观察可以发现，交叉散射成分分布与旋转二面角散射成分基本一致，但是其幅度要明显更低，体现在某些像素仅有微

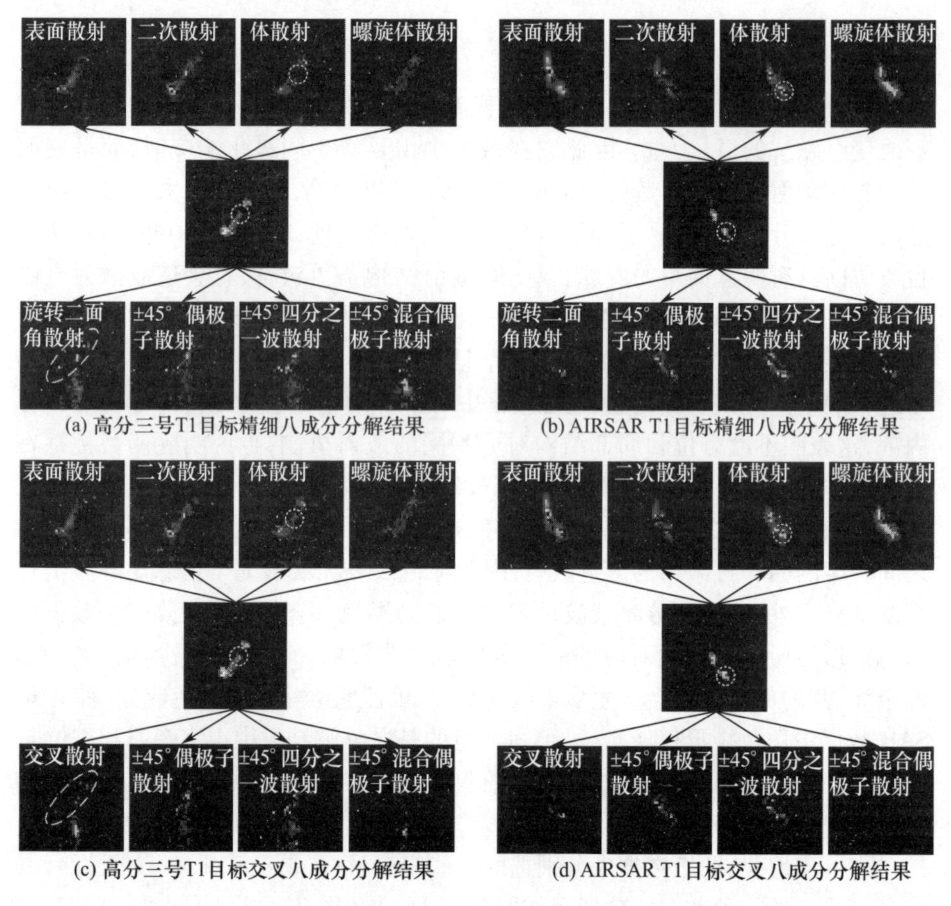

图 7 - 13 精细八成分分解与交叉八成分分解结果对比(见彩图)

弱的散射,非常容易淹没于背景。对于±45°偶极子散射、±45°四分之一波器件散射以及±45°混合偶极子散射成分,它们同样分散于舰船目标不同部位,对应于塔台、天线、护栏等类偶极子组合结构。在±45°偶极子散射和±45°四分之一波器件散射上,两类分解方法并无明显区别,但从混合偶极子散射来看,交叉八成分分解几乎无法辨识该类散射,在特征设计应用层面具有明显劣势。需要注意的是,在高分三号C波段成像情形下,短波观测到的海洋表面粗糙度更加粗糙,并且由于旁瓣的影响,此时海杂波的后向散射会部分存在去极化效应并具有反射不对称特性(即矩阵非对角元素非零),因此在八成分分解框架下也会产生旋转二面角散射、±45°偶极子散射、±45°四分之一波器件散射以及混合偶极子散射(体现在图中右下角区域)。

表7-2和表7-3给出了T1、T2、T3舰船目标归一化后的散射成分贡献统计结果。对于高分三号和AIRSAR数据中T1目标,其表面散射占比最高可达32.30%和33.89%,说明该目标的主导散射为表面散射,与前面的定性结果一致。对于T2及T3目标,表面散射在多数情况下仍占据主导,但与二次散射非常接近(除了AIRSAR中T2目标),这与实际舰船目标散射一致。进一步观察,在交叉八成分分解结果中,尽管舰船目标散射(即红色成分)占据主导,但T1、T2、T3目标均存在明显的体散射过估计问题,体散射占比要明显大于其他散射(例如在高分三号数据中分别为33.82%、37.10%以及36.90%)。

表7-2　高分三号舰船目标散射成分统计结果

散射类型	精细八成分分解			交叉八成分分解		
	T1	T2	T3	T1	T2	T3
表面散射	32.30%	24.13%	26.00%	28.82%	19.39%	22.16%
二次散射	23.61%	23.79%	24.17%	22.10%	21.00%	23.10%
体散射	22.36%	23.31%	26.80%	33.82%	37.10%	36.90%
螺旋体散射	6.35%	11.91%	16.05%	6.65%	12.80%	16.70%
旋转二面角/交叉散射	2.02%	2.72%	1.05%	1.15%	1.49%	0.25%
±45°偶极子散射	4.05%	7.76%	2.67%	2.74%	4.47%	0.53%
±45°四分之一波散射	7.14%	5.32%	2.96%	3.99%	2.62%	0.37%
混合偶极子散射	2.16%	1.06%	0.30%	0.73%	1.13%	0.01%
舰船目标散射	45.33%	52.55%	47.20%	37.36%	43.51%	40.94%

表 7-3 AIRSAR 号舰船目标散射成分统计结果

散射类型	精细八成分分解			交叉八成分分解		
	T1	T2	T3	T1	T2	T3
表面散射	33.89%	37.33%	26.30%	28.71%	36.50%	26.04%
二次散射	11.45%	20.67%	30.91%	11.43%	20.67%	30.45%
体散射	27.40%	23.07%	25.03%	38.63%	25.13%	26.92%
螺旋体散射	9.08%	11.63%	12.47%	9.11%	11.64%	12.42%
旋转二面角/交叉散射	3.77%	0.30%	0.39%	2.22%	0.11%	0.35%
±45°偶极子散射	6.28%	2.33%	2.32%	5.38%	2.25%	1.68%
±45°四分之一波散射	6.41%	3.80%	2.59%	4.52%	3.60%	2.09%
混合偶极子散射	1.73%	0.87%	0.01%	0.01%	0.10%	0.01%
舰船目标散射	38.71%	39.60%	48.67%	32.66%	38.37%	47.04%

相较之下，精细八成分分解方法可显著降低体散射，其平均降幅分别可达 11.78% 和 5.06%，有效改善了散射机理混淆现象。此外，体散射的降幅小部分被迁移至表面散射，大部分被迁移至舰船目标的局部结构散射中。在这之中，尽管旋转二面角散射占比较低（这是因为螺旋体散射、±45°偶极子散射、±45°四分之一波器件散射以及 ±45°混合偶极子散射已分担了大量的交叉极化散射），但对比于交叉散射，其平均涨幅分别可达 50% 和 40%。事实上，舰船目标在大场景观测下，相较于建筑物属于小目标，在建筑物中更易观测到大尺度的旋转二面角结构，因此旋转二面角散射模型在建筑物散射中功效更为明显，但该对象非关注点，此处不再讨论。除了上述观测结果之外，螺旋体散射在两类分解方法中基本保持不变，而 ±45°偶极子散射、±45°四分之一波器件散射以及 ±45°混合偶极子散射在精细八成分分解方法中均有小幅增加，且混合偶极子散射在交叉八成分分解中几乎为零，均对应于上述视觉观测结果。

3）检测性能及对比

为了定量和定性地评估舰船目标检测性能，此处将六种应用广泛的检测方法，即 PMS 方法、RS 方法、Pt-Ps 方法、DBSPc 方法、NPNF 方法以及 PWFSobel 纳入到评估对比中，并采用如下品质因素（FoM）作为评价指标：

$$\mathrm{FoM} = \frac{N_{\mathrm{tt}}}{N_{\mathrm{tt}} + N_{\mathrm{fa}} + N_{\mathrm{mt}}} \tag{7-47}$$

式中：N_{tt}、N_{fa}和N_{mt}分别代表正检数、虚警数以及漏检数。此处$N_{gt}=N_{tt}+N_{mt}$代表实际舰船目标数量。值得注意的是，作为中间评价指标，虚警数和漏检数可作为参考，但在评估舰船目标检测性能时，需要采用品质因素作为最终评价指标，这是因为它作为一个系统指标综合考虑了所有因素，且较大的品质因素意味着更优的检测性能。图7－14和图7－15给出了不同方法的舰船目标检测结果，其中矩形框指代了虚警目标，圆圈指代了漏检目标。在最后一行中，左边为散射贡献组合特征检测器的幅度图，右边为相应的检测结果。需要注意的是检测结果最终是在直方图阈值法的基础上进行微调所得，微调的目的在于折中虚警数和漏检数以获得最大的品质因素。表7－4给出了不同方法的定量评价结果。总体来看，所有方法都可以正确检测出具有较强后向散射的大尺寸舰船目标，但同时也存在明显的虚警，而这些虚警主要是由海洋风和其他洋流现象产生的强海杂波。更明显的是，在所有对比方法中都存在严重的漏检现象，其原因有二。第一是在阈值化后，十字旁瓣的存在会使得目标像素产生粘连，特别是对于高分三号数据。第二是一些较小尺寸的舰船目标在图像中仅占据若干像素，这使得它们很难被观测和检测到。这种情况尤其可见于AIRSAR数据中RS方法，它几乎漏检了所有的弱小舰船目标。

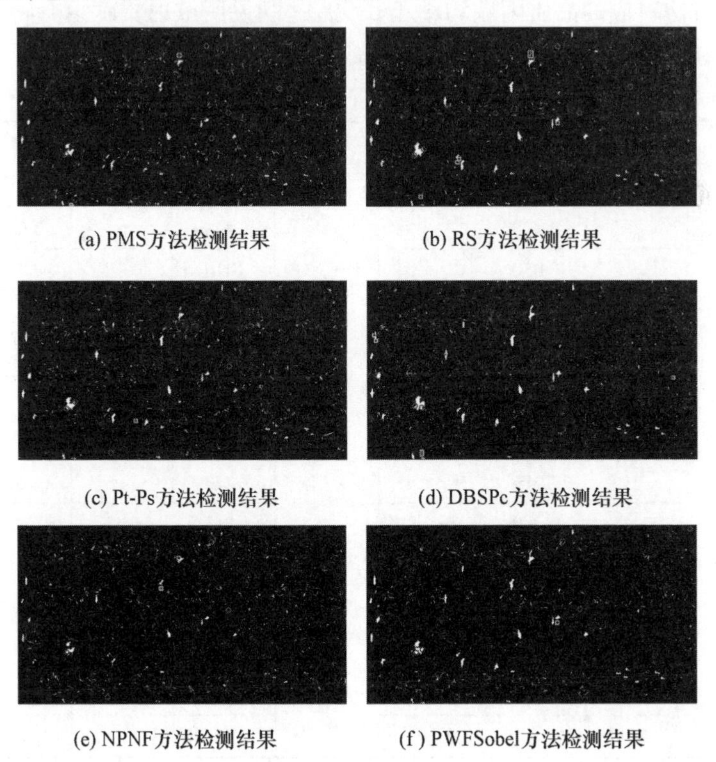

(a) PMS方法检测结果　(b) RS方法检测结果

(c) Pt-Ps方法检测结果　(d) DBSPc方法检测结果

(e) NPNF方法检测结果　(f) PWFSobel方法检测结果

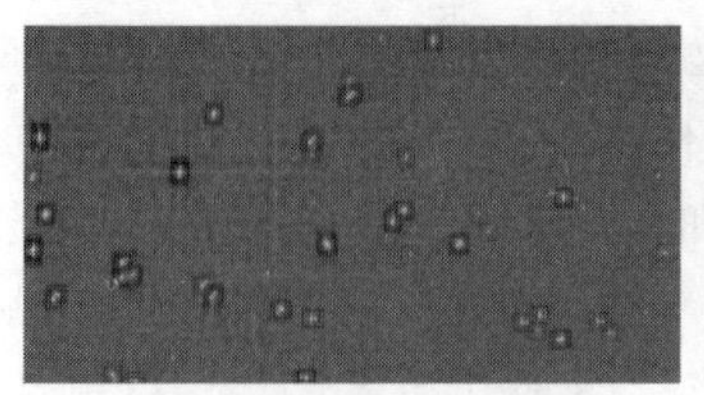

(g) 散射贡献组合特征检测器幅度图

(h) 散射贡献组合特征检测器检测结果

图 7-14 不同方法在高分三号数据上的检测结果

相较之下,舰船目标在散射贡献组合特征检测器检测结果中清晰可辨(虚警始终最小,在高分三号数据和 AIRSAR 数据中分别为 2 个和 1 个),目标之间不存在粘连(特别是高分三号数据中 T7/T8/T9 目标),能够准确地对应于真值分布。结合特征检测器幅度图可以进一步发现,检测到的舰船目标均被黑色框框选出来,与海杂波形成了鲜明的对比,这不仅说明构造的散射贡献组合特征准确凸显了舰船目标散射并有效地压制了海杂波的影响,还证明了利用保护滤波器可进一步增强特征的功效。结合目标虚警数和漏检数,本节检测方法在高分三号和 AIRSAR 数据中分别可达到最高 0.94 和 0.96 的品质因数。对比之下,其他方法对应的品质因数均小于 0.90,这既说明散射贡献组合特征检测器具有很强的鲁棒性,也证明了其在弱小舰船目标检测中的优势。

表 7-4 不同检测方法定量评价指标

传感器	方法	真值数	正检数	漏检数	虚警数	FoM
高分三号	PMS	49	41	8	2	0.80
	Pt - Ps		44	5	1	0.88
	RS		41	8	5	0.76
	DBSPc		46	3	4	0.87
	NPNF		45	4	2	0.88
	PWFSobel		43	6	1	0.86
	散射贡献组合特征检测器		48	1	2	0.94
AIRSAR	PMS	23	22	1	5	0.79
	Pt - Ps		21	1	3	0.85
	RS		13	10	3	0.50
	DBSPc		22	1	3	0.85
	NPNF		22	1	1	0.92
	PWFSobel		21	2	1	0.88
	散射贡献组合特征检测器		22	1	0	0.96

(a) PMS方法检测结果　(b) RS方法检测结果

(c) Pt-Ps方法检测结果　(d) DBSPc方法检测结果

(e) NPNF方法检测结果　(f) PWFSobel方法检测结果

(g) 散射贡献组合特征检测器幅度图　(h) 散射贡献组合特征检测器检测结果

图 7－15　不同方法在 AIRSAR 数据上的检测结果

接下来,进一步引入目标信杂比(TCR)指标来定量评估对弱小舰船目标的检测能力。信杂比定义为舰船目标和海杂波检测特征幅度的均值之比,其中海杂波数据可在图像中随机选取,且所有信杂比按分贝值计算(即 $10\log_{10}\mathrm{TCR}$)。图 7－16 和图 7－17 展示了高分三号和 AIRSAR 数据中不同方法信杂比在 10 艘弱小舰船目标(图 7－11 中黄色矩形框)上的分布,为了便于理解,我们将散射贡献组合特征检测器与每种方法进行了单独对比。可以很清楚地看到,除了高分三号数据中 S6 目标,散射贡献组合特征检测器信杂比分布曲线全方面包围了所有对比方法。除此之外,可以看到对比方法的信杂比在弱小舰船目标上起伏均比较剧烈(不仅体现在不同数据中,还体现在同一数据不同目标中)。相较之下,本节方法具有更强的鲁棒性,体现在尽管这些小尺寸舰船目标的后向散射较弱,但计算得到的局部结构散射和海杂波散射(表面散射)之间的权重差异明显,从而信杂比曲线分布也更加均匀。

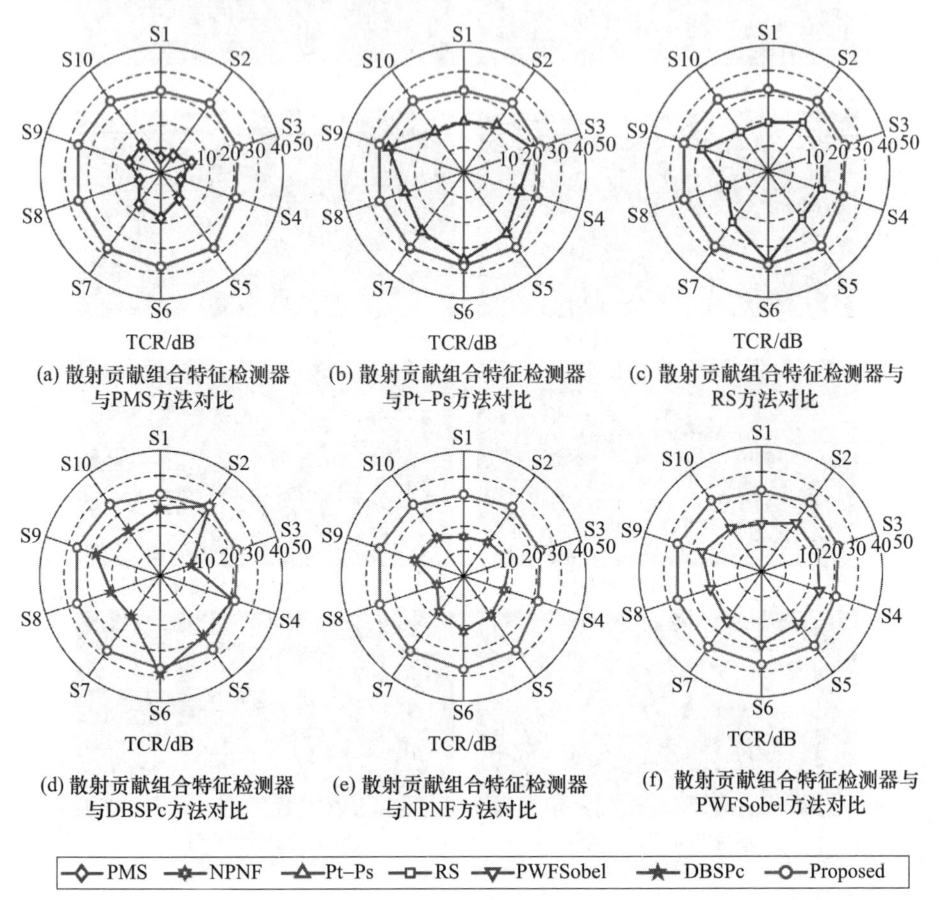

(a) 散射贡献组合特征检测器与PMS方法对比

(b) 散射贡献组合特征检测器与Pt-Ps方法对比

(c) 散射贡献组合特征检测器与RS方法对比

(d) 散射贡献组合特征检测器与DBSPc方法对比

(e) 散射贡献组合特征检测器与NPNF方法对比

(f) 散射贡献组合特征检测器与PWFSobel方法对比

图 7-16 高分三号数据中不同方法的信杂比

值得注意的是,对于 AIRSAR 数据中 S9 目标,DBSPc 方法信杂比接近为零,这说明目标特征幅度与海杂波接近,进而会导致目标的丢失。这一结论与图 7-17(f)呼应(即 DBSPc 方法漏检了 S9 目标),说明了信杂比计算的客观性与准确性。通过统计可以发现,对于高分三号和 AIRSAR 数据,散射贡献组合特征检测器在 10 艘弱小舰船目标上的信杂比均值分别为 35.09dB 和 40.47dB,且信杂比最大增幅可达 41.36dB(相较于 DBSPc 方法)。这归结于构造的特征检测器充分考虑了舰船目标和海杂波散射机理之间的差异,并利用保护滤波器

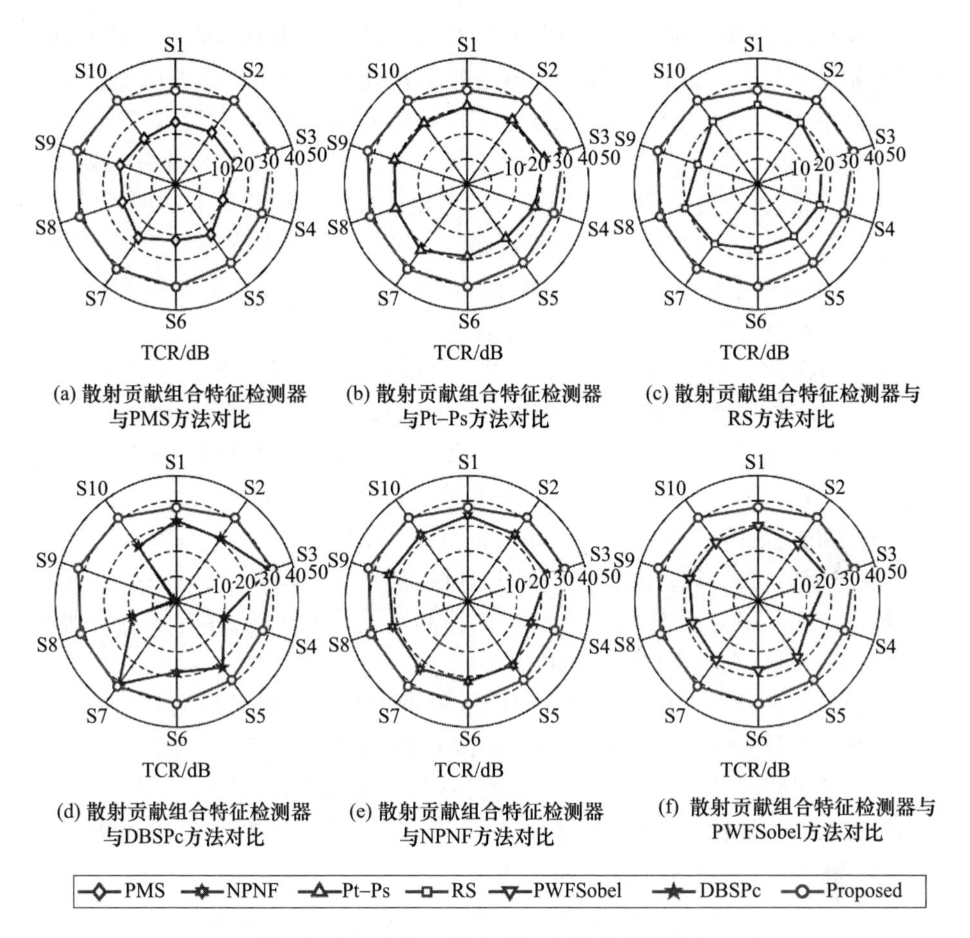

(a) 散射贡献组合特征检测器与PMS方法对比　(b) 散射贡献组合特征检测器与Pt-Ps方法对比　(c) 散射贡献组合特征检测器与RS方法对比

(d) 散射贡献组合特征检测器与DBSPc方法对比　(e) 散射贡献组合特征检测器与NPNF方法对比　(f) 散射贡献组合特征检测器与PWFSobel方法对比

图7-17　AIRSAR数据中不同方法的信杂比

进一步增强了其功效。上述实验结果验证了散射贡献组合特征检测器可有效增强目标信杂比,更利于舰船目标精准检测。

7.3.2 复杂海面背景目标极化识别

极化成像雷达导引头是当前反舰雷达导引头的重要发展方向。然而,由于雷达主动制导需要通过发射电磁波来完成对目标的探测、识别、定位和跟踪等功能,因此雷达导引头也具有易受战场电磁环境影响的缺点。箔条作为典型的无源干扰手段,具有成本低、制造简单、使用方便和能够干扰各种体制雷达导引头等优点,在海上电子战中一直有着广泛的应用。特别地,由于箔条云在空中运动扩散和分布取向复杂多变,具有不确定性,同时加上合理的战术运用,使得箔条云呈群集复杂的态势,其雷达特性相当复杂,即使先进的射频雷达导引头也难以应对,故箔条干扰目前仍然是新型反舰雷达导引头所面临的主要威胁。针对舰船目标与箔条云的识别问题,国内外学者对此展开了广泛的研究。Shao 等[48]在共极化与交叉极化比的基础上识别了舰船与箔条云。为进一步凸显极化比的差异,Shao 等[49]和 Li 等[50]又分别提出了一种非线性的极化变换方法。对于加权箔条云,李金梁等[51]在箔条云的极化统计特性的基础上实现了识别。然而,当雷达目标的主要散射机制不再是二次散射时,该方法不再适用。Tang 等[52]试图通过考虑极化－雷达散射截面积比以及相应的概率密度函数来解决识别问题,但其所涉及的分布假设过于简单和理想化。杨勇等[53]通过采用极化取向角投影的方法抑制箔条云的干扰,尽管这种方法不需要任何的先验信息,但是需要对干扰极化参数进行实时的估计。Cui 等[54]利用雷达回波极化率来识别箔条干扰,但是由于该方法只利用和考虑了仿真数据与单极化信息,其鲁棒性并不强。为了进一步利用极化比信息,Hu 等[55]利用相应的反切角来鉴别箔条云和舰船,但这种方法对箔条云的随机方位角很敏感。如图 7－18 所示,释放与舰船目标具有相近尺寸和雷达散射截面积的箔条云,对舰船目标的有效识别造成了很大的干扰。因此,如何抑制箔条云的干扰,并有效地识别舰船目标,是一个具有重大研究价值的军事问题。

本节提出一种基于精细极化分解的散射贡献差特征和舰船识别方法。本节的主要工作包括以下几方面:首先,基于精细极化分解,准确刻画舰船目标复杂结构的散射特性;其次,为了凸显舰船目标与箔条云之间的散射差异,构造一种散射贡献差特征;最后,通过将构造的散射贡献差特征与极化散射角特征结合,输入支持向量机中实现最终的识别。

图 7－18　真实场景中从舰船上释放的箔条云

1. 极化识别特征构造

对于舰船目标来说,由精细极化分解方法解译得到的主导散射机制一般为表面散射或二次散射,这是因为舰船目标主要是由平板(甲板)和二面角结构(由船舷侧面－海洋表面和甲板－舱口形成)所构成。对于箔条来说,箔条云通常由大量随机取向镀银或铝的细长玻璃纤维组成,其长度通常远小于雷达分辨率,因此,这种目标可以建模为随机介质。为了达到最佳的干扰效果,通常将单个箔条的长度设计为雷达波长的一半。在这种情况下,可以将箔条等效为一个偶极子,因此箔条云的主导散射机制是体散射。体散射成分可以作为识别舰船目标和箔条云的一个极化特征。

另外,舰船目标由于存在结构复杂的局部结构,通常会产生相当大的复杂结构散射(螺旋体散射、旋转二面角散射、类偶极子散射之和)。与此相反,箔条云本质上是方向随机分布的偶极子的集合,因而通常满足反射对称性。在这种情况下,对箔条云来说,精细极化分解方法中的其他复杂结构散射可忽略不计。因此,为了更加明显地突出两者的散射差异,本节提出如下的基于精细极化分解的散射贡献差特征:

$$\mathrm{DF_{MP}}=\frac{|P_{\mathrm{V}}-P_{\mathrm{COMP}}|}{\mathrm{SPAN}}=\frac{|P_{\mathrm{V}}-P_{\mathrm{H}}-P_{\mathrm{OOD}}-P_{\mathrm{OD}}-P_{\mathrm{OQW}}-P_{\mathrm{MD}}|}{\mathrm{SPAN}}\ (0\leqslant \mathrm{DF_{MP}}\leqslant 1) \tag{7-48}$$

SPAN 代表极化总功率,它可将 $\mathrm{DF_{MP}}$的值限定在 0 ~ 1。可以看到,对箔条云来说,从 P_{V} 中减去 P_{COMP}对 $\mathrm{DF_{MP}}$的取值几乎没有影响,因此 $\mathrm{DF_{MP}}$的取值较大。而对于舰船目标,从 P_{V} 中减去 P_{COMP}会使得 $\mathrm{DF_{MP}}$的取值非常低。这样,就可以很好地实现舰船目标和箔条云的识别。

为了充分利用极化信息,进一步考虑极化散射角 θ_{PS}这一识别特征。极化散射角是从极化自由度 m 衍生得来,它是在三角函数变换的基础上,利用相干矩阵对角元素之差及之和推导得来,其表达式为[56]

$$\theta_{\mathrm{PS}}=\arctan\frac{m\mathrm{SPAN}(T_{11}-T_{22}-T_{33})}{T_{11}(T_{22}+T_{33})+m^{2}\,\mathrm{SPAN}^{2}},\ m=\sqrt{1-\frac{27|\boldsymbol{T}|}{(\mathrm{tr}(\boldsymbol{T}))^{3}}} \tag{7-49}$$

极化散射角取值在 -45° ~ 45°,且满足旋转不变的特性。根据文献[56],当极化散射角等于 -45°时,目标散射对应的结构为二面角。当极化散射角等于零时,目标散射对应的结构为偶极子。当极化散射角等于 45°时,目标散射对应的结构为三面角。对于舰船目标,由于其主导的散射类型不固定,其对应的极化散射角分布在 -45° ~45°。而对于箔条云,由于其主导散射类型为偶极子散射,其极化散射角应稳定在 0°附近。由此,可以利用极化散射角这一特征来进一步提升分类性能。

2. 基于支持向量机的舰船箔条云识别

利用构造的极化识别特征,本节采用支持向量机(SVM)来实现对舰船目标和箔条云的识别,SVM 是一个用来解决两类目标识别问题的分类工具。在 SVM 中,使用最多的是线性分类器,其分类可通过预测每一个输入成分的类别来实现。另一种更精确的定义是 SVM 内部有一个超平面,从而可以在多维空间内对所有输入对象进行分类。距离分类边缘最近的点称为支持向量。通过将支持向量的边缘最大化,可以找到两类目标之间的最佳分离超平面。通常,很难用一个线性的超平面来区分两类目标,因此本节使用了高斯径向基的核函数来将初始的特征集(散射贡献差、极化散射角)映射到一个更高维的空间,从而可以线性地区分转变后的特征集。与传统的线性 SVM 分类器相比,带有高斯径向基核函数的 SVM 分类器具有很强的泛化能力以及很快的收敛速率,且只需要很少的训练样本就可以获得很好的训练效果。在本节方法中,基于高斯径向基的 SVM 识别方法包括以下几个步骤:①收集训练数据;②构建特征和特征矢量;③通过训练数据进行机器学习;④获得 SVM 模型;⑤通过 SVM 模型进行分类并测试数据。图 7-19 是上述基于 SVM 的舰船识别方法的流程图。

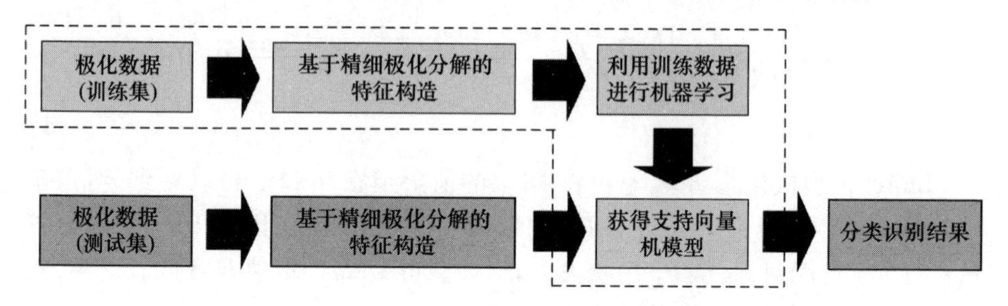

图 7-19 基于支持向量机的舰船识别流程图

3. 识别性能评估

1) 实验数据

本节采用仿真极化雷达数据对箔条云散射进行分析,并对箔条云在三种典型分布的情况下进行了实验:第一种情况,箔条云的方位角服从均匀分布,天顶角服从正弦分布;第二种情况,箔条云的方位角服从均匀分布,天顶角按照特定的间隔分布;第三种情况,箔条云的方位角服从均匀分布,天顶角服从正态分布(情况 3_1 中心位于 20°,情况 3_2 中心位于 90°)。在仿真实验中,全极化成像雷达采用前斜视成像模式,极化方式为水平垂直极化。全极化前斜视成像雷达的仿真参数设定如表 7-5 所示。仿真中,为了与舰船目标的尺寸相当,假设 2 万根箔条分布在一个边长为 30m 的正方体内,经过 120s 后,三类典型分布箔条云的全极化前斜视成像结果如图 7-20(a)~(d)所示。由于篇幅所限,图中只展示了 HH 通道的强度图像。对于舰船目标,此处利用 Radarsat-2 星载实测全极化雷达数据进行实验分析,其成像地点为加拿大温哥华某一港口区域,其中方位向和距离向分别进行 2 视和 1 视处理,最后获得了 4.87m×4.73m 的分辨率。图 7-20(e)展示的是 Radarsat-2 C 波段 Pauli 伪彩色图像(1693 像素×1501 像素),其中,七个舰船目标(T1-T7)已用矩形进行了标记。

表7-5　前斜视极化成像雷达仿真参数

参数	取值	参数	取值
平台速度	400m/s	方位向波束宽度	0.5°
信号载频	35GHz	脉冲重复频率	400Hz
信号带宽	150MHZ	平台高度	20km
信号脉宽	5μs	斜视角	70°
最近斜距	20km		

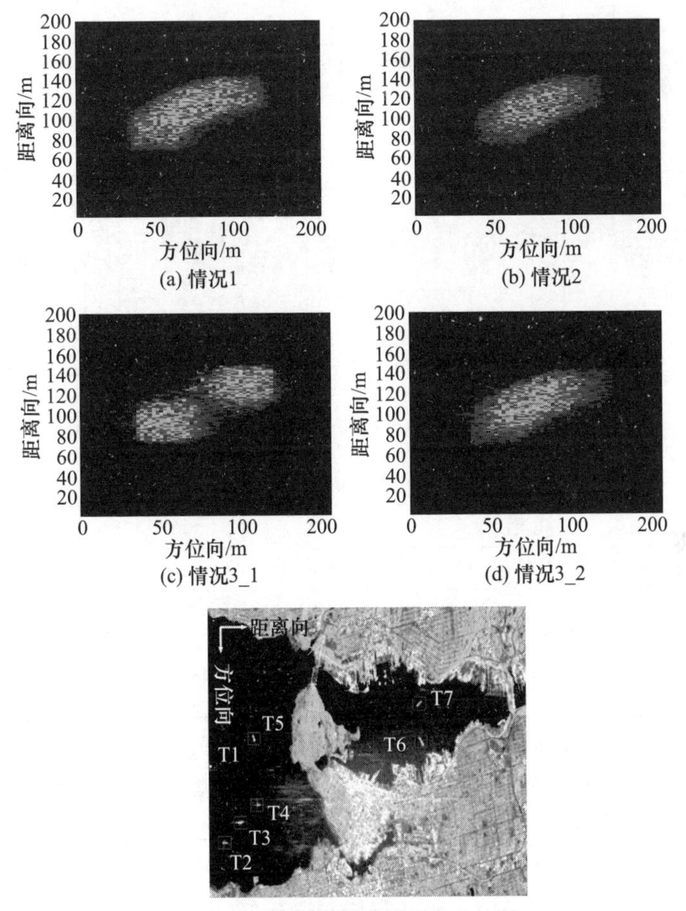

图7-20　箔条云仿真数据(HH通道强度图像)和舰船目标实测极化雷达数据

2）精细极化分解结果

利用精细极化分解方法,可以得到如图7-21所示的箔条云伪彩色合成结果。其中第一行红色、绿色以及蓝色通道分别代表分解求得的二次散射、体散射以及表面散射贡献,第二行则代表依据散射贡献的相对大小解译得到的主导散射机制。例如,若体散射占主导,则该散射点颜色被标记为[0,1,0]。根据定性和定量的结果可以观察到,除了个别散射点表面散射或二次散射占主导以外,几乎所有的箔条云都呈现出很强且主导的体散射。另外,如表 7-6 所列,对于复杂结构散射,除了情况 1 占到了很小一部分比例(2.9%)以外,其他三种情况中都可忽略不计(且其中主要是螺旋体散射)。

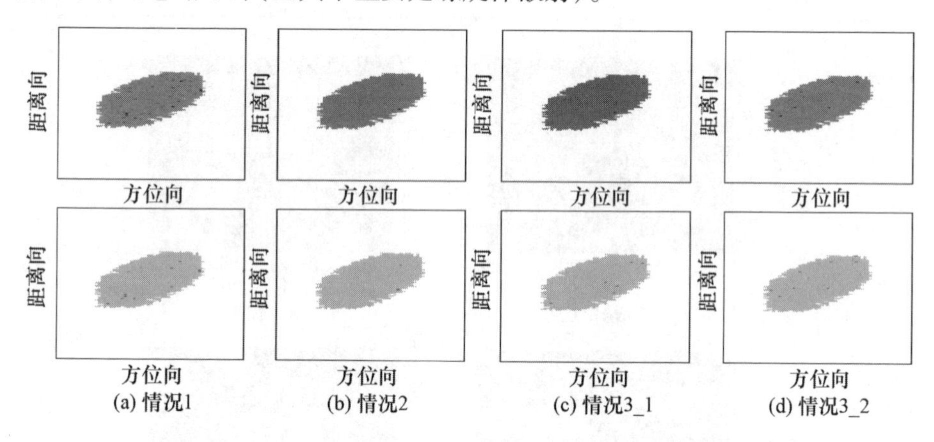

图 7-21 箔条云在不同情况下的分解结果(见彩图)

表 7-6 箔条云散射成分统计结果

散射成分	情况 1	情况 2	情况 3_1	情况 3_2
表面散射	2.71%	22.29%	38.95%	16.91%
二次散射	0.86%	0.04%	0.14%	0.08%
体散射	93.52%	77.13%	60.50%	82.45%
复杂结构散射	2.9%	0.53%	0.41%	0.53%

图 7-22 第一行到第七行分别对应舰船目标 T1 ~ T7 的分解结果,其中第一列红色、绿色以及蓝色通道分别代表分解求得的舰船目标散射(二次散射与复杂结构散射之和)、体散射以及表面散射贡献,第二行则代表依据散射贡献的相对大小解译得到的主导散射机制,第三列代表复杂结构散射成分,且颜色越深,散射贡献越大。表 7-7 给出了舰船目标归一化后的散射成分贡献统计结果。

可以看到,舰船目标 T1 ~ T5 的主导散射机制是二次散射,而目标 T6 和 T7 的主导散射机制是表面散射。这一观察结果是与实际情况相符合的,因为正如前述,舰船目标主要是由表面散射体或二次散射体所构成的。具体来说,对于目标 T1,T2 和 T4,它们的二面角结构摆向与雷达平台飞行方向之间几乎没有角度的偏移。在这种情况下,可以认为它们都是反射对称的,从而产生了很强的二次散射贡献(分别为83.56%、84.71%、95.30%),且复杂结构散射贡献非常微弱。对于其他的舰船目标,由于船体方向与雷达平台飞行方向不平行,其散射不再具有反射对称性,在这种情况下会产生显著的交叉极化能量。根据第三列可以看到,在舰船目标的不同位置局部地呈现出复杂结构散射。这些是由舰船目标上特定的局部结构产生的。另外,可以观察到目标T5～T7的体散射成分很强(分别为23.83%、30.17%、33.07%),这主要归因于这些目标上不同结构之间存在明显的多重散射交互。根据以上分解结果,可以得出如下推论:通常,箔条云的散射贡献差值大于0.6,而舰船目标的散射贡献差值小于0.15。因此,散射贡献差特征可以很好地用来对舰船目标和箔条云进行识别。

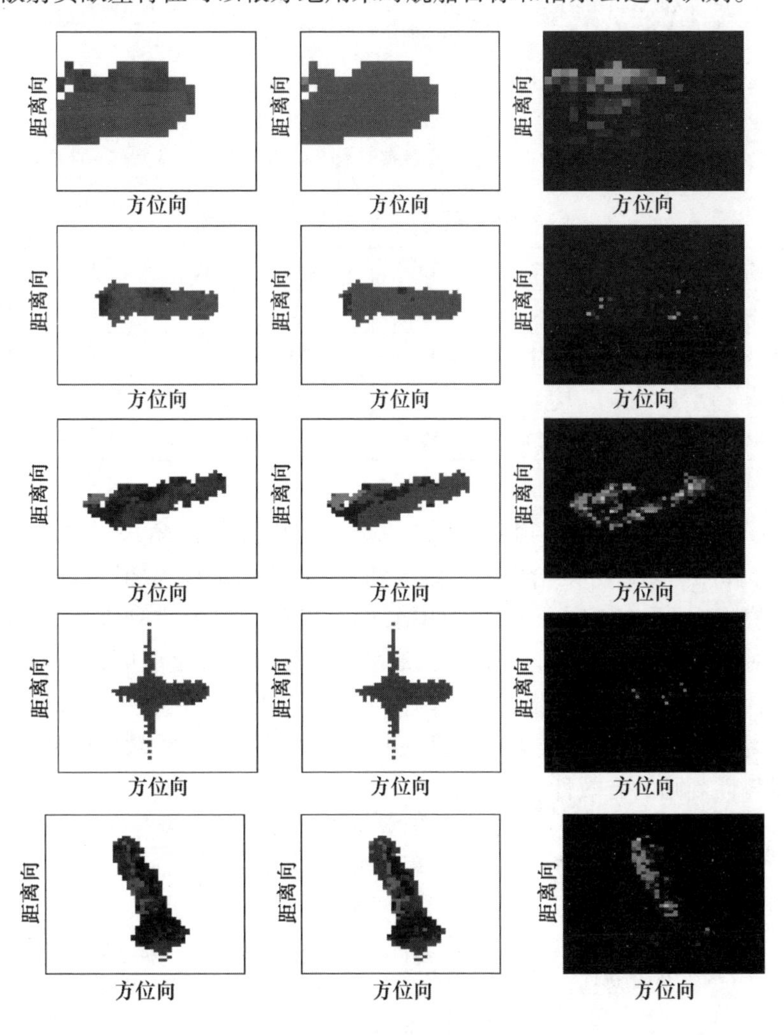

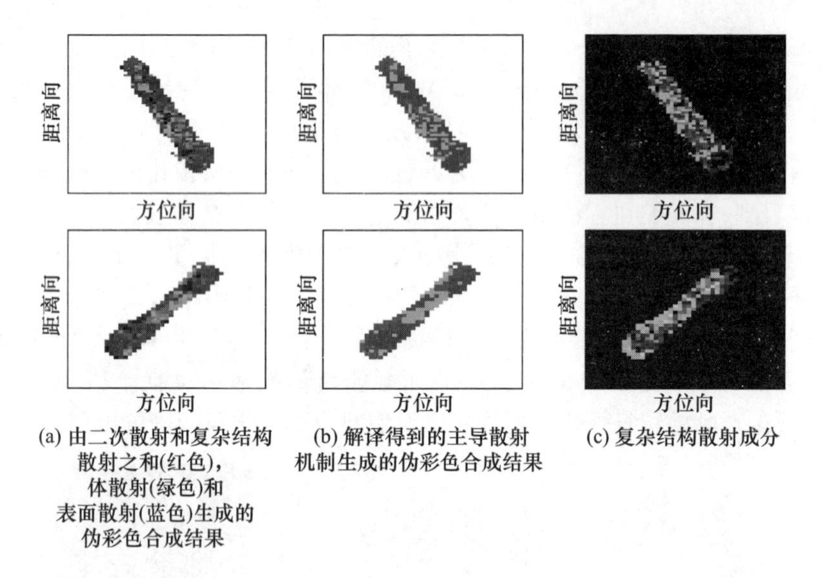

(a) 由二次散射和复杂结构散射之和(红色),体散射(绿色)和表面散射(蓝色)生成的伪彩色合成结果 (b) 解译得到的主导散射机制生成的伪彩色合成结果 (c) 复杂结构散射成分

图 7-22 第 1 行到第 7 行对应舰船目标 T1 ~ T7 的分解结果(见彩图)

表 7-7 舰船散射成分统计结果

散射成分	**T1**	**T2**	**T3**	**T4**	**T5**	**T6**	**T7**
表面散射	5.03%	13.20%	31.03%	3.84%	30.22%	**42.28**%	**40.83**%
二次散射	**83.56**%	**84.71**%	**55.05**%	**95.30**%	**32.46**%	12.00%	12.08%
体散射	5.35%	1.53%	7.89%	0.61%	23.83%	30.17%	33.07%
复杂结构散射	5.67%	0.23%	5.59%	0.10%	14.36%	15.43%	13.78%

3) 识别性能分析

为了充分考虑极化散射信息,进一步利用极化散射角来提高识别性能。图 7-23和图 7-24 分别给出了箔条云和舰船目标的极化散射角分布直方图。通过观察发现,对于不同分布情况的箔条云,极化散射角的取值基本都稳定在0°。但对于舰船目标,除了目标 T1,T2 和 T4(它们的极化散射角值在 -45° ~ 0°)以外,其他舰船目标的极化散射角并不对应二面角结构,这与实际舰船目标结构的复杂性有关,这一结果也从另一方面验证了复杂结构散射模型对舰船目标散射特性刻画的有效性。

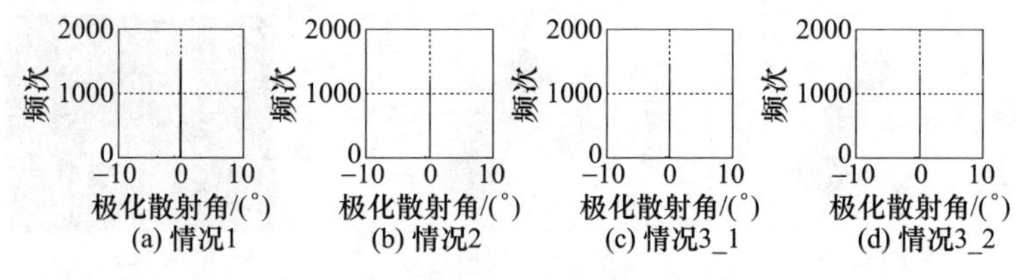

(a) 情况1 (b) 情况2 (c) 情况3_1 (d) 情况3_2

图 7-23 箔条云极化散射角直方图

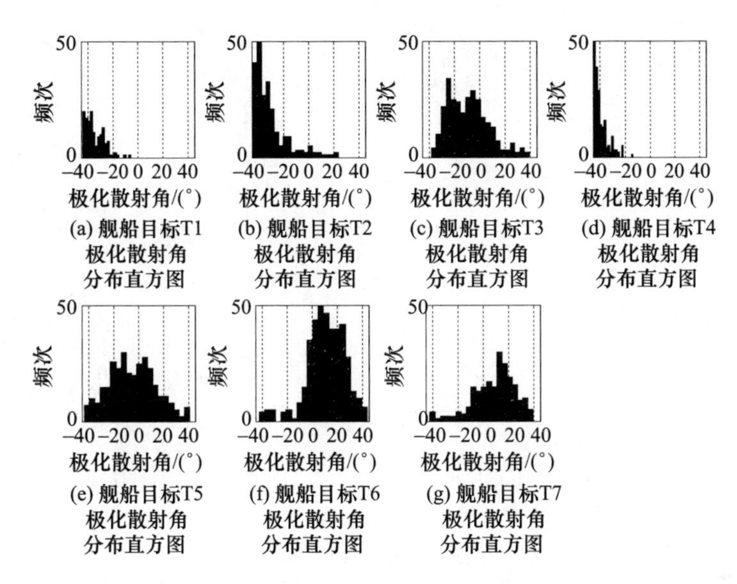

图7-24　不同组合方法的识别结果

图7-25(a)给出了在散射贡献差-极化散射角二维平面上舰船目标和箔条云数据点的分布图,可以看到二者具有非常明显的分布差异,这说明在构造的平面内可以有效地将舰船目标与箔条云进行区分。利用构造的识别特征,利用通过训练获得的SVM模型可以实现对舰船目标和箔条云的识别。其中,训练数据集为所有舰船和箔条云数据点,测试数据集为每个舰船目标和箔条云数据点的平均值,即对舰船目标七个平均数据点及箔条云四个平均数据点进行分类。图7-25(b)给出的是基于SVM的舰船目标及箔条云识别结果,其中空心圆圈代表支持向量。由于构造的极化特征具有良好的识别能力,利用SVM可以很容易得到清晰的识别曲线。而且,可以看到舰船目标七个平均数据点(黑色星星)和箔条云四个平均数据点(矩形)都得到了正确的分类。为了定量地评估识别性能,实验中分别对舰船目标和箔条云正确和错误的识别点进行了计算。通过统计发现,在1838个舰船目标训练数据点中,只有24个训练数据点被误判为箔条云。而在5495个箔条云训练数据点中,只有13个训练数据点被误判为舰船目标。换句话说,舰船目标的正确识别率为98.69%,这说明提出的识别方法可以正确有效地识别舰船目标与箔条云。

4）对比讨论

为了证明所提出的极化识别特征的优越性,本节根据控制变量的思想设计了几种组合方法来进行讨论和比较。对箔条云散射而言,其中交叉极化分量要显著大于共极化分量,而对舰船目标而言,情况刚好相反,故而共极化与交叉极化分量的比值(极化比)是一个很好的识别特征,因此本节设计的第一个组合方

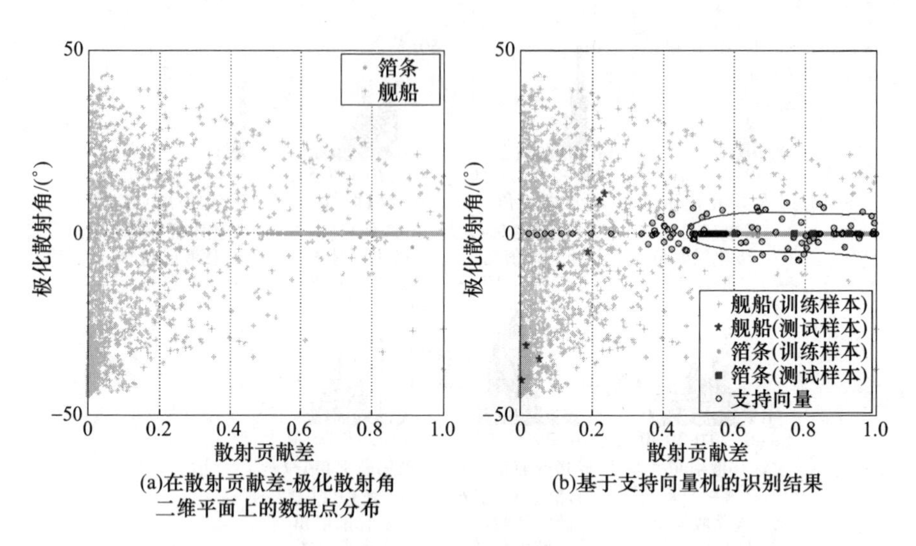

(a)在散射贡献差-极化散射角二维平面上的数据点分布

(b)基于支持向量机的识别结果

图 7-25 本章方法的识别结果

法为:极化比、极化散射角和支持向量机的组合(表示为极化比-极化散射角-支持向量机)。另外,为了突出复杂结构散射贡献对构造特征的作用,将它从散射贡献差中移除而只保留体散射。此外,考虑到经典的泛化四成分分解方法[15]可以有效地改善人造目标的体散射过估问题,因而选择利用该方法中的体散射贡献作为识别特征。本节设计的第二个组合方法为:泛化体散射、极化散射角和支持向量机的组合(表示为泛化体散射+极化散射角+支持向量机)。图7-26给出了上述两种复合方法的识别结果。可以看到,对于极化比-极化散射角-支持向量机方法,舰船目标的极化比值覆盖了很大的范围,而箔条云的极化比值却只分布在一个很窄的区间内。尽管如此,还是有相当数量的舰船目标数据点被分类曲线划分到箔条云类别中,导致明显的误判。对于泛化体散射+极化散射角+支持向量机方法,它可以对舰船目标七个平均数据点和箔条云四个平均数据点进行正确地分类,因而识别性能要优于极化比-极化散射角-支持向量机方法,尽管分类曲线消除了更多的箔条云数据点,但它仍然存在明显的错分。

接下来利用四个评价指标,即正确识别率、漏检率、错误识别率和分类精度来对识别结果进行量化,相应的结果统计列于表7-8。从正确识别率、漏检率和分类精度这三个评估参数来看,本节方法要明显优于上述两种方法。由于错误识别率在各方法中都取值较小,因而它的影响可以忽略不计。根据上述实验结果可以发现,散射贡献差特征具有突出的识别优势。此外,复杂结构散射贡献对散射贡献差特征构造具有重要作用,通过对比泛化体散射可以看到,它可以将识别率提高4个百分点。

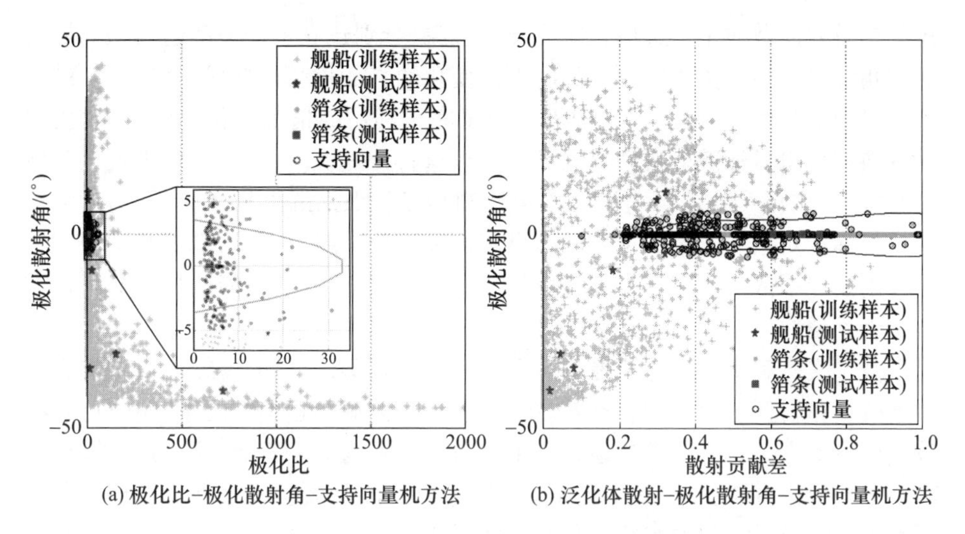

图7-26　不同组合方法的识别结果

为了探讨两个识别特征对最终识别性能的影响,本节进一步设计了两种组合方法来进行比较:即散射贡献差-支持向量机方法和极化散射角-支持向量机方法。表7-8给出了两种方法相应的识别结果。通过对比评价指标取值可以看到,散射贡献差-支持向量机方法要明显优于极化散射角-支持向量机方法。尽管二者正确识别率、漏检率以及错误识别率相差很小,但分类精度的差异说明极化散射角-支持向量机方法无法满足正确分类要求。所以,散射贡献差特征对最终识别性能的改善影响更大,极化散射角则起到辅助作用。

表7-8　不同组合方法定量识别性能

	正确识别率	漏检率	错误识别率	分类精度
本节方法	98.69%	1.31%	0.25%	100%
极化比-极化散射角-支持向量机	91.95%	8.05%	0.00%	90.90%
泛化体散射-极化散射角-支持向量机	94.29%	5.71%	0.89%	100%
散射贡献差-支持向量机	94.94%	5.06%	3.63%	100%
极化散射角-支持向量机	94.39%	5.61%	3.91%	90.90%

7.4 小　结

对目标整体和局部结构散射响应的准确认知以及建模对目标散射特性理解与分析、目标特征提取与检测识别具有重要意义。在目标极化分解这一重要理论手段和技术的启发下,本章从目标物理几何结构和雷达观测方位出发,通过剖析总后向散射中交叉极化响应异源现象,分别建立了交叉散射模型和旋转二面角散射模型两类用以刻画具有方位变化的二面角结构散射,并进一步结合类偶极子散射模型,提出了一种极化信息完全利用的精细极化分解框架,用以实现典型环境目标散射机理刻画及散射权重特征提取。另外,在精细极化分解的基础上,结合人造目标(舰船)极化检测与极化识别两类具体应用,通过分析人造目标相对杂波干扰的主导散射显著性和局部散射独有性,基于数学规划策略分别设计了散射贡献组合和散射贡献差两种特征,以尽可能凸显人造目标与杂波干扰的散射差异,从而完成人造目标的精准检测识别。

基于实测和仿真极化成像雷达数据的实验表明,所提的精细极化分解方法在准确刻画目标散射机理和有效改善散射机理模糊问题的情况下,不仅可以有效提取典型人造目标和自然地物的主导与局部结构散射特征,而且还合理地分离并分配了由方位变化所诱导的人造目标交叉极化散射成分。所设计的散射贡献组合和散射贡献差特征不仅能够准确凸显人造目标的散射显著性并有效剔除杂波干扰的影响,且相较于当前最新的相同路线算法显著提升了检测识别精度。

参考文献

[1] LEE J S,POTTIER E. 极化雷达成像基础与应用[M]. 北京:电子工业出版社,2013.

[2] VAN ZYL J,KIM Y. 合成孔径雷达极化理论与应用[M]. 北京:国防工业出版社,2014.

[3] CLOUDE S R. 极化建模与雷达遥感应用[M]. 北京:电子工业出版社,2015.

[4] FREEMAN A,DRUDEN S L. A Three - component scattering model for polarimetric SAR data[J]. IEEE Transactions on Geoscience and Remote Sensing,1998,36(3):963 - 973.

[5] YAMAGUCHI Y,MORIYAMA T,ISHIDO M.,et al. Four - component scattering model for polarimetric SAR image decomposition[J]. IEEE Transactions on Geoscience and Remote Sensing,2005,43(8):1699 - 1706.

[6] LEE J S,KROGAGER E,AINSWORTH T L,et al. Polarimetric analysis of radar signature of a manmade structure[J]. IEEE Geoscience and Remote Sensing Letters,2006,3(4):555 - 559.

[7] 张腊梅. 极化 SAR 图像人造目标特征提取与检测方法研究[D]. 哈尔滨:哈尔滨工业大学,2010.

[8] 项德良. SAR/PolSAR 图像建筑物信息提取技术研究[D]. 长沙:国防科学技术大学,2016.

[9] GUINVARC'H R,THIRION - LEFEVRE L. Cross - polarization amplitudes of obliquely orientated buildings with application to urban areas[J]. IEEE Geoscience and Remote Sensing Letters,2017,14(11),1913 - 1917.

[10] SATO A,YAMAGUCHI Y,SINGH G,et al. Four - component scattering power decomposition with extended volume scattering model[J]. IEEE Geoscience and Remote Sensing Letters,2012,9(2):166 - 170.

[11] HONG S,WDOWINSKI S. Double - bounce component in cross - polarimetric SAR from a new scattering target decomposition[J]. IEEE Transactions on Geoscience and Remote Sensing,2014,52(6):3039 - 3051.

[12] XIANG D,BAN Y,SU Y. Model - based decomposition with cross scattering for polarimetric SAR urban areas[J]. IEEE Geoscience and Remote Sensing Letters,2015,12(12):2496 - 2500.

[13] MAURYA H,PANIGRAHI R K,MISHRA AK. Extended four - component decomposition by using modified cross - scattering matrix[J]. IET Radar,Sonar & Navigation,2017,11(8):1196 - 1202.

[14] LEE J S,SCHULER D L,AINSWORTH T L. Polarimetric SAR data compensation for terrain azimuth slope variation[J]. IEEE Transactions on Geoscience and Remote Sensing,2000,38(5):2153 - 2163.

[15] CHEN S,WANG X,XIAO S,et al. General polarimetric model - based decomposition for coherency matrix [J]. IEEE Transactions on Geoscience and Remote Sensing,2014,52(3):1843 - 1855.

[16] AN W,XIE C,YUAN X,et al. Four - component decomposition of polarimetric SAR images with deorientation[J]. IEEE Geoscience and Remote Sensing Letters,2011,8(6):1090 - 1094.

[17] ZHU F Y,ZHANG Y H,Li D. A novel deorientation method in PolSAR data processing[J]. Remote Sensing Letters,2016,7(11):1083 - 1092.

[18] LEE J S,AINSWORTH T L,WANG Y. Generalized polarimetric model - based decompositions using incoherent scattering models[J]. IEEE Transactions on Geoscience and Remote Sensing,2014,52(5):2474 - 2491.

[19] 匡纲要,陈强. 极化合成孔径雷达基础理论及其应用[M]. 长沙:国防科技大学出版社,2011.

[20] LI H,LI Q,WU G,et al. Adaptive two - component model - based decomposition for polarimetric SAR data without assumption of reflection symmetry[J]. IEEE Transactions on Geoscience and Remote Sensing, 2017,55(1):197 - 211.

[21] AN W,LIN M. A reflection symmetry approximation of multilook polarimetric SAR data and its application to freeman - durden decomposition[J]. IEEE Transactions on Geoscience and Remote Sensing,2019,57(6):3649 - 3660.

[22] LI H,CHEN J,LI Q,et al. Mitigation of reflection symmetry assumption and negative power problems for the model - based decomposition[J]. IEEE Transactions on Geoscience and Remote Sensing,2016,54(12):7261 - 7271.

[23] SINGH G,YAMAGUCHI Y. Model - based six - component scattering matrix power decomposition [J]. IEEE Transactions on Geoscience and Remote Sensing,2018,56(10):5687 - 5704.

[24] SINGH G,MALIK R,MOHANTY S,et al. Seven - component scattering power decomposition of PolSAR coherency matrix[J]. IEEE Transactions on Geoscience and Remote Sensing,2019,57(99):8371 - 8382.

[25] SINGH G,MOHANTY S,et al. Physical scattering interpretation of PolSAR coherency matrix by using compound scattering phenomenon[J]. IEEE Transactions on Geoscience and Remote Sensing,2020,58(4):2541 - 2556.

[26] 全斯农. 极化 SAR 非相干目标散射机理分解方法及应用研究[D]. 长沙:国防科技大学,2019.

[27] QUAN S N,QIN Y,XIANG D,et al. Polarimetric decomposition - based unified manmade target scattering characterization with mathematical programming strategies[J]. IEEE Transactions on Geoscience and Remote Sensing,2022,60:1 - 18.

[28] FAN H,QUAN S,DAI D,et al. Seven - component model - based decomposition for PolSAR Data with sophisticated scattering models[J]. Remote Sensing,2019,23:1 - 19.

[29] QUAN S,XIONG B,XIANG D,et al. Eigenvalue - based urban area extraction using polarimetric SAR data [J]. IEEE Journal of Selected Topics of Applied Earth Observation and Remote Sensing,2018,11:458 - 471.

[30] YAJIMA Y,YAMAGUCHI Y,SATO R,et al. PolSAR image analysis of wetlands using a modified four - component scattering power decomposition[J]. IEEE Transactions on Geoscience and Remote Sensing, 2008,46(6):1667 - 1673.

[31] SINGH G,YAMAGUCHI Y,PARK S. General four - component scattering power decomposition with unitary transformation of coherency matrix[J]. IEEE Transactions on Geoscience and Remote Sensing,2013,51(5):3014 - 3022.

[32] YAMAGUCHI Y,SATO A,BOERNER W,et al. Four - component scattering power decomposition with rotation of coherency matrix[J]. IEEE Transactions on Geoscience and Remote Sensing,2011,49(6):2251 - 2258.

[33] 张嘉峰,张鹏,王明春,等. K 分布下极化 SAR 图像 CFAR 检测新方法[J]. 电子学报,2019,47(4):896 - 906.

[34] 王明春,张嘉峰,杨子渊,等. Beta 分布下基于白化滤波的极化 SAR 图像海面舰船目标 CFAR 检测方法[J]. 电子学报,2019,47(9):1883 - 1890.

[35] LIU T,CUI H,XI Z,et al. Modeling polarimetric SAR images with L - distribution and novel parameter estimation method[J]. SCIENTIA SINICA Informations,2014,44(8):1004 - 1020.

[36] 刘涛,杨子渊,蒋燕妮,等. 极化 SAR 图像舰船目标检测研究综述[J]. 雷达学报,2021,10(1):1 - 19.

[37] ZHANG X,ZHANG T,SHI J,et al. High speed and high - accurate SAR ship detection based on a depthwise separable convolution neural network[J]. Radars,2019,8:841 - 851.

[38] JIN K,CHEN Y,XU B,et al. A patch - to - pixel convolutional neural network for small ship detection with PolSAR Images[J]. IEEE Transactions on Geoscience and Remote Sensing,2020,58:6623 - 6638.

[39] NOVAK L,SECHTIN M,CARDULLO M. Studies of target detection algorithms that use polarimetric radar data [J]. IEEE Transactions on Aerospace and Eletronic System,1989,25:150 - 165.

[40] De Graff S R. SAR image enhancement via adaptive polarization synthesis and polarimetric detection performance[C]//Proceedings of the Polarimetry Technology Workshop. AL: Redstone Arsenal, 1988: 16 - 18.

[41] VELOTTO D,NUNZIATA F,MIGLIACCIO M,et al. Dual - polarimetric terraSAR - X SAR data for target at sea observation[J]. IEEE Geoscience and Remote Sensing Letters,2013,10:1114 - 1118.

[42] SUGIMOTO M,OUCHI K,NAKAMURA Y. On the novel use of model - based decomposition in SAR polarimetry for target detectionon the sea[J]. Remote Sensing Letters,2013,4:843 - 852.

[43] ZHANG T,JI J,LI X,et al. Ship detection from PolSAR imagery using the complete polarimetric covariance difference matrix[J]. IEEE Transactions on Geoscience and Remote Sensing,2018,57:2824 - 2839.

[44] MARINO A. A notch filter for ship detection with polarimetric SAR Data[J]. IEEE Journal of Selected Topics of Applied Earth Observation and Remote Sensing,2013,6:1219 - 1232.

[45] LIU T,ZHANG Y,ZHANG T,et al. A new form of the polarimetric notch filter[J]. IEEE Geoscience and Remote Sensing Letters,2020,19:1 - 5.

[46] ZHANG T,DU Y,YANG Z,et al. PolSAR ship detection using the superpixel - based neighborhood polarimetric covariance matrices[J]. IEEE Geoscience and Remote Sensing Letters,2021,99:1 - 5.

[47] 邢世其,全斯农,范晖,等. 联合数学规划策略和精细极化分解的极化 SAR 舰船目标检测[J]. 中国科学:信息科学,2022,50:1 - 21.

[48] SHAO X,XUE J,DU H. Theoretical analysis of polarization recognition between chaff cloud and ship[C]//

2007 International Workshop on Anti - Counterfeiting, Security and Identification. Xiamen: IEEE, 2007: 125 - 129.

[49] SHAO X, DU H, XUE J. A target recognition method based on non - Linear polarization transformation [C]//2007 International Workshop on Anti - Counterfeiting, Security and Identification. Xiamen: IEEE, 2007:157 - 163.

[50] LI X, LIN L, SHAO X. A target polarization recognition method for radar echoes[C]// 2010 International Conference on Microwave and Millimeter Wave Technology. Chengdu: IEEE, 2010:1644 - 1647.

[51] 李金梁，曾勇虎，申绪涧，等. 改进的箔条干扰极化识别方法[J]. 雷达科学与技术，2015，13(4)：350 - 355.

[52] TANG B, LI H, Sheng X. Jamming recognition method based on the full polarisation scattering matrix of chaff clouds[J]. IET Microwaves, Antennas & Propagation, 2012, 6(13):1451 - 1460.

[53] YANG Y, XIAO S, FENG D, et al. Polarisation oblique projection for radar seeker tracking in chaff centroid jamming environment without prior knowledge [J]. IET Radar, Sonar & Navigation, 2014, 8 (9): 1195 - 1202.

[54] CUI G, SHI L, MA J, et al. Identification of chaff interference based on polarization parameter measurement [C]//The 2017 13th IEEE International Conference on Electronic Measurement & Instruments. Yangzhou: IEEE, 2017:392 - 396.

[55] HU S, WU L, ZHANG J, et al. Research on chaff jamming recognition technology of anti - ship missile based on radar target characteristics[C]//The 2019 12th International Conference on Intelligent Computation Technology and Automation. Xiangtan: IEEE, 2019:222 - 226.

[56] DEY S, BHATTACHARYA A, RATHA D, et al. Novel clustering schemes for full and compact polarimetric SAR data: An application for rice phenology characterization[J]. ISPRS Journal of Photogrammetry and Remote Sensing, 2020, 169(2020):135 - 151.

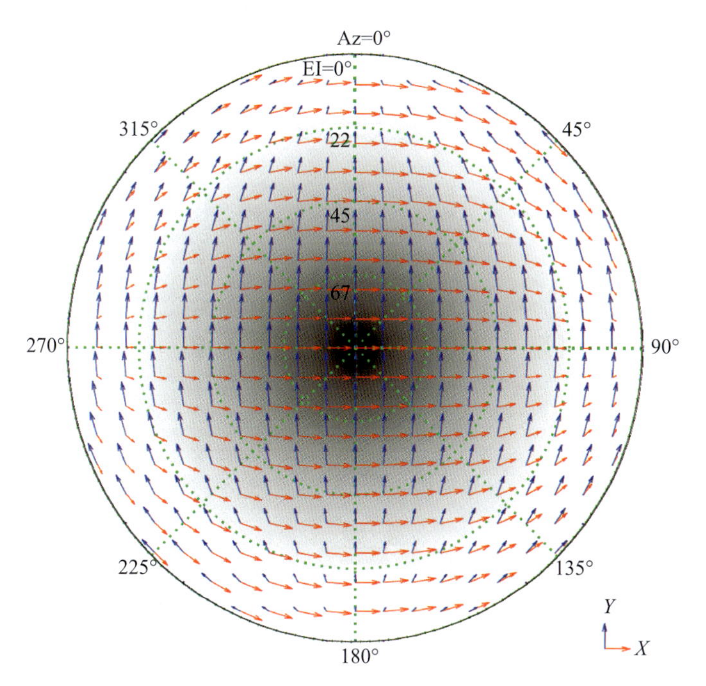

图 1－17　正交无限小电偶极子辐射场

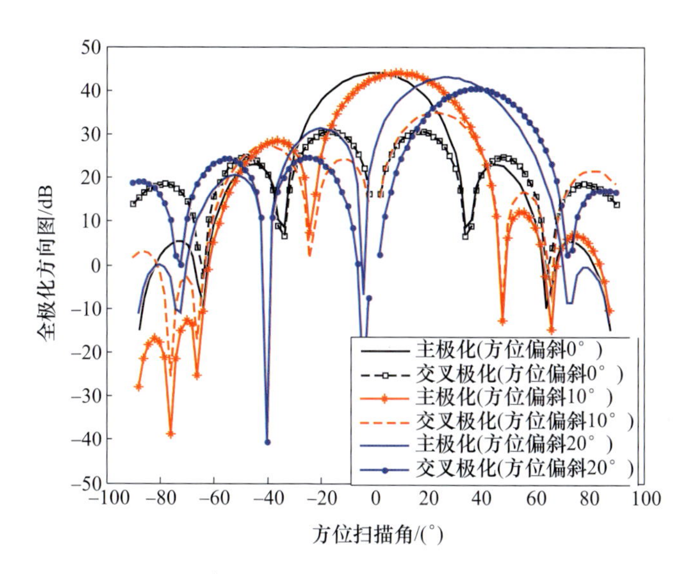

图 1－22　多个方位偏轴角度下的方位扫描方向图

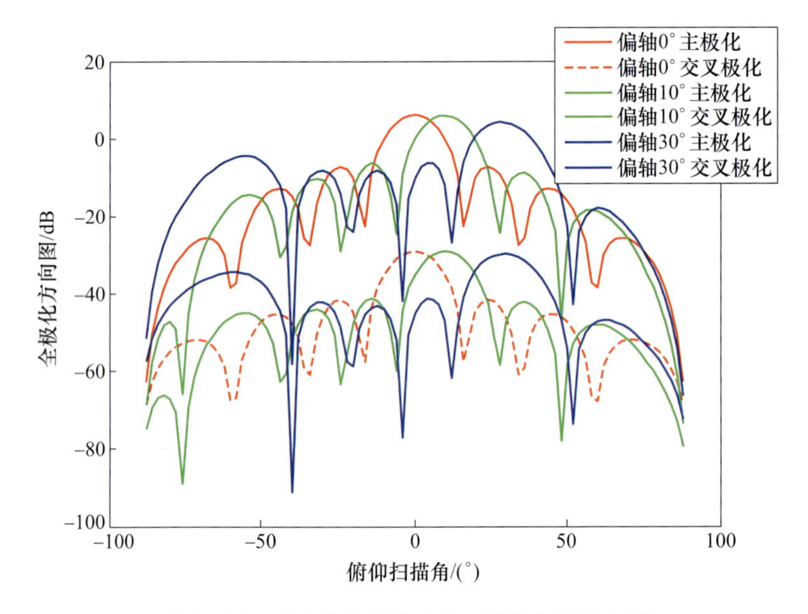

图 1-23　多个俯仰偏轴角度下俯仰扫描方向图

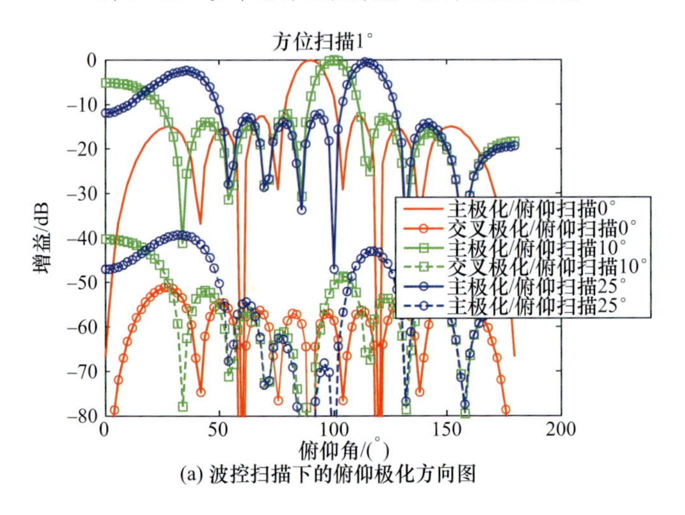

(a) 波控扫描下的俯仰极化方向图

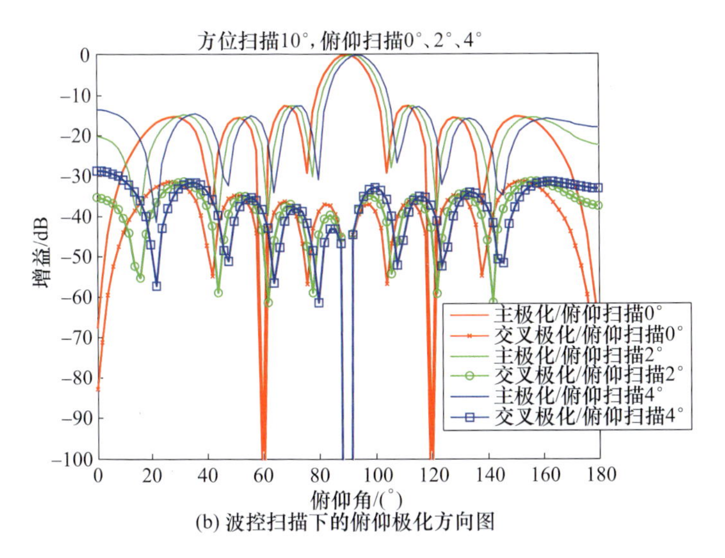

(b) 波控扫描下的俯仰极化方向图

图 1-28　波控扫描下的方位和俯仰极化方向图

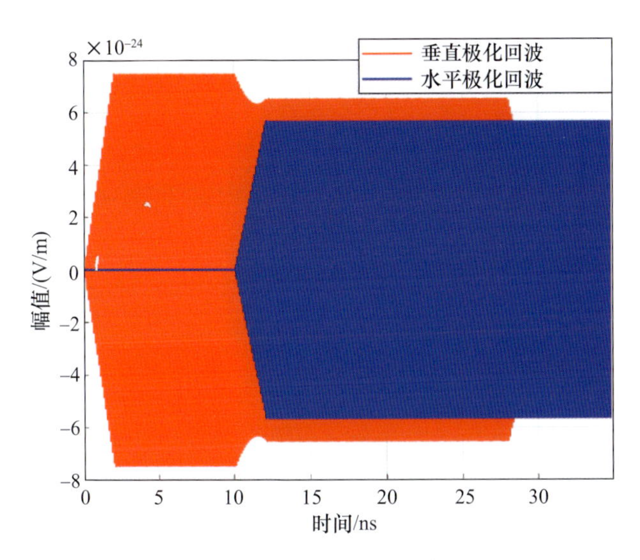

图 2-6　双偶极子模型时域回波

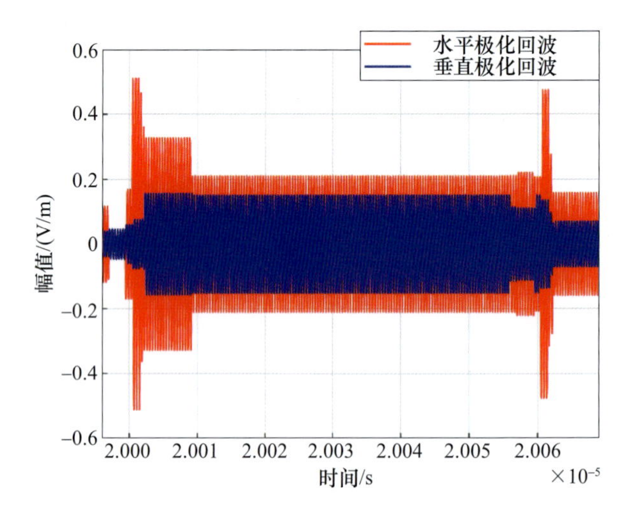

图 2-13　无人机仿真时域回波(方位角 0°)

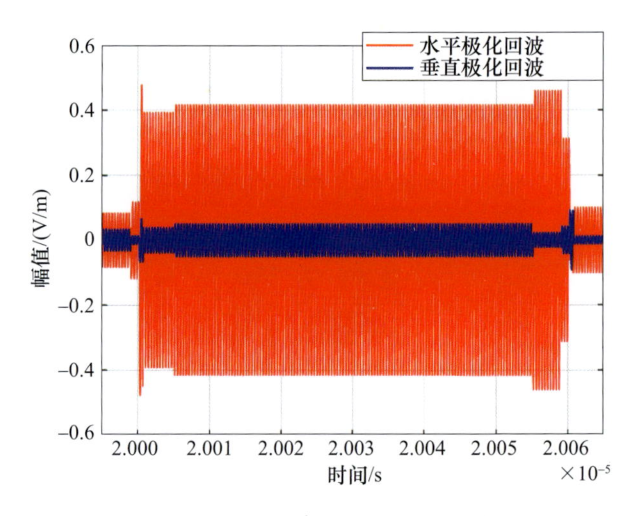

图 2-15　无人机仿真时域回波(方位角 76°)

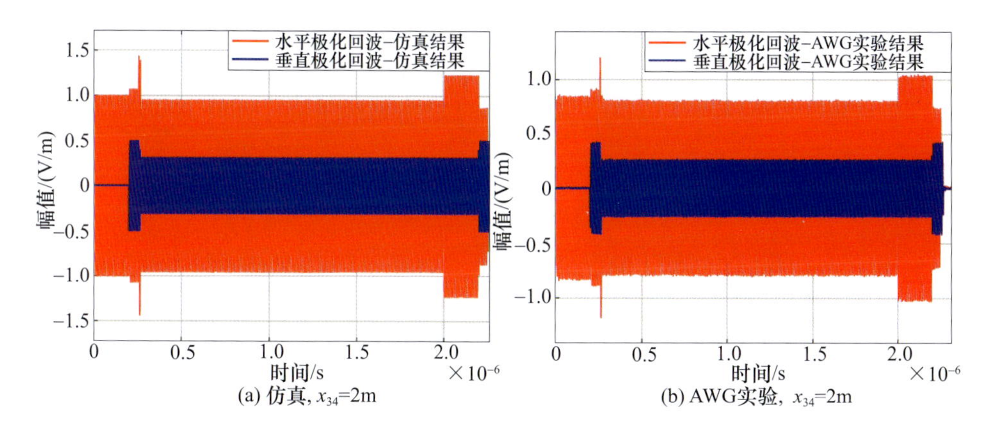

(a) 仿真, x_{34}=2m　　(b) AWG实验, x_{34}=2m

图 2－20　4偶极子模型时域回波

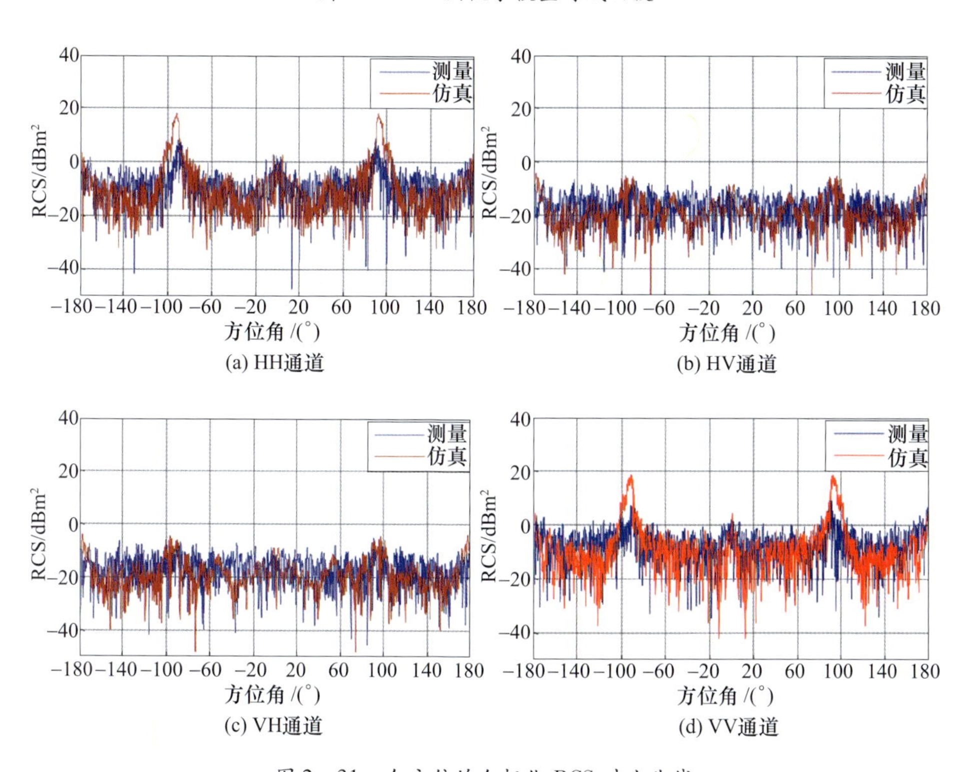

(a) HH通道　　(b) HV通道

(c) VH通道　　(d) VV通道

图 2－31　全方位的全极化 RCS 对比曲线

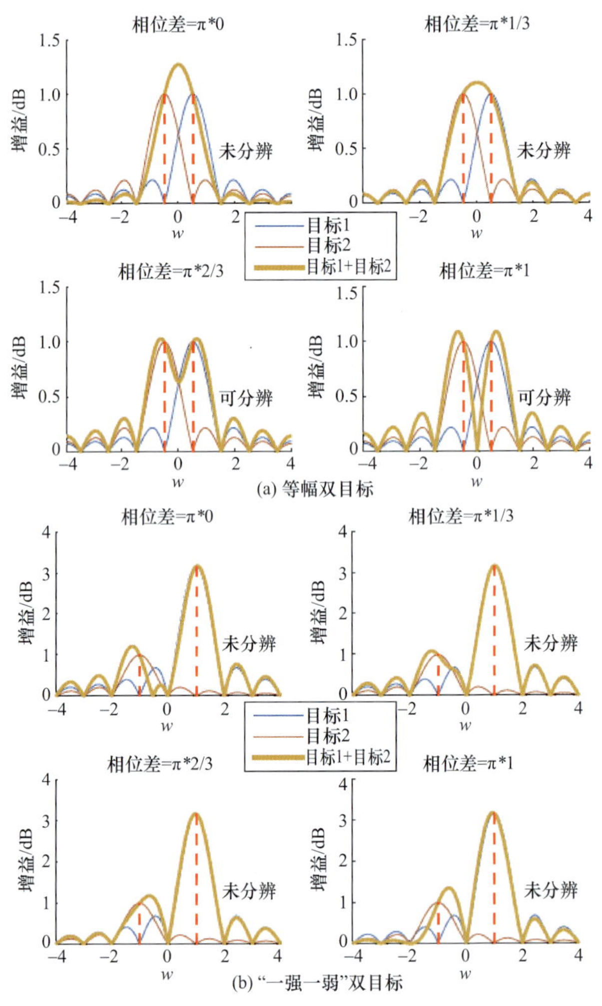

(a) 等幅双目标

(b) “一强一弱”双目标

图 6 - 1　双目标分辨效果

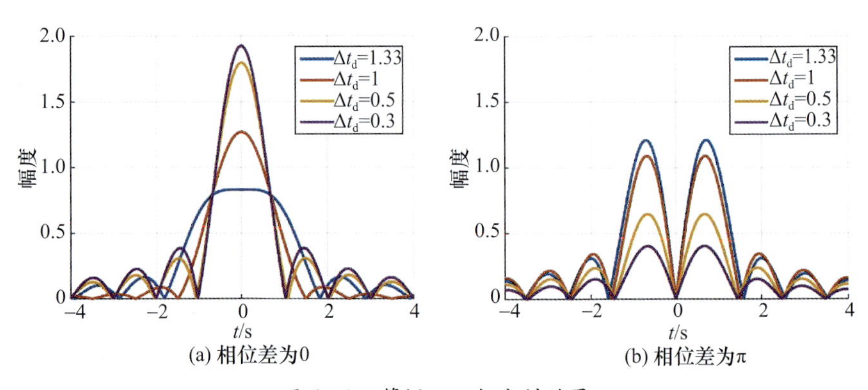

(a) 相位差为0　　(b) 相位差为π

图 6 - 3　等幅双目标分辨效果

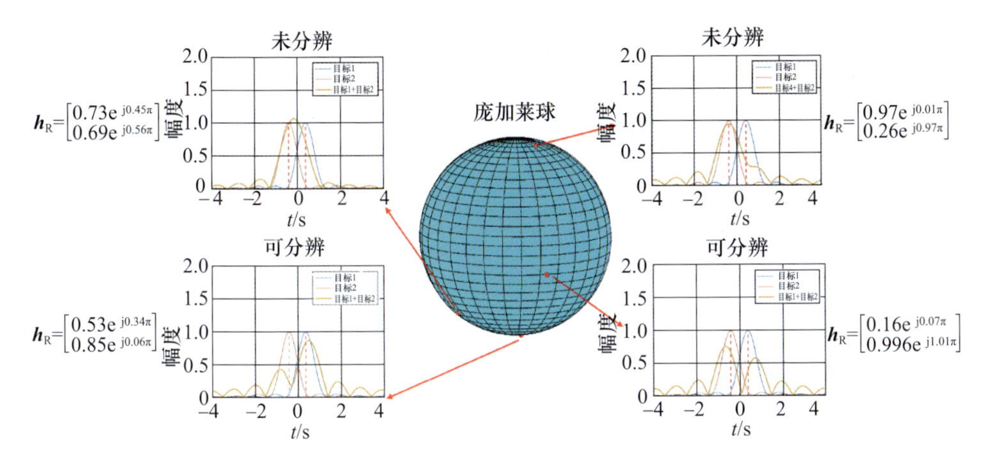

图 6-4　不同接收极化状态下的距离像

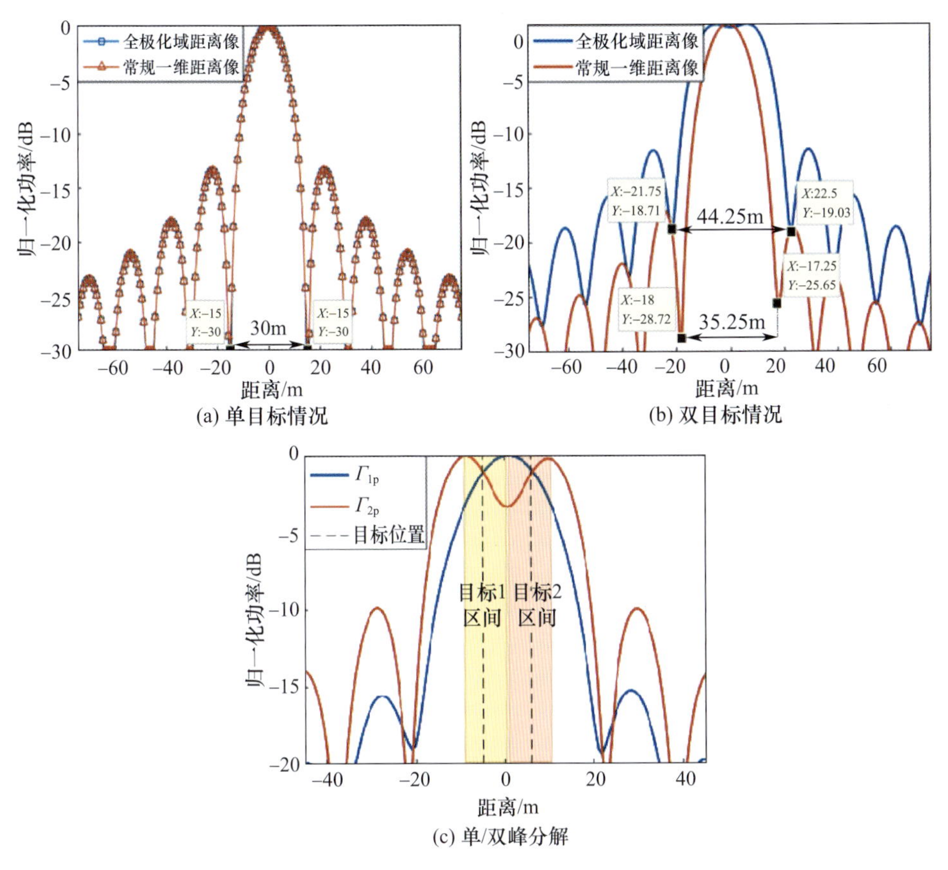

图 6-5　全极化域距离像

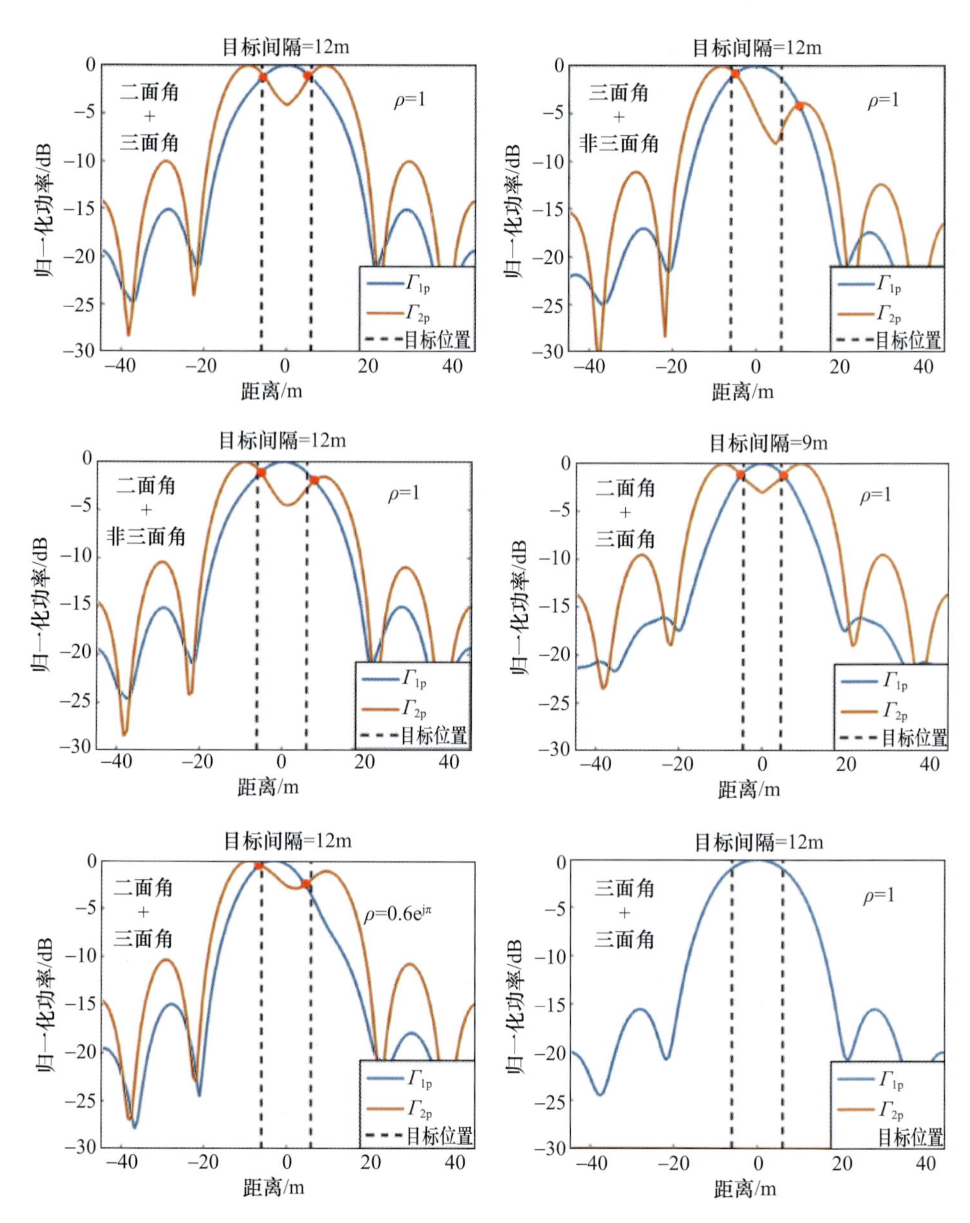

图 6-9　多极化域距离像单/双峰分解结果

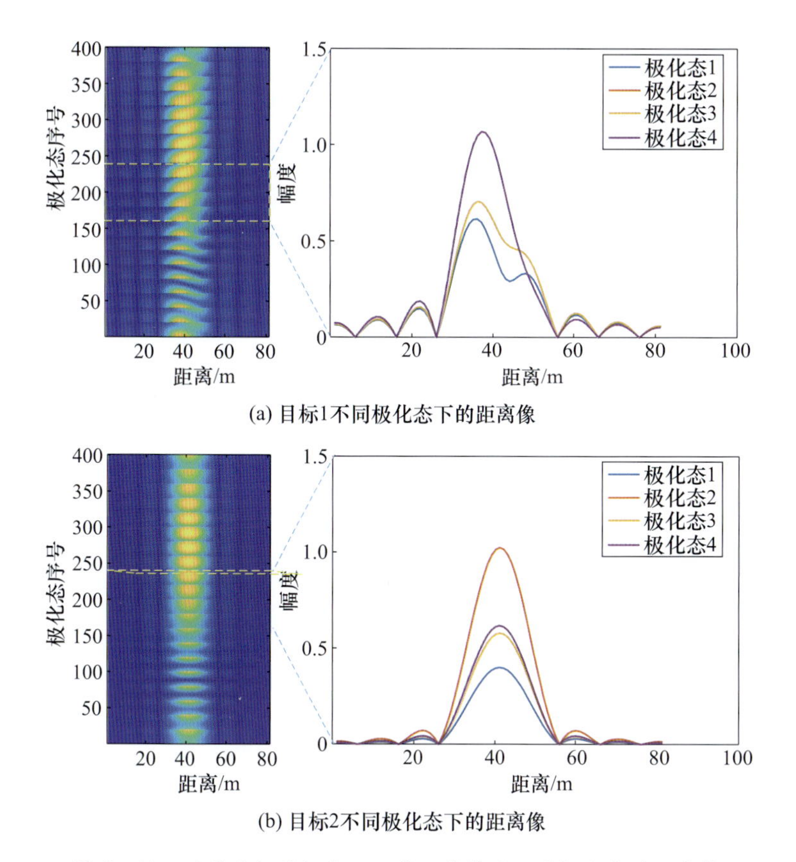

图 6-11　不同目标的极化-距离二维像及不同极化态的距离像

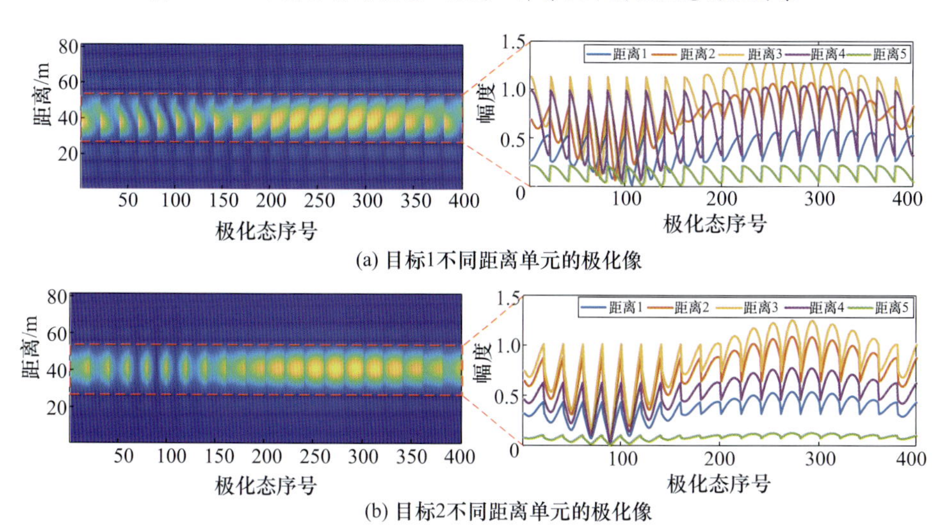

图 6-12　不同目标的极化-距离二维像及不同距离单元的极化像

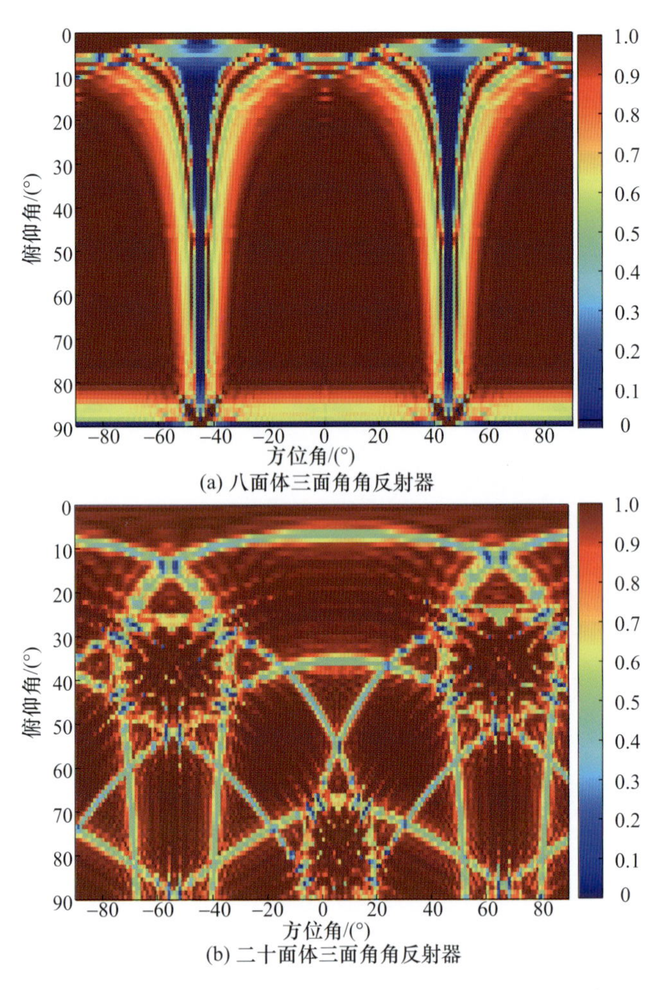

(a) 八面体三面角角反射器

(b) 二十面体三面角角反射器

图 6－14　不同类型角反射器与理想三面角极化相似性参数

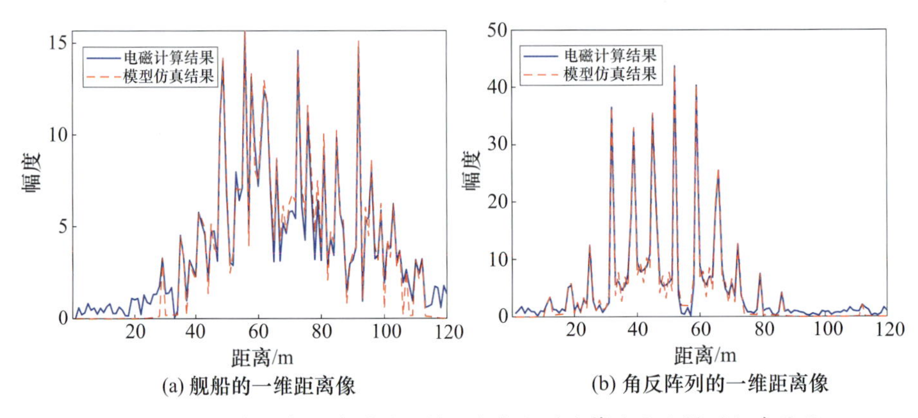

(a) 舰船的一维距离像

(b) 角反阵列的一维距离像

图 6－15　舰船和角反阵列的一维距离像电磁计算结果和模型仿真结果

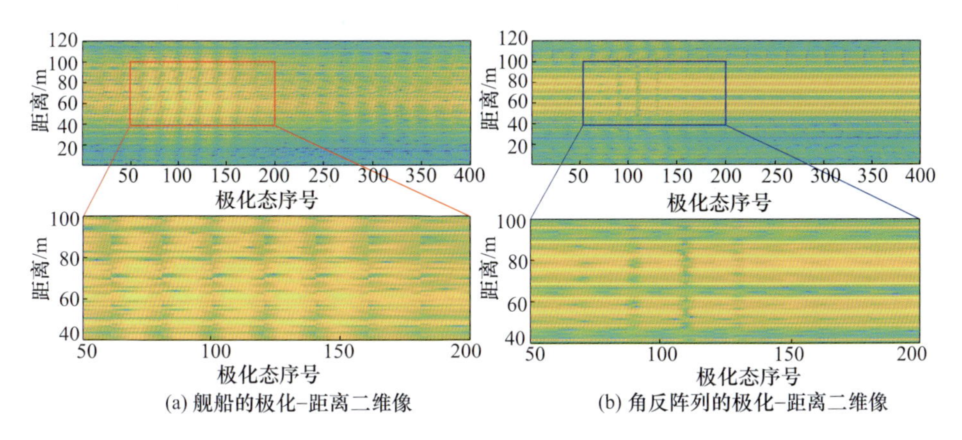

图 6－17　舰船和角反阵列的极化－距离二维像

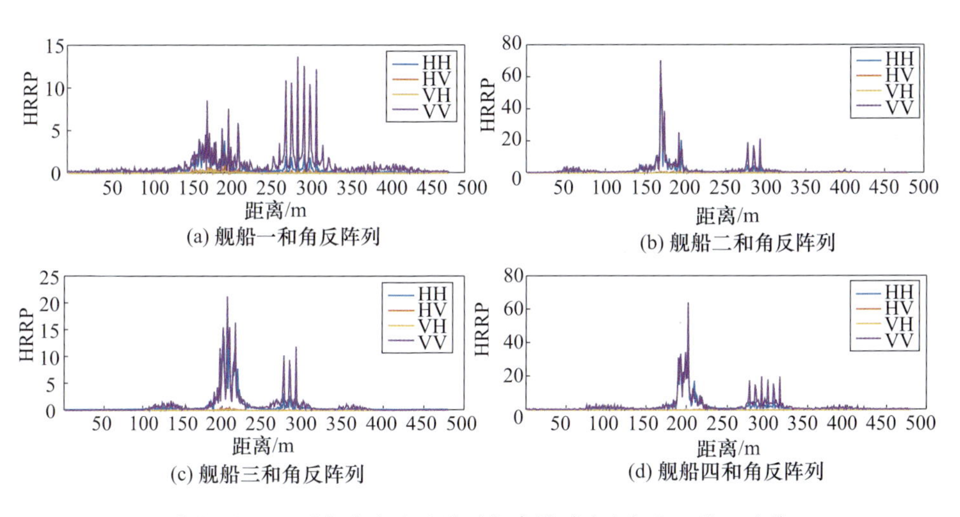

图 6－20　不同舰船和角反阵列仿真得到的全极化一维距离像

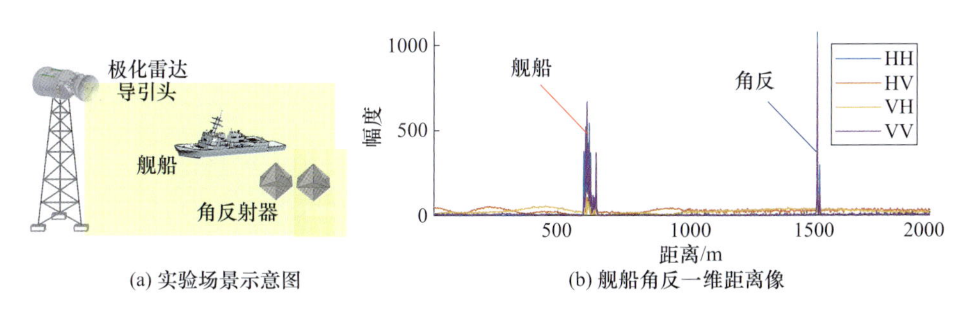

图 6－27　实验场景与一维距离像

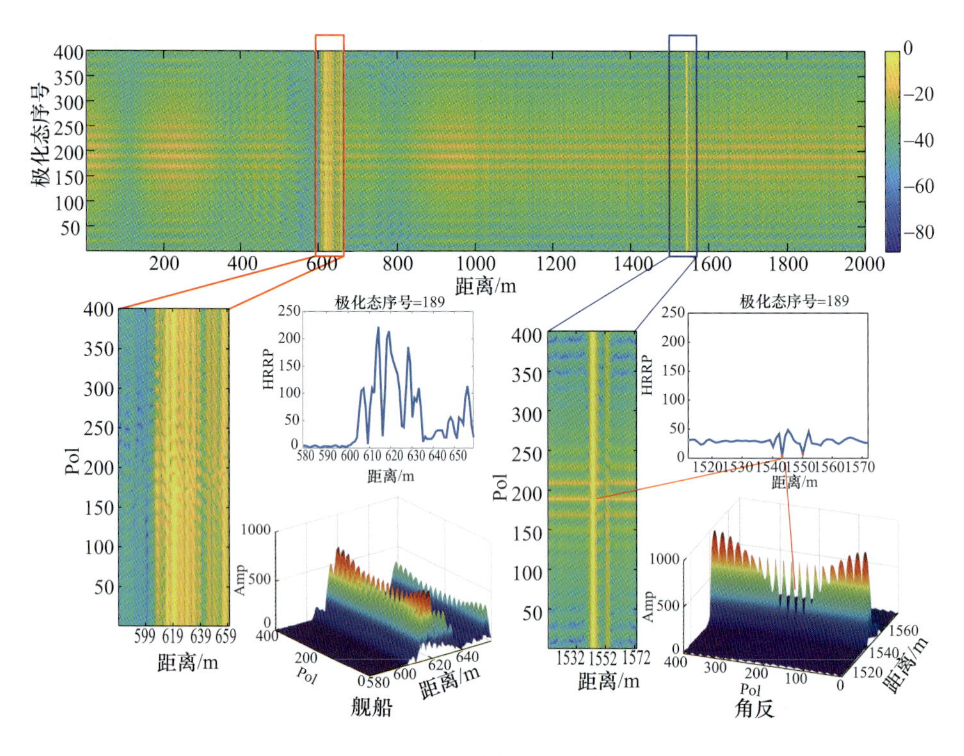

图 6－28　二维极化－距离像

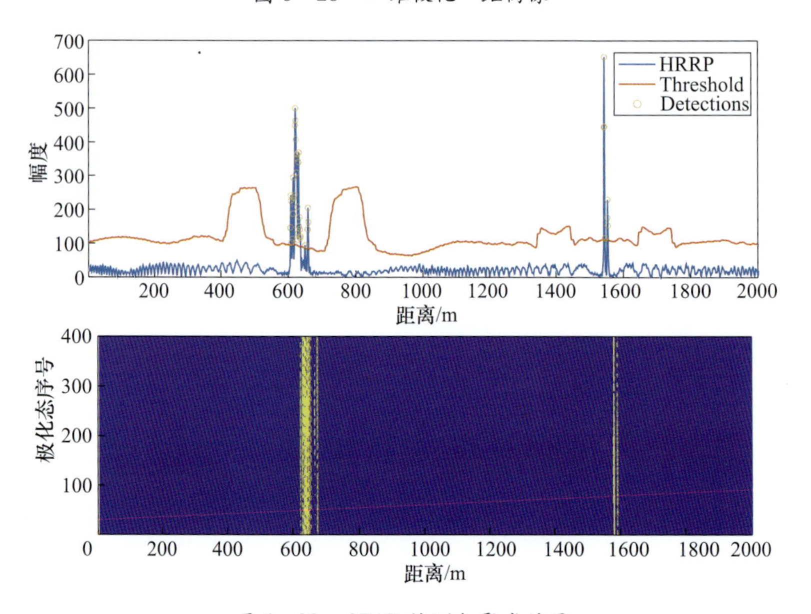

图 6－29　CFAR 检测与聚类结果

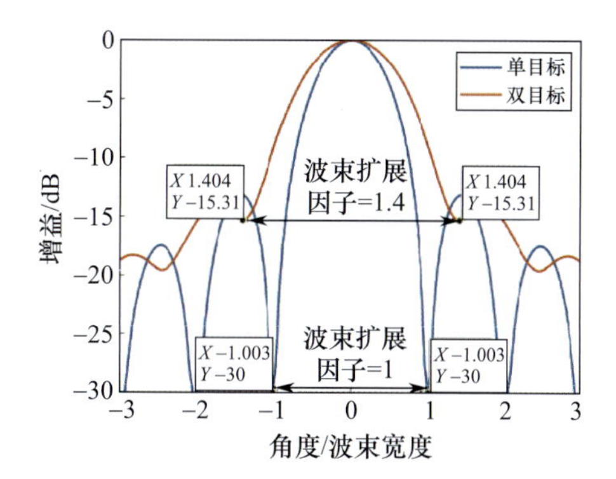

图 6－33　单目标和双目标的波束扩展因子

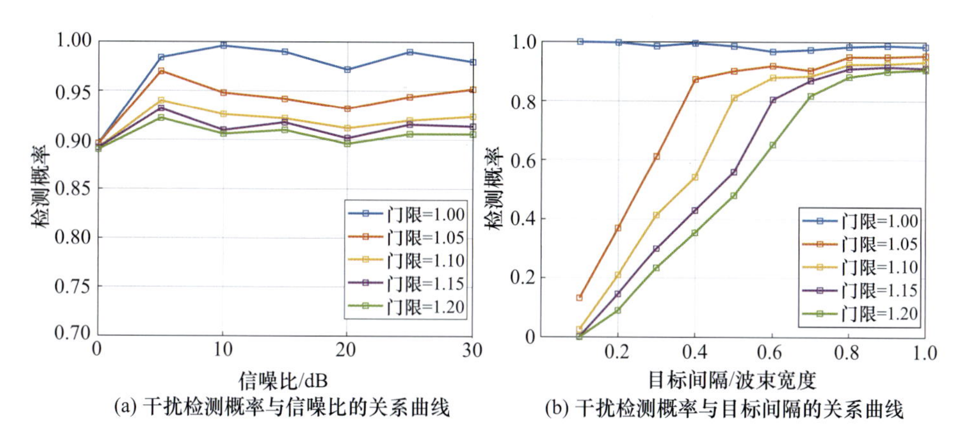

(a) 干扰检测概率与信噪比的关系曲线　(b) 干扰检测概率与目标间隔的关系曲线

图 6－38　质心干扰存在性检测算法性能

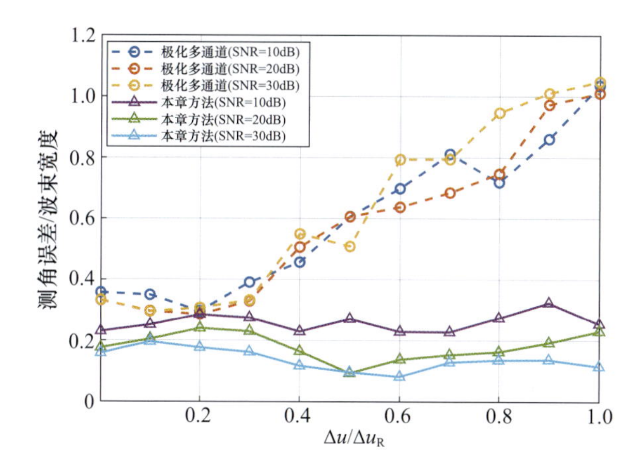

图 6－39　不同目标间隔下目标角度测量的平均误差

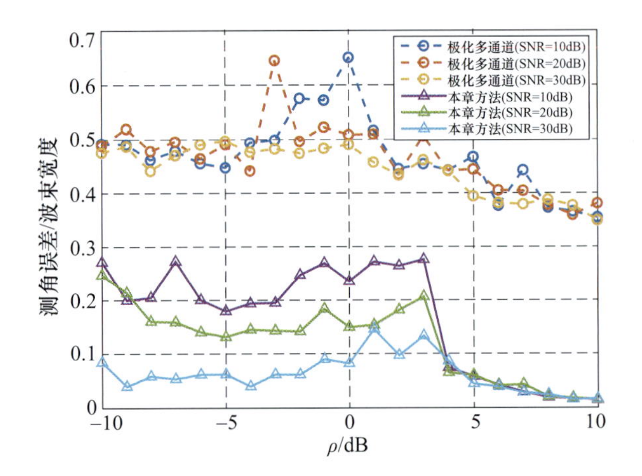

图 6-40　不同幅度比下目标角度测量的测角误差

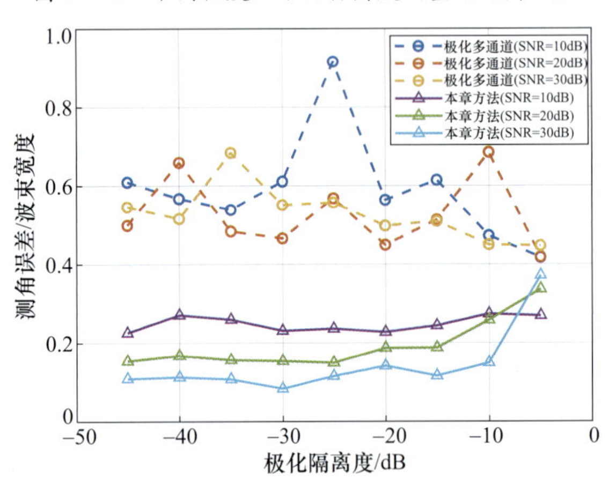

图 6-41　极化通道隔离度对测角性能的影响

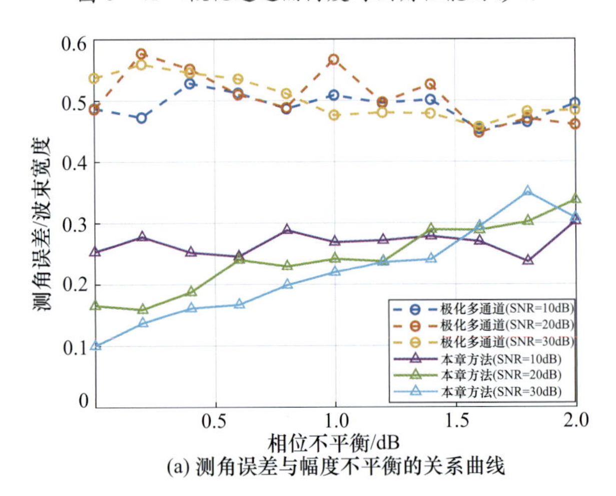

(a) 测角误差与幅度不平衡的关系曲线

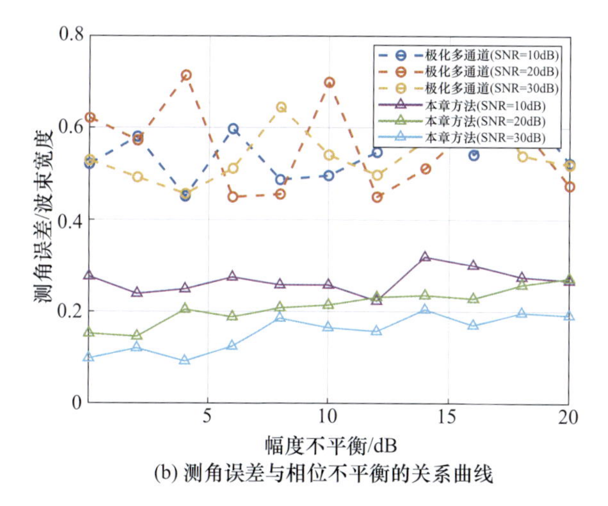

(b) 测角误差与相位不平衡的关系曲线

图 6-42 极化通道幅相不平衡对测角性能的影响

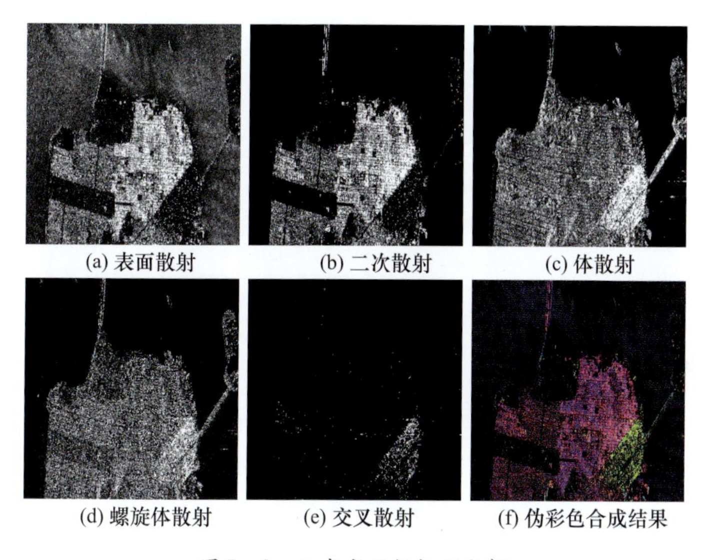

(a) 表面散射 (b) 二次散射 (c) 体散射

(d) 螺旋体散射 (e) 交叉散射 (f) 伪彩色合成结果

图 7-2 五成分目标极化分解

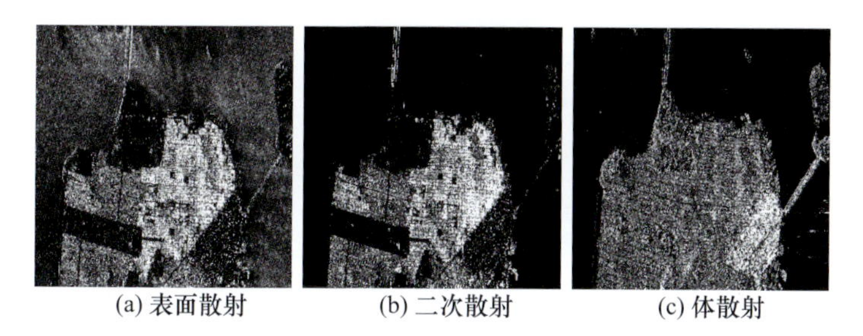

(a) 表面散射 (b) 二次散射 (c) 体散射

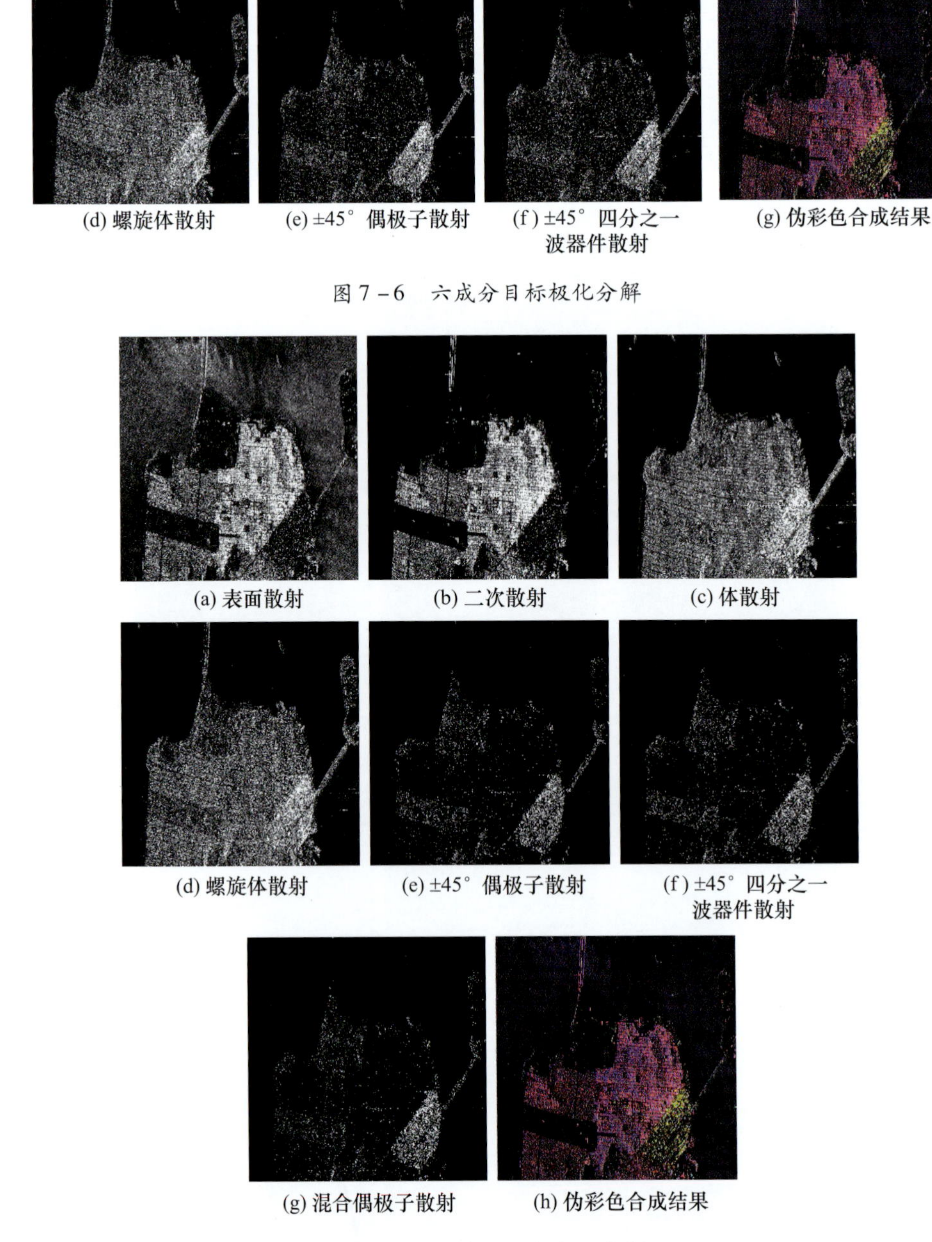

(d) 螺旋体散射　(e) ±45° 偶极子散射　(f) ±45° 四分之一波器件散射　(g) 伪彩色合成结果

图 7－6　六成分目标极化分解

(a) 表面散射　(b) 二次散射　(c) 体散射

(d) 螺旋体散射　(e) ±45° 偶极子散射　(f) ±45° 四分之一波器件散射

(g) 混合偶极子散射　(h) 伪彩色合成结果

图 7－7　七成分目标极化分解

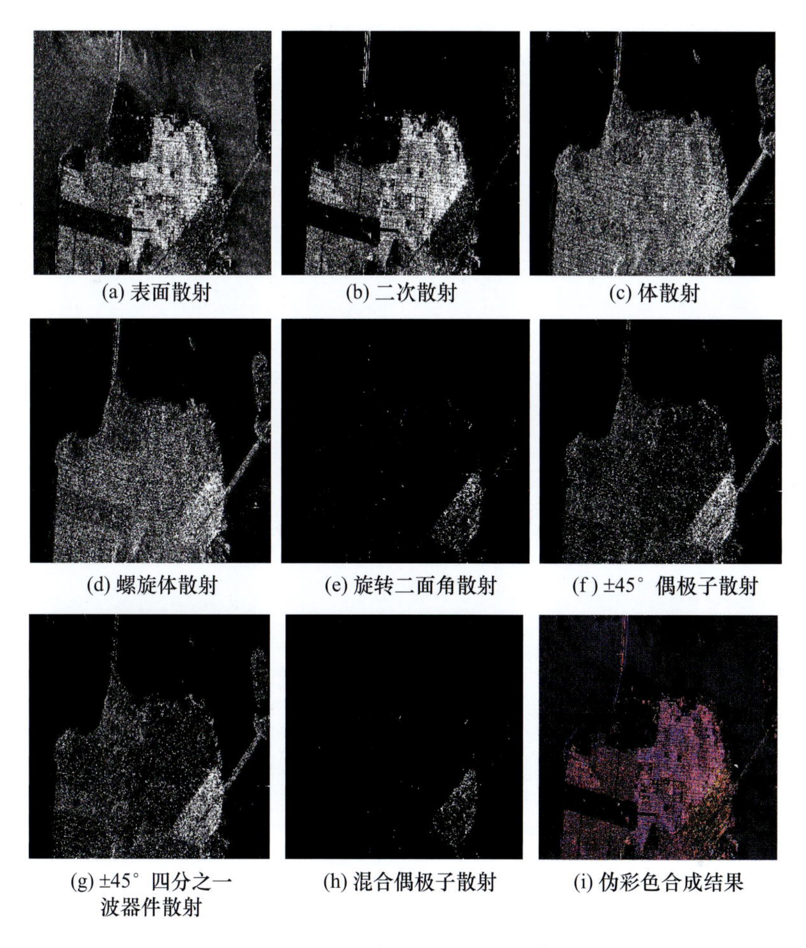

(a) 表面散射　(b) 二次散射　(c) 体散射

(d) 螺旋体散射　(e) 旋转二面角散射　(f) ±45° 偶极子散射

(g) ±45° 四分之一波器件散射　(h) 混合偶极子散射　(i) 伪彩色合成结果

图 7－8　八成分目标极化分解

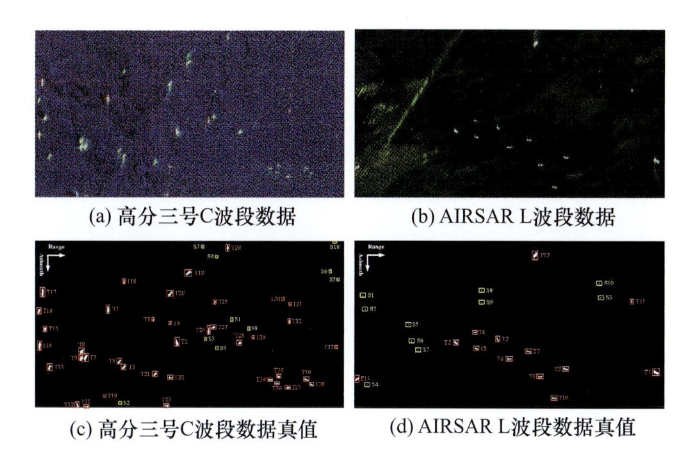

(a) 高分三号C波段数据　(b) AIRSAR L波段数据

(c) 高分三号C波段数据真值　(d) AIRSAR L波段数据真值

图 7－11　不同数据 Pauli 伪彩色图像及相应的地表真值

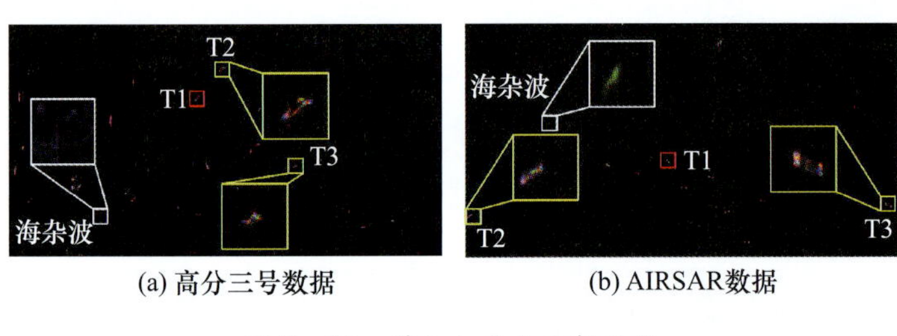

(a) 高分三号数据　　(b) AIRSAR数据

图 7－12　精细八成分分解结果

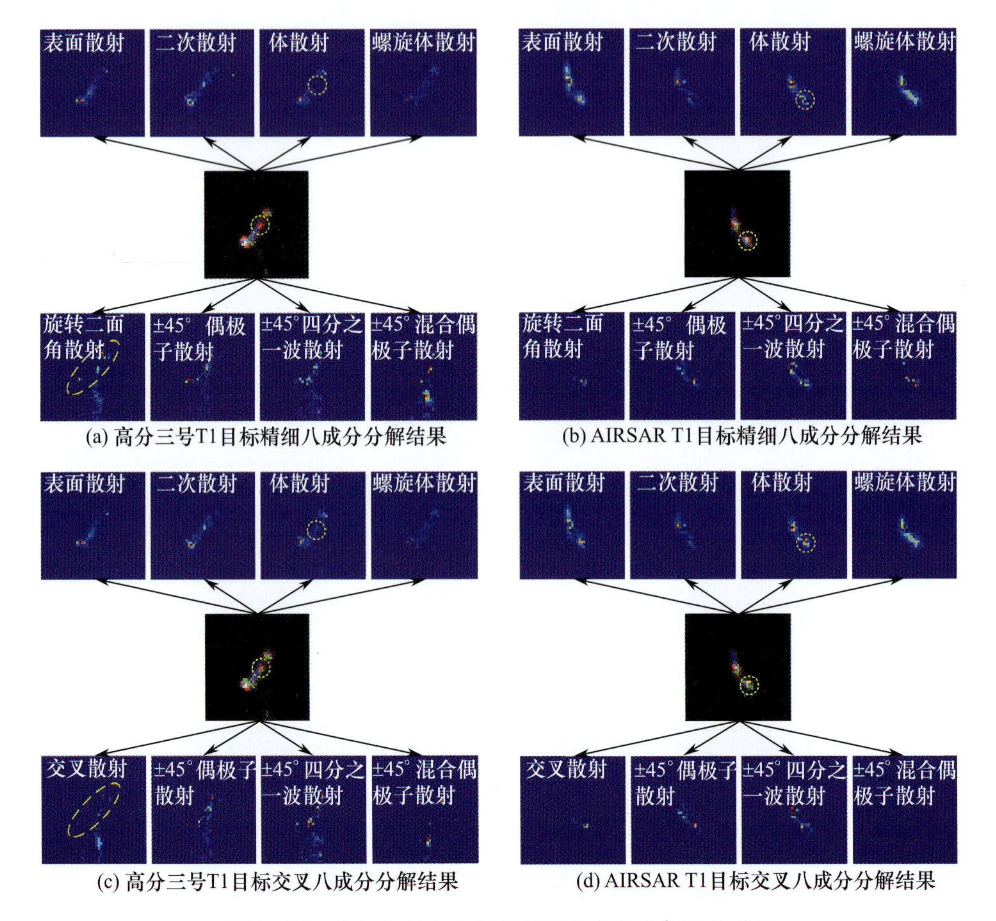

(a) 高分三号T1目标精细八成分分解结果　　(b) AIRSAR T1目标精细八成分分解结果

(c) 高分三号T1目标交叉八成分分解结果　　(d) AIRSAR T1目标交叉八成分分解结果

图 7－13　精细八成分分解与交叉八成分分解结果对比

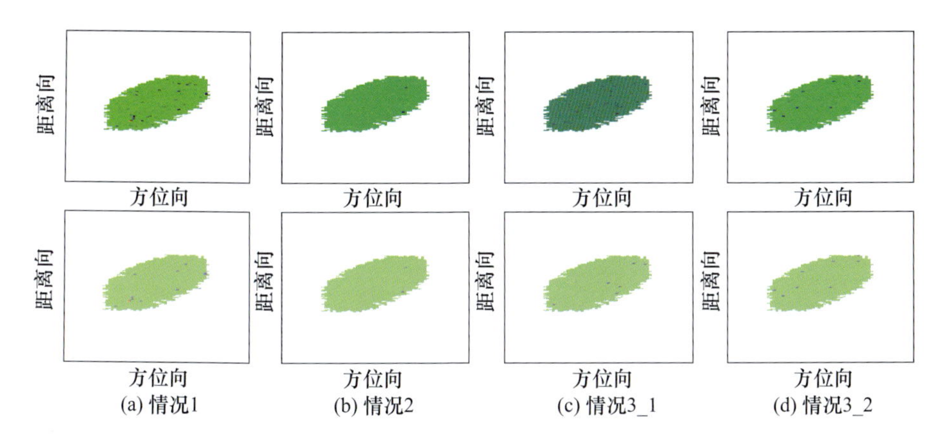

图 7-21　箔条云在不同情况下的分解结果

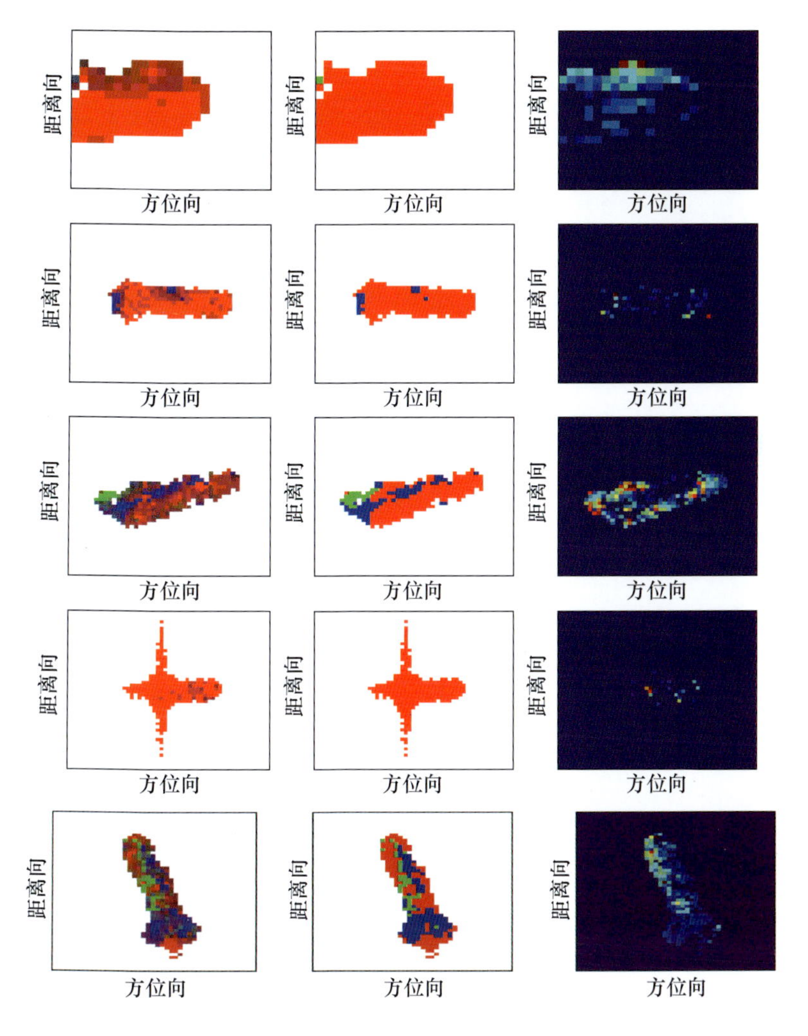

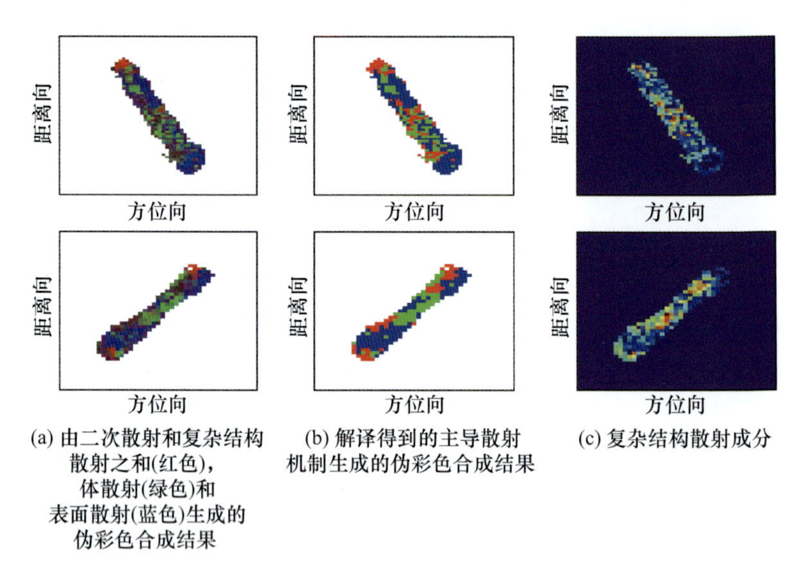

图 7-22　第 1 行到第 7 行对应舰船目标 T1～T7 的分解结果